心理与教育研究方法丛书

实验心理学 第九版

坎特威茨（Kantowitz，B.H.）

罗迪格（Roediger，H.L.,Ⅲ）

埃尔姆斯（Elmes，D.G.）　著

郭秀艳　等译

杨治良　审校

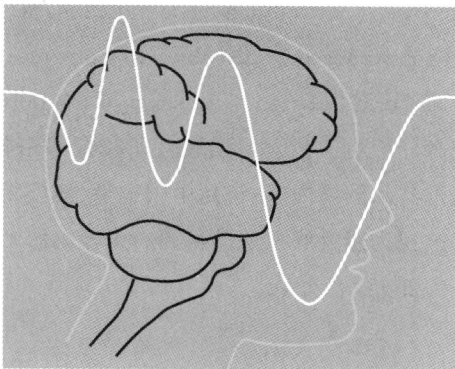

华东师范大学出版社

· 上海 ·

Barry H. Kantowitz, Henry L. Roediger III and David G. Elmes

Experimental Psychology

EISBN: 978 - 0495595335

Cengage Learning Asia Pte. Ltd.

5 Shenton Way, #01 - 01 UIC Building, Singapore 068808

上海市版权局著作权合同登记　图字　09 - 2008 - 675 号

谨以此书献给与我们一起分享实验心理学的快乐与激动的

三位杰出心理学家：

戴维·A·格兰特、威廉·M·辛顿和 L·斯达林·里德

目录

作者简介

坎特威茨（Kantowitz B. H.），心理学及工业与运营工程学（Industrial and Operational Engineering）教授，美国密歇根大学（University of Michigan）交通运输研究所（Transportation Research Institute）前主任。之前，他曾在西雅图的巴特尔研究所人的因素交通运输研究中心（Human Factors Transportation Center of Battelle Memorial Institute）担任首席科学家。1969年在威斯康辛大学（University of Wisconsin）获得实验心理学博士学位。1969年至1987年在印第安纳州西拉斐特市（West Lafayette）的普渡大学（Purdue University）先后担任心理学助教、副教授和教授。1974年坎特威茨当选为美国心理学会会士（Fellow of the American psychological association）。他曾在俄勒冈大学（University of Oregon）的国家精神卫生研究所（National Institute of Mental Health）做博士后研究，在挪威特隆赫姆市（Trondheim）的挪威理工学院（Norwegian Institute of Technology）担任过工效学高级讲师，以及瑞典律勒欧大学（University of Lulea）的心理技术学客座教授。他撰写和编著的心理学著作超过了12本。他在人类注意、心理负荷、反应时、人

机交互以及人的因素方面的研究得到了美国教育部、国家精神卫生研究所、国家航空航天局、空军科学研究局以及联邦公路管理局的支持。曾担任《交通运输人的因素》(*Transportation Human Factors Journal*)杂志编辑、《人的因素》(*Human Factors*)副编辑,并编辑了《交通运输中人的因素》(*Human Factors in Transportation*)系列图书。

罗迪格(Roediger H. L. Ⅲ),自 1996 年执教于美国圣路易市华盛顿大学(Washington University),现为该校詹姆斯·麦克唐纳心理学杰出大学教授(James S. McDonnell Distinguished University Professor of psychology)、教务规划长(Dean of Academic Planning)。他于 1969 年在华盛顿与李大学(Washington and Lee University)获得心理学学士学位,1973 年在耶鲁大学(Yale University)获得认知心理学博士学位,1973 年至 1988 年执教于普渡大学(Purdue University),1988 年至 1996 年执教于赖斯大学(Rice University),并在多伦多大学(University of Toronto)担任过三年客座教授。他的研究领域是认知心理学,尤其是人类的学习和记忆。罗迪格已发表了多达 180 余篇文章与评论,并且出版了两本教科书:《心理学》(与 E. D. Capaldi、S. G. Paris、J. Polivy 和 P. Herman 合著)和《心理学研究方法》(与 D. G. Elmes 和 B. H. Kantowitz 合著)。他还与人合编了《记忆与意识的多样性:献给塔尔文的短文》(*Varieties of Memory and Consciousness*:*Essays in Honour of Endel Tulving*,1989)和《记忆科学:概念》(*The Science of Memory*:*Concepts*,2007)以及其他几本书。罗迪格曾是《实验心理学:学习、记忆与认知》杂志的编辑(1984～1989 年)以及 *Psychonomic Bulletin & Review* 的创刊编辑(1994～1997 年),现为《心理科学》、《实验心理学:学习、记忆与认知》、《记忆与语言》以及《记忆》等九种杂志的顾问编辑。他曾担任美国心理协会(American Psychological Society)、美国中西部心理学会以及美国心理学会(American

Psychological Association)实验心理学分会主席,在实验心理学会(Psychonomic Society)①担任了 5 年执行董事,并于 1989 年至 1990 年出任主席。罗迪格曾被美国科学信息研究所提名为高引用率研究者(Highly Cited Researcher),并获得古根海姆奖(Guggenheim Fellowship)。他现在不仅是美国实验心理学家协会会员、艺术与科学研究院院士,也是美国科学促进会、心理学会、心理科学联合会(Association for Psychological Science)以及加拿大心理学会会士。

　　埃尔姆斯(Elmes D. G.),美国华盛顿与李大学心理学荣誉教授(Professor Emeritus of Psychology),曾在该校执教 40 余年。他以优异成绩在弗吉尼亚大学(University of Virginia)获得学士学位,之后又在该校获得了硕士和博士学位。埃尔姆斯曾在哈姆普顿悉尼学院任兼职教授,在密歇根大学的人类绩效中心(Human Performance Center)担任了一年的研究助理,并在牛津大学的大学学院(University College)做过访问学者。在华盛顿与李大学,曾与他人共同管理认知科学项目 14 年,并担任了 10 年的心理学系主任。埃尔姆斯编辑了《实验心理学读物》和《基础本科院校心理学研究目录》(*Directory of Research in psychology at Primarily Undergraduate Institutions*),还与人合著了《心理学研究方法》(2006 年,与 Kantowitz, B. H. 和 Rodiger, H. L. Ⅲ 合著)。他发表了许多有关人类和动物的学习、记忆以及味觉研究方面的文章。其中味觉研究还得到了美国国家环境卫生研究中心(National Institute of Environmental Health Sciences)的支持。他还经常为技术期刊评审文章,并担任过几年《实验心理学:学习、记忆与认知》杂志的顾问编辑。埃尔姆斯教授重视大学生科研的教育价值,他活跃于大学生科研理事会(Council of Undergraduate Research)多年,并先后担任了该理事会的心理学科评议员、心理学分会会长及主席,现为美国心理科学联合会会士。

---

① 按字面理解,Psychonomic Society 实际是心理学会或心理协会,但因为已有 APA 和 APS,考虑到 Psychonomic Society 的成立缘起于一批实验心理学家在学术取向上与 APA 的分歧,我们且将之译为"实验心理学会"。——译者注

译者序

　　实验心理学的创立使心理学脱离了哲学的附庸地位而成为一门独立学科。自冯特 1879 年在莱比锡大学创建第一个心理实验室，用实验的方法研究感知觉问题以来，实验方法已经渗透到了心理学领域的方方面面。而且随着现代科学技术与理论的突飞猛进，心理实验在适用范围与研究手段上都有了长足进步，并取得了一系列突破性的研究成果，对推动心理学科的蓬勃发展起到了重要作用。

一、实验心理学的主要变迁

　　在冯特建立实验心理学伊始，由于受到当时自然科学尤其是物理、化学以及生理学的影响，冯特认为心理学的研究对象应该是个体的直接经验，可以通过元素分析与创造性综合以内省的方式进行研究。因此实验心理学的内容仅限于研究个体的感知觉问题，而像思维、想象、情感这些高级心理过程则被排斥在实验方法之外。尽管冯特的实验心理学更像是感知觉生理学和心理物理学，但却为其后心理学的发展奠定了坚实的学科基础。20 世纪初叶产生于美国的行为主义为心理学带来了一场革命，由于以华生为代表的行为主义者按照"刺激（S）—反应（R）"的公式试图将心理学发展成一门类似物理、化学那样的自然科学,强调在控制条件下观察人和动物的行为,并否定对意识的研究,从而使实验方法在心理学中的地位获得了质的提升。尽管行为主义的主张在今天看来过于偏激,但是当时心理学界公认的研究成果,至少就方法论来说,绝大多数是在行为主义观点的指引下取得的。而且行为主义者所推崇的客观性、可验证性原则也对今天的科学心理学不无裨益。20 世纪 50 年代前后,行为主义的逻辑实证哲学基础、严格的环境决定论以及人和动物不分的观点遭到了越来越多的反对。许多心理学家开始放弃行为主义的立场转而研究人的内部心理过程。而这一时期心理语言学以及一些新兴学科如通讯工程、信息论、计算机科学的出现更加快了这一进程。终于在 20 世纪 60 年代心理学诞生了一个全新的流派——信息加工的认知心理学。认知心理学把人看作信息加工系统,以心理结构与过程为研究对象,探讨人类认知的信息加工过程,即信息的获得、储存、加工和使用。在研究方法上主要以反应时和作业成绩为指标进行实验,观察被试的外部行为、听取被试的言语报告以及把计算机当成实验工具,利用计算机进行模拟。在认知心理学的框架下,心理实验的方法与技术获得了日新月异的发展。由美国心理学家斯珀灵(Sperling)在 1960 年创造的部分报告法,证实了感觉记忆的存在;信号检测论的应用使研究者对个体内部的心理分析更上一层楼;反应时新法使认知心理学大展宏图;而间接测量法则带来了内隐记忆的新发现。这些无不说明了实验方法在揭示心理与行为规律中无可替代的作用。心理学发展到今天,争论的问题已不再是实验方法对心理学的研究是否适用,而是如何使心理学的实验方法更加完善、更加自动化以及如何用在实验室中发现的心理规律来解决实际问题。如今,医学影像学技术和神经电生理技术已经越来越多地应用在心理实验中,而心理实验设计也出现在了更多的研究领域内,心理学家正与其他科学家一起在从宏观与微观两个方面认识人类自身的心理与行为上发挥着越来越重要的作用。

二、实验心理学教材的发展

作为在心理科学研究中运用实验方法的总结与反映,实验心理学教材也在随着时代的变迁而不断完善。实验心理学教科书的出现始于 20 世纪初铁钦纳

(Tichener)四卷本的《实验心理学:实验纲要》,随后,伍德沃斯(Woodworth)与施罗斯伯格(Schlossberg)、奥斯古德(Osgood)、安德伍德(Underwood)、坎特威茨(Kantowitz)等人也先后出版了各自的《实验心理学》。在众多的实验心理学著作中,有两本堪称20世纪美国实验心理学教材的代表之作:一本是伍德沃斯与施罗斯伯格合著的《实验心理学》,而另一本就是坎特威茨等人合著的《实验心理学》。两本书都以其集时代之大成而在实验心理学界享有盛誉,更由于实验心理学在整个心理学学科中的特殊地位而影响巨大。两书的主要作者都是杰出的实验心理学家,伍德沃斯是20世纪非常有影响的美国实验心理学家,哥伦比亚学派的主要代表人物,早年曾在哈佛大学学习两年,并受到詹姆斯的教诲,后来又到哥伦比亚大学师从卡特尔攻读博士学位,还曾拜读于英国利物浦大学著名生理学家谢灵顿门下,后回到哥伦比亚大学工作。他活跃于心理学界长达70余年,并于1915年当选为美国心理学会主席。坎特威茨则是新一代实验社会心理学家,1969年在威斯康辛大学获得实验心理学博士学位,1969年到1974年任教于印第安纳州的普渡大学,1974年当选为美国心理学会会士。还曾在挪威以及瑞典从事过研究工作,撰写和编著的心理学著作超过了12本,现仍活跃于美国心理学界。

在内容上,两书都系统、全面地介绍了所处时代的实验心理学进展情况。伍德沃斯与施罗斯伯格的《实验心理学》反映了行为主义思想的影响,内容侧重于感知觉和学习记忆。书中所引的实验绝大多数采用行为主义推崇的实验方法,尽可能把各种现象的观测置于实验室的控制条件下,并以精心规划的系统方式来探究行为过程的原因,借鉴物理、化学和生物学的实验技术与方法获取数据。尽管作者也将行为主义的经典公式 S‐R 修正为 S‐O‐R,但受当时的实验重点和研究水平所限,该书还是侧重于刺激与反应,而对有机体心理与行为的内部机制并未作深入细致的探讨。如书中用一章的篇幅对"条件作用"进行了专门介绍,并用它来统摄学习和记忆甚至思维和问题解决等几章内容。坎特威茨等人的《实验心理学》则反映了信息加工的认知心理学的影响,重视人的高级心理过程和个人与环境因素,强调知识对行为和认知活动的决定作用以及认知过程的整体性。书中所列举的实验约一半以上是认知心理学的重大实验。以反应时为指标的实验法在书中受到格外重视,但与行为主义的重视内涵不同,认知心理学强调 S－O－R 中间的 O 部分,并将其看作一系列连续阶段的信息加工过程,重视将输入与输出作对比分析,而反应时实验恰好可以为此提供极为重要的客观材料。书中对感觉部分几乎不涉及,知觉也只有一章,而 S－O－R 中间的 O 过程在第二部分的十章中却有四章之多,即"注意和反应时"(第八章)、"条件反射与学习"(第九章)、"记忆与遗忘"(第十章)、"思维和问题解决"(第十一章)。总之,如果说伍德沃斯的书是集行为主义之大成,像一本实验心理学的大百科全书,虽已布满历史的尘埃,仍不失其重要的史料价值和里程碑的耀眼光环,那么,坎特威茨的书则代表了 20 世纪认知心理学的发展水平,像一套精心编撰的讲义,将知识和方法有条不紊地呈现给读者,使之得以把握实验心理学的时代脉搏。

在国内,随着经济社会的不断发展,社会的需求以及自身的特点使得心理学越来越受到人们的关注。与此相适应,实验心理学教材也实现了从无到有、推陈出新,如杨治良、朱滢、孟庆茂等人的教材,这些教材在吸收国外优秀教材特点的基础上,也反映了国内实验心理学领域所取得的可喜成绩。

三、本书的特点

本书是坎特威茨等人合著的《实验心理学》的第九版,与第六版相比,本版依旧延续了以前的组织结构,但在内容与体例上作了适当调整以适应时代的需要。

1. 内容翔实,针对性强。本书正文部分总共十五章,分为两个部分。前五章构成了第一部分,讨论了心理学研究的方法论。其余的十章构成了第二部分,论述了实验原理和应用。正如作者自己所说的那样,"本书主要针对初次接触心理学课程的大学本科生"。为此,作者在内容安排上重视对学生实际动手能力的培养。作者将方法从大量的心理学史料和事实中提炼出来列为单独的一部分,有助于读者系统地掌握心理学的研究方法,提高研究技巧,加速研究进程。在第二部分的实际研究中,作者进一步阐释了前五章介绍的方法,将内容和方法有机地整合到真实的研究情境中,使读者对方法的具体运用有切实的体会和更深入的认识。此外,为了帮助读者更全面地了解从事心理学研究的基本知识,作者还介绍了美国心理学会最新的"心理学研究的道德准则"、如何进行文献检索、如何阅读以及撰写 APA 格式的研究报告等,并在附录部分介绍了实验心理学简史以及基本的统计学知识,以备有用之需。

2. 结构清晰,重点突出。每一部分的章节内容都采用相同的框架展开论述。如第二部分中的"变量介绍"可以使学习者直截了当地认识到特定研究领域中通常所使用的自变量、因变量和控制变量。"实验主题与研究范例"结合实际研究背景列举两到三个研究方法问题。"从问题到实验:研究细节"介绍了由一般性假设形成具体实验假设的过程中实验设计选择的基本原理。在每章的末尾都有对该章要点的总结、用于学习与回顾的重要术语以及若干问题讨论。而"课后练习"部分则提供了简单可行的小实验,供学习者们"小试牛刀"。

3. 资源丰富,选材新颖。为了反映实验心理学领域的新进展,每一章都增加了新的内容以及新近的参考文献,甚至对许多章节进行了重写。如,第二章重新讨论了媒体暴力对公众健康的威胁,还讨论了选举人对总统候选人在夜间娱乐节目中露面的态度;第三章更换了一个关于人们信仰上帝与攻击性之间关系的更有趣的新例子,以使读者了解交互作用的重要性;第五章使用了新的期刊文章样例,并为期刊文章作者们提供了新的写作要领;第十一章对近年的神经影像研究有所提及;第十二章增加了当前脑成像方面的研究工作等等。与第六版相比,本版另外一个大的变化就是体现了网络时代的优势。根据"网络资源"部分提供的网络链接,学习者可以从相应的网站获取与本章所学内容有关的许多资料,甚至可以进行互动式教学,大大拓宽了传统教材的辅导资料来源。

4. 文风朴实,可读性强。本版教材秉承了作者们一贯的措辞风格,行文简洁生动,深入浅出,论述充分,详略得当,不仅适合心理学专业学生的学习,对于广大的心理学爱好者来说也是一本不可多得的好书。

译者
2009 年 9 月

前言

　　"实验心理学"一词过去常常只用于指少数几个特定的心理学研究领域。比如，1930年的实验是为了对感觉、知觉、学习、记忆以及其他一些心理学问题进行研究。如今的情况则截然不同：实验方法被应用在社会心理学、发展心理学、个体差异以及其他许多心理学（如环境心理学）的研究之中，而它们在80年以前还不是心理学的研究对象。实验方法的使用已经延伸到了这一领域的几乎所有方面。因此，撰写一本针对这一主题的教材也变得越来越具有挑战性了。

　　本书自1978年问世以来已经是第九版了。每一版都根据教师和学生们的意见作了大大小小的改动，这一版也不例外。熟悉前一版的读者会发现每章都有变化。我们尽力将前八版的精华部分保留下来并增添了一些新的元素，以使本书更具吸引力（后面将详述有关改动）。承蒙读者一直以来的厚爱，使我们得以推出本书的新版，这令我们倍感欣慰，因为我们可以对这本教材进行改进，并再次享受到为其工作的快乐。

　　从20世纪初铁钦纳的四卷本开始，到伍德沃斯1928年的版本及其修订版（伍德沃斯和施罗斯伯格，1954年），再到后来的奥斯古德（1953年）和安德伍德（1966年）版本，《实验心理学》这一书名曾出现在许多经典教科书上。虽然这些书都对基本的研究方法进行了介绍,但却局限在实验心理学基础性研究的背景之下。这些书大体上是关于实验心理学内容的,并侧重于心理学实验中所使用的一些方法。我们认为,尽管本书远没有这些经典著作那样广博,但也严格地遵循了这一传统。

如今,这种方式还是很独特的。20世纪七八十年代,出现了许多"研究方法"的教材,这些教材在内容组织上变化很大。它们不是在相关背景中介绍研究方法,而是将有关的研究方法名称(如,被试间设计、小样本设计)作为章节的标题,并辅之以研究案例来充实对这些方法的介绍。这也是一种极好的方式,我们已经出版的另外一本教材就是采用这种方式编写的(《心理学研究方法》,埃尔姆斯、坎特威茨和罗迪格合著,也是由瓦兹沃斯出版公司出版)。不过,《实验心理学》致力于内容与方法的有机结合,在实际研究的背景下对方法进行介绍。与遵循同一传统的前人的教材主要不同在于,我们的教材只选择了那些最能够说明所介绍的研究方法的例子,而且主要针对初次接触心理学课程的大学本科生。

这里需要对本书所使用的术语作一说明。1994年版的《美国心理学会出版手册》(*Publication Manual of the American Psychological Association*)曾建议用"参与者"这一术语来代替传统所使用的"被试"一词,而将心理学研究中接受测试的人称为"被试"已经有一个多世纪了。这种变革在心理学界得到了不同的反应,其他一些心理学杂志的出版机构并没有采取这种做法。例如,Psychonomic Society在自己出版的杂志中就允许使用两者中的任何一个。另外,美国心理学会杂志的文字编辑们也并没有坚决要求使用"参与者"一词,而只是鼓励人们使用这一术语。鉴于这种悬而待定的情况,在谈及心理学研究中的人类对象时我们还是按照传统将其称为"被试"或者"参与者",而将研究中的非人类的动物对象称为"被试"。这种使用方式也反映了当前心理学研究领域的现实情况。

正文的组织

本书的指导原则并没有改变。与前八版一样,我们仍旧致力于一种兼收并蓄的实验心理学,尽力实现方法和内容的有机融合。本书主要包括两个部分。前五章构成了第一部分"研究的基本问题",介绍了学习者需要了解的一些研究方法的基本知识。在这些章节中,我们介绍了科学与理论建构的一般问题;观察法、相关法和实验法(重点介绍了最后一种)的特点(以及差异);研究中的道德问题；以及如何阅读与撰写研究报告。

其余的十章构成了本书的第二部分"实验心理学的基本原则与实践"，我们以实际的研究问题为背景举例说明一些方法上的问题，使得第一部分所介绍的理论知识变得有血有肉。这些章节都以其内容为标题（如知觉），其中所涉及的一些内容是由于其本身的需要，但这些章节编排的主要目的还是为了在实际研究的背景中介绍有关的研究方法。这样的组织方式也反映了我们的一种理念，这就是让学生掌握研究方法的最好方式是将其结合到研究的实际问题之中。研究方法并不是凭空产生的，而是设计用来解决具体研究问题的。我们希望在一些重要的研究背景下介绍研究方法能够帮助学习者认识到方法选择的重要性。

各章格式

第二部分的十章内容都使用了相同的格式，以方便学习者发现文中的重要内容，从而有助于学习。

章节开篇——每章都以章节要点和引语开始。在对本章所涉及的内容进行简短介绍之后，学习者将会阅读到第一个框架内容，对于这样的结构，前几版的读者发现非常有用，因此在第九版中也得到了继续沿用。

变量介绍——这一部分可以使学习者直截了当地认识到特定研究领域中通常所使用的自变量、因变量和控制变量。我们并没有列举所有可能的变量，而是介绍了其中最常见的一些变量。

实验主题与研究范例——这是各章的主要部分。在这一部分中，将会结合实际研究背景列举两三个研究方法问题。例如，在第十章中，我们以记忆实验为背景探讨了天花板和地板效应，而这一问题是在此类实验中会实际出现的。许多这样的实验性问题在第一部分已作了介绍，而在第二部分又进行了详细说明。一些重要的问题甚至在第二部分讨论了不止一次，以确保学习者能够更好地理解。主题内容的选择力求能够充分体现所讨论的研究方法，因此，这些主题内容可能并不是所介绍领域中最重要的，而且我们也并不打算在这些章节中对该领域当前的研究进展作全面介绍。我们的目的只是以感兴趣的实际研究为背景，用范例来说明有关的研究方法。在第二部分每章的结尾处是两个独特的部分。

从问题到实验：研究细节——在这一部分，我们将介绍由一般性假设形成具体实验假设的过程中实验设计选择的基本原理:实验需要多少被试、为什么选择变量 X 而不是变量 Y,等等。这些选择是实验研究的细节性问题,它们对于从事实验研究的人员来说再熟悉不过了,所以很少在期刊文章中详细介绍,而对那些新手而言却是一个难题。

课后练习——这一部分推荐了一些简单而又可靠的心理学实验,它们几乎不需要什么实验仪器就能在课堂内外进行。例如,第七章对斯特鲁效应的演示以及第十四章测量噪音对记忆的影响。

章节末尾——每章的后面都有对该章要点的总结、用于学习与回顾的重要术语以及若干问题讨论。

章节次序

虽然学习者们在阅读第一部分(尤其是前三章)时按照顺序进行阅读要更好一些,但对于看重研究方法甚于内容的老师与学生来说,阅读第二部分可以不必理会章节的顺序。我们将章节序号和实验专题列成了正交表(位于前言之后)以使读者了解第二部分的章节安排情况。这样,老师们在教学顺序的选择上就有了一定的灵活性或者独辟蹊径以更好地适应自己的教学目标。两个较少用到但对一些人而言也许很有必要的章节位于附录部分。附录 A 简短回顾了实验心理学的历史,附录 B 对一些基本的统计学知识进行了介绍。

辅助材料

本版的辅助材料包括以下几种:

带有试题库的《教学参考书》——内容包括章节概要、主要术语、问题讨论答案、教学建议、演示实验建议以及实验难点。试题库中有针对每章设计的多项选择题、正误判断题和问答题,该题库有 ExamView 格式的电子版,教师可以用其自己编制试卷。

电子幻灯片——书中许多插图都制作成了 PowerPoint 格式的幻灯片,可以从网上进行下载用于课堂教学。

图书伴侣网:academic. cengage. com/psychology/kantowitz 该网站的一些内容对教师和学生都很有用。教师可以获取教学活动、章节概要以及章节小结等方面的资料。在学习辅导方面,该网站设计了术语词汇、教学抽认卡、纵横拼字谜以帮助学习者掌握主要术语,除链接有"瓦兹沃斯研究方法在线"(Wadsworth Online Research Methods)之外,还有其他一些有用的网站链接。网站提供了 InfoTrac 数据库学院版(InfoTrac College Edition)的使用建议,而上面的多项选择题、搭配题、填空题以及辅导性的问答测验题则可以打印出来交给老师或者直接给他们发邮件。

第九版的变化

前几版的读者会发现这一版发生了许多变化。各章的网上参考资源都得到了更新,由于这些更新是在 2008 年 1 月进行的,因此,在本版使用过程中肯定还会有新的改变。这些网上参考资源可以引导读者进行相关的在线讨论,包括瓦兹沃斯心理学研究中心(Wadsworth Psychology Study Center)的"瓦兹沃斯在线"(Wadsworth Online)。另外,北美地区的教师曾要求将 InfoTrac 数据库学院版与本教材一起打包,他们可以向学生提供 4 个月免费进入这一虚拟图书馆的机会。

每一章都增加了新的内容以及新近的参考文献,为了反映最新的研究发现与研究主题,许多章节都进行了重写,这意味着我们要删除大量的文字,的确让人有些难以割舍。第一章增加了有关驾驶中使用移动电话危险的新近研究,对应用研究与基础研究之间的关系部分进行了内容更新,以反映美国国家卫生研究所(NIH)在推动基础研究成果转化中的进展。第二章对表 2-1 中的数据进行了更新,重新讨论了媒体暴力对公众健康的威胁,这一章还讨论了选举人对总统候选人在夜间娱乐节目中露面的态度。第三章更换了一个关于人们信仰上帝与攻击性之间关系的更有趣的新例子,以使读者了解交互作用的重要性。第四章增加了伦理委员会(IRB)工作程序介绍,以及知觉到的不公正所产生的问题。第五章使用了新的期刊文章样例,并为期刊文章作者们提供了新的写作要领。第六章开篇用 2007 年的新例子替换了 1952 年的旧例子,尽管作者很喜欢这个旧例子。第七章知觉防御的介绍被替换为外显知觉研究的介绍。第八章对认知控制进行了新的讨论。第九章新介绍了心理治疗中的变化标准设计。第十章新增加了闪光灯记忆和节省法方面的例子。第十一章对近年的神经影像研究有所提及。第十二章不仅增加了当前脑成像方面的研究工作,还增加了动机与智力活动的研究成果。第十三章收录了有关记忆的社会感染、社会服从以及内隐态度与行为方面的新近研究。第十四章新增加的一项研究对经典的动物拥挤模型构成了挑战,另一项增加的研究对列车车厢中的拥挤行为进行了考察。第十五章增加了有关动态视敏度的一项新研究,并对用于解释心理负荷的模型进行了简短讨论。对于以上这些变化,如果您和您的学生有什么意见请继续和我们联系。

致谢

完成一本发行了九版的教材仅仅依靠作者自身是远远不够的,在这里谨向那些帮助过我们的诸君致以由衷的感谢! 最让我们感动的是那些不断给予我们许多有益建议的前几版的读者们,没有他们的帮助就没有这一新版的问世。

米拉·尤戈维奇(Mila Sugovic)为本书的编辑作出了卓越贡献,尤其是第二章、第七章和第九章的插图工作。基思·莱尔(Keith Lyle)和简·迈克康奈尔(Jane McConnell)在文稿整理与校对以及其他方面提供了非常有价值的帮助。在这里向他们表示衷心的感谢。我们还要感谢圣智学习出版公司(Cengage)的埃文斯(Evans E.)、罗森伯格(Rosenberg R.)、沃尔多(Waldo P.)以及图像世界出版公司(Graphic World Publishing Services)的奥康奈尔(O'Connell C.)在本书出版过程中给予的大力帮助。

以下的评论者对本版提供了宝贵的反馈意见,在此一并表示感谢,他们是:华盛顿大学的扎克斯(Zacks J. M.)、美国国际学院(American International College)的赛戈(Sego S.)、东南俄克拉荷马州立大学(Southeastern Oklahoma State University)的斯蒂芬(Stephens H.)以及明尼苏达圣玛丽大学(St. Mary's University of Minnesota)的塞拉斯(Thuras P.)。

本书的组织结构

实验专题	6	7	8	9	10	11	12	13	14	15
选择因变量								x		
因素混淆			x							
会聚操作		x								
平衡控制				x						
要求特征								x		
伦理问题									x	
实验控制/额外变量						x		x		
现场研究								x		x
结果推广					x				x	
交互作用			x		x					
心理量表	x									
操作定义	x						x			
准实验									x	
回归假象							x			
测量信度						x	x			
量表衰减					x					
因变量选择			x					x		x
小样本设计	x			x						x
言语报告		x				x				
被试内和被试间设计				x						

第一部分

研究的基本问题

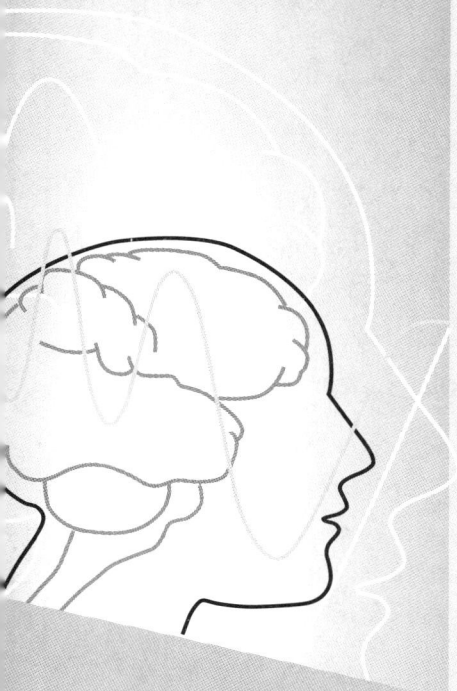

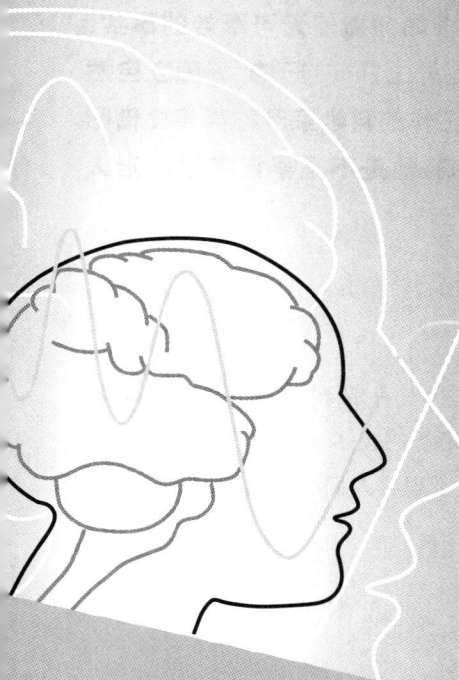

第一章
什么是科学心理学

4

试问任何一位科学家：什么是科学的方法？他可能会马上显露出一本正经的样子却又掩饰不住诡诈的眼神。一本正经，是因为他觉得自己应该有所交代；而眼神诡诈，是因为他正在盘算该如何掩盖无可奉告的事实。若是遭到嘲笑和追问，他可能会吞吞吐吐地说上几句"归纳"、"确立自然法则"之类的话，但若真有哪位从事实验室工作的科学家声称其将凭借归纳法来确立自然法则的话，我们就应该想到：他是不是早该卷铺盖走人了。〔P. B. Medawar〕

科学心理学的目的在于理解人们的所思所行。有别于那些依赖二手的、不规范知识来源的非科学家，心理学家借助多种完备的技术来收集信息和提供理论解释。请跟随下面这个研究过程思考一下用于理解人们所思所行的科学方法是怎样的。

▼　对大千世界的探索

社会惰化

生活中有一种常见的现象——您也许已经在许多场合看到过这种现象——在集体中工作的个体常常会"放松"他们的努力。似乎集体中大多数人倾向于让少数人去做事情。社会心理学家拉坦（Latané B. ）注意到了这种现象并决定进行实验研究。首先，拉坦查阅了以往的研究文献，为这种在集体工作中的个体产生懈怠的现象寻找证据，并将其称之为社会惰化。结果发现，最早的研究是由一位法国农业工程师（Ringelmann, 1913；Kravitz & Martin, 1986）所进行的。这位农业工程师林格曼设计了拉绳实验，他把被试分成单人组、二人组、三人组和八人组，要求他们用尽全力拉绳，同时他用灵敏的测力器来测量被试拉绳时的力量。如果被试一起拉绳的时候和单独拉绳的时候所使用的力量相同，那么一起拉绳的合力应是各人单独拉绳的力的总和。但是林格曼发现，二人组的拉力只是单独拉绳时二人拉力总和的 95％；而三人组和八人组的拉力则分别下降到相同个体单独拉绳时拉力总和的 85％ 和 49％。由此可见,在集体工作中,我们所注意到的别人(是否也包括我们自己?)看似没有用尽全力并不只是我们的想象,林格曼关于社会惰化的研究给我们的观察提供了一个典型例证。

拉坦及其同事(Latané,1981;Latané,Williams,& Harkins,1979)又继续对社会惰化现象进行了一系列的实验研究。首先,他们揭示了在拉绳以外的实验情境中也可以观察到这种现象;其次,他们还证明了社会惰化现象在一些不同文化背景中也会发生(Gabrenya,Latané,& Wang,1983),即使在儿童当中也是如此。由此可知,社会惰化是集体工作时存在的一个普遍特征。

拉坦(Latané,1981)把他的发现与说明人类社会行为的一个更为普遍的理论联系起来。实验研究所得的证据表明,社会惰化很可能是由责任扩散引起的。独立工作的人通常认为自己要对所从事的工作负责。然而集体工作时,这种责任感就扩散到其他人身上去了。同样道理,当老师提问时,若是处于连你在内只有三个人的小班中时,你会觉得回答问题是责无旁贷;但若在一个两百人的大班里,你则会认为回答问题是旁人的事儿。紧急危难中如果非你帮忙不可,你会觉得义不容辞;可是还有其他许多人也能助上一臂之力时,你的感受就不同了。

对某一现象开展基础研究可能带来的一个好处是,其研究结果有利于解决日后遇到的一些实际问题。美国社会所面临的一个重大问题在于难以保持较高的劳动生产率。尽管社会惰化充其量只是这个复杂社会问题中的一个因素,但是它仍然不容忽视。马里奥特(Marriott,1949)发现,工厂中大组工人的人均劳动生产率低于小组的。因此,对于实际工作来说,凡是能够解决社会惰化问题的基础研究都是非常重要的。事实上,威廉斯、哈金斯和拉坦(Williams,Harkins,& Latané,1981)在实验情境中也确实发现了消除社会惰化效应的条件。他们发现,在集体工作中,除了通常的对集体作业绩效进行监测外,也对其中的个体作业绩效进行监测,个体就会像单独工作时一样认真努力。当然,解决实际中的社会惰化效应还需要更多的研究,但是即使简单地测量一下集体中的个体作业绩效,仍然会有助于消除社会惰化效应,提高生产效率。威廉斯等人提出的解决办法可能看似简单,但在许多工作中,人们通常只是监测集体作业绩效,却忽略了对个体的监测。

拉坦对社会惰化现象的研究就是一个典型的心理学研究范例,它告诉了我们，大千世界中一个令人感兴趣的现象是如何被引入实验室并在受控方式下进行研究的。如果实验设计精巧缜密，那么在对事物的理解方面，实验研究会比观察和内省要优越得多。本书主要探讨实验研究的正确步骤——如何提出假设、如何安排实验来检验假设，以及如何收集实验数据并加以分析和解释。概略地说，本书试图阐述应用于心理学的科学调研的基本方法。

在探讨科学研究的具体方法之前，让我们先利用本章所剩篇幅来解释一些基本的问题。我们将以社会惰化的研究为例来说明心理科学的目的、来源和性质。

好奇心：科学的源泉

科学家渴望弄清楚事物的来龙去脉。他们的这种渴望与孩子或对现实世界充满好奇的其他成年人没有什么不同。但是，漫不经心的观察者遇到不能解释的事情（例如，为什么水池里的水总是逆时针地流进下水管道，为什么集体工作时个体会不太努力，等等）时，并不会产生特别强烈的挫折感。可是职业科学家却有一种强烈的欲求要将问题弄个水落石出。科学家的好奇心并不比非科学家的多，只是他们更愿意多下功夫去满足自己的好奇心。由于科学家不能忍受悬而未决的疑问，于是发展出一些科学技术来解答这些疑问，以便使自己从好奇心中解脱出来。也正是由于对这些技术的审慎使用，才使得科学家们的好奇心与普通人的好奇心变得不同。

科学技术的一个共同特征是怀疑主义。怀疑主义是一种哲学观念，主张对一切知识的正确性进行质疑。因此，一切调研都必须伴以合理的怀疑。没有任何一个科学事实能够被百分之百地确证。例如，桥梁工程学是一门实践性的学科，它是在物理学、冶金学等学科基础上发展而来的。而绝大多数人开车过桥时也不会担心大桥是否会坍塌，因为大家都认为精心养护的桥梁是安全的。然而，2007年夏天，连接明尼苏达州的明尼阿波利斯市和圣·保罗市的一座大桥却坍塌了。这样的事件势必引发人们去进行更深入的研究，而未来所建的桥梁也就会更加安全。本书论及的许多工具，如统计学，能够帮助持怀疑主义的科学家去验证他们的合理怀疑。

我们已经说过，心理学家想要努力弄清楚人们所想所为的原因。那么，科学的好奇心有什么用途？借助它又能达到什么目的呢？下面我们就来详细讨论这些问题。

▼ 知识的来源

信念的确立

科学方法是我们从周围世界获取知识的有效途径。那么，是哪些特征使其成为一种得心应手的工具，从而让我们知晓事物的本质并确立信念呢？回答这个问题的最佳办法也许是将科学与确立信念的其他方式进行对照比较，因为科学是形成正确信念的唯一途径。

一百多年前，美国哲学家 C·S·皮尔斯（Peirce，1877）将获取知识的科学方法与被他称为权威、注意凝聚和先验的另外三种信念确立的方法进行了比较。在皮尔斯看来，最简单的信念确立方式是相信他人之言。一个受人信赖的权威会指出什么是正确的、什么是错误的。儿童相信父母所说的话，因为他们认为父母总是对的。随着年龄的增长，他们会失望地发现，一旦遇到天体物理学、微观经济学、计算机技术以及其他专业领域的问题时，父母亲也并非总是正确的。虽然这会使儿童对父母的早年教诲心存怀疑，但也不至于全盘否定这种信念确立的方式。只不过，他们可能会去寻找其他权威。宗教信念就是以权威方式确立的。当天主教儿童早已不再把父母视为一切知识尤其宗教教义的来源时，他们也许依然相信教皇总是对的。而相信电视上所看到的新闻则意味着你把美国有线电视新闻网（CNN）或别的新闻网络当作权威了。你相信你的老师，因为他们是权威。由于人们缺乏考证自己全部所学的渠道，因此许多知识许多信念只好通过权威影响的方式来获得。如果对权威确立信念的能力没有疑义的话，那么这种方式可以说既轻松又可靠。在纷繁复杂的世界里，能够完全相信摆在你面前的种种信念，实在令人愉快。

第二种信念确立的方式是指人们不顾已知的相反事实仍然固守着自己已有的知识并拒绝改正。正如皮尔斯所说的，注意凝聚常常可以在种族偏见者中看到。他们恪守着某种社会成见，即使面对着强有力的反例也照样如此。尽管通过注意凝聚所确立的信念不尽合理，但是我们也不能说它全无价值。注意凝聚就是对事物保持固定不变的看法,因此它也许可以在一定程度上减轻人们的紧张与心理不适。

皮尔斯所说的第三种信念确立的方式是先验。在此,先验一词表示人们不经过研究或考证就相信那些看上去似乎合理的预存信念。貌似合理即可信。这种方式实际上是权威影响的延伸,只不过没有所盲从的特定权威罢了。一个社会总的文化观对个体信念的确立也发挥着先验性的影响。世人曾经相信地球是平的,而且还顺理成章地推测太阳就像月亮那样绕着地球转。确实,如果不是从宇宙飞船中眺望的话,地球看起来的确是平的。

在形成或确立信念的时候,注意凝聚和先验都尽量避免受对立观点的影响。注意凝聚的人,对别人的观点即使注意到了也完全不予考虑。因此,有着种族刻板印象的人会固执地坚守自己的信念,即使举止大方的别族绅士就在眼前,他们也会不以为然。而持先验观点的人则是根本不去注意其他的观点和事实。例如,如果他们认为地球是平的,那么船舶离港远去时从下而上渐渐消失的事实他也会视若不见。

皮尔斯所说的最后一种信念确立的方式是**科学的**方法,即把信念建立在经验的基础上。科学是建立在某种假设之上的,这一假设就是,事件的发生都有其原因,我们可以通过受控的观察去发现这些原因。这种认为可以观察到的原因决定事件的发生的观点即为决定论。如果我们把科学心理学(以及一般的科学)定义为是在经验观察的基础上寻求现象解释的可重复并可自我校正的事业,那么我们就能看到科学方法所独有的长处。下面我们就来看看**经验的**和**自我校正**这两个词语的含义并考证科学方法有哪些长处。

科学方法的第一个长处是强调经验观察。而其他任何方法都不是依靠对现实世界的系统观察所获得的资料来确立信念的,也就是说,信念的确立并不是偏重于经验性的。经验性源于一个意为"经验、经历"的古希腊词语。靠经验来确立信念就意味着,与信条相比经验才是知识的源泉。因此,受权威影响而确立的信念很难百分之百地正确,因为人们无法保证权威的观点就是以事实为依据的。从定义来看,注意凝聚的方式拒绝考虑事实,先验也如此。其他的信念确立方法虽然考虑了事实,但通常又不系统。例如,因果观察就是一种会导致错误信念的"方法",它使得亚里士多德也相信地球是平的,而每年春天青蛙会自己从泥土里长出来。

　　科学方法的第二个长处是,其为人们提供了判断信念正误、优劣的程序。持不同信念的人们发现他们的观点难以调和。科学方法恰恰解决了这个难题。原则上,任何人都能做经验观察。这就意味着科学数据是公开的,并且可以重复获得。通过公开的观察可以对新旧信念进行比较,如果旧信念不符合经验事实就予以抛弃。但这并不等于说科学家们在抛弃过时的信念上都很干脆,事实上,信念的改变是一个缓慢的过程,但最终结果必然是错误信念的清除和科学信念的确立。公开的经验观察是科学方法的基石,正是它使得科学拥有了自我校正的属性。

▼　科学解释的性质

何谓理论?

　　理论可被粗略地定义为解释多个事件的一组相关表述。事件越多表述越少,则理论越好。万有引力定律可以解释苹果的落地、过山车的运行及太阳系中各天体的位置等大量事件,因此它是一个强有力的理论。但这不等于说它是一个正确的理论,因为有些事件它也不能解释。

　　在心理学中,理论具有两大功能:第一,它为数据的系统化和有序化提供框架——也就是说,它是科学家组织数据的便利方法。即便是最称职的归纳法科学家最终也难以记住众多的实验数据,而理论则可被当作一种分类系统来帮助实验者组织结果。第二,它使得科学家在数据收集之前就能够作出预测。预测越准确理论就越好。科学家们常常怀着良好的愿望去验证某一理论,却会从该理论出发,就同一种情境得到不同的预测结果。这种令人遗憾的事情在心理学中更为普遍。心理学的许多理论都是以松散的文字来描述的,而物理学的理论则要规范得多,并且借助于数学实现了更好的量化。尽管心理学家们正通过使用诸如数学方法和计算机模拟等规范化的手段使其表述日趋精确,但是具有代表性的心理学理论仍然不如既有的老牌学科那样严密精确。

　　让我们来看看拉坦就社会惰化现象所提出的理论是如何实现其组织功能和预测功能的。在拉坦的研究中,责任扩散理论充分发挥了其组织功能,它把有关社会惰化的大量数据都串联起来了。更为重要的是,这个理论似乎还可以说明许多其他的事件。例如,拉坦(Latané, 1981)注意到,放在餐厅桌子上的小费金额与参加晚宴的人数成反比。同样,参加葛培理布道会的人越少,其中皈依基督的人数比率就越大。最后,拉坦和达利(Latané & Darley, 1970)在其著作(本书将详细讨论该著作)中指出,在危急关头人们出手援助的意愿,与当时在场者的人数成反比。所有这些结果都可归属到责任扩散的概念之下,因为它断言人们在群体中比单身独处时感到的责任要小,所以群体中的个人更少可能对突发事故实施援助,也更少可能留下数目较大的小费,如此等等。拉坦的理论也就他人在场对个人行为的影响作出了相当准确的预测。事实上,该理论也有一种使用数学公式来表述主要假设的形式(Latané, 1981)。

理论的提出是为了把概念和事实组织成紧凑连贯的体系,并进而预测未来的事件。有时,理论的两种功能——组织和预测——也被分别称为描述和解释。令人遗憾的是,用这种方式来阐述理论的作用,常常会引起归纳法与演绎法何者更好的争论。下面一节的论述表明,这样的争论是不会有结果的。在崇尚演绎法的科学家眼中,归纳法只关心描述;而崇尚归纳法的科学家却反驳道,描述就是解释——如果一个心理学家通过恰当地组织众多结果来作出正确预测并控制所有行为的话,那么该心理学家也在进行着行为解释。其实这两种观点都没错,因而争论是无益的。假如所有的数据都能被恰当地组织起来,那么即使没有理论描述的正式体系,预测也能够进行。然而并非所有的数据都能被恰当地组织起来,而且也许永远无此可能,那么就有必要用理论来沟通已知与未知了。但请记住,理论从来是不完善的,因为并不是所有的数据都能够被搜集到。所以,有关归纳法和演绎法何者才是通向真理的王者之道的争论我们也只是稍作提及。另外,描述与解释也许是等同的,因为它们对研究路径的描述都多于对最终理论的描述。因此,为了避开这个陷阱,我们把理论的两个功能称为组织和预测,而不是描述和解释。

归纳与演绎

通向科学的所有途径都具有某些特定的基本要素。其中最为重要的是**数据**(经验观察)和**理论**(组织概念和预测结果)。科学需要运用数据和理论,在前述社会惰化的研究中可以看到数据与理论之间的复杂联系。但是,在科学史上科学家们关于数据和理论孰轻孰重、孰先孰后却意见不一。这种争论就像无法确定是先有鸡还是先有蛋一样。事实上,在对事物本质的探索上,数据和理论同样重要,二者缺一不可。

尽管培根提出数据和理论都很重要,但他仍然认为科学的基础是经验观察。现代科学家也重视数据,并把科学的发展视为从数据到理论的过程。这就是人们所说的**归纳**,即从特定的数据出发通过推理而导出一般的结论。相反,强调用理论预测数据的方法是**演绎**,也就是从一般理论出发通过推理而得到特定的结果(图1-1)。鉴于许多科学家和科学哲学家对这两种推理方法的重要性有着争论,我们就在此略作讨论。由于经验观察把科学方法从确立信念的其他方法中区分出来,因此许多人就认为从数据到理论的归纳程序恰恰是科学方法的真实过程。正如哈里(Harré, 1983)所说,"观察到的事件和实验的结果合称为'数据',它们为科学思想的摩天大厦奠定了坚实的基础"(p.6)。比如,由实验所得到的社会惰化事实引出了一个更普遍的社会心理学理论——责任扩散理论。

10

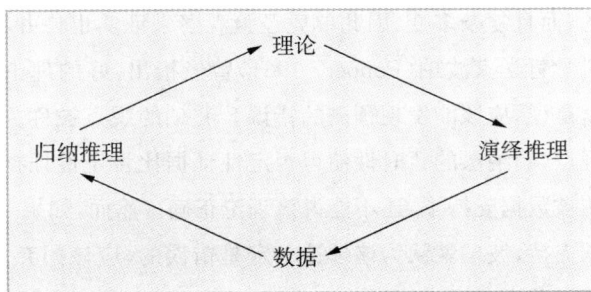

▼ 图1-1
理论可以组织和预测数据。通过演绎推理,特定的事件(数据)可以被预测;通过归纳推理,数据又揭示了其组织原则(理论)。这种相互之间的循环关系表明,理论是组织数据的暂时方案。

纯粹使用归纳法进行科学研究会遇到经验观察终极性的问题。科学的观察都是在一定的情境中进行的,因此由它所归纳出的理论或规律必然有其局限性,以至于后来在不同情境下所做的实验可能会得出不同的理论,或者对以往的理论有所修改。所以,当新的实验结果出现后,既有的以特定实验结果为基础所归纳出的理论可能（而且通常可能）会有所改变。当然，受权威和注意凝聚等方式影响所确立的信念除外。总之，从观察中归纳出的理论只是暂时的，绝非终极真理。这种由于持续的实验研究引起的理论的不断变化，恰恰说明了科学本身的自我校正性质。

相反，演绎法则强调先有理论后有观察。他们认为，社会惰化研究之所以有科学性，就在于它是在正式的社会惰化理论指导下所进行的经验观察。而且，更具一般性的责任扩散理论可以为社会惰化现象提供解释。演绎法高度重视成熟的理论，而偶然的观察、非正式的理论及数据主要起辅助作用，以丰富更具解释力和预测力的理论。

从演绎法的观点来看，科学理解的涵义在某种程度上是指理论能够预测某种特定的经验观察。比如，在社会惰化的研究中，责任扩散理论提示，对群体中的个人绩效进行监测可以减少责任的扩散，并可以观察到社会惰化的数量的减少。事实证明，这个预测是正确的。

正确的预测揭示了什么呢？如果一个理论能够被实验结果所证实，那么推崇演绎法的科学家就会更加确信该理论的正确性。但是经验观察是永无穷尽的，而且复杂多变，因此单凭经验观察来证实也许并非接受或拒绝理论的关键。科学哲学家波珀（Popper，1961）曾经指出，好的理论一定是会出错的理论。也就是说，应该能发现预测的错误。波珀的观点被称为**可证伪观点**。根据这样的观点，归纳法的暂时性使得否定性证据比肯定性证据更重要。如果某一理论预测被数据支持了，还不能说该理论正确。然而，如果一个理论导出的预测没被数据支持，波珀就认为该理论一定是错误的，应该抛弃。在波珀看来，理论永远不能被证真，只能被证伪。

波珀关于理论难以被证真的观点，可以通过对一具体事例的思考来说明：例如，提包里的弹子球全是黑色的吗？回答这个问题的有效办法就是从提包中摸出一个来检查一下。如果摸出的这个弹子球是黑色的，你能据此得出结论说提包里的弹子球全是黑色的吗？事实上，当一个结果（比如一个黑色弹子球）与某个理论一致时并不能证实该理论，因为提包里还可能有白色的弹子球。于是再摸出一个……这样，又摸出了十个弹子球——十个都是黑色的。那么，现在可以说提包里的弹子球全是黑色的了吧？不行。提包里也许就只有一个白色的弹子球。你得把提包里的弹子球都取出来才能确定其中没有白色的。若想反驳这一理论非常容易,只需摸出一个白色的弹子球就大功告成了;而要证明它为真却很困难,至于该理论能否被证真就要看提包的大小了,如果这只提包无穷大,那么它永远也不能被证真,因为下一个将被摸出的弹子球或许就是白色的!

普罗科特和卡帕尔迪(Proctor & Capaldi,2001)针对波珀的观点提出了两点反对意见。首先是逻辑上的问题(Salmon,1988)。既然任何一种理论都可能被下一个实验所推翻,那么已经出现的支持该理论的实验数量就变得无足轻重了。这样一来,得到众多实验支持的理论也就不一定比从未经过检验的理论更具预测力。这种观点显然是与科学家们的实证观点相悖的,因为科学家们更倾向于支持那些得到过众多实验验证的理论。而实证观点(Kuhn,1970)正是普罗科特和卡帕尔迪用以反对可证伪观点的第二个理由:某一理论如果要为人们所接受,首先应该具有的是对已经存在的现象进行解释(或者组织)的能力,而不是对新结果进行预测的能力。

演绎法的问题与其演绎的理论本身有关。绝大部分理论都包含着很多有关现实世界的假设,而这些假设又很难被验证,其中有些可能还是错误的。比如,在拉坦的研究中就存在一个基本的理论假设,即实验情境中的个体行为与拉坦所要研究的生活中的社会惰化行为相同。虽然这是个合理的假设,但当个体处于不自然的情境中被观察时,他们常常会作出一些特殊的反应,这种反应性我们在后面的章节中会讲到。由此可知,拉坦的这个基本假设有时候可能是错的。如果未被验证的假设是错的,那么对某一理论进行证伪的实验即使可能已经达到了目的,但其证伪的理由却是错的。也就是说,这种验证可能是不合理的或不恰当的。因此可知,演绎法本身是不能产生科学理解的。

读到这儿,你也许会感到诧异:倘若归纳法和演绎法皆非百试不爽的好办法,那么科学的理解是否还可能?不要失望。科学是自我校正的,它能够为问题提供答案,不管这些答案具有怎样的暂时性。科学的理解会随着研究工作的深入而不断改进。我们现在对社会惰化现象的理解,就比拉坦及其合作者开始研究之前要深入得多。总之,通过归纳法和演绎法的结合(见图1-1),科学的理解会越来越透彻。

在对本节内容进行总结的时候,让我们再来探讨一下社会惰化的问题。起初,各种肯定性的实验结果支持了社会惰化问题的一般观点。反过来,这些结果又引出了有关社会惰化的性质方面的假设。这种现象是否普遍到连那些群体取向的个体也会受其影响? 它真的会像发生在实验室里那样发生在工作场所吗? 对这个问题的肯定回答是与社会惰化现象的责任扩散解释相一致的。

在第二个阶段的研究中,拉坦及其同事试图排除其他关于社会惰化的理论解释。他们采用的方法是对其他的理论进行证伪。在他们的早期工作中,对某一特定的个体,他们既测量其在单独状态下的拉力,也测量了其在集体作业中的拉力。在这种情况下,拉坦等人猜测,个体在集体工作中放松努力是为了把更多的力量分配到单独测试的任务上去。为了排除力量分配而非责任扩散导致了社会惰化的可能性,拉坦等人又做了另外的一些实验。在这些实验里,要么只测试个体的单独工作状态,要么只测试其集体工作状态,而不是对其两种工作状态都进行测试。结果与力量分配假设相矛盾,社会惰化现象只出现在集体测试中(Harkins, Latané, & Williams, 1980)。至此可以认为,在对社会惰化现象的解释上责任扩散较之力量分配更为恰当。

综上所述,实验研究都是由层层递进的实验组成。它们让相互对立的两种相关理论一决雌雄,结果常常是一种理论被排除而另一种因受到实验支持得以保留。当然,后继的对责任扩散理论的验证结果也许会与之相矛盾,也许会在某种程度上对其作进一步修正完善,而当有足够多的否定实验结果出现时,这一理论就会被抛弃。但不管怎样,通过上述研究,我们对社会惰化现象的存在及起因都有了合理的认识,我们知道了责任扩散引起社会惰化。只是我们更应该知道,在帮助我们获取这种认识的过程中,归纳和演绎都功不可没。

从理论到假设

理论是无法被直接检验的。也不会有什么神奇的实验可以证明某个理论正确与否。不过,科学家们可以用实验来检验那些从理论推导而来的假设。那么,确切地说什么才是科学的假设? 它们又是从何而来呢?

将假设与通则(generalization)区分开来很重要(Kluger & Tikochinsky, 2001)。假设是一种非常明确的可验证的陈述,可以依据观察数据对其作出评估。例如,我们可以假设:与年轻驾驶员相比,年龄超过 65 岁的老年人在夜间驾驶车辆左转横越过往的车流时发生交通事故的频率更高。通过查阅警方的交通事故记录，再借助一些数学统计（见附录 B），我们就可以得知这一假设是否正确。而通则是一种较宽泛的无法直接验证的陈述。例如，我们可以概括地说，老年人开车无论什么速度都是不安全的，应该对他们的驾驶证加以限制，比方说不可以在夜间驾车。由于"任何速度都是不安全的"这一定义并不清楚，因此这样的陈述是无法检验的。同样，这样的概括也没有说明老年驾驶员的年龄范围。不过，我们倒是可以从中推导出一些可加以检验的假设。

图 1-2 示意了这一过程。每一个通则都可以产生不止一个的假设。为了简化图示，我们只列出了两个假设。但是一个好的通则应该能够产生许许多多的假设。比如，年老驾驶员的通则就可以产生许多发生在年老驾驶员群体中有关不同交通事故和行为的假设：碰撞到停驶的车辆、未打转向灯、行驶在人行道上、倒车时撞上别的东西、未能保持自己的车道等等。这些假设可以通过对现实中的道路交通情况的观察而加以检验，也可以在封闭的测试车道上进行（如果通则是真的话，这种方式对驾驶员来说会更安全一些），或者使用驾驶模拟器（对驾驶员来说这是最安全的方式）。

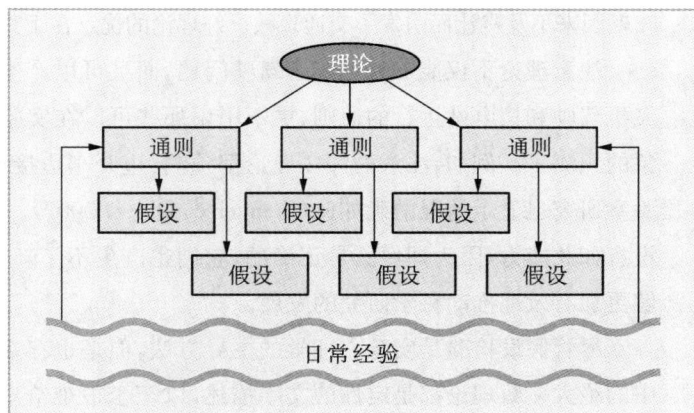

▼ 图 1-2
众多的通则形成众多的假设。

既然我们已经解释了假设来自通则，接下来就可以进入下一个问题：通则又是从何而来呢？按照图1-2所示，通则有两种来源：或者来自理论，或者来自经验。虽然图1-2中只显示了三个通则，但是一个好的理论能够产生众多的通则。你也许会认为有关年老驾驶员的通则来自经验而非理论。你也许亲身体验过坐在你爷爷驾驶的汽车里，这种经历使得你非常认同这一通则。这是一个以经验观察为基础的归纳过程（见图1-1），即你偶然观察到了老年人的驾驶行为。这种经由归纳过程而形成的假设被称为常识性假设。虽然对常识性假设的检验曾一度为实验心理学所排斥，因为人们认为这样的检验比不上对那些有理论基础的假设的检验，但是现在大家对常识性假设的价值已有了新的认识（Kluger & Tikochinsky, 2001）。

尽管如此，绝大多数的心理学家还是更愿意去检验建立在理论基础之上的假设。在这种情况下，通则就是从理论演绎（见图1-1）而来的。有关年老驾驶员的通则可以演绎自注意、知觉以及决策等理论（Kantowitz, 2001）。随着年龄逐渐变老，我们注意多重任务的能力在逐渐降低，作出的决策也更加保守，而且完成任务所需的时间也会更长。所以，一个年老的驾驶员可能会：(a)在夜间看不清来往的车辆；(b)在注意力集中于收音机或者行人时注意不到来往的车辆；(c)花费了很长时间来决定左转是否安全，以至于当其最终转向时已经太晚了，过往车辆因来不及避让而引发了交通事故。好理论的优点在于其能够产生许多通则。

注意理论不仅能够处理年老驾驶问题，而且可以产生许多有关实际情境如飞机驾驶和核电站运行的通则，更不用说那些可以在实验室里进行验证的更抽象的预测了。例如，注意的许多理论都预测：边开车边接打手机是危险的，而实验室研究也显示情况的确如此（Steayer & Drew, 2007）。然而，常识性的通则却没有如此能力，因为即便其是正确的，它们也产生不了新的通则。因此，理论能够更加有效地推动科学研究的发展。

尽管假设检验是实验心理学的主导方法，但是也存在着其他观点。心理学中的绝大多数理论都是定性的文字描述，以至于很难给出数学形式的预测。如果使用数学方法或者计算机模拟的方法建立起一定的模型，就有可能对这个模型的各种参数作出估计了。参数估计是一种优于假设检验和曲线拟合的方法（Kantowits & Fujita, 1990）。而且，随着心理科学的不断发展，参数估计不仅可以弥补假设检验的不足，甚至会取而代之。事实上，科学哲学界已经兴起了一种自然主义运动。自然主义对当前所使用的假设检验这样的方法是批判性的,它的触角已经触及心理学领域(Proctor & Capaldi, 2001)。自然主义认为,方法论的标准不能因为其逻辑前提的存在就一成不变,而应该随着客观实际不断发展变化。

评估理论

经验丰富的科学家不会试图去判定某一理论的绝对真与绝对假。理论评估不是黑白分明的事情。有时,人们明明知道某个理论不尽正确,但还是继续使用它。现代物理学中,有的理论把光说成是离散的粒子(量子),有的理论又称它为连续的波。逻辑上光不可能同时兼为此二者。因此你可能会想,两种理论中至少有一种是错的。事实上,物理学家却容忍了这种模棱两可(虽然这样做并不愉快),而且还在不同的场合使用不同的表征——量子或波,只要它们是恰当的。科学家不会直截了当地声明某一理论是正确的,而是常常声称该理论得到了大量实验数据的支持,这样便为不支持该理论的新数据的出现留下了余地。尽管如此,科学家仍然需要对现存的理论进行比较并找出最好的一个。如前所述,解释只是暂时的和尝试性的,但科学家总是有必要确定目前哪一个理论是最好的。评估理论的明确标准有三个,即简洁性、准确性和可验证性。

前面我们提到表述越少理论越好时,就已经暗示了理论评估的一个重要标准。这个标准就是简洁性,有时也以威廉的出生地——英格兰的奥卡姆命名,称做奥卡姆剃须刀(Occam's razor)。如果每一个结果都有解释它的单独表述,那么显然这样的理论不具有简洁性。只需很少的概念就能解释许多结果的理论才是强有力的。因此,如果两个理论所包含的概念数目相同,那么其中能够解释更多结果的理论更好。如果两个理论能够解释的结果一样多,那么使用概念较少的理论更好。

准确性也是一个评估标准。心理学由于常常缺乏准确性故而显得尤其重要。在其他方面相等的情况下,使用数学公式来表述的理论,较之那些以松散文字来表述的,更为准确。理论应该尽量地准确,只有这样才能让不同的研究者都同意它的预测,否则毫无用处。

可验证性是不同于准确性的又一个标准。有时某个理论可能很准确但却无法被验证。例如,爱因斯坦刚刚提出质能等式($E = MC^2$)时,核技术根本无法验

15

证它。科学家非常重视理论的可验证性标准,因为一个不能被验证的理论是无法证伪的。也许你会认为无法证伪是好事,这样一来人们就不可能说该理论是错的。但是科学家却持相反观点。例如,对 ESP(超感官知觉)的探讨。相信它的人认为,只要一个不相信 ESP 的人在场就足以妨碍其表演的顺利进行,因为不信者会发出"不良振动"干扰 ESP。故而 ESP 无法被评估,因为示范它时只许信徒到场。科学家对 ESP 的这种逻辑是持保留态度的。而大多数科学家尤其心理学家是怀疑 ESP 的。对待信念的科学态度应该是:先用经验观察进行证伪,只有那些经得起证伪的信念才能继续保留;此外,还应该知道任何信念都有可能在将来的经验观察中被证伪,因此不可把信念绝对化。科学家所使用的理论都是在逻辑上具有可验证性的,其中有的已经被验证了,有的由于技术问题当时无法被验证,这种情况下评估可以延迟进行,就像爱因斯坦的质能等式那样。科学家从来不使用逻辑上不能被验证和评估的理论。

最后,理论必须与其解释的数据相匹配。尽管与数据的适配性并不是接受某一理论的充分条件(Roberts & Pashler,2000),但是无法与数据相吻合的理论更没有理由去相信(Roberts & Rowe,2000)。

中介变量

理论常常是由对变量及其作用的描述而构成的。本书的第三章将详细论述变量的问题。这里我们先简单介绍一下自变量和因变量。自变量是由实验者操纵的变量,例如,几个小时不让小白鼠喝水,于是就产生了被称为剥夺饮水时间的自变量。因变量是由实验者观察到的变量,例如,实验者看到的小白鼠的饮水量。

科学试图通过自变量和因变量之间的联系来解释大千世界。在自变量与因变量之间存在着联系它们的一组变量,科学家把这组变量概括起来称为中介变量。重力就是一个众所周知的中介变量。它既可以与自变量——物体的降落高度——相联系,也可以与因变量——物体落地时的速度——相联系。而且重力能够概括各种物体降落时高度对速度的影响,比如苹果落地、棒球落地等。就像重力这样,一个单独的概念可以解释许多不同情境中的结果时,科学就向前迈进了一步。

米勒(Miller,1959)曾经解释过,像干渴这样一种中介变量是如何有效地组织实验结果的。图 1-3 示意了从自变量——剥夺饮水时间,到因变量——压杆次数之间联系的直接路线和间接路线。不让小白鼠饮水的时间就是自变量剥夺饮水时间。在笼子里,为了得到水喝小白鼠用脚爪按压杠杆的次数就是因变量压杆次数(每分钟几次)。直接路线是用一个箭头来连接剥夺饮水时间和压杆次数,实验后我们可以建立起剥夺饮水时间和压杆次数之间直接联系的数学公式。间接路线是用两个箭头来连接,第一个是把剥夺饮水时间与中介变量干渴联系起来,第二个是把干渴与压杆次数联系起来。由于间接路线比直接路线多一个箭头略显复杂,你也许会认为科学家更喜欢直接路线的解释。的确,如果该研究只是要找出剥夺饮水时间与压杆次数的关系,你的猜想是正确的,因为科学喜欢简明的解释而不是复杂的。然而,正如我们将要阐述的,科学的目标是要更具概括性。

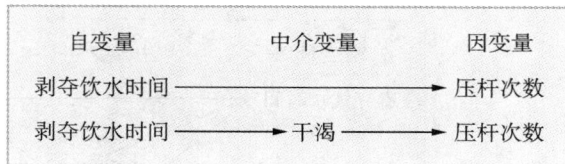

▼ 图 1-3
一组变量。

图 1-4 示意了两个自变量和两个因变量之间的关系。其中自变量是剥夺

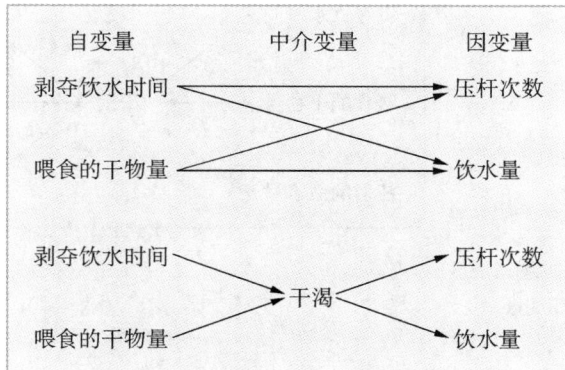

▼ 图 1-4
两组变量。

饮水时间和喂食的干物量,因变量是压杆次数和饮水量。这里再次列出了直接的和间接的解释路线。由图 1-4 可知,直接路线和间接路线变得同样复杂了,都要用四个不同指向的箭头来标记。

图 1-5 示意了三个自变量和三个因变量之间的关系。其中自变量是剥夺饮水时间、喂食的干物量和注射的盐水量(通过插入小白鼠胃中的软管注射盐水),因变量是压杆次数、饮水量和用以阻止小白鼠饮水所需的奎宁剂量。同样也列出了直接和间接的解释路线。从图 1-5 所看到的却是直接方法比间接方法更复杂,直接方法要用九个箭头,间接方法只需用六个。所以,当科学试图描述较多的变量及其关系时,中介变量就显得更有效和更必要了。

17

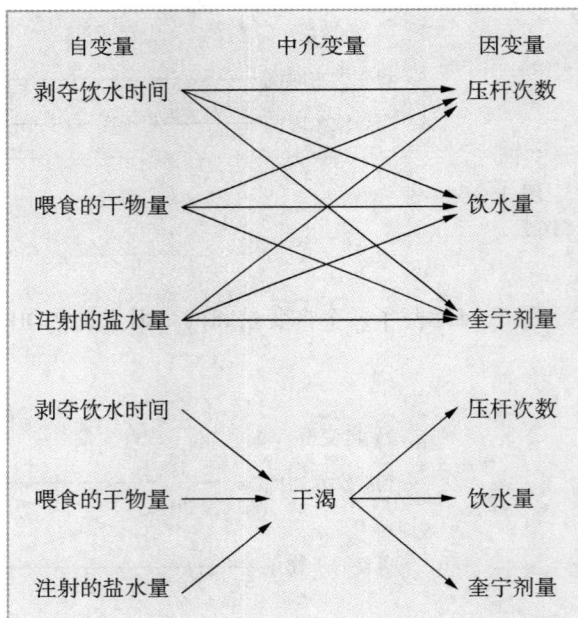

▼ 图 1-5
三组变量。

中介变量还有一个好处就是:不管它是怎样产生的,都会对所有因变量产生相同的影响,正如上述实验中小白鼠的干渴一样。而且中介变量的这一优点是可以被实验证明的。如果中介变量不具备此优点,那么我们完全可以抛弃有关中介变量的所有论述。后面章节中我们将在会聚操作的题目下讨论这个问题。

徜徉于心理学理论中的"狐狸"和"刺猬"

实验心理学中的研究常常是根据其研究领域来组织划分的。实际上,本书第二部分的各章也分成了知觉、记忆以及社会影响这样的领域。这种取向也是多知的狐狸的行事方式(图1-6)。不过,在心理学的历史上情况也并不总是如此。有些心理学家(如 James,1890)就曾试图为心理现象寻求一种大一统的解释。这种取向即为大知的刺猬的行事方式(见图1-6)。

18

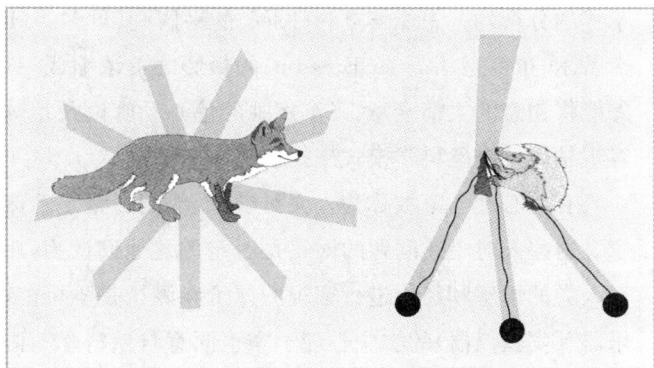

"狐狸有多知,刺猬有大知。"——阿基洛科斯(Archilocus)

▼　图1-6
心理学理论的多元取向(狐狸)和一元取向(刺猬)。

这两种取向都面临着巨大的挑战。居于主导地位的取向在各分支领域之间构筑起坚固的壁垒。为了更好地避免来自其他分支领域的干扰,教师都来自同一个领域,而他们自己也乐意在本专业领域内寻找职位。研究生也是分专业进行培养,并要求完成相应的必修课程,这使得专业分化在学生身上成了不可改变的事实。甚至连学位评审委员会的成员也是按专业组成的。这样培养的新博士在走上工作岗位后,会因为无法开展跨专业的合作而解决不了任何重大的实际问题。

近来,越来越多的人开始支持更为一元(刺猬)的心理学取向(Sternberg,

Grigorenko & Kalmar，2001）。这些理论家们试图把那些相互对立的理论整合在一起，并强调理论的解释功能要比预测功能更为重要。如果这一目标能够实现的话，理论整合将是一件非常有意义的事情。不过，造成目前心理学理论体系四分五裂的原因在于早期的理论整合无法涵盖心理学的各个分支学科，那么新的理论整合者是否具备了这样的实力呢？

▼　心理科学

　　一些学生觉得心理学很难被看成自然科学，无法与物理学、化学等相提并论。他们觉得，人类生活的某些方面，比如艺术、文学和宗教，是无法进行自然科学式的分析的。怎能将克利（Klee）的平版画、贝多芬（Beethoven）的奏鸣曲或者卡蒂尔-布雷森（Cartier-Bresson）的摄影之美浓缩成一个个冰冷的科学等式呢？怎能将初恋的柔情蜜意、飞车疾驰的惊心动魄以及足球队失败后的伤心欲绝用客观枯燥的自然科学模式来把握呢？

　　有些心理学家被称为人文科学家，他们通常是临床心理学家和咨询心理学家。这些人对上述问题的回答是否定的。他们认为，用传统的自然科学方法来对人类的情感和经历进行客观的评价和测试是不可能的。甚至拥有各种"铜管乐器"（实验仪器）的实验心理学家也同意自然科学有限论。自然科学的确是有限的，虽然它能证明万有引力的存在，但却无法确认上帝是否存在。自然科学只在其有效可行的地方发挥作用（见第十四章）。这并不意味着在自然科学不敢涉足的地方就不能获得知识，我们可以通过非自然科学的手段去获得。事实上，人类生活的许多重要领域，如伦理、道德、法律等等，也正是这样建立起来的，它们至今尚未从精密的科学分析中有所得益。

　　然而，大多数科学家始终相信科学分析最终将适用于这些领域。当代心理学的许多部分过去都曾属于哲学范畴，后来随着心理学研究技术的发展，有关人类知识、技能和行为等的研究就转移到了科学的王国。而且，现在的大部分心理学家都相信，心理科学能够最终解决人类生活的所有方面。对心理科学所取得的进步的嘲弄，就像曾经批评国家自然科学基金会支持恋爱研究的那位参议员所为一样，将无法阻止心理科学前进的脚步。总之，人们对心理学的应用性表示关注是有效的和重要的,置之不理绝对不是解决问题的办法。

心理学与现实的世界

心理学家与其他的科学家一样,都有从事自身专业的种种原因。证明心理学研究对人类有益很容易,但在此我们要着重强调的却是,"对人类有益"并不是心理学成为一种职业和事业的唯一重要理由。事实上,许多科学家钻研某些问题,只是因为他们对这些问题本身感兴趣。有位同事说,他之所以研究豚鼠是因为豚鼠激发了他的好奇心。对此我表示理解和赞同。确实,科学家做动物实验是因为以人为研究对象不道德或不现实,比如关于长期拥挤、惩罚、药物作用等的研究。但动物行为本身的趣味性也是一个同样重要的原因。

科学研究常常被区分为两大类型:基础研究和应用研究。应用研究旨在解决某一具体问题——例如怎样治愈尿床,而基础研究则没有实际的直接目标。基础研究积累起丰富的数据、理论解释以及应用研究者可随手取用的概念。没有这些,应用研究很快就会干涸停滞,除非应用研究者再变成相应的基础研究者。基础研究确立的概念需要很长时间才能为社会所应用。亚当斯(Adams,1972)追踪调查了对社会来说很重要的五个研究成果,以便从中发现基础研究的作用。结果显示,尽管基础研究对重大事件的贡献达到了 70%,但是这些研究成果在其被最终采用的 20 年到 30 年前就已经出现了。漫长的时间滞后掩盖了基础研究的重要作用,以至于很多人错误地认为基础研究对于社会并没有多大作用。要想说清楚目前正在进行的基础研究中哪一个将在 30 年以后发挥作用的确很难,但这种不可预测性并不意味着我们应该停止基础研究。

尽管绝大多数实验心理学家乐于沿袭科学家—实践家模式,即将应用研究建立在基础研究的成果之上,但近来它受到了双轨体系的冲击(Fishman,Neigher,1982;Howell,1994)。双轨体系强调基础研究和应用研究应该分开。从历史的角度(Bevan,1980)来看,这两种研究可追溯到笛卡儿(Descartes,R.)和培根(Bacon,F.)。在卡茨(Cartesian)的模式中,科学的根本目标是理解事物本质。而在培根的模式中,科学应该以改进人类生活为己任,科学结果的有用性第一,知识的增长次之。然而,也有不少研究者认为,采用基础研究/应用研究这样的二分法要么过于简单,要么就是划分有误(Pedhazur ＆ Pedhazur

Schmelkin，1991）。比如，研究者们在有关基础研究和应用研究的定义上就存在着较大分歧。而且，从事一切科学研究都有获取知识这一目的。在这个意义上，所有的研究在某种程度上都可以被看作是基础研究。同样，绝大部分的研究也都有其实际的应用价值。例如，《欧洲认知心理学杂志》(*Eropean Journal of Cognitive Psychology*，2007)最近就出版了一期有关教育相关情境下记忆研究（见第十章）的专刊。这项研究可以被认为是基础性的，因为它验证了我们使用相对简单的实验室材料（如单词表）所发现的那些记忆原理是否适用于更复杂的教室环境；但同时，我们也可以认为它是一项应用性研究，因为其研究结果告诉我们：怎样才能使学生的学识达到最大化。正是由于上述原因，有关基础研究与应用研究的划分应该被视为相对的，而不是绝对的。

始于里根执政时期的政府科研基金现在已经减少(Fishman & Neigher，1982)，而最近产业研究基金也被削减(Yeager，1996)，这都表明美国社会已经转向培根模式了。那些受益于这些研究基金的科学家们，已经努力地向人们解释了在政府和私营企业中开展研究的好处。而行为科学家们也必然在促进政府科研中变得更为积极(NAMHC Behavioral Science Task Force，1995)。耶格尔(Yeager，1996)认为，在私营企业中，尽管资方可以很容易地计算出开展研究所需的短期成本，但却不能够对这些研究所产生的长远效益进行全面评估。产业研究的缺失将会削弱一个国家的主导产业。一个众所周知的例子就是 20 世纪 80 年代美国汽车和钢铁产业的衰落，其原因就是无力与日本的先进技术进行竞争。

人的因素（见第十五章）是一个迅速成长起来的应用领域。人的因素和工效学协会(Ergonomics Society)的大部分会员起初都是作为心理学家来培养的。不过，《人的因素》杂志的前主编——其本身是一位心理学家——认为，未来十年人的因素这一学科"更可能是一种职业，而不是一门科学尤其不是心理科学。它还会有科学研究，但是这些研究将越来越针对具体的实际问题……不过，常常困扰着我的却是，随着科学研究领域的日渐扩大，真正从事某一学科研究的科学家的数量却逐渐减少，一门日益职业化的学科该怎样发展才能成为跨越科学与应用天堑的桥梁?"(Howell，1994，p.5)在医学研究领域，也有着类似的基础研究与应用研究相互沟通问题。因此，美国全国卫生研究所(NIH)在 2006 年实施了一项研究促进计划，目的就是将一些实验室的基础研究发现转化为实际的应用成果。

使用卡茨模式还是培根模式？这个问题完全由不得科学家做主,而是由私有企业或政府部门的基金会依据评价科研工作的最佳标准来选择的。但是,所有的人,不管是科学家和还是非科学家都将不可避免地受到其影响。

尽管把科研区分为基础研究和应用研究非常普遍,但更为重要的却是将卓越的研究与低劣的研究区分开来。本书涉及的理论和实践同样适用于基础研究和应用研究。而且,使用书中所论及的理论和实践,你能够并且也应该能够评估遇到的所有心理学研究,无论你是一名学生、专业心理学家,还是一位正在读报的文明人。

实验离现实生活很远吗?

与其他学科相比,心理学专业的学生总是强烈地要求他们所学的心理学课程能够更快地派上用场。如果所学的物理学入门课程没有教会学生们修理汽车,他们根本不会沮丧;但如果心理学入门课程未能使他们更清晰地洞悉自己的行为动机,没能治愈他们的神经衰弱症,而且也不能告诉他们怎样才能获得永久的幸福等等,那么学生们常常会牢骚满腹。事实上,你若在心理学入门课程中找不到解决这类问题的信息,在本书中也会同样如此。如果你觉得这样要求心理学有点不公平的话,那么就请接着读下去吧。

一般而言,心理学家所搜集的数据乍看起来不太重要,因为要在基础研究与紧迫的社会或个人问题之间建立一种直接的联系并不那么容易。故而有人怀疑某些心理学研究的价值,甚至质疑联邦政府为何通过各种途径去资助研究人员观察小白鼠压杠杆或者走迷津。

事实上,人们之所以这样看待心理学,归根结底是因为对它的期望不恰当,而不在于心理学研究本身。人们期望研究能够带来种种有用的结果。正如西德曼(Sidman,1960)所说,人们期望进行研究的实验室情境与真实的情况类似:“为了研究动物的精神病,研究者必须学会在实验室中使它们得上这种病。”其实这样做根本没必要。心理学家所要了解的只是行为的内在过程,而不是它的外部环境。因此,只要能够引发相同的内在过程,实验室中的物理环境可以与真实世界的不尽相同。

比如,我们想要调查空难发生的原因,或者更确切地说,我们想要调查空难与飞行员或空中交通管制人员的注意失误之间的关系。基础研究可能是这样进行的：让二年级大学生坐在一组快速闪亮的灯前，灯一亮马上就按下相应的键。这种设置多少有点像空难时的情景，尽管外部的物理环境截然不同，但其内在的过程却很相似。其中按键是衡量注意与否的标志（见第八章）。若想产生超负荷情况，心理学家可以让灯光闪亮的速度快于操作者的反应。这样，利用实验室里简单的物理情境可以使得心理学家在精心控制的条件下研究注意失误。除了上述不必破坏飞机就可以进行注意研究这样明显的安全优点外，实验室研究还有其他许多优点（见第三章）。由于许多工业事故都与注意失误有关（De-Greene，1970，Chap. 7 and 15），使用灯光和按键所进行的注意研究还能引发实验室外的许多改进。

同样道理，外部情况类似但却可能内在过程不同。比如，经过训练的小白鼠很快就能学会用嘴衔起硬币并藏进笼子里。但这并不意味着这只"贪财"的小白鼠与把钱藏在床垫底下面的那个守财奴一样，其行为并不是受相同的心理过程支配的。

我们不仅要关注那些从实验室总结出来并应用到实际问题中的心理过程，还应该清楚开展基础性研究的两个重要原因，因为开展这些研究的目的（至少在开始的时候）也许跟实际问题并没有什么直接的联系（Mook，1983）。第一个原因在于基础研究有助于我们对事物的理解，它通常可以说明什么可能发生。因此，在控制条件下，科学家能够判断社会惰化是否会发生。而且，实验室较之工作场所来说，能够使研究者更清楚地确定社会惰化的特征，因为工作场所存在着大量的不可控因素，比如工资水平、工作安全等，这些都可能会掩盖或改变社会惰化效应（见第三章）。

进行基础研究的第二个原因是，从可控的实验室情境中得出的结果往往比现实生活中的更有说服力。实验室的研究显示，操作者在完成相对不紧张的任务也会出现注意的超负荷现象，说明注意因素对其操作表现至关重要。因此，当飞行员全神贯注地驾驶着大型客机穿梭往来于拥挤的航道时，他们更可能会出现注意的超负荷现象。

当然，如果研究者想要验证某种理论预测，或者将实验室结果应用于实际情境，那么，进行实地验证就必不可少。而想要采用某种方法，以通过评估个人工作绩效来减少集体生产环境中的社会惰化现象，事先却不对这一方法的环境适应性进行检验，这样的做法未免过于草率。因此，从职业道德上讲，研究者应该重视实验研究的目的,而且评价研究工作时也应该充分考虑到这一目的。

　　科学的实践和应用都是不容易的。能否从科学知识和科学理解中获得收益取决于批判性强且见闻广博的公民和科学家。你对事业、家庭和社会事件的卷入都将部分地被科学发现决定着。因此,你必须能准确地评估科学发现并接受其中看起来最可靠和最有效的那些。如果你不准备冬眠或以别的什么方式遁世的话,那么你势必受到心理学研究的影响。作为一个公民,你将是心理学研究结果的消费者,而我们也希望本书所讨论的内容能够有助于你成为一位明智的消费者。

　　我们希望你们中的一些人能够成为科学家。我们也希望在你们这些未来的科学家中能够有人对人类所思所行背后的原因感兴趣。祝愿你们这些未来的科学家们好运。你们的科学生涯将是令人激动的。同时,我们也希望这里所介绍的心理学研究原则能够给你们的学习带来积极的影响。

▼　小 结

1. 科学心理学关注的是用于了解人们所思所行原因的方法和技术。这种了解可以通过基础研究或应用研究来实现,通常这两种研究是结合在一起使用的。

2. 我们的信念常常是通过权威法、注意凝聚法或先验法确立的。科学方法优于前述方法之处在于其依靠系统观察,并能够实现自我校正。

3. 科学家使用归纳推理和演绎推理来实现对心理和行为的解释。

4. 众多的通则能够产生众多的假设。

5. 理论能够组织数据,并能够在获得数据之前对新的情境作出预测。一个好的理论应该是简洁、准确和可验证的,并能够与数据相吻合。

6. 实验室研究关注的是支配行为的心理过程,以及揭示那些可以使特定的心理过程被观察到的条件。

▼　重要术语

23

先验法	基础研究	描述
应用研究	数据	决定论
权威	演绎	责任扩散

经验方法	中介变量	预测
实验研究	权威法	科学方法
解释	注意凝聚法	自我校正
证伪观点	观察	社会惰化
通则	组织	注意凝聚
假设	简洁性	可验证性
归纳	准确	理论

▼ 讨论题目

1. 列出五个可能被认为真的陈述。包括一些有争议的陈述(例如,男人的智商比女人的低)和一些你确信正确的陈述。以此调查你的一些朋友,问他们是否赞同。然后,请他们说出各自赞同与否的理由。按照本章讨论的信念确立方法,对他们提出的理由进行归类。

2. 比较并对照通向科学的演绎法和归纳法。以实验心理学之外至少一个科学分支为例回答这个问题。

3. 从理论证伪的立场讨论社会惰化的研究。

4. 以社会的可应用效益来论证实验心理学家的工作是必须(或甚至值得)的吗。

5. 阅读斯金纳(Skinner, 1956)发表于《美国心理学家》,1956 年第 11 期,第 221—233 页上的一篇文章:《科学方法的个案历史》(A case history in scientific method)。从本章讨论的要点出发分析斯金纳的观点。

▼ 网络资源

请登录"瓦兹沃斯心理学资源中心,统计和研究方法业务"网页,仔细浏览关于"什么是科学?思考世界的方式"的逐步介绍,网址如下:

http://academic. cengage. com/psychology/workshops

拥有更多资源的两个优秀网站:

http://www. apa. org

http://www. psychologicalscience. org

第二章
研究技术：观察与相关

25 就可靠性而言,科学观察与日常观察没有多大差异,只不过科学观察易犯的错误从数量上讲要少于日常观察。科学观察有别于日常观察的主要之处在于,科学家能够不断地发现其先前的错误并进行修正……的确,作为一门科学,心理学的历史实际上就是研究工具和研究程序发展的历史。在这些研究工具和程序的帮助下,心理学家得以逐步消除或修正观察中出现的偏差和错误。 Ray Hyman

科学或许是唯一的一项经过日积月累才会逐步壮大的智慧事业。综观科学史,今天我们对世界的了解比以往任何时期的人们都要多。另一方面,尽管今天的文学、艺术和哲学也许已不同于古希腊时期,但我们既不能说这些学科目前已经处于鼎盛时期,也不能说它们较之以前能够更准确地表征世界。

科学是积累的,因为科学家们一直在为更准确地观察世界而不懈地努力着。科学也是自我校正的,因为,它的理论和假设总是要预测特定条件下可能发生的现象,经过与随后观察所收集的资料进行比较,就可以检验科学的真实性了。如果两者之间呈现出一致的显著差异,就需要修正或放弃已有的理论和假设,同时科学也向前迈进了一步。因此,科学事业的主要任务就是观察,也就是对世界的某些特定方面的资料进行收集。

在这一章里,我们将讨论收集心理学资料的几种非实验方法。自然观察法就是其中的一种,或许也是最受推崇的一种。现实生活中许多人,比如鸟类观测者,是业余的自然主义者。但是科学的自然主义者,就像我们将看到的那样,则更注重观察活动的系统性。例如,雄性蓝喉蜂鸟的鸣叫声由可以分为五种鸣声单位的声调构成,而生活在同一区域的雄性蜂鸟会使用同一种鸣声单位鸣叫(Ficken et al. , 2000)。

另一种获得信息的方式是个案研究。个案研究通常涉及对单一个体详尽的调查,但也可能会对少量的个体进行比较。近来的一例个案研究发现,一位名叫 K. R. 有四个小孩的 30 岁的母亲,对各种事物都有计数的习惯,而且已经严重地影响了她的日常生活(Oltmanns, 2006)。比如,进杂货店买东西时,K. R. 总认为如果她选择了货架上打头四件物品中的一件,她的孩子中就会有一个遭遇噩运。她会觉得选择第二盒麦片将会导致灾难降临到第二个孩子身上,而选择第三盒麦片又将会使第三个孩子受到伤害,如此等等。

与个案研究类似的方法是**调查**。使用调查法能够以自我报告的方式,从大量个体而不是少数个体身上获取详细的信息。大规模抽样的一个有趣例子是2000年的安能堡全国选举调查(Waldman,2004),这一调查建立在对随机抽样所得的58373名公众的详细电话采访基础之上。在对其中一部分数据进行分析时,莫伊等人(Moy, Xenos & Hess, 2005)发现,候选人在夜间电视节目上露面的情况会影响观众对其的态度。比如,随着乔治·W·布什在"大卫·莱特曼深夜秀"(Late Show with David Letterman)节目上出现,莫伊和她的同事发现,与那些不看夜间电视节目的观众相比,莱特曼的观众在布什有多关心"像我这样的人"上评分更高。

上面我们概述了几种常用的研究方法。通常,用它们所收集的描述性信息常常被会聚起来预测人的活动。这种预测企图就是**相关技术**。例如,一个人的自信——相信自己能够正确无误地识别罪犯,不能够确保他可以从警察队列中真地挑出罪犯来,即人们不能够根据自信的程度来预测他们的实际工作情况(Cutler & Penrod, 1989)。

综上所述,观察法和相关法能够收集一些很有趣的资料,但只要仔细反省一下就知道,作为确定人和动物的心理与行为的方法,它们又都有着各自的优缺点。

▼　自然观察法

众所周知,有时观察者也会出错。眼见不一定(至少并不总是)为实。我们的知觉常常会愚弄我们自己,就像我们在观察视错觉图2-1时所看到的那样。再比如,我们都见过的魔术表演。乍看起来魔术师的表演似乎很逼真,但实际上只是一种根本不可能的把戏。然而这种把戏却完全发生在自然情况下。由此可知,在观察中,当我们不认真时,而且有时即使很认真时,直接的知觉活动都极有可能出错。

科学家也是普通人,他们也会在观察活动中犯错误。从本质上讲,科学家使用一些研究手段,诸如逻辑推理、复杂设备、条件控制等,就是为了预防知觉错

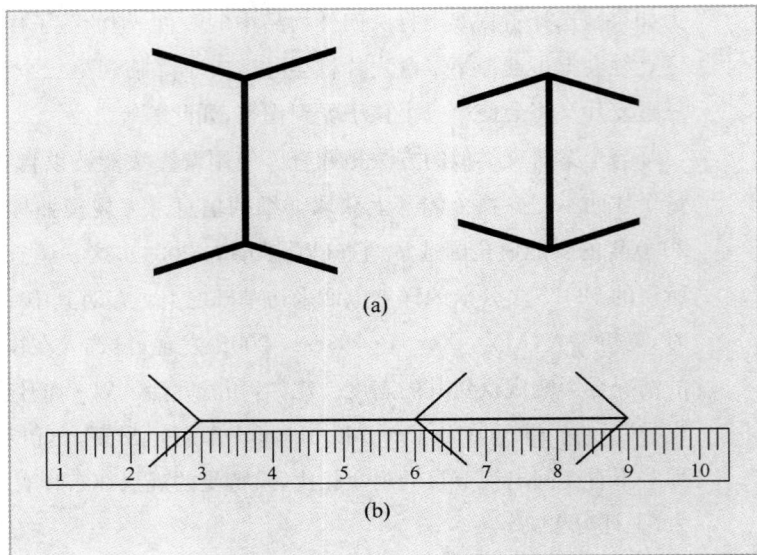

▼ 图 2-1

视错觉图。(a)缪勒-莱伊尔错觉(the Müller-Lyer illusion):垂线的长度本来是相同的,但由于各自箭头所指的方向不同而看起来长度不等。(b)错觉似乎甚至扭曲了量尺这一客观的测量工具。但仔细审视后就会发现,量尺并没有真地被扭曲,两个线段的长度还是相等的。(采自 R. L. Gregory, 1970,pp. 80 - 81)

误,并确保观察结果尽可能地反映事物的本来面目。然而,即使使用最佳的方法和最细致的观察技术,也只能是逐渐接近这一理想。尽管如此,自然观察法与生活中的偶然观察还是有很大区别的。金斯伯格和米勒(Ginsburg & Miller, 1982)关于男女儿童冒险行为的研究表明,长时间细致的无干扰观察是有效的。许多人都认为,小男孩似乎比小女孩更勇敢。那么,这到底是科学观察的准确结果,还是偶然观察者们用来强化刻板印象的依据? 金斯伯格和米勒在自然情境中观察了五百名十一岁以下的儿童,并记录了他们在动物园里喂动物、抚摩动物、骑大象等行为。两位研究者记下了儿童从事挑战性("冒险性")活动的次数。男孩,尤其稍大些的男孩,比女孩更有可能去冒险。两位观察者对特定情境下出现的某些特定行为次数的记录结果有力地支持了偶然观察所得到的结论,即男孩比女孩勇敢。然而,这一研究却没有提供揭示此结果产生原因的有关信息。

　　米勒(Miller, 1977)列举了自然观察法在心理学中的若干作用。他提出,观察法能为随后进行的、控制更严格的研究提供重要资料。自然观察的结果描述了生物体的心理和行为,这是理解事物所必需的第一步。比如,哈洛(Harlow,1958)关于母爱的研究工作。勃鲁姆(Blum,2002)对此进行了详尽的介绍。在实验之前,哈洛需要了解幼猴所表现出的行为、所喜欢的物品(柔软的毛毯)和不喜欢的物品(笼子的铁丝底)。在这些背景知识的基础上,哈洛就可以尝试通过实验来解释它们。类似地,皮特等(Pytte, Rusch & Ficken, 2003)也继续了他们早期有关蜂鸟鸣叫声的研究。他们在实验中改变了蓝喉蜂鸟栖息地的背景噪音,结果发现,这些蜂鸟的鸣叫声会随着背景噪音的增大而增大。由于这样的实验如果缺少了菲肯(Ficken)及其同事的早期观察也许就无法进行,因此,我们不应该由于观察法缺乏控制而把它看作是从属于实验法的一种不重要的研究方法。正如刚刚说过的,在一定意义上,观察能为实验研究奠定基础。

　　进行科学的观察时,我们将遇到两个基本问题,其存在直接威胁到研究的效度或可靠性(这类问题也会对实验产生不利影响,对此我们将在后面讨论)。一个问题是**确定界限**,即明确所要观察的行为范围。因为观察时人们的注意范围和思考能力都很有限。尽管大多数人可以在同一时间里走走、停停,但是却无法同时注意并记住短时间内发生的二十种不同行为。因此,观察范围上的限制迫使我们必须去计划要观察的东西。我们必须选择那些跟我们的研究课题密切相关的行为进行研究。第二个问题是关于观察过程中参与者的反应问题。该问题也叫反应性,它是在从事任何形式的心理学研究中都会出现的问题。

我们观察什么?

　　我们到底该如何界定所要研究的行为范围呢?这个问题的答案看起来似乎简单明确。如果我们对人的非言语交往感兴趣,那么我们就去观察人的非言语交往好了。然而,这件事做起来却未必容易。首先,非言语交往非常复杂以至于观察者面临着我们一开始就试图回避的那个问题——我们到底要观察什么样的非言语行为?第二,对非言语行为的探察本身就预示着,我们知道要对某些行为进行观察。显然,着手研究时,我们既非一无所知,也非无所不知。通常,研究之初我们先在头脑中预想一系列的观察,然后再依据先前的资料来精确界定研究范围。下面让我们来举例说明。

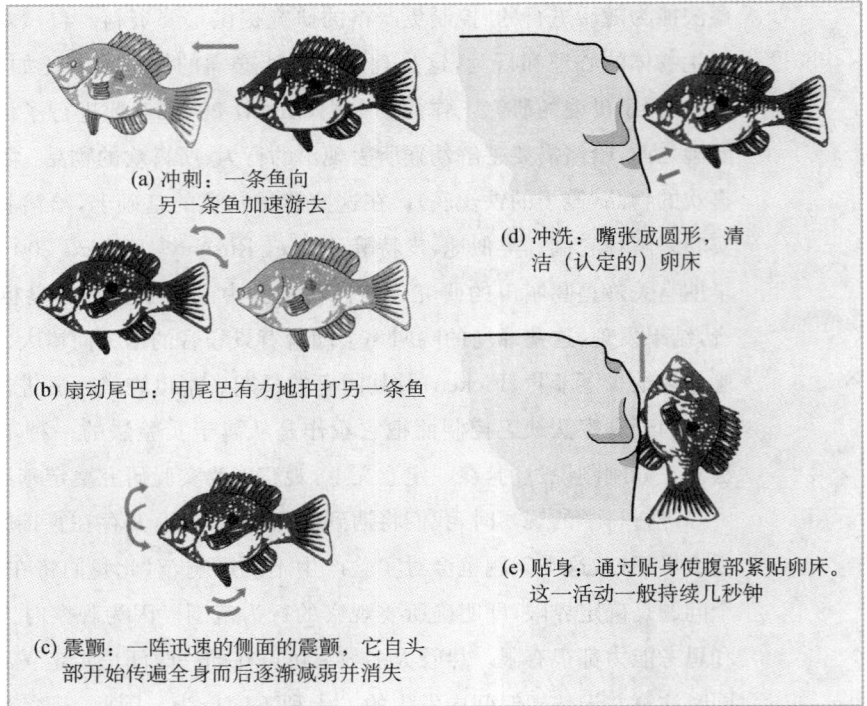

(a) 冲刺：一条鱼向
另一条鱼加速游去

(d) 冲洗：嘴张成圆形，清
洁（认定的）卵床

(b) 扇动尾巴：用尾巴有力地拍打另一条鱼

(c) 震颤：一阵迅速的侧面的震颤，它自头
部开始传遍全身而后逐渐减弱并消失

(e) 贴身：通过贴身使腹部紧贴卵床。
这一活动一般持续几秒钟

29

▼ 图 2－2

显示黄丽鱼求偶模式的习性记录。一个习性记录可能包含的，或者是某种动物的全部行为，或者是
被选定行为的某些方面。（采自 Drickamer，L. C. & Vesey，S. H.，*Animal Behavior*：*Concepts*，
Processes，*and Methods*．Boston：Willard Grant Press，1982，p. 28）

习性记录

对心理学家来说，最令人感兴趣的自然观察研究集中在习性学领域。这是
一门在自然情境中研究行为发生规律的学科（通常是在野外进行的）。简单观察
人或动物的行为，就会对其特征和范围产生一个整体的印象。之后，人们可能很
快就会要求作进一步更系统的观察。习性学家进行更系统的观察时，先是确定
各种观察行为的种类，然后记录该生物体从事每种行为的次数。这些行为可以
被分成一些大的行为单元，诸如求偶、梳理行为、睡眠、争斗和饮食等等，或者更
小的行为单元。例如，图 2－2 的习性记录表示的是黄丽鱼的求偶模式，它包含
了这种鱼的各种求偶模式（所谓的习性记录，就是记录某种动物特定行为的一个

相对较完整的清单)。通过对任何特定行为发生次数的记录,习性学家可以对该行为的意义获得某些了解。

菲肯及其同事(Ficken et al., 2000)发现了蓝喉蜂鸟鸣叫的特点。他们还发现了这种鸟开始鸣叫前的一些习性。当然,菲肯必须能够记录并分析出它们的各种声音。这不是件容易的事情。在野外要想准确记录动物的行为很困难。即便有自动记录仪,研究者也不可能一直保持警觉。而且仪器和研究者都会导致反应性的产生,从而污染调查。这些还只是对动物进行自然观察所面临的挑战的一小部分。

运用类似技术来观察人的行为会更加困难,因为人们不喜欢好奇的科学家关注自己的每个动作。但巴克及其同事(例如,Barker & Wright, 1951; Barker, 1968)创造性地把自然观察法应用于不同背景下人类的行为研究中,并取得了一定的成功。下面我们讨论一些对人类进行的自然观察研究。

挑动眉毛

在研究人类的行为方面比较著名的习性学家是艾贝尔-艾伯斯费尔德,他(例如,Eibl-Eibesfeldt, 1970, 1972)对人的面部表情作过大量的现场研究。他和他的同事在环球旅行中拍摄了各种不同文化背景中人的面部表情照片。仔细审视这些照片,就会发现许多表情具有跨文化的相似性,不过其中也有一些表情存在很大的文化差异。比如,人们相互间问候的面部表情。艾贝尔-艾伯斯费尔德发现,大多数人相互问候时会有一个短暂的挑动眉毛的动作。

进一步研究发现,短暂的(1/6 秒)挑眉动作还伴随着微笑和迅速的点头。事实上,挑眉动作在许多不同文化背景的人们身上都可以观察到,其中包括布什曼人、巴里人和欧洲人。但有些文化在如何运用这一动作上是有差异的,例如,日本人就不使用它,因为在日本挑动眉毛被认为是挑逗性的和猥亵的。此外,艾贝尔-艾伯斯费尔德还发现,除在问候时有挑眉动作外,其他情景比如调情和致谢时也会有。

从艾贝尔的研究中看出,前期的观察结果常常可以启发后来的研究。比如,他通过对挑动眉毛的界定,收集到了许多有关人类这一共同行为的信息资料。

反应性

预防被试反应性的方法有两个:**无干扰观察**和**无干扰测量**(Webb,

Campbess，Schwartz & Sechrest，1960）。下面我们依次讨论之。

无干扰观察

想象走在家乡大街上的你,不时地问候遇到的朋友(比如,握手、挑动眉毛等)。正当你继续前行时,一位扛着照相机的人向你走来,他不停地拍摄你问候朋友的情景。对此,你会作出怎样的反应？你的问候方式很有可能发生显著的改变(你注意过当摄像机对准观看体育比赛的观众时,他会有什么反应吗?)。为了避免被试的反应性问题,艾贝尔-艾伯斯费尔德的研究中使用了一种带特殊镜头的照相机。该照相机能够拍摄与它成 90 度的被试,以至于被试以为正在被拍摄的是别人。结果艾贝尔实现了他的预想,即被试不会由于观察者和照相机的出现而表现异常,相反他们仍会很自然地行动。艾贝尔在研究中,使用了带有特殊镜头的照相机,从而避免了研究人员的打扰和被试的反应性,因此我们可以说,研究者使用了无干扰观察技术。

一般来说,与被试能够意识到自己正在被观察着的情况相比,无干扰观察能够揭示更多的自然行为。因此,以动物为对象进行研究时,应该尽可能使用无干扰观察。

然而,由于被试本身、观察场所及研究计划的限制,有时不得不与被试密切接触。这时,**参与性观察**常常会提供解决方案。顾名思义,在参与性观察中,观察者成了正在被观察的被试生活中的一名主动的和侵扰性的参与者。例如,福西(Fossey,1972)耗费大量时间对山地大猩猩进行的观测。山地大猩猩一般都生活在中非地区,目前这一地区正受着迁徙来的日益增多的人类定居者的威胁。由于它们天生喜欢栖息于多山的热带雨林中,故而远距离的无干扰观察根本派不上用场。但福西本人特别想了解大猩猩自由自在时的行为举止,于是,她决定做一名参与性观察者。福西的这种想法实施起来相当困难,因为大猩猩不是温驯的动物。最后,福西只得装成大猩猩的模样出现在它们面前,以使得这种不温驯的动物习惯于她的到来。福西尽量模仿大猩猩的行为,比如进食、梳理毛发、怪异地喊叫等。正如她自己说的:"我就像傻瓜一样,有节奏地拍打自己的胸脯,或坐在那儿装模作样地大嚼野芹菜的茎,仿佛它是世界上最好的美味佳肴。终于大猩猩们作出了善意的回报"(p. 211)。福西花费了几个月的时间才赢得大猩猩的信任,后来她一直与山地大猩猩生活在一起,做着参与性观察研究,直到

1986 年去世为止。你想不想扮成一只大猩猩，并与它们一起生活 10 年到 15 年呢？

并非所有的观察形式都会导致反应性，故而反应性并不总是来自观察活动本身。比如，用录音机对家庭成员之间日常交流所作的观察记录表明，不管家庭成员是否知道录音机在录音，他们的反应总是相同的（Jacob et al.，1994）。不过，人们可能会作这样的联想：若把声音记录和图像记录结合起来，就会产生更大的侵扰性，结果也必然会引起家庭成员的不自然反应。

无干扰测量

同无干扰观察相比，无干扰测量是由对行为的间接"观察"构成的。无干扰测量之所以间接，就在于它测量的是行为结果，而不是所要研究的行为本身。因此，无干扰测量不是直接观察正在发生着的行为，而是测查行为完成后的结果；不是直接观察正在进行着的学生学习活动，而是检查学习后的作业；不是与大猩猩一起生活，而是查看它们的活动对环境造成的影响。由此可知，无干扰观察与无干扰测量之间的关键区别在于被试与研究者是否在同一时间处在同一地点。若处在同一地点，研究者就试图无干扰地观察被试的反应；若不处在同一地点，则研究者间接测量被试的行为产物或结果。

很显然，无干扰测量并不一定适合所有的研究问题（如，对挑动眉毛的动作进行无干扰测量就很困难），但对某些研究问题来说，这种测量不仅有好处，而且或许也是唯一可行的方法。现在请大家考虑一下公共厕所里的乱涂乱画现象。是谁乱涂乱画的？通常乱涂乱画的主题是什么？如果研究人员在厕所里东张西望地观察进去的每一个人，那么就会引发一系列严重的道德问题（道德问题将在第四章讨论）。尽管如此，乱涂乱画仍然是可以研究的，并且该研究还会提供丰富的信息。金塞、波默罗伊和马丁（Kinsey，Pomeroy，& Martin，1953）发现，男厕所里的涂画主题比女厕所里的更富有色情味，并且也更多。

个案研究

心理学中值得关注的一个方法就是**个案研究**。我们知道，弗洛伊德的精神分析理论来自他本人对个案的观察和思考。一般来说，个案研究是指对某种类型单一案例（如神经病患者、通灵巫师、等待世界末日来临的人等）的深入调查。

费斯廷格、里肯和沙赫特(Festinger，Riecken，& Schachter，1956)就进行过有趣的个案研究。他们混入了一个等待世界末日来临的小团体。该团体的成员始终期盼着与外星人联系，而且据说有一个成员已经接到了外星人的谕示——地球即将毁灭，因此团伙里的每位成员都等待着在灾难降临之前能被外星人的宇宙飞船救走。观察中特别令费斯廷格等感兴趣的是，当预期的灾难没有发生时，这个团体会有怎样表现呢？通过观察，他们发现，许多成员在预言的灾难日期过去后，妄想程度仍在增强而不是减弱。

个案研究是自然观察法的一种，因此也必然具有自然观察法的优缺点。其中一个主要的缺陷是，个案研究通常无法作出"什么因素引起什么结果"的确切推论。一般来说，个案研究能够描述事件的发生过程。除此之外，它还能提供含蓄的比较，根据这种比较研究人员可以作出"什么因素引起什么结果"的合理猜测。对本章开头提到的那位强迫性计数的母亲 K. R. 进行的个案研究表明，她成长于一种秩序井然、有错必罚的异常严厉的教养环境之中。K. R. 对现在的家庭生活已经失去了控制——她的孩子桀骜难驯，她的丈夫身患残疾。治疗专家认为她的计数习惯其实是想要获得对生活的控制，并使其走上正轨(Oltmanns et al. ，2006)。不过，对于治疗专家的说法我们还是应该慎重，因为我们不知道假如 K. R. 的童年生活能够多一些轻松少一些压力的话，她又会成为一个怎样的人。

有一种个案研究类型叫变异-个案分析，其功能是力图使推理过程的难度降到最低。使用这种方法时，需要研究人员安排两个情形相似但结果不同的个案。例如，一对双胞胎兄弟，其中一个可能是精神分裂症患者，另一个则不是。通过对这两个个案的仔细比较，研究人员试图了解事情的真相，即确定与结果的差异有直接关系的因素。当然，这类比较通常是无法进行的，因为仅仅在一个因素上存在差异的具有可比性的个案很稀少。此外，从个案研究中得出的任何结论都不能被看作是可靠的或者说得到确认的，因为研究人员永远无法确定，他们是否真正找到了导致结果差异的那种关键性因素。

接下来，让我们看看由巴特斯和塞尔马克(Butters & Cermak，1986)曾经报道过的一项个案研究。该研究表明，合理地使用变异-个案分析法可以给研究工作提供有价值的信息。他们研究的一个个案是世界著名科学家 P. Z. 。这位科

学家因长期酗酒而罹患了科尔萨科夫综合征(Korsakoff's syndrome),并于 1981
年出现了严重的记忆丧失症状(遗忘症)。他很难记住新信息和回忆过去的人和
事。证明 P. Z. 不能回忆往事非常容易,因为他是在自传出版两年后才患上遗忘
症的。当问及自传中的人名和事件时,他表现出了严重的记忆丧失。本研究的
另一个个案是与 P. Z. 同年龄的没有酗酒史的同事(变异—个案分析的比较对
象)。巴特斯和塞尔马克把这两个人对于往事的记忆进行了比较,结果发现,对
比个案没有显示出像 P. Z. 那样严重的记忆丧失。鉴于此,研究者认为长期酗酒
是导致 P. Z. 丧失记忆的一个重要因素。此外,P. Z. 对新信息的记忆丧失症状与
其他患有科尔萨科夫综合征的人非常相似。此研究中,把个案的行为与其他人
进行比较的技术,实质上就是一种实验方法。对此,我们将在第六章予以说明。

调查研究

　个案研究通常只涉及少数几个被试,而且这几个被试根本无法代表总体。
例如,对 P. Z. 的研究,只涉及一个卓越的科学家兼遗忘症患者。即便从单一个
体上能够收集到的信息总量非常有限,但是研究人员可以通过对广阔区域中的
人群进行大规模的随机抽样来获得信息(如本章开始部分对收看夜间电视节目
情况的调查)。调查研究在心理学的某些领域中比较常用,例如,工业或组织心
理学、临床心理学、社会心理学等。但在认知心理学中几乎未被使用过。由于调
查研究可以利用准确的取样技术,因此,使用时只需调查较少的被试就能把结论
推广到整个总体上去,这是调查研究的一个长处。

　调查研究的结果一般都是描述性的,因此这种研究技术并未受到有强烈实
验取向的认知心理学家或心理物理学家的特别欢迎。但是,灵活地使用这种方
法却可以为几乎所有的心理学领域带来益处。比如,洛夫莱斯和图伊格
(Lovelace & Twohig, 1990)对健康的美国老年人进行了调查,他们发现 68% 的
老年人都认为记不住别人的姓名是件很头疼的事情。然而,大多数人却报告说
记忆困难对他们的日常生活没有什么影响。回答者报告他们极其依赖便条、清
单以及其他外在的记忆手段来帮助自己记住要做的事情。而且,老年人还宣称
他们根本不需要依赖任何的记忆"窍门",也包括记忆术。洛夫莱斯和图伊格通
过调查研究得出的结果与其他研究者的吻合(Moscovitch, 1982)。莫斯科维奇

(Moscovitch)的调查表明,与青年人相比,老年人更可能借助于清单和记事本帮助记忆,而很少使用内在的记忆方法,比如记忆术。这些研究者的调查结果颇耐人寻味。因为它们暗示了,老年人能够意识到自己的记忆局限并力图通过外在手段以使遗忘达到最小。结合洛夫莱斯、图伊格和莫斯科维奇(1982)的研究所提供的证据,上面所述乃一个合乎情理的假说。由此可知,调查研究能为随后进行的控制严格的进一步实验研究提供基本框架。

由于研究者在获取调查资料时必定会侵扰被试,因此被试的应答总会不可避免地存在反应性问题。最近,萨斯曼等人(Sussman et al.,1993)运用自然观察法研究了青少年的吸烟问题。他们的观察结果与早期的结论有很大的不同。早期的调查表明,吸烟发生在小团体中,而且半数成员认为他们之所以吸烟是因为团体中的其他人主动提供香烟的缘故(Hahn et al.,1990)。后来,哈恩(Hahn)等人的发现导致了名叫《试着说"不"》教育专栏的诞生,以鼓励青少年拒绝吸烟。但在无干扰观察中萨斯曼及同事注意到,青少年常常主动要香烟,很少发生被给烟的事情。此外,香烟也很少被提供给团体中的不吸烟者。总之,哈恩的调查结论是吸烟起因于同伴的压力,而萨斯曼等人的无干扰观察却对其提出了疑问。最后,萨斯曼及同事提出,应该去探索能取代《试着说"不"》的新栏目。

最后,再来回想一下莫伊及其同事(2005)所作的调查研究。随着乔治·W·布什在《大卫·莱特曼深夜秀》节目上出现,他们发现,与那些不看夜间电视节目的观众相比,莱特曼的观众在布什有多关心"像我这样的人"上评分更高。这一比较方法与关于科学家 P. Z. 记忆问题的个案研究很相似,而且这种调查方法也提供了一种类似于实验的比较方式。不过,由于夜间电视节目的观众并不是随机分配的,这就意味着,就像 P. Z. 的案例是真实存在的一样,这种比较也的确没有实验所提供的比较那样严谨可靠。

自然观察法的优缺点

正如前面已经提到过的,自然观察法在研究的早期阶段非常有用,尤其当人们只想了解感兴趣问题的广度和范围时,这种方法就更为有用了(Miller,1977),然而,它基本上是描述性的,无法让人们对各因素间的关系作出推论。当然,在无法使用控制严格的观察法时,也只得使用它了。如果你想了解企鹅在其天然栖息地的行为规律,就只好亲自到那儿去观察了。同样,对大多数心理学方面的问题来说,自然观察法的主要用途在于限定问题的范围,以及为严格控制的研究,尤其实验研究,提供有趣的课题。例如,洛夫莱斯、图伊格和莫斯科维奇曾经报告过的那些研究就可引出控制严格的进一步的实验研究,以便于比较使用各种外在记忆手段的老年人,并最终确定:哪一种手段更有效?此外,费斯廷格及其同事对等待世界末日来临的小团体的个案研究也起到了这个作用,它促使了费斯廷格(Festinger,1957)认知失调理论的形成。认知失调理论是关于态度改变的学说,也是指导社会心理学研究的一个相当重要的学说。

自然观察法的首要缺点在于,其本质上只是简单描述性的,以至于我们无法评估事件之间的关系。研究人员也许会观察到野生猴子的梳理行为只发生在特定时间,紧随在五种不同的状态之后(比如进食等)。如果你想确切知道,到底哪一个先行状态是梳理行为所必需的,那么自然观察法就无能为力了,因为它无法操纵这些先行状态。也正因为如此,人们需要实验。

自然观察法的第二个缺点是,有时它所提供的资料不太充足。从理论上讲,如果有人怀疑或想重复某些观察结果的话,只要运用标准程序就应该能够很容易地再现它们。然而许多自然观察(比如个案研究)的结果是无法再现的,故而引来了其他研究人员的怀疑。

自然观察法的第三个缺点是,它没有被严格限定在描述的水平上,而是会出现对观察结果的解释。动物研究中,该问题表现为拟人化,即把人的特征强加到动物的身上。比如,你回到家,看见你的狗摇着尾巴围着你转时,你会自然而然地说,它见到你很高兴。这就是拟人化的说法。如果研究者也以这种态度观察,那就很不合适了。研究者进行自然观察时应该做的是,记录狗的外显行为,并尽量不用诸如快乐、悲伤、饥饿等潜在动机来解释它们。

比如,弗洛伊德的理论就来自他对观察事实进行了主观解释的个案研究。除了不可重复外,人们还对弗洛伊德的个案研究提出了另外的批评,即弗洛伊德只是从案例和患者的回答中挑选自己需要的信息,然后,再把这些"事实"编制到自己事先设计好的概念体系中去。批评家们还指出,如果这种做法被允许,那么个案研究可以用来证明任何理论(当然,这并不是贬低弗洛伊德本人的天赋及其理论的创造性成分;然而他确实在赖以建立其理论体系的证据上给批评家们留下了把柄)。

巴甫洛夫早期对条件反射的研究(参见第九章)更接近科学心理学。他的有关报告是自然观察法解释性缺陷的另一个例子。刚开始研究狗的心理过程时,巴甫洛夫及其同事发现,他们无法在观察结果上取得一致的意见。如果还像先前那样只关心消化系统,这一问题并不明显,但一涉及心理过程就凸显出来了。对此,巴甫洛夫是这样描述的:

35

> 怎样对条件反射进行研究呢? 一般来说,是当狗急速地吃食物时把它的行为记录下来。它扑上去用嘴叼着食物,拼命地咀嚼。显然,此时此刻的狗强烈地渴望吃东西,所以它一下子就扑到了食物上大吃起来……狗吃东西时,你只会看到它的肌肉在蠕动,设法把食物含进嘴里,嚼着、咽着。根据这一切我们可以说,它从进食中得到了很大的乐趣……但继续解释和分析却发现,我们已经陷入了一个老掉牙的问题之中,即我们不得不设法处理好狗的感情、希望等难题。结果令人非常震惊,我与另一个同事之间发生了不可调和的分歧,我们不能达成共识,也无法证明到底谁对……仔细反思这种情况后,我们发现很可能是我们的路走错了。我们越是深入反思这个问题,就越坚信必须要选择另一条出路。迈出第一步异常艰难,但我们还是坚持不懈地、专注地、努力地走了下去,终于我们实现了真正的纯客观。我们绝对禁止自己(实验室里有一个具体的强制性惩罚措施)使用诸如狗想、狗需要、狗希望等此类的心理措辞(Pavlov, 1963, pp. 263-264)。

下面让我们讨论另一个问题。该问题同一切研究类型中的各种观察形式都有关,即我们的概念体系在多大程度上扭曲着我们看作“事实”的那些东西。巴甫洛夫的陈述已雄辩地说明,要想建立起使所有人用同样方法都能看到同样事实的客观方法是多么困难。他一开始就发觉了事情是那样的“令人震惊”和“意外”,并惊诧于确保客观性所需要的谨小慎微。科学哲学家已经指出,我们的观察活动总是极大地受着各自世界观的影响。如果说这不是绝对的,那么至少我们所做的特定观察活动总会受到此种影响(例如,参见 Hanson, 1958, Chap. 2)。巴甫洛夫所说的“纯客观性”如果说不是不可能的话,也是相当难以把握的。汉森(Hanson N. R.)举过这样一个实例,两个训练有素的微生物学家在观察显微镜的彩色载物片时"看到"了不同的现象(正如大家已经熟知的,新手通常报告在显微镜下首先看到的是他自己的眼球)。客观的和可重复的观察是科学上需要不断接近的理想,但我们也许永远无法完全彻底地实现它。然而,可以肯定的是,我们必定会尽一切可能向着这个理想前进,这也是科学技术手段更加关注的问题。

很大程度上观察也受人们期待心理的影响。然而,正如海曼(Hyman,1964,p.38)曾引用过的一个例证所表明的那样,这种影响是不会通过使用自然科学的技术设备而自动消失的。在 X 射线被发现后不久的 1902 年,法国杰出的物理学家布朗德洛特(Blondlot)声称发现了"N 射线"。法国其他物理学家很快就重复并确证了布朗德洛特的发现,仅 1904 年就有将近 77 篇有关这一主题的文献。然而,当美国、德国和意大利的物理学家未能重复布朗德洛特的研究时,"N 射线"的发现引起了争论。

美国物理学家伍德(Wood,R. W.)在约翰·霍普金斯大学他自己的实验室里也未能发现"N 射线",于是前去拜访布朗德洛特。布朗德洛特给伍德出示了一张绘着光环的卡片,然后调低了房间里的灯光,将"N 射线"投射到卡片上,并向伍德指出卡片上光环的亮度增加了。当伍德说他并未看见任何变化时,布朗德洛特争辩道,这一定是因为伍德的眼睛不太敏感的缘故。随后,伍德问布朗德洛特,他自己能否再做些简单的测试,布朗德洛特同意了他的要求。其中的一个情景是,伍德把一个薄铅版插在 N 射线与卡片之间反复移动,布朗德洛特报告说卡片上光环的亮度发生了相应的变化(铅版是用来阻止 N 射线通过的)。布朗德洛特始终坚持错误,在铅版并未移动的情况下,他还不停地声称光环亮度在变化!诸如此类的许多测试清楚地表明,尽管法国一些科学家已经"确证"了布朗德洛特的发现,但并没有任何证据能证明 N 射线的存在。

1909 年之后,再也没有关于 N 射线的文献发表。这个错误对布朗德洛特来说确实太大了。他从此一蹶不振,若干年后在"声名狼藉"中死去。从这个戏剧性的实例中我们可以看出,即使是那些凭借精密仪器设备的物理学家也会在观察活动中犯错误,因此必须采取预防措施。

▼ 相关研究法

科学家们从事着描述、关联和实验工作。相关研究就是试图确定两个（通常情况下）或更多的变量彼此间是怎样相互影响的。所谓变量就是能被测量和操纵的事物。一般来说，相关研究并不涉及对变量的操纵，因此相关研究的数据被称为事后回溯数据，意思就是"发生在事实之后"。相关研究所得的数据来自自然而然发生的事件，而不是源自研究者的直接操纵。研究者对这些数据进行分类和评估以探究变量间的关系。

列联研究

列联研究是相关研究的一种。这种研究就是对两个变量的数据进行比较，以确定其中一个变量的值是否取决于另外一个变量。假设你想知道自己所在的学院里各主要专业男女生的分布情况。为了研究这个问题，你需要评估男女生各自所报告的主修专业的频数，并将结果填入列联表。列联表就是将两个分类变量的所有类别组合以表格的形式加以呈现，使得研究者可以对变量间的关系进行检验。表2-1就展示了一个列联表的制作过程。

表2-1中的分表A显示了主修不同专业的女生数量，主修新闻专业的女生数量要多于表中所列的其他任何专业。主修历史专业的女生数量最少。分表B显示的是主修五个专业的男生数量。选修心理学的男生数量最少。分表C是完整的列联表，并增加了主修某专业男女生的相对频数这样的重要信息。相对频数以某一专业中男女生各自所占的百分数表示。分表C也被称为2×5列联表，因为其由2行5列数据构成（不包括总计部分）。一般而言，列联表至少需要2行2列，在进行说明的时候通常按照先行后列的顺序介绍。一个特定的行列组合称为单元。例如，在女生主修心理学专业的单元我们可以看到其相对频数为74.2%。

表中的百分率清晰地显示出，在这所特定的学院里男女生性别与其主修的专业之间存在着一种关系：历史专业的男生比率高于女生比率，而其他专业则相反。这种关系表明性别与主修专业之间并不是相互独立的。如果你想对表中的

▼　表2-1　反映某小型文科学院中男女生主修专业情况的列联表的制作　

分表A　五个专业中女生主修人数

主修专业				
生物学	英语	历史学	新闻学	心理学
36	50	22	57	49

分表B　五个专业中男生主修人数

主修专业				
生物学	英语	历史学	新闻学	心理学
29	18	66	23	17

分表C　五个专业中男女生主修人数及相对百分比列联表

性别	生物学	英语	历史学	新闻学	心理学	合计
女生	36	50	22	57	49	214
	55.4%	73.5%	25.0%	71.3%	74.2%	58.3%
男生	29	18	66	23	17	153
	44.6%	26.5%	75.0%	28.7%	25.8%	41.7%
合计	65	68	88	80	66	367
	100.0%	100.0%	100.0%	100.0%	100.0%	100.0%

数据进行统计分析,可以对其独立性进行χ^2检验。这种检验常用于判断列联表中的数据是否具有统计学显著性。附录B举例说明了统计计算方法。

参与者反应性是列联研究可能遇到的一个问题,尤其是当参与者接受调查或访谈时。不过,并不是所有的列联研究都会遇到反应性问题。表2-1中所列的数据都是事后回溯性的,所以那些回答自己主修专业的被试并不知道他们回答的结果会出现在列联表之中。初看起来这好像是有利于这一研究的一个重要因素。但是要知道在这个特定的例子中参与者的反应性是未知的。真正的问题在于,他们可能已经由于反应性的原因(如"妈妈想让我主修英语")而选择了某个专业。没有哪种简单的方法可以确定那样的反应性,如果你所进行的数据比

38 较来自别人的统计,只是简单地填写某人主修了哪个专业。因此,事后回溯研究经常会出现来源和大小都不清楚的参与者反应性。当研究者只是评估而非操纵时,他们常常难以确定有关反应性这样可能的混淆因素。

相关研究

相关研究是我们将要讨论的第二种关系研究。使用这种方法,研究者通过一次统计计算就能够确定变量间相关的方向和程度。和绝大多数的列联研究一样,相关研究也是对事后回溯性数据的检验。

相关研究的一个典型实例是关于吸烟与肺癌之间关系的探讨。从 20 世纪 50 年代到 60 年代初进行的一系列研究都发现,吸烟与肺癌之间存在较高的正相关:一个人吸烟量越大,那么他患肺癌的可能性也就越大。这种相关方面的知识可以使人们作出某种预测。根据某人所吸香烟数量的大小,我们就可以预测(尽管未必很准确)这个人患肺癌的可能性,反之也是一样。美国公共卫生局 1964 年的年度报告总结道,吸烟危害健康。这一结论基本上是根据相关研究的成果作出的。下面,我们将对相关证据的解释过程中通常存在的一些问题进行讨论,但首先还是让我们先来了解相关系数本身的一些性质。

相关系数

相关系数是两个变量之间相关程度和相关方向的指标。相关系数有若干种不同的类型,但几乎所有的相关系数都有一个共同特性,即相关系数的变化范围从 -1.00 经由 0.00 到 +1.00。通常,相关系数并不正好就是这三个数字中的一个,而是它们之间的某个数字,如 +0.72 或 -0.39。相关系数中的数字大小表示两个变量之间相互关联的程度(较大的数字反映了较大的相关),而符号则表示相互关联的方向,或正或负。在相关系数前使用适当的符号是很重要的,否则人们就无法知道两个变量间到底呈现何种相关——是正相关还是负相关。不过,通常的做法是省略正相关之前的加号,故而 0.55 的相关就被解释为 +0.55。当然,理想的做法还是要加上符号。正相关的一个实例就是肺癌与吸烟之间的关系,即一个变量增加时,另一个也会随之增加(尽管并不完全如此,也就是说,相关系数小于 +1.00)。有文献报道在吸烟与另一个变量,即大学生学业成绩的高低之间还存在着**负相关**。吸烟量大的人比吸烟少的人倾向于具有更低的成绩（Huff，1954，p. 87）。

　　如上所述，相关系数具有若干种不同的类型，选用哪一种类型的相关系数则取决于相关研究中变量的特征。我们这里讨论心理学家常用的一种相关系数：**皮尔逊积差相关系数**，或**皮尔逊相关系数** r（皮尔逊相关系数 r 的计算公式见附录 B）。请记住，皮尔逊相关系数仅仅是若干种相关系数中的一种。实际研究过程中如果需要计算某些数据间的相关系数，请参阅有关的统计学教材（如Howell，2008），以决定哪一种相关系数更合适。

　　设想我们是一群终生致力于人类记忆研究的心理学家，其中一位心理学家偶然有了一个直观、简单的有关人的头颅大小与记忆力的想法。外界信息经由感觉器官进入人的大脑，并被储存在大脑的相应部位。因此，可以在大脑（储存信息的地方）与其他物理容器之间作一个类比，比如能盛各类物品的盒子。根据科学上常用的这种类比推理，并基于物理容器方面的知识，心理学家可以作出如下预言：随着人的头颅尺寸的增大，人的记忆容量也会增加。就像大盒子里储存的物品比小盒子多一样。同理，大头颅储存的信息也比小头颅多。

　　该"理论"提出了一种简单的关系：当头颅尺寸增加时，记忆量也会随之增加，即预言这两个变量间存在正相关。被试样本可以从当地人口总体中随机选取，对所选取的被试可以在两个维度上进行测量：头颅的大小和对词汇表进行回忆的词汇量。词汇表由三十个词构成，以三秒一个词的速度呈现给被试，每个被试呈现一次。假设每组被试十名，虚拟的三组被试的测量结果由表 2-2 所示。对于每个个体来说都有两个数据，一个是头颅的大小，另一个就是所能回忆的词汇量。另外，两种测量类型之间无须存在任何形式的相关，也不必使用同样的度量标准。正如一个人可以将头颅大小与词汇回忆量进行关联一样，他也可以将 IQ 与门牌号码进行关联，或者将任何两列数据进行关联。

　　为了更直观形象地表现相关，表 2-2 的三组数据可分别用图 2-3 中的三个分图来表示。头颅大小沿横轴 X 来表示（横坐标），词的回忆量沿纵轴 Y 来表示（纵坐标）。表 2-2 中(a)组的数据表明，头颅大小与词汇回忆量之间呈高度的正相关，用图 2-3 中的(a)来表示就是向右上方倾斜的一组散点；而表 2-2 中(c)组所表示的负相关，在相应的图上则表现为向右下方倾斜的一组散点。因

39

此,一旦知道一个人在某一变量上的值,在一定程度上就可帮助你预测(尽管在这些情况下未必完全准确)他在另一个变量上的成绩水平。因此,只要知道(a)和(c)中某人虚拟的头颅大小,就可帮助预测其词汇回忆量,反之也是一样。相

▼ 表2-2 头颅尺寸与词汇回忆量的三组虚拟的样本

(a)组表示正相关;(b)组表示低(r接近于零的);(c)组表示负相关

被试	头颅尺寸	回忆量(词汇)	被试	头颅尺寸	回忆量(词汇)	被试	头颅尺寸	回忆量(词汇)
1	50.8	17	1	50.8	23	1	50.8	12
2	63.5	21	2	63.5	12	2	63.5	9
3	45.7	16	3	45.7	13	3	45.7	13
4	25.4	11	4	25.4	21	4	25.4	23
5	29.2	9	5	29.2	9	5	29.2	21
6	49.5	15	6	49.5	14	6	49.5	16
7	38.1	13	7	38.1	16	7	38.1	14
8	30.5	12	8	30.5	15	8	30.5	17
9	35.6	14	9	35.6	11	9	35.6	15
10	58.4	23	10	58.4	16	10	58.4	11
	$r = +.93$			$r = -.07$			$r = -.89$	

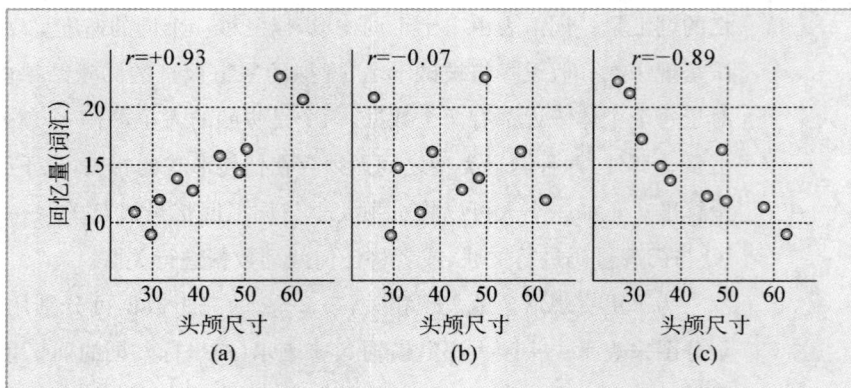

▼ 图2-3

显示表2-2中数据的直观图形。(a)表示高度的正相关;(b)表示相关几乎为零;(c)表示高度的负相关。

关研究之所以很有用,主要就在于:相关研究详细说明了变量之间关联的量,并且可以对其作出进一步的预测。至于(b)组中的数据则无法作出确切的结论,因为它们基本上就是零相关。在图 2-3(b)中的散点是凌乱的,不存在任何前后一致的关系,这反映的是低皮尔逊相关。当然,高相关时,即使已知某人在某个变量上的成绩,也不能够准确地预测个体在另一个变量上的值。例如,头颅大小与词汇回忆量之间呈高相关 $r=+0.93$,但现实中大脑袋的人仍然会回忆出较少的词汇,与之相反的情况也是存在的。除非是完全相关($+1.00$ 或者 -1.00),否则人们根本不可能根据一个变量上的成绩来百分之百准确地预测另一个变量上的值。

就总体中的某个随机样本而言,你认为头颅大小与回忆量之间的真实关系是什么? 尽管做过这样的研究,但我们认为它们之间可能存在着正相关。威勒曼等(Willerman et al. , 1991)曾经研究过头颅大小与智力或者说 IQ 之间的关系。通过测验 40 名右利手的心理学专业的白人学生,他们发现,头颅大小与 IQ 之间存在正相关 $r=+0.51$。近来,海尔及其同事(Haier, Jung, Yeo, Head, & Alkire, 2004; Colom, Jung, & Haier, 2006)的有关大脑容量的研究结果证明,较大的脑区容量与 IQ 正相关,而且这些区域分布于大脑各处。难道关于头颅尺寸的资料意味着是头颅尺寸的大小导致了认知能力的差异吗? 接下来,我们就来说明相关和归因问题。

相关系数的解释

在任何关于相关系数的讨论中,讨论者总会发出一个重要的警告——显著的高相关也不意味着正在研究的两个变量间存在着因果关系,即不能用相关证明因果关系的存在。单凭相关,我们无法断定,是因素 X 引起了 Y,还是 Y 引起了 X,或者是某种潜在的第三个因素引起了 X 和 Y。现在让我们举例来说明之。比如,我们在儿童中发现,头颅大小与词汇回忆量之间的相关为 $+0.70$。这大致上与我们的理论一致,即头颅越大保存的信息量越多。但一定还有其他的理论来解释这种情况。有的人认为,头颅大小与词汇回忆量之间高度的正相关,也许是由两个因素背后的第三个因素(比如年龄)居间促成的。我们都知道,儿童的头颅是随着年龄的增长而增长的,同样,回忆量也随着年龄而增加。因此,头颅大小与词汇回忆量之间高度的正相关,归根结底,完全有可能是年龄(或与年龄相关的因素)造成的。

在相关研究中,我们不能作出一个因素导致另一个因素的结论,因为与我们感兴趣的因素同时并存的还有许多其他因素。但在实验研究中,就可以通过操纵一个因素同时保持其他因素稳定的方法来避免这个问题。如果我们确实能成功地保持其他因素稳定(这样做很困难),那么就可以把测量到的差异归因于我们感兴趣的那个因素了。当两个或两个以上的因素同时发生变化时,我们就无法判断,是这个因素起作用呢,还是另一个因素起作用,抑或是它们共同在起作用。在这种情况下,我们就说各因素之间是混淆的。相关研究中,**混淆**是与生俱来的,它使得对研究结果的解释很困难。比如,在头颅大小与词汇回忆量之间的相关研究中,我们就无法断定,是头颅大小导致的回忆量差异,还是它同另外的因素,比如年龄,混淆在一起导致的。

在某些情况下,似乎可以对两个因素之间的关系作出因果的解释,但严格讲起来是不允许的。比如,某些研究表明,一个地区的枪支拥有量与该地区谋杀案的发案率呈正相关。基于这种相关有些人认为,枪支拥有量导致了谋杀案的增多,并进而提倡限制枪支的买卖。但也有可能是,居住在高犯罪率社区的人们为了自我保护而购买枪支,才出现了上面的相关。最后,还有可能是第三种因素如社会经济状况在前两者中产生了调节作用。由此可知,中等程度的相关,甚至高相关,都不能推出因果关系的结论。

此外,相关系数在任何两组数据之间都能被计算出来,所以高相关有时候也可能是偶然的,实际上两者没有一点瓜葛。比如,在传教士的数量与自 1950 年以来色情影片的年生产量之间,也许能够计算出很高的相关,因为两者都是不断增长的。但如果用因果关系把它们联系起来,就会得出极其荒谬的结论。

在几种相互抗衡的解释中,如果高相关支持了某个解释,同时否决了其他根据混淆因素作出的解释,那么此时的相关系数就拥有了较大的解释力。再有,当许多相互独立的研究的结论趋于一致,某种潜在因素被识别出,需要作出的决策又很重要时,高相关也具有较大的解释力。把吸烟与肺癌联系在一起进行解释的做法,为上述观点提供了良好的范例。关于这种联系的早期证据就已表现出了二者相关,但直到 1964 年美国公共卫生局的报告才作出了最后的结论(是在烟草制造商的抗议声中发表的),认为吸烟可能会引起肺癌。这一结论使得烟盒印上了相应的警告语,而且还禁止在电视和其他媒体上做香烟广告。在这里,相关性之所以被看作因果关系的证据,很可能是因为其他的解释缺乏合理性。例如,罹患肺癌致使某人去吸更多的香烟(以抚慰肺脏?),这一解释完全站不住脚。此外,吸烟——肺癌之间的相关被许多独立的研究所证明(会聚证明),以及宣称这两者间有因果关系意义重大(预防由肺癌导致的死亡)。最后,吸烟与肺癌之间存在相关的潜在生理机制显而易见(长期吸入有害物质会产生致命的癌细胞)。

42

　　尽管如此,仍然不能排除存在其他某种潜在因素的可能。事实上,艾森克和伊夫斯(Eysenck & Eaves, 1981)已经提出了反对意见,他们认为肺癌与吸烟之间的相关是由人格差异引起的。根据艾森克和伊夫斯的观点,某些人格类型容易产生吸烟行为和罹患肺癌。同样,他们认为吸烟和罹患肺癌之间的相关并不必然地意味着两者存在因果关系。而且吸烟与罹患肺癌之间的相关是在非人类的动物身上得出的。不过,大多数权威人物不同意艾森克和伊夫斯的观点。

　　最后,我们举例说明在相关研究中最容易出错的地方。前面我们曾提到过,吸烟与学业成绩呈负相关,吸烟较多学业成绩也较差。难道是吸烟导致了学业成绩低下吗? 这似乎不大可能,对于该相关一定还有其他的解释。也许成绩较差的学生更焦虑,于是抽的香烟更多;或者也许爱好交际的学生吸烟较多,而学习却较少,如此等等。同观察法一样,相关法只能提出可能存在的关系并引导进一步的研究,对于建立直接的因果关系则没有多大用途。不过,相关法比观察法更有优势,因为它可以准确地计算出两个变量之间的关联程度。因此,只要已知一个变量的值就可以预测另一个变量的(近似)值。

低相关:一个警告

　　因为高相关不能被当作某类因果关系的证据,于是人们认为,两个变量之间的相关非常低,几乎接近于零时,就可以完全排除变量之间存在因果关系的可能性。假如,头颅大小与词汇回忆量之间的相关是 - 0.02,能否抛弃我们原有的理论假设——头颅越大回忆量越多? 再假如,吸烟与罹患肺癌之间的相关是 + 0.08,那么能否毫不犹豫地抛弃它们之间有因果关系的观点? 我们的回答是,有时候在某些特定的情况下,可以这样做;但要注意,其他因素也会引起较低的相关或者零相关,而且还会掩蔽变量间的真实关系。

　　常见的一个问题是**全距限制**。为了能够计算出真正有意义的相关系数,要求每个变量的各个分数之间必须有足够大的差异,数值之间也必须有显著的分布跨度或变异性。假如表 2-2 中所有人的头颅大小都相同,而词汇的回忆量则有差异,那么可知这两个变量间的相关必定为零(运用附录 B 中的 B-5 方程,你自己也能计算出来)。假如我们计算大学生的头颅大小与词汇回忆量之间的相关,也会发现相关相当低,因为与整个人类相比,大学生之间在头颅大小与词汇回忆量上不可能存在很大的差异。如果抽取的大学生样本的头颅尺寸有更大的全距,即使两个变量间存在着正(或负)相关,也仍可能出现上述的低相关。由此可知,尽管变量之间存在着真正的相关,但全距限制问题仍会导致低相关现象。

43

全距限制问题可能会发生在许多意想不到的地方。比如,根据学习能力倾向测验(scholastic aptitude test,简称 SAT)分数来预测高入学标准的大学中的学生学业成绩。一般 SAT 中分测验分数的全距为 200—800,平均成绩略低于500。现在请你设想一下,假定某大学在两个分测验上的平均成绩都是 800。该校招生办官员通过综合 SAT 分数与新生学业成绩之间相关系数的计算,发现二者之间相关为 +0.10。于是,她得出的结论是:SAT 分数不能用来预测大学生学业成绩。然而事实并非如此。问题的症结在于 SAT 分数来自一个非常有限的全距,大家的分数差不多都一样。由于分数较低的人不会被大学录取,有限的全距在这里就成了可能因素,或者也是任何一个被试数量有限而又具有同质性的研究中可能的因素。

某一变量的值都是一样的,这个例子当然纯属虚构。让我们再来看一个实际的例子。布里奇曼等人(Bridgeman,McCamley & Ervin,2000)对 23 所学院的大学新生的学业成绩与 SAT 分数之间的相关进行了个别研究和总体研究。在对 SAT 分数的全距范围进行了调整后,他们发现,SAT 分数较高的新生其学业成绩也较高。造成这一结果的原因还很难判断,也许是因为高入学标准的学校更为看重分数的缘故。由于心理学家们常常使用具有同质性的总体,比如大学生,因此在对相关结果进行解释的时候要更加注意全局限制问题。

解释低相关的最后一个问题就是,研究者必须确定所用相关系数的前提假设已经被满足。否则,对它的使用就是不合理的,并会导致对相关的虚假低估。这里并没有讨论这些前提假设,但在使用皮尔逊相关系数 r 或其他的相关系数之前,应该到统计学著作中进行核对。这一点至关重要。例如,皮尔逊相关系数

r 的前提假设是,两个变量之间必须呈线性关系(可以用一条直线来描述),而不是曲线性关系。但现实生活中曲线性关系比比皆是,如图 2 - 4 所假设的(但是合理的)年龄与长时记忆之间的关系。当年龄很小时,线条呈平直状;然后,在 3 岁到 16 岁时向上升高,随后又一次呈平直状直到中年晚期;之后,随年龄增长线条缓缓下降,直到老年时才呈大幅度下降趋势(Howard & Wiggs, 1993)。因此,虽然人们可以根据年龄相当准确地预测出词汇回忆量,但皮尔逊相关系数 r 却很低。这主要是因为两个变量之间的关系不是直线性的。这种情况可以通过画散点图来检验,如图 2 - 4 所示。因此,低相关并不是不存在相关,而仅仅是反映了其相关系数所依据的前提假设没有被满足。

44

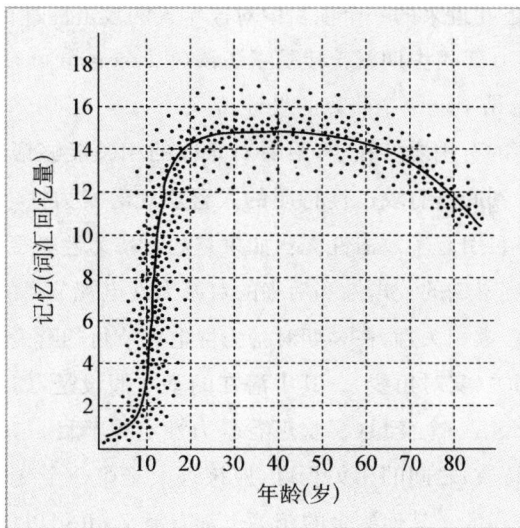

▼　图 2 - 4
表示长时记忆与年龄之间曲线关系的虚拟图形。尽管记忆与年龄的变化趋势一致,并且人们可以通过年龄来预测回忆量。但它们之间的这种关系并非线性的,故而皮尔逊相关系数 r 很低。

复相关程序

"媒体暴力对公众健康构成了威胁,因为其导致了现实世界中暴力和攻击行为的增加"(Huesmann & Taylor, 2006, p. 393)。我们怎样才能够确定观看暴力电视节目是否会导致攻击性行为? 埃伦等(Eron et al. , 1972)测量了儿童对暴力性电视节目的爱好及其被同伴评价的攻击性。对于这些三年级的儿童来说,埃伦及其同事发现,上述两个变量之间确实存在着中等程度的正相关 $r =$

+0.21。这表明,攻击性较强的儿童可能观看的暴力性电视节目也更多(同样,攻击性较弱的儿童观看暴力性电视节目可能较少)。我们该怎样解释这一正相关呢? 我们能否说观看暴力性电视节目导致了攻击性行为? 答案是否定的。为了搞清事实真相,我们只需把因果陈述颠倒过来,即攻击性行为引起了对暴力性节目的爱好,看其是否成立。总之,仅仅根据一个相关系数,我们无法确定因果关系的方向。即便有这种可能,但是单凭一个相关研究还是很难作出因果推论。相反,在未会聚许多独立研究的证据和令人信服地识别出潜在机制前,研究者通常把相关证据看作验证性的。

经过许多研究的多重检验后才能提高相关研究的解释力。埃伦及其同事运用了一种名为交叉—滞后组相关程序的研究方法,不仅对同一组儿童进行了为期十年的追踪研究,还在近来的一个项目中对成年人的攻击性进行了研究,这些成年人早在 20 世纪 70 年代中期就曾接受了访谈(Huesmann et al. , 2003)。图 2-5 中的两个分图总结了这两个研究的设计。

交叉—滞后程序的有用之处在于,沿着对角线的相关能够帮助我们理解变量之间的因果方向。到底是有攻击性特质的人喜欢观看暴力性电视节目呢,还是观看暴力性电视节目引起了攻击性呢? 如果是观看暴力性电视节目引起了攻击行为,我们将会得到早期的攻击性和后来的对暴力性电视节目的喜爱之间(虚对角线)的低相关或者零相关,而在早期对暴力性电视节目的喜爱和后来的攻击性之间应该得到正相关(实对角线)。其中潜在的基本假设是,如果一个变量引起了另一个变量,那么第一个变量(喜欢观看暴力性电视节目)与时间上滞后的第二个变量(攻击性特质)之间的相关程度,应该远大于第一个变量和同期的第二个变量之间的相关程度。其他剩余的相关也都有意义,并可以作出预测,但是却不能进行因果推断。研究者在 1972 年的项目中对 211 名男性进行了研究。其在 2003 年的报告中男性(152)和女性(176)都提供了数据。1972 年的研究发现,在十三年级的学生中,对暴力性电视节目的爱好与攻击性之间的相关系数基本接近于零($r = -0.05$)。同样,他们也发现,三年级与十三年级对暴力性电视节目的爱好之间的相关($r = +0.05$)可忽略不计。但他们在两个年级的攻击性上却获得了中等程度的相关($r = +0.38$),这说明攻击性是一种相对稳定的特质。三年级的攻击性与十三年级对暴力性电视节目的爱好之间的交叉相关很小

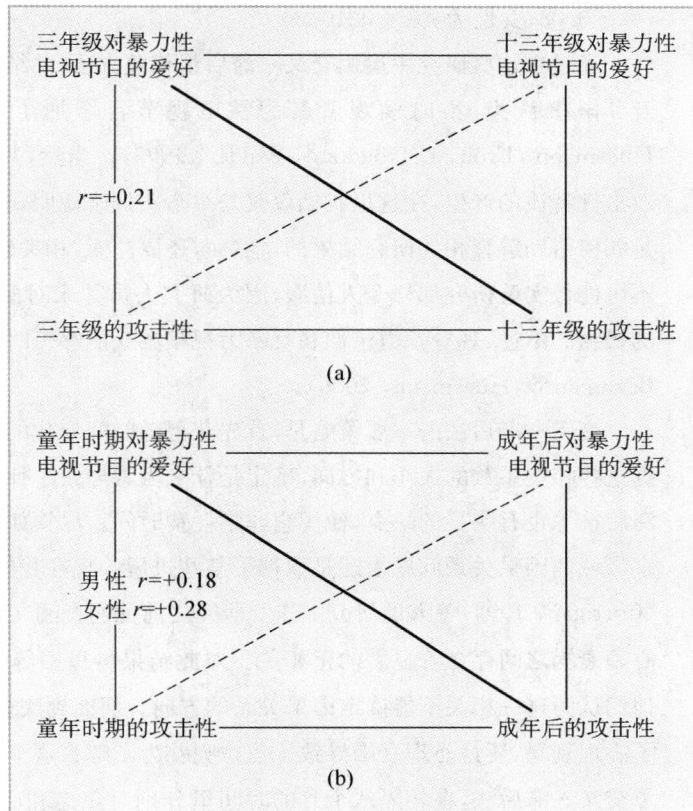

▼　图 2 - 5

(a)埃伦等人(Eron et al.，1972)所使用的交叉—滞后组相关设计。该研究考察了对暴力性电视节目的喜爱与同伴评定的攻击性之间的相关。对角线显示了重要的交叉—滞后相关。虚对角线方向的相关应该较小,实对角线方向应该为较大的正相关。(b)休斯曼等人(Huesmann et al.，2003)所使用的设计。被试在 6 到 10 岁时接受了第一次调查,随后在大约 15 年后又接受了第二次调查。成年后的攻击性通过两种方式进行测量,其一是被试自己对事件的报告,由其他人(包括其配偶)进行评定;其二来自被捕记录。对攻击性的测量是混合性的,不仅包括身体暴力,也包括言语攻击。

($r=+0.01$)。然而,三年级对暴力性电视节目爱好与十三年级的攻击性之间的交叉相关却是显著的正相关($r=+0.31$)。类似的结果也出现在 2003 年的报告中:童年时期观看暴力电视与成年后的攻击性之间重要的交叉—滞后相关为正,且具有统计学显著性,男性 $r=+0.21$,女性为 $r=+0.19$;而男性和女性在童年时期的攻击性与成年后观看暴力电视之间的交叉—滞后相关都很小,男性

$r = +0.08$，女性为 $r = +0.10$。

通过在这些研究中运用交叉—滞后组相关方法，并结合其他综合分析，埃伦及其同事认为，小时候观看暴力性电视节目增加了后来的攻击性（参见 Huesmann, Eron, Lefkowitz & Walder, 1973）。当然，其他许多因素也会影响攻击性特质的产生，在这里我们仅仅是举个实例来说明，交叉—滞后组相关程序是如何帮助解释相关研究结果的。然而，还要注意，相关研究所达成的因果判断不可能像实验研究那样令人信服，因为研究人员并未对感兴趣的变量进行必要的操纵。不过，观看暴力录像和玩暴力视频游戏能够短时间增加攻击行为（参见 Bushman & Huesmann, 2006）。

交叉—滞后法的一般策略是，首先获得随时间变化的若干相关系数，然后依据这些相关系数的大小和方向，确定是什么因素导致了什么结果。不过，交叉—滞后技术也有明显的缺点，使用它非常耗费时间。尽管如此，这种方法在确定许多领域的因果关系问题上还是取得了某些进展。现在我们请大家看一看科里根（Corrigan, 1994）等人的研究工作。研究之前他们查阅文献发现，职员的焦虑与心理衰竭之间存在着显著的正相关。对此结果科里根等人作出了正确的评价，他们认为这一相关不能确定因果关系的方向。那么到底是工作人员的焦虑导致了心理衰竭，还是心理衰竭导致了焦虑呢？为了解答这个难题，科里根等人运用了交叉—滞后法，在相隔八个月的时间里分别对焦虑和心理衰竭的员工进行了测量。结果表明，心理衰竭是原因，正是它导致了员工的焦虑水平提高，而不是相反。使用交叉—滞后相关法的其他测量也表明，这批员工的心理衰竭可能是缺乏社会支持的缘故。

在相关研究中，除交叉—滞后组相关程序外，还有其他的统计方法也常被人们用来理解因果关系，其中包括偏相关法、多元回归分析法和路径分析法。当然，同交叉—滞后法一样，上述的这几种方法本身都可以用来检验多种关系，而绝不仅局限于单一的相关分析。这些统计方法在许多的教科书里都有详细的介绍（请特别参考 Cook & Campbell, 1979）。

原因：一个注解

我们已反复提醒，把相关等同于因果是错误的。因果关系在科学哲学中颇有争议，现在就让我们看看其中的一些问题。由于受某些科学哲学家的影响，原因一词在当代科学家中已变得不太流行了，主要是其哲学含义过于复杂的缘故。即便对某个简单事件产生的原因稍作探究，也会导致无穷无尽的追根溯源。故而，在某些学术领域中已不再使用原因这个词了。在本书中我们暂且依旧使用原因一词，因为毕竟它的含义有限。实验研究可以导致因果推论，因为实验过程中一个因素被改变的同时，所有其他因素都会在理想的条件下保持稳定不变。因此我们可以说，在这种情况下不论发生什么样的效应，都是由被改变的那个因素引起的。

　　一种更有趣的观点认为，实验所操纵的许多因素本身就是由一些独立的事件异常复杂地组合而成，故而任何一个事件都可能是某种实验结果的原因。时间就是一个很好的例子。比如，我们想知道：一个人在学习说服性沟通材料上所花费的时间，是否会影响他对沟通态度的改变。我们对其花费在材料学习上的时间进行操纵。如果结果是，其他因素稳定不变时，随着学习时间的增加，态度改变量也会随之增大。那么，依据这个结果，我们能说时间引起了态度的改变吗？从某个角度上看，情况确实如此，但从本质上看，绝不是这样的。因为很可能是某种随时间变化的心理过程在发挥作用，从而引发了态度的改变。也就是说，态度改变的原因很可能是与时间相关的某种因素而不是时间本身，因为时间并不是促成因子。这正如我们把自行车扔在外面淋雨致使其生了锈，我们不能说自行车生锈是时间的缘故，而应说是伴随时间而发挥作用的化学过程导致的。

　　被操纵的变量通常是由许多复杂而又相互影响的部分组成的，而其中任何一个部分或几个部分的混合实际上都可能引起某种效应。正因为如此，人们有时会认为实验仅仅是一种有控制的相关研究。而在某些情况下，事实也的确是这样。尽管如此，实验研究绝不仅仅是一种相关研究，因为我们从实验研究中可以了解两者间关系的方向。在前面态度改变的例子中，我们只是把材料提供给许多被试，让他们反复阅读。我们先是记录每个人所花费的时间，然后再比较他们的态度改变情况。假如这两个变量之间存在着正相关，我们仍然不清楚，到底是人们在材料的学习上所花费的时间引起了态度改变，还是人们越是决心改变态度就越可能用更多的时间来阅读学习材料，以确保自己了解有关事实。当然，上述关系也可能存在一些其他解释。但至少在关于学习时间的实验研究中,作为研究人员的我们可以对学习时间这一变量进行操纵(而不是把学习时间留给我们的被试让其随意处理),同时还可以做到保持其他的因素稳定不变。因此可以说,更多的学习时间导致(决定、产生、引起)了更多的态度改变。因为诸如学习时间之类的变量具有复杂的性质,所以我们无法绝对确信学习时间本身就是真正的原因。比如,也可能是,允许用更多的时间去学习说服性沟通材料的个体,变得对实验的参与程度提高了,最终高参与度导致了态度改变。

由于真正的原因(比如个人参与程度)可能被嵌入在被操纵的变量(比如学习时间)里,因此,进行实验研究时我们必须慎重考虑这个问题。尽管如此,实验研究还是优于相关研究,因为实验研究可以确定两个变量间关系的方向。正如前面简要提到的,它至少可以告诉我们原因嵌入在自变量里了,而不是在某些潜在的未知变量中(相关研究就无法做到这一点)。也正是在这个意义上,实验研究揭示了事物的原因。

在转入下一章之前,我们可以得出这样的结论,那就是各方面都优越的研究方法是不存在的。进行一项成功研究的关键是要选择最适合于被检验假设的研究方法。如果理论假设是关于自然情境中发生的行为(不论它是关于热带丛林中灵长类动物的梳理活动,还是公共厕所墙壁上的涂鸦现象),那么自然观察法将比严格控制的实验研究更合适;相反,如果理论假设既能够通过相关法也能够通过实验法合理地验证,那么就应该运用实验法,至于其中的种种理由我们已经在本章中全面地讨论过了。下一章我们就将讨论这种重要的科学工具——实验。

▼ 小结

1. 科学的主要任务是仔细观察和研究自然世界。本章讨论了两种基本的研究方法:自然观察法和相关研究法。它们都是很有用的科学研究方法,但它们却无法得出是什么原因引起了什么结果的推论。不过,它们在课题探索的早期阶段,在研究那些用实验法无法进行实际研究或道德规范不允许的课题时,都是非常有用的。

2. 界定所研究事件的边界后,采用自然观察中的无干扰观察法和无干扰测量法就可以有效地研究环境中自然发生的行为了。心理学家常用的两种自然观察法变式是:个案研究和调查研究。然而,这些观察方法都有一个共同的缺点,就是无法断定因素之间的相互关系。

3. 关系研究力图说明变量是如何彼此关联的。关系研究是典型的事后回溯,因为它不是对变量的操纵而是测量。

4. 列联研究试图确定一个变量的值是否取决于另外一个变量的值。一个有代表性的问题如判断个体对主修专业的选择是否与性别有关。用于确定两个变量是否相互独立的统计检验称为独立性检验。

5. 相关研究可以使我们对因素之间的关系作出如下说明:什么因素随什么而发展变化。相关系数的变化范围从 -1.00 到 $+1.00$,其中数字的大小表示相关的强弱,符号则表示方向。例如身高与体重之间呈正相关,而年平均气温与测点距赤道的距离之间则呈负相关。相关法有若干种类型,但心理学家最常用的是皮尔逊积差相关系数,或称皮尔逊相关系数 r。

6. 相关研究可以使人们确定两个变量间的关联程度,这对进一步的预测非常有用。然而,它无法确定变量间关系的方向。即使两个变量 X 和 Y 之间的相关较高,我们还是无法据此得出结论:到底是 X 引起了 Y,还是 Y 导致了 X,抑或是另外的第三个因素引起了前两者。

7. 在相关研究中,许多因素通常是同时变化的。所以,研究的最终结果往往相互混淆。但相关研究在那些不可能进行实验研究的情景中却是相当适宜的,例如在与种族骚乱有关的研究情境中相关研究就更合适。

8. 当研究者发现两个变量之间的相关接近于零时,他们常常会得出变量间没有任何关系的结论。在得出这种结论之前,即便该结论经常是正确的,研究者也必须事先慎重确定:相关研究背后潜在的假设是否已被满足。一个常见的问题就是全距限制问题,或者说某组分数的分布缺乏变异性。即使取样更广泛、变量之间确实也存在真正的相关,但如果在一个变量上的所有测量结果都大致相同的话,那么它们之间的相关系数也必将接近于零。

9. 许多研究工作试图把控制变量的方法引进相关研究,以便能够更好地确定因果关系。在某些情况下,诸如交叉—滞后相关法等统计技术可以用来确定相关研究中的原因。

⁴⁹ ▼ 重要术语

拟人化	变异个案分析	正相关
个案研究	习性记录	反应性
原因	习性学	关系研究
混淆	事后回溯研究	全距限制
列联研究	自然观察	调查
相关系数	负相关	无干扰测量
相关研究	参与性观察	无干扰观察
相关技术	皮尔逊积差相关系数	变量
交叉-滞后组相关法	或皮尔逊相关系数 r	χ^2 独立性检验
界定观察范围		

▼ 讨论题目

1. 设想你是一位研究人员,即将开始研究母婴间的互动问题。你很想获得如下一些信息:(1)与婴儿的迫切需要相对无关的情况下,母亲照料婴儿时表现出的行为动作频率。(2)母亲忽视婴儿时,婴儿以各种方式所表现的行为频率。(3)母婴之间互动时,母亲与婴儿各自所表现出的行为频率。在上述三种范畴中,把你认为可能出现频率较高的所有行为列表加以说明。这实际上就是一种习性记录,正如本章中所讨论过的那样。如果你在几周时间内每天连续观察母婴行为五个小时,那么你将会得出什么结论呢?你还想知道哪些从自然观察中无法获得的信息?

2. 在发现肺癌与吸烟有关的首批论文中,有一篇是由多尔(Doll,1955)发表的。他将 1930 年 11 个国家的人均香烟消费量和 1950 年死于肺癌的男性人数制成表格。对死亡人数的统计比香烟消费量的统计晚了 20 年,这是因为要想看到其间可能存在的因果关系,就必须经过一些时间。由于 1930 年吸烟的妇女人数很少,所以把吸烟人数与男性死亡率相联系似乎是很合适的。下表就是根据多尔的一些重要调查结果改编而成的。

(a) 查看这些结果。这两组数据将会说明什么问题?

国家	1930 年香烟消费量	1950 年死亡人数/百万*
澳大利亚	480	180
加拿大	500	150
芬兰	380	170
英国	1,100	350
荷兰	1,100	460
冰岛	490	240
挪威	230	60
瑞典	250	90
瑞士	300	110
美国	510	250
	1,300	200

* 死于肺癌

(b) 像图 2-3 那样,把这两组调查结果绘成曲线,从曲线上可以看出什么?

(c) 用附录 B 给出的皮尔逊相关系数 r 公式,计算出这两个变量之间确切的相关系数。你得到的相关系数是怎样的,其大小与符号各是什么?

3. 根据对问题 2(c)所作的分析,你会得出吸烟导致肺癌的结论吗? 如果相关系数比较大,比如说 +0.95,你是否会更加坚信其间存在着因果关系? 如果你认为这些数据并不能证明吸烟会导致肺癌,那么你怎样解释这些结果?

4. 请把你认为将会存在高相关(无论正或负)的、但又几乎没有因果关系的变量对列成表。你怎样确定其间的相关是否表示了一种因果关系?

▼ 网络资源

请登录"瓦兹沃斯心理学资源中心,统计和研究方法业务"网页,仔细浏览关于"非实验研究方法——调查法"的逐步介绍,网址如下:

http://academic.cengage.com/psychology/workshops

▼ 实验室资源

《兰思顿手册》(Langston's manual)的第一、二章分别探讨了自然观察法和调查法。运用自然观察法研究了人类对停车位的保护,而使用调查法则主要关注了大学里的分数膨胀(grade inflation)问题。

《兰思顿手册》(2002)在第三章讨论了关系研究。兰思顿研究的主要问题是饲养宠物与健康的关系。

兰思顿·W(2002)《心理学研究方法实验室手册》(*Research methods laboratory manual for psychology*,Pacific Grove,CA:Wadsworth Group.

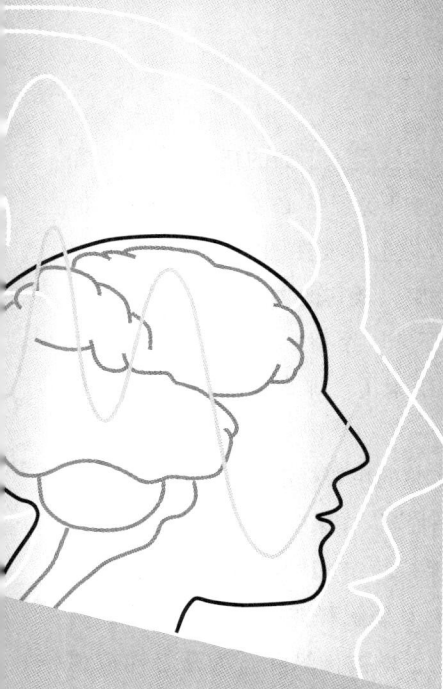

第三章
研究技术：实验

52 没有人会相信假设，除了假设的提出者；但是每个人都相信实验，除了实验的操纵者。 W.I.B. Beveridge

假设你是一名正在上环境心理学课的学生，你接受了下面的任务：去图书馆抢占一张桌子，并且尽可能长时间地阻止其他人坐下来。你必须通过非言语、非暴力的手段实现这一目标。为了完成这项任务，你也许要在图书馆等上半天才能占到一个空位，迅速坐下来之后，将你的书、衣服以及其他物品都摊在桌子上，你希望这种杂乱无章的样子可以阻止其他人坐下来。坚持了一段时间，比如15分钟，最终有人坐在了你的旁边，这时你的任务结束了。那么请问：你是否完成了一项实验？

在回答这个问题之前，让我们先概括一下实验的主要标准，这在前几章中已简单地讨论过。当系统地操纵环境并观察到这种操纵在某些行为上的因果效应时，实验就发生了。而环境的其他方面则始终保持恒定，因为它们与课题无关，没有被操纵，因此它们不会影响实验结果。我们必须解释在第一章中简单提到过的两个术语：自变量和因变量，以说明环境是怎样被操纵和行为是怎样被观察的。

▼ 什么是实验？

许多学生会惊奇地发现，我们在图书馆占座任务里的所作所为并不能构成一个实验。实验至少应该具有两个独特的属性，就是我们已提到过的自变量和因变量。因变量是依赖于被试的反应值。在这个例子中，从物品摊开到有一个人坐下来所花的时间是因变量或反应值。自变量是由实验者对环境的操纵，这里是指将杂物摊在桌子上。

但一个实验中对环境的操纵至少要有两个值或两个水平，可以是在量上不同（物品摊在桌子一角和摊满整张桌子），也可以是质上不同（占座人的表情温和、友善与表情严肃、拒绝）。从这一点来说，也就是至少要对两种情况作出比较,决定自变量(桌子覆盖的范围或表情)是否导致了行为的变化。有时,这两种水平可能仅仅是操纵的存在或缺乏。上述到图书馆抢占桌子的例子之所以不是实验,就因它没有满足这一要求,它只有一个自变量水平。

那么,怎样改变才能使其成为一个实验呢? 最简单的方法是再次坐下来,但这次不将物品摊在桌上。这样我们的自变量就有了两个水平:桌上摊放物品与桌上不摊放物品。这样,我们就可以对这两种情况进行比较了。

这个实验可能有三个结果:(1)桌上摊放物品,致使没有人来坐的时间更长;(2) 无论桌上是否摊放物品,两种情况下时间一样长;(3)桌上摊放物品的情况下,时间更短。如果没有第二种自变量水平(桌上不摊放物品),就不可能得出这些结果。实际上,在对自变量的这两个水平进行测验之前,我们不可能得出任何有关在桌上摊放物品对抢占桌子有何作用的结论。

如果能够正确操作这个实验的话,可能会得出第一个结果,即个体加上各种物品比单独的个体更能保护座位。

从这个例子中我们看到了,实验研究至少要有自变量和因变量。前几章讨论的研究方法不允许或不要求对环境进行操纵,但如果进行实验研究,则自变量至少要有两个水平。

实验的优点

在第二章中已讨论过,与其他研究方法相比,实验的主要优点在于能更好地控制无关变量。理想的实验通常是,除了要研究的这一变量,不允许任何其他因素(变量)来影响结果。用实验心理学的术语来说,就是其他因素都受到控制。就像理想的实验那样,如果除了自变量外其他因素都保持恒定,那么,从逻辑上我们就可以认为,结果的任何不同都是由自变量引起的。一言以蔽之,当自变量的水平发生变化,因变量结果也不同时,我们完全可以推断,正是也仅仅是自变量的改变导致了这一结果。换句话说,自变量的变化引起了所观察到的因变量的变化。比如,在图书馆抢占桌子的实验中,我们可以操纵的自变量是个体保护桌子时的面部表情。同时,为控制无关变量,我们还需要仔细考虑可能影响我们作出因果判断的其他因素。在这个例子中,我们可能需要考虑,实验助手应是同样吸引人的、同样性别的,他们或者都是女性助手,或者都是男性助手。这样我们就控制了除表情之外的其他因素(比如性别和吸引力等)。设计实验旨在得到一种结果解释,这也正是实验方法的中心所在。一些非实验的研究方法只限于描述和相关说明,而实验可以作出因果的说明——也就是,自变量 A(面部表情)引起变量 B(他人坐下时桌子的被占领时间)的变化。在这个实验中,我们预测表情友好、吸引人的实验助手与表情严肃、拒绝人的实验助手相比,前者的占领时间要短一些。

虽然,原则上,实验可以作出因果说明。但事实上,这些说明并不总是正确的。没有一个实验可以百分之百地消除其他变量或使其保持恒定,而只有一个变量被研究。不过,与其他研究方法相比,实验能够消除更多的无关变量。在本章后面的部分,我们还将继续讨论实验中控制无关变量的具体方法。

实验的另一个优点是经济。运用自然观察法时观察者必须很耐心地等待所要观察的情况出现。如果你住在北极圈附近的挪威特伦汗港,但却想研究高温怎样影响攻击行为,那么只靠太阳产生高温就需要极大的耐心和时间了。但如果实验者通过创设感兴趣的情景(实验室环境下的多种高温水平)来控制环境,就可以迅速有效地获得数据。

为什么做实验

做研究的理由同样也可用来解释心理学家为什么做实验。在基础研究中,实验用来验证理论,并提供解释行为的数据。一般来说,这种实验都是精心设计的,研究者对实验结果也都有一个清晰的预测。所谓的批判性实验力图使作出不同预测的两种理论形成相互竞争,一种结果有利于理论 A,而另一种有利于理论 B,但是实验只能原则上决定拒绝或保持哪种理论。实际上,这种批判性实验并不能很好地解决问题,因为被拒绝理论的支持者们总是善于寻找借口,并对不利于该理论的解释进行质疑。例如,在个体如何遗忘的研究中,对遗忘有两种解释:(1)记忆项目随着时间的流逝而消退,就像电源切断时灯光的消逝一样(这种解释被称为"痕迹消退说"),或者(2)记忆项目不随时间而消退,其遗忘是由于它们彼此干扰引发的混淆所致。一个简单的批判性实验可以变化记忆项目呈现的时间间隔,但保持项目数恒定(Waugh & Norman, 1965)。根据痕迹消退说,时间越长记忆效果越差,因为有更长的时间促使痕迹消退。但若按干扰理论,由于记忆项目数保持恒定,因此不管以何种时间间隔呈现,结果都不会有差异。实验表明记忆结果间没有差异,这似乎否定了痕迹消退说的解释。然而,持痕迹消退说的人认为,记忆项目呈现的时间间隔允许个体复述——也就是说,被试可以自言自语或默默地重复项目内容——以至于阻止了遗忘的发生。

在少数情况下,研究者做实验是在缺乏另一个竞争理论的情况下进行的,仅仅是为了看看发生了什么事情。我们将这种实验称为what-if实验。学生常常做这种实验,因为这种实验不要求有理论知识或资料,在个体的经验和观察基础上就可进行。一些科学家不赞成使用这种实验,主要的反对理由是它们效率不高。在许多情况下,这种实验如果没有什么变化发生的话——也就是说,自变量没有效果——那么实验者从实验中便得不出任何结果。但是相反在另一种情况下,若理论预测将有变化发生而事实上却没有发生时,这种没有差异的发现仍然是很有用的。我们必须承认自己曾经尝试过what-if实验。虽然大多数尝试没什么结果,但它们确实有趣。我们的建议是,在做what-if实验之前应与你的指导者核对一下。他们可能会对你将要获得的结果作一下估计,或者甚至知道以前已经做过的类似实验的结果。

这也就是在基础研究中进行实验的最主要原因,即重复或复制以前的发现。与一系列相互关联的实验相比,单个的实验本身难以令人信服。最简单的复制就是直接重复已有的实验,对程序不作任何改变。当先前实验相当新颖时直接的复制特别有用。不过,一般而言,更好的重复方式是在保持旧内容的同时增加一些新东西,以扩展以前的实验程序。这样,重复部分是原原本本的重复,新的部分则可增加新的科学知识。当在不同的自变量条件下结果保持恒定(或变化)时,该重复实验也证明了结果的普遍性。复制的概念及其不同形式将在第十一章详细讨论。

▼ **变量**

变量是使实验运转的嵌齿和齿轮。好实验与差实验的区别就在于变量的有效选择和操纵。在实验开始前必须要对三种变量进行慎重的考虑,这三种变量分别是:自变量、因变量和控制变量。通过对有着多个自变量或因变量的实验进

55

行讨论,我们可以得出结论。

自变量

在真正的实验中,自变量就是那些被实验者操纵的变量。光的明度、声音的响度、房间的温度、喂给老鼠的食丸数量——所有这些都是自变量,因为实验者决定它们的数量和性质。由于实验者相信它们会引起行为的变化,所以这些被选作了自变量。增加声音的强度可提高个体对它的反应速度,增加食丸的数量可增加老鼠压杆的次数。当自变量水平的变化导致了行为的改变时,我们就说行为受到了自变量的控制。

自变量对行为控制的失败,常被称为零结果。这通常有多种解释。首先,实验者作出自变量是重要的猜测可能是错误的,而零结果是正确的。但绝大多数科学家都只能勉强接受这个解释;另一个解释更加普遍,即实验者未能对自变量进行有效的操纵。假设你在做一个以二年级儿童为被试的实验,你的自变量是他们每次正确反应之后获得的小糖果(玛氏巧克力豆、软糖豆)数目,一些儿童只能得到一颗,一些能得到两颗。结果你没发现行为上的差异。但是如果你的自变量有更大的变化范围——比如,从一颗到十颗——也许,你就会得到行为上的差异。你的操纵可能不足以反映自变量的效果。或者,也许你不知道,他们的班级在实验前刚举行了一个生日聚会,他们的肚子里已经塞满了冰淇淋和蛋糕。那么,在这种情况下,十颗糖果也不会产生效果。这就是为什么在一些以食物为奖赏的动物研究中,实验前先要进行食物剥夺的原因。

我们可以看到实验者需对自变量进行小心操纵,无法做到这点是产生零结果的常见原因。由于无法确定是由于操纵失败还是由于零结果正确,因此实验者不能得出任何关于自变量和因变量间因果关系的结论。造成零结果的其他常见原因与因变量和控制变量有关。接下来我们要讲到它们。

因变量

因变量是实验的反应值,取决于被试对环境操纵的反应。换言之,是指被实验者所观察和记录的随着自变量的变化而变化的被试行为。实验助手"保护"座位直到他人坐下来之前的时间、虫子爬过迷津的速度、老鼠压杆的次数——所有这些都是因变量,因为它们依赖于实验者操纵环境的方式。在图书馆这个例子中,我们可以预测,如果实验助手表现出一副拒绝的表情会比友善的表情更能阻止别人坐下来。在这个例子中,被试的行为依赖于我们让实验助手所采取的表情。个体坐在桌前的时间是实验所要研究的因变量。

好因变量的一个标准是**稳定性**。当一个实验被准确重复时——相同被试及相同水平的自变量等等——因变量也将得到以前的数值。如果我们测量因变量的方法有缺陷,不稳定现象就会发生。假设我们想以克为单位测量一个物体的重量,比如测量燃烧之前和燃烧 15 分钟之后的蜡烛重量。我们用的秤是由一个弹簧和一个指针构成的,当重物拉扯弹簧时也会带动指针。重力计中的弹簧会随着温度的变化而发生热胀冷缩。因此,当气温恒定时测出的物体重量是可靠的,而当气温发生变化时同样的物体就会有不同的重量读数。因而此种情况下我们的因变量测量是缺乏信度的。

即使在因变量恒定的条件下,零结果仍可能由于因变量存在欠缺而引起。最常见的原因是因变量的测量范围受到限制,因此测量结果只能"停留"在量表的最顶端或最底端。假设你第一次教一个动作不太协调的朋友打保龄球。你从心理学中知道奖赏可以提高作业水平,因此每当他(她)打一个全中你就为其买一杯啤酒。然而你的朋友将球都扔到沟里去了,因此啤酒只有你自己来喝。这样,你不能再提供奖赏了,而且你因此预料其作业水平会降低。但由于再没有比落沟球更低的水平了,所以你观察不到成绩的任何下降。你朋友的作业水平已经到了量表的最底端。这被称为**地板效应**。相反 100% 的正确率被称为**天花板效应**。天花板和地板效应(见第十章)都阻碍了因变量对自变量效果的准确反映。

控制变量

控制变量是由实验者控制并在实验中保持恒定的潜在独立变量。对于任何一个实验,需要控制的变量都很多,而且远远多于研究中实际控制的变量数。即使在一个相对简单的实验中,例如要求人们记忆三字母音节,仍需要控制许多变量。每天不同的时间会导致你不同的记忆效率,因此理想的实验应该控制该时间变量。气温也很重要,因为实验室如果太热会使你昏昏欲睡。你最后吃东西的时间也会影响你的记忆。智力也有一定的影响。此外,还可以列出许多。实际中,实验者尽可能控制一些变量,以期相对于自变量效应而言那些未控制因素的效应很小或者可以忽略不计。虽然严格控制一些无关变量非常重要,但只有当自变量对因变量产生较小的作用时才更加关键。保持变量恒定并不是去除无关变量的唯一方法。接下去要讨论的统计方法同样是用来控制无关变量的。但是,在众多控制无关因素的技术中,保持变量恒定是最直接的实验技术,因此我们把控制变量的定义只限定在这种技术上。由于实验中对其他因素的控制不够充分——也就是说,它们可随自变量一起发生系统性变化,故而实验常出现零结果。这种未被控制的变异,随着无关变量和自变量的关系的不同,可能减弱或扩大自变量对因变量的效应。无关变量的问题更常发生在实验室外的一些研究中,在这种情况下研究者保持控制变量恒定的能力会大幅度地下降。

> 自变量被操纵
> 因变量被观察
> 控制变量被保持恒定

变量命名

因为理解自变量、因变量和控制变量非常重要,所以我们在这里举一些例子以便你检查自己是否真的理解了。对于每一个例子都要说出三种变量。例子之后是答案。不要偷看!

1. 汽车制造者想知道,刹车灯多亮可最大限度地减少后面司机意识到前方正在停车的时间。实验就是回答这一问题。对变量命名。

2. 训练鸽子绿灯亮时啄键、红灯亮时停止。对作出正确反应的鸽子给予玉米的奖励。对变量命名。

3. 治疗者试图改善患者的自我形象。每次患者描述自己积极的一面时,治疗者就以点头、微笑和额外注意予以奖励。对变量命名。

4. 社会心理学家做了一个实验,以揭示挤在一个电话亭里的六个人中是男人还是女人感觉更不舒服。对变量命名。

> **答案**
>
> 1. 自变量（被操纵变量）：　刹车灯的亮度
>   因变量（被观察变量）：　刹车灯亮到尾随车司机踩刹车踏板之间的时间
>   控制变量（恒定变量）：　刹车灯颜色、刹车板的形状、刹车所需力气、额外照明度等
> 2. 自变量　　　　　　　灯的颜色（红或绿）
>   因变量　　　　　　　啄键次数
>   控制变量　　　　　　食物剥夺时间、键的大小、红灯绿灯的亮度等
> 3. 自变量　　　　　　　实际上这不是一个实验，因为自变量只有一个水平。为了使其成为实验，需要另一个水平的值，如奖励对患者岳母的积极描述而忽视消极描述。这样自变量就是：受到奖励的描述种类。
>   因变量　　　　　　　描述数量（或频率）
>   控制变量　　　　　　办公室环境、治疗者
> 4. 自变量　　　　　　　参与者性别①
>   因变量　　　　　　　不舒服的程度
>   控制变量　　　　　　电话亭的大小、挤在电话亭的人数（6 人）、个体的身材大小等

多个自变量

在心理学杂志中很少发现只使用一个自变量（被操纵变量）的实验，典型的实验往往同时操纵二到四个自变量。这一方法有几个优点。首先，在同一实验中操纵多个自变量——比如三个，比做三个独立的实验效率要高。其次，实验控制常常更好。因为在同一个实验中，一些控制变量——时段、气温、湿度等等——比在三个单独的实验中更可能保持恒定。第三，也是最重要的，从几个自变量概括出来的结论（也就是说，在几个情境中都有效）比尚待概括的资料更有价值。同样，在不同类型的实验被试间建立结果的普遍性很重要（见第十二章），因此实验者也需发现某一结果在跨自变量水平上是否有效。第四，这样也可以使我们研究交互作用，即自变量之间的相互关系。下面我们用几个例子来说明这些优点。

59

---

① 性别是一种特殊类型的自变量，被称为被试变量，在本章后面将讨论。

　　让我们假设一下,假如我们希望发现两种奖励措施中哪一种更能促进高中生的几何学习。第一种是给正确解决问题的学生以现金奖励;第二种是提前下课——也就是说,每一种正确的解题都可以让学生提前 5 分钟离开教室。假设这一实验的结果表明提前下课的方式更好。在我们把提前下课作为中学里的一条普遍规律之前,我们首先要在不同课程,如历史或生物课上,通过对这两种奖励方式进行比较来证明其普遍适用性。这里,被试的课程可以作为又一个自变量。将这两种变量放进同一个实验要比做两个连续的实验好得多。这可以避免控制方面的问题,比如一门课是在足球比赛进行的那一周被研究的(这时没有奖励措施可改善学习),另一门课则是在比赛获胜之后(这时学生对学习的感觉比较好)。

　　当一个自变量产生的效应在第二个自变量的每一个水平上都不同时,我们就获得了交互作用。对交互作用的研究是在实验中使用多个自变量的主要原因。这最好用例子来说明。

　　在一篇题为《当上帝支持杀戮时》(When God Sanctions Killing)的研究报告中,布希曼等人(Bushman,Ridge,Da,Key & Busath,2007)介绍了一项有关攻击性的实验室研究。被试阅读完一段或者据称来自《圣经》或者据称来自某卷古书的暴力短文后,接着执行另外一项任务。这项任务允许被试向参加实验的其他被试播放很响的声音。声音的强度由被试控制,强度越大被认为其攻击性越强。实验的因变量是被试在每组 25 次的试验中选择最强级别声音的次数。所以,攻击性得分范围从低到高为 0 分到 25 分。

　　实验有两个自变量。第一个自变量是暴力短文的来源:或者《圣经》,或者某卷古书。第二个自变量是被试是否信仰上帝,这是一种特殊类型的自变量,称为被试变量,本章后面部分将作介绍。

　　实验结果如图 3-1 所示。每个自变量一幅图。阅读来自《圣经》的短文产生了更强的攻击性,而信仰上帝的被试也表现出了更强的攻击性。

　　图 3-2 显示,尽管上述对实验结果的简单解释是正确的,但并不全面。这幅图集中了两个自变量的情况,使我们能够更容易看出某些关系。如果只是告知短文来自某卷古书而不提及上帝的话,信仰上帝的被试和不信仰的被试表现出了相似的攻击性。但是当得知短文来自《圣经》,既然上帝也支持暴力,于是那些信仰上帝的被试就表现出了更强的攻击性。

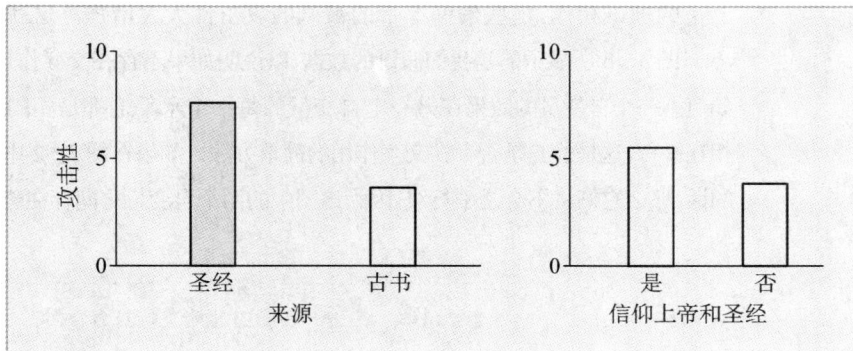

▼　图 3 - 1

60

两个自变量对攻击性的影响(数据采自 Bushman et al.，2007)。

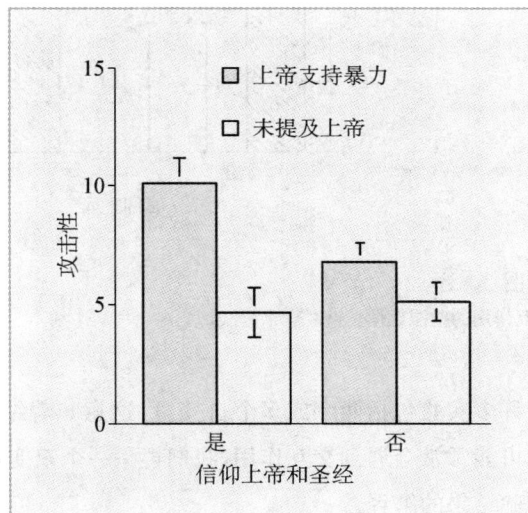

▼　图 3 - 2

阅读含有上帝支持暴力信息的暴力性短文或者阅读没有提及上帝的暴力性短文后,信奉上帝和《圣经》对攻击性的影响。攻击性的测量值为被试在(25 次)试验中选择用来施加于同伴的最强级别(如,9 和 10 级)声音的次数。这样,攻击性的得分从 0 到 25 不等。间断的误差线表示 ± 1 个标准误。(采自 Bushman et al.，2007)

请记住,两个变量之间的交互作用表明由一个自变量(信仰上帝)产生的效应在第二个自变量(短文来源)的每一个水平上都是不同的。当短文没有提及上帝时,信仰上帝对攻击性并没有影响。但是当得知短文来自《圣经》时,与不信仰

61

上帝的被试相比,那些信仰上帝的被试的攻击性大大增强。这就是交互作用。

　　图3-3所显示的是我们假设的数据,以说明如果不存在交互作用的话,情况又会如何。一个自变量的效果在另一个自变量的每一个水平上都是相同的。图中的虚线相互平行,这是检验是否存在交互作用的简单方法。如果在图3-2中也画出类似虚线的话,那么它们将不会是平行线,因为该图中的两个自变量之间存在着交互作用。

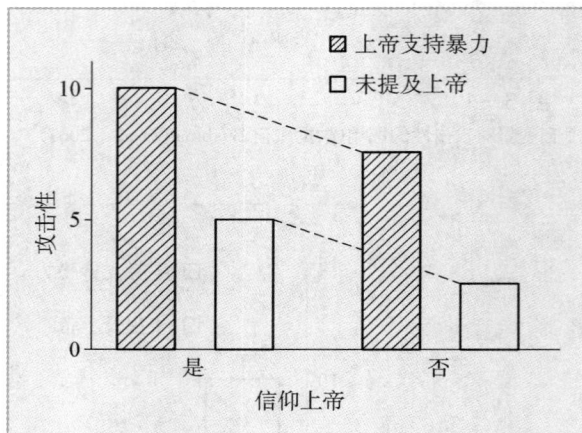

▼　图3-3
无交互作用的虚拟数据。请注意平行线。

　　许多实验包括两个或多个自变量,这意味着结果可能会含有交互作用。由于你可能常常会遇到交互作用,我们再举一个双变量的实验,以帮助你练习对复杂实验结果的解释。

　　在布里克纳、哈金斯和奥斯特龙(Brickner et al.,1986)关于社会惰化(见第一章)的实验中,作者想确定个体的任务参与对社会惰化量的影响。布里克纳和他的同事认为,在早期的社会惰化研究中常用一些低参与作业如拍手、说出小刀的用法等。这样,个体花在某一任务上的努力与该任务对个体的内在重要性或个人意义有关。在完成任务中,高个人参与可减少社会惰化,因为此时不管个体的作业是否受到监督,他们都会在这些任务上付出大量的努力。因此,研究者改变被试在任务中的参与程度,也就同时改变了可被评估的个体努力量。如果他们的推理正确,那么应该存在一个交互作用:低参与应该导致社会惰化(当个体的努力不能被评估时,所付出的努力量将会减少);但不管个体努力是否能被检查出,高参与都应该导致相同的努力量。

布里克纳及其同事让大学生在 12 分钟内为参加某一项高级综合测验提供尽量多的建议和想法,而这项测验是学生为了毕业而不得不通过的。在高参与情况下,让学生相信这一测验在他们毕业前就要进行。因此,增加综合测验作为毕业的前提具有很高的个人相关性。在低个人参与条件下,让学生相信这项测验以后将在另一学院实施。此外,还通过指导语控制个体努力的可鉴别性,让每个被试都独自地在一张纸上写下他们对这一综合测验的想法。低鉴别情况中,被试被告知他们的想法以及其他被试的想法都要收集到一起,因为委员会要评估整个团体的观点。在高鉴别情况中,被试被告知每个人的观点都将被分别考虑,因为委员会想评估每个人的反应。

综上所述,因变量是在四种情况下所产生的想法数:低鉴别与低参与、低鉴别与高参与、高鉴别与低参与以及高鉴别与高参与。

这些结果如图 3-4 所示,图中显示了两种参与情况下不同鉴别度的想法

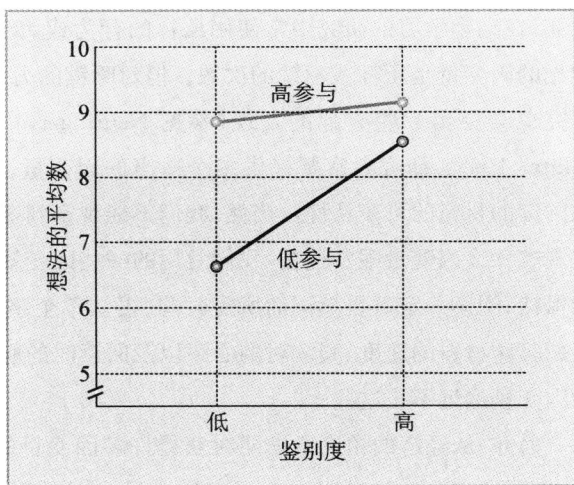

▼ 图 3-4
表明交互作用的布里克纳、哈金斯和奥斯特龙(Brickner et al. , 1986)的实验结果。社会惰化(相对于高鉴别情况而言,低鉴别情况下产生的想法数较少)是在低参与而不是高参与情况下发生的。

63

数。早期的社会惰化研究在低参与条件下被再次重复了,结果发现当被试相信个体的作业不能被评估时产生的想法较少。现在我们看一下高参与条件下的结果:不管鉴别度的高低,被试所产生的想法数大致相同。由此可知,变量间发生了交互作用:鉴别度的作用依赖于任务参与的水平。换句话说,当一个人面临一个与其有关的任务时,社会惰化现象乃至责任扩散现象,都较少可能发生;而当任务没有什么内在意义时,情况就不同了。

综上所述,当一个自变量的水平受到另一自变量水平的不同影响时,交互作用就会发生。当交互作用存在时,独立地讨论每一个自变量是毫无意义的。因为一个变量的作用还要依赖于另一变量的水平,我们只得对有交互作用的变量一起讨论。

多个因变量

因变量(被观察变量)常被用作行为指标。它揭示了被试作业的好或差。它允许实验者对行为评分。实验者必须决定行为的哪些方面与实验有关。虽然传统上常使用一些变量,但这并不意味着它们是行为的唯一指标或最好的指标。比如,在动物学习的研究中常使用压杆的行为或鸽子啄键的行为作为反应。最常见的因变量是压杆或啄键的次数。但对啄键的力量以及潜伏期(反应时间)的研究也会得出一些有趣的发现(参见 Neuringer, 2002, p. 680; Notterman & Mintz, 1965),研究者常要提供多个适当的因变量。假设我们要研究你现在正在阅读的材料的可辨认性。当然,我们不能观察到这个"可辨认性"。那么,我们要观察什么因变量呢? 过去,我们常用的一些因变量有:阅读材料后有意义信息的保持、阅读一定数目单词的所需时间、再认单个字母所出现的错误数、抄录或重新打印材料的速度、阅读时的心率以及阅读时的肌肉紧张度——当然,所研究的因变量远远不止这些。

另外,从经济的角度考虑同时获得许多因变量的测量值是可行的。尽管如此,典型的实验一般只用一个因变量或最多同时用两个因变量。这是不好的。正如同时使用多个自变量可以增加实验结果的普遍性一样,同时用多个因变量也可以增加普遍性。为什么不用多个因变量,其原因可能在于很难对多个因变量进行统计分析。虽然现代的计算机技术使得一些复杂计算成为可能,但许多实验心理学家并没有在多元统计方面受过良好的训练,因此往往不敢用。对每一个因变量作独立的分析也同对每一个自变量作独立分析一样,会忽视交互作用,会丢失许多信息。多元分析很复杂,然而,你应该清楚在同一实验中使用多个因变量是很有利的。

▼ 实验设计

实验设计的目的在于尽可能减少额外的或未控制变量,从而增加实验产生有效的一致结果的可能性。整本书所写的就是关于实验设计的内容。这里,我们讲一下改进实验设计的常用方法的例子。

实验者必须作出的第一个实验设计决定是怎样将被试分配到自变量的不同水平中去。有两种主要的可能性,即仅将一些被试分到一种水平或将每一个被试分到每一种水平。第一种可能是**被试间设计**,第二种是**被试内设计**。两者之间的差异可用一个简单的例子说明。30个学习心理学导论的学生同意参加实验,你要在此实验中测定他们记忆无意义单词的能力。你的自变量是每个项目被诵读的次数:1次或5次。你预期学习被呈现5次的项目比学习只被呈现1次的效果要好。被试间设计要求你将被试分成两半——也就是说,分成两组,每组15个学生——一组接受5次重复,另一组只接受1次(怎样确定哪些被试到哪一组在下面讲)。被试内设计是所有30名被试都要在两种自变量水平下学习——也就是说,接受一次重复的测验,再接受5次重复的测验(怎样确定被试接受这两种实验处理的顺序下面讲)。你应选择哪一种设计呢?

被试间设计

被试间(两组)设计是一种保守的设计,一种处理方式不会继续影响或污染另一种,因为每一个人只接受一种处理方式(1次重复或5次重复而不是两种都接受)。然而,它的一个缺点是被试间设计必须处理个体间的差异,个体间的差异会降低结果的有效性——也就是确定1次和5次重复条件下结果真正不同的能力。

在被试间设计中,实验者必须尽量减少两个或多个组别中的被试差异。很明显,如果我们将五个记忆力特别好的人有意放在 1 次重复组中,而将 5 个记忆力特别差的放在 5 次重复组中,我们可能得到没有差异的结果——甚至一次重复的成绩更好。为了避免这种结果,实验者必须保证两组的被试在实验开始时各方面都是相等的。

等组

一种方法就是在正式实验开始之前,先对所有 30 个学生进行一项记忆测试,以获得学生记忆无意义单词的基线测量值。被试的基线分数可被用来将被试分成具有相同或相似分数的被试对。每一对中的每一个成员可随机分配到一个组别,另一个则分配到另一组别。这种技术被称作匹配。匹配的一个困难是实验者不可能在每一个特征都进行匹配,常常是只在某些特征上进行匹配,而在另一些可能相关的特征上则有差异(匹配方法将在本章中详细讨论)。

保证两组相等的另一种更常见的方法是**随机化**。随机化意味着每一个参与实验的被试都有相等的机会被分配到任何一个组别中。在复述实验中,用随机化方法形成两个组别的方式是随机点名、让每一个人上前掷骰子或者让偶数在一组而奇数在另一组。如果没有骰子,随机数字的表格也可用来产生奇数和偶数,这种分配被试的方式不会产生偏差,因为它忽视了所有被试的特征,我们希望通过这种方式形成的组在任何相关维度上都是相等的,然而,随机化并不能保证组间一直都相等。有时候,许多记忆力较好的被试被偶然地分在同一组,这种情况发生的机会可以通过统计学的概率方法来计算(见附录 B)。这就是为什么实验设计和统计常被看作同一话题的原因。然而,设计关心的是安排实验的逻辑,而统计处理的是计算可能性、概率和其他一些数学量值。

如果我们确信所有相关维度都已考虑到,那么,匹配要优于随机化,但由于我们很少能这样确信,因此更常用的方法是随机化。

被试内设计

许多实验心理学家偏好被试内设计(一组),即所有 30 个被试都先在 1 次重复条件下测试,再在 5 次重复条件下测试(或相反)。由于每个被试都是与其自身进行前后比较,因此更加有效。1 次重复与 5 次重复的结果不同不会像被试间设计那样被认为是由于个体差异造成的。

一般练习效应

但是在更为有效的被试内设计中存在一个危险。假设所有 30 个被试先在 5 次重复条件下学习了许多项目,然后再接受 1 次重复的学习。当被试接受 1 次重复的处理方式时,他们可能在学习无意义单词方面已经相当熟练或者他们已对该作业感到厌烦或疲倦。这两种可能性都称为一般练习效应。通常认为这些效应在所有实验处理条件下都相同,因此,不管是 5 次重复后再 1 次重复还是 1 次重复后再 5 次重复,它都不会受到影响。由于一般练习效应对所有的处理条件都相同,他们大部分可以通过平衡程序进行控制。运用平衡技术时实验者面临一个困难,即要决定被试按何种次序接受实验处理。一种解决方法是运用随机化方式,即通过随机排列处理方式、随机数字表或用计算机随机排列次序等。这种方法的逻辑我们早已讨论过。然而,虽然通过随机化方式进行平衡处理最终能使得次序相等,但当只有很少的处理时,这种方式也是不适合的。在绝大多数实验中,被试的数量总是超过实验处理数,所以随机化对于分配被试接受不同处理来说是一种很好的技术。

完全平衡能够保证所有可能的实验处理次序都被使用。在复述实验中,这很容易,因为只有两个次序:1 次、5 次和 5 次、1 次。一半的被试接受 5 次、1 次,另一半则刚好相反。当处理方式的数目增加时,次序的数目也变得很大。3 种处理方式有 6 种不同次序,4 种处理方式有 24 种不同次序,5 种处理方式则有 120 种次序,等等。因此,自变量的水平增加时,完全平衡马上变得不切实际了。

平衡并不是消除次序的效应。它允许实验者评估可能的次序效应。如果存在这些效应,特别是当它们与其他更重要的自变量产生交互作用时,就需要采取步骤来改正设计。实验者就可能通过使用被试间设计重复该实验以避免次序效应。或者通过检查每一个被试在先前条件下的行为,将原先的实验作为被试间设计进行重新分析。

差异延续效应

差异延续效应比前面的一般练习效应带来的问题更严重。在差异延续效应的例子中,实验的前部分对后部分的影响随着开始时处理方式的变化而变化。假设所有 30 位被试首先接受的是 5 次重复然后是 1 次重复。由于他们前面 5

次重复学习的经验,他们可能在仅仅呈现 1 次时自己再私自重复 4 次。这可能会破坏自变量两个水平之间的任何差异。这是一个差异延续效应的例子,需要说明的是,第一种处理方式对第二种处理方式的效应随着开始方式的不同而不同。这不是一般练习效应的例子,在一般练习效应中,被试以同样方式等待第二种处理方式(如更高的技能、厌烦或疲倦)而不管他们在实验的第一个阶段接受的是何种处理方式。差异延续效应在某种程度上可以通过平衡技术减小,但平衡不能完全消除这些效应。如果我们有理由预期差异延续效应可能会产生,我们除了平衡之外还可以使用被试间设计或在两种处理方式之间保持足够长的时间间隔。虽然被试间设计效率不高,它需要更多的实验被试,但总比做一个有较大缺陷的实验要好。如果我们决定在两种实验处理方式间插入一个时间间隔,我们必须确定间隔的时间长度要足够能消除可能的差异延续效应。

小样本设计

在讨论混合设计之前,我们先看一下传统被试内设计的一种变式——小样本设计。小样本设计向人数较少的被试或单个被试呈现自变量的不同水平或处理方式。由于测验的被试人数很少,因此要在相当经济和高度控制的实验中对每一个被试进行大量观察,并进行记录。小样本的实验在心理物理学、临床和操作条件反射研究中用得很广泛。就像被试间设计那样,实验者要注意平衡的处理方式并预期与个体被试接受的多种处理方式有关的任何问题。小样本设计在本书第九章以及埃尔姆斯、坎特威茨和罗迪格(Elmes, Kantowitz, & Roediger, 2003)合著的第九章中会有详细讨论。

混合设计

实验中被试内设计和被试间设计并不是相互排斥的。在同一实验中,一些自变量由被试间设计处理,另一些则由被试内设计处理。这常常很方便,也很慎重(当然,假设实验有多个自变量)。如果一个变量——例如注射药物——可能影响另一变量,那么这一变量可以作为被试间变量,而同时其他变量可在被试内变化。当实验的兴趣是作业的尝试或重复练习,那它必然是一个被试内变量。混合设计能表现被试间的变量在另一个变量——被试内变量——上的效应,因此混合设计经常被使用。这种综合设计(混合设计)不像纯粹的被试内设计那样有效或经济,但常常更安全。

控制条件

自变量必须由实验者变化(或操纵)。这意味着在实验中每一个自变量要在量(数量变化)或种类(质的变化)上发生变化。例如,如果给予老鼠的奖励是一个自变量,实验者可选择 1 粒或 4 粒食丸的量。另外一种方式是我们还可提供不同种类的奖励,如食物和水。用来命名自变量的单个的处理方式或条件的术语是**水平**。在第一个例子中,自变量的水平是 1 粒和 4 粒食丸,在第二个例子中是食物和水。

除了自变量,许多实验还设置一些**控制组**(被试间设计)或**控制条件**(被试内设计)。控制组不接受自变量水平的处理。以上述奖励实验为例,控制组老鼠不接受任何奖励。再比如实验者对噪声对被试学习的影响感兴趣。采用被试间设计时,实验者让一组被试暴露在较响噪声的环境中学习约半小时,这是自变量的一个水平。而控制组则在安静(很低水平的噪声)的环境中学习同样材料,然后对两组学习材料的情况进行测试。所得到的两组测验结果的差异可归因于噪声的影响。

控制条件的重要属性是它为所要研究的自变量提供了一个可以比较的基线。有时最好的基线水平是没有任何处理的,但大多数情况下最好的基线水平要求某一活动。在记忆研究中常见这种例子,要求一组被试学习两张不同的单词表,实验者感兴趣的是一张单词表的学习如何干扰另一张单词表的学习。实验组(接受自变量水平)先学习表 A,再学习表 B,然后对表 A 进行测试。实验者想表明表 B 的学习干扰了表 A 的保持。但在得出这一结论之前,先要求有一个可比较的控制条件。仅仅将表 A 的最后测试与第一次测试比较是不充分的,因为被试可能仅仅因为他们累了而在最后表 A 测验中成绩很差,或者由于他们有了额外的练习致使成绩很好。一个没有处理的控制条件可以是让控制组学习表 A,然后一直等到实验组学好了表 B 之后再一同测试表 A 的内容。但这也是一种较差的控制条件,因为被试在等的过程中可以练习或复述表 A 的内容。这就会提高他们在最后表 A 测验中的成绩,使得实验者得出实验组中表 B 的学习对表 A 的干扰比实际要多这一错误结论。适当的基线条件应是让控制组在实验组学习表 B 时不能学习表 A,实验者可以让他们做些算术或其他忙碌的工作以阻止他们复述(见图 3-5)。

<table>
<tr><td>实验组</td><td>学习表 A</td><td>学习表 B</td><td>测试表 A</td></tr>
<tr><td>控制组</td><td>学习表 A</td><td>做算术</td><td>测试表 A</td></tr>
</table>

68

▼　图 3-5
实验组和控制组学习单词表的例子。

有时在实验中控制条件的存在不明显。比如前面讨论的记忆实验,自变量是项目的复述次数:1 次或 5 次。实验者没有设置一个无复述的控制组或控制条件,因为在这种奇怪的情形下不可能有学习发生。在这个实验中,控制条件是隐含的,因为 5 次复述可以与 1 次复述进行比较,或相反。由于实验者对 1 次复述与 5 次复述的作用感兴趣,我们也许不必明确地称 1 次复述水平为控制条件。但它确实提供了一个可以比较的基线——从这点来说,5 次复述也同样可被看作控制条件,因为 1 次复述的结果也可以与之进行比较。

许多类型的实验都要求有多个基线水平。在生理和药物研究中,需要对手术或药物注射进行控制。在控制条件中,被试可以接受一次假的手术或被注射惰性物质(安慰剂)。这样它们可以与没有接受手术或药物注射的其他控制组进行比较。

陷阱

不幸的是,构建一个不太完善的实验设计相当容易,绝大多数实验心理学家都将这类错误藏在积满灰尘的文件柜里。在这部分,我们只讨论实验设计中的一些错误例子,你会意识到这些错误在我们的实验中是多么普遍。

69

要求特征

实验室实验试图把握真正受自变量影响的行为。有时候,实验室环境本身或者知道在做实验有可能会改变行为的方式。许多时候研究的参加者(被试)会自发地对实验者的实验目的产生一个假设或猜想，然后再以一种自以为能满足这一"目的"的方式行动或反应。做一个简单的证明就可以让你相信这种效应会发生。告诉你的五个朋友你要为你的心理学课做一个实验，希望他们做你的被试。如果他们同意，让他们用手拿三块冰，注意有几个人能拿着冰块直到它们溶化。现在，让你的另外五个朋友拿冰块，而不告诉他们任何关于实验的事情。与前面拿着冰块直到它们溶化的情形相反，他们会认为你的要求很奇怪，而且马上就会将这一想法告诉你。知道他们正在参与一项实验的首批朋友在愿意服从方面有些不同寻常：更多的人愿意将冰块拿更长的时间。心理学家把导致被试猜测实验目的或实验者期望的一些有用线索称为**要求特征**。当参加者的行为是由要求特征控制而不是自变量时，实验就会变得没有价值，也不能推广到测验情境之外。

　　要求特征的一个著名例子是**霍桑效应**，由美国西部电器公司（Western Electric Company）第一次观察到并命名。公司对提高工人的士气和生产率很感兴趣，并做了几个实验（如增加照明）以改善工人的环境。不管实验进行什么控制，结果都会使工人的生产率提高。工人们知道他们是一个"特殊"群体，因此他们一直尽全力去工作（见 Parsons，1974 以及 Brame & Friend，1981，对结果的另一种解释）。要求特征在决定工人的生产率上比实验控制更加重要。尽管霍桑效应一词被广泛用于描述由于参与研究而使生产率得到提高的现场实验，但是一些对最初的霍桑实验进行的考证显示，其得出原始结论的依据并不充分（Brannigan & Zwerman，2001；Wickström & Bendix，2000）。不过，这一术语仍旧被沿用至今。

　　对要求特征和霍桑效应作出的评价必须慎重。近期，有一项研究（Fostervold、Buckmann & Lie，2001）就设计了专门的控制条件对在计算机显示器上使用保护屏的效果进行了评估。在研究的第一阶段，研究者让其中的一组被试使用保护屏（保护屏使用组），而控制组则不使用。比较两组被试的实验结果发现，保护屏使用组的被试感觉到受益颇多。不过，研究者又进行了第二阶段的实验，这次控制组被试也使用了保护屏，而保护屏使用组的被试则仍旧使用原来的。这次，研究者只在原来的控制组中发现了少量的变化，而在第一阶段的实验中受益颇多的保护屏使用组在第二阶段却出现了下降。因此，第一阶段的结果源自要求特征,而不是受益于保护屏。如果研究者只进行第一阶段的实验,就可能将要求特征带来的变化错误地归结到保护屏上,并由此得出不正确的结论。

实验者效应

70

与要求特征有密切关系的陷阱是实验者效应,即由于实验者不经意地向被试流露出些微自己的期望以至于影响了实验结果。例如,实验者可能并没意识到他在被试出现正确反应时点了点头以示肯定,而对错误则皱了皱眉以示否定。实验者的性别、种族和伦理观念也是潜在的实验者效应。在做涉及有关这些特征的课题研究——诸如肤色对工作绩效评定影响的实验——实验者的种族等实验者特征更容易使实验结果出现偏差。

这些效应并不仅仅限于以人为被试的实验。实验者效应也可以发生在以动物为被试的相对客观的实验中。罗森塔尔和福德(Rosenthal & Fode,1963)告诉学生实验者,用来进行迷津实验的老鼠来自不同的种群:聪明鼠和笨拙鼠。实际上,老鼠来自同一种群。但是,实验结果却得出了聪明鼠比笨拙鼠犯的错误更少的结论,而且这种差异具有统计显著性。对学生实验者测试老鼠时的行为进行观察,并没发现欺骗或做了其他使得结果产生歪曲的事情。似乎可以推断,拿到聪明鼠的学生比那些拿到笨拙鼠的不幸学生更能鼓励老鼠去通过迷津。也许这影响了实验的结果——也许因为实验者对待两组老鼠的方式不同。

消除这种实验者效应的最好方法是让实验者不知道实验条件,因为对于他们所不知道的东西,实验者无法交流。这种程序被称为双盲实验,因为实验者和研究参加者都不知道哪些被试接受哪种实验条件。这种技术在空气污染的行为效应的研究中常常使用。被试呼吸纯净空气或来自繁忙马路上的空气。空气贮藏在罐子里,使用者不知道哪一罐是纯净的、哪一罐是被污染了的。这样,被试在呼吸被污染了的空气后的差劲表现,就不能归结于因为实验者不经意地向被试透露了空气的质量或对待他们的方式不同。

实验者效应并不总是如此微妙。本书的一位作者参与了一项关于人类眨眼反应的实验。几个实验者帮助做同一个实验。他们马上注意到其中一人得到的结果与其他人有很大的不同。他的被试都是以剧烈疯狂的眨眼开始进入实验阶段的。引起这一奇怪行为的原因很快被发现了。为了记录眨眼动作,实验者必须用特殊的胶带将一根细小的金属棒粘在被试的眼皮上——这个过程一般是无痛的。然而,这个实验者的拇指很不灵活,在将金属棒粘在眼皮上时总是会把被试的眼睛弄得很不舒服,以至于引起了被试奇怪的疯狂眨眼动作。

实验者怀疑她或他的形象举止的某个方面(如性别、种族、伦理观点)可能会改变被试的行为时,一个可能的解决办法是在实验设计时将这看作额外的自变量或控制变量。如果一个非洲裔美国籍的实验者做一个肤色和工作绩效评定的研究,她或他可以请白人同事或研究助手对一半被试进行测试,然后比较实验中两种种族条件下肤色的作用。

实验的自动化

实验者效应可以通过以计算机或其他设备做实验而得到完全或大部分消除,因为在这种情况下被试不必与人接触。在许多实验室中,被试进入测试室,看到屏幕显示的信息,告诉她或他按键即开始实验。按键后屏幕上出现实验的指导语。整个实验用计算机进行。实验者只在资料收集的最后出现,听取被试积极参与实验的情况,向被试说明研究的目的,并解释他们将如何帮助科学的发展。实验者仅仅是监督设备和被试,确信被试正在根据指导语进行实验并没有任何麻烦事发生。这种自动化明显能减轻实验者偏差的危害。

71

准实验

由于种种原因,许多变量不能直接操纵。在实验中不能直接操纵变量的一个原因是所有科学家都必须要考虑道德因素(见第四章)。只要得到许可,调查或者观察大学生药物使用情况是道德的吗?但是,创造一个药物滥用组,然后比较他们与我们创造的非药物滥用组的行为,这是道德的吗?第二个原因是天生特征。一些变量如被试的性别就无法被实验者改变(除了罕见的有争议的条件外);另一些变量,如自然灾害(龙卷风、飓风)或非自然灾害(战争、飞机失事)在物理或道德上都很难操纵。那么我们可以做这些现象的实验吗?毕竟这些变量和其他类似的变量非常吸引人,而且在人类经验中占据了重要的地位。

对这一问题(假设你是一个伦理学家)的回答只有两种:能和不能。我们不会那样傻,毕竟,我们正在强调你无法对上述这些现象做真实验的事实。然而,你能做准实验。这个技术与相关研究中的事后回溯相似,除了要对两个或多个变量水平做测查而不是做相关研究外。我们期待这些变量自己起作用,然后将这些"自变量"的效应与变量不存在或某些方面不同时的效应作比较。如果我们比较男人与女人的阅读能力，或者快速阅读者与一般成人的阅读能力，那么我们已做了一个准实验。

准实验的优点很明显：他们使用自然发生的自变量，其中绝大多数都具有高度的内在趣味和重要的实际意义。在准实验中，我们利用了观察和相关研究的优点，并结合了实验的优势。典型的准实验常用**被试变量**作为自变量。对于大多数的天生的被试变量（年龄、性别、种族、种群）、社会引起的被试属性（社会阶层、宗教或居住区）、疾病以及与疾病有关的被试因素（肢体残缺、智力残疾、脑外伤、灾难后果）而言，我们只能选择而不是改变，除非可以在低于人类的生物体上直接做实验。虽然准实验相当有趣，而且可提供非常重要的研究，但我们在这儿应提醒你准实验的优点是在付出控制的代价下获得的。当实验者不得不采用已知内容时，已知内容可能会包括几个重要的混淆变量。

因为心理学的许多研究与被试变量有关，又因为准实验使用被试变量可能会产生混淆，所以我们现在探讨一下这些问题及可能的解决方法。

实验者能够保持其他因素恒定但无法操纵被试变量，他们只能选择已具有某种不同程度特征的被试，然后就感兴趣的行为对它们进行比较。如果不同组（如高、中、低智力）被试的行为不同，我们仍不能得出结论，认为被试变量的不同所致或导致了不同的行为。原因在于另外一些因素与被试变量协同变化并混淆在一起。如果高 IQ 被试的任务完成情况比低 IQ 被试好，我们也不能说 IQ 导致或引起该差异，因为不同被试组可能在其他相关维度如动机、教育等等上发生了变化。对被试变量进行调查，我们不能像真正的实验变量那样安全地、毫无闪失地将行为的差异归因于这些变量，但这些设计能得出变量之间的相关。我们能够说，变量之间是相关的，但不能说一个变量导致或引起了另一变量上的效应。

这是很重要的一点；让我们考虑这样一个例子。假设调查者对精神分裂症患者的智力功能（或缺乏智力功能）感兴趣。对这些被诊断为精神分裂症的个体进行许多测验，以测量不同的心理能力。研究者也用这些测验测查另外一组正常被试。他们发现在涉及言语的语义内容如理解单词或短文含义的测验中，精神分裂症组与正常组之间的相关非常少。调查者得出结论认为精神分裂症组在这些测验上表现更差，因为他们是精神分裂症患者，他们无法较好地使用语言进行交流可能是造成精神分裂症的一个原因。

　　诸如此类的研究在心理学的某些领域相当普遍。尽管类似于这种结论的事实常常是由这些研究推论出来的，但它们并没有得到完全的证明。因为结论是在相关基础上得出的，并且其他一些因素也很重要。精神分裂症患者可能出于许多原因而比正常人表现得差。他们可能不够聪明，动机不够，没有接受良好的教育或不擅长考试。也可能仅仅是因为，他们被关在某些机构里已有很长时间，以至于他们的社会和文化交流严重匮乏。因此我们不能得出结论认为，两组间在言语测验上存在差异的原因是一组为精神分裂症患者，一组为正常人。即使我们能得出这个结论，它仍然不会必然地推出另一个命题，即言语问题参与诱发精神分裂症。而且我们所得到的都是这两个变量的相关，而不管它们是否存在因果关系以及该因果关系是怎样的。

　　在整个心理学研究中使用被试变量相当普遍，但在诸如临床心理学和发展心理学等领域中被试变量绝对是至关重要的。因此，从类似研究中作出推论的问题应该引起重视。在发展心理学中一个主要的变量是年龄这一被试变量；这就意味着这一领域的许多研究本质上都是相关研究。一般地说，心理学中被试个别差异的问题常常被忽略，虽然总有一些研究者呼吁这一问题很关键（参见Underwood，1975）。我们在本书中专门有一章讨论个别差异问题（第十二章）。在这儿，我们先考虑从被试变量的实验中尝试得出更合理推论的一个方法。

再匹配

　　在被试变量研究和其他事后回溯研究中的一个基本问题是，不管观察到的行为差异是什么，都有可能由混淆变量引起。避免这一问题的一种方法是在其他相关变量上对被试进行匹配。在对精神分裂症患者和正常个体进行比较时，我们注意到两组可能在其他特征上有所不同，如智力、教育、动机，患者在专门机构中接受治疗，也许还有年龄。我们可以将他们与在其他维度上匹配得较接近的另一组个体比较，而不是简单地将精神分裂症患者与正常组进行比较。我们希望，两组之间的主要差别是由于精神分裂症的存在与否。例如，我们可使用一组年龄、智力、在相关机构治疗的年限、性别和动机测量水平上基本与精神分裂症组相似的病人作被试。当两组在所有这些特征上都进行了匹配之后，我们就能够比较自信地把两组在作业上的任何差异归因于精神分裂症了。通过匹配，调查者把实验的重要特征——保持额外因素恒定以避免混淆——引入相关的观察研究。希望由此能够允许研究者从所感兴趣的变量(精神分裂症)推出被观察到的效应。

有几个相当严重的问题与匹配有关。首先，它常常需要许多努力，因为一些相关变量很难进行测量。即使实验者进行了必须的额外测量时，也不太可能对被试进行匹配，特别是在匹配之前只有少量被试参与实验时。即使匹配很成功，它也常常会大幅度地缩小观察样本的范围。因此，我们对观察结果还是缺乏自信，因为它们可能不稳定、不能被重复。

匹配常常很困难，因为被试之间的关键差异可能还有一些微妙的影响。另外，一个差异的效应可能与另一个存在交互作用。因此匹配变量之间的微妙的交互作用会混淆结果。为了揭示这些困难，让我们重新考虑在前一章中提到的布雷泽尔坦及其同事做的有关新生儿的研究(Lester & Brazelton, 1982)。

布雷泽尔坦的主要兴趣在于新生儿行为的文化差异，使用布雷泽尔坦新生儿行为评估量表测量的一般方法是将来自不同文化和种族的新生儿与美国的新生儿进行比较。在这些准实验中，文化或种族这一被试变量是准实验自变量。而且常常要对来自不同文化的婴儿在不同维度如出生体重、出生身高、生产风险(包括出生时母亲是否接受药物治疗，婴儿是否早产等等)上进行匹配。莱斯特和布雷泽尔坦表明在这些因素中有一种协同关系。医学情境中的协同作用意味着两个或多个变量之间的联合作用不是累积的：联合作用比个别作用的和还要大。这意味着变量之间发生了交互作用。

新生儿特征和生产风险间交互作用的方式如下所述。研究表明体重较轻的婴儿的行为(布雷泽尔坦量表测量出的)比起体重接近于平均水平的新生儿更大地受到母亲药物摄入量的影响(负的)，即使新生儿被仔细选择，匹配变量之间的微妙交互作用效应仍会影响结果。这在布雷泽尔坦的工作中是一个特别困难的问题，因为他的研究对象主要来自贫穷的文化社会，而那里的新生儿出生体重较轻，生产风险很高。你应该记得一般很难对被匹配的变量进行直接控制，这意味着混淆的可能性常常存在。

匹配的另一问题是回归假象的引入。这一部分内容将在第十二章讨论，但在这儿我们简要地解释一下。在许多测量情形中,会发生一种被称为向平均数回归的统计现象。一组分数的平均数是大多数人认为的平均数:所有观察值的总和除以观察的人数。例如,样本为 60 的平均身高是他们所有身高的总和除以60。如果在某些特征上具有极端分数(很高或很低)的个体被重新测验,第二次的分数比原先分数更接近整组的平均数。考虑这样一个例子,我们对 200 个人进行数学推理的标准测验,这一测验有两个相等的形式,或我们知道的两个相等的版本。这一测验的平均数值是 100 分里的 60 分。我们选出 15 个分数最高的,15 个分数最低的,两组的平均数分别为 95、30,然后我们用另一版本重新测验。现在我们可以发现两组的平均数是 87、35。在第二次测验时,这两个极端组的分数向平均数回归了;高分组的得分比第一次低些,低分组的高些。一般地,这种情况在高分组上发生是因为一些人的真实分数或多或少比实际测查的侥幸分数要低,即所得的分数要比他们应得的分数高。当再次测验时,分数偏高的人得分会变低,接近真实分数。这种情况在低分组上刚好相反。也就是说,一些人在第一次测验中所得的分数要低于"真实分数",重测能使他们的分数更高,或更加接近于真实分数。

在对两个测量值进行相关研究不太完善的情况下,这种向平均数回归的现象总能被观察到。分数选择越极端,向平均数回归越厉害。这种情况在所有类型的测量情境中都可能发生。如果极高或极矮的父母有一个小孩,可能这个小孩的身高更接近于人口的平均水平,而不是接近父母的身高。对于绝大多数统计现象来说,向平均数回归对于所观察的被试组而言是真实的,同时也是或然的(也就是说,并不是每次都发生)。例如,有一些被试个体在第二次数学推理测验中偏离了平均数,但群体总的趋势仍是向平均数回归。

向平均数回归怎样影响被试已在一些变量上进行了匹配的准实验? 再考虑一个例子。这一例子与许多针对应用社会问题的回溯研究一样有重要的意义。让我们假设,我们有一个教育计划,我们相信这一计划特别有利于提高非洲裔美国儿童的阅读分数。这一点特别重要,因为非洲裔美国儿童的阅读分数明显比白人儿童要低,主要可能由于他们不同的文化环境。我们现在有两组儿童,一组非洲裔美国儿童,一组白人儿童,在诸如年龄、性别以及最重要的最初阅读成绩等几个维度上进行匹配。对两组儿童都实施阅读提高计划,计划实施完之后再次测查阅读分数。我们发现,出乎我们意料的是,非洲裔美国儿童在接受阅读计划之后比之前更差,而白人儿童则有所提高。当然,我们只能得出结论认为计划帮助了白人儿童但实际上损害了非洲裔美国儿童,尽管事实上,计划是为后一类儿童特别设计的。

即使这一结论看起来似乎合理,但在这一例子中几乎可以确定它是错误的,因为有回归假象的存在。考虑一下,非洲裔美国儿童和白人儿童在最初阅读分数的匹配时发生了什么。由于非洲裔美国儿童的分数要比白人儿童低,为了对这样两个样本进行匹配,必须选择比组平均数水平要高的非洲裔美国学生和比组平均数低的白人学生。选择了这两个极端组,我们可以预测(由于向平均数回归),即便在阅读促进计划没有任何作用的情况下,非洲裔美国儿童在重测时的得分也可能更低,而白人儿童则可能更高。因为得分高的特殊非洲裔美国儿童将向其组平均数回归,得分低的白人儿童也将向其组平均数回归。其实就算没有任何计划而只是对儿童进行简单的重复测验,也会出现同样的情形。

如果对 IQ 进行匹配而不是阅读分数,同样的结果也可能得到,因为两者可能存在正相关。所以简单地进行另一变量的匹配不是一个办法。一个解决方法是先对大样本的非洲裔美国儿童和白人儿童进行匹配,然后各分两组,对其中的一个亚组实施阅读计划,另一亚组则不实施。在一亚组阅读计划结束后再对所有被试进行重测(当然,非洲裔美国儿童和白人儿童的被试分配是随机的)。在两个亚组中都可能出现向平均数回归的现象,但阅读计划的作用可通过与没有接受计划的亚组的比较进行评估。也许实施了阅读计划的非洲裔美国儿童比没有实施计划的儿童表现出更少的分数下降(向平均数回归)。若果真如此,则可证明该计划实际上是有积极作用的。

由于应用被试变量的准实验研究常常用来评估教育计划,因此它的实践者应知道许多与使用有关的棘手问题。由于混淆,研究者可能无法对结果说很多或得出重要结论。匹配可在某些可能的情况下减少这类问题,但同时又会存在引入回归假象的可能性。许多研究者并没意识到这一问题。在评估研究中,一个著名的错误类似于这儿讲的虚构研究,将在第十二章中讨论。

当匹配在实际上是可能的,并且回归假象也可以得到评估时,我们就能对从结果中得出的结论有更多的自信。但我们应该记住我们有的仍仅仅是相关,即使已经非常小心地进行了控制。匹配有时是有用的，但不能包治百病。在我们前面提到的比较精神分裂症患者与其他人的心理测验的例子中，如果精神分裂症患者仍然比新匹配的控制组表现差，我们能不能得出精神分裂症导致了言语使用能力的低下这一结论？不，我们不能得出这一结论。可能还有其他原因，在两组之间仍旧存在其他差异。我们永远不能绝对确认我们已在相关变量上进行了匹配。

对实验设计的研究是相当复杂的。在大多数章节中，我们都有"从问题到实验"这样一个内容。这一部分内容告诉我们怎样将一些课题或问题变成一个实在的实验。下面我们讨论这部分内容。

从问题到实验：研究细节

问题：做实验

在各种杂志的研究报告中并没有许多对为何进行实验进行清楚的解释。虽然这种简洁可能是由于喜欢短小文章的杂志编辑本着经济节约的原则所要求的，但大多数是基于这样一种假设，即实验心理学家或研究某一专业的真正心理学家都具有一般的背景知识。这在任何一个科学分支中都是适用的。例如，在杂志上写文章的物理学家假设读者已经知道"达因"是力的单位，就不必费神去解释该术语。同样，心理学家常常假设读者知道刺激和反应这两个术语的含义，虽然这两个术语可以用任何方式定义。这本书的一个目的就是当你想阅读或撰写心理学研究报告时为你提供一些必要的词汇。

对于新的研究者来说，另一个问题与"实验室的学问"有关。"每个人"都知道特定的"显而易见"的方法可用来做特定的研究。这些方法会因研究领域的不同而不同，但在每一类别中都为大家所熟知。它们是这样地为人们所熟悉，以至研究者很少去解释它们，而当新的研究者不知道这些"显而易见"的方法和研究技术时又相当惊讶。动物研究者常在实验之前剥夺动物食物几小时或者将鸽子的体重维持在鸽子能在食物持续获得情况下的体重的某一百分点上。虽然，这样做的原因对于研究者来说显而易见，但它们并不一定为你所熟知。实验者怎么知道在一个记忆实验中使用多少项目？实验要花多长时间？为什么从一组具

有相同价值的因变量中选择某个因变量？实验需要多少被试？本章第二部分的
"从问题到实验"将回答这些"显而易见"的问题。

从问题到实验

所有研究的目的都在于解决问题。这个问题可以是抽象的和理论的，或者
是具体的和应用的。问题可以从偶然的观察中得到，比如人们在夏季似乎具有
更强的攻击性。这儿的问题可以是"为什么夏季的炎热引起攻击"，或更具怀疑
性的问题——"温度高引起攻击吗"。问题也可以是由实验室的偶然发现得到，
比如在一片面包上发现一个霉点。解决这一问题——为什么在这儿会长霉
点——导致了盘尼西林的发现。问题也可以从理论模型中直接得到，例如，我们
问"为什么强化会增加强化之前行为的发生率？"

实验者做实验的第一个步骤是将问题变成可检验的假设。然后再把假设转
变为有自变量、因变量和控制变量的实验。

从问题到假设

问题或多或少总是一种模糊的陈述，它必须经过证实或者必须得到回答。
除非问题被描述得很具体、很细致，否则，很难通过实验检验。任何假设都是一
种来自问题的具体预期，常常可以以这样一种形式表述：如果 A，那么 B。问题
和假设之间的关键区别在于假设可以直接检验，而问题不行。一个实验必须能
够反证一种假设。

任何实验的目的都是为了检验有关自变量对因变量影响的假设。为了做到
这一点，我们必须收集数据。一旦获得，就必须对这些数据进行分析。分析之
后，就必须报告这些数据。下面我们简短地依次介绍这些内容。

▼ 数据

获得数据

进行实验设计并不能建立获得数据所需的全部条件。虽然设计告诉你怎样
将被试分配到实验中去，但它不会告诉你怎样获得被试。没有被试，也就没有
数据。

　　研究动物行为的心理学家比研究人类的心理学家在被试的选择上有更多的余地。虽然动物心理学家必须为被试承担圈舍、喂养等额外的费用,但他们能选择自己所希望购买的种系,因此若无大的灾难发生,他们总能够得到被试。

　　对人类的研究最常以一些选修心理学导论的大学生作为被试。假如这种参与被看作为学生的一种学习经历,那么它是道德的和合适的(American Psychological Association[APA],1987)。如果实验不被作为一种学习经历,那么实验者必须付给被试报酬。由于大学生是精选的群体,如果要将结果推广到其他被试群体中去,实验者必须要小心。例如,为教授无机化学而设计的程序化学习系统方面的技术,被用于管道工的教学中时可能就是不成功的。

　　随机取样意味着总体的任何一个成员都有相同的机会被选为被试。而且每一个人的选择独立于其他人的选择,以至于选择一个人不影响选择任何其他人的机会。有时候,在一个典型的心理学实验中可能很难具体说清楚取样的总体(Gigerenzer,1993)。即便被试可以随机选取,但是确切地说一群大学生被试又代表了怎样的总体呢?我们甚至不清楚那些学习心理学课程的学生总体能否代表所有的大学生。既然现在的学生人口如此多样,他们代表着许多不同年龄和生活背景的人群,研究者就应该在对结果进行外推时格外小心。

　　随机分配是指将被试随机地分配到不同的实验处理中去(Holland,1993)。这是一种明智的做法,因为其提高了我们根据实验结果作出因果推断的能力。取样的统计意义将在附录 B 中讨论。

78

　　当你的样本选择好,实验设计已完成时,还有一个主要的决定要做。你每次只测查一个被试还是同时测查一组被试?两种程序各有利弊。团体测试最大的优点是经济。如果每个被试花 1 小时,对一组 30 个被试进行测试只需花 1 小时,而如果单个测试则需 30 个小时。这样,当他们在条件都是相等情况下团体测试更快,因此也更好。但在许多情况下其他所有条件是无法都保持相等的。例如,做一个听力实验,给左、右耳分别呈现独立的单词。一个心急的博士研究生决定节省时间,对她的被试实施团体测验。但是她忘记了除非被试的位置刚好在两个扩音器之间,否则一些信息传到一耳的时间要早于另一耳。这就使得自变量失效。当然如果每个被试都戴有耳机就可避免这一问题,那么采取团体测验更好。团体测验的另一问题是被试互相影响的可能性,因此也会影响数据。

也许被试会作弊,从他人那里抄袭答案,或者团体中的性别比例可能会影响动机。有时这些问题可通过将被试安置在防止社会交往的个别测试亭中来避免。

分析数据

实验的直接结果是反映各种条件下行为的一系列数字。正如西德曼(Sidman,1960)的幽默描述,科学家相信所有数据在一开始就受到了污染。数据要么是偶然的,要么是科学的——但绝不会两者皆是。在心理学家能确认数据的科学性之前,魔鬼"偶然"必须被驱除,这可以通过称为推断统计分析的方法做到。

一旦统计分析告诉你,哪些数据是可靠的(不是偶然发生),你还需决定哪些数据是重要的。没有哪种数学计算能告诉你检验了什么假设、理论预测的是什么,等等。统计学绝不是思维的替代品,统计分析是一个服务于理论和假设检验的理论上的中立程序。除了 what-if 实验,理论和假设总是先于统计。

由于掌握实验产生的大量数据的含义根本不可能,常常通过描述性统计对数据进行精简。最常见的是平均数和标准差。作为数据分析的一部分,平均数常被用来计算各个自变量的各个水平和用来显示交互作用的自变量的综合值。

报告数据

数据常用表或图来表示。图常常更容易理解。图 3 - 2 是对实验结果如何报告的一个典型例子。因变量标在纵坐标——垂直线上;自变量则画在横坐标——水平线上;多个自变量通过实线和虚线或者各个自变量运用不同的形状可以被标在同一个图上。

原始(未分析)数据很难报告,因此常用一些描述性统计如平均数来概括数据。另外一些统计方法常伴随数据告诉读者有关这些数据的可靠性。

报告数据可使用许多式样和格式。我们向你推荐《美国心理学会出版手册》(*Publication Mannual of the American Psychological Association*)上提供的一种格式。这种格式现在已成为心理学和社会科学的许多其他领域的参照标准。这本书将告诉你许多你想知道的关于准备实验报告的每一方面的内容,甚至更多。如果你无法从图书馆或书店中得到,你可通过美国心理学会邮购部(Order Department, American Psychological Association, P. O. Box 2710. Hyattsville,

79

MD 20784)购得。

▼　小结

1. 实验就是为了调查一个或多个自变量对一个或多个因变量的效应的控制过
    程。自变量是由实验者操纵,而因变量是被观察和记录的变量。实验给调查
    者提供了最好的消除或最小化额外变异的机会。实验用来检验理论,重复和
    扩展以前的发现,或者表明以前的研究不能被证实。只有很少的时候做实验
    仅仅是为了观察什么将会发生。

2. 自变量是被实验者选择的将影响行为的变量。如果它没产生任何影响,也就
    意味着实验操纵是不完善的或者实验者出现了错误。因变量必须稳定——
    也就是说,它们必须能够在同样的条件下总是产生同样的结果。天花板效应
    和地板效应是由于不适当的因变量范围而导致的。控制变量是在实验中未
    被操纵的潜在自变量。

3. 绝大多数实验同时检验多个自变量。除了经济节约,它还能够允许实验者获
    得有关交互作用的重要信息。当一个自变量对另一自变量的不同水平所产
    生的效应不同时,就发生了交互作用。实验者偶尔也使用多个因变量。

4. 实验设计将被试分配到不同条件,以期将额外变异降低到最少。在被试间设
    计中,不同组的被试接受不同的处理方式。在被试内设计中,同样被试接受
    所有处理方式。被试间设计更加安全,但被试内设计更加有效。混合设计中
    有一些自变量属于被试间设计,有一些属于被试内设计。在被试间设计中,
    通过匹配和随机化得到相等组。被试内设计中的一般练习效应和差异延续
    效应可以通过平衡程序评估,但不能消除。控制条件提供了一个清楚的基线
    水平,实验感兴趣的条件可以与之相比较。

5. 在实验设计中有许多易犯的错误。要求特征来自被试对其正在参加的某个实
    验的认识。实验者效应是当实验者(通过行为或个别特征)给被试提供了有关
    实验目的的线索或系统地影响被试时偶然引入的假象。实验者效应可以通过
    机器来排除实验者行为中的微妙差异,从而将这些差异降到最低水平。

6. 从总体中选择被试称为取样。随机取样意味着总体的每一成员都有相同的

机会被选择。团体测试更有效率,但必须注意避免污染实验。

80

7. 心理学中的准实验常常使用被试变量。这些变量包括年龄、智商、心理健康、身高、头发颜色、性别以及其他众多个体间有差异的特征。这些变量常常是由事实决定的,因为它们常常是遗传特性(或者至少人们参加一些心理学研究时就已经具有了的)。由于不可能将个体随机分配到感兴趣的条件中去,因此使用被试变量的研究在本质上是相关性研究。

8. 为了从被试变量的操纵中得出因果推论,研究者常常在其他变量上对被试进行匹配。因此,如果研究者感兴趣于头发颜色对作业或对情境中他人反应的影响,他们会尽可能多地控制其他变量以保证头发颜色是个体唯一不同的因素。匹配常常是用来达到这一目的的有用工具,但实验者必须确定,可能存在的回归假象不会影响结论。

9. 向平均数回归指的是当从大组中挑出极端分数组进行重测时,第二次测得的分数会更接近于整个大组的平均数。如果在第一次测验的基础上对两组进行匹配,研究者将从总体表现较差的组中挑出高分者,从总体表现较好的组中挑出低分者,即使没有给予两组被试不同的实验处理方式,研究者仍可以预期他们在第二次测验中的得分差异——仅仅因为向平均数回归。这一问题被称为回归假象。

▼　重要术语

横坐标	实验	随机取样
基线	实验者效应	随机化
被试间设计	地板效应	回归假象
天花板效应	一般练习效应	向平均数回归
控制条件	霍桑效应	取样
控制组	自变量	小样本设计
控制变量	交互作用	稳定性
平衡	水平	被试变量
批判性实验	匹配	协同作用
数据	混合设计	what-if 实验
要求特征	零结果	被试内设计
因变量	纵坐标	
差异延续效应	准实验	
双盲实验	随机分配	

▼　讨论题目

1. 设计一个实验揭示为什么管道工比大学教授工资高。对管道工和教授随机取样。让每一组的一半人做另一职业的工作，而另一职业的人，或者(a)安静地观察，或者(b)提供建议。对你为这一实验选定的自变量、因变量、控制变量进行命名。与这个实验有关的设计问题有哪些？

2. 将下面的问题或陈述转述为至少两个可被检验的假设。
　(a) 你不能教一只老狗新花样。
　(b) 吃"垃圾"食品会降低你的年级平均成绩。
　(c) 节省一个便士也就是挣了一个便士。
　(d) 学习的最好方法是在考试前一个晚上死记硬背。

3. 虚构一个使用两个自变量的实验。写出存在与不存在交互作用时的假想结果。仔细标注你的图。

4. 假设你想确定鼻子长的人是否更有幽默感。在这里鼻子长度当然是一个被试变量。你决定给鼻子长度不同的两组被试呈现 20 个笑话(经专家评定为很精彩)，看看鼻子长的被试是否比鼻子短的被试更喜欢它们。你会采取哪些步骤保证其他一些变量不会与鼻子长度混淆？假设你有 200 名个体可以进行鼻子长度和其他许多特征的测量，你怎样为研究选择被试？

▼　网络资源

请登录"瓦兹沃斯心理学资源中心，统计和研究方法业务"网页，仔细浏览关于"真实验"的逐步介绍，网址如下：

http://academic. cengage. com/psychology/workshops

这个网站提供了完整的研究方法课程，而且链接有许多重要的实验心理学主题：

http://torchim. human. cornell. edu//workshops

下面这个网址可以找到一组很有价值的在线实验：

http://psychologie. unizh. ch/somi/ulf/lab/webexppsylab. html

第四章
心理学研究的道德

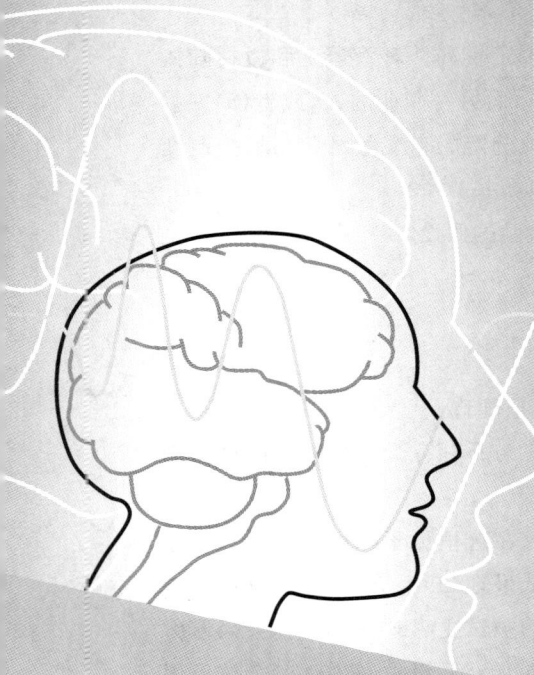

科学知识的双重性使所有科学家都面临道义问题。某种程度上，心理学研究是解决重要问题的有效方法，但心理学家必须认识到并提醒其他人这样的事实，即研究在造福人类的同时也会增加其被误用的可能性。

（American Psychological Association，1982，p.16）

▼　以人为被试的研究

　　这段引言出自美国心理学会的文件，来自对心理学各研究领域中道德准则问题的长篇论述的前言，将其节选后在这里引用是为了强调所有学科的研究工作者都应该履行道德义务。这些义务虽然在道理上浅显易懂，但却很难做到。本章我们将对道德准则及其在心理学施用中遇到的有关问题进行讨论。心理学家应该关心涉及人类被试和动物被试的研究中的道德问题。尽管有些这样的关心可能是自私的，如害怕经费短缺、担心失去被试等，但大多数心理学家是有道德的，他们不会将伤害强加给他人。

　　一位实验者不可能完全公正、客观地判断其个人研究中的道德问题，故许多大学和研究机构设有专业委员会，以评判提交的研究是否符合道德准则。事实上，联邦政府资助的研究项目必须经这种委员会通过以后才能获得经费。

　　各种道德问题在实际研究过程中显而易见。假设你是一位心理学家，对抑郁情绪在多大程度上影响人们的记忆感兴趣。你想做这项研究的一个非常重要的理由是，抑郁是大学生中很常见的情绪问题，而你想确定这种情绪是怎样影响学业成绩的。你决定用严密控制的实验室实验，来确定抑郁对记忆的影响。你想在一些被试身上诱导出抑郁，将他们的记忆与未进行抑郁诱导的被试作比较。你用维尔坦（Velten，1968）发明的方法对被试进行抑郁诱导。在诱导过程中，被试大声朗读与所研究的心境相关的 60 个自我参照句子。在这种情况下，被试朗读这些句子被认为可以诱导抑郁，从相对轻微的，如："今天像其他日子一样不好也不坏。"逐渐到相对严重的，如："我感觉糟透了，我真想睡过去，永远不醒来。"

维尔坦的方法可以诱导一种轻度的暂时的抑郁;被试报告说,他们体验到压抑,在许多工作上他们的行为都会出问题。

上面这个实验的许多细节没有详细的说明,但明显的是,被试的正常工作在研究过程中受到了威胁(此实验的完整内容见 Elmes,Chapman & Selig,1984)。诱导一种消极情绪(如抑郁)可能对大学生的社会功能和智力功能造成灾难性的影响。作为一个有道德的研究者,你如何保护被试的基本人权? 怎样才能既保护被试的利益,同时又做一个有效的实验?

在回顾了有关情绪和记忆的研究后,布莱内(Blaney,1986)列举了大量研究中都曾诱导大学生产生抑郁的例子。当然,有些实验中,被试被诱导出一种愉快的情绪。道德上的考虑是否有赖于诱导出的情绪类别——愉快或悲伤? 研究者们在各自实验中也曾使用不同的情绪诱导方法。除了前面提到的维尔坦(Velten,1986)诱导方法外,催眠和音乐也被用来诱导抑郁或愉快情绪。道德上的考虑是否有赖于诱导情绪的技术呢? 一些涉及情绪诱导研究的问题表明,道德问题与心理学的关系跟实验的特定情境有关。

美国心理学会(APA,2002)为研究者提供了道德准则指南。学会列出了有关科学研究行为和出版事务应遵守的一般原则。我们将在本章后面的部分对动物研究中的道德以及科学欺骗问题进行介绍。现在来看看与人类被试关系重大的一些准则。设想一下,在心境诱导研究中该如何保护学生被试的权益。下面所列的八条准则是用以指导以人为被试的有关研究的。在进行有人类被试参与的研究之前,请认真阅读并理解这些道德准则。

8.01 机构许可

当需要得到学术机构的许可时,心理学工作者要在研究开始前向相关机构提交关于项目的详细计划,并且获得他们的批准。所开展的研究活动要和所批准的研究项目相一致。

8.02 研究的知情同意

(a) 为达到标准 3.10 中的知情同意要求,心理学工作者必须向被试告知以下内容:(1)研究目的、预计周期以及实验程序;(2)被试有权不参加实验,也有权在实验开始后随时退出实验;(3)被试拒绝参加或中途退出实验后的可预见后果;(4)潜在的危险、不舒适感或负面影响等可预见因素,这些因素可能会影响被试参与实验的意愿;(5)研究可能带来的好处;(6)保密限制;(7)对被试的奖励;(8)对有关研究和被试权利事宜可供咨询的联系人。心理学工作者需要为潜在的被试提供诸多提问的机会并且给予及时答复。(可以同时参照标准 8.03:研究中录音和录像的知情同意;8.05:研究中的知情同意之免除;8.07:研究中的隐瞒)

（b）使用各种实验处理进行干预研究的心理学工作者应在研究开始前让被试了解：（1）实验处理的性质；（2）适当情况下控制组被试将会或不会得到的服务；（3）对处理组和控制组的分配方式；（4）个别被试不愿意参加实验或在实验开始后希望退出实验时，实验者的备用处理方案；（5）研究为被试提供的报酬，包括是否寻找第三方资助，以及被试的退款问题。（可以同时参照标准8.02a：研究中的知情同意。）

8.03　研究中录音和录像的知情同意

心理学工作者由于采集数据而对被试录音或录像前必须得到被试的知情同意，以下的情况可以例外：（1）研究是在公共场合进行的自然观察，且对这些记录资料的使用不会侵害被试的隐私或给被试带来危害；（2）研究设计采用隐瞒手段，而录音录像材料的使用应在实验汇报会时征得被试的同意。（可以同时参照标准8.07：研究中的隐瞒。）

8.04　当事人/病人、学生和下属作被试

（a）当心理学工作者使用当事人/病人、学生和下属作为被试进行研究时，必须采取措施为这些潜在的被试提供保护，使他们免受因拒绝参与实验或中途退出实验带来的负面影响。

（b）如果参加实验是学校课程的一项要求，或者参与实验的学生能得到额外的学分，那么被试可以选择其他等值的活动。

8.05　不必取得被试知情同意的实验

心理学工作者仅在以下的情况下可以不必得到被试的知情同意：（1）不会带来压力或伤害的实验，包括：（a）对正常的教育实践、课程内容或在教育情境中班级管理方法的研究；（b）不署名的问卷、自然观察研究或者文献研究，这些研究中，公开被试的反应结果不会危及被试的名誉、隐私，以及被用人单位录用的机会，不会危及他们的经济状况，不会使人怀疑被试有犯罪倾向或需要承担某些民事责任；（c）在企业环境下研究影响工作和组织绩效的因素时，不危害被试被用人单位录用的机会，保护被试个人的隐私；

（2）由法律条文或联邦政府规定、学术机构条例所允许的其他情况。

8.06　诱使被试参与实验

（a）心理学工作者应避免向被试过度施加经济上或其他方面不恰当的引诱，应避免迫使被试参与实验的嫌疑。

（b）倘若心理学工作者将专业服务作为请被试参与实验的砝码，那么他们必须阐明这项服务的性质、危害、责任以及局限。

8.07　研究中的隐瞒

（a）心理学工作者在研究中是不能运用隐瞒手段的，除非这项研究在科学、教育或应用领域有显著的可预见的价值，同时又没有可供代替的其他有效方法。

（b）心理学工作者不能向被试隐瞒在实验中可能会受到的肉体或精神上的伤害（《APA道德准则》（2002），第12页）。

（c）心理学工作者应尽可能早地向被试解释作为实验设计组成部分之一的隐瞒手段，最好是在被试完成实验之时，最迟不要晚于数据采集结束的时候。被试有权撤回自己的数据（见标准8.08，实验通告）。

8.08　实验通告

（a）心理学工作者必须向被试提供了解实验性质、结果、结论的便捷途径，同时逐步纠正他们所意识到的被试对实验产生的误解。

（b）如果从科学或人类价值观出发，心理学工作者可以暂时延缓向被试解释实验真相，他们也应采取一些合理的措施来降低被试受到的危害。

（c）当心理学工作者意识到研究过程对被试构成危害时，他们应使用合理的手段逐步减小这些危害。①

① 来源：美国心理学会：《心理学工作者的伦理原则和操作法规》（*Ethical principles of psychologist and code of conduct*），2002，经允许重印。

知情同意和隐瞒

一个道德的研究者事先会告知被试"关于研究项目的所有特点,其中有些可能影响被试乐意参与研究的程度,以及被试希望了解的其他方面的情况"。这意味着,被试必须预先知道那些可能导致有害影响的研究内容。在大多数的心理学研究中,被试事先都了解在研究过程中被要求从事活动的所有信息,所以他们知情同意并理解可能发生的与实验有关的问题。在实验过程中,被试很少被误导真相。此外,研究者一般都会如实地描述实验程序的目的。然而,实验者有时也会让被试错误理解一项实验的真正目的。这种错误的描述通常指"掩盖事实"。隐瞒是为了控制被试的反应性。例如,一个研究者感兴趣的是,被试在同性团体中是否比在异性团体中更加武断? 但却告诉被试实验的目的是,了解小组合作时的问题解决情况和评价该任务的难度。研究者担心如果被试知道了实验目的,其行为就会发生变化。在这种情况下,测验中与假设相关的信息可能不会改变任何人的参与决定,但这种信息可能改变被试在实验任务上的成绩。尽管这类隐瞒通常是无害的,但是,由于被试并未被完全告知和表示同意,所以必须谨慎使用。因为一个人可能因为不赞成实验目的而选择不参加实验。

与对实验目的隐瞒相比,对实验过程的隐瞒更加稀少。但对某些问题的研究又不得不使用这种隐瞒。例如,假设研究者想知道在个体未能积极主动地记忆某些信息的情况下,其对这些信息的回忆又将如何。在这种情况下,研究者就有可能不会告知被试实验中有记忆测试。很明显,这样的信息缺失使被试无法完全做到知情同意。

因此,无论何时,一个研究课题如果需要采用欺骗手段,有道德的科学家都会面临两难境地。显然,如果研究程序将被试的生理或心理置于伤害的危险边缘,肯定是不符合道德准则的。另一方面,当一项研究程序仅包含少量危险时,向被试完全坦陈真相是比较困难的。多数情况下,必须将研究的潜在利益同被试的实际和潜在消耗进行权衡。只有当实验的潜在利益远远超过被试可能遇到的任何危险时,才能使用欺骗。即便如此,被试应当时常尽可能地了解真相,他们应当知道任何时候都可以中止参加实验,而不会出现负面后果。

现在让我们重新考察前面论及的抑郁和记忆实验,重点讨论知情同意的问题。那些签约受雇的被试应当被告知，他们在实验过程中所做的一些事情可能会使他们感到不愉快，但他们可以拒绝参加实验。诸如维尔坦技术和谁将参与实验之类的操作有其特殊性，事先不揭示真相。被试如果知道了所有细节，就不会像通常那样作出反应。因为我们已知情绪诱导的效应是暂时的，研究者们相信可以告知被试部分信息。这里，尽管有些信息省略了，但被试不会被误导对实验产生错误的期望。

　　关于知情同意和欺骗的问题需要许多慎重的思考，才能形成一个合乎道德规范的解决方案。研究者很少独自解决这些问题。在美国，每一个研究机构都有常设委员会，负责审查有人类被试参与的实验程序。这些委员会试图保证实验被试受到道德的对待。我们在下面还要更加详细地讨论这些委员会。

　　总之，完全告知被试并得到同意是大多数心理学研究领域中的规范。有时，如果某些信息有所保留或误导了被试，就会妨碍被试的反应。这种情况下，实验者和研究机构的委员会成员应当非常仔细地判断实验程序的利益是否超过对被试的危害。

退出的自由

　　正如前面简要提及的那样，应该允许被试在任何时候放弃或退出实验。每个人都知道将被试绑在椅子上的科学家是不道德的。而且，几乎没有人会否认当被试感到不适时有退出的自由。那么，什么才是道德的两难境地呢？主要问题在于我们如何去定义志愿参与者的"自愿"。设想参加抑郁和记忆实验的被试是选修心理学导论的大学生（大多是大学一年级和二年级学生），他们签约参与实验，而且通常可以从实验中获得一定的课程学分。他们在签约之时是自愿的还是被迫的呢？如果参加实验可以得到额外的学分奖励，那么他们可能是自愿的；如果课程要求他们必须参与实验，那么退出实验的自由就受到影响了。当学生被要求参与实验时，他们还应当有选择执行其他任务的方式，如写一篇论文，或听一场专题报告。这一点正是给予那些潜在被试以自由，他们可以选择参加或者不参加实验。

　　通常，如果一群潜在的被试是强求的观众，如学生、囚犯、新兵和实验者的雇员，有道德的研究者应该承认他们有退出或参加实验的自由。在抑郁与记忆的

87

实验中,自愿的学生都是首次受到额外学分的诱惑(非强制性参加)。当他们签约时,他们会被预先警告可能产生不愉快(他们可以据此同意参加或不参加)。实验开始时的指导语应告诉被试,他们有权选择在任何时候放弃,而且仍然能获得额外的学分(他们有退出的自由)。

免遭伤害的保护和研究通告

APA 建议的另一条安全措施是,给参加者提供**免遭伤害的保护**。在参与研究的过程中,被试应当有一条途径与研究者保持联系。即使是最缜密、危险程度最小的研究计划都可能产生无法预料的后果。因此,如果出现了问题,研究者应当向被试提供帮助和建议。在一个被认为是标准的、无害的记忆实验中,我们应允许被试(因挫折和不安)叫喊出来。而且那些不满实验者或实验的被试可以在实验的中途离开,此外也允许那些产生消极自我形象的被试中途离开。

由于意想不到的后果,谨慎的研究者需要提供详细的**研究通告**,也就是说,研究者应向被试解释研究的基本目的。此外,研究者还要详尽地描述实验程序,以消除疑问或误解。

让我们将研究通告和保护被试免遭伤害的原则应用于抑郁与记忆的实验。在这项研究计划的结尾,被试会拿到一张专业人员的电话号码单,可以与他们就个人因实验引起的抑郁带来的不愉快后果保持联系。实验结束的当天,实验者也会打电话给读过诱导抑郁句子的每位被试,以确定被试是否有任何消极的后果。

被试可以得到全面的研究通告。他们会被告知情绪诱导程序以及说明其后果是暂时的。另外,实验者还会解释实验设计和理论基础的其他细节,并回答被试提出的所有问题。

消除有害后果

在一项危险的研究计划中,仅仅给被试提供研究通告和电话号码是不够的。如果被试长期遭受的有害后果是因为参加实验程序引起的,那么研究者有责任**消除有害后果**。被试的愤怒情绪是很难逆转的,因为愤怒无法被预料和查明。然而,如果知道危险所在,有道德的研究者应该采取措施去尽量减弱它。

在抑郁与记忆实验中给予研究通告之前,被试要朗读用于诱导愉快情绪的一系列自我参照的句子。这个练习被认为可以对抗先前诱导出的消极情绪的后效。然后,询问被试当前的心情,还要求被试签署一项声明,以说明他们在实验结束后的心情并不比实验开始时糟糕。所有的被试都要签署这种声明,如果他们感觉不好,那么在一位实验者的指导下,有一项集中的计划安排他们留在实验室里,直到他们感觉好了为止。

保密

除非得到许可,被试在实验中所做的一切都应当保密。有道德的研究者不会到处说"新生鲍比是笨蛋,他在我的实验中表现最差"这类话。特殊被试的个人信息,如他们对婚前性行为的态度或者其家庭经济收入,没有得到许可也是不能泄露的。**保密**原则看上去很直截了当,但是当研究者坚持这一原则时,就会遇到道德的两难境地。

抑郁与记忆实验就会出现这种两难境地。实验者遇到一个道德问题是,因为他相信为了坚持让被试免遭伤害的原则,有必要违背保密原则。这种两难问题怎样发生的呢?被试的任务之一是回答一些有关心理健康的问题。他们要回答自己最近是否因为个人问题而寻找专业人员的帮助。如果被试回答是的,他们还要提供有关问题和心理治疗过程的一些细节。被试得到保证,他们的回答是被保密的。然后,被试完成一项评定他们最近的抑郁水平的临床测验。如果被试表示自己接受过抑郁治疗,却又在测验中得了高分,那么,实验在这一点上就存在不一致。研究者想要减少伤害和增加坦诚,就需要保证学生的表现会得以保密,同时使用抑郁测验来防止抑郁者因情绪诱导程序导致抑郁更加恶化。在实验过程中,有两个学生在抑郁测验中得了高分,其中一个没有接受心理治疗。因为这个测验被认为是预测临床严重抑郁的可靠且有效的指标,所以研究负责人相信,有必要将这两个出现高水平抑郁的学生事先告知同行咨询员。然后,由咨询员若无其事地与这两个学生交谈。

这种两难境地经常出现在研究中。遵守一个道德准则时,不得不违背另一个。在我们提及的案例中,如果高抑郁的学生怀疑研究者侵犯了他们的保密权利,他们可能产生持久的愤怒和不信任。另一方面,研究者不能忽略这样的事实:这些学生尤其是那名未接受心理治疗的学生处于严重的抑郁状态。此时看起来,保证学生接受帮助比坚守保密的原则更加重要。

如上所述,道德准则的坚守有时必须建立在实效的基础上。换句话说,参与研究计划的决策者必须关注的是,如何在最好地保护被试的同时,完成一项有意义且有效的研究。贯彻道德准则的责任有赖于研究者、审查委员会,以及审查待发表的研究报告的杂志编辑。在有限制的情况下,研究者可能会辨明欺骗、隐瞒和泄密的行为。然而,只要有可能,就应避免这些有问题的研究实践。好的研究是不允许违背道德的。

▼ 以动物为被试的研究准则

尽管目前绝大多数心理学研究是针对人,但仍有相当数量的研究是针对动物的(Miller,1985)。动物经常被用来解决不可能或无法用人来回答的问题。但是有人认为,不应该用动物来作研究(Bowd,1980)。例如,罗林(Rollin,1985)认为,如果法律和道德概念能被应用于人类研究,那么,它也应以同样的方式适用于动物研究。他建议,动物研究的地位应当提高到与以人类为被试的研究相同的地位,将指导人类被试研究的准则应用于动物研究。媒体报道已经讨论了关于实验室中的动物受到虐待的声明,动物权利保护者倡导在研究中限制使用动物。因此,思考在研究中使用动物的理由是重要的,而且理解对动物的道德保护是有必要的。

动物之所以成为被试,是因为动物很有趣,而且动物也是自然界的重要成员。许多鸟类保护者、其他自然主义的业余爱好者、比较心理学家以及生态学家正准备证实这种利益。然而,更重要的道德问题是,动物被试为人类和其他动物提供了便利的而且高度可控的实验"模特儿"。美国心理学会(APA,2003b)就有关使用动物的心理学研究增加了新的内容。

反对以动物为研究对象的观点

以人为被试进行实验研究时,从道德上来讲,需要禁止实验导致人脑损伤,禁止将婴儿与其父母分离,不允许用未知的药物在人身上进行尝试,通常还要排除给人造成危险和不可逆的操作。动物权利保护者认为这些禁忌同样适用于动物的研究。在动物权利保护者看来,研究者既要保护人的权利,也要保护动物的权利,因为,例如,他们认为实验损伤猴脑时研究者应承担与损伤人脑相同的责任。动物权利保护者的观点概括起来有三点:(1)动物能像人一样感觉到疼痛和它们的生命被摧残(Roberts,1971);(2)对科学家来说,摧残或伤害任何生命都是不人道的(Roberts,1971);(3)宣称动物研究有助于科学进步的论调完全是种族歧视,就像种族间的偏执,完全是无稽之谈和不道德的。辛格(Singer,1995)称这种不顾其他物种权利和利益的行为是种属主义。大多数实验心理学家尤其是心理生理学家对这些观点持保留意见。下面让我们逐一考察。

支持以动物为研究对象的观点

动物权利纲领的第一项条款指明,动物能感觉疼痛和痛苦。这当然是真的,但是道德标准应存在于所有用动物做研究被试的科学事业中。这些原则的核心成分是,排除不适当的疼痛和不人道的待遇。没有一位道德的心理学家试图将过度的伤害强加于一只动物。将疼痛和痛苦施加于动物,必须是在科学家和道德检查委员会深思熟虑同意之后。这种考虑应在动物的痛苦和实验的潜在利益之间进行权衡。只有当后者远远超过前者时,才能允许实验进行。最后,用动物进行行为研究时,要注意的一点是,这种研究大多不会给研究的动物造成疼痛和伤害。

第二项条款是,摧残任何生命对科学家来说都是丧失人性的。假设植物不包括在内,因为对人类来说,如果没有动物,就必须以植物为食才能生存。即使反对杀害生命仅限于动物,因为在反对使用动物研究之外,它仍然有许多严重的影响。比如,持这种观点的人不应该吃任何肉。同样地,他们也不应该使用任何取自死亡的动物身上的产品(如皮革)。归根结底,如果杀死动物是丧失人性的话,那么从死去的动物身上获益就不丧失人性吗?果真如此,一个动物权利的真正信徒就应当放弃使用大多数现代药物,因为所有的药物实质上都得益于动物实验。但是,事实上始终坚持动物权利的信念通常很难。一项对参与一个支持动物权利组织的活跃分子的调查揭示了这种困难的存在(Plous,1991)。普劳斯(Plous)报告,实际上这些活跃分子中宣称自己是素食者或素食主义者(指不食用包括牛奶和鸡蛋在内的动物食品的人)的比例远高于一般人。许多活跃分子还说自己不使用皮革制品。但是,大多数动物权利保护分子(53%)却说,他们也购买皮革制品,摄取动物肉,或者两者兼有。

最后一条是,以牺牲动物为代价的科学进步是典型的种属主义。种属主义的信念是,只要我们人类能获益,牺牲大量的动物就是正当的。作为一种反对动物研究的批评,这种观点忽略了一个显而易见的事实,即大量的动物研究亦使动物从中获益。例如,米勒(Miller,1985)指出,由老鼠的味觉厌恶研究发明了一种非致命的新方法,驱使狼群远离羊群,防止乌鸦吃庄稼。类似的是,如何孵化鸭子的研究使饲养员用更好的方法准备人工孵化野生雏鹰。

无论如何,即使是为了人类利益使用动物是一种种属主义,但让许多人放弃业已取得的利益或即将在动物研究中可能获得的利益,都是值得怀疑的。请看怀特(White,R. J.)——一位进行了一系列包括摘除猴脑的动物实验的著名神经学家和神经外科专家的一段话:"当我写这篇文章时,昨天从一个孩子的小脑和脑干处取出一个大肿瘤的生动场面又一次浮现在我眼前。几十年前,这种手术根本不可能做,很危险,但是今天要感谢在低等动物身上所做的广泛的实验,使得手术毫无差错而且非常安全。"(1971,p. 504)

除了临床外科手术的好处以外,还有许多成果来自动物行为的研究。米勒(Miller,1985)指出,动物心理学实验直接有助于治疗许多心理问题,如尿床、恐怖症、神经性厌食类的强迫障碍、抑郁症等。此外,由动物实验产生的如生物反馈之类的行为技术,已经被用于帮助神经肌肉障碍患者重新获得机体控制的能力。动物心理学研究已经从实验上证实了心理应激与生理健康之间存在联系。另有研究证明了将婴儿与母亲分离是有害的——然而,新生儿为了维持生命每天必须被放在暖箱里三次,每次15分钟时——却是有必要的。米勒描述了其他许多获自动物行为实验的成果,他关于动物心理实验的利益的观点实际上与一些动物权利保护者的观点相反(Plous,1991)。

盖洛普和斯瓦雷兹(Gallup and Suarez,1985)回顾了动物心理学研究的理由、范围和使用。他们考虑了可能的替代方法,发现在许多情况下,心理学研究中没有其他途径能替代动物实验。即便随着时间的推移,科学研究中对动物的使用已越来越少,但专业领域对于在研究与教学中使用动物的支持率却一直很高(Rowan & Lowe，1995)。一项对美国心理学会会员的调查表明，80％的会员支持开展动物研究(Plous，1996a)。类似的结果来自一项对心理学专业本科生的调查(Plous，1996a)。心理学家并不是支持所有的动物研究。许多人不同意进行有关疼痛或者死亡的动物研究，而且大多数心理学家支持能像保护灵长类动物一样，为老鼠和鸟类提供保护(Plous，1996a)。

研究中使用动物的指导原则

心理学家已经注意到在长时间使用动物的研究中对待动物要讲人道和道德(Greenough，1992)。例如，一项早期关于人道的对待动物的观点(Young，1928)认为，作被试的动物"将会受到和善的对待、适当的饲养，而且它们的生活环境保持在最卫生的条件下"(p. 487)。这个观点与美国心理学会(APA，2003a)现在的动物研究的指导原则相呼应，其总原则如下：

> 心理学有着广阔的研究与应用领域。开展有关人类以外其他动物行为的研究与教学是其中重要的部分，这些研究与教学使我们得以了解行为背后的基本原理，并促进了人类和动物的共同发展。无疑，心理学家应当遵照法律和规章开展教学与研究。而且，伦理因素要求心理学家在进行科学研究之前，必须考虑到那些涉及动物使用的研究方法的代价与收益。

实际上在人类的任何事业中，有时都会发生人道处理的滥用。然而，这些滥用行为有悖于动物研究者的规范操作。道德的研究者对待动物很人道。一旦发现不人道对待动物，这些有问题的研究者就应当受到处罚。但我们不能因为出现了这种滥用现象而作出禁止动物实验的结论。动物权利的积极倡导者的典型观点(Plous，1991)基于一种哲学立场，这种立场将禁止使用动物为人谋利作为一条基本规则，而不仅仅是针对研究。你应当确定你对动物研究的态度，但重要的是，你还要严肃地考虑这种争论及其含义。

以下是美国心理学会(APA，2002)道德规范中指定研究者在使用动物被试时需要重点关注的准则。美国心理学会(APA，2003a)的《实验动物保护和使用行为道德指南》(*Guidelines for Ethical Conduct in the Care and Use of Animals*)对这些准则作了详细说明。

92

8.09——在研究中善意对待和善意使用动物

（a）心理学工作者要遵照现行的联邦政府、州政府以及当地的法律法规，来获得、饲养、使用以及处理动物，同时要符合专业标准。

（b）涉及动物的所有实验程序都应由熟悉研究方法和了解如何照顾动物被试的心理学工作者全程监督，他们有责任保证动物被试的舒适和健康，保证实验者善待动物。

（c）心理学工作者必须保证，在他们监督下进行动物实验的所有助手都已了解该使用什么研究方法，如何恰当地照顾、饲养、处理这些动物。（同见标准2.05：委托他人进行实验）

（d）心理学工作者要采取措施让动物被试最小程度承受不舒适感、疾病感染、疾病以及痛苦。

（e）心理学工作者只有在无其他替代研究方案的情况下，而且其研究目标的科学性、教育性和应用价值得到认同，方能让动物承受痛苦、压力或者剥夺性实验。

（f）心理学工作者应在适度麻醉下为动物施行外科手术，并尽量避免感染，手术期间和手术之后应使动物承受的疼痛最小化。

（g）在实验中可以结束一只动物的生命时，心理学工作者应按照规定快速结束整个过程，尽量减少动物的痛苦。①

① 来源：美国心理学会：《心理学工作者的伦理原则和操作法规》（*Ethical principles of psychologists and code of conduct*），2002，经允许重印。

▼ 科学欺骗

在第十三章中，我们将讨论因疏忽所导致的研究者偏差，即研究者的行为意外地混淆了研究项目的结果。这里我们从道德角度考察科学家有意的偏差——**欺骗**。当科学家从事研究时，他们耗费大量的时间和精力，并且他们的荣誉和事业提高常常有赖于研究的成功。在这些压力之下，有些科学家并不是完全诚实地对待他们的实验和数据。有意歪曲的事例可以包括"捏造"和"篡改"数据，即操纵结果以使之看起来更好，更有甚者则完全伪造数据，所报告的观测结果根本不是实际做出来的（Kohn，1986）。一项对博士生和科学工作者的调查显示，这些类型的欺骗行为并不少见，这不禁让人对科学道德的状况深感忧虑（Swazey，Anderson & Lewis，1993）。

最常被引用的"捏造"数据的例子是伯特（Burt，S. C.）案例。他是一个非常受人尊敬的心理学家，主要研究遗传在智力中的作用。他发表了几篇论文，报告的数据采集于同卵双生子，其中有些是一起抚养的，有些是分开抚养的，数据收集的时间是1913—1932年。在这三篇论文中，他报告在智力的相关上，一起抚养的双生子为0.944，而分开抚养的双生子为0.771。尽管这三篇论文中的相关都是一致的，但每一篇却是基于不同数量的被试。事实上，在增加了新的被试的情况下,相关却保持不变的情况是极其不可能的。这一事实再加上其他的一些可疑情况,使得一些科学家和历史学家们得出结论,伯特的数据不完全诚实(Broad & Wade,1982;Kohn,1986)。

编造数据的例子不胜枚举。其中一个著名的例子就是1912年在英国发现的"皮尔特唐人"。这个皮尔特唐人是由一个类人猿外形的头盖骨和疑似猿猴的腭骨组成。这些骨头被假定为代表猿与人之间的联系。尽管没得到一致认同,但该发现还是得到了57年的广泛接受。直到后来一些敢于怀疑的科学家采用不同的数据处理方法,表明腭骨源于现代,而头盖骨则相当地久远。科学家发现腭骨与长臂巨猿的一模一样。皮尔特唐人是一个骗局。尽管有大量的理论表明它有欺诈之嫌,但证据又无法确定。

研究者的有意偏差可能比捏造和编造的数据更为微妙和复杂。一个研究者可以不报告与其个人理论甚或他(她)的政治和社会信仰不一致的结果。同理,一个有偏见的科学家可以设计项目以使负面的或与意识形态不符的结果根本不可能出现。

我们该如何发现欺骗呢? 科学是自我校正的,真理终究会胜利。当一个重大发现被报告时,科学团体就会严肃对待,并探讨所报告的数据的含义。当其他一些科学家试图重复某一有诈的实验时,他们就很难得到报告的结果,这种失败最终会导致科学家们断定这些发现是不真实的。这样,重复实验对发现科学欺骗是很重要的(Barber,1976)。直接而又特定的重复称为**复制**。然而,在科学家团体公认该欺骗结果应抛弃之前,也许要进行许多次失败的重复和多年的努力。由此可见,科学欺骗的后果是非常严重的。

一个相关的问题是**剽窃**,或者说盗用别人的观点、数据或者文字粉饰自己的门面。尽管你很清楚自己不应该将别人的数据挪为己用,但在另一些情况下剽窃却并不是如此显而易见。如果你借用了别人的语句,就应该使用引用标记进行正确的引用。轻微改动他人的文字也是不合适的,尤其是没有正确地引用。为了避免这样的剽窃,你可以在写作的时候不要看那些自己正在介绍的原始资料。最具欺骗性的剽窃可能是观点剽窃。如果某一观点来自他人,你应该将成绩归功于他,即使你没有进行直接引用。一个可能出现的问题是,人们有时候会不清楚哪个人提出了哪个观点,尤其是由于很多观点是在同事间的随意闲谈中产生的。避免这一问题的一个办法就是,视所分配工作的进展在项目开始之初就对著作权达成一致。

这里对美国心理学会(APA,2002)道德准则(8. 10—8. 15)的剩余部分作一摘要介绍。这些内容都是有关在数据报告和成果发表中的诚实性问题的。心理学家不得剽窃或者捏造数据。著作权只属于为已完成的研究作出实际贡献的人们。任何个人不得凭借其社会地位自行指定著作权的享有者。学位论文通常以学生作为第一作者。研究者在重复发表先前的数据时应正确申明,同时应与他人分享研究数据。最后,论文、项目资助申请和提案的评审者应对其所评审的信息保守机密。

许多道德评审委员会控制着可能导致科学欺骗的科学活动。并且,个人向联邦授权机构保证没有从事欺骗行为。在发现欺骗时,授权机构暂停授权并可能努力帮助回收已经开销的经费。那些对欺骗行为感到内疚的研究者将不会接受额外的授权。这样,研究所和授权机构在牵制欺骗行为上也发挥了一定的作用。

▼ 道德实践的监督

美国心理学会为心理学研究制定了道德准则。在学会中取得会员资格就意味着要坚守这些原则。这些原则同样适用于非会员,包括心理学专业学生或其他在心理学家监督下从事心理学研究的人。

美国心理学会建立了一个道德委员会,以达到许多目的。道德委员会通过出版物、教育会议和常规活动,就心理学研究的道德问题对心理学家和公众进行教育。该委员会也负责调查、裁决与不道德的心理学实践相关的诉求。这些案例可以在美国心理学会《道德问题案例》(*Casebook on Ethical Issues*)的出版物中找到。该委员会每年在《美国心理学家》(*American Psychologist*)上发表一份年度报告。本章我们所介绍的美国心理学会的道德准则于 2002 年获得批准,并在2003 年开始实施。

美国大量的心理学研究是受国家公共卫生局(Public Health Service,PHS)资助的,该机构是美国卫生与公共服务部(Department of Health and Human

Service)的一部分。国家公共卫生局有一个名为研究诚信办公室（Office of Research Integrity）的分支机构，其职责就是确保国家公共卫生局研究项目的诚实性。这是一项主要的监督措施。每年国家公共卫生局都要投入几十亿美元对来自各个学科的 3000 多项研究进行资助，其中也包括心理学。研究诚信办公室与美国心理学会携手对学术造假和被试保护情况进行审查。而且，任何从联邦政府获得经费的机构，亦即每一个从事研究工作的美国机构，必须有一个**伦理委员会**（Institutional Review Board，IRB）对人类被试的保护进行监管，而实验动物管理与使用委员会（Institutional Animal Care and Use Committee，IACUC）则对实验室动物的保护进行监督。研究者应向伦理委员会（或者 IACUC）递交详细的研究议定书。如果该议定书尽可能地考虑到了相关的伦理准则，委员会成员就会认为该项目合乎职业道德。所有的实验必须得到这些机构的认可。对于在该机构进行的研究，联邦立法机构要求每一个伦理委员会至少有 5 名成员。此外，如果牵涉易受伤害的个体（如儿童、犯人、精神障碍者），伦理委员会要进行定期检查的话，则该委员会成员至少包括一名某一科学领域的专家以便于处理该类个体的问题。委员会必须至少有一名关注点是科学的委员和一名关注点是非科学的委员。委员会还必须包括其他一些人，通常有一名律师，他可以确认上述研究是否违反州或联邦的法律和规章。最后，规则还要求委员会至少有一名成员与该机构的分支机构无关。这种委员的多样化有助于确保参与研究个体的权利得到保护。

对于某个特别研究项目的道德问题，伦理委员会是如何作出决定的呢？首先，评估研究程序中的风险水平。许多心理学实验属于"最低风险"一级。最低风险意味着，实验程序没有涉及与日常活动相联系的更大风险。如果为了达到研究目标而超过低风险，伦理委员会必须作出判断：与从研究中可能获得的成果相比，这些风险是否合理。伦理委员会还要确保参与者在实验之前便完全知道内情，并确信他们的安全和隐私能够得到保障。

如果为了研究的目的而需要冒更大风险，这通常有必要引起伦理委员会所有成员的高度注意。联系到研究可能带来的益处，伦理委员会必须决定这样的风险是否合理。伦理委员会要确保研究参与者在实验开始之前已经获悉了全部信息，而且还要确保研究项目能够提供安全和保密。伦理委员会的审查可能会非常细致,而他们的建议对某些研究者来说也好像有些麻烦,即便他们的目的显然是为了确保被试受到人道的对待。一份近来的报告(Keith-Spiegel & Koocher,2005)认为,某些道德"捷径"的出现源自一些研究者认为伦理委员会并不公正。施皮格尔和库切(Keith-Spiegel & Koocher)提出"在关系到伦理委员会与科学家的问题上,伦理委员会方面对公正性的努力应当使人们感受到公正性的提高,而感受到公正性的提高对科学家的负责任行为又是一种鼓励。这反过来对人类研究的参与者也形成了预防性的保护"(p. 347)。

　　对制度检查程序的熟悉有助于你确信,在心理学或其他科学领域的有道德的研究是一种规则,而不是例外。因为安全保障已经融入研究机构,科学家不能简单地仅以他们自己的判断来对参与研究的人或动物进行保护。此外,委员会还有助于科学家诚实地研究,以减少欺骗行为。

▼ 小结

1. 通过遵守美国心理学会的道德准则,道德检查者可以保护研究参与者的权利。

2. 在参与研究之前通知参与者有关实验的情况,从参与者的角度出发尽量少使用欺骗性信息,这使得参与者可以对是否参加研究作出合理的判断。

3. 参与者有权决定参与实验或在任何时刻退出实验。

4. 在道德检查中,要保护参与者免受生理的和心理的伤害。

5. 数据收集完以后,应仔细地回答并消除可能由实验引起的任何错误信念。

6. 研究者应消除任何由实验引起的有害后果。

7. 除非参与者同意,与其有关的任何信息都是隐私。

8. 试图坚持道德原则有时会导致两难境地,这种情况下坚持一个原则时,会违背另一个原则。

9. 当采用动物被试时,应精心照料并尽可能减少它们的痛苦和不适。

10. 道德的科学家是诚实的,他们不参加产生不公正的道德和结果的研究行为。

11. 科学欺骗能通过重复实验检测出来,这由伦理委员会和授权机构控制。

12. 伦理委员会和实验动物管理与使用委员会协助监督研究中的道德实践,以确保人类参与者和动物被试受到合乎职业道德的对待。

▼ 重要术语

保密	知情同意	免遭伤害的保护
研究通告	实验动物管理与使用委员会	消除有害后果
欺瞒	伦理委员会	复制
欺骗	剽窃	种属主义
退出的自由		

▼ 讨论题目

1. 重新思考本章所讲的道德原则,并阅读美国心理学会出版的道德准则(1987/2002)。

2. 阅读美国心理学会1987年出版的《道德问题案例》一书的部分内容。一般而言,大部分图书馆都会收藏这本书。它讲述了不同道德问题的背景、送交道德委员会的经过及仲裁情况。你可以选出两个案例,思考它们所涉及的道德准则。最后讲出你为什么赞同或反对道德委员会的裁决。

3. 从下面列出的推荐文章中选出两篇来阅读。这些文章中提到的道德问题发生在不同类型的心理学研究中。想一想适于这两类研究的一般道德准则是什么,并说明这些文章中所讨论的研究类型之间道德问题区别在哪里。

▼ 网络资源

除了美国心理学会的网站 http://www.apa.org 上有关于研究道德的内容之外,还有一个优秀网站也对心理学研究中所面临的道德困境及应对方法进行了介绍。网址如下:

http://onlineehtics.org/reseth/psychindex.html

另外,下面这个网站介绍了有关研究中的欺骗行为、价值取向以及其他一些道德问题,如负责任的研究:

http://www.nap.edu/readingroom/books/obas/

▼ 推荐阅读的材料

Bowd, A. D. (1980). Ethical reservations about psychological research with animals. *Psychological Record*, 30, 201 - 210.

Devenport, L. D., & Devenport, J. A. (1990). The laboratory animal dilemma: A solution in our backyards. *Psychological Science*, 1, 215 - 216.

Goodyear, R. K., Crego, C. A., & Johnston. M. W. (2003). Ethical issues in the supervision of student research: A study of critical incidents. In D. N. Bersoff (Ed.), *Ethical conflicts in psychology* (3rd ed., pp. 429 - 435). Washington, DC: American Psychological Association. (Reprinted from *Professional Psychology: Research and Practice*, 23, 203 - 210.)

Hoff, C. (1980). Immoral and moral uses of animals. *New England Journal of Medicine*, 302, 115 - 118.

Imber, S. D., Glanz, L. M., Elkin, I., Sotsky, S. M., Boyer, J. L., & Leber, W. R. (1986). Ethical issues in psychotherapy research: Problems in a collaborative clinical study. *American Psychologist*, 41, 137 - 146.

Melton, G., & Gray, J. (1988). Ethical dilemmas in AIDS research: Individual privacy and public health. *American Psychologist*, 43, 60 - 64.

Milgram, S. (1977). Ethical issues in the study of obedience. In S. Milgram (Ed.), *The individual in a social world* (pp. 188 - 199). Reading, MA: Addison-Wesley.

Miller, N. E. (1985). The value of behavioral research on animals. *American Psychologist*, 40, 423 - 440.

Scarr, S. (1988). Race and gender as psychological variables: Social and ethical issues. *American Psychologist*, 43, 56 - 59.

Sieber, J. E., & Stanley, B. (1988). Ethical and professional dimensions of socially sensitive research. *American Psychologist*, 43, 49 - 55.

Smith, C. P. (1983). Ethical issues: Research on deception, informed consent, and debriefing. In L. Wheeler & P. Shaver (Eds.), *Review of personality and social psychology* (Vol. 4, pp. 297 - 328). Beverly Hills, CA: Sage.

▼ 课后练习：理解并记住知情同意协议

根据美国心理学会有关道德准则（APA，2002），心理学实验在被试参与实验之前要得到被试知情同意。然而，如果被试并不理解也记不住知情同意协议的有关信息，其在协议上的签名又有何意义呢？

曼（Mann，1994）请人分别阅读一份知情同意协议或者一份信息表，假设要请他们参加一项关于运用功能核磁共振成像（fMRI）进行大脑扫描的实验。信息表除了不需要签名以外，其他内容和知情同意协议都是一样的。随后要求被试回答与即将开始的实验有关的问题。尽管他们刚看过知情同意协议或者信息表，却只有少数被试能够正确回答出下面的问题：

1. 我们将使用何种类型的设备来研究你的大脑？（38%）

2. 该设备如何工作？（47%）

3. 使用这种方法有风险吗？（48%）

4. 如果机器的声音使你感到不安，你可以怎么做？（45%）

5. 如果对这个研究感觉不满，你可以怎么做？（39%）

6. 如果你在实验中受到伤害，研究者需要为你做些什么？（47%）

7. 说出你在知情同意协议上签名的四种意义中的两种。（20％）

此外，在知情同意协议上签名的被试中，有62％的人认为他们失去了起诉实验者的权利。而相比之下，阅读信息表的被试中只有16％的人这样认为。

如果你正在计划一项自己的研究，你也许已经有了可以用于证明这一问题的知情同意协议。如果没有的话，可以向你的老师要一份。请设计好一系列用于检验人们对知情同意协议理解与记忆情况的问题。请你的朋友阅读这份知情同意协议，然后让他们（根据记忆）回答你的问题。对刚刚阅读过的内容，你的朋友记得多少？ 他们是否知道跟研究有关的风险与益处？ 如果不知道的话，即使他们签署了协议，他们是否就已经真正地知情同意了呢？

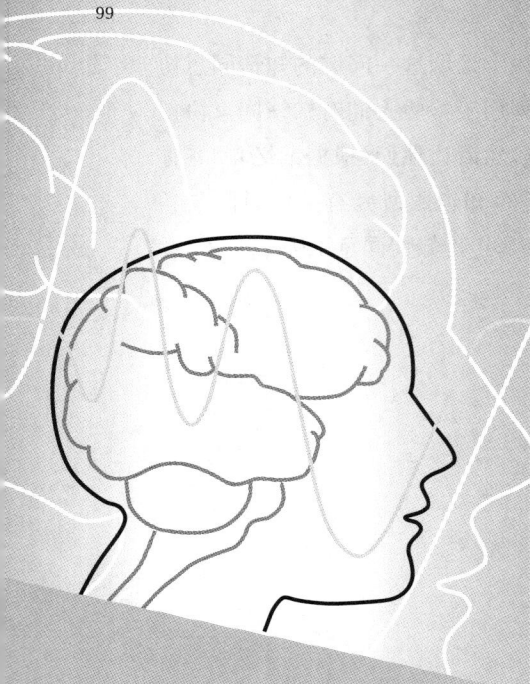

第五章
如何阅读和撰写研究报告

"我可学不了它，"假海龟叹息着说，"我只学习常规课程。""什么课程？"艾丽斯问。"当然是慢走和翻滚。"Lewis Carroll

　　第一次读心理学期刊论文会是一种富有挑战性的经历。研究者写文章是为了给其他的研究者阅读，因此他们使用行话并且行文简洁。这些特点有助于同一领域中学者之间的相互交流，因为他们能够读懂短报告。但是，这样的报告让开始做研究的学生读起来是有困难的。本章旨在为你的实验心理学文献的第一次阅读作准备。因为心理学是一门科学，所以它的进步以其各领域中的知识积累来衡量。研究者花费大量的时间阅读和撰写期刊文章，就是为这种积累在努力地作着贡献。即使你的心理学生涯不过是学习这门课程，但你仍然会发现批判性思维和写作技巧对于信息时代的生活是无价的。为了帮助你熟练地掌握阅读和撰写研究报告的艺术，本章我们介绍期刊论文中最常使用的格式和文风。然后，提供一些线索帮你成为一名善问的读者，学会客观地评价一篇文章。经过一些练习，你会远远地超过那个假海龟，在阅读每一篇心理学文章的过程中也没有必要去"慢走和翻滚"。本章结尾处提供一些研究报告写作方面的建议。

▼　如何进行文献检索

　　一旦你有了某种研究想法，接下来通常就是进行文献检索。文献检索的目的是为了弄清楚其他研究者在某一课题上已经有了什么发现。研究者将其科学发现写成文章发表，文献检索正是通过对这些文章的追踪来实现的。

　　进行文献检索最简单的方式是通过计算机进行检索。许多图书馆都允许你进入其电子数据库，电子数据库收集了来自心理学研究期刊的文章摘要。本章后面的部分将会详细讲解摘要，一般而言，摘要通常是对文中实验的简短概括（180 个单词或更少）。PsycINFO 是其中最重要的电子数据库之一，目前已经收集了两百多万种资料。在使用数据库的时候，只要你提供一个主题，计算机就可以搜索到与该主题相关的摘要。有些数据库还允许你对通常没有摘要的政府文件以及技术报告进行搜索。进行计算机文献检索的另外一种流行方式是使用互联网搜索引擎"谷歌学术"（http://scholar.google.com/），它可以对许多学科的学术文献进行检索，包括心理学的（有关文献检索的范例请见本章末尾处的"课后练习"部分）。

一个发现最新信息的好方法是使用《社会科学引文索引》（*Social Science Citation Index*）。键入你已经找到的某篇关键文献的有关信息，你不仅能得到一张近期引用过该文献的文章名单，还可以看到其摘要。因为这些文章都含有对你那篇文献的讨论，它们很可能会直接涉及你所感兴趣的主题。这是个带你走进当前某个特殊领域的极其有效的好方法。当你发现了自己所感兴趣的某篇文章摘要之后，就可以在图书馆寻找该文的全文或者给作者写信向其索要该文的复印版或询问其他信息。现在很多图书馆都提供研究期刊的电子版，因此你也许可以直接从电脑上下载那篇文章。

一旦你已经完成了文献检索，并得到了与你的研究兴趣有关的文章，接下去该读它们了。

▼ 论文的各部分

基本的心理学论文是由七个部分组成：题目和作者、摘要、引言、方法、结果、讨论，以及参考文献。每一个部分都是必不可少的，都有重要的作用。

题目和作者

题目让你了解一篇文章的基本内容。因为题目必须简短（10到12个单词），所以它的最普通类型就是讲出自变量和因变量——例如，"按压杠杆的频率作为食物奖赏质量和数量的函数"。尽管这篇文章的题目不是特别地吸引人，但是它却表达了重要的信息。每篇文章的题目和作者在期刊中都占据一个醒目的位置，诸如内封、封底或第一页。

当你在一个特定的研究领域获得了越来越多的知识时，你将熟悉许多研究者。你可能先注意作者，然后才看题目。读过同一作者的几篇论文后，你会渐渐地了解该作者的观点以及她或他与其他研究者的差别。

因此,每个月发表的心理学文章很多,可是没有人能够全部读完它们。目录表是你选择感兴趣文章的第一步。但是若想作出更好的选择,还需要读摘要和参考文献。

摘要

摘要是一段概括一篇论文要点的短文(不超过 180 个单词)。根据《美国心理学会出版手册》(*Publication Manual of the American Psychological Association*)(APA, 2001)的要求,它应该是"……信息量大且可读、文字简洁且完整"的(第 12 页)。阅读摘要是快速发现文章内容的最好方法。好的摘要将说明:要研究的问题,对该问题过去的探讨、结果、结论,以及研究发现的价值和启示。这些信息可以帮助你迅速作出是否有必要读下去的判断。当你对该领域有些了解并熟悉作者之后,可以作这个判断了,但是之前你还要看一下参考文献。

引言

引言需要明确所要研究的问题并告知为什么它是重要的。作者也要综述一下有关的研究文献。一个好的引言还要明确所要验证的假设以及给出该假设的理论基础。

方法

方法部分详细描述实验者的操作。为了节省空间它常常以小字体印刷,但这并不意味着它不重要,可以略过。方法部分应该包括足够的信息以便别的实验者能够重复该研究。

通常又把它分成三个部分:被试、仪器(或材料)和程序。**被试**(或参加者)部分要说明他们的人数、被选方式(随机地、偶然地或仅仅是与研究者有关系的人等等)及身份(上心理学课的大学本科生、通过报纸广告征来的付报酬的自愿者、买来的有某一特质的老鼠)。**仪器**部分描述实验中测试被试的任何设备。这部分可能包括一些细节,诸如计算机的型号或条件作用箱的尺寸。当用问卷、记录或摄像及其他类似手段测量被试时,这部分就被称为**材料**。如果材料部分很长并且比较特别,那么就把它们放到附录部分中,通常以更小的字体打印。**程序**部分是说明对被试做了什么,它包括指导语(以人为被试时)、统计设计特征及其他。如果使用的统计技术不常见时,就是说,在高级统计教材上找不到,那么需要增加一个部分来介绍统计设计。有时这个增加的部分也用来介绍标准统计技术。

结果

结果部分说明实验中发生了什么。在期刊文章上能发现原始数据和个案记录是不寻常的;而应该见到的是对数据加工后的描述性统计。推断统计是用来判断随机或因素所造成的各种实验条件之间的差异显著性的。这个信息有助于研究者和读者确定,自变量引起因变量在多大程度上可信。(详情参见附录 B)这两种统计都是重要的,都能帮助心理学家理解实验结果。

图或表也可用于描述和概括数据。依据表的数据画图常常是有帮助的。如果一篇文章包括几个特征,而且特征的量表间又是可比的,那么不同特征的结果就很容易进行比较。但是,画图的方式也很容易产生误导,如下例所示。

想象一个心理学家对人们如何知觉被写出的英语单词感兴趣。或者一个词或者一个非词——由字母遵循英语单词的模式构成,但不拼写成一个真正的单词,比如,nale——视觉呈现。如果是词,参与者就按一个按钮;如果是非词,就按另一个按钮。这叫做词汇确定。另一种条件下,当词或非词出现时,参与者必须读出。这叫做命名。1987 年弗罗斯特(Frost)、卡茨(Katz)和奔廷(Bentin)做了比较命名和词汇确定的实验。他们的结果显示了人们对高频英语单词和非词的反应时。

在图 5-1 中我们已经重画了他们的数据。乍一看,这两个图很不同。分析图(a),我们可能得出的结论是命名和词汇确定十分相似。但是分析图(b),我们可能得出,不仅命名更快,而且词汇确定时词与非词间的差异大于命名时的。那么哪一个是正确的呢?

事实上,它们是以两个刻度表示的同一数据。问题出在它们的纵坐标不同。一个以秒来计算反应时(视觉呈现与作出反应之间的时间),相反,另一个以毫秒来计算。因为毫秒是秒的千分之一,所以这两个图看起来不同。此外,图(b)中刻度是断开的,从 520 毫秒开始,这进一步加大了差距。显然,作图的方式可能会强化或掩盖结果。(详情参见附录 B)

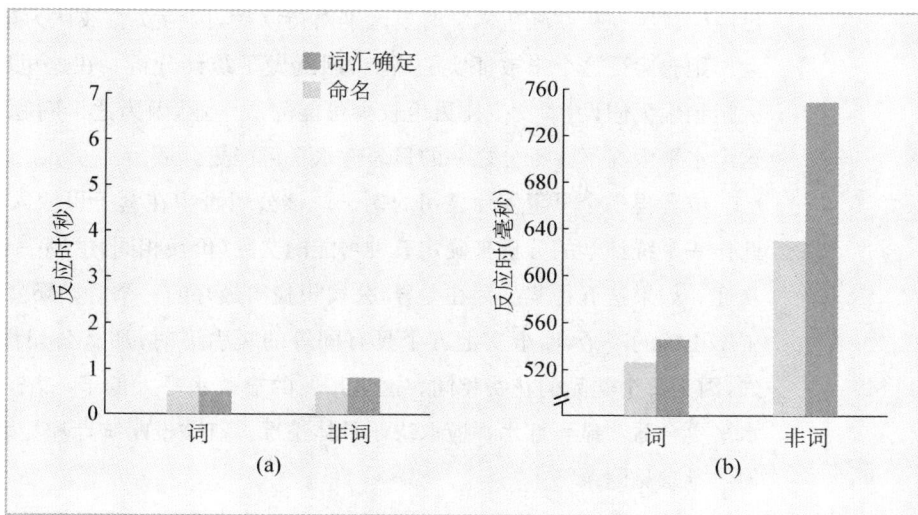

▼　图 5-1

被夸大的量表。图 5-1 中同样的数值以不同的单位作图,(a)图以秒为单位,(b)图以毫秒为单位。因此,(a)图所显示的差异很小,(b)图所显示的差异则很大。

　　但是哪一种作图方式正确呢？某种意义上,两者都对,因为两者都能精确地描述事实。但是,如果统计测试显示出两个变量间存在差异,那么图(b)能更精确地表达这种关系。1987 年弗罗斯特、卡茨和奔廷的研究中就是使用图(b)来描述结果的。

　　推断统计允许估计结果中的差异,比如图(b)中所示的就是真实存在的而不是由偶然因素造成的。陈述时数据的推断统计可以这样表示:“$F(4,60) = 2.03$,$p < 0.05$。”这意味着实验重做时,统计值 F 至少要达到 2.03,才能得出该结果由于偶然因素所致的概率为 5%。也就是说,实验重做 100 次,得到类似的结果至少要 95 次。

　　没有固定的规则来确定显著性的置信水平——例如,0.05 或 5%,还是0.001 或千分之一。由研究者自己决定置信水平的恰当、太高或太低。根据你的结论的重要性,你可以要求更多(比如 0.001 或千分之一)或更少(比如 0.10或百分之十)的确定性。

　　想象一位研究生招生办公室的官员的问题,她被告知大学的财力极其有限。

已经建议她在接收新生入学时要区别对待女生,因为女生被认为很少会完成学业。她想验证这个未被证实的观点,因此做了统计分析。在这里取 5% 的水平去拒绝虚无假设,即女生比男生较少可能完成学业,因为这个问题很重要,所以这个水平太高了。千分之一的显著性水平可能更合适。

或者再举个早餐麦片公司的例子。该公司希望在盒子里放入一个奖品,因此作一个统计学的分析来确定五种可能的奖品(价钱相同)中哪一个最受消费者欢迎。如果这五种奖品存在差异,公司想找出最好的一个。如果公司错了,选择了不正确的一个,而事实上五个具有同等的吸引力时,那么公司没什么大的损失,因为每个奖品的花费相同。这里,5% 的显著水平太低了,而 50% 的显著性水平更合适。显著性水平应取决于具体情况。有关推断统计和显著性水平的其他信息参见附录 B。

在结果部分里,作者的具体措辞是重要的。例如,"尽管数据差一点达到所要求的显著性水平,但它仍表明所预料的趋势发生了"。这种表述应该慎用,因为:第一,趋势一词是技术术语,只有经过适当的统计检验后才能确定;第二,这种表述暗含着显著性的结果不止一种趋势,就是说,它们是真的并且完全值得信赖,而且未达到预期水平的失败只是意味着,"真理"是潜在的而非外显的。这种暗示是错误的,因为,即使显著性的结果值得信赖,它也仅仅是在可能的意义上的——例如,100 次中有 95 次。

讨论

讨论是一篇文章中最富创造性的部分。在这里作者可以重新阐述数据的涵义(如果他们愿意的话)并且得出理论上的结论。大部分编辑对于方法和结果部分都有严格的标准,但是在讨论部分则给出了更大的自由度。用《美国心理学会出版手册》(APA,2001)上的话说:"你可以自由地调查、解释和限定结果以及从它们得出推论。"(p.18)记住研究结果并非无可辩驳的真理,实验发现也是有范围的,因此读者要小心对待作者的自由。

参考文献

参考文献写在文章的结尾处。与其他学科的期刊不同,心理学期刊要列出参考文章的全部题目。这样可以告诉读者文章是关于什么的；而且，作为相关信息的线索，参考文献是有价值的。它们也可以被用做文章价值的指标。文章应该参考该领域最近出版的作品和最重要的前期出版物。而且，只有实验中引用的文章才能列在这部分。它不同于著作目录，著作目录可以包括尽可能多的引用材料。

▼　善问的读者使用的核对清单

这部分我们给出一些提示，以帮助你成为心理学期刊信息的最好消费者。我们的主要建议是不要匆匆掠过一篇论文。相反，读完每部分后应有意地停下来，记下我们将要列出的清单问题的答案。起初这样做会有困难，但是练习一段时间以后这个过程会变得自动化和费时很少了。

引言

106

1. 作者的目的是什么？引言解释研究背后的原因和综述前期的文献。如果一个或更多的理论与该研究有关，那么需要给出理论的预期。同其他领域的科学家一样，心理学家不必赞同他们的内部机制和对行为的理论解释。作者可能会提供一个特定的理论，她或他认为该理论对行为的解释是有用的。尽管作者会在引言中给出不止一个理论，但是她或他后来会表明这些理论不能同等地预测和解释已获得的结果。所以有必要弄清楚在这些理论中哪一个是作者赞同的，哪一个是作者批驳的。

2. 实验中将要验证的假设是什么？它的答案是显而易见的，引言中通常会直接讲出。

3. 如果我来设计实验验证这个假设，我将如何做？对于引言来说，这是个关键问题。在继续阅读方法部分前，必须努力回答它。许多实验都是在系统的行为调查背景下进行的，这些调查是用来验证和支持作者提出的特定理论框架。如果作者精于辞藻，一旦你读完下面的部分，就很可能被作者说服而完全接受作者所提出的方法。一位聪明的作者会在引言中播撒答案的种子，因此如果你想独立地设计方法，它会增加你的难度。写下你的方法的主要思想。

方法

比较你和作者对问题 3 的回答。如果你没有偷看作者的方法,它们可能会不同。现在回答问题 4(a—c)。

4(a). 我提出的方法比作者的好吗?不管谁(你或作者)的方法更好,这种强迫比较能让你批判地思考方法部分,而不是被动地接受它。

4(b). 作者的方法确实能验证假设吗?假设有时最让人意外,常常在引言和方法之间消失。因此,要时刻核对所用的方法是否充分,与假设之间是否有关。

4(c). 实验的自变量、因变量和控制变量各是什么?这是个显而易见的问题,能被快速回答。把变量列出来有助于你避免被动地阅读方法部分。解决了你与作者在研究方法上的差异后,接下来回答下一个问题。

5. 若使用作者所描述的被试、仪器或材料以及程序,我对实验结果的预测会是什么?阅读结果部分前,你必须基于自己的思考来回答。回顾一下假设和自变量、因变量有助于你的回答。你会发现预测单一的结果是不可能的。这没关系,因为作者最初也不止一个预测。她或他可能已经做了些前期调查来缩小结果的可能范围;或者她或他可能已经对结果感到吃惊了,不得不反思引言中所提到的结果。画一个粗略的草图来说明你所预测的最可能的结果。

结果

比较作者和你对结果的预测。如果它们相同,回答问题 7(a)、7(b) 和 7(c)。如果不同,回答问题 6。

6. 作者的结果出乎意料吗?仔细思考之后,你会得出二择一的结论:或者你的预测错误,或者作者的结果难以接受。或许作者所用的方法不当,不能充分地验证假设或无关变量介入了。或许也可能如果实验重做结果不能被验证。甚至你可以做你自己的实验,看是否能得出一样的结果。

7(a). 我如何解释这些结果?

7(b). 从我对结果的解释中,所能得出的启发和应用是什么?在阅读讨论部分前,努力回答问题 7(a) 和 7(b)。

7(c). 我能否为这些结果找到另一种解释？即便数据和预测的一样，对于为什么会出现这样的结果也许并不止一种原因。你会经常看到有多个实验的文章，研究者为了消除备选解释常常要在第一个实验之后进行附加的实验。你也许会想到设计一个新的实验对某个替代性假设进行检验。

讨论

正如前面所提到的，讨论部分包括作者以结论的形式对数据所作的解释。好的讨论可以让读者全面了解该研究，因为它一一回答了引言中提出的问题。此外，关于实验结果的意义和启发，作者还会做进一步的扩展。

作为挑剔的读者，你已经建构了自己的解释。比较你与作者对结果解释的优点。你更接受哪一种解释？回答问题 8(a) 和 8(b) 有助于你批判地评价你与作者对结果的解释。而回答问题 8(c) 和 8(d) 则有助于你对未来可能的方向进行批判性思考。

8(a). 是我的解释，还是作者的解释，能更好地说明数据？因为在讨论部分允许作者有更大的自由度，因此可能会发现作者的结论并非来自数据。其他情况下，作者得出的结论大部分是合适的，只是作者在引申这些结论时超出了数据所能支持的范围。当研究者看不出因变量的限制范围时，后一种情况常常发生。

8(b). 对于结果的启发和应用的讨论，谁的讨论更有说服力？是我的，还是作者的？这个问题相对于 8(a) 来说是次要的。但是通过思考这个问题可以全面了解该研究从而得到有价值的思想启迪。研究者的责任不只是指导一个控制严格的实验，更应该是思考研究背后的理论依据。作者在展示结果的意义和启发时也对研究的整体作了很好的诠释。

8(c). 还有什么问题没有回答？没有哪项研究可以回答所有问题。也许你对文献还遗留着一些问题，或者对某些数据分析还存在疑问，而作者忽略了它们。

8(d). 我可以开展什么额外研究吗？你可能觉得对于结果还存在替代性解释，或者你想回答问题 8(c) 中的某一个问题。你可以返回问题 3："如果我来设计实验验这个假设，我会怎么做？"研究过程是没有止境的。

108

核对清单的小结

当你第一次仔细阅读实验报告时,要努力写下所有八个问题的答案。最初的几次比较吃力,但是别灰心,接下来我们会根据表5-1中总结出的核对清单来分析一篇典型的实验报告。

▼ 表5-1 善问的读者的问题

引言

1. 作者的目的是什么?
2. 实验要验证的假设是什么?
3. 如果我来设计实验验证这个假设,我将如何做?

方法

4(a). 我提出的方法比作者的好吗?
4(b). 作者的方法确实能验证假设吗?
4(c). 实验的自变量、因变量和控制变量各是什么?
5. 若使用作者的被试、仪器或材料和程序,我对实验结果的预测会是什么?

结果

6. 作者的结果出乎意料吗?
7(a). 我如何解释这些结果?
7(b). 从我对结果的解释中,能得出的启发和应用是什么?
7(c). 我能否为这些结果找到另一种解释?

讨论

8(a). 是我的解释,还是作者的解释,能更好地说明数据?
8(b). 对于结果的启发和应用的讨论,谁的讨论更有说服力? 是我的,还是作者的?
8(c). 还有什么问题没有回答?
8(d). 我可以开展什么额外研究吗?

▼ 期刊论文样例

在这部分,我们翻印了一篇来自《心理科学》的短文,并按照核对清单上的问题进行了示范回答。[①] 这是一篇关于想象的投票行为对自己实际投票行为的影响的文章。

　　由于大部分文章都是写给某一特定领域的专家们看的,因此作者通常假定读者对研究中的主题有所了解。此外,大部分期刊限制文章的篇幅,以至于一些信息被遗漏或表述得很简洁。作者的这种假设和文章的简洁性都给新读者带来了困难。新读者必须阅读其他一些文章或教科书才能理解某一实验报告。下面这篇文章在选择时尽量做到简单易懂,不过有些地方你也许还是会不太明白。不必气馁,为了有助于你的阅读,我们已经在文中关键地方标注上了核对清单的项目。

研究报告:想象自己投票的一刻
心理意象视角对自我知觉与行为的影响

Lisa k. Libby,[1] Eric M. Shaeffer,[1] Richard P. Eibach,[2]
and Jonathan A. Slemmer[1]
（俄亥俄州立大学,[1] 威廉姆斯学院[2]）

摘要:本研究证实了人们用来想象自己从事未来某一潜在活动的视角——自己的第一人称视角与旁观者的第三人称视角相比——对其自我知觉及随后的行为产生的影响。在2004年的美国总统大选前夕,俄亥俄州的登记选民被告知用第一人称视角或者第三人称视角想象自己参加选举投票的情景。采用第三人称视角对投票情景进行想象,使被试形成了与想象中的行为相一致的更加支持投票的心理定势。而且,这种对自我知觉的影响传递到了行为上,使得被告知采用第三人称视角想象投票情景的被试更可能参加投票选举。这些结果扩展了先前关于自传体记忆和将观察者视角与气质归因联系在一起的社会判断的研究,并且证实了想象在决定未来行为中的引发作用。

　　想象是创造的开始。你想象你所需要的,你追求你所想象的,而最终你会创造出你所追求的。——乔治·伯纳德·肖(George Bernard Shaw, 1921, p. 9)

　　每个人在实现自己的良好愿望上都会面临考验。很多人都想到过向慈善事业提供捐赠,想到过进行更多的锻炼,或者去为选举投票,但是只有很少的人真正去这么做了(如,Sheeran, 2002)。有时候给那些想要努力实现自己目标的人的一个小小建议就是,想象自己实现目标的样子。的确,想象自己正在从事某项活动能够使个体更可能真正地投身于此项活动(如,Gregory, Cialdini & Carpenter, 1982)。已有的研究并没有考察过视角在

110

---

① 文章翻印得到了作者和布莱克威尔出版公司的许可。

这一过程中的作用。然而,一些研究者认为,想象是目标表征的一个至关重要的部分 (Conway, Mears & Standart, 2004)。本实验考察了个体在想象自己正进行希望中的某项未来活动(即,参加 2004 年美国总统大选的投票)时心理意象上的质化差异是否会影响其实现该项活动的可能性。

有关人们想象生活事件方式的一个启发性的事实是,人们并不总是使用第一人称视角,有时候他们使用旁观者的第三人称视角,所以他们可以在想象中看到自己(Nigro & Neisser, 1983)。对自传体记忆的研究显示,个体想象过去事件时所用的视角能够影响其当前的情绪、自我判断、甚至行为(Libby, Eibach & Gilovich, 2005;McIsaac 和 Eich, 2002;Robinson & Swanson, 1993)。假设记忆和想象依赖于许多相同的认知过程 (Bartlett, 1932;Levine et al. , 1998),那么,人们想象未来可能发生行为时所用的视角也应该具有重要影响。

转换想象的视角也许看起来是一个较小的操作:个体可以仍旧想象某一事件,而不管当前的视角是怎样。然而,采用本人视角与采用旁观者视角之间的差异效应对理解跨越多个心理学领域的众多现象至关重要。(例如,认知发展:Piaget, 1932;自我觉察的神经科学与作用:Decety & Grezes, 2006;自我概念:Baldwin & Holmes, 1987;自我控制:Prencipe & Zelazo, 2005;临床障碍:Clark & Wells, 1995;态度改变:Bem, 1972;社会理解:Barresi & Moore, 1996;移情:Batson, Early & Salvarani, 1997。)本实验源自社会心理学中一个广为认同的现象:视角影响对行为原因的知觉。观察者倾向于将行为理解为行为者的个性使然。而行为者则认为其行为是受到了环境的影响(Jones & Nisbett, 1971)。产生这种现象的一个原因是观察者和行为者对行为所采用的视角不同。观察者的视觉焦点是行为者,而行为者的视觉焦点则是环境。人们习惯于将事件原因归结到焦点事物之上(Storms, 1973)。

对自传体记忆的进一步研究考察了这种视角差异对人们解释自己过去行为的影响。当人们采用第三人称视角而非第一人称视角回想自己的行为时,他们更多地将行为归因于自己的个性(Frank & Gilovich, 1989)。这一现象也许是由于与较近的过去相比,人们在回忆较远的过去时倾向于更多地使用与个性有关的词语想象自己(Moore, Sherrod, Liu & Underwood, 1979),因为更久远的记忆更可能以第三人称的视角被唤起(Nigro & Nesisser, 1983)。其他研究揭示了在想象较近的未来与较远的未来时出现的类似现象:当使用第三人称视角时,人们更愿意想象较远未来中的自己而不是较近未来中的 (D'Argembeau & Van der Linden, 2004),而且更可能用与个性有关的词语想象较远未来中的自己而不是较近未来中的(Pronin & Ross, 2006)。

本实验以先前的研究发现为基础,考察人们想象自己正进行希望中的某项未来行为(投票)时所采用的视角如何影响其实现该行为的可能性。假设与使用第一人称视角相比,使用第三人称视角时行为会被更多地视为自身个性倾向性的反映,我们预测以第三人称视角想象自己参加选举投票会使人们产生更多的支持投票的情感,并使人们更有可能真正参加投票。为了验证这一预测,我们在 2004 年美国总统大选前夜招募了登记选民参加了一项在线实验。我们操纵了被试想象自己投票时所使用的视角,并测量了这种操纵对其自我知觉为投票人的影响。大选过后,我们进行了跟踪调查以确定他们是否参加了投票。

问题 1. 作者的目的是什么？作者想验证参加总统选举投票的可能性是否取决于人们想象自己投票的视角——第一人称视角或者第三人称视角。先前的研究已经考察了视角对于其他一些心理现象会有怎样的影响（如，人们如何解释其过去的行为），但是作者想开创性地研究视角对个体执行未来行为的可能性是否会产生影响。

问题 2. 实验要验证的假设是什么？作者想验证两个相关联的假设，这两个假设在引言的最后一段已经作了明确的说明。其中一个假设是，以第三人称视角想象自己参加选举投票会使人们产生更多的支持投票的情感。也就是说，如果人们在心理意象中"看见"自己投票的样子，他们就会认为自己对投票会有更积极的想法和情感。第二个假设是，以第三人称视角想象自己参加投票会使人们更有可能参加实际的投票。

问题 3. 我怎样验证这些假设？理想情况下，你应该在阅读作者验证假设的方法之前就试着回答这个问题。然而，在这篇文章中，作者在引言的最后三句话中已经简要概括了他们的方法。事实上，在方法部分的详细介绍之前，作者常常会在引言部分对其方法作一个总体的说明。这样做有助于读者在接触到全部细节之前获得一个整体框架。不过，在进入方法部分之前，想一想自己该怎样设计一个实验来验证假设还是很有价值的。假如这样的话，很显然，你所设计的任何一种实验都需要把一部分被试分配到用第三人称视角想象自己投票的条件下，而另一部分被试则需要分配到使用第一人称视角的条件下。一种可能的情况是，在学生会选举之前把本科生们带到实验室，然后分配其中的一半学生用第一人称视角想象自己投票，另一半学生用第三人称视角。选举结束后，你可以给学生发送电子邮件，以确定使用第三人称视角的学生中有多少参加了投票，而使用第一人称视角的学生中又有多少。

一个更棘手的问题是，使用第三人称视角的学生与使用第一人称视角的学生相比，如何确定前者认为自己更加支持投票。你将怎样测量学生对投票的想法与感情呢？一种可能也许是让学生在"非常赞成"到"非常反对"的量表上就自己对投票的态度进行评定。

方法

被试　俄亥俄州立大学的 256 名本科生(其中 163 名为女性)完成了选举前的在线问卷调查,并获得学分。已经投过票的被试($n = 95$ 人)、没有进行选举登记的被试($n = 1$人)、没有说明自己是否登记的被试($n = 1$ 人)或者没有说明自己是否已经投过票的被试($n = 6$ 人)均被剔除在统计分析之外。7 名被试(第三人称视角条件有 4 人)由于未能通过操纵检查而被剔除在外(稍后介绍)。

最终选举前的样本由 146 名被试组成(其中 94 名为女性),其中 69 名被试处于第一人称视角条件,77 名被试处于第三人称视角条件。被试平均年龄为 19.3 岁($SD = 3.02$岁)。53.4% 的被试表示他们将支持乔治・W・布什,而 45.2% 的被试则表示他们将选举约翰・克里,还有 1.4% 的被试表示他们尚未决定。被试所分配到的实验条件与其对候选人的偏好相互独立,受到剔除的统计数据也与实验条件和对候选人的偏好相互独立($\chi^2 < 2.90$,$p > 0.30$)。

选举前样本中有 95 名被试(65%)回答了选举结束后进行的跟踪调查以换取学分或者换取赢得价值 50 美元的亚马逊公司礼品兑换券的机会。回答率没有显著性差异($\chi^2 < 0.74$,$p > 0.50$)。

材料和程序

选举前　招募的被试被要求完成一项在线的想象研究。尽管作了特别说明,要求被试必须是登记选民才能够参加此项实验,但除此之外并无其他提及投票或选举之处。在2004 年 11 月 1 日下午 6 点 30 分,被试收到了一封电子邮件,上面附有两种调查问卷其中一种的链接地址。被试是被随机分配到这些问卷下的,两种问卷的区别只在于让被试采用何种想象视角的指导语不同。被试在他们自己的电脑上完成这些问卷,完成的时间可以截止到 2004 年 11 月 2 日早上 6 点半大选开始前。

在填写好人口统计学信息后,被试通过阅读获知他们将被要求想象自己正在从事未来的某项活动,而且要按照指导语的要求进行想象。他们所接受的第一人称视角或者第三人称视角的指导语如下(方括号内为第三人称视角):

你将以第一人称视角[第三人称视角]想象从事该活动。如果该事件真的发生了,使用第一人称视角[第三人称视角],你将从自己[旁观者]应有的视角看到这一事件。也就是说,你正通过自己的眼睛注视着周围的环境[你不仅看到了周围的环境,而且在想象中看到了自己]。

随后,被试被要求闭上眼睛,并以指定的视角想象自己"正在为即将到来的总统大选投票"。当他们想象到该情景,就被告知将该情景保留在头脑中,并用"是"或"否"回答接下来的问题。对问题的回答视被试所处实验条件的不同而不同,并作为对实验操纵情况的检验(括号内为第三人称视角的用语):

请你现在开始想象,如果该事件真的发生了,你是否从你(旁观者)应有的视角看到了(自己正置身于)该场景?

回答"否"则表明被试未能通过对实验操纵情况的检验。

接下来,被试使用等级范围从"一点也不(1)"到"完全如此(7)"的量表对下述五个短语是否描述了他们的想象进行评定。这五个短语分别是："影响了选举"、"填写了选票"、"履行了自己的市民义务"、"表达了自己的观点"以及"选出了自己的候选人"。

　　被试接着完成主要的选举前的相关测量，这些测量用于评估他们自我知觉为投票人的情况。被试继续以指定视角对自己投票的情形进行想象，并使用 7 点计分量表从"极好（＋3）"到"极坏（－3）"评定在即将到来的选举中投票是件好事还是坏事。然后他们使用 5 点计分量表从"一点也不（1）"到"极度或非常地（5）"对下面的内容进行评定：自己参加投票的可能性；参加投票对个人而言的重要性；自己参加投票的影响力；如果他们未去投票而他们的候选人又失败了，自己的后悔程度；如果他们参加了投票而他们的候选人也在选举中获胜，自己的愉悦程度。下一步，将向被试解释：有时候人们计划去投票但却遇到了麻烦事。并请被试思考在大选当天可能面临的三种困难：(a)"为投票而排队等候 20 分钟"，(b)"你支持的候选人肯定会在你所在的州获胜"，(c)"你怎么也找不到能和你一起去投票点的人"。然后被试使用 5 点积分量表从"一点也不（1）"到"极度地（5）"对其如果遭遇上述每种困难时参加投票的可能性进行评定。

　　最后，被试使用 7 点计分量表从"一点也不（1）"到"极度地（7）"对他们感觉到兴奋、害怕、烦恼、快乐、紧张、坚定、鼓舞、伤心、茫然失措和满怀希望的程度进行评定。

　　问卷的最后一页对被试的参与表示了感谢，并附上了有关选举人权利、选举人登记和投票场所等信息的网页链接。

　　选举后　在 2004 年 11 月 22 日，所有被试都收到了一封邮件，邀请他们在随后的四天时间里回答一份在线问卷。问卷以下面的内容开始，该内容模仿了美国人口调查局的最新人口调查以及一些美国大选研究机构用以评估选举行为的有关题目：

　　在和人们谈及选举时，我们常常发现许多人之所以未能去投票是因为他们没有进行登记，生病了，或者仅仅没有时间。你的情况是怎样——你是否参加了最近的总统大选投票？

　　被试通过选择"不，我没有投票"或者"是的，我投票了"进行回答。①

　　问题 4（a）. 我们的方法好于作者的吗？相对于我们提出的方法，作者的方法有三个主要优点。第一，通过让学生完成在线选举前问卷（包括想象任务），作者不必像我们建议的那样把学生带进实验室，从而避免了麻烦。尽管不能完全确定地说，但是与在实验室进行实验相比，通过在线实验作者可以从更多的被试那里收集到数据。因为他们不必花费时间去亲自约见被试，而参加实验的被试也能在自己方便的时候进行实验。

----

① 使用自我施测的问卷调查（如，互联网问卷）而不是面对面的访谈显著减少了对行为进行自我报告时所承受的社会赞许压力。（选举：Holbrook ＆ Krosnick, 2006；其他行为：Tourangeau ＆ Smith, 1996）

第二,作者研究的是总统大选的投票情况,与学生会的选举相比,前者自然更为重要。如果视角影响了总统大选的投票,这一发现也许会比其对学生会选举的影响更令人感兴趣。

第三,作者提出了许多问题来测量被试关于投票的态度,而我们仅提出了的一个。作者请被试从总体上评定参加投票选举是件好事还是坏事,这和我们提出的问题类似。但是作者还进行了其他几种评定,如,投票对个人而言的重要性;如果他们参加了投票而他们的候选人又获胜了,他们会感到多满意;如果大选那天即使遇到了麻烦,他们有多大可能参加投票。就像我们将看到的那样,作者将被试对所有这些问题的回答综合到一个单一的支持投票情感的测量之中。因为这一测量从多个角度对被试关于投票的想法与情感进行了评估,所以较之于任何单一的提问,它更能够捕捉到被试的真实态度。

问题4(b). 作者的方法确实能验证假设吗? 在这项研究中,作者的方法很适于检验两个主要的假设。该方法包括了对想象视角的操纵、对支持投票情感的测量以及对实际投票行为的测量。这样,作者便能够验证其所提出的假设:与使用第一人称视角的被试相比,使用第三人称视角想象自己投票情景的被试会认为自己更支持投票,而且也更有可能去真正投票。

问题4(c). 实验的自变量、因变量和控制变量各是什么? 自变量是视角(第一人称视角或第三人称视角)。因变量是被试完成的关于支持投票情感的各种评定以及实际的投票行为(参加投票或未参加投票)。本实验中没有提及控制变量。

问题5. 若使用作者的被试、仪器或材料和程序,我对实验结果的预测会是什么? 在阅读本文之前,你也许从未想到过心理意象中的视角是否会影响到个体对所想象行为的态度,或者是否会影响到个体实际从事该行为的可能性。你也许根本没有想到过第一人称视角和第三人称视角之间会有差异。不管作者怎么说,你可能也不相信像视角之类如此微不足道的因素会影响到选举这么重大的事件。所以,你会觉得很难预测使用第三人称视角比使用第一人称视角能够让更多的人去实际参加投票。如果你能够继续阅读心理学文章,这或许并不是你遇到的最后一个难以相信的预测。心理学研究常常会给出一些很少有人能够提前预测到的结果。

结果

　　已有研究发现,与使用第一人称视角想象自己的行为相比,使用第三人称视角想象自己的行为导致了对所想象行为更多的个性倾向性解释。在此发现基础上,我们预测:与使用第一人称视角想象自己投票行为的被试相比,使用第三人称视角想象投票的被试会形成一种更强烈的与投票行为相一致的心理定势,因此也更有可能真正参加投票。

　　支持投票的心理定势——为评估所用视角对被试自我知觉为投票人的影响,我们通过将被试对选举前相关因素(态度、重要性、可能性、投票影响、后悔、满意以及对三种困难情景的回答;$\alpha = 0.82$)的回答情况取平均值并计算标准差后,得到了一种复合的支持投票指数。和预测的一样,以第三人称想象投票使被试形成了更强烈的支持投票的心理定势($M = 0.10$,$SD = 0.58$),而使用第一人称视角的被试则较弱($M = 0.10$,$SD = 0.58$),$t(144) = 2.07$,$p < 0.05$,$p_{rep} = 0.93$,$d = 0.33$。

　　投票行为——接下来的问题是,大选前夜想象视角对支持投票的心理定势的影响能否传递到大选当天的行为上。事实上,这种影响的确发生了。以第三人称视角想象投票使被试更有可能参与实际投票,正如他们在选举结束后对问卷调查的回答所显示的那样。第三人称视角条件下的被试有 90% 的人参与了投票,而相比之下,第一人称视角条件下的被试只有 72% 的人去投了票,$\chi^2(1, N = 95) = 5.04$,$p < 0.03$,$p_{rep} = 0.94$。进一步的分析(Mackinnon & Dwyer,1993)显示,支持投票的心理定势在视角对投票行为的影响上起到了居间调节作用(见图 1)。

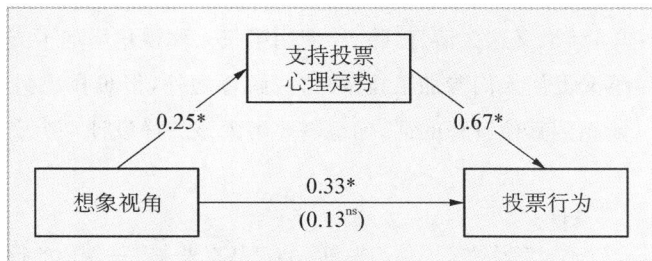

▼　图 1

想象视角与支持投票心理定势对投票行为影响的中介分析,Sobel 检验的 $Z = 1.85$,$P < 0.07$,$P_{rep} = 0.90$。路径上的数字为标准回归系数。第一人称想象视角被设定为 -1,第三人称想象视角设定为 $+1$。无投票行为设定为 0,投票行为设定为 1。星号“ * ”表示回归系数与 0 差异显著,$P < 0.05$,$P_{rep} > 0.93$。圆括号中的数字是将支持投票心理定势引入方程后想象视角的标准回归系数。

115

　　问题 6. 作者的结果出乎意料吗? 正如其预测的那样,作者发现使用第三人称视角使被试形成了更强烈的支持投票的心理定势,并且更可能去投票。这些结果并未出乎作者的意料,倒是可能让你感觉到了意外。

另外一个重要结果在选举行为那一段仅用一句话作了提及,不过在图5-1中进行了说明。使用调节分析显示,支持投票的心理定势"居间调节"了视角对投票行为的影响。也就是说,使用第三人称视角并不会直接导致被试更可能投票。相反,这一视角使被试形成了更为强烈的支持投票的心理定势,而这种心理定势才使得被试更可能去进行投票。换句话说,这种分析在第三人称视角与支持投票的心理定势以及支持投票的心理定势与投票行为之间建立了一种因果联系。

问题7(a). 我如何解释这些结果？结果是显而易见的,而对它的解释也很清楚:与使用第一人称视角相比,使用第三人称视角对自己的投票行为进行想象能够使人们感觉到投票对他们更为重要,而这种感觉使人们去参加了投票。

问题7(b). 从我对结果的解释中,能得出的启发和应用是什么？这些结果的一个重要启示是,通过鼓励潜在的投票人使用第三人称视角想象自己投票的情景,也许可以提高参与投票人的数量。例如,政治集会的组织者们应该领导参加集会的人们完成一项简单的第三人称想象任务,就像本实验中的被试们所做的那样。

问题7(c). 我能否为这些结果找到另一种解释？既然作者的方法这么简单,结果又这么清楚,除了"使用第三人称视角增加了支持投票的情感,而这些情感又促使人们参加了投票"这一解释之外,很难找出另一种解释。不过,如果你能想到其他解释的话,你也需要考虑该怎样设计一个实验来检验自己的解释。

讨论

通过简单改变个体用来想象自己从事未来某一希望的行为的视角,可以对个体的自我知觉以及真正执行该行为产生影响:已登记选民按照要求以第三人称视角想象自己投票的情景,随后他们形成了比那些使用第一人称视角想象投票情景的选民更强烈的支持投票情感,而且他们参加投票的可能性也更大。这一结果给了我们一个重要启示:当以旁观者而非行为者的视角看待行为时,行为将更可能被看作是行为者的个性使然(Storms,1973)。把自己视为将要从事所希望的行为的人,能够增加其从事该行为的可能性。

由于我们的实验是在俄亥俄州举行的2004年总统大选期间进行的,因此本研究的发现尤其值得关注。这次竞选活动关注的焦点是与战争有关的各种话题、恐怖主义以及同性恋结婚问题,而俄亥俄州——这个对选举至关重要却又摇摆不定的州——还进行了史无前例的选民动员以使更多的人参与投票(Dao,2004)。即便是在这种充满动机冲突的复杂情境下,我们的操纵还是影响了参与投票的人数,这一事实证明了自我聚焦想象的潜在作用。这种操纵的成功可能在于其为想象这种心理过程指明了方向。而在日常生活中,人们的确会自然而然地使用想象为未来的行为作规划(Singer & McCraven,1961)。本研究的发现证明,通过某种引导可以利用想象来改变自我知觉及行为。

特别地,我们发现,如果人们以第三人称旁观者的视角而非第一人称当事人的视角对某一希望的行为进行想象的话,那么他们更可能会对自我概念进行调整以适应该行为。与使用第一人称视角进行想象的被试相比,以第三人称视角想象投票的被试认为他们自己更可能参加投票,而且也更愿意克服困难参与投票。使用第三人称视角进行想象也使得被试对后悔和满意情绪的预期与其将投票内化为个人的行为目标相一致(Kahneman & Miller,1986)。而且,以第三人称视角进行想象的被试对投票重要性及其影响的报告也与其更强烈的投票人身份认同相一致。综上,所有这些对自我知觉的影响促使那些处于第三人称视角条件下的被试比处于第一人称视角条件下的被试更多地出现在了选举日上。这些发现显示,自我聚焦想象能够通过改变自我知觉而影响到针对性行为。因此,"想象自己"正从事某种希望中的行为实际上也许是将良好愿望转变为实际行动的一个有效策略。

致谢

谨以此文献给乔恩·斯莱姆,他的专业指导对于这项研究的完成是不可或缺的。

参考文献

Baldwin, M. W., & Holmes, J. G. (1987). Salient private audiences and awareness of the self. *Journal of Personality and Social Psychology*, *52*, 1087-1098.

Barresi, J., & Moore, C. (1996). Intentional relations and social understanding. *Behavioral and Brain Science*, *19*, 107-154.

Bartlett, F. C. (1932). *Remembering: A study in experimental and social psychology*. New York: Cambridge University Press.

Batson, C. D., Early, S., & Salvarani, G. (1997). Perspective taking: Imagining how another feels versus imagining how you would feel. *Personality and Social Psychology Bulletin*, *23*, 751-758.

Bem, D. J. (1972). Self-perception theory. In L. Berkowitz (Ed.), *Advances in experimental social psychology* (Vol. 6, pp. 1-62). New York: Academic Press.

Clark, D. M., & Wells, A. (1995). A cognitive model of social phobia. In R. G. Heimberg, M. R. Liebowitz, D. A. Hope, & F. R. Schneier (Eds.), *Social phobia: Diagnosis, assessment and treatment* (pp. 69-93). New York: Guilford Press.

Conway, M. A., Meares, K., & Standart, S. (2004). Images and goals. *Memory*, *12*, 525-531.

Dao, J. (2004, November 1). To get Ohio voters to the polls, volunteers knock, talk, and cajole. *The New York Times*, p. 17A.

D'Argembeau, A., & Van der Linden, M. (2004). Phenomenal characteristics associated with projecting oneself back into the past and forward into the future: Influence of valence and temporal distance. *Consciousness and Cognition: An International Journal*,

117

13,844 – 858.

Decety, J. , & Grezes, J. (2006). The power of simulation: Imagining one's own and other's behavior. *Brain Research*, *1079*,4 – 14.

Frank, M. G. , & Gilovich, T. (1989). Effect of memory perspective on retrospective causal attributions. *Journal of Personality and Social Psychology*, 57,399 – 403.

Gregory, W. L. , Cialdini, R. B. , & Carpenter, K. M. (1982). Self-relevant scenarios as mediators of likelihood estimates and compliance: Does imagining make it so? *Journal of Personality and Social Psychology*, *43*,89 – 99.

Holbrook, A. L. , & Krosnick, J. A. (2006). *Social desirability bias in voter turnout reports: Tests using the item count and randomized response techniques.* Manuscript submitted for publication.

Jones, E. E. , & Nishett, R. E. (1971). The actor and the observer: Divergent perceptions of the causes of behavior. In E. E. Jones, D. E. Kanouse, H. H. Kelley, R. E. Nishett, S. Valins, & B. Weiner (Eds.), *Attribution: Perceiving the causes of behavior* (pp. 79 – 94). New York: General Learning Press.

Kahneman, D. , & Miller, D. T. (1986). Norm theory: Comparing reality to its alternatives. *Psychological Review*, *93*,136 – 153.

Levine, B. , Black, S. E. , Cabeza, R. , Sinden, M. , Mcintosh, A. R. , Toth, J. P. , Tulving, E. , & Struss, D. T. (1998). Episodic memory and the self in a case of isolated retrograde amnesia. *Brain*, *121*,1951 – 1973.

Libby, L. K. , Eibach, R. P. , & Gilovich, T. (2005). Here's looking at me: The effect of memory perspective on assessments of personal change. *Journal of Personality and Social Psychology*, *88*,50 – 62.

MacKinnon, D. P. , & Dwyer, J. H. (1993). Estimating mediated effects in prevention studies. *Evaluation Review*, *17*,144 – 158.

McIsaac, H. K. , & Eich, E. (2002). Vantage point in episodic memory. *Psychonomic Bulletin & Review*, *9*,146 – 150.

Moore, B. S. , Sherrod, D. R. , Liu, T. J. , & Underwood, B. (1979). The dispositional shift in attribution over time. *Journal of Experimental Social Psychology*, *15*,553 – 569.

Nigro, G. , & Neisser, U. (1983). Point of view in personal memories. *Cognitive Psychology*, *15*,467 – 482.

Piaget, J. (1932). *The moral judgment of the child*. London: Kegan Paul, Trench, & Trubner.

Prencipe, A. , & Zelazo, P. D. (2005). Development of affective decision making for self and other. *Psychological Science*, *16*,501 – 505.

Pronin, E. , & Ross, L. (2006). Temporal differences in trait self-ascription: When the self is seen as an other. *Journal of Personality and Social Psychology*, *90*,197 – 209.

Robinson, J. A. , & Swanson, K. L. (1993). Field and observer modes of remembering. *Memory*, *1*, 169–184.

Shaw, G. B. (1921). *Back to Methuselah: A metabiological pentateuch*. New York: Brentano's.

Sheeran, P. (2002). Intention-behavior relations: A conceptual and empirical review. In W. Stroebe & M. Hewstone (Eds.), *European review of social psychology* (Vol. 12, pp. 1–36). Chichester, England: Wiley.

Singer, J. L. , & McCraven, V. G. (1961). Some characteristics of adult daydreaming. *Journal of Psychology*, *51*, 151–164.

Storms, M. D. (1973). Videotape and the attribution process: Reversing actors' and observers' points of view. *Journal of Personality and Social Psychology*, *27*, 65–175.

Tourangeau, R. , & Smith, T. W. (1996). Asking sensitive questions: The impact of data collection mode, question format, and question context. *Public Opinion Quarterly*, *60*, 275–304.

118

（收到初稿 5/17/06；接收修改稿 7/31/06；收到最后定稿 9/14/06）

　　问题 8(a). 是我的解释，还是作者的解释，能更好地说明数据？在这个例子中，我们的解释和作者的相同。当然，情况并不总是这样，尤其是阅读那些更长更复杂的研究。

　　问题 8(b). 对于结果的启发和应用的讨论，谁的讨论更有说服力？是我的，还是作者的？作者进行了精彩的讨论，其中谈到了一个有趣的观点，这就是对想象视角的操纵影响了参加投票的人数，即便是在竞争激烈而又有许多潜在因素会对选举行为造成较强影响的总统大选背景之下。因此，作者认为视觉意象一定能够对行为产生较强影响。和我们一样，他们也指出视觉意象的功能可以被有目的地用于影响行为。不过，我们只是想到政治活动组织者们可以利用视觉意象来影响他人的行为，而作者却进一步指出，人们可以自己利用视觉意象来提高实现良好愿望的机会。

　　问题 8(c). 还有什么问题没有回答？为了更好地理解视角对行为的影响，我们认为将使用第三人称视角进行想象的个体实际投票情况与完全没有进行想象的个体实际投票情况进行比较非常重要。作者发现，使用第三人称视角比使用第一人称视角增加了投票率。但是，假设人们只是完成了一份有关他们对投票态度的在线问卷而根本没有想象任务的话，他们又会有多大可能去投票呢？

我们设想作者将会预测,与根本没有进行想象的条件相比,以第三人称视角进行想象将会大大增加投票率。但是,鉴于该研究并没有设置无想象条件组,因此作者对这种可能性并没有作直接说明。

问题 8(d). 我可以开展什么额外研究吗?一个很简便的办法就是重复该研究中的实验条件,并且增加一个无想象条件。在这一条件中,被试除了没有想象任务的指导语和不回答任何有关想象的问题之外,其他处理都与上面介绍的完全一样。当然,有一个问题是,如果你也想研究总统大选中的投票问题,那就请你等上四年吧!

▼ 研究报告撰写

你已经产生了一个想法,回顾了相关的文献,设计了实验过程,获得了数据,并分析了结果。接下来该把你的研究写出来了。不管怎样,你都需要把精心获得的结果公布出来。我们相信,为了维护科学自我完善的本质,好结果的发表是很重要的。但是,这并不意味着期刊是由每个大学生的研究结果随便堆积成的。如果你的研究确实鼓舞人心,那么你的导师会鼓励你的。

在这部分里,我们将介绍典型的实验报告的格式以及探讨什么样的文风容易让编辑和读者理解。如果你按照我们提议的方法阅读报告,就会了解研究报告的格式并能感受到优秀报告的写作风格。虽然如此,专业写作的一些要求仍然不是很容易看得出的,所以我们有必要在这里讲解一下。我们要介绍的是基本原则,如果需要额外信息,请参见:斯顿伯格(Sternberg, 1993)的书《心理学家指南》(*The Psychologist's Companion*)和他(Sternberg, 1992)的文章《如何让心理学期刊接受你:优化写作的 21 条建议》(*How to Win Acceptances by Psychology Journals: 21 Tips for Better Writing*);D. J. 贝姆(Bem)2004 年在《学有所成,心理学生涯指南》(*The Compleat Academic, a guide to a career in psychology*)中所著的一章《实证期刊文章写作》(*Writing the Empirical Journal Article*);以及 H. I. 罗迪格(Roediger)2007 年的文章《给作者们的 12 个建议》(*Twelve Tips for Authors*)。此外,2001 年出版的《美国心理学会出版手册》(第五版)也会对你有所帮助,因为它是几乎所有心理学和教育学期刊的官方仲裁人。

格式

如图 5 - 2 所示，一份典型的实验报告的关键是页码的顺序。你必须按着

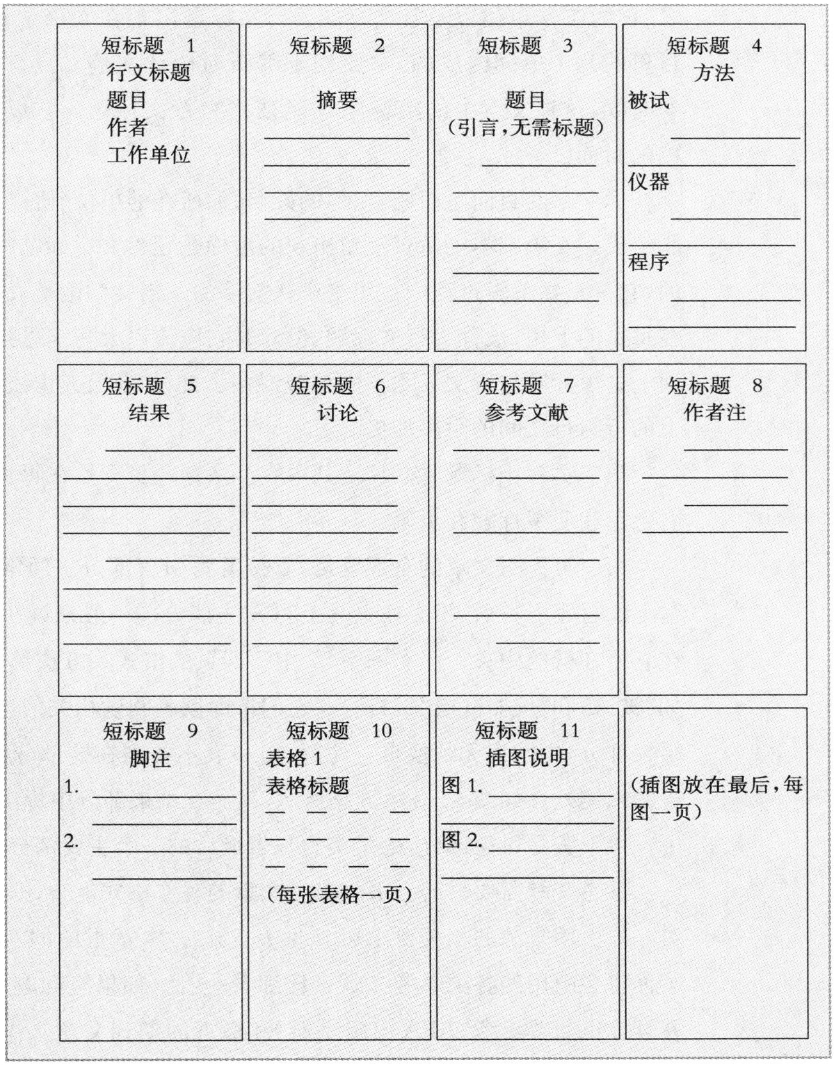

短标题　1 行文标题 题目 作者 工作单位	短标题　2 摘要 _____ _____ _____	短标题　3 题目 （引言,无需标题） _____ _____ _____ _____ _____	短标题　4 方法 被试 _____ 仪器 _____ 程序 _____
短标题　5 结果 _____ _____ _____ _____ _____ _____	短标题　6 讨论 _____ _____ _____ _____	短标题　7 参考文献 _____ _____ _____	短标题　8 作者注 _____ _____
短标题　9 脚注 1._____ 2._____ _____	短标题　10 表格1 表格标题 — — — — — — — — — — — — （每张表格一页）	短标题　11 插图说明 图 1._____ 图 2._____	（插图放在最后,每图一页）

▼　图 5 - 2

实验报告 APA 格式的页码顺序。

APA-文体所要求的页码顺序组织好你的文稿,这样你的文稿副本就形成了。以 APA 格式形成的文稿副本有利于编辑和发表的过程,编辑人员只需匆匆略读就可以了解你文章的基本内容。封面上的内容包括:文章的题目、你的姓名、你的工作单位以及行文标题。行文标题出现在文稿中每页的上边,是由题目里的几个单词构成的,主要用于编辑时确认文稿。只有当文稿被打印发表的时候,这种文章中的短标题才能被称为行文标题。它以大写字母打印在文稿的封面。

你文章的封面是由题目、你的姓名、你所在的单位(研究所或公司)和行文标题组成。文稿副本中每页上角出现的短标题是由文章标题的最初几个单词组成的,它只是在编辑过程中被用来辨认文稿的。当文章被发表的时候,它也会出现在每页的上角,被称为行文标题,但此时它应该以大写字母打印在文稿副本的封面上。短标题与行文标题不应该被混淆。此外,你还应该把封面和后面每一页上的行与行之间的距离加倍。

第二页写小标题"摘要"及其内容。从这一页开始在每页(图表部分除外)的右上角注明短标题和页码。

第三页先写文章的全部题目,紧接着写引言部分。通常小标题"引言"无须写上。写完引言后,不必换页马上写方法部分。一般来说小标题"方法"应打印在它所在行的中央。注意图 5-2 中第四页的格式。方法部分有几个副标题,比如"被试"和"仪器"(或"材料")。它们帮助读者阅读相关信息。方法之后紧跟着结果部分,中间仍无须换页。注意:图和表不要列在这部分里,应把它们放在报告的末尾处。如图 5-2 第五页所示,只需在结果部分中标出它们的位置就可以了。接下去是讨论部分,也是实验报告最后的一个主要部分。

参考文献需要另起一页。参考文献的写作格式复杂,因此写时要小心准备。对一般引用来源的相关要求可参见表 5-2。本章重印的实验报告的部分包括了你将会引用的各类参考文献。仔细看一看。如果有问题可以请教你的导师。并且你也需要参考《APA 出版手册》和最近的期刊文章。作者注和脚注写在参考文献的后面并且另起一页。对于大部分大学实验报告来说,脚注是不必要的。

▼　表 5-2　参考文献列表的一般格式[①]

来源类型	格式
期刊(如,杂志)	作者,A. A. ,作者 B. B. ,和作者,C. C. (1999). 文章题目. *期刊名,期号 xx*,页码 xxx-xxx.
非期刊(如,著作)	作者,A. A. ,作者 B. B. ,和作者,C. C. (2004). *著作名*. 地址:出版者.
非期刊的一部分(如,书中章节)	作者,A. A. ,作者 B. B. ,和作者,C. C. (2001). 章节题目. A. 编者,B. 编者,和 C. 编者(编著),*书名*(第 xxx-xxx 页). 地址:出版者.
在线文件	作者,A. A. (2001). *作品名*. 检索日期 月日,年,来源.

当你准备东西发表时,你才会考虑到经济的和脑力的援助,才需要写作者注来感谢它们。普通的致谢不需要编号。此外,或许表面的信息应该编上号码写在脚注中,而脚注也要另起一页,但这类的脚注不鼓励写。

脚注写完后该写结果中提到的数据表了。每份表格都需要另起一页并根据它在结果中出现的先后次序标上号码。每份表格都需要一个简洁易懂的标题。插图的标题也应按序编号,并另起一张紧接在数据表后面。最后,加入插图,一页只画一张图。表和图与正文分开并单独成页,以便于排版。

正如前面提到的,以这种方式组织文稿是为了适合出版商的胃口。但是你应该注意到,在《APA 出版手册》中有一个特殊的部分专门提到了,学生实验报告是为了拿学分而不是发表。例如,学生实验报告中图表可能会穿插在正文里。因此,写学生实验报告时应该征求老师或系里的意见。但是,我们仍然建议学习《APA 出版手册》,因为它为你未来的出版提供了很好的锻炼。

文稿样例

接下来的部分将介绍一篇文稿范例。这篇文稿所介绍的研究是由第一作者大卫·加洛(David Gallo)、第二作者梅雷迪思·罗伯茨(Meredith Roberts)与第

---

① 按英文惯例,本表中下划"〰〰"者在正式使用时用斜体。——译者注

三作者约翰·西蒙(Dr. John Seamon)共同完成的,当时第一作者和第二作者还是卫斯理大学(Wesleyan University)的本科生。这项研究始于大卫·加洛所参加的一门方法课程里的一个项目,该课程就像大多数阅读这本教材的学生所参加的课程一样。在老师的帮助下,这两个卫斯理的学生把一个学生项目变成了一篇可以发表的文章,为有关人类记忆的研究贡献了一篇心理学文献。你应该注意它的页码顺序,在哪儿开始新的一页,以及每部分提供了什么信息。这篇文稿缺失的一处是没有单独的脚注页,而你的某一篇文章可能会用得着。你还可以选择使用插图,用图形的形式来描述数据,以对表格起到补充(或者替代)作用。请认真注意参考文献部分以了解它们是怎样被引用的。这篇文稿与标准的 APA 格式的一个不同之处是,其使用了"被试"这一术语而不是"参与者"。尽管最新的 APA 格式要求在人类参与的研究中使用"参与者"这一术语,但是一些并不隶属于美国心理学会的杂志(比如发表这篇文章的杂志)仍旧允许使用"参与者"或者"被试"。所以,这篇文章中所使用的"被试"一词也是经过作者考虑的。

下面这篇论文全文采自:Gallo, D. A., Roberts, M. J. & Seamon, J. G., Remembering words not presented in lists: Can we avoid creating false memories? *Psychonomic Bulletin & Review*, 4, 271 - 276. (Psychonomic Society Inc 1997 年版权所有。重印得到作者和出版者许可。)

143

文风

既然你已经了解了格式的一些写法,接下来让我们看一看文风。读过一些表达不清楚的文章后,无疑你会看出清晰、明确的写作多么重要。APA 格式能帮助你规范文章的顺序和基本的内容。但是,若想让读者真正理解你的文章还在于你自己。我们读过了许多的研究报告,发现写作中存在的最大问题是过渡。许多学生写报告好像他们正在构造一篇出人意料的短故事,尽管事实上他们的报告应该写得直截了当。表 5 - 3 所总结的是这里所介绍的各部分情况。

(下接第 160 页)

行文标题：错误再认

记忆未出现在词表中的单词：我们能避免产生错误记忆吗?

David A. Gallo，Meredith J. Roberts，and John G. Seamon

Wesleyan University

123

記忆单词 2

摘   要

如果提前给出错误记忆的预警,被试能否避免产生罗迪格与麦克德莫特(Roediger and McDermott,1995)错误再认范式中的错误记忆? 我们给被试呈现一些存在语义关联的单词表,随后进行再认测验。测验由已学过单词、有语义联系的未学过单词(关键诱饵)以及未学过的无关单词组成。第一组被试未被告知错误再认效应的有关信息,第二组被试被强调要尽可能减少测验中的虚惊,第三组被试则被预警可能会错误地再认出关键诱饵。与未被告知有关信息组和接受强调组相比,接受预警组被试减少了对关键诱饵的虚惊率,并且他们对再认出的已学过单词和关键诱饵作出记得和知道的判断也常常相同。但是,预警并不能消除错误再认效应,因为第三组被试和其他组的被试在本实验中都出现了大量的错误再认。

记忆未出现在词表中的单词：

我们能避免产生错误记忆吗?

在《语言与记忆》杂志的一期关于错误记忆的专刊中,罗迪格(Roediger,1996)提出了一个关于认知和记忆错误的历史性观点。他以某人所报告的过去事件严重偏离了真实事件本身为例对错误记忆进行了定义。有关错误记忆一个引人注目的例子是狄泽(Deese,1959)在词表学习范式中所发现的错误记忆。狄泽将与关键词存在语义关联的一些单词呈现给被试,而关键词并不出现。例如,假设关键词为"针"的话,给被试呈现的词表就包括"细线"、"别针"、"针眼"、"缝纫"、"锋利"、"尖锐"、"刺破"、"顶针"、"草堆"、"疼痛"、"受伤"和"注射"。每次呈现词表后,对被试进行自由回忆测验。研究者发现,与未出现的无关单词相比,对未出现的关键词的错误回忆次数要更频繁。这一方法诱使被试回忆出从未出现在单词表中的特定单词。从罗迪格和麦克德莫特(1995)开始,使用这一范式开展错误记忆的研究再次多了起来(如,McDermott,1996;Payne,Eile,Blackwell,& Neuschatz,1996;Read,1996;Schacter,Verfaille,& Pradere,1996)。

罗迪格和麦克德莫特(1995)报告了两个实验,这两个实验对狄泽的实验结果进行了重复和扩展。在第一个实验中,研究者从狄泽引发错误记忆次数最多的单词表中选取了六份让被试学习。在每呈现一张单词表后,就对被试进行自由回忆测验。当所有的词表都回忆完后,再对被试进行再认测验。再认测验由已学过单词、未学过的关键词(这里称为关键诱饵)以及未学过的无关单词组成。罗迪格和麦克德莫特发现,对关键诱饵的错误回忆和再认要比对其他未学过的单词更多。

在第二个实验中,罗迪格和麦克德莫特对实验程序进行了修改。一半被试在每次学习词表呈现之后接受自由回忆测验,而另一半被试则完成无关的数学计算。在随后的再认测验中,研究者借用了塔尔文(Tulving,1985)的记得/知道判断任务。对任意一个被再认的单词,被试都必须说明他们是否确切记得该词在学习中出现过的具体位置(记得判断),或者仅仅知道该词出现过,但记不清在哪次学习中出现的(知道判断)。罗迪格和麦克德莫特发现,与学习加计算条件相比,学习加回忆条件导致了对关键诱饵更多的错误再认。不过,两种条件下的被试对关键诱饵产生的虚惊率都与相应的对学过单词的击中率相似。而且结果还显示,被再认的关键诱饵在记得/知道判断任务中常常被当作记得的单词,尤其是在学习加回忆条件下。这些发现使得罗迪格和麦克德莫特将错误再认效应描述为"强大的错误记忆"(p.803)。他们认为这是一种更令人吃惊的错误,因为它是在有意的学习条件下被观察到的,期间只经历了很短的时间暂留,词表学习的实验室程序,正常情况下很少会产生错误,而被试也是专业的记忆者(大学生)。本研究的主要目的是要明确：如果提前向被试做出这种记忆错误的预警，他们能否避免产生罗迪格与麦克德莫特（1995）错误再认范式中的错误记忆？据我们所知，尚无人能够确定这种错误记忆效应能否通过被试的知识得以减少或消除。但是，先前已有研究对不同的实验条件能否影响这一效应提出了疑问。例如，麦克德莫特（1996，实验二）以分组或随机的方式向被试呈现同样的一些词表进行多重学习和回忆测验。她发现，随机呈现产生的错误回忆要少于分组呈现的，但是在进行多重学习-测验试验或者最终回忆测验的 24 小时之后，两种呈现方式依旧产生了错误回忆。佩恩等人（Payne et al.，1996）发现的一个类似效应显示，对关键诱饵的再认在时隔 24 小时之后并不会减少。最后，里德（Read，1996）通过操纵编码阶段的指导语，在词表呈现期间让被试记住单词的顺序，或者进行精致复述，或者简单复述。他发现，所有三种编码条件都对关键单词产生了高水平的错误回忆，但是注意力集中在单词顺序上的被试的错误回忆最低。这些研究表明，错误记忆效应普遍存在于多重学习与测验的试验之中（McDermott，1996），学习与测验间隔 24 小时的情况下（McDermott，1996；Payne et al.，1996），以及编码期间的精致复述或者简单复述的条件之下（Read，1996）。但是，当把词表上的单词进行随机化处理（McDermott，1996）或者让被试在学习时尽力记忆单词的顺序，对关键单词的错误记忆就会减少（Read，1996）。

　　在这些研究的基础上，本研究试图明确，通过使用预警指导语，被试对关键诱饵的错误再认能否减少或者消除。令人难以理解的是，我们并没有找到已发表的有关已有知识对知觉或记忆错误影响的研究。对于知觉错误而言，这样的研究也许没有必要。就像格里高利（Gregory，1987）指出的那样，即便人们知道他们正在观察的是一种错觉，但是错觉还是会发生。例如，我们也许知道缪勒-莱耶错觉中的线段是等长的，但还是会觉得一条线比另一条线长。知觉错误之所以愚弄了我们，是因为知觉过程极为迅速，在对知觉对象形成印象的过程中我们已有的经验并非都能派上用场（Gregory，1987）。记忆错误也愚弄了我们，但是这一过程包含了学习和测验条件，所需的时间也就更长。记忆错误也许会因此而提供比知觉错误更多的机会，使得被试的知识能够对其产生影响。在编码或检索阶段，先前的知识能够被用于形成补偿性的认知策略，正是在这个意义上可以认为错误记忆能够被降低或者消除。

　　我们所找到的唯一关于先前知识对错误记忆影响的说明位于罗迪格和麦克德莫特（1995）研究中的两处。其中一处认为，提前预警可能在减少对关键诱饵的错误再认方面发挥作用，而另一处则认为提前预警收效甚微。例如，作者提到，他们在进行数据分析时剔除了唯一一位对关键单词没有出现错误回忆的被试，因为在实验 2 末尾询问被试"是否知道实验是关于什么内容"的时候，这名被试回答说，她"注意到这些词表似乎在使她想起一个未呈现的单词"（p. 808）。

记忆单词 5

这名被试可能使用了一种策略,使得她克服了记忆错误。然而,罗迪格和麦克德莫特也报告说,"在一些使用了有经验被试的非正式的演示实验中,即便被试是知道我们要努力让他们产生错误记忆的研究生",实验还是会出现明显的错误记忆效应(p. 812)。这些被试在实验开始之前对错误记忆就已经有了全面的了解,就这点来说,这一发现显示提前预警对关键单词的错误再认影响很小。本研究对罗迪格和麦克德莫特(1996,实验2)的范式进行了修改,通过对不同指导语条件下的被试进行比较来系统验证先前知识的作用。从某种意义上说,错误记忆效应是一种记忆错觉,而这种错觉所起的作用就像知觉错误那样,预先知道这种效应对于关键诱饵的再认所起的作用可能会很小或者没有什么作用。但是,由于这种记忆错觉允许有更多的机会使得编码或者检索策略可以发挥影响,如果其因此而不同于知觉错误的话,有关记忆错觉的先前知识应该能够削弱其效应,因为人们能够想出有效的补偿策略。我们将存在语义联系的单词分组呈现给被试让其学习,当所有词表呈现完毕后接着进行再认测验。第一组被试未被告知错误再认效应的有关信息,第二组被试在进行再认测验时被强调要尽可能减少所有的虚惊,第三组被试则在学习词表前由实验人员通过演示和指导向其提前预警了这种记忆错误。根据罗迪格和麦克德莫特的研究结果,我们假设,未被告知有关信息条件下的被试将会产生明显的错误再认效应。而强调组和预警组被试则提供了不同的验证条件,与未被告知有关信息条件下的被试相比,后两组被试产生的错误再认效应会减少或者相当。

128

方　法

被试

48名卫斯理大学的本科生自愿参加实验,并得到付费补偿。没有人参加过任何相关的记忆实验。

材料

从罗迪格和麦克德莫特德的24张词表中选取了16张用作学习和测验(参见其附录)。每张词表均由15个与未出现的关键词(即关键诱饵)存在语义联系的单词组成。在一个词表中,单词的顺序保持不变,与关键诱饵关系最近的单词出现在最前面。例如,与关键诱饵"睡觉"有关的词表由以下单词组成:床铺、休息、睡醒、疲劳、做梦、叫醒、瞌睡、毛毯、打盹、睡眠、打鼾、小睡、安静、呵欠和催眠。为了进行平衡,16张词表被分为A、B两组,每组8张。每种条件下的一半被试学习A组词表,另一半学习B组词表。未学习的词表被用于再认测验之中起干扰作用。

记忆单词 6

程序

在学习时,将 8 张词表每张 15 个单词以录音形式分组向被试呈现。单词由男性以每个 1.5 秒的速度进行朗读,词表之间用一种声音隔开。6 组被试均被告知要记住这些单词以完成接下来的再认测验。

当听完全部 120 个单词之后,被试要完成由 64 个单词组成的视觉再认测验。按照罗迪格和麦克德莫特的方法,这一测验含有来自每张学过词表上的三个单词(词表上第 1、8 和 10 个单词)、每张已学过词表的未呈现关键诱饵、来自每张未学过词表上的三个单词(词表上第 1、8 和 10 个单词)以及每张未学过词表的关键诱饵。所有单词随机排列。每个单词旁边都注有符号"+"和"-"以及字母"R"和"K",其中 R 表示记得(Remember),K 表示知道(Know)。让被试以自己的速度按顺序查看单词,并对表上所列的单词作出判断。如果他们认出了来自录音上的单词,就在"+"上打圈,反之则在"-"上打圈。除此之外,根据塔尔文(1985)的方法,被试还需要通过对答题纸上的"R"和"K"打圈,对每一个再认出来的单词作出"记得"和"知道"判断。实验者告诉被试,如果他们明确记得某一个词来自学过的词表,就在"R"上打圈。比如该词被呈现的方式或者当时他们正在想些什么。反之,如果他们确信该词曾出现过,但却想不起确切的情景或者其他细节,则在"K"上打圈。进行记得和知道判断的指导语类似于拉贾兰(Rajaram,1993)与罗迪格和麦克德莫特(1995)所使用的。再认测验结束后,被试需要填写一份问卷,以评估其在学习时对词表构成的了解,并请他们描述自己所使用的任何可以减少错误再认的策略。

这一实验所关心的主要变量是先前知识对错误记忆效应的影响。相应地,三个小组各 16 名被试在学习或者测验阶段接受了不同的指导语。在未被告知有关信息条件下,被试没有获得错误再认效应的有关说明。相反,他们接受了标准的指导语,要尽可能多地记下单词以完成随后的再认测验。这个条件与罗迪格和麦克德莫特(1995,实验 2)所使用的方法类似。

在强调条件下,被试也未获得有关学习中错误再认效应的说明,但是他们被要求慎重对待再认测验以尽量减少对所有单词的错误再认。这一条件被用来确定:如果仅仅要求被试保持谨慎,是否足以最小化对关键诱饵的错误再认。与未被告知有关信息条件下的被试不同的是,强调条件下的被试被告知:测验中的一些单词与学习时听到的单词相似,但是并未实际呈现过。除此之外并未提供其他信息。

在预警条件下,被试在学习词表呈现之前就被提供了关于错误再认效应的详细信息和样例。由于已经明确告诉被试,学习词表是用于让他们错误再认出未呈现的关联词,因此这种条件使得被试有机会想出减少或者消除错误记忆效应的策略。作为预警程序的一部分,被试在被告知开始实际实验之前参与了一项错误再认的演示。实验者让被试学习一张词表样例,并告诉他们将进行一次再认测验练习以熟悉有关程序。该词表来自罗迪格和麦克德莫特所用的材料,在真实实验中将不再使用。当词表样例呈现完毕,被试完成由 8 个单词组成的再认测验。该测验的单词构成方式与实际测验一样。其中 3 个单词来自词表样例(第 1、8 和 10 个单词),1 个单词是未呈现的关键诱饵,而另外 4 个单词是无关的干扰词,取自罗迪格和麦克德莫特所用的另一张词表,这张词表在真实实验中也不会使用。在被试完成样例的再认测验之后,向其说明关键诱饵,并向其解释错误再认效应。

这些被试被进一步告知:以往研究表明,呈现与未出现的单词存在语义联系的一些单词会导致对关键诱饵较高的错误再认。随后让被试学习另外一张由 15 个相关联的单词组成的样例词表以及该词表的关键诱饵。这份词表也来自罗迪格和麦克德莫特,同样也不会在本次实验中使用。实验者告诉被试,他们在学习中将听到的词表的构成方式与这些样例词表的一样。他们的任务就是尽可能地减少对关键诱饵的错误再认,而同时又不影响对已学过单词的正确再认。随后对被试进行询问,以确保他们理解了学习词表的构成方式、错误再认效应的性质以及尽量减少对关键诱饵的错误再认的目标。再认测验之前,实验者再一次向被试进行了任务提醒。以上步骤的目的都是为了尽可能地获得预警产生的效果。

结　果

实验数据主要由三种条件下(未告知、强调、预警)被试对再认测验的回答结果以及对所有再认出的单词作出记得和知道判断构成。各种条件下被试的反应结果如表 1 所示。

表 1 显示,已学过单词的击中率随分组的不同而不同,方差分析的结果也支持了这一发现,$F(2, 42) = 4.62$,$MSe = 0.02$,$p < 0.02$。未告知组的击中率(0.76)高于强调组(0.65),$t(30) = 2.33$,$SEM = 0.05$,$p < 0.05$,而且也高于预警组(0.63),$t(30) = 3.01$,$SEM = 0.04$,$p < 0.01$,而强调组和预警组的击中率之间没有差异,$t < 1$。在关键诱饵的错误再认率上也存在着分组效应,$F(2, 42) = 11.05$,$MSe = 0.05$,$p < 0.001$,预警组的错误再认率(0.46)小于未告知组(0.81),$t(30) = 4.84$,$SEM = 0.07$,$p < 0.001$,也小于强调组(0.74),$t(30) = 3.36$,$SEM = 0.08$,$p < 0.01$。未告知组和强调组对关键诱饵的虚惊率之间没有差异,$t < 1$,而对未学过单词或者无关诱饵的虚惊率也不存在分组主效应,两者均为 $F < 1$。

除了对已学过单词的击中率最高,未告知组也表现出较强的错误记忆效应。其错误再认出未呈现的关键诱饵(0.81)的频率差不多与已学过单词一样高(0.76),$t(15) = 1.25$,$SEM =$

132

0.04，$p > 0.10$。在进行记得/知道判断时，这些被试对再认出的已学过单词以及错误再认的关键诱饵作出的"记得"判断也多于"知道"判断，已学过单词为 $t(15) = 4.43$，$SEM = 0.06$，$p < 0.001$，错误再认的关键诱饵为 $t(15) = 2.40$，$SEM = 0.11$，$p < 0.05$。他们对未学过单词及无关诱饵的虚惊率相同（0.15），而且绝大部分这类虚惊都被判断为"知道"。这些结果基本重复了罗迪格和麦克德莫特（实验2，表2）的研究结果，同时还显示出当被试未被告知这种记忆错觉的有关信息时，他们并不能对词表上的项目和未出现的存在语义关联的项目进行区分。强调组被试的所有击中率均显著低于未告知组被试，虚惊率虽然也较低但并不显著。

这一结果表明强调指导语对被试的再认成绩产生了影响。尽管这些被试表现得也很谨慎，但是依旧出现了错误记忆效应，他们错误再认出的关键诱饵（0.74）差不多与已学过单词（0.65）一样频繁，$t(15) = 1.8$，$SEM = 0.05$，$p > 0.05$。不过，这些被试对再认出的已学过单词作出的"记得"判断要高于"知道"判断，$t(15) = 2.67$，$SEM = 0.06$，$p < 0.05$，而对错误再认的关键诱饵作出的两种判断却并无差别，$t < 1$。他们对未学过单词和无关诱饵的虚惊率一样（0.12），并且绝大部分这类虚惊都被判断为"知道"。这些结果显示，强调让被试保持谨慎能够降低已学过单词的击中率，并且减少将错误再认的关键诱饵判断为记得其来自先前所学词表的可能性。不过这样的指导语并没有减弱错误再认效应。仅仅要求人们对其虚惊保持谨慎几乎影响不了这种记忆错觉。

最为重要的是，预警组被试与未告知组被试相比，前者在所有项目上的击中率较低，而对关键诱饵的虚惊率也较低。但同时，他们的击中率与强调组被试的相似，而对关键诱饵的虚惊率却相对较低。这组被试对关键诱饵（0.46）的错误再认仍旧多于无关诱饵（0.14），$t(15) = 5.39$，

133

$SEM = 0.06$，$p < 0.001$，表明了错误记忆效应的顽固性。但是，他们对关键诱饵的错误再认率低于未告知组（0.81）或者强调组（0.74）被试，而且对关键诱饵的错误再认率也低于击中率，$t(15) = 3.2$，$SEM = 0.05$，$p < 0.01$，这表明预警指导语减弱了错误再认效应。另外，不同于未告知组被试的是，这些被试对再认出的已学习单词作出的"记得"与"知道"判断之间并无差异，$t(15) = 1.0$，$SEM = 0.05$，$p > 0.10$，而对关键诱饵也是如此，$t(15) = 1.3$，$SEM = 0.08$，$p > 0.10$。与前述两种实验条件一样，对未学过单词和无关诱饵的虚惊率相同（0.14），并且这些虚惊被更多地判断为"知道"反应。这些结果证明，预警指导语能够通过减少错误再认关键诱饵的比率以及将这些错误再认判断为记得来自学习之中的比率而降低错误记忆效应。

实验后问卷

在实验结束的时候，所有被试都完成了一份自由作答问卷。问卷提供的信息可用来了解被试对学习词表构成情况的觉察，以及他们用于取得好的再认测验成绩的策略类型。对于强调组

记忆单词 9

的被试,我们感兴趣的地方在于他们是如何降低对所有未学过单词的虚惊;而对于预警组的被试,我们想知道他们是怎样减少对关键诱饵的再认。根据被试所报告的具体策略,每位被试的书面回答都被归为四类中的某一类。这些类别组成如下:未说明策略(被试未报告任何策略)、简单复述(被试注意了每个单词的发音,或者学习时进行了默念)、精致复述(被试通过语义联系将所学单词联系起来从而注意到了词表的主题,或者形成了单词意义的表象)、判断关键诱饵(除了注意每张词表的主题,被试还努力判断并记住每一词表的关键诱饵)。表 2 显示了使用每类中各组被试的人数,另外还有相应的对已学单词的平均击中率和对关键诱饵的平均虚惊率。对未学过单词以及无关诱饵的虚惊率并没有包括进来,因为它们在各实验条件下都较低并且没有组间差异。

134

　　表 2 所显示的数据表明,未告知组和强调组被试出现了相似的结果模式。这些被试更多地报告使用了精致复述作为记忆单词的主要手段(17/32,或者 0.53),多于使用简单复述(3/32,或者 0.09)或者判断关键诱饵(5/32,或者 0.16)的策略。尽管这些被试自发地使用了精致复述这种通常情况下比简单复述更有效的方法来记忆单词(如,Craik & Watkins, 1973),但是他们绝大部分人并未意识到这一实验的性质,也没有努力去自己判断关键诱饵。即便强调组的被试在被告知一些未出现过的测验词会和学习词相似后,结果也同样如此。表 2 中的一个截然不同的结果模式出现在预警组被试上。这些被试报告最多的策略是判断关键诱饵。精致复述或者简单复述则很少出现,而未报告使用策略的被试数量与其他小组相似。

　　表 2 中的数据说明了两个重要的方面。第一,这项任务中给予被试的指导语对其所使用的策略类型造成了影响。当被试仅仅被告知将接受词表测验(未告知组)或者被强调谨慎对待测验(强调组)时,大多数人明智地选择了精致复述以取得最好的记忆成绩。然而,当他们被预先告知记忆错觉的有关信息后(预警组),许多人对可能出现在再认测验中的关键诱饵进行了努力判断。第二,也是更为重要的方面,无论使用了怎样的策略,所有条件下的被试都容易产生错误再认效应。如果我们只是查看表 2 中被试人数最多的那几类,就会发现,错误再认关键诱饵被试人数较多的是使用了精致复述的未告知组(0.89)与强调组(0.82),而努力判断关键诱饵的预警组则较少(0.45)。但是请注意,即便是那些努力判断关键诱饵的预警组被试也错误再认了将近一半的关键诱饵。他们理解了预警指导语,而且也在尽量减少错误再认效应,然而还是受到了本应尽力避免的记忆错觉的影响。很显然,预警指导语减少了但并未消除错误再认效应。

135

　　课堂演示实验

　　作为本文第三作者正式课程(心理学 211,人类记忆)的一部分,25 名卫斯理大学的学生参加了一项关于预警效应的课堂演示。在演示实验之前,实验者向被试详细介绍了罗迪格和麦克

记忆单词 10

德莫特的实验,此外还介绍了一张词表样例及其关键诱饵。随后实验者告诉被试他们将学习 8 张词表,而他们的任务是想出一种尽可能减少对关键诱饵错误再认的策略。学习词表和再认测验的构成方式与本研究中的一样。词表以大约 1. 5 秒/词的速度被阅读,测验不需要进行记得/知道判断。他们的结果与本研究中预警组的结果很接近,击中率为 0. 67,对关键诱饵的虚惊率为 0. 49,未学过单词为 0. 19,无关诱饵为 0. 22。即便这些记忆班的学生对关键诱饵的错误再认依旧高于无关诱饵,$t(24) = 7. 57$,$SEM = 0. 04$,$p < 0. 001$,他们错误再认关键诱饵的可能性还是低于正确认出已学过单词的可能性,$t(24) = 3. 40$,$SEM = 0. 05$,$p < 0. 01$。这些结果显示,记忆班的学生容易受到记忆错觉的影响,虽然影响的程度得到了改善。

136

至此,在严格的实验室环境和不太严格的教室环境中,预警指导语都导致了记忆错误效应的减少,但未能消除这种效应。

讨　论

本研究证实了几个重要的内容。第一,若被试未被告知记忆错觉的有关信息,他们表现出了一种较强的错误再认效应。这些被试错误再认关键诱饵的比率差不多相当于对已学过单词的击中率,而且他们更可能认为自己明确记得这些关键诱饵来自学过的词表,而不仅仅知道它们曾出现过。第二,当被试被强调慎重对待所有单词的虚惊时,他们仍旧表现出了较强的错误再认效应,他们对关键诱饵的错误再认率近似于对已学过单词的击中率。不过,强调指导语降低了将错误再认的关键诱饵判断为来自学习词表的可能性。第三,当被试接受了记忆错误的预警后,他们表现出了一种受到弱化的错误再认效应。这些被试减少了对关键诱饵的虚惊率,而且他们对再认出的已学过单词和关键诱饵作出的记得和知道判断也常常近似。第四,实验后的问卷调查表明,未告知组和强调组中的大多数被试使用了精致复述来尽量记忆单词,而预警组中的许多被试则尽力去判断关键诱饵。不过这些努力寻找关键诱饵的预警组被试依然会受到记忆错觉的影响。最后,对错误再认进行预警被一项课堂演示实验的结果证明为切实有效。

137

预警指导语能够减少但不能消除错误再认效应,我们的这一发现为沟通知觉错误与记忆错误提供了经验资料。早先,罗迪格和麦克德莫特(1995)曾提出,错误记忆效应与错误知觉的机能类似,他们认为"正如知觉错误会不可避免地发生一样,即便人们有时清楚地知道那些导致错觉产生的因素,我们怀疑对那些从未发生过的事件的记忆也是如此"(p. 812)。我们的结果并没有否定他们的观点:预警组和未告知组的被试都错误地再认了关键诱饵。本实验的程序使得预警组被试有机会想出策略以减少对关键诱饵的错误再认。然而即便该组中的很多被试在努力

记忆单词 11

发现那些关键诱饵,他们还是错误地再认了几乎一半数量的关键诱饵。这种记忆错误能够受到被试知识的影响,因为本研究所使用的方法使得被试有时间运用那些知识。但是,就算被试掌握了这种知识,错误再认仍旧会发生。考虑到在预警条件下所使用的周密训练程序,我们不知道该怎样才能向我们的被试更清楚地解释这种错误,我们也不知道有什么比设法找到关键诱饵更有效的防止错误再认的策略。何况这种策略也不是全能的,它的作用也会随着学习词表数量的增加超出了记忆的范围而降低。很明显,即便是无所不知的被试也会在这样的任务中出现记忆错误。

为了解释这种记忆错觉,一些研究者使用了安德伍德(Underwood,1965)的内隐激活反应假说。他们认为,当被试在编码单词时,他们会想起与那些学习的单词存在语义联系的其他单词(如,Roediger & McDermott,1995;Schacter et al.,1996)。在本实验中,聆听存在着语义关联的词表可能激活了对关键诱饵的表征,因为它们与词表上的项目语义关联程度最高。在随后的再认测验中,被试可能会根据内隐的刺激熟悉性或者对学习背景外显的检索而错误地再认出这些单词。如果在学习时对关键诱饵的表征没有被有意识地激活,被试也可能在测验时错误地再认出那些单词,但是他们会更可能说自己知道那些词曾出现过,而不说自己明确记得它们出现过。如果在学习时那些表征被有意识地激活,被试也许就不仅会错误再认出这些单词,而且会说自己记得它们曾出现过。在这两种情况下,被试都将出现对关键诱饵的源监测错误。本研究中的预警组被试可能在学习时有意识地激活了某些诱饵,并将其判断为相关联的但未学过的单词。他们通过拒绝测验中的任何诱饵从而既减少了对关键诱饵的虚惊率,也减少了对其作出记得判断的频率。不过,虽然与其他条件相比这些被试的错误再认率会低一些,作出记得判断次数也要少一些,但是他们应该仍旧容易出现错误再认,因为他们仍旧会被学习时内隐激活的关键诱饵或者被有意识激活后却没有认出是未学过单词的关键诱饵所愚弄。

最后,心理学家很久以前就知道记忆错误会发生在非实验室条件下(如,Bartlett,1932;Munsterberg,1908),而且当前对童年所受虐待的记忆(Loftus,1993)是错误记忆或者有无恢复的可能性存在着激烈的争论。我们不能说本研究的范式为研究错误记忆提供了一种通用的方法,也不能说本研究的发现可以推广到有关虐待儿童的记忆之中(有关这些问题的评论参见Feryd & Gleaves,1996,及 Roediger & McDermott,1996)。而且我们认为,这一有关错误再认的研究在了解知识能在多大程度上被用于减少人们的错误记忆方面具有实际的应用价值。难道就像罗迪格和麦克德莫特(1995)所说的那样,记忆错误会因为记忆的建构性本质而一直困扰着我们吗?通过了解记忆错误发生的条件,我们能避免这些错误吗?我们的研究结果表明,接受新知识只能获得有限的成功,因为即使阅历丰富的个体也只能部分地控制自己不在记忆中无中生有。

138

记忆单词 12

参考文献

Bartlett, F. C. (1932). *Remembering: A study in experimental and social psychology.* Cambridge: Cambridge University Press.

Craik, F. I. M., & Watkins, M. J. (1973). The role of rehearsal in short-term memory. *Journal of Verbal Learning and Verbal Behavior*, *12*, 599 – 607.

Deese, J. (1959). On the prediction of occurrence of particular verbal intrusions in immediate recall. *Journal of Experimental Psychology*, *58*, 17 – 22.

Freyd, J. J., & Gleaves, D. H. (1996). "Remembering" words not presented in lists: Relevance to the current recovered/false memory controversy. *Journal of Experimental Psychology: Learning, Memory, and Cognition*, *22*, 811 – 813.

Gregory, R. L. (1987). Illusions. In R. L. Gregory (Ed.), *The Oxford companion to the mind.* New York: Oxford University Press.

Loftus, E. F. (1993). The reality of repressed memories. *American Psychologist*, *48*, 518 – 537.

McDermott, K. B. (1996). The persistence of false memories in list recall. *Journal of Memory and Language*, *35*, 212 – 230.

Munsterberg, H. (1908). *On the witness stand: Essays on psychology and crime.* New York: Clark, Boardman, Doubleday.

Payne, D. G., Elie, C. J., Blackwell, J. M., & Neuschatz, J. S. (1996). Memory illusions: Recalling, recognizing, and recollecting events that never occurred. *Journal of Memory and Language*, *35*, 261 – 285.

Rajaram, S. (1993). Remembering and knowing: Two means of access to the personal past. *Memory & Cognition*, *21*, 89 – 102.

Read, J. D. (1996). From a passing thought to a false memory in 2 minutes: Confusing real and illusory events. *Psychonomic Bulletin & Review*, *3*, 105 – 111.

Roediger, H. L. Ⅲ (1996). Memory illusions. *Journal of Memory and Language*, *35*, 76 – 100.

Roediger, H. L. Ⅲ, & McDermott, K. B. (1995). Creating false memories: Remembering words not presented in lists. *Journal of Experimental Psychology: Learning, Memory, and Cognition*, *21*, 803 – 814.

Roediger, H. L. Ⅲ, & McDermott, K. B. (1996). False perceptions of false memories. *Journal of Experimental Psychology: Learning, Memory, and Cognition*, *22*, 814 – 816.

Schacter, D. L., Verfaellie, M., & Pradere, D. (1996). The neuropsychology of memory illusions: False recall and recognition in amnesic patients. *Journal of Memory and Language*, *35*, 319 – 334.

Tulving, E. (1985). Memory and consciousness. *Canadian Psychologist*, *26*, 1 – 12.

Underwood, B. J. (1965). False recognition produced by implicit verbal responses. *Journal of Experimental Psychology*, *70*, 122 – 129.

作者注

　　谨在此向 Chun Luo 对本文初稿所作的有益评论表示感谢。本研究得到了 John G. Seamon 所获得的卫斯理大学奖学金的支持。有关这篇文章的交流信件请寄给他。地址是：Department of Psychology，Wesleyan University，Middletown，CT 06459 - 0408（e-mail：jseamon@wesleyan.edu）

141

表 1

已学过和未学过单词以及相关和无关关键诱饵的平均再认情况

项目类型	再认的单词比率		
	合计	R	K
未告知条件			
词表单词			
已学过	.76	.52	.24
未学过	.15	.03	.12
关键诱饵			
相关	.81	.55	.27
无关	.15	.06	.10
强调条件			
词表单词			
已学过	.65	.41	.24
未学过	.12	.03	.09
关键诱饵			
相关	.74	.37	.38
无关	.12	.01	.11
预警条件			
词表单词			
已学过	.63	.34	.28
未学过	.14	.02	.12
关键诱饵			
相关	.46	.19	.28
无关	.14	.03	.11

注意:R＝记得判断,K＝知道判断。表中记得与知道判断的比率之和不等于合计比率的原因在于要保持两位小数。

表 2
根据自我报告策略对学过单词的击中率和对关键诱饵的虚惊率

142

分组	自我报告策略			
	未报告策略	简单复述	精致复述	判断关键诱饵
未告知组				
N	3	2	8	3
击中	.71	.71	.81	.74
虚惊	.83	.81	.89	.58
强调组				
N	4	1	9	2
击中	.56	.83	.66	.71
虚惊	.59	.88	.82	.63
预警组				
N	4	2	3	7
击中	.49	.65	.65	.68
虚惊	.28	.69	.58	.45

注意:N代表被试数量,击中和虚惊情况以比率分数表示。

143

▼ 表 5-3 研究报告各部分内容总结

部分	内容
题目	实验:说出自变量和因变量——"X 对 Y 的影响" 其他研究:说出所探讨的关系——"X 和 Y 的关系"
摘要	最多用 180 个单词说出对谁做了什么,并概括出最重要的结果。
引言	说出你想要做什么及为什么(你可能需要回顾有关的研究结果)。 说出你对结果的预测。
方法	提供充分的信息,便于其他人据此重做。 为了表述清晰需要使用副标题(被试、仪器等), 还需要明确交待自变量、因变量和控制变量。
结果	用图或表概括重要的结果。带领读者分析与研究目的似乎最相关的数据。
讨论	说出研究结果与引言中的假设或预期是怎样关联的。 对结果的推论和理论上的阐述是适合的。
参考文献	用 APA 格式列出那些在报告中被引用的文献。

你的题目应该简洁明了(10—12 个单词)。通常题目要讲出自变量和因变量。

你的摘要应该包括变量(自变量、因变量和重要的控制变量),被试的数目和类型,主要的结果以及重要的结论。因为摘要最长不能超过 180 个单词,所以只能介绍文中最重要的部分。报告的主体应该是对摘要的扩展。(这就是为什么大部分摘要都是最后写,即使先写摘要会使报告写起来更清楚。)

引言中你应该说明,为什么你对该问题感兴趣,其他研究者的发现是什么,以及你要探讨的变量是什么。你应该从一个广阔的角度开始你的引言,然后迅速缩小到你感兴趣的具体问题上。在读者阅读相关研究的过程中,要始终让读者知道你正在建立你自己的研究题目。因此,避免讨论一些不着边际的问题。在引言结尾处,要让读者了解实验的基本情况,明确你的假设和预测。至此,你应该让读者认为你的研究正在填补一个重要空白。

方法部分中,要说明你对变量的处理。此部分的清楚与完整是重要的。写方法部分时,你已经很熟悉和了解了实验的细节和复杂性。这时你很难意识到读者只是第一次读它。因此,写作时你应该尽量告诉读者他们需要知道的每一件事,以便于他们能重做你的实验,但是不要包括无关的变量。通常方法部分被

144

分成三个子部分：被试（或参与者）、材料（或仪器），及程序。被试部分介绍，参加研究的被试数目、被选出的人群（比如，你所在大学的心理班）和参加的奖励（比如，获得学分）。如果由于某种原因被试中途退出或被淘汰，必须要加以说明。材料（或仪器）部分介绍实验中所用到的材料全部相关信息。在接下来的程序部分中，通常先讲述实验设计，然后介绍指导语（如果被试是人），此外还要让读者了解实验的各个阶段。

　　结果部分中，要阐述你的研究变量发生了什么。在这里清晰的表述是很重要的，切忌没有文字评述的统计分析。相反，应该先以平实的语言讲述每一个发现，然后再以统计结果支持它。结尾时还应该对你的实验目的和结果作一个总评。在你的讨论中应说明变量的效应对所研究的问题有什么意义。论文的这一部分中最大的问题是缺少组织性。因此开始写这部分之前，你应该知道讨论的要点。对这些要点的讨论应该简洁易懂。讨论时切忌跑题，应该按照引言中涉及的问题展开。当读者读完报告后，他们应该能够用一两句话说出报告的主要结论。此外，务必记住所得的结论不宜过大。科学的发展是小步子的，同样，你的实验也无须惊天动地。

　　通常写研究论文并不是按照杂志中那样的顺序进行的。你可以首先考虑写方法和结果部分，然后再写引言和讨论部分（最后写摘要）。尽管看起来并不像开始部分，但是方法和结果部分比较容易写，因为它们有一种惯用的模式。换句话说，对研究中所使用的被试数量的介绍或者对某种统计分析结果的说明方式并不多。另一方面，引言和讨论部分通常是最难写的，所以被放在后面。通常这些部分都比较长，需要有写作技巧、对材料进行组织和深入思考。例如，讨论部分会比较难写，因为需要对数据进行解释，而对数据的解释又常常有许多方式。需要注意的是，并非所有的作者都使用这种策略，自己应该为自己找到一种最合适的方法。

　　APA出版手册对写作风格的要求如下：思想的顺序表达、流畅表达、简短表达、明确表达以及清晰表达。它还就如何提高写作风格提供了策略。这些指导给我们写好报告提供了一些保障，接下来我们探讨写作风格方面的问题。

　　科学的写作要求清晰，因此每个单词都应该精挑细选。大学生的研究报告经常会出现用词不当的问题。比如，"I ran the subjects individually."（我个别地让被试奔跑），"The white albino rat was introduced to the Skinner box."（这个白色的白鼠被介绍给斯金纳箱）。事实上，第一个句子所表达的研究中没有任何被试奔跑过，而作者想表达的意思是"我个别地测试了被试"。第二个句子会让人联想到实验者的老鼠很聪明，而实际上老鼠并没跟箱子握手，它只是被放到了操作条件箱中。而且"白色的白鼠"措辞啰嗦。因此上面大学生的研究报告给我们的提示是，你必须精心挑选正确的词或短语并切忌模棱两可。尤其使用代词（这、那、这些、那些等）时更要慎重。许多学生认为以代词开头是不可避免的，但是他们又经常弄不清楚代词的指代。为了避免含混不清，你可以在代词出现前先交待它的指代。

选好要用的词和短语后，你应该小心地把它们放到一起。这时出现了一个很普遍的问题，即动词时态的误用。通常，引言中回顾他人研究用过去时，方法中用过去时，结果中描述和讨论数据时用现在时。

写作中还应注意集合名词和复数名词与它们的动词和代词的一致性问题。以 a 结尾的复数名词有点让人头痛，比如，data、criteria 和 phenomena。它们是复数的，因此需要复数的动词和代词。它们的单数形式是：datum、criterion 和 phenomenon。

许多作者在其报告中滥用被动语态。例如，"被认为遗忘是被干扰引起的。"尽管该句子相当简洁（而且明确），但与"我们认为干扰引起遗忘"一句相比就显得呆板和不直接。如果你滥用被动语态，你的报告会显得呆板。如果你滥用主动语态，你的研究兴趣会从实验转移到你自己身上（我认为，我做了，等）。如果你想强调什么被做了，而不是谁做了以及为什么做，那么使用被动语态。另一方面，如果你认为活动的主题重要，或者活动的原因也重要，那么使用主动语态。

慎重的作者避免使用性别歧视语。APA 建议，避免使用"他"、"他的"来泛指所有人，而应该用"他和她"这样的复合结构。一般来说，作者应该准确、无偏见地表达自己的思想。《APA 出版手册》中专门有一部分讲解如何减少语言偏见。

研究报告中所用的术语必须一致；如果你给某些东西指定了标签（比如，把被试标定为：知情组和未知组），那么贯穿文章始终你都要用同样的名称。在英语课上老师可能已经要求你对重复的事情用不同的词汇表达以免读者厌倦。但是，在科学研究报告中，改变术语只能增添困惑。当介绍一个新术语时，让读者知道它不同于前面提到的概念是很重要的。

　　写出一篇说服力强、组织好的研究报告是一种技能，它需要大量的努力和练习。写报告不仅仅是把信息分配到相应的部分里，还要注意许多方面，诸如，文风、措辞、表述等。正是由于这些方面的优劣才区分出了流畅的好文章和含混的蹩脚文章。写报告时你要按照文风和语法所要求的标准写。此外，参考《APA出版手册》中对心理学期刊文章的要求，包括每部分的结构和内容、思想表达的简洁和明确，以及数据与统计值的表述等。我们还推荐前面提到过的斯顿伯格的书（1993），以及斯顿伯格（1992）和罗迪格（2007）的文章，还有贝姆（Bem，2004）所写的章节，以帮助大家获得优秀的建议以及心理学文章中有关好与不好的写作风格、遣词造句和组织结构方面的例子。最后，或许也是最重要的，你应该根据本章提出的标准拿出时间来修改和重写你的文稿。没有人第一次写出的文章就能达到发表的水平；在写作过程中修改是很关键的部分。

文章发表

　　假设你的文章已经写完了，校对过了，并且最后一页都已经打印好了，那么现在该做什么呢？尽管你的第一篇学生报告不可能达到专业水平，但是你仍然会发现心理学工作者投稿的情景是很有趣的。

　　第一步是把文稿（未发表的文章）的复印件分发给几位信得过的同行，让他们检查文中是否有明显的或基本的错误并确认作者的论述是否清楚。一旦作者得到了同行的反馈，并据此作了适当的修改，他就会惴惴不安地把稿件寄给编辑。寄出后的几个月作者必须耐心地等待，评审录用过程是缓慢的（收到稿件的编辑通常是极其繁忙的，他们总是身兼数职——教学、做自己的研究，以及指导本科生和研究生等）。两三周后作者能收到一封正式的信件，感谢她或他对这个期刊的赏识并告知他们收到了作者的稿件。信中还标注了稿件的号码（比如96-145）。如果某个副编辑被指定处理作者的稿件，那么今后作者可以直接与这个人书信往来。

　　编辑把文稿的复印件分发给两或三个评审员。一些期刊隐匿了作者的名字，以确保评审员的公正。评审员通常也审阅其他期刊的稿件，他们把需要评审的所有稿件都放在自己的桌上。一位有良知的评审员可能用一两天的时间认真读文稿,然后写出评语寄给编辑。当评审员们的意见一致时,编辑的决定容易做。如果评审员的意见不同,那么编辑本人就必须认真阅读它,必要时还得征求别的评审员的意见。最后,编辑作出了决定,并寄给作者一封信,信上说明:(1)为什么文稿不能被发表,或(2)对文稿做怎样的改动才能被发表,或(3)期刊将要发表作者的文稿。因为文章的拒绝率很高(超过 70%),所以编辑总是花大量的时间写拒绝信。

不管文章是否被接受,评审员的评语都是最有价值的。同一领域中最好的心理学家无偿地对该研究提供了建设性的意见。当然评审员也可能犯错误。如果作者不同意评审员的意见,他们有权给编辑写信。尽管这样做,文章仍然不会被发表,但是作者有权抗议这件事本身是重要的。不管怎样,总还有其他的期刊供作者选择。

即使文章被接受了,但是作者的事情还没完。他们可能需要对文稿进行一些修改。作者已经把文章的版权移交给了出版商。几个月后作者收到了打印出的校对稿,要求作者仔细核对以保证它们与原稿相同。核对后,作者再把稿件归还给出版商。再过几个月,文章就出现在了期刊上。从投稿到发表整个过程需要一年或更多的时间。虽然文章刊登在期刊上了,但是作者不会得到任何报酬;然而,从另外一个角度来说,作者也不必为文章的打印和发表付钱。

正如你所想象的那样,当你的名字被打印出,尤其是第一次时,它实在是一个很大的惊喜。但是,当你了解到你已经为心理学作出了小小的贡献时,你的惊喜会更大。

▼ 小结

1. 当你读一篇研究报告时,你应该积极地挑剔地阅读,以便你能够从其他人的研究中汲取最多的养料。

2. 核对清单法可以帮助你养成善问的阅读习惯——边读边提问:研究要验证的假设是什么? 它们是怎样被验证的? 方法能验证假设吗? 结果支持假设吗? 作者是怎样用结果来说明研究目的的? 作者的解释和推论是什么?

3. 当你写自己的研究报告时,你也应该考虑这些问题。APA 格式提供了研究报告的写作框架,但是报告写得好坏还取决于你自己。本章中给出了几点建议,帮助你写出一个清晰明确的报告。

4. 本章结尾简单介绍了文章的发表过程。不管怎样,为了心理学的进步,报告必须发表,阅读必须挑剔。

▼　重要术语

摘要	引言	参考文献
APA 格式	文献检索	结果
仪器	材料	行文标题
作者	方法	被试
设计	参与者	表
讨论	程序	题目
图		

▼　网络资源

148

请登录"瓦兹沃斯心理学资源中心,统计和研究方法业务"网页,仔细浏览关于"APA 格式"以及"获取研究思路"的逐步介绍,网址如下:

http://academic. cengage. com/psychology/workshops. html

查看这个近来更新的网页,可以找到对 APA 格式的详细介绍:

http://www. docstyles. com/apacrib. htm

进入下面这个网址,你可以了解到怎样进行文献检索:

http://apa. org/science/lib. html

你可以通过下面的网址找到一种有趣的在线杂志 *Psycholoquy*,该杂志是由美国心理学会资助的。

http://www. cogsci. esc. soton. ac. uk/psycholoquy/

▼　实验室资源

虽然兰思顿(Langston,2002)《心理学实验室研究方法指南》(*Research Methods Laboratory Manual for Psychology*)第十章所介绍的文章主题(盲人对障碍物的探测)与本章所详细介绍的(投票影响因素和单词的错误记忆)不同,但是两者的目标是一致的:(a)提出假设;(b)验证假设;(c)重复步骤直到确定答案。

▼ 课后练习:文献检索

假设你对催眠对记忆的影响这个问题感兴趣。许多人相信催眠能帮助人们回忆起正常状态下记不起的东西。然而许多法庭不允许接受了催眠的人作目击证人。为什么不允许呢?催眠状态下我们的记忆改变了吗?或者催眠有助于记忆吗?这些都是你感兴趣的问题。

为了回答这些问题,你需要进行文献检索。因为你对于这个领域很陌生,你根本不知道这方面研究者的名字。因此,你最好从 PsycINFO 开始检索。使用像 PsycINFO 之类的电子数据库并不要求你一定是位图书管理员或者计算机专家。你不仅可以找到纸质版的使用说明,还可以在电脑屏幕上找到帮助信息。此外,图书馆中的咨询人员也能够回答你的问题并帮助你确定检索策略。

要想研究催眠对记忆的影响,你可能先要找到一个"关键词"。检索时你只需键入一个能代表研究主题的单词即可(比如,催眠)。但是,结果显示近来有关催眠方面的研究文章达到10261 篇。这么多的文章显然无法处理。对"记忆"一词的搜索发现的文章更多:甚至超过84630 篇。在这种情况下,你就需要把两个以上的关键词联合起来以缩小文章的数量。因为你对"记忆对催眠的感受性"感兴趣,所以你可以把"感受性"、"催眠"、"记忆"的独立搜索联合起来进行,结果就会显示包含所有这三个概念的文章列表。现在你将搜索范围缩小到了更具操作性的有 113 篇文献的列表,每篇文献都附一个简短的摘要。现在你需要浏览文章的题目和摘要,从中找出你认为特别有价值的,之后再到期刊上查找它们的原文。综述性的文章用处更大,因为它们概括和评价了许多实证文章。

现在假设你已经找到了一篇探讨催眠与记忆的文章,其中论及的一种理论让你特别感兴趣。你想要知道该理论的意义以及它能否被实验证实。要解决这个问题,一种方法是弄清楚近期引用过此文的文章有哪些。因此,你需要使用《社会科学引文索引》(SSCI),SSCI 允许你键入一篇文章的参考文献并能了解谁引用了它。通过这种方法,你可以了解该研究领域的近期发展状况。

使用电子检索时,图书馆通常会允许你打印出感兴趣的文章。此外,有时你还可以把这些文章下载到自己的存储设备上。但究竟可以用哪种方式得到材料,还要询问图书馆管理员。

第二部分

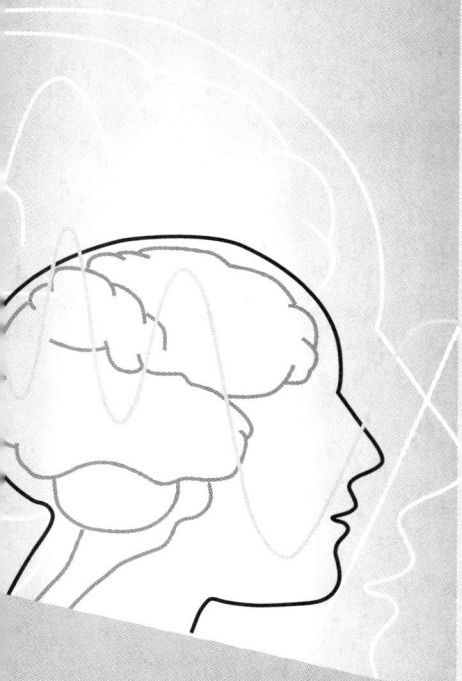

实验心理学的基本原则与实践

第六章
心理物理学

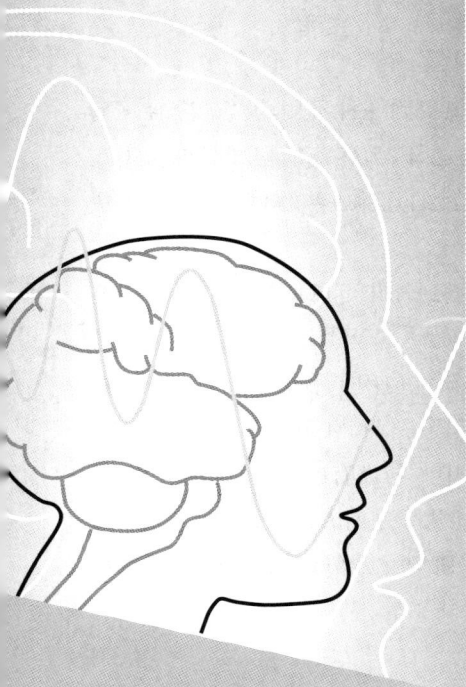

154

观察是被动的科学，而实验是主动的科学。 [Claude Bernard]

　　假设你是一名牙科医生（或者牙病患者），想找到一种不用药就能减轻疼痛的办法。对疼痛的测量是一个心理物理学的问题，因为疼痛的程度只能从坐在治疗椅上的患者的行为推断出来。本章所要介绍的几种成熟的心理物理学方法就可以用来对诸如疼痛这样的感觉进行测量。

　　不管你是牙医还是牙病患者，你也许都想不到气味可以增加人们对于疼痛的忍受能力。但是一项近期的心理学研究（Prescott & Wilkie，2007）表明，甜气味能够提高人对疼痛的耐受性。这项对疼痛的研究使用了倍受争议的冷升压试验，就是让被试将其优势手及前臂浸入冷水（5℃）中保持4分钟。被试被告知，如果能够忍受疼痛的话就尽可能地将手浸在水中。与没有闻任何气味的控制组被试相比，闻甜气味的被试将手浸在水中的时间几乎是前者的三倍。于是，本书一位将要接受根管治疗手术的作者打算将这篇研究文章复印下来带给牙医看：这是心理学研究给人们带来实际利益的又一个例子。

▼　测量感觉

　　上述出乎预料的结果是由多个因素引起的，本章将讨论其中的部分原因。为此我们将引入一门古老的科学心理学的研究领域——**心理物理学**，来研究这些问题。心理物理学所描述的是那些由于物理量的变化而引起的心理反应。波林（Boring E. G.）——著名的实验心理学家——1950年指出，内部印象（心理物理学中的心理）与外部世界（心理物理学中物理）之间相互关系的测量技术的引入，标志着科学心理学诞生了。

　　波林之所以这样认为，是因为科学家们借助这一心理物理学技术，建立了心理现象的第一批定量化的数学定律。虽然这些定律的特征是自身固有和相关的，但对这些问题的研究有重要的含义。其一，测量感觉大小是非常困难的事情，因为它很难被人们测知，不像测量光的强度大小和称石头的重量那样直观。

其二,内部判断无法用影响感觉器官物理能量的大小来表示。下面就是有关这些问题的心理物理学研究。

费希纳(Fechner G.)正式提出了心理物理法,用心理量值的形式来测量世界的属性（1860,1966）。这个方法接下来在本章中还要详述。心理判断按着刺激强度和感觉形式的不同（如对视觉、听觉和味觉刺激的判断均不相同）,而以特定的方式改变着。因为这一关系存在于或基本上存在于许多不同人的身上,所以费希纳和其他研究人员就个人和内部判断进行的测量结果是准确的。如图 6 - 1 所示,心理物理学家能测量出亮度、响度、重量和疼痛的心理属性,正如物理学家能够测量出光的强度、声音的强度等等相应的物理属性一样。

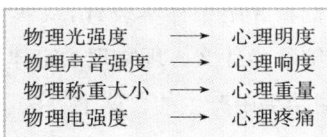

物理光强度	→	心理明度
物理声音强度	→	心理响度
物理称重大小	→	心理重量
物理电强度	→	心理疼痛

▼　图 6 - 1

物理刺激和心理判断之间的一些关系。

155

不管是 18 世纪还是今天,心理物理法被主要用来测量诸如亮度之类表面上看起来简单的感觉。这看上去似乎有些不必要的。人们认为确定声音的响度、报告一个刺激所引起的疼痛是很容易的事情。但是物理值与心理值之间几乎不存在一一对应的关系。如果某个摇滚乐队将其扩音器的能量增加两倍（物理量值加倍）,并不会让听者觉得它的响度也增加了两倍。要想让听者觉得声音变响了两倍,那么它的能量水平必须增加将近十倍才行。得益于心理物理法的这类发现有着重要的实践意义。例如,扩音器或用来放大音量（指被知觉到的响度）的收音机刻度盘无法承受刻度与能量之间的一一对应关系。而且,刻度盘还必须标定,结果刻度盘上的指针移动是以响度的增加为依据的。因此,刻度盘上音量的加倍就需要物理能量近十倍的增加。电话也是如此,其麦克风和放大器是根据声音强度与响度之间的心理物理关系而确定的。

刺激与判断之间的心理物理关系,依赖于受到刺激的特定感觉特征。电击强度的增加所导致的疼痛判断增长得更迅速,而声音能量增加所导致的响度判断则增长得要慢些。电击强度只需增加 1/3 所导致的疼痛就已经加倍了。因此我们可以看出,单单测量物理量,对我们精确地确定心理量值没有什么帮助。

本章我们用心理物理法解释三个科学命题。**操作定义**描述提出概念的过程,该过程有助于我们成功地交流所研究的命题。当一个被试报告她或他觉察到一个疼痛刺激时,意味着什么呢?分别赋予觉察和疼痛一个操作定义,将使科学家能用类似的方法使用这些技术术语。

156

一个相关的问题与量表有关,就是将数字和名称分配到物体及其属性上。我们如何确定一种光的亮度是另一种的两倍?并非所有的心理物理方法都可以准确地描述一种感觉对另一种感觉的比值。

最后,我们将介绍小样本设计,或者说那些基于少量被试的实验设计。据此,我们可以解释为什么心理物理学定律常常是从少量被试(即小样本)身上获得的大量观测结果中产生的。这个方法与通常采用的方法有所不同,使用大量被试时,其实对每个被试的观测是有限的。

▼ 6.1 实验主题与研究范例

主题 操作定义

范例 阈限

如果参加者不把他们所使用的术语明确和统一,那么任何一个严肃的讨论,不管是科学的还是非科学的,都不会深入下去。想象你和你的异性朋友正进行着一个友好的关于谁是最佳运动员问题的争论。你们怎样确定"运动员"的涵义呢?你们两个可能都认可诸如网球、游泳和体操等这些常规运动,但许多非常规项目,如飞蝶、空中滑翔和竞走等又怎样呢?这些项目的参与者,能否有机会被嘉奖为本年度的最佳运动员?只有这个概念明确了,你们的讨论才会不再兜圈子。

在科学研究中也有类似的问题。由哈迪(Hardy)和同事们获得的一种描述非常规镇痛剂作用的结果表明,未经训练的被试,服用阿司匹林后对疼痛的敏感性反而更强了。对于通常的谈话,这可能是理解当时情景的一种足够好的方式。

但是,普通用语和技术用语有着不同的要求:在技术论文中,明确是必须的,这样可以避免对科学结果的含义进行不必要的讨论。从技术角度来讲,敏感性的提高意味着服用阿司匹林后机体的疼痛感受器变得更敏锐了。这个不可能的可能性将对药品公司、医生和头痛患者有着重要的价值。

科学家关心的是获取结果的操作方法。那么科学家能够确定,据此得到的概念是不是合乎结果实际情况的方式。哈迪就是使用该方法来测试敏感性的。但是,他并没有因此得到一个肯定的答案——即阿司匹林改变了观察者报告一个致痛刺激的意愿。由此可见,了解科学家用于研究过程的方法和操作方式是非常重要的。像"疼痛"、"敏感性"和"意愿反应"等词组具有普遍意义,当其被用于科学研究情境时,必须给予严格的限定。

变量介绍

157

因变量

作为心理物理学研究的观察者,需要从给出刺激的两种判断中作出选择。对于只有一个刺激的特殊实验而言,仅会得到一个绝对判断。绝对判断可以简单地描述信号存在或不存在("对,我看到了";"不,我没看到"),或是直接给出刺激的属性(如:重量多少克?)。如果在某一试验中,对两种刺激需进行比较,就要进行一种比较判断。也就是可以简单表述为:"刺激 A 比刺激 B 大(或小)";或直接估出结果:刺激 A 是 B 的两倍。

自变量

刺激质和量的属性,是在心理物理学中应用较多的主要自变量。调整(改变)一个声调响度,就是对其刺激的量的调整,就像改变一个物体的重量或一种气味的浓度一样。频率表示一个声调音高的物理量,可用于使刺激产生质的变化。其他定性的判断还有要求研究者进行比较后给出的不同种类的食物(菠菜和芜菁相比)或歌唱演员的不同风格(Madonna 和 Tammy Wynette 相比)。

控制变量

心理物理实验中最需控制的是观察者作出某一特殊反应的意愿。这种意愿在实验过程中必须保持一致。一个倾向于作出肯定判断("是的，我看到了")的观察者,在实验全过程中要保持相同的倾向。如果执行反应的标准有变化,那么得到的对感受性的描述就会不准确。经典或传统心理物理学指出,观察者持久地完成实验没有太大困难。一旦观察者经过训练,那么这种态度便可得到控制。现代心理物理学理论,如信号检测论(后面将述及)却对此持否定态度。该理论认为,观察者作出的反应,是由依赖于刺激和有关心理因素的决策而确定的,例如:有关决策的得与失。因此,正如后面将要详述的,现代心理物理方法借鉴特殊的技术来确保(至少检验)观察者在实验过程中保持恒定对策的假说。

操作定义是研究工作所提供的技术手段中最常用的方式。操作定义是建构语义常用的方法,据此其他研究者可以重复使用它。例如:"取蝾螈的一只眼睛、一条青蛙腿和三个牡蛎壳,摇动两次"就是一种操作定义。尽管它所表述的意思并不很清楚,但却可以被重复,因此它满足了操作定义的主要特征。从中可以得出这样的结论:一个操作定义不一定要切合实际,只要求词句明确,具有可重复性。例如,我们可以操作性地命名"厘克"概念,就像用厘米表示高度一样,用厘克来表示重量。因为任何一个科学家都会轻易地确定"厘克"的分值,那么它就是一个有价值的操作定义。当然,它可能不会被用于任何重要的科学目的,操作定义的潜在效用是独立于其合理性之外的。但通常操作定义的建构是与一个理论或研究文献紧密联系的,因此它们确实会有效用并且也会合理。

接下来,我们探讨从理论的角度建构**阈限**这一概念的操作定义。首先,我们给出这个术语的一般语义。然后,随着定义明确性要求的增强,看一看我们如何尝试着使用更纯熟的方法学技术来完善阈限的操作定义。

阈限:经典心理物理学

通常,阈限可以被比喻为你进入房间的"大门"。经典心理物理学认为,刺激必须穿过这样一个屏障(假设的)才能进入人的大脑或内心。如果给出的是一个较强的刺激,那么它将较容易通过阈限。为帮助我们理解,特作如下的比喻:视刺激为一个跳高运动员,那么横杆就是阈限,因此,一次好的跳跃会越过横杆(通过阈限);但是,一次差的跳跃却不能越过。那么刺激多大时,信号才能通过阈限呢?这正是经典心理物理学所关注的问题。

回答这个问题似乎很简单。首先,我们逐渐增大刺激的强度,正如声调或弱光的变化,直到被试回答:"好,听到了(看到了)。"但遗憾的是,当我们重复这一过程时,观察者确定的刺激量值在前后实验中往往不一样。为解决这一问题,经典心理物理学家采用统计方法来确定阈限的最佳值。我们只介绍其中的一种——费希纳提出的著名的极限法。

下面是一个使用极限法测定声调阈限的实验,实验结果见表6-1所示。表中每列中的数据,来自一组试验。第一组:开始于清晰可听见的声音,被试回答"听到了(是)";接下来声调强度逐渐减弱,直到被试说"听不到(否)"为止,实验结束。第二组:开始于被试说"听不到"的声调值,随后声调强度逐渐增大,直到被试报告"听到了"为止。这两种过程交替进行,直到完成表6-1为止。为了避免其他因素干扰被试,每组数据的起始值(强度)不同。

159

▼ 表6-1 使用极限法确定绝对阈限

刺激强度	回答				
	↓		↓		
200			是		
180	是		是		
160	是		是		
140	是	是	是		
120	是	否	否	是	
100	是	否		否	
80	否	否		否	
60		否		否	
40		否		↑	
20		否			
		↑			均值
阈限	90	130	130	110	115

注:第一列中,被试开始接受较强刺激,随后逐渐减弱,直到被试听不到。阈限是第一次回答"否"和最后一次回答"是"刺激的均值。第二列试验信号为刺激由弱到强,直到被试感到刺激为止。通常每个序列试验始于不同强度的刺激,以避免被试受序列长度的影响。刺激的单位可以是随意值,即强度由 20 到 200,可以是重量或其他与强度有关的单位。

假若被试对刺激较敏感,那么在不同的实验序列中,他回答听到说"是"到听不到说"否"(反之亦然)的始点应该是相同的,这个点的值就是阈限。刺激的强度低于该值,被试就感觉不到;高于或等于该阈限通常就会感觉到。但是其他人得到的数据,不会与此完全相吻合,所得数据只不过看上去与表6-1的数值相近似罢了。

被试受到他们对刺激由"是"变为"否"过程中预期的影响(反之亦然)。例如,在测得阈限之前,实际上已经测得几个"是"回答,某些被试可能认为他们已给出太多的"是"回答,也许会提前回答"否"。还有一些被试会非常小心地改变他们的判断,并且可能对判断延迟很久。实际上,同一个被试在不同时间内或许会犯这两种错误。因此,阈限通常被认为是每组实验在被试回答"是"到"否"(或"否"到"是")之量值的平均值。这个界定是统计量值。确定一个阈限的方式,是以被试判断信号的能力为基础的,这被称为一个**绝对阈限**,因为"是—否"判断不是以两种刺激的比较为基础的,而是对于单个信号的绝对判断。

经典心理物理学认为,物理刺激产生一个标准的心理结果分布(见图6-2)。因此,由相同物理刺激产生的真实心理量值,对不同实验是不一样的。阈限是一个统计概念,取决于该标准分布的平均值大小。因为标准分布是对称的,那么阈限是50%的时间内能被确定的刺激量值。

▼ 图6-2
相同物理刺激产生的心理量值范围。

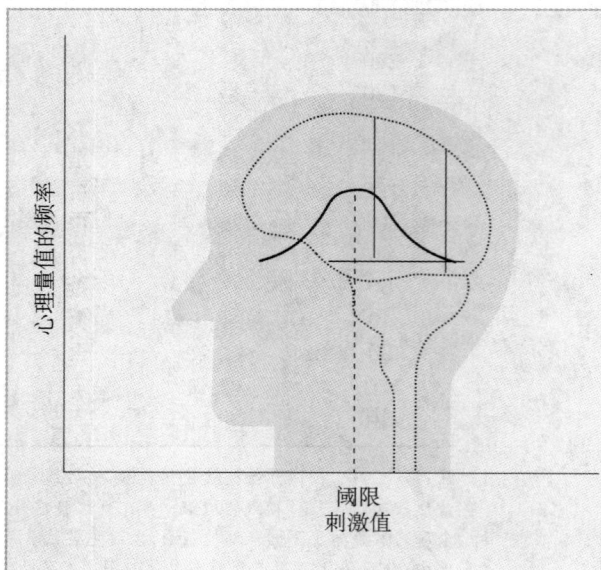

　　由于绝对阈限是一个统计概念,很像"平均纳税人",但除了平均数之外它还 160
有其他的统计特性。表6-2表示,通过计算得出的相对判断基础上的差别阈
限,即将一个恒定不变的标准刺激判断与一系列变化的刺激进行对比的结果。
被试要回答的问题是:"两种刺激间的差别多大时,才能区分出它们?"

▼　表6-2　利用极限法测定差别阈限

	比较刺激(克)		回答		
		↓		↓	
	350		较重		
	340	较重		较重	
	330	较重		较重	
	320	较重	较重	较重	较重
	310	等重	等重	较重	等重
标准刺激	300	等重	等重	较重	较轻
	290	等重	较轻	等重	较轻
	280	较轻	较轻	等重	较轻
	270		较轻	较轻	较轻
	260		较轻		
				↑	均值
阈限上限		315	315	295	315	310
阈限下限		285	295	275	305	290
	不肯定间距 = 310 - 290 = 20 克				

注:在渐减系列中,差别阈限的上限为最后一次的"较重"到第一次的等重回答之间的中点;下限为最
后一次的"等重"到第一次的"较轻"回答之间的中点。标准刺激总是300克。差别阈限是不肯定间
距的一半(本例中为10克)。

　　下面是一个关于差别阈限的典型例子。让被试举起两个重物,一个重物的
重量保持不变(标准重量),判断另一个重物的重量比前者重些、轻些还是相等,
由此完成一系列举起、放下的实验过程。差别阈限的上限是被试从"较重"到"等
重"时的结果平均值;下限是被试从"等重"到"较轻"时的均值。两者之差称为不
肯定间距。差别阈限的操作定义被认为是不肯定间距的一半。表6-2中的差
别阈限为10克。差别阈限的上限与下限的平均值被称为主观相等点(表6-2

中为 300 克)。

韦伯(Weber E. H.)——心理物理学研究的先驱,他的研究比费希纳早了 20 年。他发现了差别阈限的一些重要特性。第一个特性是差别阈限随着标准刺激的增大而增大。他发现标准刺激 300 克时,差别阈限为 10 克;标准刺激为 600 克时,差别阈限则为 20 克。一个常见的实验可以验证这一心理物理学上的发现。在一个房间里放一根蜡烛,如果另外再增加一根,那么房间会明显地变亮;但是,如果一个房间里已放置了几盏较亮的电灯,另外再增加一根蜡烛时,就不会感到房间明显变亮。

第二个特性是对于某一个特定的感觉,差别阈限相对于标准刺激的值是恒定的。韦伯也以测定差别阈限的这一特性而闻名于世。我们回到前面的例子,10 克与 300 克的比值和 20 克与 600 克的比值相等,均为 1/30。根据韦伯的发现,这就意味着 900 克的标准刺激对应的差别阈限应该为 30 克;同样,40 克的差别阈限所对应的标准刺激值应为 1200 克。那么对于 50 克的标准刺激来说,其差别阈限又是多少呢?

费希纳把差别阈限的相对恒定的关系称为韦伯定律。通常写为:$\Delta I/I = K$,I——表示标准刺激的物理量;ΔI——表示差别阈限;K——表示常数。

韦伯率,或称为韦伯分数,随着感觉的不同而不同。例如,亮度的韦伯分数略大于重量的。大量的研究证明,在某一特定的感觉中,韦伯定律适用于所测试的 90% 的标准刺激。但对于很微弱的刺激则不适宜,以至于弱光的韦伯分数竟会大大地超出了 1/30。我们知道 1/30 是在中等强度下发现的。

你可能会认为极限法的效率太低,因为每个栏中都包含了许多连续不变的反应(在表 6-1 中,或者是"是",或者是"否")。极限法的一个新变式是阶梯法(Cornsweet,1962)。阶梯法的反应主要集中在阈限的周围。阶梯法的第一个序列类似于极限法,但获得了阈限的估计值后,阶梯法就不再会呈现那些远离估计值的刺激了(参见表 6-3)。一旦刺激越过了阈限估计值,那么刺激强度会立即向相反方向调整。让刺激一直处于接近阈限的水平可以提高以往极限法的效率。阶梯法的阈限被操作定义为从第二个序列开始所有刺激的平均值(见表 6-3 中的第二栏)。

阶梯法曾被用来研究品酒专家是否比新手对气味的感受性更加敏锐(Parr,

▼　表 6-3　利用阶梯法测定一个绝对阈限

刺激强度	反应			
	↓			
180	有			
160	有			
140	有	有	↓	有
120	有	无	无	↑
100	有	无		
80	无			
		↑		
	阈限 = 124			

Heatherbell & White，2002）。研究者让品酒专家和新手对不同浓度的丁醇溶液和蒸馏水进行区分，丁醇是一种有水果味的化学物质。帕尔（Parr）与同事们发现，专家与新手们在差别阈限上相差无几。使用另外的方法，研究者发现，专家再认与酒有关的气味要优于新手。

无阈限：信号检测论

　　根据信号检测论，我们的知觉通常由感觉与决策过程控制。一个信号或刺激产生（假设的）的感觉取决于信号强度以及观察者的感受性，其部分决定着观察者作出"有"的反应。其他还有一些决定作出"是的，有刺激出现"的反应的因素，包括观察者说出有刺激出现的意愿。这些反应偏向的影响因素包括对准确性的权衡、信号出现的频率等等。图 6-3 显示了决策过程受到了感觉与反应偏

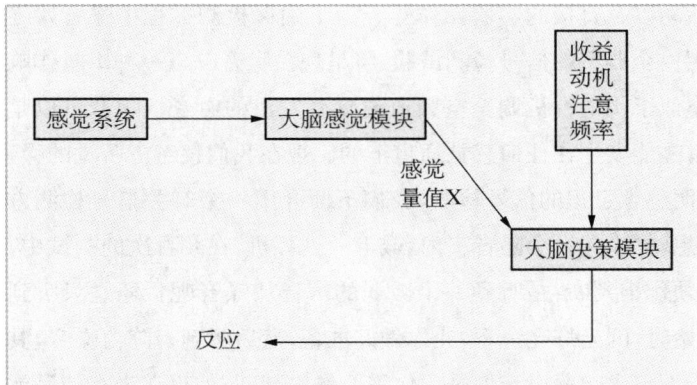

▼　图 6-3

信号检测过程的理论说明。感觉分析将感觉量值（X）发送到决策模块。X 的数值是信号强度与观察者感受性的函数。收益、动机以及注意过程将反应偏向信息发送到决策模块。感觉和偏向成分共同决定观察者的反应。感觉量值 X 位于图 6-4 和 6-5 的横坐标。收益等因素决定着反应标准的位置。

162

向的影响(Pastore，Crawley，Berens & Skelly，2003)。

你作出的任何决策都依赖于与之相关联的得与失。作一个这样的想象，一位朋友替你安排了一次盲约(与从来没有晤面的人约会)，这时的损失(浪费一个夜晚)可能少于收获(当时一个令人兴奋的夜晚和后来许多个这样愉快的夜晚)。即便是对与之相约的人一无所知，我们中的许多人都可能接受这样的盲约，对此所作的回答很可能为"是"。这个决策主要是基于得与失作出的，因为你缺乏有关该刺激(与你约会的人)的信息。

现在让我们想象另一种代价较高的情况：接受或提出一个结婚的建议。如果提供给我们的信息，仅是有关帮助我们决定是否去赴一个盲约的水平，那么即使我们中那些热衷于接受盲约的人也不会选择结婚的。这是因为，一场不愉快婚姻的代价远远大于一个不成功盲约的代价。按照决策理论的观点，当考虑婚姻时，我们中的大部分人是保守的决策者；但当考虑盲约时，则是大胆的决策者。这种决策偏见不依赖于刺激，当然同一个人置身于两种情况之中——他也只是依据决策的得与失来作决定。

现在，我们回到信号检测的感觉过程。感觉过程给决策过程传递一个量值。假如该量值较高，那么一旦得与失都被考虑之后，决策过程更有可能产生"是"的反应；如果这个量值较小，即使考虑得失后，作"是"的判断会更好，但决策过程很可能产生一个"否"的反应。那么感觉过程传递的这个量值是如何决定的呢？

信号检测论假设，当人们试图去检测信号时，与信号混在一起且对其产生干扰的噪音总是存在的。这种干扰背景的起因是因为诸如环境变化、仪器设备变化、自发的神经活动以及直接的实验操作等。为了确保检测过程中噪音始终存在这一假设，采用一个典型的信号检测试验，将呈现白噪音——一种嗞嗞作响的声音，这种声音类似于将电视机调至空频道位置时发出的声音。噪音可以是听觉的、视觉的或者是能发生在任何感觉通道上的。现在我们仅考虑听觉的噪音。

为了举例说明感觉过程的信号检测，我们下面介绍一个有关信号检测方面的典型实验。试想，你坐在一个隔音室内，戴上一副耳机，在几百次的测试中，每一次都要求你必须作出判断：是听到一个微弱的声音加噪音呢？还是只听到噪音？每次试验开始时，闪光灯亮一下，让你做好准备，然后听到一阵白噪音，其中可能包含，也可能不包含微弱声音信号。你需要作出判断：如果认为有信号就回答"有",如果认为仅是噪音,就回答"无"。信号检测论假设,任何刺激(甚至是噪音)都会产生感觉印象的分布。每一次实验的感觉印象只是一个点,这个分布来自许多的测试,每一个点都发生在不同的时间(见附录 B 中分布的讨论)。因为感觉印象不能被直接地观察到,因此刺激测试和噪音测试的分布都是假定的。由于噪音的测试感觉印象较小,通过这样多次测试后,就产生了一个平均值较小的分布。当呈现的是一个信号加噪音时,感觉印象将较大,经这样多次测试后,就可得到一个平均值较大的分布。

　　重复多次测试之后,产生了两种分布—— 一个是噪音的,一个是噪音加信号的,如图 6-4 所示。由于两个分布在中间重叠,所以有一些感觉印象值是模糊的。它们既可能是噪音的结果,也可能是信号的结果。当然,如果这两个分布相隔得足够远的话,那么分布重叠的问题以及感觉模糊的问题就可不予考虑。但是这种情况即使在实验室条件下都很难做到,更何况是实际生活中了。

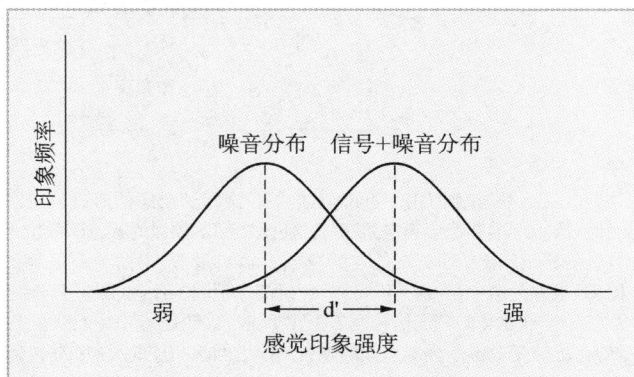

▼　　图 6-4

噪音与噪音+信号产生的假设的感觉印象分布图。感觉印象频率是 Y 轴,感觉印象强度为 X 轴。信号强度和观察者的感觉敏感性决定了两个分布重叠的大小。一个更强的信号或更敏感的观察者可能会使信号+噪音分布右移。垂直虚线是两个分布各自的平均值,两平均值间的距离称为 d′。

　　一个判断标准(如图 6-5 中垂线所示)必须被确定下来,以便用来决定反应是"有"还是"无"。这个标准的位置由决策过程来决定。如果从得失的角度来说,一个大胆的决策策略更好的话,那么这个标准将位于左边,结果大部分反应

165

是"有"；如果一个保守策略被采纳，标准会移向右侧，多数反应将是"无"。无论哪种情况，都会有错误发生。如图6-5所示，当信号呈现时，正确的判断称为**击中**。当只有噪音呈现，却反应为"有"时，称为**虚惊**。一个大胆的决策策略，会使标准向左移——击中率较高，因为有大量的反应是"有"，虚惊率也会很高。对于一个保守的决策策略，虚惊率和击中率都较低（如果某人在每次测试中都说"无"，那么虚惊率和击中率都是0%）。

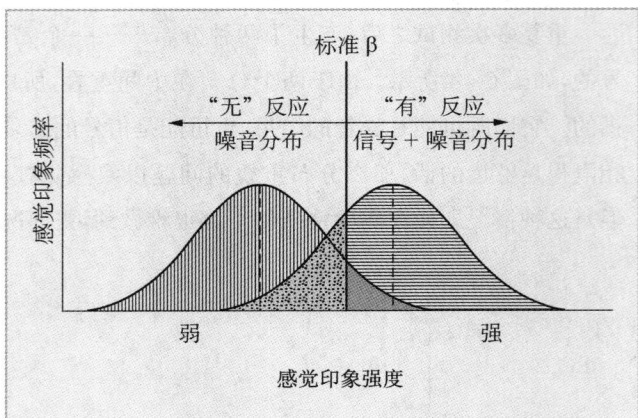

▼ 图6-5

作为决策标准与感觉印象强度函数的"有"或"无"反应的假设分布图。每当一个特定的感觉印象产生时，决策标准β就会确定回答"有"还是"无"。较强的感觉印象位于标准的右侧，导致"有"的反应；较弱的感觉印象位于标准的左侧，导致"无"的反应。对信号的正确回答（"有"反应，图中水平线阴影区域）被称为击中；当仅有噪音时，正确的"无"回答反应（图中垂直线阴影区域）被称为正确否定。当对位于标准左侧的较弱信号回答"无"反应时，便是未击中（图中信号＋噪音分布曲线下标小点区域）。虚惊是对位于标准右侧的噪音错误地回答"有"的反应（图中噪音分布曲线下涂黑部分）。

如果我们将击中率作为虚惊率的函数，当标准由保守向大胆方向移动时，我们就会得到如图6-6中的一条曲线。

这个图称为**接受者操作特征曲线**（简称ROC）。在曲线的左下方，处于保守标准，击中和虚惊都较少。随着标准向大胆方向发展，击中和虚惊都变得更容易出现，并且ROC曲线也开始向右上方移动。ROC函数的坡度告诉我们决策标准，平缓的坡度显示一个大胆的决策标准（通常曲线偏右上方）；陡峭的坡度显示一个保守的标准（通常曲线偏左下方）。

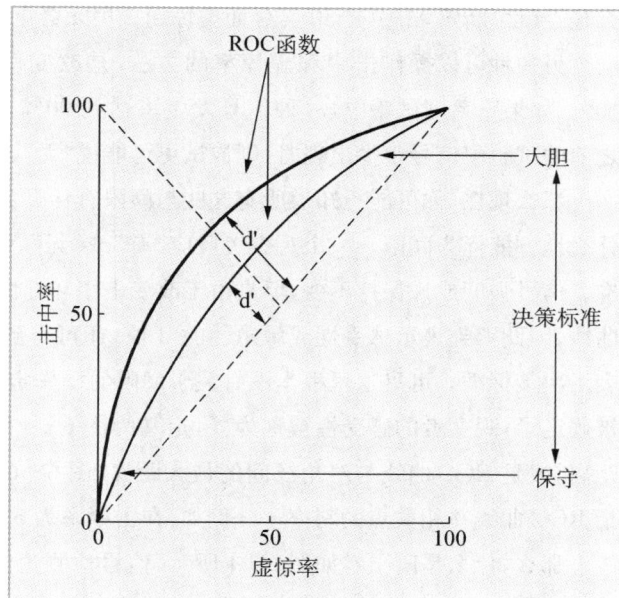

▼　图 6－6

接受者操作特征曲线（ROC）由对角线到曲线中点的距离约等于 d'。对角线为描述观察者判断有无信号的界限，在对角线上击中率等于虚惊率。图中粗 ROC 函数曲线比细的 ROC 函数曲线要远离对角线，表示前者的 d' 值较后者的大。较大的 d' 表示信号强度大或表示观察者更敏感。

曲线的坡度，例如 ROC 函数，是由一条直线的斜率决定的。这条线是经过函数曲线上某一特定点的切线并与坐标轴交叉的那条线。还有一些表，例如附 C 中的表 A，包含了决策标准的数值。对角线到 ROC 曲线间的距离，告诉了我们噪音与信号＋噪音分布的距离间隔的远近。当间隔远时，说明信号更容易辨别，或者是观察者更敏感。此时的 ROC 曲线也沿对角线方向往左上方移动，如图 6－6 中的粗曲线。当信号逐渐难以辨别或观察者敏感性降低时，这两种分布就接近了，ROC 曲线也就靠对角线越近。因此，ROC 曲线既能告诉我们感觉过程（d'，指信号＋噪音与噪音分布间的距离），也能告诉我们决策过程（β，斜率）。因为一个单一的实验条件，在 ROC 曲线上仅能产生一个点，所以若想改变击中和虚惊的比，就得有许多点，就需要许多实验条件。通常改变击中和虚惊的赏罚值，就可以控制它们（见图 6－10）。（如果击中可奖 2 美元，虚惊受罚 50 美分，那

166

么是否就可断定,击中奖 50 美分而虚惊罚 2 美元会更开明或更保守呢?)

　　另一种可以操作击中和虚惊率的方法,是改变信号出现的频率(见图 6-10)。如果一系列试验中,一种信号发生率达到 90%,被试更可能说"有";而在之前的试验中信号很少出现时,则被试更可能说"无"。

　　那么现在,你可能想知道所有这些与阈限有什么关系? 在 ROC 曲线上没有什么地方能标为阈限。一个观察者反应"有"或"无",依赖于感觉印象和决策标准。信号强度或许保持不变,但是由于改变击中和虚惊的赏罚值,便能绘出一条曲线,因此得到表示感受性或敏感性的 d′ 值,还可得到曲线上每个点的斜率 β,表示决策标准。可见这里根本没有关于阈限的操作定义。这样两个数值(d′,β)被确定了,观察者的感受性被称为 d′,定义为图 6-4 中信号和噪音分布之间的距离,或是 ROC 曲线与对角线间的最大距离(图 6-6)。决策标准被称为 β,是指 ROC 曲线在相关点的斜率——例如,在击中率为 55% 点的斜率。

　　那么,什么是阈限? 如图 6-4 所示,信号检测论假设刺激的感觉印象是连续分布的,只有当刺激强度本身为零时,其感觉印象才为零。我们不能像经典心理物理学那样,得到一个阈限,用它来把刺激系列分成感觉到的和感觉不到的两部分。并且,刺激所引起的感觉必须要超出决策标准 β 才能让被试报告说,他们检测到了一个微弱的刺激(如图 6-5)。在某种意义上,由特定刺激强度所确定的绝对阈限已经被信号检测论否定了。正如达马托(D'Amato,1970)定义的那样,余下的是一个反应或**决策阈限**。只有当一个刺激产生的感觉超出决策阈限时(我们已定义为 β),我们才能正确地检测信号,当然 d′ 决定检测信号的可能性,但是不能决定被试报告的必然性。这就意味着检测和报告一个信号的存在,是由 d′ 和 β 决定的。这两个量值共同决定着被经典心理物理学家称为阈限的东西。

　　计算 d′　给出一列数据,利用标准曲线下的面积所得出的表(见附录 C 中的表 A),我们可以很容易地把 d′ 计算出来。假设你知道击中率为 0.875,虚惊率为 0.21,那么 d′ 是多少呢? 首先,画出噪音分布图,如图 6-7 所示。因为虚惊率是用曲线下由标准线到右端曲线下的面积来表示的,其值为 0.21。又因为标准曲线是对称的,所以由零到一端面积的一半为 0.5。因此,由 0.5 到标准之间的剩余面积为 0.5 - 0.21 = 0.29。查附录 C 中表 A 上的 0.29,可以找到 Z = 0.8,这就是由标准到零点的标准距离。

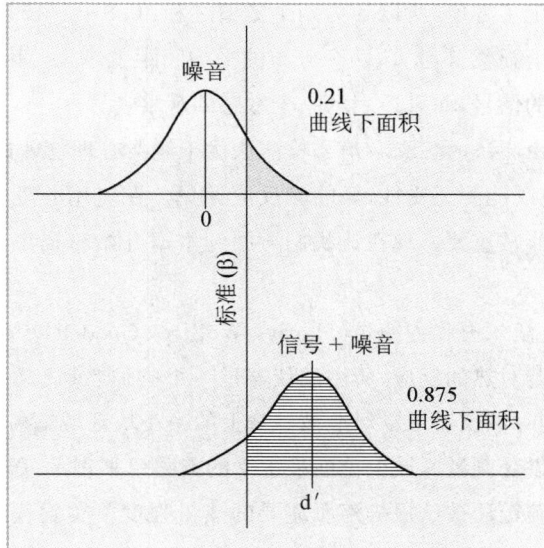

▼　图 6－7
利用虚惊率(噪音分布曲线下涂黑的部分)和击中率。(信号＋噪音曲线下水平线所标示的部分)计算 d′。

然后,对于信号＋噪音分布图(图 6-7 下面那个),再重复上述过程。由于击中率等于 0.875,这等于由标准到无穷大之间的面积。同样因为对称,由 d′到无穷大之间的面为 0.5,因此标准与 d′的面积等于 0.875－0.5＝0.375,查附录 C 中表 A 得到 Z＝1.15。

　　现在我们将这两个 Z 放在一起来得出 d′(见图 6-8)。因为噪音分布的平

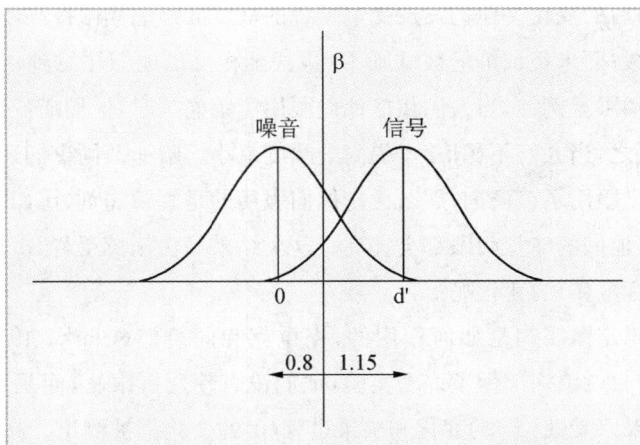

▼　图 6-8
计算 d′:两个 Z 值之和等于 d′。d′＝0.8＋1.15。

均值被给定了零值,所以 d' 为两个 Z 值之和:$0.8 + 1.15 = 1.95$。这样就计算得出了 d' 值。显然 d' 越大,两个分布的平均间距就越大。因此一个大的 d' 不仅表示一个强的信号,而且还表示一个敏感的观察者。

信号检测法的优点 信号检测法优于经典心理物理过程(如极限法)的主要方面是:它既能测感受性,又能测反应偏见。在应用心理学的许多领域,区分这两个过程非常重要。现在让我们再回到本章开始时提出的问题:测量镇痛剂的效用。

哈迪、沃尔夫和古德尔(Hardy,Wolff & Goodell,1952)做了大量实验来研究被试前臂对热的反应,所用的仪器是一个类似吹风机的装置(被称为"**热辐射仪**"),操作时该仪器可以对准被试身上的一小块区域辐射不同强度的热量(它的单位通常以受刺激区域单位面积承受的卡路里来表示,而不用温度)。研究者的方法是要确定让被试报告疼所需要的热量强度。实验程序是:先测服用镇痛剂(如阿司匹林)前报告疼痛的热强度值,再测服用之后的热强度值。如果服用阿司匹林后,致使被试感到疼痛的热强度值提高了,那么可知阿司匹林确实具有镇痛作用。当然这正是哈迪和同事们所希望看到的。这起码是他们利用具有较丰富经验的被试(他们自己)进行实验后所检测到的结果。但是让他们吃惊的是,当他们对毫无经验的被试(80 名招募的军人)进行实验时,发现一半以上的被试服用阿司匹林后,感到刺激疼痛的热强度值反而降低了。

哈迪和同事们(1952)用极限法测量了痛觉的绝对阈限及服用镇痛剂(比如阿司匹林)后的变化。他们发现受过训练的被试的疼痛阈限提高了,而且这个趋势持续很久;而未经训练的被试则不然,甚至相反。他们注意到,各种暗示都会改变痛觉阈限。例如,当人们相信他们服用了镇痛剂时,他们痛觉阈限的提高幅度就大;反之,当人们不相信时,提高的幅度就小。哈迪及同事们还发现,只要人们相信自己服用了镇痛剂,那么无论他们服用的是真镇痛剂(比如阿司匹林),还是**安慰剂**,他们的痛觉阈限都会提高。这个结果是由于感受性(d')的变化,还是由于决策标准(β)的变化呢?

为了确定镇痛剂是如何作用的,克拉克和同事们(Clark,1969;Clark and Yang,1974)就镇痛剂做了许多实验,他们没有使用极限法,而是使用信号检测过程。结果感受性(d')的变化和决策过程(β)的变化都被测出。在这些实验中,

169

使用一个致痛器激发温热疼痛刺激。起初发现,像阿司匹林这样的镇痛剂降低了 d' 值。表明阿司匹林降低了感觉系统的敏感性,即阿司匹林降低了人们区分痛与不痛刺激的能力。之后,克拉克对安慰剂和针灸能否改变 d'(降低敏感性),并进而改变被试报告疼痛的意愿等方面进行了调查研究。在两个实验中,他们发现安慰剂和针灸降低了被试对疼痛的反应和被试试图逃避疼痛刺激的次数。那么,这些过程导致了疼痛的丧失吗?不,并没有。在两个试验中,d' 未受到两种操作的影响。是什么使针灸和安慰剂让被试的决策标准提高了,以至于要给出更强的刺激才能引起一个辨别反应呢?这并非说明针灸和安慰剂不起作用,而事实上针灸或注入安慰剂后,人们确实较少报告疼痛了。克拉克的研究结果告诉我们,减轻疼痛作用的机制是,它们没有减弱感觉系统,而是改变了报告感知疼痛的决策阈限。

让我们再回到哈迪和他的同事们于 1952 年所做的实验。使用极限法,他们发现暗示改变了绝对阈限。根据克拉克的信号检测结果,我们发现这个结果是合乎道理的,确实是暗示改变了绝对阈限,绝对阈限是用极限法通过改变被试的决策标准求出的。另一个事实是,哈迪等人在实验中发现,服用阿司匹林后,较之未受过训练的观察者,受过训练的那些人的痛觉阈限更高。对于此种结果我们该如何解释?为什么大部分未受训者痛觉阈限更低呢?我们可以猜测,这也是一个标准变化的问题,由于受训者知道这个实验的全部情况,以及假定的阿司匹林的效果;相反,未受训者服药后有些紧张,那么更可能报告疼痛。如果不作信号检测分析,我们就只能对这些数据进行推测,而得不到明确的答案。文献中有关疼痛缓解之谜,可以通过一个控制适当的信号检测实验来解开。

▼ 6.2 实验主题与研究范例

题目　测量量表
范例　费希纳定律和史蒂文斯定律

心理物理学中有一句名言:任何存在的事物,不论它是感觉到的疼痛的强度,还是对无稽之谈的态度,都是以某种量的方式存在着的。而以量的方式存在着的任何事物都是可以测量的。测量是一种给事物及其属性赋予数目或名称的系统方法。当我们赋予事物及其属性数量或名称时,我们就需要一个量表,该量表来自不同的测量操作。例如,当测量温度时,我们常使用华氏或摄氏温度表。这两种温度表用来测量重量就不适合了,重量应以磅或千克来测量。我们会看到,不同的测量操作产生不同的量表,不同的量表提供不同的信息。

170

心理量表的属性

量表具有四种属性(McCall, 1990)。这些属性的组合决定着量表测量的内容。不同量表所测量的事物各有差别。量表的基本属性是差别,也就是说一些温度比另一些温度低(或者高),有些人是男人,有些人是女人,等等。有些量表能够确定属性的**数量**,就是说这种量表可以显示某事物的属性是大于、小于或等于具有该属性的另一事物。量表所具有的另一种属性是**等距**,是指所测两量值之间是否等距。1 磅和 2 磅之间与 70 磅和 71 磅之间都是相差 1 磅的重量,被认为是等距的。量表的最后一种属性是**绝对零点**。量表上的绝对零点意味着被测的属性不存在。物体的重量不可能小于零——重量的绝对零点表示没有重量——但是温度却可以小于零摄氏度。

量表的类型

心理物理学家常采用四种量表:名称量表、顺序量表、等距量表和比例量表。四种量表是根据它们不同的测量属性而区分的。名称量表只能测量差别的属性。顺序量表能够测量差别和数量。等距量表具有差别、数量和等距的属性。比例量表则具有量表的所有四种属性(差别、数量、等距和绝对零点)。

名称量表包括邮政编码、性别(男性和女性)以及大学的主修专业等等。这样的每种量表都以某种方式对人进行了分类,但是却不能赋予量值。因此,一些常用的统计方法如求算术平均数就不能用于描述所测名称的特征。即使对大学的主修专业进行了主观赋值(如,商学 = 1,心理学 = 2,等等)也无法计算出学校"平均的"主修专业。不过,你倒可以确定主修各专业的学生总数。

顺序量表包含多种排序测量,例如,用十点量表测量(从 1 = 一点也不紧张,到 10 = 极度紧张)一个人的紧张程度、选美比赛中的排名或者赛马比赛的最后名次。虽然选美比赛对参赛者的美貌程度进行了排序,但并没有告诉我们不同美貌之间相差多远。前两名也许非常接近,而第五名和第六名之间也许就相距甚远。根据不等距数据得到的平均数是无效的。对名称量表和顺序量表应该使用特殊的统计方法（非参数统计，附录统计方法中有介绍）。

等距量表和比例量表允许使用绝大多数的数学运算，并可对其测量的事物属性进行常见的统计推断（参见附录参数统计部分）。绝大部分的 IQ（智商）和 SAT（学业评定测验）分数都是等距的，因为整个量表相邻的两个数值之间都是等距的。智商为 90 与智商为 100 之间相差的 10 个单位应该与智商 110 与智商 120 之间相差的 10 个单位一样。不过，IQ 量表和 SAT 量表都没有绝对零点，因此它们不是比例量表。而对反应速度和正确率的测量则是比例量表，因为你可以使用零速度或者不作正确反应。

需要注意的是，量表源自测量方法，与所测量属性没有必然的联系。使用开氏温标所测量的温度具有绝对零点，是一种比例量表。而华氏温度量表和摄氏温度量表则没有绝对零点（这些量表上没有表示温度不存在的点），所以它们是等距量表。如果我们只是简单地说一种物体比另一种物体热，就是在顺序水平上进行测量。而说某一物体"热"另一物体"冷"，就是在名称水平上进行测量。

量表的重要性

不同量表得到的行为数据告诉了我们不同的情况，而我们所作出的结论也部分地取决于所使用的量表。由于比例量表具有量表的四个属性，而名称量表只有一个，如果在比例水平上对某事物进行了测量，我们就会获得比名称水平上更多的关于该事物的信息。不同量表提供的信息可以得出不同的结论。如果我们只是在顺序水平上对疼痛进行了评定，就不能说在疼痛量表上得分为 8 的被试所知觉到的疼痛是得分为 4 的被试的两倍。要想作出这样的结论，我们必须使用具有绝对零点和等距单位的量表（比例量表）来测量疼痛。量表类型决定了获得属性信息的数量，也部分地决定了我们所作出的结论。

现在我们将探讨测量感觉的两种方法。两种方法具有同一目标，即建立一个内部心理维度的比例量表。第一种方法是由费希纳（Fechner）给出的，他把通过经典心理物理法得出的数据作为心理量表的数据。第二种方法更现代一些，是由史蒂文斯（S. S. Stevens）设计的。

费希纳定律

根据韦伯的心理物理学研究，费希纳试图建立一个感觉测量量表。根据韦

171

伯定律得知:差别阈限与标准刺激之间保持一种常数关系:$\Delta I/I = K$。费希纳假设韦伯定律是正确的,同时给出另外两个假设来建立其自己的感觉测量定律。首先,费希纳假设绝对阈限是指零感觉点;其次,他提出了最小可觉差(JND)的概念。最小可觉差是指相距为一个差别阈限的两个刺激之间的差别所引起的内部感觉。它可以用作内部心理量表的单位。

因为他假定韦伯定律是准确的,故而费希纳相信所有的最小可觉差都会产生相同的感觉增加,正如图6-9所表示的那样。心理量表上的每一个JND都对应于一个特定的物理刺激,该物理刺激又总是比前一个刺激大一个差别阈限。高于零感觉一个单位的第一个刺激是高出绝对阈限一个JND的物理值。第二个刺激是在第一个的基础上再加一个JND,也就是绝对阈限之上的JND。

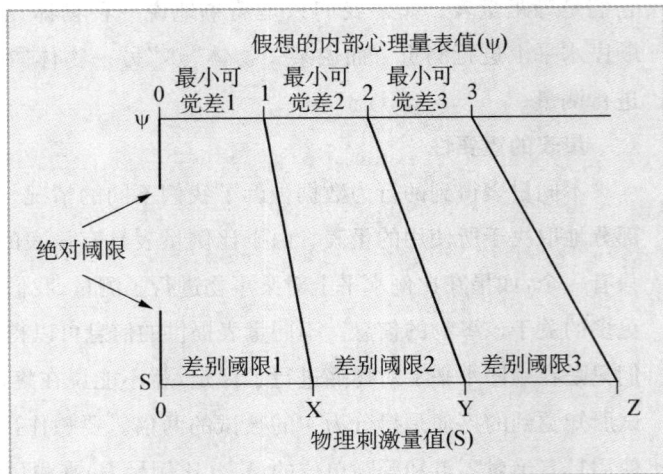

172

▼ 图6-9
费希纳定律。对应于不断增大的外部物理量表的等距心理量表(差别阈限):$\Psi = K\log(S)$。

这一过程可连续下去,直至建立一个心理量表。一旦完成,就建立了一个固定的数学关系:心理量表的某一点所对应的物理量表上的值与内部心理量表上前一点所对应的物理值之间的关系。为了找出与某一心理值对应的量表上的物理值,我们先要从外部量表中取出它的前一个值(如图6-9中的X),乘以韦伯分数。然后再把该值与初始值相加,则 Y＝X＋X·K(K 为韦伯分数),同理 Z＝Y＋Y·K。如此加下去,就得到一系列的物理量值,以及与之对应的一系列在内部心理量表中的最小可觉差值。当这个关系用于数学运算时,可以发现心理量表值(Ψ)与物理刺激值成对数关系。Ψ＝Klog(S),K 是韦伯分数,S 是刺激值,该公式称为**费希纳定律**。

　　根据费希纳定律,所有最小可觉差都产生等量的感觉增量,由此表明我们得到了一个比例量表(D'Amato,1970)。如:6 个 JND 对应的感觉应该是 3 个 JND 感觉的两倍。上面我们讨论的两个因素应该能让你产生疑问:费希纳得出的感觉量表果真是比例量表吗? 第一,费希纳的零点是主观臆断的,并非绝对的;绝对阈限是经统计计算的结果,而且是指那些没有超出决策标准的许多感觉(见有关阈限与信号检测的讨论)。第二,我们知道,韦伯定律只是近似真实,因此它势必导致心理和物理单位的改变。此外,费希纳的表达式中还有另一个问题。他假设第一个 JND 在心理学上都是等值的,但是如果你调查阈限以上变化 JND 值刺激所引起感觉效果的程度时,会发现两者之间几乎没有什么对应关系(D'Amato,1970)。因此,费希纳所做的既不是一个比例量表,也不是一个等距量表,最多它是一个顺序量表,表示感觉是以特定的方式依照产生它们的物理刺激排序的。

史蒂文斯的幂定律

　　1961 年,史蒂文斯曾试图给出一个比费希纳更直接的内部感觉量表。费希纳采用的是**间接测量法**,其心理量表是经过给出一系列 JND 值而建立起来的。观察者不能直接地判断 JND 的强度,因此心理量表值来源于分辨能力的测量,故而是间接的。史蒂文斯采用了几种**直接测量**技术,测量中观察者是直接以心理量表的单位来反应的。

　　史蒂文斯最初使用的直接测量过程叫做强度估计法,让被试根据她或他感受到的刺激强度给出一个数字。主试给出的第一个数字是随意指定且较简单的数字,例如 100。其余的刺激则与第一个刺激进行比较,依据其差异的程度确定数值。比如,主试给出一个中等强度的音调,定义其值为 100。再给出一个弱音,让被试说出一个数值,可能说 87。被试说出的这些数字,直接表示感觉的心理量。以此法搜集起的数据,得到一个不同于费希纳定律的等式,该等式是心

173

量值与物理量值的关系式。史蒂文斯于 1961 年所得出的等式为：$\Psi = KS^n$，n 是指数。这个等式称为**史蒂文斯定律**。

强度估计法不仅限于与物理量表相关的心理量表，许多研究中的测量经常采用此法。此外，法律惩罚、犯罪严重性、艺术作品等也可采用强度估计法。

如果我们假定某一强度的刺激总是产生零感觉（即没有虚惊），那么就可把史蒂文斯的幂定律当作一个比例量表。它有绝对零点，并且它的感觉比率之间的距离相等，它们反映的是相等的物理比率。如果这是事实的话，那么把 $\Psi = KS^n$ 作为内部感觉与外部世界相联系的一种方式就是合理的。

然而，史蒂文斯的工作和结论并非无可挑剔，这一定律是关于感觉还是关于数字的？不同的人使用的数字不同。比如，一些人总是在史蒂文斯定律的等式中产生很大的指数，而马科斯（Marks，1974）发现该定律随着被试使用数字范围的变化而变化。巴尔托谢克（Bartoshuk，2000）认为，量表数值范围过小会使量表的使用受到限制，尤其是当刺激值很大的时候这种局限会掩盖反应的差异（这种对量表的弱化与第十章所介绍的"天花板效应"类似）。

为了减少心理物理学任务所使用的数值范围中的特质性差异，并消除其对量表使用的限制，巴尔托谢克和其他从事感觉研究的心理学家使用了一种百分制的比例量表方法。格林等人（Green，Shaffer & Gilmore，1993）设计了一种标记量值量表，将从 0 到 100 范围内的数字与词汇标签配对。量表从 0 开始，该值被标定为"无"，然后从小到大依次为"中等"、"强烈"、"非常强烈"，一直到量表最高点 100 个单位的"能想象到的最强感觉"。这样，所有的观察者都可以用相同的词汇使用相同的单位范围来描述他们的感觉。巴尔托谢克（2000）使用这种量表鉴别出了超级尝味者，他们的味觉解剖结构使其具有极强的味觉感知能力。例如，与普通尝味者相比，超级尝味者能感觉到辣椒更多的辣味，对食物中的奶油也更为敏感。

强度估计法的最后一个问题是，它与操作定义（先前已讨论）有关。大量的研究结果表明，一个特定的感觉量表，如明亮度或疼痛，不止一个心理物理函数来反应其特性。正如马科斯（1974）指出的：只有当你能够了解与明亮度有关的知觉变量——光的颜色、光照时间、观察者的感觉适应度等的时候，你才能精确地描述明亮度的幂函数。改变后面这些因素，史蒂文斯定律的幂指数值就会发生改变。因此我们在操作时,必须确定我们所得到的心理物理函数,否则,我们将给出一个有关刺激感觉幂函数的错误结论。

▼ **6.3 实验主题与研究范例**

主题　小样本设计
范例　心理物理法

　　心理学的典型实验是测量大样本的行为。这样做的一个原因是因为心理学被试在各种复杂的心理特征(如人格、IQ)上都存在着较大差异。而且,测量这些复杂行为的环境很难控制。这两个问题可以通过将大量被试随机分配到各个实验条件而得到解决。这样就可以减少未受控制的变量与特定实验处理相混淆的可能性,以便研究者能够观察到自变量产生的效果。由于绝大部分心理实验所研究的通常是较简单的心理过程,实验环境也得到了很好的控制,所以需要的被试也较少。心理物理学的研究经常依赖于**小样本设计**,也就是对少量被试进行大量的严格控制的观察。基于同样原因,心理学的其他领域,尤其是学习领域,也使用小样本设计(参见第九章)。

　　小样本研究的一个例子如图 6-10 中的两个图所示,同一个观察者产生了两个 ROC 函数。图 A 中的数据是通过从低到高改变信号的概率(相对于只有噪音出现的试验)而得到的。当信号概率较低时,被试比较保守;当信号概率增大时,被试作出"是"的回答也更大胆了。这种决策标准的变化形成了 ROC 函数,从左下方(保守)沿着曲线上升到右上方(大胆)。在图 B 中,实验者将信号概率保持恒定,而变化收益值。当虚惊的代价高于击中的收益(左下方)时,被试比较保守。而当击中的收益增加时(向右上方移动),观察者就会采取一种大胆的决策标准,变得更容易回答"是的,有信号出现"。

　　两条 ROC 曲线的 d′值都等于 0.85(见各分图中插入的小图),这种对数据点(开圆)的较好拟合令人印象深刻,因为这两个函数是通过以不同方式改变决策标准而形成的。两条曲线的极度相似性例证了对参与数千次试验的单一观察者行为的高度控制。就像我们将看到的那样,信号检测实验高度可信的实验结

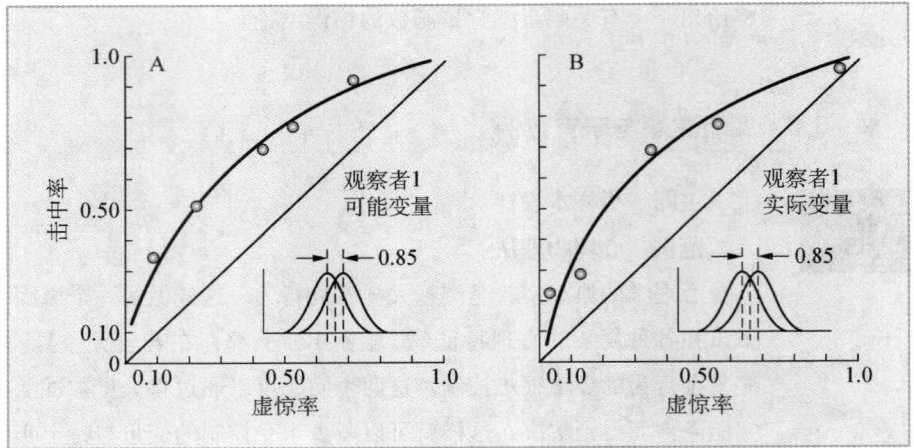

▼ 图 6-10

从同一个观察者得出的 ROC 曲线。在图(A)中信号出现的概率受到改变,在图(B)中击中的收益和虚惊的代价受到改变。插入的小图显示了假设的噪音分布曲线以及噪音加信号分布曲线。曲线拟合了开圆数据点,d′ = 0.85。注意曲线对数据点的拟合以及两条曲线形状的相似性。(数据采自 Green & Swets,1966)

果能够帮助我们理解许多重要的心理现象。

　　使用小样本设计还有另外一个重要原因。许多实验需要特殊的被试,如放射医学专家(解释 X 光照片)。相对于实验中通常使用的众多大学生被试而言,这些专家非常难得。所以,一项有关专家使用哪些数据来检测乳腺癌的心理物理实验可能需要 6 名乳房 X 光影像专家(如,Swets、Dawes & Monahan,2000)。图 6-11(采自 Swets et al.,2000)中标注为"标准"的 ROC 曲线是根据 5 名普通放射科医生使用自己常用的方法对 118 张乳房 X 线照片进行判断产生的,这些照片中一半显示有恶性肿瘤。对每张 X 光照片按照其含有癌症信息的可能性在量表上进行评定,并形成了图中的数据点。作出恶性肿瘤可能性较低的估计出现在左下方,可能性较高的估计位于右上方。当癌症的概率几乎没有时,出现虚惊的反应也很少,因为放射科医生们处于保守状态。当癌症的迹象逐渐增多这些医生们更经常说"是"的时候,击中和虚惊反应都有了增加。处于上方的 ROC 曲线(提升)是这些医生在几个月后对同样的乳房 X 线照片进行判断后的

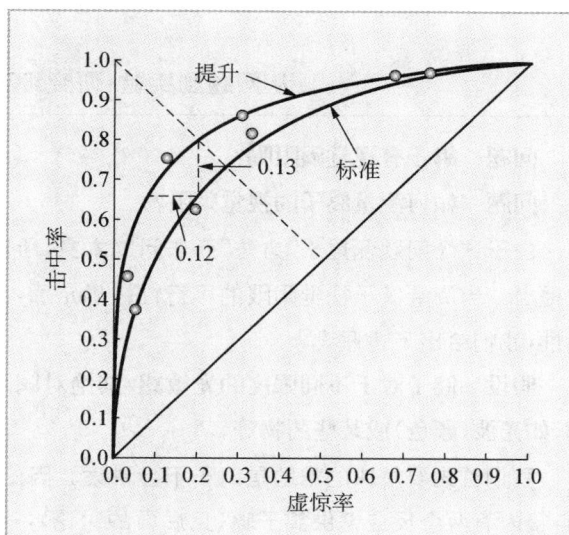

▼　图 6-11

普通放射科医生判读不含有恶性肿瘤信息的乳房 X 线照片的 ROC 曲线。处于下方的 ROC 曲线是基线水平，上方的曲线是这些医生使用了乳房 X 光影像专家们列出的特征清单后得到的。此图采自 Swets、Dawes & Monahan（2000），使用时得到 Blackwell 出版公司许可。

结果，此次他们使用了乳房 X 光影像专家们列出的特征清单。请注意，得到提升的曲线离对角线较远，表明观察者的感受性更强。数据显示击中率增加了13％，而虚惊率则下降了12％。心理物理学数据的一致性及其提升作用表明了这些方法在应用环境中的有效性。

176

　　利用专家来帮助普通放射科医生提高对癌症的检测能力，是使用统计预测规则增强决策准确性的一个例子。统计预测规则建立在预测变量和诊断信息的基础之上，这些信息在各种检测决策期间可以被用作参考。斯维茨及其同伴（Swets et al.，2000）对使用预测规则来辅助不同情境下的检测工作的有关研究进行了报告，在这些情境中低击中率可能是危险的或者是致命性的。其中包括对前列腺癌症的诊断、预测被释放犯人的暴力行为以及提高对机翼裂缝的检测水平。

从问题到实验:研究细节

问题　鸽子有视觉阈限吗?

问题　如何测量鸽子的视觉阈限?

由于这个问题侧重于"方法"而非问题本身,所以我们不必以正式的假设方式提出。当测量鸽子视觉阈限的可行性被确定后,问题自然会产生。考虑到完整性,我们给出下述假设。

假设　鸽子对于不同强度的光敏感,其绝对阈限像人一样受各种变量的影响,如光波(颜色)或某些药物等。

我们首先要解决的难题是鸽子不会讲话。因此,我们将其放入一个控制箱内,箱内有两个反应键供鸽子啄(见后面的讨论),一个代表"是,我看见光",另一个"否,我看不见光"。因变量是以不同的啄键频数表示的绝对阈限(见稍后介绍)。自变量是光的强度、光的颜色或药物的有无。控制变量是控制箱和激励鸽子啄键的奖赏表。我们试着让鸽子在有光的时候啄"是"键,无光时啄"否"健。但我们无法得知鸽子是否见到了光。

布劳(Blough,1958,1961)找到了一种判定鸽子是否看见光的方法。他使用阶梯法的一个变式来确定绝对阈限。啄"是"键将光强度逐渐减小,啄"否"键则将光强度逐渐增大。偶尔啄"是"键时切断电源,随后啄"否"键时奖赏食物。布劳注意到这个过程可以拟人化地视为:啄"是"键——关灯;啄"否"键——奖赏食物。(应当注意,这些光不会强到使鸽子逃避的程度。)当光太弱鸽子无法看见时,发现它由"是"键走向"否"键,这样可以得到食物。当光可以看见时,它由"否"键走向"是"键,这样可以使光变弱。

因为鸽子随着光强度的变化而在两键之间来回奔走,我们可以把从一键到另一键之前光的强度平均值作为其绝对阈限,类似于用阶梯法测定人的绝对阈限。布劳指出,像人一样,当光的颜色变化时,鸽子的绝对阈限也变化。而且微量的 LSD 药物会提高人或鸽子的光绝对阈限。

177

▼ 小 结

1. 在科学研究中,说明概念的产生及测量的操作定义是必需的,这样才会使实验更具公开性,同时也提高了专业术语的准确性,使其超越了在普通谈话中的使用价值。

2. 费希纳确立的极限法为绝对阈限和差别阈限的概念提供了操作定义。

3. 经典心理物理学最初旨在估算阈限。近代的信号检测论用两个新的操作定义——d′ 和 β——取代了阈限的概念。

4. 感觉过程以 d′ 来测量,决策过程以 β 来测量。d′ 和 β 可由 ROC 接受者操作特征曲线求出,ROC 曲线是以击中率和虚惊率为坐标画出的。

5. 当数字或名字被系统地赋予具体事物或其特性时,就形成了量表。

6. 量表所提供的信息是:差别、数量、等距和绝对零点。

7. 随着信息量的增加,心理量表依次为:名称量表、顺序量表、等距量表和比例量表。

8. 费希纳定律给出了一个心理判断的顺序量表;史蒂文斯定律则给出了一个比例量表。

9. 由于控制严格和参与行为复杂程度的降低,心理物理学经常使用小样本设计,在这样的实验中被试数量较少。

▼ 重要术语

史蒂文斯定律（$\Psi = KS^n$）　　　　　　　阈限　　　　　　　　　　　韦伯定律（$\Delta I/I = K$）
信号检测论　　　　　　　　　　　　　　　绝对零点

▼　讨论题目

1. 尽管极限法不能对感觉阈限给出完美的定义，但是它有很多实际作用，特别是对于差别阈限的确定方面作用突出。食物味觉的感觉效果常用这个方法来确定。你是否看到极限法的其他用途呢？参见一份简洁的文献资料，比如工效学或许会有用处。

2. 极限法和阶梯法，哪一种提供的阈限概念的操作定义更好呢？或者就操作定义而言，两者相同吗？

3. 据下面击中和虚惊的几对数据计算 d' 值：$(0.90, 0.10)$、$(0.90, 0.25)$、$(0.90, 0.50)$、$(0.90, 0.90)$。

4. 绝对阈限和决策阈限有什么不同？

5. 针对每种量表给出两个例子。

▼　网络资源

费希纳的原著可以在下面的网页中找到：

http://www.yorku.ca/dept/psych/classics/index.htm

心理物理学有关资源：

http://www.psy.ulaval.ca/~ispp/Library/links.html

▼　课后练习：韦伯定律

这里将使用极限法的一种变式来计算重量差别阈限以验证韦伯定律。为了实现这一计划，你使用的仪器和材料可能会有容器、一些填充容器的重物以及一个台秤。容器可以是口杯、易拉罐或者牛奶盒，你可以用硬币、砂子或者类似的材料作重物。为了对重物进行称重，最好使用邮政台秤或者厨房秤。重量一般控制在中等程度，如，5—24 盎司。

　　建议程序如下：往一个容器内注入填充物至 1/8 处，往另一容器内轻轻添加稍多一些填充物。请一位朋友举起两个容器，并告诉你哪一个较重。开始时，被试会说两个容器一样重。继续向稍重容器内注入填充物，直到被试报告说较重为止。不要让被试看到你往重的容器里填东西，不准用同一只手提起容器。一旦确定了较重的容器，则作为标准刺激；再向一只新容器中添加物品，直到被试感到它比标准刺激稍重时为止。继续这一过程，直到最后一个容器几乎盛满为止。称每个容器，注意记下相邻容器重量的差值。

　　你会发现，添加一个固定不变的重量不足以引起一个可觉察的差异。尽管增加的重量为 X 就足以区分最初的两个容器，而后面增加的重量要比 X 值大，才能区分出两容器的差异。若你仔细观察实验，你会发现一个固定的重量百分比，这个百分比被称为韦伯分数。

　　韦伯定律可作如下表述：差别阈限除以刺激强度等于常数（韦伯定律，$\Delta I / I = K$）。韦伯定律不适用于极端的刺激强度；因此当你换用砖头或小纸屑做上述实验时，就不会得到这种结果。韦伯分数也会随着个体的、任务的不同而不同，比如用判断线段长度的实验，你可以证实韦伯定律的这些特征。

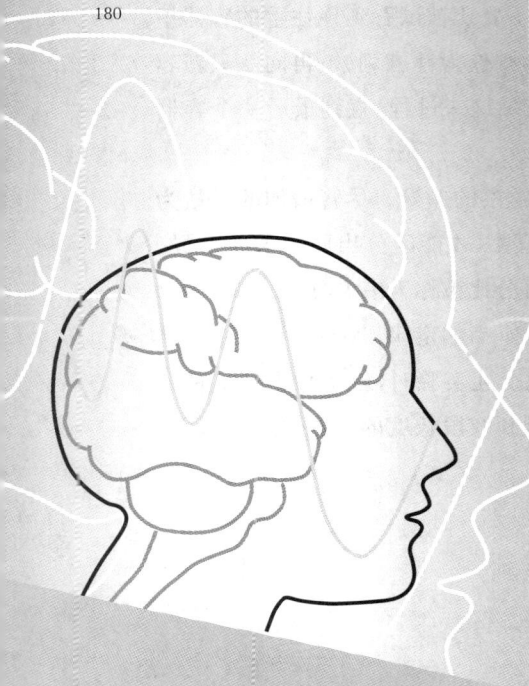

第七章
知　觉

发现就是看见大家都看见的和思考没有人思考过的。 Albert Szent-Györgyi

　　想象你正从照出图 7-1 的相机角度观看挪威阿列森达镇。对这样一个景象,视觉接受过程的标准方式是:你首先察觉到物体的存在;然后,这种感觉为你知觉小镇提供必要的细节。依据这一过程,知觉是对我们感觉到的物体和事件的解释和再认知。这个简单且直观上富有吸引力的知觉理论,为研究知觉的心理学家们所面临的绝大多数理论和方法论问题提供了背景(这方面更多的细节可参考 Coren,Ward & Enns,1994)。

▼ 知觉问题

　　一系列问题都与观察者如何运用感觉信息来进行知觉解释有关。再看一下图 7-1。正在观看阿列森达的你,会知觉到山比建筑物远。从景物的几处线索中,我们得到了景物深度和距离的信息,这使我们拥有自然而清晰的知觉。它们又是如何进入知觉的呢?

直接知觉和间接知觉

　　直接知觉过程(Gibson,1979)认为,由一个景物的光线分布形成的可靠线索,直接提供深度和距离信息。直接知觉过程认为知觉者从环境天然而基本的事物中获取信息,而无须对它们进行反映,很多人将此过程称为生态主义过程(Norman,2002)。与此相对,**间接知觉过程**认为我们对深度的判断来自我们对深度线索的以往经验(Gregory,1970)。

　　根据间接过程,我们主动建构景物,从而产生深度和距离的知觉。这一知觉过程被称为建构主义过程(Norman,2002)。自 19 世纪中叶赫尔姆霍茨(Helmholtz)提出知觉的经验论以来,知觉的这两种观点就一直存在争论(参看 Helmholtz,1962,现代译本)。他认为我们所有的视觉知识都源于我们过去的视觉经验。当我们面对一个新的视觉景观时,如图 7 - 1,我们通过感觉到的透视线索来推测其平均深度,从而解释该图。

▼　图 7 - 1
挪威阿列森达镇的景色。

　　如赫尔姆霍茨所称,这些无意识推测是在没有意识的情况下迅速发生的——推测是一个视觉习惯。经验论与解释直接知觉之一的先天论相对。根据本性理论,视觉系统(眼和脑)本质决定视知觉。自然知觉过程的一个例子就是格式塔理论,这将在附录 A 中讨论。

　　在当代认知心理学中,直接/间接知觉之争常被描绘为自上而下和自下而上知觉加工之间的对立。自下而上观点强调感官数据在决定知觉中的地位,而自上而下则强调以前建立的概念在形成知觉中的地位。由于这些对比,你会发现,知觉这两方面的区别实际是**数据驱动加工**(强调自下而上)和**概念驱动加工**(强调自上而下)的区别。以阿列森达镇的照片为例(图 7 - 1),自下而上分析注重结构梯度似乎向背景中的远山退缩。由于在三维世界中,这种退缩结构是深度和距离的组成部分,所以我们直接把这幅照片看成是有深度的。间接或自上而下的过程对此有不同解释,该理论认为你对一张照片的深度和距离的知觉是一种错觉。

　　错觉是错误或扭曲的知觉。为什么你在看阿列森达镇照片时会产生错觉?照片上部的小建筑物可能是小型建筑,也可能是比照片下部的大建筑物远。但在照片上,两组建筑物与你的距离相等(假设你的眼睛与照片平面平行)。从你过去的经验中你知道小的建筑物离你远,所以你从二维的阿列森达镇照片推论出深度错觉。深度的解释形成了三维知觉。由于二维照片没有真正的深度,所以我们知觉的深度和距离应归功于对景观(错觉)线索的解释这一间接过程。

　　大多数知觉包含直接与间接因素(自下而上和自上而下的过程)复杂的相互作用。例如,诺曼(Norman,2002)指出即使假设它们并非代表完全不同类型的知觉,我们看作直接和间接过程联合作用导致了知觉经验,这也是有意义的。稍后我们将看一下这个过程的一个特例。

意识和知觉

　　如果知觉者为感觉添加意义和解释,那么由此而生的问题是:这些添加是否为意识的有意所为。下面我们在此章中讨论意识觉察在知觉中的作用。觉察问题的关键在于,意义和解释在没有被言语觉察的情况下,能否自动地运用于感觉数据,或者说言语觉察是否为知觉的必要部分? 为人们熟知的赫尔姆霍茨提出,我们的推理和结论是无意识的。

　　然而,知觉与一个人对某件事的经历有关,所以大部分关于知觉的研究就试图了解这个现象经验的本质(Kaufman,1974)。毕竟,如果知觉包括对"某件事"的经验或感觉,那么我们首先必须要有意识地觉察到"某件事"。一些研究正致力于确定意识觉察和知觉的关系。如你所料,研究像意识这样隐秘的过程,会充满无数方法论上的难题(见附录 A)。我们在此章中讨论该问题的一部分。首先我们来看一个著名的神经心理学案例研究,病人 D. B.。

盲视:无意识检测

　　D. B. 是个 50 多岁的英国人。除了特殊的神经心理学问题外,他的生活都是正常或典型的(在医学、社会学和心理学意义上)。以下是一份详细的案例研究报告,源于长达 13 年对 D. B. 的密切观察记录(Weiskrantz,1986)。近来,此项研究又重新开始了(Weiskrantz,2002)。

183

　　D. B. 14 岁时，他大约每六周左右经受一次剧烈头痛，并伴随其左侧视觉场暂时有一块椭圆形失明。到 20 岁时，头痛的次数增加，而且在一次头痛发作后，局部失明没有恢复。在服用渗入血管的不透光的物质后，D. B. 照了脑部 X 光，其血管图显示出，在他大脑右侧视皮层顶端血管增大。脑部的这部分视皮层和扭曲的血管通过手术切除。当即 D. B. 的头痛停止，他能够正常而有意义地生活了。然而，术后 D. B. 的左侧视觉场却失明了。

　　图 7-2 能够解释为什么 D. B. 左侧视觉场失明。右侧视皮层拥有左侧视觉场的信息，而左侧视皮层拥有右侧视觉场的信息。由于 D. B. 为治愈其头痛而在手术中切除其右侧视皮层的大部分，所以左侧视觉场在大脑中就不能像右侧视觉场那样起作用了。

184

▼　图 7-2
一幅说明左右视觉场和大脑后部视皮层关系的大脑和眼睛的简化剖面图。左视觉场和右视皮层相连，右视觉场和左视皮层相连。由于 D. B. 手术的位置在右视皮层，所以他的左视觉场失明。

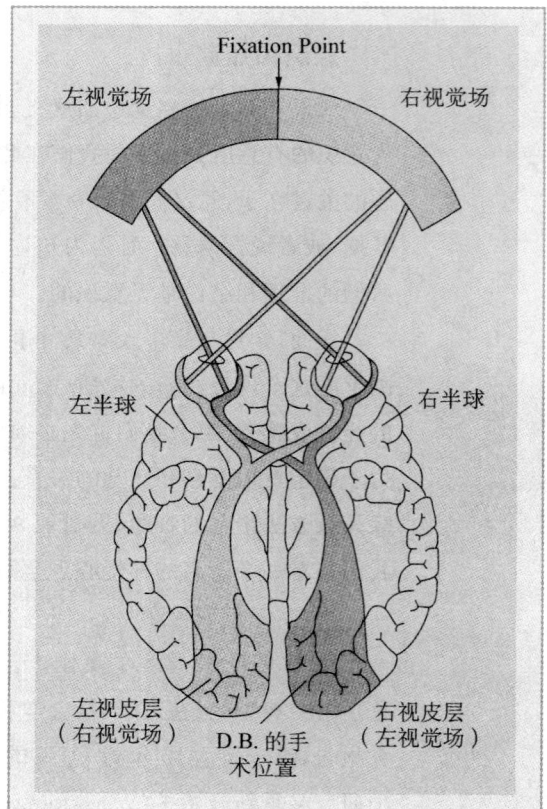

D. B. 的失明是通过**动态视野**的程序确定的,这是确认术后或受伤后视觉场缺陷的标准方法。该程序是极限上升法的变式(见第六章)。病人头部保持不动,视野计上出现一个光点,缓缓地经过一只眼的视觉场。如果病人能看见光,光就返回,又从不同的角度经过视觉场。

这个过程重复数次,根据结果画出视觉场敏感和失明的区域图。然后用视野计试验另一只眼。视觉场中看不见的部分叫盲点。D. B. 在每只眼视觉场的左半部有一个盲点。

正如我们所料,切除右侧视皮层后,造成了不幸的失明。然而,一些非正式观察又表明,D. B. 能够在他的盲视觉场内给物体定位。比如,尽管看不见,但他能够正确地握住别人伸出的手,而且,他能够猜出他看不见的条状物作水平或垂直运动。事实上,D. B. 说在他的左视觉场看不见任何东西,他之所以能够成功地完成以上任务,要归功于幸运的猜测。

设想你是观察这个奇怪行为的心理学家韦斯克兰茨(Weiskrantz, L.),你会得出什么结论? 一方面,D. B. 看不见,他报告说看不见左侧视觉场的刺激;另一方面,D. B. 的行为又表明对该区域的刺激他能够察觉并予以定位。韦斯克兰茨和他的同事相信 D. B. 关于他不能看见左侧视觉场内物体的言语报告,故而他们进行了一系列实验来确定 D. B. 盲点处的视觉能力。

由于 D. B. 看不见在盲视觉场内的物体,实验要求他对光斑是否存在及其位置作迫选猜测。另一些实验要求他猜测很小线条的方向。控制变量是光线条件,他头的位置和视线方向保持不变。有时,视觉刺激在盲区出现得很迅速,D. B. 来不及把自己的眼睛注意力转到好的视觉场一边。线和点刺激形状小而且不强烈,但它们的大小和强度可能同时对好、差视觉场产生影响,因而,盲视觉场对目标的觉察就可以与正常视觉场及盲点进行比较。

每个人的每只眼都有一个盲点,这是神经与眼球的交接点对光不敏感所致。如果 D. B. 能在盲点中觉察到目标,就意味着目标大或强烈得可以"漏"到眼睛的敏感区,因为盲点要比 D. B. 盲视觉场的范围小得多,也因为他不能在盲点中觉察到目标,所以选择了带有合适特征的目标刺激来测试盲场。

韦斯克兰茨接着用水平和垂直方向的点和线来测试 D. B. ,这种有控制的实

185

验的结果非常有趣。在盲区的定位、觉察和目标方位的猜测都比随机猜测的结果要好得多。在很多情况下，盲场的视觉活动几近正常视觉场的视觉活动。D. B. 不能辨别在盲区出现的物体，在整个测试过程中，他都声称看不见测试中要求他作出迫选判断的目标。D. B. 对他迫选试验成功的反应是不可置信，他认为他的成功是幸运的猜测，因为他根本不可能看见目标刺激物。

盲视一词是韦斯克兰茨用来描述被试不承认有意识知觉时其盲点（盲场）具有的视觉能力。有关盲视的其他案例也曾报告过，但对此症候群尚存在大量的争论和待理论化的观点（Campion，Latto & Smith，1983）。此外，由于其他神经心理学研究表明不同类型的大脑损伤会导致与盲视类似的障碍，因此，人们对言语意识与知觉能力之间的分离并没有什么疑问。例如 1983 年，佩勒德（Paillard J.）与其同事就报道了一个脑部受伤妇女的案例，该女性对其身体右侧的接触感觉迟钝，但当请她确定在其无感觉一侧何处受到触摸时，她却能非常精确地指出来。即使她感觉不到移动着的刺激物，也能正确地猜到它在皮肤上的移动方向。而且，我们将会看到在控制实验条件下，可以引导无脑损伤的人作出类似觉察和知觉分离的行为。问题是要设法理解觉察的言语报告和知觉间的关系。

目前的视觉研究表明大脑中有两种视觉系统：一个系统侧重于辨别物体，另一个则与觉察和运动有关。显然，D. B. 的问题是与辨别物体有关的系统在治疗头痛的手术中受到损坏。

变量介绍

因变量

最简单的因变量是观察者的言语描述。这是最容易的方法，但它有几个弊端。一个不经训练的观察者很少能给出精确的报告。虽然可以通过训练加以弥补，但问题也随之产生：不是刺激而是训练将会左右观察者的报告。

关于观察者报告的可靠性我们在下一部分还会谈到。知觉的客观测量包括反应时和能被主试直接核实的报告。例如，在**速示器**（一种能控制刺激呈现和间隔的仪器）上，以 50 毫秒的速度向观察者显示一串 6 个字母，要求被试报告字母。主试很容易确定这个报告是否正确。观察者通常会被要求就自己的报告是否正确进行信心评定,尽管这种评定方法不那么客观,但是可以和诸如反应时这样的客观指标结合在一起提供会聚操作。

如你所见,区分知觉中因变量的一个重要维度是核查。当然,所有因变量都必须可核查和保持一致。但一些因变量能直接核查,而另一些要求在核查前有巧妙的统计方法,如测量等。所以我们把因变量区分为能由主试立即进行核查(判断对与错)与不能马上核查的部分。

自变量

如你所知,在知觉中最常见的自变量是改变刺激的物理性质。心理学家改变视觉刺激的大小、形状、背景、透视和视角等。听觉刺激可改变频度(音高)、强度(音量)、波形(音色)、波的复杂性(独立波形的个数及其相互关系)。对知觉的时间过程的研究可以通过将一个刺激分割成若干个部分以短暂的时间间隔相继呈现来进行,也可以通过限定刺激呈现的时间,在几十或几百毫秒的时间内一次性呈现整个刺激来进行。

另一类知觉自变量更注重质而不是量。如人或动物曾被置于非正常环境中,这种环境不是缺乏正常的知觉输入信号,就是知觉输入信号极度扭曲。这类实验包括在黑暗中饲养动物;让人带上特制眼镜,使其视觉发生扭曲;提供正常的知觉,但不让其运动肌运动;或使其置身于无图形、无线条的视觉场中。很多这类研究旨在了解知觉是否像其他行为一样是后天习得的,或是内在的。曾有一个时期,内在知觉和习得知觉是心理学的一个主要争论点。如前所述,现在大多数心理学家承认知觉既有内在因素也有习得因素。

控制变量

这一章侧重与智力因素相关的知觉,但不可否认,情感和动机因素同样起作用。如要求被试说出由四个字母构成的禁语时,他们停顿的时间总要比说出普通词的时间长。与此相似的是,让饥肠辘辘的被试观察一幅无焦点的画,他们比那些吃饱的人更易看到与食物有关的东西。尽管这些现象很有意思,但当我们把刺激看作知觉最重要的决定部分时,这些效应就会人为化而且必须被控制(见第六章)。在信号检

187

测论中,知觉的决定因素必须保持一致。如我们后面将讨论的,报告禁语需要更长的停顿,原因不是由于禁语更难知觉,而是被试不愿说出禁语,不愿改变他们的判断标准(Zajonc,1962)。

刺激的物理特性,如果不是所要研究的,也必须加以控制。当刺激间隔、强度、光亮度、对比等不是作为自变量出现时,一定要保持恒定。

▼ 7.1   实验主题与研究范例

主题 言语报告

范例 无意识知觉

现象学经验是一个人对外部世界的内在知觉。在知觉研究中不容置疑的是:因变量似乎提供着对观察者现象学经验的洞察。当观察者进行了言语报告后,这种洞察似乎更强。这虽然表明观察者的言语报告,即观察者说知觉到什么,但它必定与她或他的经验知觉相联系。观察者给出言语报告后,心理学家必须判断这个言语报告是不是有用的因变量,即是否可靠、有效地显示了观察者的经验。

请回想我们在前一章谈到的心理物理学,通过极限法确定真实的阈限是很难的,原因之一是被试并不只是报告他所知觉的。对信号的敏感度、被试作出反应的意愿都会影响阈限的确定。这也是信号检测论得以发展的原因。

心理学家愿意接受心理物理研究的大多数报告,把其作为现象学经验的有效指示器。原因有二:其一,能在适宜的条件下决定 d' 和 β;其二,当外界刺激变动时,大多数人的报告在经验上有相似的波动。这种结果的普遍性和规则性增强了我们使用这种言语报告的信心。

基于第二个原因,上一章音量估计的言语报告才被接受。如果一个摇滚乐队把它的音量放大十倍,而你报告声音听起来只放大了两倍,心理学家就无法直接检验你的现象学经验了。然而,大多数观察者都对刺激能量的变化作出相似的报告,这说明言语报告有普遍性,是了解观察者知觉经验的有效方法。

确定言语报告的有用性有时很困难。设想你面前有这样一个妇女,她声称自己看见了来自火星的小绿人。她真的看见小绿人了吗？你和其他人没有看见这些人，而且火星上几乎不可能有任何颜色的生命存在，所以你会假定这个妇女疯了——她在幻觉中。幻觉是明显相应刺激情况不存在下的经验报告。

设想那个妇女没有撒谎，对她看见来自火星的小绿人的言语报告我们该怎么办？与心理学实验不同，在该例子中，在刺激（没有刺激或无关刺激）和经验的言语报告（绿人）之间有明显不一致。对知觉感兴趣的心理学家也许不相信她的言语报告与知觉经验一致。这不是说她没有小绿人的经历，但她的经历与其说是知觉的产物，不如说可能由精神病理或药物影响所致。

现在再来考虑 D. B. 的案例。他的言语报告是"我看不见物体"。我们从中能得出什么结论？他的言语报告和在刺激面前的行为不一致。是不是 D. B. 有一种有益的幻觉（没看见真实存在的东西，但却察觉到?)还是他的言语报告是其知觉经验的真实反映？我们怎样决定一个报告的用途？从主试的角度看来，D. B. 的知觉经验与出现或不出现刺激之间有明显的不一致，所以从他的言语报告很难理解他的知觉（Weiskrantz, 1986）。这种不一致与在量化实验中缺乏核查是不同的，该不一致是前后矛盾：不能辨别物体，但能准确定位。

心理学家怎么知道什么时候观察者的反应是一个有用的因变量？答案很简单：只有能直接推断出反应与先前知觉事件之间有可核实关系时，因变量才有效。纳索勒斯（Natsoulas, 1967）这样定义：报告是反应和某个先前或同时发生事件(e_i)之间假定或确定的关系，这个关系必须能直接从反应的知识推论到 e_i（p. 250）。

这个定义很抽象，我们举一个例子可以更好地理解它。

在前一章，我们讨论了一只鸽子怎样被训练成能告诉人们其绝对视阈限的例子（Blough, 1958）。当它看见刺激时啄一只键，没看见刺激时就啄另一只键。对偶然性的适当强化，使鸽子的行为受刺激控制。根据上面的定义，鸽子啄键的反应是不是有效报告？

在这个例子中，先前事件(e_i)是特定强度的刺激。在一只键上啄一下表示刺激低于阈限，在另一只键上啄一下表示鸽子看见了刺激。根据定义，这种关系是可以直接推断的。知道反应（啄键）就可以推断出鸽子是否看见刺激，因而我们必须得出结论，啄键反应确实是有效报告。

知觉报告有效的根本特征是报告与先前知觉事件之间的关系。如果某种程度上能预先提出一个其他可能的关系或推论,那么报告的有效性就会被削弱。例如,如果布劳没有小心翼翼地消除鸽子在长时间啄单键后学会在两个键之间相互转换的可能,而这种转化又可以用来解释鸽子的行为的话,那么,啄键就不能正确地用来作为报告的解释。

啄键的例子表明报告质的特征并不重要。按键反应从各方面讲都几乎等同于表明是否看见刺激的言语陈述。言语陈述与其说是未核实的报告,不如说是对刺激的反应。它是先前事件与反应之间的唯一关系,也是在考虑反应是否为有效因变量时要加以关注的关系。陈述的言语性并不保证它也是一个报告。

让我们从一个不同的角度来看 D. B. 的例子。他的两类知觉报告:言语报告和觉察/定位报告是矛盾的。理解这个相互矛盾的报告很困难,原因有二:首先,人们强调把言语报告作为现象学经验的指示器。这样,尽管有发疯的妇女和布劳鸽子之例,但人们错误地认为言语报告必定是"正确"的;其次,人们错误地假设所有的知觉报告都有相同的先前同时事件。言语报告中的 e_i 与和其他知觉经验指示器相关的 e_i 不同,这在逻辑上(及经验上,我们随后会发现)是可能的。因而一个报告可以表现一种知觉经验,而另一个报告可能不行。

近来,韦斯克兰茨(2002)关于 D. B. 的研究指出 e_i 方法对于我们理解这种知觉很重要。D. B. 向韦斯克兰茨一次即时的报告引发了一个重要发现。D. B. 在表现为不能检测栅栏(平行线条),但可以准确猜测它们的方位之后,报告说在他闭上眼睛后,可以看到窗栅的形象。这是个幻觉吗? 不是,而是一种视觉后像。视觉后像通常在我们注视一个视觉刺激几秒钟后产生。在刺激刚移开之时,会有正的视觉后像,其亮度和色彩与原始刺激相似(Woodworth & Schlosberg, 1954);过了一段时间后,这种后像会转变为负的视觉后像,其亮度和色彩都与原刺激是互补的(一个红色的原始刺激其负向的视觉后像就是绿色)。依据 D. B. 的报告,他知觉到的是他看不到的栅栏黑色线条的负向视觉后像。这个神奇的发现同样只是一个言语报告,仍有待核实。系统化的测试可为我们作出 D. B. 的视觉后像是一个真实现象的推论提供必要的信息。

D. B. 宣称看到互补的颜色视觉后像,以及具有正确位置的栅栏后像。虽然,他在视觉上不能区分圆形和方形,但他在后像上可以准确区分它们。D. B. 报告的后像的大小随刺激表面到眼睛的距离而变化,这同正常人的视觉后像情况是一致的(Weiskrantz，2002)。后像大小与观测距离之间的比例关系被称为**艾莫特定律**(Emmert's law)。这些又意味着什么呢?

D. B. 拥有对外部刺激的无意识知觉,但对其后效是有意识的。后像的报告得以被核实,因此可以被看做先前事件(Natsoulas，1967)。韦斯克兰茨将 D. B. 的后像称为"启动视觉",以区分"盲视"。这两种视觉可能会太脱离我们的理解的极限,但它们确是根据我们对先前事件的分析而生的知觉。

这些"特殊的知觉发现"是否与我们平常概念上真正的知觉完全不相关呢? 我们认为不是这样,因为我们将探讨如何在正常被试无言语意识的情况下研究他们的知觉。必要的工作就是在缺乏知觉经验的言语报告时,确定知觉经验的指示器。

言语觉察的缺乏

无意识知觉研究的历史是悠久而争论不休的历史(Eriksen，1960)。马塞尔(Marcel，1983)赋予争论以新意,他报告了一系列实验结果,似乎表明在无言语觉察条件下,能够知觉意义。参加马塞尔研究的正常大学生和 D. B. 的行为相似:他们声称没有知觉到某个词,但他们的行为表明他们对不曾知觉到的词的意义很敏感。

马塞尔在一个实验中采用了几种不同的研究技术。他的基本任务是研究**斯特鲁效应**(Stroop effect)的一个变式。斯特鲁效应是以斯特鲁来命名的,1935 年他首次报告了这个效应。标准的斯特鲁任务如下:被试看一列单词,然后很快说出书写每个单词所用墨水的颜色。与说出中性无色单词(如用红墨水写的"*房子*")的速度相比,当词和墨水颜色不一致时(如用蓝墨水写的"红"字),说出颜色的速度要慢,但当词和色一致时(如用绿色写"绿"字)速度要快一些。斯特鲁效应就是指在词、色一致或不一致情况下,说出颜色的快慢。

马塞尔用启动形式改变了斯特鲁的程序。当一个词或其他知觉事件使被试有偏向地以某种特定方式知觉后来发生的事件时,启动效应就产生了。看见用黑色印刷的"红"字也许会启动你想到红色,就像过去的那个笑话一样:"不要想一头大象"会让你想到大象。所以如果你看到"红"字时启动到红色,但随后出现的颜色如是绿色,就会使你出乎意料,从而产生斯特鲁矛盾。在马塞尔的实验中,先呈现一个启动词(如"红"字),马上再呈现一个色块(如绿色),要求被试迅速说出色块的颜色(被试应说"绿色")。如果启动词产生了斯特鲁效应,那么与一个中性词相比(如"房子"),色、词一致的情况下(如"绿"字),说出绿色的速度会快些;色、词不一致的启动(如红字),说出绿色的速度会慢些。这也正是马塞尔所发现的。

在启动斯特鲁效应的实验中,马塞尔采用了一种巧妙的技术来操纵被试对启动词的知觉。他用**掩蔽**这种方法阻断对启动词的知觉。掩蔽,在此指在呈现启动词后立即呈现无序的字母图案。在启动词后马上出现的掩蔽会阻断对启动词的觉察和确认。词和掩蔽之间的间隔增大时,对词的觉察和确认的准确度会提高。有效的掩蔽化启动不应被被试报告,因为他或她不能觉察或确认启动。马塞尔推测:如果知觉能在无觉察条件下存在,那么有效的掩蔽不能消除由启动带来的斯特鲁效应;不管被试是否意识到启动,如果对意义的知觉不依赖于言语觉察,那么被试对颜色的命名都应对启动很敏感。反之,如果觉察对意义的知觉很必要,那么对启动的掩蔽应消除斯特鲁效应。

马塞尔的一个实验部分如图 7-3。他用速示器来呈现启动词,速示器是一

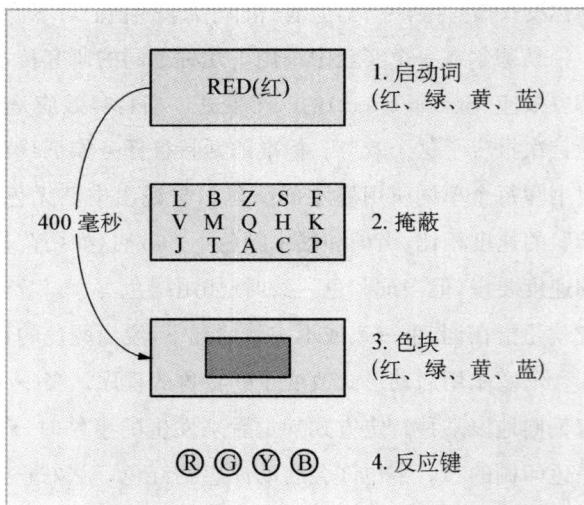

▼ 图 7-3

马塞尔(1983)实验(实验 3 的一部分)程序的演示。呈现启动词(无单词、红、绿、黄、蓝或非颜色单词)400 毫秒后呈现色块(红、绿、黄或蓝)。在觉察测试中,掩蔽与色块一起存在。在无觉察试验中,在呈现启动之后即呈现掩蔽刺激,且时间间隔根据每个被试单独确定,以使被试觉察到启动词出现的概率不超过 60%(偶然察觉为 50%——对启动的呈现回答"是"或"否")。当色块出现时,被试通过按对应红、绿、黄或蓝色的键来表明颜色。

种可以在很短的时间内呈现刺激的仪器。在启动词和色块之间的时间间隔为400毫秒(ms)，即十分之四秒。对启动词的觉察由启动词与掩蔽之间的间隔时间决定。在觉察实验时，此间隔与色块呈现间隔一样(400 ms)，足以使启动词被觉察和辨认。

在无觉察实验中，启动词与掩蔽刺激之间的间隔很短。在斯特鲁测验开始之前，这个间隔要根据每个被试来单独确定。颜色单词之后即呈现掩蔽刺激，要求被试觉察启动词是否出现。觉察阈限是通过极限法确定的，它被定义为启动词与掩蔽刺激之间的时间间隔，该间隔必须使觉察概率低于60％，而50％为偶然觉察到启动词存在的概率。在斯特鲁实验中，无觉察实验采用的是比觉察阈限低5毫秒的时间间隔。

在一些斯特鲁实验中，启动词不出现。其余的都以启动词与色块之间的关系定义实验：中性、一致、不一致。材料包括四种颜色(红、黄、蓝、绿)；四个颜色单词(红、黄、蓝、绿)；三个中性词(咳、类、水)。呈现色块后，被试在四个按钮中择一而按。按正确按钮的反应时是主要因变量。

结论非常直接：在觉察和无觉察实验中，都会得到典型的斯特鲁效应。与中性启动词和无启动词的条件相比，不管被试是否意识到启动词，对与启动词(如，单词"蓝")不一致的颜色(如，黄色)辨认较慢，而对启动词(如，"黄")和颜色一致的辨认较快。基于所有他做过的实验，马塞尔得出结论：对意义的知觉可以不通过觉察。

在马塞尔的实验中，被试在斯特鲁效应上的行为表明，即使他们的言语报告暗示没有知觉到启动刺激，但词的意义已经被登录了。奇斯曼和梅里克尔(Cheesman and Merikle，1984)对此结果的觉察解释提出质疑。他们注意到马塞尔60％的觉察阈限使一些实验中有真正察觉的可能性(在第六章信号检测中提及)，而且，奇斯曼和梅里克尔推论：觉察言语报告的阈限可能会比以其他方式觉察词义的阈限要高。如果这是事实，那么有可能马塞尔在调整低于60％阈限的启动—掩蔽间隔时不小心犯了错，导致了一个错误阈限。按马塞尔程序得出的阈限，可能低于被试言语报告，但又高于他们的察觉阈限。

奇斯曼和梅里克尔又在重要改动的基础上重复了马塞尔的斯特鲁效应实验，以验证他们的猜测。首先，他们改变了对启动的觉察阈限方法。与马塞尔不同,他们不是让被试判断有无启动词,而是要求被试报告看到了什么颜色的单词。这样做使被试对报告呈现启动的反应偏差减少到最小。在迫选程序中,每个启动词出现的频率相同,且随后都有掩蔽刺激。通过大量的试验,被试对每个可选择的反应频率都是均等的(颜色单词如马塞尔所用:红、黄、蓝、绿)。这样,对所有启动词来说,被试说出某种颜色的标准都是一样的。

奇斯曼和梅里克尔的第二个重要改变是引入了对每个被试的几个启动觉察阈限的计算。使用极限法,他们改变启动词与掩蔽刺激之间的间隔,使对启动的迫选察觉分别为 25％、55％和 90％。在四个选择中,对启动的偶然觉察为 25％。因而,他们计算的最低阈限是偶然觉察。55％的反应水平与马塞尔所用的阈限近似。90％阈限产生近乎完美的行为。在所有水平的觉察中,掩蔽在消除对启动的言语知觉方面往往是有效的。这就是说,尽管根据启动—掩蔽的不同间隔,被试能不同地察觉颜色单词,但他们说觉察不到单词是什么,他们说是猜出来的。

斯特鲁的实验部分中,奇斯曼和梅里克尔重复了马塞尔的步骤(见图 7-3),只是把两个条件改为四个条件。四个条件分别是:三个产生 25％、55％和 90％概率觉察的启动—掩蔽间隔和一个没有隐蔽的条件。与在马塞尔实验中一样,启动词与色块之间的关系是中性、一致和不一致。

两人实验的结果如图 7-4。在其他条件下都得出标准的斯特鲁效应,只有在偶然水平觉察启动时不存在。尽管在 55％和 90％的条件下,被试称不能觉察启动,但他们的行为却表明他们对启动词的意义很敏感。在启动—掩蔽间隔非常短的情况下(25％的条件),被试对启动词的意义不敏感。

如果我们把偶然觉察阈限看作未觉察到启动,那我们就可以这样解释奇斯曼和梅里克尔的实验结果:偶然觉察阈限没有提供无意识知觉意义的任何证明。但另一方面,55％和 90％启动觉察水平(被试说他们对启动无觉察)的行为表明存在对(启动词的)意义的知觉。奇斯曼和梅里克尔(1984,1986)认为,这些数据与存在两个阈限的观点一致,并把其理论化。一个是**客观阈限**,辨别反应的水平是在偶然水平上的。另一个是**主观阈限**,辨别反应水平高于偶然水平,但被试称他们不能觉察或再认知觉信息。这样,他们假设辨别反应阈限比言语报告阈限要求的同时事件(e_i)更微弱一些。

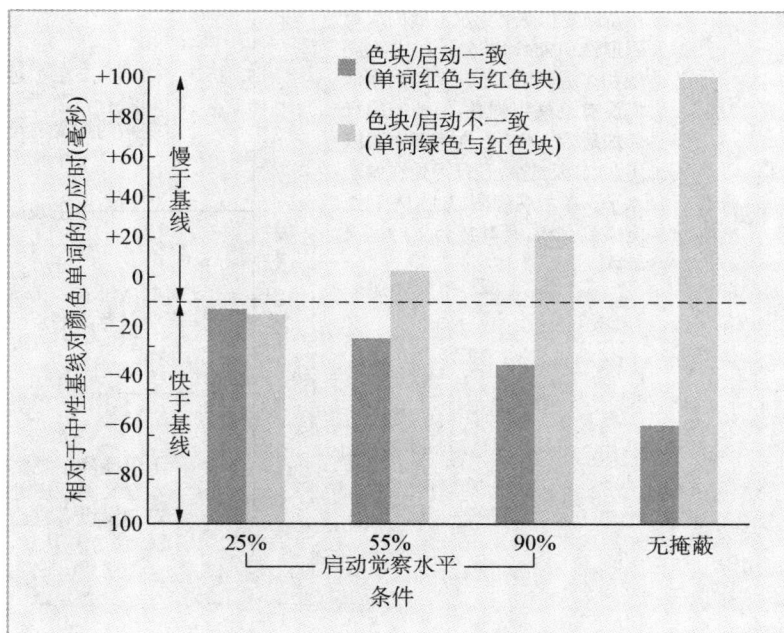

▼ 图 7 - 4

奇斯曼和梅里克尔的实验结果(1984)。表明在四种条件下,相对于中性启动而言,一致和不一致启动的反应时。除在 25% 启动—觉察条件下之外,在其他条件下都存在斯特鲁效应。

　　奇斯曼和梅里克尔又设计了一个实验来直接检验这个理论。在实验中,他们改变了启动的强度(能量水平)以决定两个阈限。在客观阈限中,被试在偶然水平觉察,言语报告说对单词无知觉。在主观阈限中,被试觉察 66% 的单词,但称不能辨认。重复进行斯特鲁实验,结果发现在主观阈限水平上呈现启动词,存在斯特鲁效应,而在客观阈限水平呈现启动词不存在该效应。

　　图 7-5 阐明了两个阈限理论。在两个阈限之间,被试的言语报告是对启动无知觉,但对刺激的反应表明他们对启动词的意义很敏感。在客观阈限以下,觉察无法被确定,因为不仅被试的反应处于偶然水平,且无言语觉察。根据加以掩蔽的斯特鲁效应,马塞尔在其实验中所确定的是主观阈限,不是客观阈限。

195

▼ 图 7-5

由奇斯曼和梅里克尔发展的双阈限理论（1984；1986）。在主观阈限和客观阈限之间，人们宣称他们没有觉察到刺激，但他们的行为却是另一回事。在客观阈限以下，人们无觉察，且行为处在偶然水平。在主观阈限以上，人们说觉察到刺激，且其行为上对词义敏感。

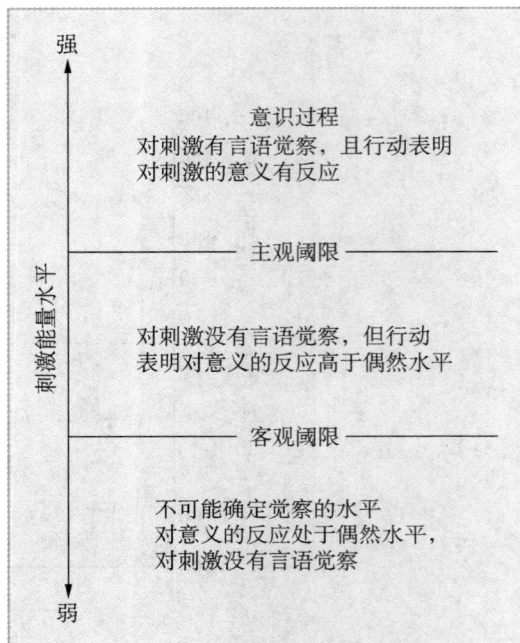

强

刺激能量水平

意识过程
对刺激有言语觉察，且行动表明
对刺激的意义有反应

————————— 主观阈限 —————————

对刺激没有言语觉察，但行动
表明对意义的反应高于偶然水平

————————— 客观阈限 —————————

不可能确定觉察的水平
对意义的反应处于偶然水平，
对刺激没有言语觉察

弱

奇斯曼和梅里克尔得出的理论，对我们理解言语报告在知觉研究中的作用有重要意义：首先，提供了一种区别觉察言语报告和其他知觉反应之间的无差异方法。对正常的被试来说，我们有办法判断什么时候这种差异存在，如对 D. B. 这种病人，我们对其看似古怪的行为有合理的解释。韦斯克兰茨报告对 D. B. 盲视觉场给以很强的刺激，会产生一些觉察感觉，但又不是平常的看见。因此，我们可以得出结论：脑部视觉部分受伤的一个后果是主观阈限的显著升高（如后面还会提到的更多的事实）。

其次，不必再把言语报告看作是有特殊意义的。在奇斯曼和梅里克尔的每一水平阈限研究中，除给出的四个迫选辨别反应之外，言语报告只提供了很少的信息。这说明人们的这些想法都错位了，即对言语报告的格外重视以至于认为言语报告是必不可少的。在很多情况下，理解知觉所需要的是指示性反应，对知觉的报告并不是根本的。

然而，知觉重要的现象学部分仍保留着，并且人们知觉到的是某些事而非另

一些事。觉察的阈限不是客观阈限,因而奇斯曼和梅里克尔总结道(1986):

> "如果知觉觉察是一个主观状态,我们认为主观阈限,即报告知觉的阈
> 限,能够更好地抓住意识和无意识知觉在现象学上的区别;因此,主观阈限
> 能比客观阈限提供了一种更好地界定意识和无意识过程的方法。"(p. 344,
> 在原文中即有强调)。

奇斯曼和梅里克尔提供了觉察的操作定义(在第六章的操作定义和第十二章都会谈到这一点)。简单地定义觉察并不能让我们区分意识和无意识过程,也不能判断言语报告的有效性。从表面看,奇斯曼和梅里克尔简单地让每位被试用自己的主观信心决定其主观阈限。他们指出这是一个严肃的问题,因为主观信心不能与反应偏见相区分。如果只用主观阈限作为对觉察阈限的测量,那我们几乎又回到起点处,即我们的报告是未经核实的。要完全解决这个问题,我们需用下面谈到的会聚操作。

▼ 7.2 实验主题与研究范例

主题　会聚操作
范例　无意识知觉和有意识知觉

前面讨论了在知觉经验与对刺激的反应之间的区分,这个区分推动了一个想法的产生,即用两个或更多的操作性定义来定义心理学上的知觉概念。在一篇名为"知觉概念和操作主义"的经典文章中,加纳、黑克和埃里克森(Garner, Hake, Eriksen, 1956)表明知觉不只是一个反应。这在前一部分阐述得很清楚,所以我们要回顾一下过去。

约 50 年前,实验心理学从华生行为主义的僵化应用框架的剧痛中恢复过来。对许多心理学家来说,被试对一组与另一组形式相异的刺激反应,这种反应就是知觉。我们现在意识到这个有限的知觉概念是从不完全和非常刻板的操作主义解释中得来的,这一点要归功于加纳、黑克和埃里克森。你会记得,根据**操作主义**,概念是根据测量和产生它们的操作来定义。如果在你浴室地板上有一个放在小矩形盒子里的计量器,体重就根据计量器的运动来定。你的体重就

以你站在计量器上时计量器数字的反应来定义。如果知觉是根据被试说出刺激之间的不同来定义,那么反应就是知觉。

加纳、黑克和埃里克森指出这只是操作主义的一部分。同样重要的是需要一系列操作来定义每一个概念。他们引用了物理学家布里奇曼(1954)的话来强调这个被忽视的方面:

> 不管精确性如何,除非充分发展操作性定义,应该至少有两种操作被用来达到目的,否则,在应用时是不正确的。通过产生一个现象的操作,从表面和浅层对现象进行定义,其精确性是似是而非的,因为它只是对一个孤立事件的描述。(p.248,强调处为本书作者所加)

作为一个判别性反应,即反应 A 或 B,操作性地定义知觉是不够的,至少需要两个操作。

当只用一个操作时,不可能区分知觉系统界限和反应系统界限。由于知觉和反应系统在某种程度上是独立的,故而需要两个或更多的操作来区分每个系统的极限。

会聚操作是一系列两个或更多的操作,使用该操作可以消除能够解释一系列实验结果的其他概念。通过几个例子可以更好地理解这个抽象的概念。我们从奇斯曼和梅里克尔进一步的研究开始讨论。

无意识知觉

在奇斯曼和梅里克尔(1984)的实验中,无法区分主观阈限下未觉察刺激的表面声明与抑制作出觉察报告的反应偏见。为帮助我们充满自信地区分有意识知觉和无意识知觉,应有一个会聚操作来证明在觉察的两个水平上,知觉进程有着质的不同。否则,我们只能说斯特鲁效应有时伴随启动觉察的报告,有时又与无觉察相伴。奇斯曼和梅里克尔后来提供的会聚操作表明:自变量(在启动—色块一致试验中的频率)在无意识知觉过程和有意识知觉过程中,有不同质的效果。除了主观阈限,另一个变量在觉察和无觉察之间作出了区分。

奇斯曼和梅里克尔(1986)决定改变启动—色块一致试验的频率。以前不同形式的斯特鲁实验研究已表明,随着一致试验出现频率的提高,对一致试验的反应时会缩短,对非一致试验的反应时会延长(见图 7 - 12 无掩蔽条件)(Glaser &

Glaser，1982)。一致试验(用红颜色写的"红"字)出现两倍于非一致试验,被试就有一种强烈倾向,说出与单词一致的颜色,所以这种预见会减少一致试验的反应时;由于预见会导致对不一致试验的错误反应,所以当与预见不一致的非匹配试验出现时,反应时就会很慢(如用蓝颜色写的"黄"字)。频率可以影响到被试的自愿策略(Lowe & Mitterer，1982)。当一致试验出现频率较高时,被试基于对各种形式试验出现频率的判断,就会偏向作出高频率反应。其结果是对大部分试验(一致试验)的反应时缩短,而延长一小部分试验(非一致试验)的反应时。

由于在以前的实验中,一致、非一致和中性各占 1/3,奇斯曼和梅里克尔就推论:提高一致试验频率(到 2/3)的效应将要依赖于启动是否高于或低于主观阈限。他们认为,如果频率效应来源于被试对高频率类型的确认,那么当启动的呈现低于主观阈限时,就不能被有意识地确认,频率效应也就不存在了。如果启动是在主观阈限以上、能被有意识地确认,那么频率效应就会被观察到。

在无掩蔽试验中,一致试验中启动出现 2/3 时强化了斯特鲁效应。此后,奇斯曼和梅里克尔决定改变一致试验的频率:1/3 或 2/3。对启动,他们使其或低于主观阈限,或大大高于此阈限。

实验结果如图 7-6 所示。在以前的试验中(见图 7-4),斯特鲁效应的出现不依赖于启动是否高于或低于主观阈限。然而,只有在启动高于主观阈限并且启动能被有意识地确认时,频率效应才存在。只有当被试有意识地由主观阈限来定义刺激时,才有可能应用频率效应策略。这样,会聚操作表明意识与无意识知觉过程的方法在质上是不同的,而且在知觉的不同觉察水平进行的现象学区分也有坚实的试验基础。得出这些结论需要两组试验:确定不同的觉察阈限的试验和证明不同意识水平条件下一致试验频率的差异效应的试验。有意识知觉和无意识知觉之间有足够的区别,是两组试验的会聚点(Merikle & Cheesman，1987,支持结果的报告)。

目前,大多数实验心理学家一致认为,无意识知觉现象的存在有坚实的基础(Kilhstrom，Barnhart，& Tataryn，1992)。这种信心部分来源于:自变量质的区别更多表现在人们宣称有知觉觉察时,而不是无知觉觉察时(Merikle & Reingold，1992；Merikle、Smilek、& Eastwood，2001)。刚才描述的会聚试验提供了主要例证。无意识知觉普遍存在的观念还源于人们在大量试验环境中获

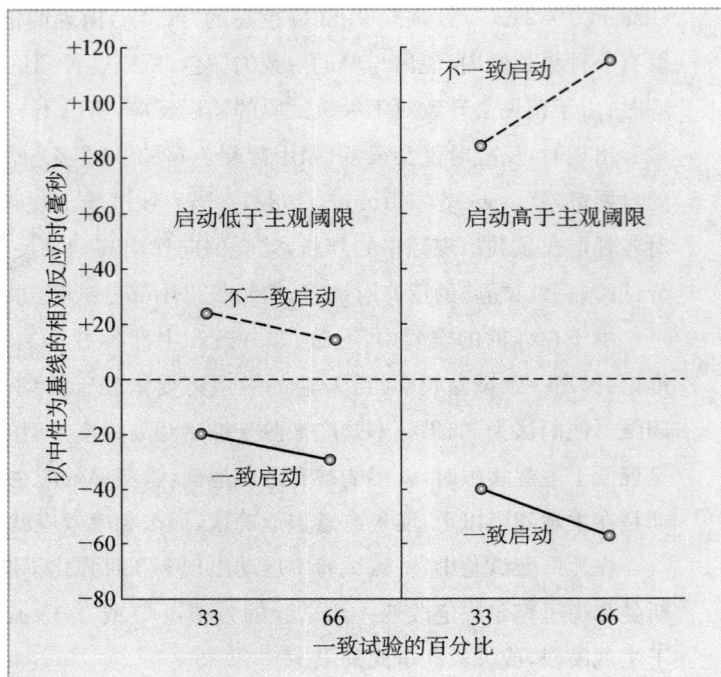

198

▼　图 7 - 6

奇斯曼和梅里克尔(1986)的结果。该结果表明,当一致试验的频数增加时,在主观阈限以上的启动,其斯特鲁效应增强。对无意识启动,斯特鲁效应的增强不受一致试验频数的影响。

得的无觉察效应（Greenwald，1992；Loftus & Klinger，1992；Sergent & Dehaene，2004）。会聚操作在定义方面提供了精确性,结果又有可重复性,这些都指出了无意识知觉是一种普遍现象。

199

盲视回顾

我们对 D. B. 知觉的分析是不完全的。在核实他不能看见盲视觉场的物体,但能精确地察觉并定位时,会聚操作是必要的。为了证明 D. B. 的盲视觉场与好视觉场对物体的知觉存在质的区别,韦斯克兰茨在会聚操作中采用了与奇斯曼和梅里克尔所用方法相似的序列。

韦斯克兰茨用来做会聚操作的程序叫**功能的双分离**（Weiskrantz，1997）。在该程序中,来自不同功能区域的不同任务导致对立的行为。韦斯克兰茨希望找到满足以下要求的条件：使好视觉场的意识和定位比盲视觉场要差些；使好视觉场能定位和辨认，但盲视觉场不行。如果在这些条件下有对立的知觉，那么韦斯克兰茨就能肯定：盲视觉场的视觉与好视觉场有质的区别，盲视觉场不仅仅只是比正常视觉场差一点而已。

韦斯克兰茨在好视觉场四周呈现 X 和三角形，由于速度快、光线暗，这里的意识要比盲视觉场的中心差。在好视觉场中，尽管意识很弱，但 D. B. 仍能说出是否有 X 或三角形。在另一个实验中，与盲视觉场的精确觉察相伴随的是看不出刺激到底是什么。也就是说，D. B. 能说出什么时间目标呈现在盲视觉场内，但看不出是 X 还是三角形。从对 D. B. 的实验中，韦斯克兰茨认为，分离的观点与存在两个视系统的观点是一致的。如前所述，一个是与确认和辨认有关的"是什么"系统，另一个是与觉察和定位相关的"在哪里"系统。在没有脑损伤的情况下，两个系统一同工作，所以觉察总与辨认相伴随，成人还伴有言语报告。

另外一些研究也表明了在"是什么"和"在哪里"视系统之间存在的双分离。心理学研究（Cowey，1995）表明，通过外科手术改变猴子的部分视系统后，就出现了双分离。一部分视系统受损伤，可能导致对"是什么"的辨认障碍，但仍有完整的定位能力；如果损伤发生在视系统的别处，可能会使空间能力丧失，但却仍然可以确认物体。在神经心理学家的著作中也有类似的报告。法拉（Farah，1990）探讨过两类脑损伤病人，一类视系统部分受损伤，不能看见或想象物体，但能指出或想象物体的方位；另外一类相反，在脑部其他部位受伤，能对物体进行正确的定位或想象其方位，但却不能想象物体本身。这两个例子为视系统由双功能系统组成这一观点，提供了更多的会聚例证。行为的、生理的和神经心理方面的证据都会给人们提供印象深刻的会聚例证，这大力支持了诺曼（Norman，2002）的理论，即正常视觉中同时包含直接和间接两种过程。

有意识知觉

到目前为止，我们已从几个角度区分了知觉：直接/间接，自上而下/自下而上，内容/定位，以及无觉察/有觉察。回想一下最初关于盲视的研究，D. B. 关于看不见物体的报告与他拥有物体定位能力的表现是不一致的。因此我们的重心以及梅里克尔的研究工作在于加强我们对无意识知觉的理解。我们还要会分析会聚操作在支持有意识知觉中的作用，这也是我们现在要做的。研究清晰地揭示了会聚操作在帮助我们理解方面的价值。

普罗菲特(Proffitt)及其同事进行了很多关于外显的有意识的研究,普罗菲特(2006)总结了这些大量的研究。他概括了自己的观点,指出对当前环境的知觉涉及的视觉过程是不可改变的(如观察一座山的倾斜度),除非改变空间布局。另一方面,外显的意识会随环境中的视觉排列与在此环境中想要做某事的情绪和生理的消耗而变化。正如我们将要探讨的,背着沉重的背包去看一座山,与背一个轻便的背包相比,会让人觉得山更陡峭。因此,普罗菲特(2006)指出"对客观世界的知觉既需要视觉分析,也需要对行为目标以及实现目标所需代价的外显觉察"(p. 110)。接下来就让我们看看得出这一推论的一些研究。

第一类是对山的陡峭程度的知觉研究(Proffitt, Bhalla, Gossweiller, & Midgett, 1995)。观察者对山的陡峭程度作出三种判断,并平衡顺序:言语判断(外显意识的言语报告陡峭程度)、有外显意识的视觉估计(移动半圆形以展示山的截面的图式)、触觉判断(通过用手掌移动一个木板,以使感觉到的木板斜度和山的倾斜程度相匹配)。普罗菲特及其同事假定触觉条件是内隐的,视觉引导眼球运动。观察者在用言语外显估计时,会过分高估山的倾斜度;但在触觉判断时会更加保守和精确。然后让有经验的跑步者采用三种方法进行两次判断:跑步前一小时和跑步后。跑步者分别估计两座不同山的倾斜度,研究者在两组跑步者中对跑步前和跑步后的条件作了平衡(见第二章和第九章)。视觉引导的触觉判断比较精确,且不受跑步一小时的影响。一般说来,跑步者在外显意识判断中会夸大山的倾斜度,且在跑步后比在跑步前更易作出更加陡峭的外显判断。因此,跑步花费的体力增加了山的倾斜度的外显估计。

第二类研究,巴拉和普罗菲特(Bhalla & Proffitt, 1999)从三个不同方面考查了观察者在作出外显的有意识估计和以视觉为导向的估计时,他们的生理消耗。第一,他们发现背着沉重的背包会增加对山的倾斜度的外显估计,但不会影响触觉判断。第二,通过一个压力测试评估大学生运动员和普通大学生的健康水平,然后让他们判断四座山的倾斜度。外显意识判断的倾斜度与健康状况存在负相关(见第二章关于相关的内容);即越不健康的被试,视觉和言语估计的山的陡峭程度会越大。以视觉为导向的估计不随健康状况而变化。第三,年长的人估计山的倾斜度。外显的判断不是以视觉为导向的判断随年龄正向变化。年龄越大的人对山的倾斜度的估计越大。巴拉和普罗菲特还发现自我报告的不健康状况影响年龄效应——越不健康的人，对山的倾斜度的外显判断越大。但健康状况不影响视觉为导向的判断。

　　普罗菲特及其合作者进行的这些研究采用的方法包括实验（有无沉重的背包、跑步前后）和带有被试变量的准实验（年龄和健康状况）。实验仅仅考虑因果描述，但没有考虑被试变量的效应令人感兴趣。当然，后者不能进行因果分析（见第二章、第三章、第十二章）。这一系列研究阐明了一个让我们信服的结论：非视觉过程能够影响我们对世界的视知觉。

　　普罗菲特的工作引发了和体育比赛相关的其他一些有趣的研究，发现垒球运动员的平均击球数与对球的尺寸估计存在正相关（Witt & Proffitt，2005），对飞镖板目标的尺寸估计和飞镖投掷的熟练程度存在正相关（Wesp，Cichello，Gracia，& Davis，2004）。显然，获胜的能力也会影响知觉。我们对这一部分用本部分开篇普罗菲特（Proffitt，2006）的话加以总结：对世界的知觉伴随视觉分析与对目标的外显意识以及所付出的代价。

从问题到实验：研究细节

问题　颜色—距离错觉

　　众所周知，在视觉艺术中，暖色（黄、橘黄、红以及这些颜色的过渡色）通常向观察者靠近，冷色却往往远离。两维的画，如果配以蓝色背景、暖色前景的艺术手法，就会具有三维性。这种错觉让人真假难辨。我记得观看有色玻璃展览时，一件艺术作品以深蓝色的边围着一个红色的圈，三维感非常强，圈好像漂浮在蓝色前面 10 厘米左右。作者不得不走上去摸一摸玻璃，以确信蓝、红玻璃在同一个平面内。

　　让我们假设有位心理学家想探究这种暖—冷色错觉。问题可以简单地表述如下：

问题　为什么看起来暖色向前、冷色退后？

　　在仔细回答这个问题之前，细心的心理学家首先要在受控的实验室环境中演示这个现象。他们想要排除错觉是由于其他艺术手法造成的可能性，因为诸如透视或明暗变化等艺术手法都会产生距离感。

那么首先应验证一般性假设，即颜色也是深度的一个线索。由于这个假设是真的，所以我们可以在此基础上形成专门的实验形式。

假设　当几组色块出现在同一平面时，观察者用一只眼睛看刺激（单视），会判断暖色更近。

主要的自变量当然是颜色（或更技术化一些，称为色调）。另一个要操纵的自变量可能是刺激与眼睛之间的距离。这个变量之所以必要，是因为主试没有理由任意选定观察距离。由于观察距离没有特殊性，你或许会认为距离变量是不必要的，随机选定的任何距离都可以。

如果距离变量不起作用的假设为真，那么你的推理可能是正确的，但这毕竟只是实验者的一个最好的猜测而已。由于变换三四次距离很容易做到而且花费也不大，所以大多数主试都会操纵距离。数据表明，在颜色的深度线索上，距离不起作用。表面上看似乎这是个无用的发现，但事实上它很有意义，因为它排除了一些对错觉的其他解释。最后，主试的猜测也许错了，两个自变量（色调和距离）之间有可能存在交互作用。

在实验中应选用多少颜色来试验？如果所有可能的颜色组都出示给被试，我们会发现刺激（一对色块为一个刺激）的数目显著增加。实验至少应该用 3 种颜色：1 个暖色、1 个冷色和 1 个中性灰色。对所有可能出现的色块，被试会有 3 个刺激。这个数目对实验来说是合理的，但对建立该效应普遍化的理论来说数目就太少了（只有两种真正的颜色）。我们可以用 5 种颜色：2 种暖色、2 种冷色和 1 种灰色。这要求 10 个刺激。如用 7 种颜色，将要求 21 个刺激，9 种颜色要求 36 个刺激。因此，为了控制实验过程不要太长，我们可选择 5 种颜色、4 种距离。

因变量是一个迫选判断，被试将报告两个色块哪一个看起来更近（实际它们的距离一样）。用一个矩阵来对此记分。所有的颜色既列在横行上也列在竖列上。矩阵的每个单元都是两种颜色的混合。主要对角线上没有任何记录，因为对同种颜色的刺激没必要登记两次。单元以颜色 X 比颜色 Y 近的次数（或百分比）记录。

与任何知觉实验一样，还要考虑很多控制变量。通常人们所说的颜色，实际由三要素组成：色调、饱和度和明度。**色调**，指光的频率和影像——红、绿等。

饱和度指颜色的力度，也就是说，是否浅、深或弱、强；明度指表面反射光的数量。由于我们的实验把颜色作为主要的自变量，饱和度和明度必须得到控制，明度本身就是深度的重要线索，亮的东西看起来会离被试更近，我们一定要非常谨慎，在其他条件等同下，使所有刺激的明度相同。另一个控制变量已在假设中给定：单眼（一只眼）条件。

由于每只眼对外部事物从不同角度定位，所以双眼是深度知觉的重要线索。由于我们主要是对颜色可能是深度知觉线索这一命题感兴趣，所以在实验中必须消除所有其他距离线索。

虽然我们不知道实验结果是什么，但为了下面讨论能进行，我们假设暖色更近。这样我们就会形成另一个假设，用一个会聚操作来推进结果并解释第一个实验。

假设 给被试一个固定的颜色刺激，要求被试把另一个调整颜色刺激移动到和固定颜色刺激看起来在同一平面的距离上。如果固定颜色刺激为暖色，调整颜色刺激为冷色，那么调整的距离就离被试更近。反之亦然。

这个假设比第一个复杂，让我们详细解释一下细节。想象在你面前有两只颜色圈，其中一只在滑轮上，以使它能向前后移动。被试的任务是调整颜色圈，以使两个刺激看起来与被试的距离相等。假设预测，如果固定颜色为暖色，滑轮内是冷色（看起来远），由于暖色看起来离你近些，为使两个颜色看起来在一个平面内，冷色会被移得更近一些。同样，如果冷色为固定色，它看起来会远些，滑轮内的暖色（看起来近）就会移动得比固定颜色更远。

该实验的自变量和控制变量都与前面相同。因变量为观察者与调整刺激之间的距离。

在计量距离时，把固定颜色之距离作为零，把离被试更近的作为负数，离被试远的作为正数。

第一个实验强调冷暖错觉质的评价，而该实验则强调在知觉距离基础上的量。

这样它提供对不同组合的颜色，错觉怎样强或弱的说明。如果我们有足够想象力的话，这个假设甚至可以作出更明确化的预测：错觉的大小依赖于每对颜色刺激的频率之差。两个刺激在可视光谱中离得越远,就越易导致较远的距离情境。

到此为止,两个实验主要都是为了建立一个假设的可重复性和信度,该假设为暖色靠前、冷色靠后,而不是解释该现象为什么会发生。但这两个实验提供的会聚操作很薄弱,因为它们太相似,只是在因变量的测量精确度上有差别。而且,被试都是对两种同时出现的颜色作相对判断。为解释我们(假设)的结果,下一步将要进行较强的会聚操作:对单个刺激作绝对判断。

假设　如果被试用双眼对一个颜色刺激作距离判断,被试将判断暖色比冷色距离近。

自变量和控制变量均不变。因变量是对距离的直接估计。有好几种计量技术可以用,但为简便起见,我们用被试熟悉的距离单位,如英尺、厘米作判断。当然,即使对中性灰色刺激,这种估计也不可能很准确,但这不是我们考察的问题,我们关心的是对冷暖色距离估计的相对值。

如果本实验支持以上两个实验的结果,我们就可以说,距离线索是颜色的某种绝对特征。如果没有发现差别——也就是说,对所有颜色的距离估计相同——那就有两种可能性。你也许注意到假设中用正常双眼(两只眼睛)作试验。这是另一个会聚操作。如果结果为负,细心的主试会再次重复该实验,像以前一样用单眼。如果还为负,我们将被迫下结论:冷—暖距离判断只是相对判断的特性,只有两个刺激对比时才可能产生这种错觉。这是解释效应的主要步骤,但同时也只是一个开始。其余步骤为未来实验者留作练习。(如果你想了解更多,可参看知觉原著中的**颜色的色差**,如 Coren et al.，1994)。

▼　小结

1. 知觉通常被描述为对感觉的解释。知觉研究中的问题包括直接、间接知觉过程(经常指自下而上和自上而下的加工);影响知觉的内在和经验因素;意识在知觉过程中的作用。

2. 言语报告能使心理学家研究别人的知觉和现象学经验。但必须当心言语报告是否足以被当作因变量。对知觉进行言语报告的研究案例有盲视和无意识知觉。

3. 奇斯曼和梅里克尔所研究的斯特鲁效应表明,对主观阈限以上的言语知觉,与主观阈限以下、客观阈限以上的言语知觉不同。

4. 通过会聚操作,我们对知觉操作的有关推论要比单个实验或单个实验条件下所作的推论更有说服力。通过会聚操作,心理学家可以更好地理解盲视、无意识知觉以及有意识知觉。

▼　重要术语

后像	经验论	正后像
意识	幻觉	启动
盲视	错觉	启动视觉
自下而上加工	间接知觉过程	盲点
概念驱动加工	掩蔽	感觉
会聚操作	先天论	斯特鲁效应
数据驱动加工	负后像	主观阈限
直接知觉过程	客观阈限	速示器
功能的双分离	操作主义	自上而下的加工
动态视野	知觉	无意识推断
艾莫特定律	现象学经验	言语报告

▼　讨论题目

1. 如果你曾开过止痛药缓解手术痛苦或牙痛,你可能经历过疼痛(伤痛)或感觉与定位痛源能力的分离。把这和盲视及无意识知觉联系起来。

2. 参看加纳(Garner,1974)的理论,讨论会聚操作如何支持维度的整体性和分离性概念。

3. 请你就进一步研究暖(冷)颜色—距离设计一个实验。

4. 参考并阅读一篇知觉研究原文(如 Coren et al. ,1994),并探讨更多的错觉案例和现象学报告。

▼　网络资源

对气味和味道知觉的有关分析可以登录以下网址:

http://www.hhmi.org/senses/

这个网站对视错觉和听错觉的介绍引人入胜：

http://www.illusionworks.com/

▼   实验室资源

兰思顿(Langston，2002)《心理学实验室研究方法指南》第六章介绍了一个有趣的知觉实验，这个实验研究了房间颜色对人们心境的影响。

206
▼   课后练习：斯特鲁效应

你本人就可以很容易地进行斯特鲁实验。全部所需为：一些索引卡、彩色笔和有秒针的表，如果有秒表更好。

拿15张卡，用彩色笔写上与彩色笔颜色一致的颜色名，如用绿色笔写绿等。如你有八种彩色笔，那每种颜色就写两遍。如果你只有四种彩色笔，那么每种颜色就写四遍。在其他16张卡上，写与彩色笔颜色不同的颜色——也就是说，用绿色笔写"红"。你的刺激现在准备好了。

从两打卡片中任选一打，说出每一张卡片上颜色的名称，记录16张卡片共花费多少时间。然后重复做另一打。对色、名一致那一打你是不是做得快些？对一些人进行测试，而不仅是你自己，以获得更多可靠的证据。

你研究斯特鲁效应的另一个方法是用数字作刺激。看看你的被试读出一长串数字所花的时间，这些数是由重复1—4的多个数字构成。然后看被试计算一串字符的个数所花的时间，这串字符要和前一串一样长，你要用一个符号，如美元符号使其自成一列。现在准备的是斯特鲁试验的不一致条件。写出一列和前两列一样长的式子，其中刺激如2222，11，3，和444。被试的任务是说出字符的个数，也就是说，看见2222说"4"。除了以上这些实验，一个有趣的变式是把刺激上下颠倒呈现，让单独一组被试读出所有刺激。

这会使阅读和计数更加困难，且使反应速度降低。

这对斯特鲁效应的大小产生了什么影响？为什么？

第八章
注意和反应时

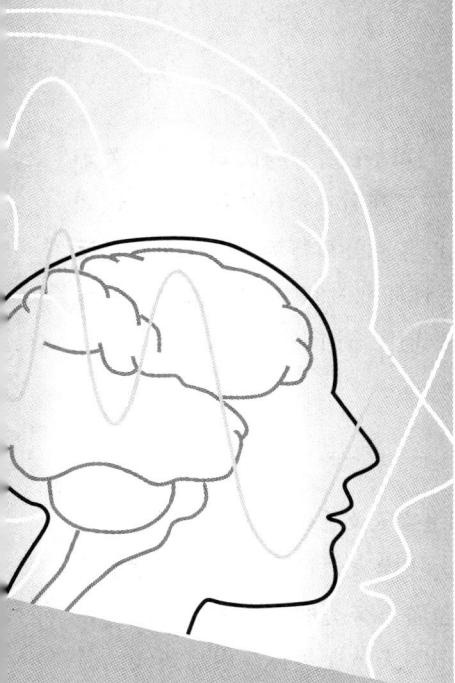

208 **科学的巨大悲剧——一个丑陋的事实毁灭了一个美丽的假设。**[T. H. Huxley]

　　在这一章,我们所要考察的是注意和反应时这两个基本的认知过程。关于注意过程,我们所关注的注意特征,涉及从一个任务到另一个认知任务中的认知资源转移问题;至于第二个主题即反应时,我们既考虑外显行为——作出外显反应的反应时,也考虑发生于认知活动中脑电波的性质和时间变化特征。方法上,我们主要考察因素混淆、因变量的选择以及交互作用三个问题。

▼ 反应时 ABC

　　对反应时的兴趣开始于 18 世纪,当时英国皇家天文台的一名助手因其反应时与主管的反应时不一致,而被开除。那时的天文学家通过观测天体经过望远镜目镜中的一条线,来记录天体事件的时间和位置。旁边的一个闹钟每秒均发出滴答声,要求观察者以十分之一秒数近似值记下天体通过目镜中那条线的时间。主管在核对那个倒霉的助手金内布鲁克(Kinnebrook)所记录的星体通过时间时,发现这些时间常常偏大。金内布鲁克因此受到警告,但他没能缩短他所观察的时间,从而被解雇。

　　一位名叫贝塞尔(Bessel)的德国天文学家听到金内布鲁克被解雇的事由,怀疑金内布鲁克及其主管所记录到的天体经过时间的差异不是因助手的无能所导致,而可能是另外的一些因素所致。贝塞尔猜想,人们可能是以稍微不同的反应时间观察到天体的经过。当他与其他一些天文学家比较他们各自记录的星体经过时间时,发现存在一致性的系统差异。一些天文学家常常比另外一些作出更快的估计。在对星体经过望远镜的基准线作出反应时,天文学家之间的这种差异被称为人差方程,以此强调人们具有不同的反应时并有各自估计经过时间的方程这一事实。

　　之后,人差方程仅仅作为天文学家们的问题,直到荷兰的一位生理学家唐德斯(Donders，F. C.)意识到,可以利用人们的反应时测量各种心理活动所需的时间时,才被引入了心理学领域。唐德斯设计了三种反应时任务,即至今仍为人们所知的**唐德斯反应时 ABC**,见图 8 - 1。

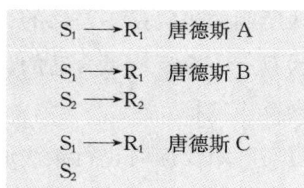

$$S_1 \longrightarrow R_1 \quad 唐德斯\ A$$

$$S_1 \longrightarrow R_1 \quad 唐德斯\ B$$
$$S_2 \longrightarrow R_2$$

$$S_1 \longrightarrow R_1 \quad 唐德斯\ C$$
$$S_2$$

▼　图 8 - 1

唐德斯反应 ABC。顶端是唐德斯 A 反应任务:在这一简单反应时程序中,一个刺激与一个反应相联系;中间的是唐德斯 B 反应任务:在这一反应时程序中,有两个刺激和对应的两个反应;底端是唐德斯 C 反应任务:在这一程序中有两个刺激,但只有一个反应。

　　在 A 反应时任务,即常常被称为简单反应时任务中,单独呈现一个刺激时,如一个光刺激,观测者立即按键或按钮作出反应。其中只有一个刺激和一个反应。当你出于对信号声的反应而关掉闹钟时,在声音开始到你按闹铃按钮之间的时间就是你的简单反应时。唐德斯认为,A 或简单反应时为包含在更复杂的反应中的认知操作提供了一个基线。一个更复杂的反应包含简单反应中所进行的各种活动,包括感知过程、神经传导时间、肌肉运动等等,当然还包括另外的认知操作。

　　较复杂的反应,即 B 和 C 的图例也可见于图 8 - 1。在 B 反应时中,或者说选择反应时中,刺激和反应都在一个以上。每一个刺激都有其对应的唯一的反应。正如图 8 - 1 所示,当刺激 S_1 出现时,观测者将作出反应 R_1;出现 S_2 时,观测者的反应为 R_2。当你驱车至某个交通灯路口时,你所面临的就是一个 B(或选择)反应。绿灯亮,你的脚将踩到油门上;红灯亮时,你的脚将踩向刹车踏板。除了基线反应外,一个选择反应时需要什么认知操作呢? 首先,你得确认灯是绿色的还是红色的;然后你必须选择你所要踩向的踏板。因此一个选择反应包含发生于简单反应中的基线反应,还包含刺激确认和反应选择的认知操作。

　　为估算刺激确认和反应选择所需的时间,我们需要确定第三类反应的时间,即图 8 - 1 下端的 C 反应时。这里,像在 B 反应中一样,有一个以上的刺激,但仅对某个特定刺激才作出反应。当刺激 S_1 出现，观测者将作出反应 R_1；当出现任何其他刺激（S_2），观察者正确的行为是不作任何反应或抑制自己的反应。在一个外卖饭馆中排队就是 C 反应的一个例子，在别人叫你的名字之前，你不必作出任何反应。执行一个 C 反应需要一些什么认知操作呢？正如在 B 反应中一样，你必须确认所叫的号码是不是你的；但是，一旦这一过程结束，你不必对反应加以选择，因为只有一个反应是合适的。因此 C 反应是在基线操作中加入刺激确认，但不包含反应选择。

现在，通过对各对反应时进行减法运算，我们可以对认知操作所需的时间加以估算了。C 反应时测量的是刺激确认时间加上各种各样的基线时间，因此，C 反应时减去 A 反应时得到的是刺激确认所需的时间。类似地，由于 B 反应时包含刺激确认、反应选择和基线时间，而 C 反应时只包含刺激确认和基线时间，因此 B 反应时减去 C 反应时得到的是对反应选择时间的估计。这一对执行各种认知操作所耗时间的估计程序，叫作**减法反应时**。利用唐德斯 A、B、C 反应时进行的减法运算见图 8－2。

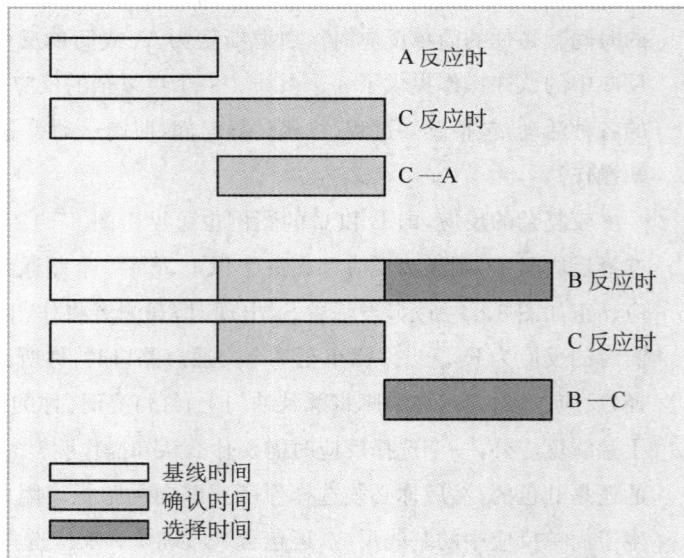

▼　图 8－2
唐德斯减法反应时图例。

在心理学发展的早期,冯特(Wundt,W.,见附录 A)和他的学生们在使用减法反应时进行研究方面,花费了不少精力。但是,不久这一方法受到了来自依赖内省法作为收集资料的心理学家的攻击。正如在附录 A 中所述,内省法是一种系统地检查个体自己意识的方法,为美国构造主义心理学家铁钦纳(Titchener,E. B.)及其弟子大量使用。当一个训练有素的内省者进行唐德斯反应时,他们注意到对 C 反应的感受不像是一个 A 反应加上其他的什么东西,B 反应也不像是 C 反应加上别的什么,而是觉得三种反应均不相同。由于那时的许多心理学家都认为内省法是一个了解认知过程的强有力的工具,所以唐德斯的减法反应时并未受到他们的认同。如今,实验心理学家很少依赖于内省得出的资料,而唐德斯的方法则为大量的重要研究和理论解释提供了基础。本章的后面将对其中的一些研究加以考察。

变量介绍

因变量

在注意研究中,因变量的选择范围比自变量的选择范围受到更多的限制。反应时是迄今为止人们比较偏爱并广泛运用的变量。反应的正确率是另外一个比较常用的变量,尤其常见于涉及记忆作用的注意研究中。当某个实验是在某一特定的理论模型背景下进行时,如信号检测论(见第六章),引申出来的统计量如 d' 和 β 也可用来作为因变量。另一个常见的统计量是信息量比特(bit)。这里一个比特就是掷一枚硬币出现正面或反面的可能性。这些引申统计量可以和反应时结合起来,作为工作效率的度量,如比特/秒或 d'/秒。

脑电图(EEG)和事件关联电位(ERP)研究中的因变量,着重于电位发生变化的大脑部位、电位随时间变化的方式以及刺激呈现后的电位变化方向和潜伏期。如今的技术进展,使得研究者能够考察整个大脑的脑电活动模式随时间所发生的变化,所记录的脑电图可以提供类似于各种大脑扫描,如计算机中轴断层扫描(CT)所得到的信息。

自变量

尽管注意和反应时研究采用了大量不同的自变量,但这些变量主要集中于人们是否需要作出决定和作出决定的快慢这两个方面。因此,在选择反应时任务中,随着选项数的改变,被试欲鉴别正确的刺激及选择相应的反应,其所需作出的决断也增加了。改变一系列刺激的呈现速度,以限制可用于加工每个刺激的注意量,这是普遍用于研究注意上限的方法之一。另一增加任务对注意要求的方法是,增加任务的复杂性。因此,一个简单的任务可以是要求被试说出所呈现的数字;而一个比较复杂的任务,可以要求被试报告 9 减去所呈现数字后的结果。

注意控制的关键在于逐渐提高任务的要求,直至被试难以跟上它们。作为一种诊断性工具而使用的"超负荷",是从工程学中借用过来的。"超负荷"这一诊断工具广泛运用于工程学领域,例如为了检验某种材料的强度,可将这种材料置于液压装置上并逐渐增加压力,直到材料不能承受为止。这就给冶金工程师提供了在通常不损害材料结构的条件下所难以获取的材料强度信息。尽管在人类注意的研究中,施加"超负荷"的方法要和缓得多,但其潜在的目的和方法与工程学中的无异。通过考察人类系统对信息超负荷的反应,心理学家得以洞察人们在比较合理的注意负荷条件下的表现和信息加工过程。

控制变量

在注意和反应时的研究中,常常需要十分仔细的控制。诸如刺激强度和持续时间等感知因素,一般是由执行实验的计算机或其他自动装置加以控制。通过"言语计算机",甚至像言语声音也可以加以控制,能够在每次试验中,以完全相同的方式精确地呈现刺激。当心理学家试图对反应时的几十毫秒(1 毫秒等于千分之一秒)的微小变化加以解释时,这种精确的控制是必不可少的。

同样的,在使用 EEG 和 ERP 作为因变量的研究中,欲以微伏计记录电压的变化,精确的控制自然十分重要。可以过滤新异电活动的精密记录装置,常常与放大器及可以对感兴趣的电活动变化加以精确描绘的计算机一同使用。

▼ 8.1　实验主题与研究范例

主题　因素混淆

范例　单纯嵌入

在当前关于注意这类复杂心理过程的研究,人们总是尝试着把复杂的过程分解为一系列组成模块。我们怎样去识别这些组成模块呢？一个重要的标准就是独立可变性(Sternberg,2001),即当一个组成模块发生改变时,其他的模块不会随之而改变。例如:模块 A(反应执行)的改变不会带来模块 B(知觉)的心理功能的改变,同样的,模块 B 的改变不会影响模块 A 的改变,则说明两个心理过程是独立可变的。

这样,唐德斯的 B 反应(图 8-2)的三个成分就是信息处理明显可分的模块(阶段)。但这只是理论上的推断,还需要合适的实验来证实。如果唐德斯是对的,那么这三个阶段就是独立可变的。为了检验这个信息处理的理论模型,我们必须找到一些受到所有过程阶段或模块影响的指标(因变量)。如图 8-2 所示,反应时就是这样的一个指标。但在检验独立可变性之前,我们必须首先明确每个加工阶段对测量指标(因变量)的贡献率。一个简单的结合规则就是总反应时是不同阶段个别反应时的相加。将所有阶段反应时相加的方法被称为加因素法(Sternberg,2001)。

当心理过程是独立可变的时候,增加或减少一个过程不会影响到其他过程。加因素法包含的假设就是,一个阶段的持续时间(阶段处理时间)并不取决于其他阶段的持续时间。所以当增加或去除一些心理过程时,原来那些阶段持续的时间没有任何影响,这被称为单纯嵌入假设:增加或减少一个心理模块不会影响其他模块的加工时间。

应该认识到,唐德斯的阶段模型能预测 A、B、C 反应时的顺序,但是并不能直接验证单纯嵌入假设。用数学术语来说就是,这里有三个方程以及这三个方程所估计的未知数。由于方程的数目和未知数的数目一样,从数学上看是不可能验证单纯嵌入假设是否成立的。(换句话说,基于一些假设产生了一些结果,那就不用再用这些结果来验证先前的假设。)虽然早期的研究者们基于内省报告

212

而拒绝了单纯嵌入假设(Kulpe,1893),当代的研究者们还是更加偏爱行为的客观检验。

因而除了反应时之外,加入另外一种指标或许会起到帮助作用。反应用力就是一个被证明在研究人类信息加工过程中有效的测量指标。它是指被试按压反应键的力量大小。例如,刺激强度增强时,反应用力也会增加(Miller,Franz & Ulrich,1999)。甚至在不要求被试作出外显反应,从而也无法测量其反应时间的时候,也能观察到这种与因变量有关联的现象(Kantowitz,1972)。

乌尔里奇等人(Ulrich、Mattes & Miller,1999)做了 5 个实验测量了 A、B、C 反应的反应时和反应用力。实验一在被试的中央注视点左侧或者右侧呈现一个视觉刺激(绿灯)。A 反应要求被试用同一只手对每个刺激作出反应。B 反应要求被试用左手对左边的刺激作出反应,用右手对右边的刺激作出反应。反应结果见图 8-3。如我们预期的那样,B 反应时显著高于 A 反应时,然而两个反应各自的总体用力(曲线下的面积表明反应用力随着时间而变化)并没有显著差异。这一结果支持了单纯嵌入假设,因为无论反应类型如何,反应用力都是一样的。

213

▼ 图 8-3
A 反应和 B 反应的反应时间和总体用力(数据采自 Ulrich et al.,1999,实验 1)

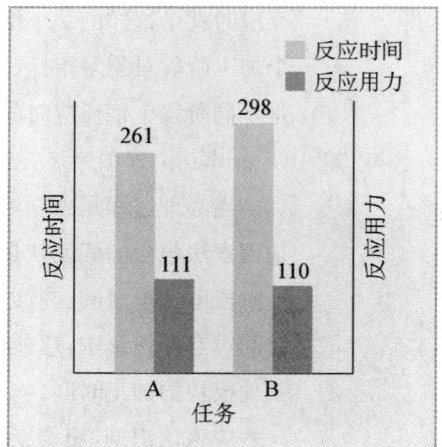

但这个实验有一些潜在的问题。当一个以上的自变量同时发生变化时就会引起因素混淆。所以我们并不完全清楚实验结果是由哪个自变量引起的。在一个标准的唐德斯 A 反应中,通常只有一个刺激对应一个反应。而本实验中有两

个刺激(左边的灯和右边的灯)对应一个反应,所以注意可能会被分配到两边的灯上,而不是集中在一个单一的灯光上。这种可能性也许改变了对这种改进的唐德斯 A 反应的反应方式。而且,反应时与刺激强度也存在一定的比率关系(Ulrich & Mattes,1996),刺激越亮,则反应就越快。这一点对 C 反应尤其重要,因为被试只需要注意反应所对应的灯光。作者担心明显的亮度对 C 反应产生了因素混淆,于是进行了一个专门的实验(实验 5)以检验可能存在的混淆。我们将在稍后介绍该实验,但是之前需要介绍 B 反应和 C 反应的对比实验。

　　图 8-4 所示的是对 B 反应和 C 反应的反应时和反应用力进行测量后的实验结果。C 反应中,被试只需对一边的灯光作出反应,而无须对另一边的灯光作反应。B 反应和 C 反应各自的总体用力仍然没有显著差异。而且两者的反应时之间也无显著区别。这与我们的预期大相径庭:B 反应与 C 反应相比前者用时更长才对。尽管作者试图去解释这个结果,但却并不令人信服。严格地说,相等的反应时与图 8-2 中的模型是相悖的。所以,本书的作者们(尤其是本章作者)对于该实验的结果和解释都是持怀疑态度的。

214

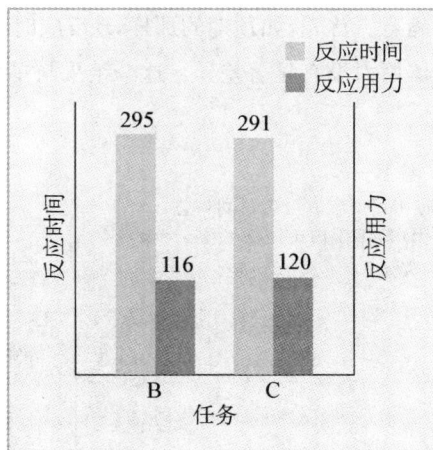

▼　图 8-4
B 反应和 C 反应的反应时间和总体用力(数据采自 Ulrich et al.,1999,实验 3)

　　图 8-5 是 A 反应和 C 反应的反应时和反应用力的实验结果。在该实验中,A 反应和 C 反应的反应时和总体用力都有显著性差异。反应时的差异是我们根据图 8-2 所预期的。然而,C 反应中更大的反应用力却与单纯嵌入假设不一致。

▼ 图 8-5
A 反应和 C 反应的反应时间和总体用力（数据采自 Ulrich et al., 1999,实验 4）

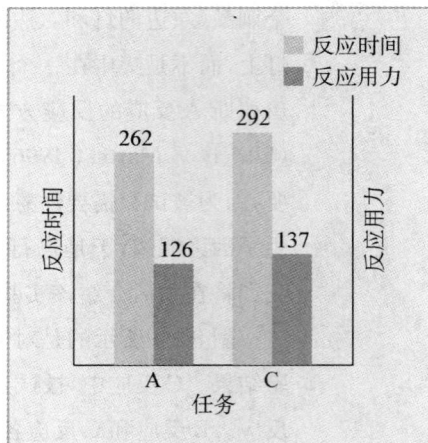

由于 C 反应中被试可能会把注意力只集中在其中的一个刺激上,明显的刺激强度可能导致因素混淆,实验者因此设计了另外一个实验。在这个实验中,实验者将灯光改成电脑屏幕显示的字母 X 或 S,由于字母总是呈现在屏幕的中间,在 C 反应中被试就无法将注意力只集中在一边。实验结果如图 8-6 所示。这些结果非常令人满意。首先,如预期的那样,B 反应时显著长于 C 反应时;其次,两个反应中的总体用力没有显著差异。这个结果与单纯嵌入假设相一致。

▼ 图 8-6
B 反应和 C 反应的反应时间和总体用力（数据采自 Ulrich et al., 1999,实验 5）

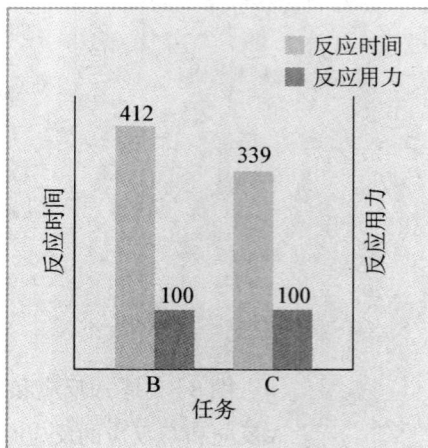

我们该如何总结这些实验的结果和结论呢？这些结果很难进行比较,因为 216
每个实验都只是测量了两种反应任务。实验者这样设计的目的是为了减少不同
任务之间的负迁移。在被试内设计中,被试在前一种条件下的操作可能会影响
其在随后条件下的操作。避免负迁移的最好办法是使用被试间设计,每个被试
只完成一种唐德斯反应。如果研究者认为不会出现负迁移,那么使用被试内设
计让每位被试完成所有三种唐德斯反应就会更为有效。该实验者选择了一种欠
妥的折衷方式,每个实验只包含了两种反应。如果其真的担心负迁移的问题,被
试间设计可能会是更好的选择。如果事实不是这样,实验者就应该在同一个实
验中对三种唐德斯反应都进行验证,这样才会更合理。

图 8-4 显示的实验结果是有问题的。如果将三种唐德斯反应都包含在同
一个实验中来重复该研究者的实验,应该是个很好的主意。不过,根据该系列实
验中的其他实验,我们似乎也能得出一个合理的结论,即唐德斯提出的模型(图
8-2)是正确的,而且单纯插入假设也是有效的。然而,实验者却认为只有唐德
斯 A 反应和 B 反应可以作出这样的结论,而 C 反应的反应用力数据则拒绝了单
纯嵌入假设。他们的论据一部分建立在对反应用力最佳记录方式的详尽讨论
上,本书未作介绍。很清楚,即便是 5 个实验也不足以验证单纯嵌入假设。自从
唐德斯(1868)提出了减数法的逻辑后,一个多世纪过去了,现代研究者们仍然会
继续学习和研究他的思想。

▼ 8.2 实验主题与研究范例

主题　因变量的选择

范例　速度—准确性权衡

在第三章中我们讨论到,实验者须从大量可能的变量中选择一个或几个因
变量。那时,我们提出,在一个实验中选择多个因变量往往是十分重要的。在本
部分,我们将以实例说明实验设计中选择多个因变量的重要性。

在注意和信息加工研究中,一个广为使用的因变量是反应时。的确,这一变
量如此受欢迎,以至于关于反应时本身的研究实际上已经成为了一个重要的研
究领域。因此,当一些心理学家聚集在一块时,其中常常会有一些人宣称自己的

研究兴趣是"反应时"。这听起来似乎荒唐,因为从事记忆研究的心理学家不会说"我对正确率感兴趣"。不过这却说明,某个因变量有时可能会变得极其重要,以致其不仅是用于研究具体内容的方法,而且自身也成了一个研究对象。

乍看之下,有人可能会觉得以反应时来说明因变量的选择,是个没有什么意义的话题,因为当我们称之为反应时时,我们已经对此作出了选择。的确,有些研究者习以为常地测量反应时,而对之所以作出这一选择的原因并不关心。现在,反应时已经被广泛采纳了。此外,完成某个任务的速度常常被视为该任务对注意要求的指标,但能够迅速完成的任务常常被解释为所需的注意少。然而,这一逻辑并不总是正确的,因为注意也可以其他的方式给出操作定义,而不必涉及反应时。

在操作的速度和准确性之间存在着反向关系。当你急于做某件事时,你更可能出差错;相反,当你试图准确地完成某件事时,如完成学期论文,为达到预期的准确性,你必须放慢工作速度。心理学家将这一关系称为**速度—准确性权衡**。这对于以反应时为因变量的研究有着重要影响。

这一关系可以用锡奥斯(Theios, 1973)所做的一个实验加以说明。在他的实验中,被试所要完成的任务相当简单,只需说出呈现在屏幕上的某个数字。自变量是数字出现的概率(相对频数),变化范围在 0.2(在呈现次数中有 20% 的机会出现该数字)到 0.8 之间。这一实验的反应时结果如图 8 - 7 所示。为此,锡奥斯得出结论,认为刺激出现的概率对反应时没有影响。

在不考虑错误反应的情况下,这一结论似乎十分合理。但是,当把错误率也考虑进去时,另一种解释就出现了(Pachella, 1974)。3% 的错误率看似不高,但想想这个任务是多么简单:被试所做的仅仅是说出看到的数字,这对于大学生来说实在是轻而易举。更糟糕的是,错误率随自变量(刺激出现概率)而发生系统的变化。当刺激呈现概率最低时,反应的错误率最高(6%);并且随呈现概率的提高,错误率逐渐降低。那么,如果在各种刺激呈现概率条件中,使错误率保持相等,反应时会发生什么变化呢? 根据速度—准确性权衡,为降低低呈现频率时的错误率,必须增加反应时。帕奇勒(Pachella, 1974)提出,在刺激呈现概率为 0.2 的条件下,要降低 2% 的错误率,反应时必须增加 100 毫秒。因此,一旦将错误率考虑进去,刺激呈现概率不影响反应时的结论必然受到质疑。

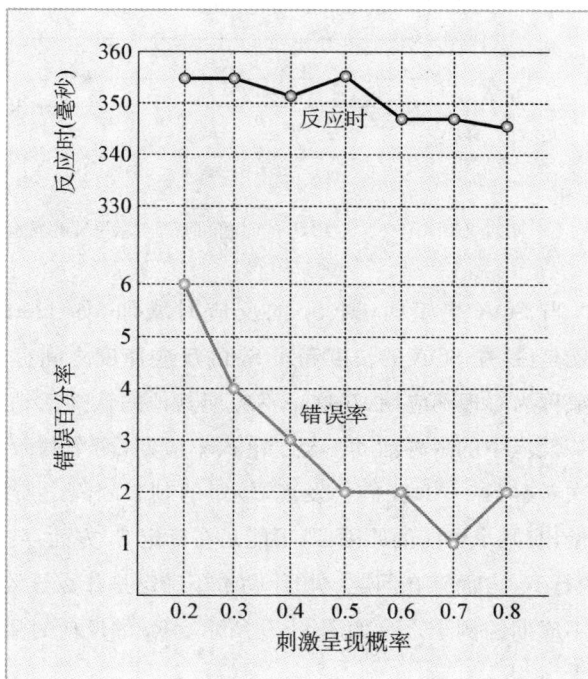

反应时和错误率是刺激
呈现概率的函数。尽管
反应时是恒定的,但错误
率随着刺激呈现概率的
提高而降低。

这里的基本问题在于只选择了反应时作为因变量。由于反应时部分地依赖于错误率,因此,我们必须同时将速度和准确性都考虑为因变量。简言之,反应时不是一个单一变量,而是一个包含多个变量的因变量。当各自变量水平上的错误率保持恒定时,反应时称为单一因变量;但在一般情况下,必须同时考虑反应时及错误率两个因变量。

我们将在帕什勒(Pashler,1989)的注意分散实验中进一步研究这一问题。这些实验也表明,在研究中考虑多个因变量,对于认识完成实验任务所涉及的心理过程可能是至关重要的。在由六个实验组成的系列研究中,帕什勒采用了经过修正后的唐德斯 B 反应时(选择反应时)任务(见图 8 - 1)。其中一个重要的修正是刺激 S_1 和 S_2 不是同时呈现的,而是在两个刺激的呈现之间有一个短暂的延迟。S_1 和 S_2 的呈现间隔被称为刺激异步呈现(stimulus onset asychrony,简称 SOA)。其呈现程序见图 8 - 8。

帕什勒所感兴趣的是,S_1 和 S_2 之间 SOA 的变化所产生的效应。因为人们

▼ 图 8-8

用于研究心理不应期的双刺激范式。S_1 和 S_2 的时间间隔为刺激呈现的异步性(SOA)。

早已熟知,当 SOA 变短时,对 S_2 的反应时增加(如 Herman & Kantowitz, 1970),也就是说,在 SOA 的长度和对 S_2 的反应速度之间存在反向关系。人们将这一现象称为心理不应期,在这一不应期其他的认知活动是难以进行的。显然,要使 R_2 反应中的各种活动不至于落入不应期,两个刺激必须要有足够长的延迟。再次考察图 8-2,我们会发现,较短的刺激间隔之所以导致第二个反应的速度减慢,有几个可能的原因:既可能是在确定 S_2 方面存在问题,也可能在选择 R_2 或执行 R_2 方面存在问题。帕什勒希望确定是什么导致了不应期。

心理不应期的例子之一如图 8-9 所示。R_2 的反应时用实线表示,当 SOA

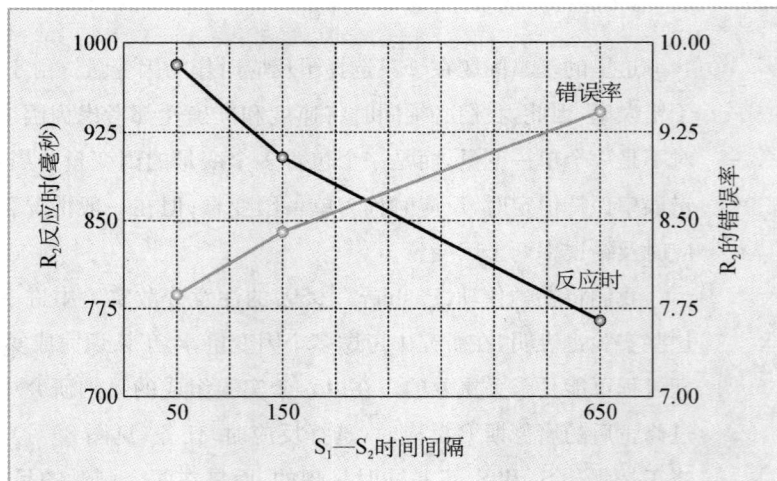

▼ 图 8-9

R_2 的反应时和错误率是 S_1 和 S_2 间 SOA 的函数。错误率随着反应时的减少而提高,是速度—准确性权衡的例子之一。与最短的 SOA 相联系的慢的反应时间,是心理不应期的例子之一。(采自帕什勒的实验数据,1989,实验 4)

（当两个刺激的间隔）变短时，R_2 的反应时变长。也能看到，当反应时变短时，错误率也增加了。这显然是个速度—准确性权衡的实例。尽管随着 SOA 的变化，错误率的增幅不大（约 1.5％），但具有统计上的显著性。

图 8-9 的结果来自帕什勒的一个实验（Pashler，1989，实验 4），其中 S_1 为声音，R_1 要求被试左手按键反应；S_2 为呈现的数字，R_2 要求被试对数字作出口头报告，即在呈现的 8 个数字中说出最高的数字。这个任务的要求不是很高，尤其是 R_1 和 R_2 的反应差别比较大，虽然如此，但可看到，当 SOA 增加 100 毫秒时，会导致 R_2 反应时缩短大约 75 毫秒；当将 SOA 从 150 毫秒增至 650 毫秒时，R_2 反应时又进一步缩短，减少了 140 毫秒。因此，即使是十分简单的行为，心理不应期极大地限制了我们对第二个刺激快速作出反应的能力。这一实验中的速度—准确性权衡很有意思，因为在另一个类似的实验中帕什勒发现，当不要求被试对 R_2 作出快速反应时，R_2 的准确性与 SOA 无关。因此，只是在要求快速反应时，R_2 的准确性才受到损害。如果帕什勒检查了 R_2 的准确性，他将会观察到心理不应期的反面。这说明了采用多行为测量的重要性。

图 8-9 中，什么是心理不应期效应的原因呢？一个原因可能是，两个刺激在时间上越接近，就越难以作出两个反应。由于两个反应十分不同，一个是用手操作，一个是口头报告，因而这一个原因似乎站不住脚。实际上，在日常生活中同时作出口头报告和手动反应似乎十分容易，如驾驶过程。那么，是由于刺激选择上的困难吗？这似乎也不可能，因为这两个刺激也十分不同。在一个 S_1 和 S_2 十分相像的实验中，帕什勒发现，对于非常短的 SOA，R_2 的错误率最高，这一结果恰恰与图 8-9 相反。当两个刺激十分相似时，由于两个相似的刺激知觉加工间的重叠，可能提高了短 SOA 所具有的选择效应。因此，刺激选择问题不能说明刺激不同时的心理不应期。

帕什勒认为，短的 SOA 导致 R_2 反应时增加，是由于反应选择上的困难所致。为确证这一解释，他考察了另一因变量。他研究了在快、慢 R_1 反应之后的 R_2 反应时。他预测，在快速的 R_1 反应之后，应该会更快地出现 R_2 反应，因为在 R_1 反应迅速完成之后，允许对 R_2 反应作出迅速的选择；但在慢速的 R_1 反应之后，则不会如此。在系列实验中他发现，R_1 越快，R_2 的反应时越短，尤其是在 SOA 非常短的条件下。这似乎说明，在观察者对第一个反应作出选择之前，是不可能对第二个反应作出选择的。不管 R_1 和 R_2 的相似情形如何,心理不应期的效应都是一样的,这一结果与第三个可能原因的假设相一致,即缩短 SOA 导致了对第二个反应选择的延迟,而不是刺激确认方面的困难。

帕什勒的研究很清楚地说明,在实验中仔细选择因变量有着重要意义。仔细选择各种因变量,能够促进我们对心理不应期的理解。

心理不应期的理论解释

就像第一章所解释的那样,科学既需要数据也需要理论。研究者们利用心理不应期的研究范式提出了用于解释人们如何处理重叠任务的不同模型。第一种解释心理不应期的模型(Telford,1931)建立在对神经元的不应期的类比基础之上:当一个神经元产生兴奋后,很难在兴奋之后的短时间内再被激活。这种对重叠任务的解释认为,整个大脑都会处于不应期,对最初刺激的加工会在短时间内抑制其对随后刺激的加工。尽管这一理论后来由于多种原因被推翻(Herman & Kantowitz,1970),但是"心理不应期"这个并不确切的名称还是被沿用至今。

当前的理论模型可分为两类:中央瓶颈(central bottleneck)和中央容量共享(central capacity sharing models)。中央瓶颈模型(Navon & Miller,2002;Pashler,1994)认为,执行两个任务需要某些共同的内部过程,以至于对第二个任务的处理必须要推迟到用于处理第一个任务的这些内部过程可用时才能进行。中央容量共享模型(Broadbent,1971;Kantowitz & Knight,1976;Tombu & Joliceur,2003)提出了一个被称为容量的假设资源,很大程度上类似于计算机系统上任务共享的信息处理吞吐能力。当两个任务同时处理时,其效率总会比单独处理一个任务时要低。

如图 8-10 所示,瓶颈模型解释了 SOA 减少所导致的对第二个刺激反应时间的延长。处理瓶颈为图中带阴影的横条。当 SOA 较短时,任务 2 必须要等到任务 1 的瓶颈清理完以后才能进行。但是当 SOA 较长时,瓶颈过程没有重叠部分,因而对第二个刺激所作的反应就不会被推迟,当 SOA 为中等长度时,瓶颈过程只有部分重叠,因而对第二个刺激的反应也只是部分推迟。

中央容量模型也作出了相同的预测,但给出的原因却不一样。当 SOA 较短时,每个阶段的任务操作效率就会降低,因为当任务有重叠时容量必须共享,就像图 8-11 中间阴影部分所示的那样,所以反应时间就增加了。

220

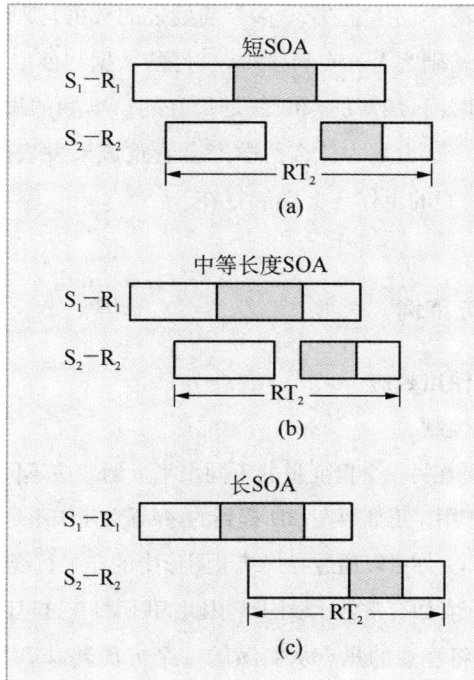

▼　图 8-10
瓶颈模型对心理不应期效应的解释。

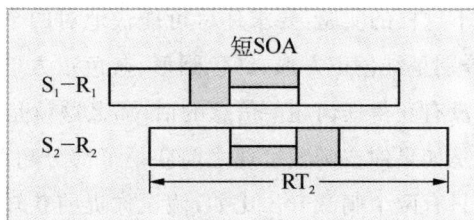

▼　图 8-11
容量共享模型对心理不应期效应的解释。

　　既然两种模型都预测出了心理不应期的效应,那么如何确定哪个是正确的呢? 一个办法就是可以考察对第一个刺激的反应时。当 SOA 较短时,对第一个刺激的反应也会有延迟(Herman & Kantowitz,1970)。瓶颈模型预测反应时间没有延迟,因为对任务 2 的处理要在任务 1 完成之后才会开始。容量共享模型预测出了反应时间的延迟,因为任务 2 的处理一旦开始,任务 1 的处理容量就会降低。

　　通布和约利瑟尔(Tombu & Joliceur,2003)认真比较了这两种模型,并得出结论认为容量共享模型要更可取一些,很大部分是因为第一个刺激的反应时的延迟。他们的结论不仅建立在 30 多年前发表的数据与理论基础之上,而且也建立在近期的实验基础之上。在科学中,良好的数据和模型永远都是有生命力的。不同于生活中的时尚,最新的未必就是最好的。早期的思想与研究成果并不会随着时间而流逝。这也是为什么科学家会看重成果发表的原因:即便有一天我们不在了,但是我们的工作还会继续存在。

▼ 8.3 实验主题与研究范例

主题 交互作用效应
范例 认知控制

当一个自变量在另一个自变量的不同水平上的效应不同时,我们就说两个自变量之间存在交互作用。正如第三章所提到的,探寻交互作用是在一个实验中采用多个自变量的重要原因。你可以通过寻找结果图形中的非平行线来发现交互作用。理解交互作用对新研究者而言常常比较困难,因此,我们将在这里以及第十章加以讨论。

能够动态地将注意的焦点从刺激的一个方面转移到另一个方面的能力,被称为认知控制。这种能力是多年来一直备受心理学家关注的注意研究领域的主要课题。想象一下这样的实验:要求你尽可能快地对四个刺激中的一个作出反应,这四个刺激分别是红色正方形、红色圆形、蓝色正方形和蓝色圆形。如果在刺激呈现之前你没有获得任何超前信息的话,那么这就是一个唐德斯 B 反应的四选一任务。但是如果你在刺激呈现之前获得了部分超前信息,将可供选择的刺激集合限制在只有两个刺激——比如,假设你提前获知将出现的刺激是正方形——你的反应时间就会快于四选一的反应时间。如果呈现部分超前信息进行的提示与刺激之间的时间足够长的话,对被提示刺激的反应时间就会等于二选一的反应时间(如,Kantowitz & Sanders,1972)。提示与刺激之间的时间被称为提示-刺激间隔,其范围通常为 100—1000 ms。

应激与认知控制

关于应激如何影响认知控制的思考很有意义。这种影响有两种可能:其一是处理应激需要容量或注意,由于分配给应激的资源不能再用于处理刺激,于是就导致了绩效的下降(Broadbent,1971)。其二,人们可能会通过选择一种更有效的处理策略来处理知觉刺激以适应有限的资源,因而选择性的增加提高了绩效(Steinhauser,Maier,& Hubner,2007)。(当然,还存在着更多的可能性,如,应激产生了新的额外容量,我们在这里不作讨论。)

　　应激会提高认知控制吗? 为了回答这个问题,斯坦豪瑟等人(Steinhauser et al.,2007)进行了一个直观的实验。他们通过呈现或难或易的多项选择题创设出高、低两种应激水平,其中一些高应激水平的选择题是无解的。这项 IQ 测试完成以后,实验者呈现了由数字和字母组成的刺激(如,6M)。提示被试将要反应的是数字还是字母。对于字母任务,被试必须辨别字母是元音还是辅音。对于数字任务,被试必须辨别数字是奇数还是偶数,被试通过按压两个按键中的一个进行反应,并记录反应时间。提示-刺激间隔或短(200 ms)或长(1000 ms),长间隔组与短间隔组交替出现,对起始组在被试间进行了平衡(见第三章和第九章有关平衡的介绍)。在每组 48 次的连续试验中,任务类型可以重复(如,数字接着数字)也可以转换(如,字母接着数字)。

　　实验结果如图 8-12 所示。在低应激条件下,提示-刺激间隔与任务重复-

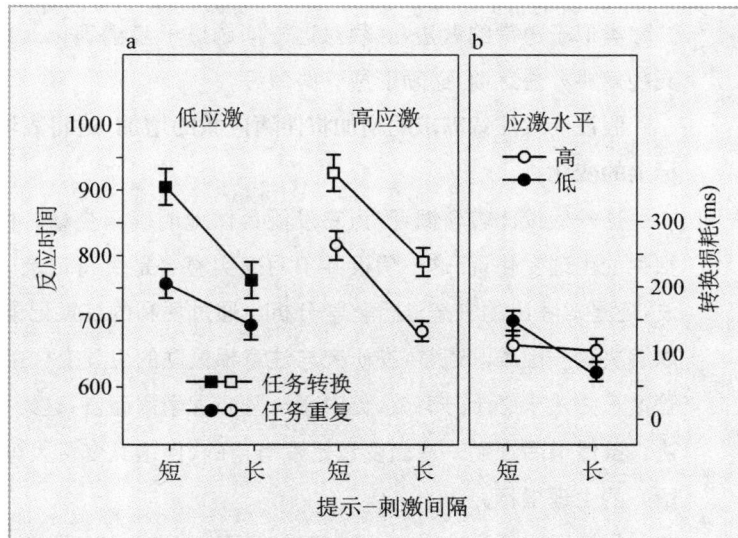

▼　图 8-12

平均反应时间作为低应激水平和高应激水平下提示-刺激间隔的函数。分图 b 中的转换损耗分值不同于分图 a。误差条代表平均数标准误。(采自 Steinhauser et al.,2007)

222

转换之间存在着交互作用。而高应激条件则没有这种交互作用。尽管两组的平均反应时间相似,但认知控制模式却存在着差异。在低应激条件下,较短的提示-刺激间隔出现了较大的转换任务损耗。换句话说,在低应激条件下,短间隔两种反应时间的差异要大于长间隔相应的差异。而在高应激条件下,短间隔和长间隔的转换任务损耗都是一样的。这一结果与本节开始部分所给出的第二个假设是一致的,即应激会导致认知策略的改变。

从问题到实验:研究细节

问题 测量注意

我们所做的一些事情似乎是自动进行的,另一些则要求高度注意。诸如行走的运动技能并不要求多少心智努力,而做算术题则要费劲得多。欲研究各种任务对注意的要求,我们首先必须有测量注意的一些方法。

223

问题 我们如何确定各种任务所需要的注意量或心理努力?

类似于通常的做法,必须对这一问题进一步精确化。在试图达成各种有意义的解决办法之前,必须形成一些假设。

假设 对注意需求的增加将伴随应激的增加,这将表现为躯体机能生理指标上的变化。

这一假设比较含糊,因为它没能具体地明确因变量。由于存在许多与行为相关的生理变化,而这一假设并不明确实验者是否将记录心率、皮电反应、脑电波,还是对呼出的气息进行化学分析。通过便利的装置记录所有的生理指标,可以解决这一困难。通常,在研究与注意相关联的生理变化中使用多个因变量,尽管这一方法未必十分有效,但对于一些心理学家而言,这无疑是个比较理想的方法。虽然最后证明一些因变量是没有用的,但这类变量大可弃之不用,而仅仅保留好的生理指标。

假设我们任意选择三个因变量:心率、脑电波和瞳孔直径。我们希望其中至少有一个与注意有关。接下来,我们必须选择一个自变量。为此,我们首先需要选择一个任务,并确认在这一任务中:(1)有注意的参与;(2)通过改变任务的难度能够改变所需注意的数量。乍看之下,这似乎很简单,其实不然。为恰当解决这一问题,我们必须查找可用的文献,以发现会聚的操作(见第 7 章或第 14 章),即在这些研究中同样的任务(做法)被用于不同的情境。我们暂且不去细说如何做到这一步(见 Miller & Ulrich, 1998),且假设能够达到研究要求的一个任务是前面说到的心理不应期。我们进一步假设,注意需求可以通过改变刺激呈现异步(SOA)进行控制,因此,我们的自变量是 SOA。那么,应该使用多少个不同的 SOA 水平呢? 显然,至少要求两个以上,因为我们不可能只用一个 SOA 水平来操纵不同的注意要求。对实际的数目进行选择时,我们要在尽可能多地采用不同的 SOA 与时间、经济等方面的限制之间找到平衡点。这里,我们假设采用四个 SOA 水平,即 50 ms、100 ms、200 ms 和 400 ms。

　　控制变量包括刺激的形式和强度。需要控制的最重要的因素是第二个任务的呈现,所以必须要包括一个仅有 S_1 - R_1 的单一任务的控制条件(并非控制变量)。我们还需要控制那些可能影响心率、脑电波和瞳孔直径的变量。当然这样的变量是非常多的,我们现在讨论的只是对两个因变量的控制。心率随呼吸频率的变化而变化,如果不采用令人不快的化学或机械处理,要控制呼吸频率是很困难的。大多数实验者不会冒险这么做,而只是简单地监测呼吸频率。从技术上讲,这样的控制会增加另一个因变量。这种控制(计算心率和呼吸频率的相关)是统计上的控制,而非实验中的控制。瞳孔直径对照明比较敏感,较亮的灯光会导致瞳孔的收缩,所以实验者必须在整个研究过程中都保证相同的照明条件,这是实验控制,而非统计控制。

　　当我们真正做这类实验时,我们可能预期只有 ERP 与注意有关。然而有资料表明(见 Kahneman, 1973),三个因变量均与注意和心理努力有关。由于在研究中,一些因变量可能比另一些因变量对实验处理更加敏感,因此采用多个因变量常常是非常重要的。

　　假设　驾驶汽车的注意需求量,可以通过对同时进行的唐德斯 B 反应任务中的反应时加以测量。

　　这里,因变量被明确指定,即选择反应时。这一假设的潜在逻辑是:完成选择反应时任务需要注意,因而致力于完成其他任务(通常称作主要任务)所需的注意必须从反应时任务中转移,从而导致反应时的增加。更进一步的假设是,主要任务和选择反应时任务均使用了共同的注意资源或空间。

实验中的主要任务是汽车驾驶。为了安全起见,这类研究通常在驾驶模拟器上进行。我们的自变量是定义为交通密度(高、低)的道路环境和道路弯曲率(直道、急转弯道、慢转弯道)。一些明确的假设可能是高密度的道路交通环境和急转弯道都需要更多的注意。驾驶成绩可以通过测量偏离道路中心线的距离来表示。实验中的第二个任务是在驾驶过程中完成唐德斯 B 反应任务。例如,驾驶员会听到一个高频或低频的声音,然后通过按压方向盘上的两个按钮作出反应。

控制变量可能是声音的强度和车辆的操纵特性。我们还采用了单一任务的控制条件(并非控制变量),即只有驾驶任务,或只有唐德斯 B 反应任务。除非控制条件和实验条件中的驾驶成绩是一样的,否则我们不能作出有关驾驶对注意需求的任何结论。例如,如果驾驶员在没有反应任务时驾驶成绩更好,这可能说明在有第二个任务时,驾驶员将一部分注意转移到了唐德斯 B 反应上。采用第二个任务来评估注意需求的背后逻辑是,在不同的程序中,主要任务所需的注意量都是相同的。

▼ 小结

225

1. 对反应时的兴趣,始于人差方程,这一发现于 18 世纪的天文学家在反应时上的系统差异。这一现象导致唐德斯形成了他的减法反应时法。

2. 从 C 反应时中减去 A 反应时,得到的是一个关于刺激确认时间的估计;B 反应时减去 C 反应时,是对反应选择时间的估计。

3. 当一个与实验中的自变量共变的因子能够解释所观测到的行为变化时,我们说发生了变量混淆。

4. 除了仔细选择因变量外,谨慎的研究者还要获取尽可能多的行为指标。测量反应时的研究也应该记录反应的错误率,因为当一个任务完成得很快时,也提高了错误反应倾向。这导致了反应时研究中的速度—准确性权衡。

5. 当对两个信号作出反应的时间间隔很短时,会降低对第二个刺激的反应。如今,由于研究者在同一实验中测量了多个因变量,促进了人们对这种心理不应期的认识。

6. 当一个自变量在其他自变量的不同水平上表现出不同效应时,我们说这时产生了交互作用。应激水平和提示-刺激间隔之间的交互作用表明应激改变了认知策略。

▼　重要术语

中央瓶颈	唐德斯反应 B	独立可变性
中央容量共享	唐德斯反应 C	简单反应时
选择反应时	交互作用	速度—准确性权衡
认知控制	内省	刺激异步呈现(SOA)
因素混淆	人差方程式	应激水平
提示-刺激间隔	心理不应期	减数法
唐德斯反应 A	单纯嵌入	

▼　讨论题目

1. 金内布鲁克能够以什么理由,保住他在皇家天文台的工作?

2. 讨论各种可能对单纯嵌入假设使用造成限制的因素混淆现象。

3. 列出 5 个发生于实验室之外日常生活中的速度—准确性权衡的例子。选择其中一个例子,并设计一个实验室实验测量这一权衡。看看你能否确定,增加因变量有益于认识你所选择的例子。

4. 对应激水平和提示刺激间隔之间存在的交互作用,有何重要意义? 你能否想出关于这种交互作用在日常事件中使用的一些例子?

5. 当使用次要任务测量车辆驾驶的注意需要时,讨论交通密度和道路曲率之间可能存在的交互作用。

▼　网络资源

请登录网址 http://academic. cengage. com/psychology/workshops. html 网页,仔细浏览关于"因素混淆:对效度的威胁"的逐步介绍。

你可以通过几个有关注意和反应时的实验对自己作一下检验,网址如下:

http://coglab. psych. purdue. edu/coglab/

以下网址有关于注意缺陷多动障碍的介绍内容：

http：//faculty. washington. edu//chudler/adhd. html

▼ 课后练习：速度——准确性权衡

下面的示范实验需要一支铅笔、一张报纸、一个计时器和一位帮手。若有一位朋友帮你计时再好不过，否则以带有蜂鸣器的计时器代替也行。将计时器设置在 30 秒处。现在，请你以一种轻松自在的速度浏览报纸上的一篇文章，并划掉文章中出现的每一个字母"e"，至 30 秒时停止，并计算你所划掉的字母。这是你的基线数（填入表 8-1）。接下来，仍将时间设置在 30 秒处，但将需要划掉字母的行数比上述完成的行数增加 10％。第三次，操作相同，但行数比基线数减少 10％，即这一次进行的速度比较慢。然后，比基线行数增加 15％，重复上述作业；最后，行数比基线减少 15％。现在，好好地休息一下。当你从疲劳中恢复时，回到上述完成的五个文章段落，计算你应该删掉的字母数以及你实际删掉的字母数。以你所删掉的字母数除以所应删除的字母总数，并计算你的错误率或百分比。当你努力加快速度以删掉更多的字母时，你是否系统地发生了更多的错误，从而表明速度和准确性之间存在某种权衡？

▼ 表 8-1 速度——准确性权衡的经验测定

	行数	正确删除的字母数(1)	遗漏的字母数(2)	总字母数(1)+(2)	百分比(2)/[(1)+(2)]
基线(B)	——	——	——	——	——
B+10%	——	——	——	——	——
B-10%	——	——	——	——	——
B+15%	——	——	——	——	——
B-15%	——	——	——	——	——

第九章
条件反射与学习

227

条件反射类型

　　经典性条件反射:能回忆起巴甫洛夫的名字吗?

　　工具(操作)性条件反射

变量介绍

9.1　实验主题与研究范例

　　被试间与被试内设计:刺激强度

9.2　实验主题与研究范例

　　平衡:同时对比

9.3　实验主题与研究范例

　　小样本设计:儿童的行为问题

从问题到实验:研究细节

　　部分强化消退效应

小结

重要术语

讨论题目

网络资源

课后练习:对强化结果的了解

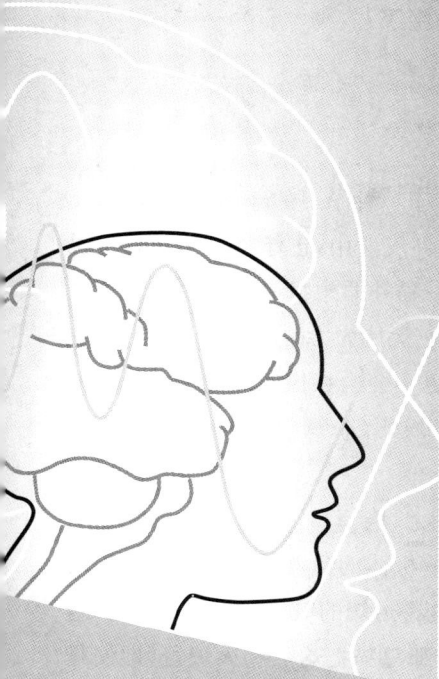

228

我们应当仔细地体察潜藏在经验背后的知识与智慧,否则,我们就会和那只坐上滚烫的火炉盖的猫一样。它永远不会再去坐滚烫的炉盖了,这当然是明智的,但它也许连凉炉盖都不会再去坐了。 Mark Twain

上面引用马克·吐温(Twain M.)的话描述了一种学习的经历,这种经历反映了经典性条件反射的部分特征。在经典性条件反射中,正像马克·吐温所说的那样,学习的经历通常并不是受机体控制的。猫并非想找一个滚烫的炉盖去坐,它只是碰巧坐在了炉盖上面,而这种巧合是它无能为力的。马克·吐温也注意到,条件反射的效应远远没有达到——猫再也不会坐在任何炉盖上了。这种条件反射在我们的日常生活中经常可以见到。埃德(Ader)和他的同事们研究了经典条件反射的一些重要例子。

在赫恩斯坦(Herrnstein, 1962)研究的基础上,埃德和科恩(Ader & Cohen, 1982)想知道条件性安慰剂(见第六章)能否影响机体的免疫反应。赫恩斯坦的研究表明,当把食盐水与一种能够使个体行为变得迟缓的镇静药物配对呈现后,单独使用食盐水也能够使行为迟缓下来。就像那只猫把灼热和火炉盖(即便是凉的火炉盖)联系在了一起一样,食盐水和镇静剂之间也形成了联系,以至于其对行为的影响和镇静剂对行为的影响非常相似。埃德和科恩将一种新口味的液体与一种能抑制免疫系统的药物进行配对,多次配对出现后,新口味的刺激就变成了安慰剂,因为它也能够对免疫系统形成抑制。结果,由安慰剂形成的免疫抑制阻止了被怀疑患有肾脏疾病的老鼠的病情恶化。这些研究发现导致了精神神经免疫学的出现,这是一门研究行为、神经、内分泌和免疫过程之间相互关系的交叉学科(Irwin & Miller, 2007)。这一新兴学科的主要研究领域是了解条件反射如何影响免疫反应。

当然,并非所有的条件反射都是由一种偶然发生在机体身上的事件引发的。在工具性条件反射中,机体的行为是结果产生的工具,这种结果我们通常称其为奖赏和惩罚,它能够改变行为发生的频率。让我们再看一个关于婴儿的工具性条件反射的例子。

2—6个月大的婴儿的行为并不是很复杂,但是他们能够表现出对感兴趣刺激兴奋的身体动作。罗韦科利尔(Rovee-Collier,1993)利用这种兴奋性考察了婴儿的学习和记忆。她教会了婴儿一种工具性的踢腿反应,每踢一下腿,婴儿上方悬挂在婴儿床上的玩具车就会动一下。一条缎带将婴儿的腿和玩具车连在了一起,使得婴儿的踢腿动作能让玩具车动起来。罗韦科利尔将系上玩具车后婴儿的踢腿频率与没有系上车时基线水平的踢腿频率进行了比较,结果发现,2个月、3个月和6个月大的婴儿的踢腿频率都比基线水平有了增加。这些婴儿学会了一种工具性反应——踢腿——以使玩具车动起来。

229

经典性条件反射允许生物体通过学习事件之间的关系来表达世界(Rescorla,1988)——一种新的口味预示了一种免疫反应。工具性条件反射则基本上只是引导生物体学习行为与其结果之间的联系——踢一下腿让玩具车动起来。这两种基本学习类型为说明几个方法学的问题提供了背景。在论及这些问题前,我们先来介绍这两种条件反射的基本特点。

▼　条件反射类型

经典性条件反射:能回忆起巴甫洛夫的名字吗?

20世纪初,一些基本的心理学发现都是由巴甫洛夫(Ivan P. Pavlov,1849—1936)作出的。他有一项基本发现非常著名,甚至在心理学界之外也是如此,这就是巴甫洛夫应答或经典性条件反射。但是这项发现的由来还有一个迷人的故事,许多人都不很清楚。本来巴甫洛夫学的不是心理学(在他上学的时候,俄罗斯或其他别的地方还没有心理学家),但是后来他却成了一名心理学家。他对消化过程中胃分泌物的测量和分析方面的生理学问题的研究作出了很大贡献。他仔细测量了不同种类食物所产生的胃液,仔细观察了作为一种生理反射的胃液的分泌。由于对消化过程中胃液的研究,巴甫洛夫在1904年获得了诺贝尔医学奖。

在获得诺贝尔奖之后,巴甫洛夫把其注意力转向了其以往实验研究过程中的偶然发现。目前,他在实验心理学领域中的威望就缘于他在这些偶然发现上所做的系统工作。在一次生理学实验中,巴甫洛夫切开了狗的食管,使它不能再

传送食物(见图9-1)。但是他发现,当把食物放在狗的嘴里时,所分泌的胃液和
正常进食时分泌的一样多。由此可见,胃的这种反射活动好像依赖于与胃壁没
有直接接触的其他部位的刺激。随后,巴甫洛夫又发现了一种更加难以理解的
现象。他发现,狗不必与食物直接接触就能进行胃液分泌并流出唾液,甚至,只
要看到没装食物的空碟子,或者只是看到了经常喂它食物的那个人,狗也会分泌
胃液并流唾液。显然,胃液和唾液的分泌并不仅仅是由于动物直接接触到食物
所产生的生理反射造成的。生理反射可以在生理正常的动物身上表现出来,也
正是它逐渐发展成神经系统的一个组成部分。巴甫洛夫也发现了一种新型的反
射,有时他称其为心理反射,有时称其为条件反射。在实验室里研究巴甫洛夫条
件反射的标准范例请看图9-2。

231

巴甫洛夫的重大发现表明,几乎任何不能产生特定反应的刺激,只要与能产
生特定反应的刺激配对出现,就能够控制该反应。例如,如果一个人遭到特定环
境(比如说他或她的办公室或房间)中紧张性事件的影响,那么他或她的躯体便
会作出一些防御性反应,比如,心跳加剧、血压升高、肾上腺素激活等等。结果该

230

▼ 图 9-1
巴甫洛夫及其同事和一只实验用的狗。狗被拴在一个木头架上,唾液从导管流入一个能够记录唾液
流速与流量的量具中。

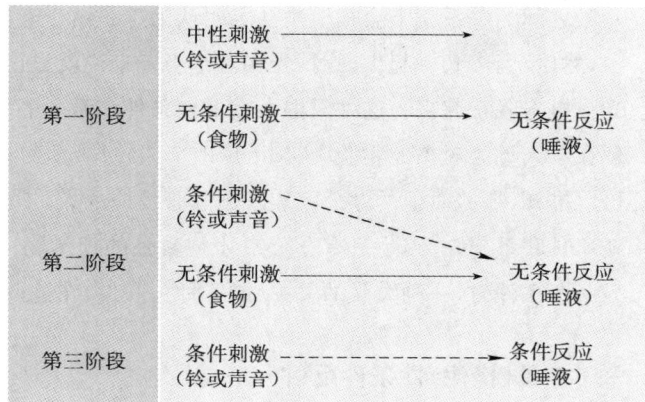

▼ 图 9-2

形成经典性条件反射大致步骤的轮廓图。当把一个中性刺激(如铃声)先于无条件刺激(如食物,它能产生一个无条件反应——流唾液)呈现给被试时,被试不会流出唾液。如果中性刺激能够准确地预示无条件刺激,经过几次配对出现以后(第一阶段),中性刺激就与无条件反应产生了联系,用第二阶段中的虚线表示。对中性刺激来说,这时的反应就变成了条件反应,而中性刺激就变成了条件刺激。最后(第三阶段),只要有条件刺激就能被引发流出唾液(现在被称作条件反应)。后来,如果条件刺激不与无条件刺激配对出现,条件反应就会越来越弱,最后完全消失。

特定环境便渐渐成了这些防御性反应的条件,这样,即使没有紧张事件发生,在这种环境中,他也会产生一些生理上的变化。行为医学领域的一些研究者发现,现在一些常见的疾病——高血压、胃溃疡、头痛——可能是由经常处于紧张状态的人们的条件反射引起的,正像新口味形成了免疫抑制一样。巴甫洛夫条件反射也可能会对其他一些人类行为的发展起一定的作用,比如,病态恐惧和其他嫌恶等。

然而,巴甫洛夫条件反射并不意味着,你任由随意配对事件的支配。研究表明,尽管接近配对事件(比如:一间办公室与紧张)对经典性条件反射的发生必不可少,但这样的配对还不够充分。多年前,卡明(Kamin, 1969)曾指出,重要的是**条件刺激**(conditioned stimulus,简称 CS)对**无条件刺激**(unconditioned stimulus,简称 US)的预测,而不仅仅是与其同时出现。卡明首先演示了老鼠能够很容易地学会把诸如光、声音或声光的组合这些条件刺激与一个微弱的电击这一无条件刺激联系起来。随后又显示,如果老鼠先知道一种条件刺激(比如声音)与电击相联系,当光在声音之后出现并紧接着给予电击时,那么老鼠关于光与无条件刺激之间的关系就不会很清楚。卡明认为这是由于老鼠首先知道声音预示着电击，然后，当声光一起出现时，光相对于声音来说就显得多余，动物还没有学会把光与电击联系起来。这种对混杂在最初条件刺激中的多余刺激的学习阻滞也出现在以人类为对象的实验中（Mitchell & Lovibond，2002）。根据这些结论我们可以推知，那些对他的办公室表现出紧张反应的人，不会把紧张与办公室的一件新家具联系起来，因为只有办公室才是紧张的预示物。当一个事件能够预示着另一个事件时，一种关联的关系（或一种关联性）在这两者之间就产生了。

工具（操作）性条件反射

第二种条件反射的最早例子是美国哥伦比亚大学的桑代克（Thorndike E. L.）做出的。他把猫放在迷箱里，猫可以从里面逃走。桑代克的这些实验与巴甫洛夫的实验几乎在同一个时期进行。具体实验将在第十一章详细描述。简言之，其主要观点是实验表现了从行为结果中获得的学习。桑代克的猫作了一些从迷箱里逃走的反应。然后，当把它们重新放到箱子里时，它们倾向于作出同样的反应。行为的结果影响了它们的学习方式。既然行为是产生结果（奖赏）的工具，那么就把这种形式的学习称作**工具性条件反射**。这种条件反射与巴甫洛夫的条件反射遵循不同的原则，人们也把它看作是一种更为普遍的学习类型。

在那些年，许多心理学家都付出了很大的努力来理解这种工具性条件反射。使这种类型的条件反射得以深入和普及的最著名的心理学家是斯金纳（B. F. Skinner）。他把这种条件反射称为**操作性条件反射**，因为反应是对环境的操作。这区别于被他命名的应答性条件反射——也就是巴甫洛夫的经典性条件反射，在这种条件反射中，机体只是简单地对环境刺激作出反应。操作性条件反射的主要数据是反应发生的频率。已经研究过的主要反应有在操作性条件反射装置（或者更通俗地说斯金纳箱）中进行的老鼠按压杠杆、鸽子啄键等。斯金纳箱是一个照明条件较好的小箱子，里面有能被按压的操纵杆或按键以及投放食物的装置（见图 9-3）。

在操作性条件反射中，实验者一直要等到动物作出他们所期望的反应后才能给其奖赏，也就是食物，如果整个反应没有完成，实验者就必须对动物那些接近期望反应的行为予以强化。例如，如果你想训练鸽子绕 8 字走，你必须首先对

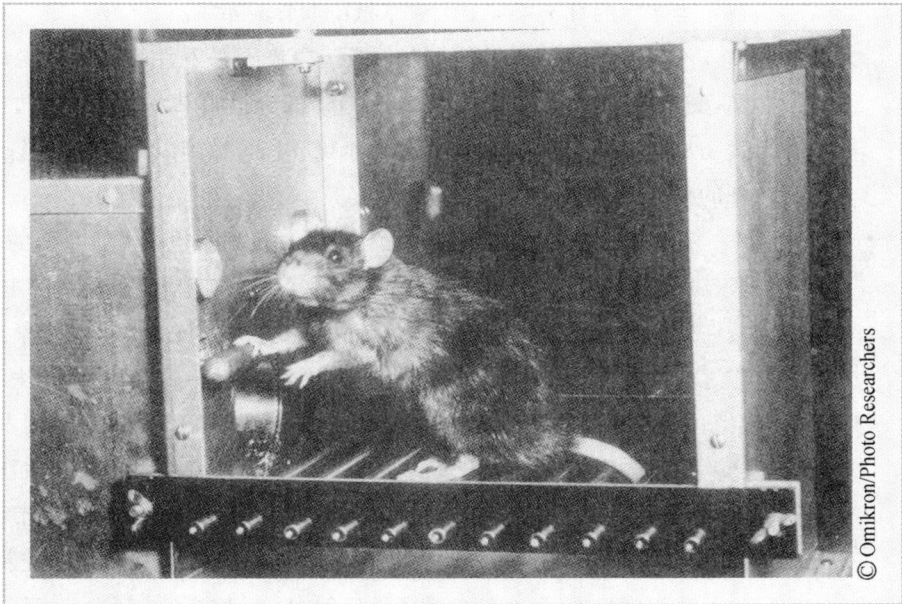

▼ 图 9-3
一个典型的斯金纳箱。典型的斯金纳箱安装有一根反应杠杆以及杠杆下面的一个食物杯。动物按压一次杠杆就会有一粒食丸落入杯中。所有这些器械都是由那些使实验人员为动物设置不同任务的程序化装置所控制。

其转四分之一圈予以强化，然后对半圈予以强化，一直到其完成全部动作为止。这种逐步加大强化最后达到所期望的行为的过程被称为"行为塑造"，它与小孩子玩的"热身"游戏原理一样。操作性条件反射遵循效果律（见第十一章详细介绍）这一原则：如果一个操作反应发生后紧接着给予强化刺激，反应重复发生的可能性就会增加。强化刺激物不用事先指定，但在每一种情境中都必须具备。利用这一简明原则，斯金纳等人对大量的行为进行了实验分析。

强化刺激是一种增强反应强度的变量，一般来说，它有两种性质不同的类型：**正强化刺激和负强化刺激**。正强化是一个紧随特定反应之后的奖赏，例如，斯金纳箱中的食丸，对拼写成绩优良者所奖的金星等。正强化导致行为出现的可能性增加。负强化是一些令人讨厌的、厌恶的事件，它可以导致反应消失或远离负强化。例如，老鼠能够学会操纵杠杆来终止或推迟电击。与此相似，你知道在一个寒冷的日子里穿上大衣来抵御彻骨的寒风。

不要把负强化与惩罚混为一谈。导致厌恶事件的行为被说成是受到了惩罚,受到惩罚的行为在发生频率上趋于减少。如果一只老鼠通过操纵杠杆吃到食物从而得到正强化,而现在却由于操纵杠杆被施以微电击惩罚,那么它操纵杠杆的频率就趋于减少。

强化刺激之外的刺激对于操作性条件反射来也是非常重要的。一个**辨别刺激**(SD)表示行为何时受到奖赏。例如,可以训练鸽子只有在出现红灯时才能啄按钮来获取食物,其他灯出现时,啄按钮就得不到食物,动物就学会了刺激与反应之间的此类关联性。可以说,辨别刺激能为一些反应"设置舞台"、"提供机会"。操作性条件反射的一个最基本任务就是利用刺激控制来引发一定的反应。当一个机体在辨别刺激出现的情况下能作出准确一致的反应,而辨别刺激未出现时则没有这些反应,我们就说它是在刺激的控制之下。当罗韦科利尔实验中的婴儿对能导致强化的玩具车进行反应时,他们就处于刺激的控制之下。

我们回忆一下,在经典性条件反射中,有效的条件刺激是指那些与无条件刺激偶然联结过的刺激(也就是说,可以通过条件刺激来预示无条件刺激)。操作性条件反射也有此类的重要关系,那就是反应与强化之间的关联。在操作性条件反射中,机体能够了解到在行为与强化之间存在一种正向的关联性——这也是斯金纳箱的标准操作。机体也能够了解到在行为与强化之间有一种负向的关联性,例如,机体作出反应后不予以强化。研究这种关联性的方法是使用一种被称作实验消退的程序。在这一过程中,当生物体学会作出特定反应之后就取消强化。经过几次不予强化的反应之后,机体就停止作出反应(参见本章末尾"研究细节"中有关消退问题的讨论)。最终,机体会知道在行为与强化之间存在着零关联性。零关联性是指行为与强化相互独立,有时行为导致强化,有时强化在特定行为未发生时就出现。当机体知道无论他们怎么做,厌恶事件都会出现时,他们就会变得无助和表现出沮丧(Lolordo,2001)。同样,如果积极事件独立于行为之外发生时,机体就会变得越来越懒惰(Welker,1976)。我们把这种效应概括为"宠坏的小家伙",她或他总是无端地得到大量的正强化,但当需要他们努力工作才能享受到同样的正强化时,却很懒惰。

对学习问题很感兴趣的现代心理学家对操作和经典这两种条件反射过程都

进行了积极的探索和分析。在本章的后半部分,我们将讨论在实验的特定情境中的这两种条件反射的具体过程。

变量介绍

因变量

对动物的学习进行研究时,一个重要的因变量就是反应率;另外,在经典性条件反射中常见的因变量还有反应幅度。我们不仅要指出狗受到条件刺激以后是否会流唾液,而且还要能够通过观察唾液的生成量来测量反应的幅度。进行测量的另一个反应特性是它们的潜伏期,或者说动物完成特定反应所用的时间。这种测量在迷宫学习实验中最为常见,研究时总是要记录动物走完迷宫所用的时间。但是,一般都以速度而不是潜伏期来标示,速度是潜伏期的倒数。

另外一种派生的变量是对消退抑制的测量。在动物获得一个条件反射之后,如果实验者不对其进行强化,这个条件反射就会削弱或消失,这样,消退抑制就被看作是动物习得反应的熟练程度的指标。对消退抑制的测量之所以是派生的,而不是基本的,主要因为它所测量的仍然是反应的频率、幅度或速度。所有这些指标都在消退期间下降,但是由于对自变量的不同操作而使得下降速度不一致。因此,消退抑制是对自变量有效学习的一种派生变量。

自变量

有关动物的学习与条件反射的研究涉及许多自变量,这些自变量大都与强化性质有关。在巴甫洛夫条件反射和工具性条件反射的研究中,实验者可以改变强化的数量和时间的安排,也可以改变延迟强化的时间间隔。另一个常见的变量是动物的驱力水平或动机,我们可以在实验开始之前,通过改变剥夺动物强化刺激(比如食物和水)的时间来对这一变量进行操纵。当然,这些只是自变量的几个例子。

控制变量

在有关动物学习的研究中,对无关变量的控制非常复杂,其中包括一些很微妙的问题,比如经典性条件反射实验中的假性条件作用问题。假性条件作用是指那些不是由条件刺激与无条件刺激的联结而导致的条件反应幅度的暂时增大现象。因此，这种条件作用根本就不是真正的条件反射，而只是一种模仿性的条件反射。它的基本特征是：持续时间短、容易发生变化。通常是由动物对实验情境产生的兴奋所导致的，其中包括对条件刺激与无条件刺激的呈现所产生的兴奋。对假性条件作用进行适当控制的方法是：把与实验组数量相同的条件刺激和无条件刺激随机地、无匹配地呈现给控制组，这样，实验组与假性条件作用的控制组对实验情境产生的兴奋就相同了，那么，这两组之间的任何差异都是由在实验组中条件刺激与无条件刺激的匹配所产生的学习所致（Rescorla，1967）。

235

▼ 9.1　实验主题与研究范例

主题　被试间与被试内设计

范例　刺激强度

有关经典性条件反射的一个基本问题是，中性刺激的强度如何影响条件反射的形成过程。例如，如果把声音和食物配对呈现给狗时，声音的强度是否影响狗形成条件反射的速度，从而使声音这一刺激（现在称作条件刺激）单独出现时会导致狗流唾液呢？我们一般可以推出这样的假设，即刺激越强条件反射形成的速度也就越快。应该说如果动物对明显的刺激比较敏感，那么就很有可能把明显的刺激与无条件刺激联系起来。我们可以推测，条件刺激越强，条件反射就会形成得越快、越强。

几年前，许多研究者已经对这一问题进行了调查研究，从早期的大多数研究中我们惊奇地发现，刺激强度对巴甫洛夫的经典性条件反射似乎没有多大的影响，强刺激与弱刺激可以产生同样的条件反射（Carter，1941；Grant & Schneider，1948）。既然当时的大多数理论认为条件反射应当受刺激强度的影响（Hull，1943），那么这一意外的发现就成了一个难解的谜。在做条件反射中的刺激强度效果的实验时，研究者使用的是典型的被试间设计方法，因此，不同组的被试所接受的刺激强度不完全相同。在讨论他们为什么这样设计之前，让我们考虑一下被试间和被试内实验设计的一些优缺点。

被试间设计与被试内设计

首先我们看一种最简单的实验设计,在这种设计中有两种条件——实验与控制,每一种条件都配有被试,即实验组与控制组。在一个被试间设计中,每组被试通常只接受一个自变量的一种水平。在使用被试间设计时,有一个潜在的问题,那就是因变量之间的差异可能是由于实验组与控制组之间被试的差异所导致,这样,我们就很难分辨出因变量的变化是由于被试间的差异所致,还是由于自变量的变化所致。为了克服这一潜在的问题,在采用被试间设计时,实验者就把被试随机地分配到实验组和控制组中。这样,一般来说,实验组和控制组就成为两个等值组。因此,在所有的被试间设计中,被试应当被随机地分配到实验组与控制组,以确保在操纵自变量之前两组相等。我们必须尽量使各组相等,因为不这样的话,我们所观察到的各组间在因变量上的差异可能仅仅是由于不同被试组之间能力的差异。如果被试数量较多,且能被随机分配,我们就能够使这种问题发生的可能性达到最小,从而更加确信因变量的任何变化都是由于操纵自变量的缘故。在被试间设计中,当随机地分配被试时,称为随机分组设计。

被试间设计或随机分组设计有两个基本的缺点,一是就所需要的被试数量来说,是一个浪费。当被试被随机分成一些控制组与实验组时,实验所需要的被试数量就会迅速增加,尤其在多因素实验设计中更是如此。这样,当实验被试短缺时(实际情况常常是如此),就不能运用被试间设计这一方法。

第二个问题更严重,它与使用不同组被试所产生的变异性有关。所有心理学研究都面临的一个基本问题是,几乎在完成一项任务时,在任何一个自变量上,被试之间的能力都有很大的差异。当被试间设计需要大量的被试时,实验组与控制组在行为上的一些差异就可能是由被试间的差异所导致的,这样就会产生一个不利的结果——很难确定是被试间的差异还是自变量的变化导致了实验结果。总之,被试与区组的效用很容易混淆,而且,在被试间设计中,由被试间的差异所导致的这种变异很难进行统计分析和估计。

被试间设计所产生的两类问题可以通过被试内设计予以减少。在被试内设计中,所有的被试都会受到每一水平自变量的影响。与被试间设计相比,被试内设计使用的被试通常较少,因为每一个被试既要充当实验组被试,又要充当控制组被试。同时,统计技术也能够解释由于被试间差异所产生的结果变化,因为每个被试都充当他或她的对照标准,或者说,在被试内实验设计中,被试与区组的效用没有混淆。要考察实验条件对实验组与控制组在因变量上的差异,用被试内设计通常比被试间设计更有效,因为被试间差异所导致的变化能够被统计分析与估计。用来分析被试内实验设计的统计技术在这里就不予讨论了。总之,被试内设计比被试间设计更有力,能更好地考察实验组与控制组之间的差异,这个优点使得许多研究者更倾向于使用它。

尽管使用被试内设计有一些优点,但同时也产生了一些新的问题。一些实验问题不能运用被试内设计来进行研究;即使使用它,也必须要考虑一些条件。被试内设计不能运用于下列情况中:在一种条件下的操作很可能会完全改变另一种条件下的作业时,不能使用被试内设计,即不对称迁移或延续效应时不能使用组内设计。如果我们想要了解有海马回与没有海马回的老鼠在解决迷宫问题上有何差异,就不能使用被试内设计,因为一旦海马回被摘除以后将无法恢复。同样,自变量使行为发生了一定的变化,这种变化又随被试带到其他实验条件中去时,这个问题也会发生。

如果我们想测试人们完成一项任务是否需要特别的训练,我们就不能够先测量他们训练后的成绩,然后测量他们训练前的成绩。我们也不能按相反的顺序进行测量(先在训练前进行测量,然后在训练后进行测量),因为这样做,我们就会混淆条件与练习的效用。例如,如果我们想了解一项特殊的记忆训练计划是否有效,我们不能先是在把这项计划告诉他们的情况下进行测试;然后再在没有训练的情况(也就是没有告诉他们这个计划)下进行测试。一旦经过训练,我们就无法取消其训练效果,它会被带到实验的下一个阶段。我们也不能用其他顺序来进行测试,也就是说,先记忆测试,然后训练,最后再次进行记忆测试。原因是如果人们在第二次测试中成绩有所提高,我们不知道这种成绩的提高是训练的结果,还是对记忆测验有了一定练习的结果。换言之,我们把训练与练习混淆了。在这种情况下,采用被试间设计就比较合适,对一组被试进行无训练的记忆测试,另一组被试在训练后进行记忆测试。在另一些情况下利用被试内设计也不恰当。例如,当被试能够推测出主试对他们的期望时,他们会尽力与主试合作,以产生主试预期的结果。这种现象在被试内设计中更有可能发生,因为被试

237

内设计中,被试既是实验者,又是控制者。这个缺点使得被试内设计不能在特定的社会心理学研究中使用。

在一些情境中,即使我们不可避免地要使用被试内设计,也要考虑一些附带的问题。在被试内设计中,被试通常要接受两次或更多的测试,实验者必须警惕与时间有关的因素对实验结果可能产生的影响。

有两个因素——练习效应和疲劳效应——必须加以考虑,这两种效应会相互抵消。练习效应指只是由于练习,而不是自变量本身的操作,所导致的被试作业成绩提高(就像在记忆实验中曾经讨论过的)。疲劳效应是指实验过程中作业成绩的下降,尤其是当实验过程很长、很烦,实验任务又很困难的情况下更容易发生。练习和疲劳效应可以通过系统安排呈现给被试的实验条件的顺序来减少,这就是平衡,我们将在本章中进行讨论。

正如我们前面讨论过的那样,如果两种设计方法都适合,我们宁愿使用被试内设计而不是被试间设计,虽然使用时还要作一些额外的考虑。我们再一次指出,被试内设计的最大优点是:它更有力或更敏感,因为在被试内设计中,由于被试的变异性导致错误的可能性相对被试间设计减少了。

第三种设计,我们称其为匹配组设计,它试图把被试内设计的一些优点引进到被试间设计中去。匹配组设计试图通过对将受着不同变量影响的不同组的被试进行匹配,来减少各组被试之间的变异性。这样,在人类记忆的实验中,在对被试进行随机匹配之前,就需要先按智商对他们进行匹配,分成不同的亚组。(然后对每一亚组进行随机匹配,从而形成特定的实验组和控制组。)按相关变量进行匹配,有助于减少由简单随机分配被试所带来的变异性(随机分组设计)。而且,实验组与控制组被试的分配对于已匹配好的被试来说是随机的,这一点很重要;否则,就有可能产生混淆或其他问题,尤其可能产生回归假象(参见第二章和第十二章)。在很多实验中,需要在匹配问题上做大量的工作,因为必须要在匹配的变量上对被试进行单独测量。

在对动物进行研究时,一项重要的匹配技术是拆窝技术(split-litter technique),它把同胎生的动物随机地分配到不同的组中。因为这些分配到不同组中的动物有类似的遗传素质,将有助于减少在随机分组设计中由于被试的个体差异所导致的变异性。

经典性条件反射的刺激强度

现在我们回到前面提过的问题上：条件刺激的强度如何影响条件反应的习得。如果从常识上来考虑，我们一般会想到，刺激强度越大，条件反射的形成就越快。然而，正如前面所提到的，有关这一问题的最初研究没有得出这样的结论。例如，在格兰特和施奈德(Grant and Schneider，1948)所做的实验中，他们把光作为形成眨眼条件反射的条件刺激物，通过不断变化光的强度来进行实验。在这个实验中，每个人都戴一个仪器，它可以向眼睛喷出气体并记录眨眼反应。无条件刺激物是吹出的气体，无条件反应是眨眼，条件刺激是气体吹出前的一束光。一开始，光的出现不会使被试眨眼，但在他与吹出的气体多次配对出现以后，使得仅有光的出现仍会让被试眨眼。这时的眨眼就是一种条件反射。格兰特和施奈德只是想知道光的强度加大是否会导致条件反射形成得更快。亮光比弱光更能引发条件反射吗？他们在两种状态下对不同被试组进行了测试。探讨结果与人们的期望正好相反，即在弱光状态下，条件反射的形成速度与在强光状态下的速度一样。另一些研究者使用被试间设计探讨了刺激强度对条件反射形成的影响，也得出了类似的结果。即使他们使用了不同的刺激(例如用声音取代光)，结果也是如此。

究竟采用被试间设计还是采用被试内设计，通常是由所研究问题的性质、需要处理的自变量、可利用的被试数量以及前面讲到过的其他一些问题决定的。研究者很少考虑他们的研究结果依赖于他们选择使用的实验设计的可能性。然而，这种情况在刺激强度对条件反射影响的实验中确实存在，对此，我们可以用格兰特和施奈德(Grant and Schneider，1948)两人之后的研究予以说明。

许多年以后，贝克(Beck，1963)又重新提出了这个问题，即刺激强度对眨眼条件反射的形成是否有影响。除刺激强度外，其他一些变量也引起了她的兴趣，包括无条件刺激(吹气)的强度和被试的焦虑水平。考虑我们的目的，我们只把条件刺激的强度水平作为复杂实验设计中的一个因素，实验中它是在被试内发生变化的实验条件。贝克在她的实验中使用了两个强度水平，在100次试验中，她把这两个强度水平按不规则顺序呈现给被试。结果发现，刺激强度对条件反射的形成速度有很大的影响，这与其他研究者的结论刚好相反。

贝克的研究引起了格赖斯和亨特(Grice & Hunter，1964)的注意，他们想知道,得出这种相反的结论,是否在于贝克采用了被试内设计,而许多其他的研究者采用的是被试间设计。为了证明这个问题,他们对三组被试进行了测试,其中的两组被试接受不同的刺激强度;剩下的第三组中是同一组被试接受不同的刺激强度。他们使用一种50分贝的轻声和100分贝的响声作为眨眼条件反射实验中的条件刺激,每组被试都要重复试验100次。在每次试验中,被试都要听到一种预示试验开始的警示声,两秒后,他们就会听到一种大的或小的声音,声音持续半秒,再过半秒(中间间隔半秒),就有一股气吹向他们的眼睛。在这里,声音是条件刺激,吹气是无条件刺激。响声组在所有的100次试验中都听到100分贝的声音,而轻声组在所有的100次试验中都听到50分贝的声音,这两组代表了眨眼条件反射中刺激强度水平的被试间比较。第三组(响声/轻声组)被试听50次响声(L)、50次轻声(S),这两种声音按两种不规则的顺序呈现,其中,一种顺序是另一种顺序的镜像。换言之,如果最初十次试验的声音顺序为L、S、S、L、S、L、L、L、S、L,那么,另一种顺序就是S、L、L、S、L、S、S、S、L、S,在第三组中,听到两种声音序列的被试各一半。①

　　实验结果如图9-4所示,可以看到最后60次试验的百分率,被试对吹气前的声音出现了条件反应——眨眼。一条线表示被试间比较的结果。在被试间比较中,每个被试都听到了响声刺激或轻声刺激。我们可以从图中看出,在使用单一刺激的被试间设计中,作出条件反应的百分比不是刺激强度的函数(我们看到些许差异并不具有统计显著性)。另一方面,当刺激强度在响/轻声组的被试内发生变化时,刺激强度的效应就出现了。当接受轻声刺激时,被试作出20多次条件反应;而当接受响声刺激时,被试大约作出70次条件反应,两者差异显著。

　　格赖斯和亨特的实验结果表明,实验设计的选择对实验结果的影响很大。在这个例子中,用来检验刺激强度效应实验的结果却是由实验设计决定的。当被试分别接受两种刺激时,他们的反应不一样;但当被试只接受一种刺激时,他

---

① 你可能已经注意到了,格赖斯和亨特的实验设计中存在着混淆。在被试间设计中,被试听到了100次的同种条件刺激,或是响声,或是轻声,但在被试内设计中,被试则听到了50次响声和50次轻声。在被试间设计中,对于每种条件刺激而言,应该是更多的试验导致更好的条件反射;但正如图9-4所示,情况并非如此,而是被试内设计中响声导致更好的学习,被试间设计中轻声导致更好的学习。

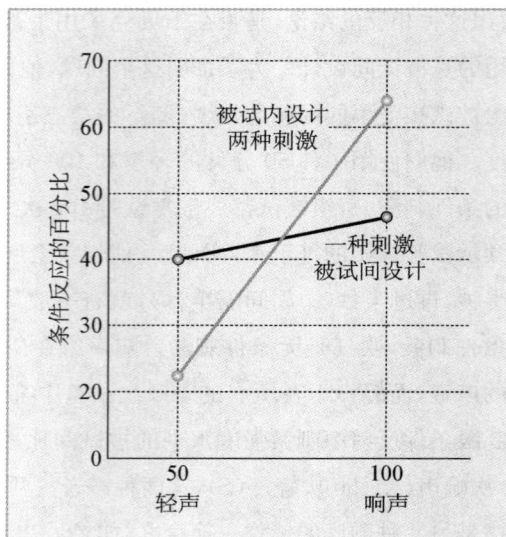

▼　图 9 - 4

格赖斯和亨特(Grice & Hunter，1964)的实验结果。当刺激强度在组间发生变化时，每个被试只接
受一种声音，或是响声或是轻声刺激，没有发现刺激强度的效应。当刺激强度在组内发生变化时，每
个被试都接受两种强度不同的刺激，刺激强度的效应就表现得非常明显(测量指标是后 60 次试验中
条件反应所占的百分比)。结果表明，实验设计的类型对实验结果影响很大。

们在反应上就没有什么差别。格赖斯(Grice，1966)还发现了支持该结论的其他
实验情境。在许多实验情境中，研究者自己也不知道他们的实验结果是否会随
实验设计的改变而改变，由被试间设计变成被试内设计(或相反)，因为用其他设
计来对实验提出质疑是不可能的，这在前面已经讨论过了。然而，格赖斯和亨特
(Grice & Hunter，1964)的研究提醒我们，实验设计的选择除了考虑像样本容量
这些问题外，还有一些细节需要注意，它可能影响到实际的研究结果。

　　现在我们以另一种方式来解释这些实验结果。也许被试间设计与被试内设
计可以产生不同的效应，是因为通过使被试接受所有的相关刺激，被试内设计本
身自动地产生了一些迁移效应。与被试间设计相比，被试内设计的被试能够区
分出声音的大小，因为在连续的试验中，他们有机会接受两种强度的声音刺激，
因此能对大小声音进行比较，而只接受一种强度刺激的被试就无法作出比较。
同样，卡韦和伊马德(Kawai & Imada，1996)发现长时电击比短时电击会引起更

大的反感。这种现象在被试内设计中要比在被试间设计中更有可能看到。在后面的"从问题到实验"部分,你将会看到设计选择能够决定人类(Svartdal,2000)和非人类动物(Papini、Thomas & McVicar,2002)条件反射的消退过程。在下一节里,我们研究条件反射中的另一种对比。这种方法表明,我们能够凭借可以产生不同行为的实验设计来对事件进行比较。

▼ 9.2　实验主题与研究范例

主题　平衡

范例　同时对比

　　无论何时使用被试内设计,都需要我们仔细确定用什么样的顺序把刺激呈现给被试。一般来说,刺激应当在练习的同一阶段予以呈现。这样,实验条件与练习阶段就不会发生混淆。平衡对于减少包括时间在内的其他无关变量的影响也是十分必要的。通常,实验者必须对他毫无兴趣的变量进行平衡处理,这样,这些无关变量就不会影响实验结果。我们举个例子予以说明。

　　在获得一个工具性的反应时,奖赏的大小对反应的形成会产生很大的影响,通常在奖赏量增加时,成绩就会得到提高。然而,一定的奖赏量并不总是对行为产生不变的效果,行为的改变通常依赖于机体在其他强化条件下所获得的经验。我们可以通过鲍尔(Bower,1961)所做的一个同时对比实验证明这种效应的存在。在这个实验中,有些被试得到两个有数量差别的奖赏。

　　鲍尔的实验被试由三组老鼠组成,每组 10 只。每组老鼠一天要做 4 次试验,共做 32 天,累计 128 次试验。实验的要求是让老鼠走一种直巷迷宫,自变量是奖赏量。一组老鼠做了 4 次试验,每次当它们到达目标箱时都会吃到 8 粒食丸,这种实验的条件就是恒量 8。另一组老鼠每次试验只能得到 1 粒食丸(恒量1)。这两组作为控制组。第三组就是对照组,对照组的老鼠一天要做两种试验,每种各做两次,并且是在两条不同的直巷里,这两条巷子差别很大,一条是白色的,另一条是黑色的。在一条巷子里,老鼠总是得到 1 粒食丸的奖赏,而在另一条巷子里,它们总是得到 8 粒食丸的奖赏。鲍尔想知道,与只接受一种强化水平相比,接受两种强化水平会对奔跑速度造成怎样的影响。如果老鼠已经接受过

241

另外一种水平的强化,那么,对于 1 粒食丸(或者 8 粒食丸)的奖赏来说,它们奔跑的速度会不会有所不同? 那些一直接受同一种强化水平的老鼠会这样吗?

在考察结果之前,让我们先看一下鲍尔所面临的对照组被试的设计特性。既然在这种条件下对每个被试的奖赏量都要发生变化,那么就有两个问题需要我们加以考虑。首先,必须肯定的是,不是每个被试在通过白色或黑色巷道时都要得到大的或小的强化,否则,巷道颜色与奖赏量的效果就会发生混淆,那么,老鼠可能在黑色巷道里跑得快,而在白色巷道里跑得慢(或者相反)。解决这个问题,我们可以让一半老鼠在黑巷里得到 8 粒食丸,而在白巷里只得到 1 粒食丸。而对另一半老鼠的安排则与此相反。对于只得到一种奖赏量的控制组被试来说,一半在白巷里得到奖赏,而另一半则在黑巷里得到奖赏。这些设计看起来很复杂,因此,为方便起见,我们把这一设计方案用图 9-5 加以表示。

组别	老鼠的数量	巷道颜色	试验次数(每天)	食丸数量
恒量 8	5	黑	4	8
	5	白	4	8
恒量 1	5	黑	4	1
	5	白	4	1
对照组	5	黑	2	8
		白	2	1
	5	黑	2	1
		白	2	8

▼ 图 9-5

鲍尔的实验设计简图。从这个图上我们可以看出用来减少混淆的一些设计特性。这样的设计不会使巷道的颜色与分组及奖赏量(食丸的数量)发生混淆。对于对照组来说,有必要采取一些平衡方法,以使在每天中 1 粒与 8 粒丸子奖赏的实验顺序达到平衡(见文中内容)。

第二个问题是有关两种刺激的呈现顺序的,即在每天的四次试验中我们究竟应当如何把两种刺激(恒量 8 和恒量 1)呈现给对照组中的老鼠。显然,不能先进行大额奖赏实验,后进行小额奖赏实验,或者相反。因为这样容易把实验时间与奖赏量的效用混淆。也许我们可以在这 128 次试验中用一种随机的顺序来呈现刺激,但这种办法用在此处不是最好的,因为即使在随机的顺序呈现中,同样的问题也会出现,比如,同一实验条件下多项连续长时的奔跑所导致的时间变量的介入。因此,如果我们发现在同一种奖赏的条件下做两次试验不必觉得不可思议,尽管对所有的被试来说在练习的整个过程中不会发生什么混淆。处理这个问题的一种更好的办法就是对实验刺激进行平衡处理,而不是随机处理。平衡是指在实验中,为了消除或减少由实验的先后顺序所带来的效应,而采用一些系统地改变刺激呈现顺序致使测试的时间效应(如练习和疲劳)与实验条件不发生混淆的一种技术。

　　当我们要在四次试验中测量两种刺激的效果时,刺激呈现的顺序就有六种可能。就拿现在这个例子来说,如果 S 代表一个小刺激量(奖赏量)、L 代表一个大刺激量(S——1 粒食丸,L——8 粒食丸),那么,这六种顺序就是 SSLL、SLSL、SLLS、LLSS、LSLS、LSSL。鲍尔在解决这一平衡问题时,通常是同样频率地使用这些顺序。比如,在某一天的实验中,他为一半被试使用的是某一特定的顺序,例如 LSSL,那么另一半被试就使用相反的顺序(SLLS)。第二天,他又选出了另一种顺序(当然与每天的不重复),按第一天的方式进行,即一半的被试使用该种顺序,另一半则使用相反的顺序,如此类推。这样在顺序与刺激之间就不会发生混淆了。而且所有的顺序都同样频率地使用,也使得实验结果不会只受一种顺序的影响。我们稍后再讨论这一问题。

　　鲍尔的结果用图 9-6 表示,图中每种刺激的平均跑速以两天 8 次试验为单位加以表示。我们首先注意到的是,对于那些得到固定奖赏的老鼠来说,得到 8 粒食丸奖赏的老鼠在最初的几天里跑得要比那些只得到 1 粒食丸的老鼠快。当然,老鼠得到的食物奖赏越多,跑得越快,这也不是什么新鲜事。我们真正感兴趣的是,得到 1 粒和 8 粒两种对比奖赏的老鼠跑得有多快。在图 9-6 中,尽管得到固定 8 粒食丸奖赏的对照组与控制组老鼠的速度没有统计上的差异,然而,得到 1 粒食丸奖赏的对照组老鼠要比得到同样多奖赏的控制组老鼠跑得慢,至少在训练的后期是如此,这种现象被称作负对比效应,因为得到小奖赏的对照组老鼠要比总是得到小奖赏的控制组老鼠慢。对这种现象的一个解释是,应当考虑到对照组老鼠在这种实验情境中的经验所引发的情绪状态。因为对照组的老鼠对两种水平的奖赏都比较熟悉,当把它们放在一个预示将要得到小奖赏的巷道时,它们就会对不得不跑到箱里去吃那仅仅一粒食丸感到恼火或受挫。

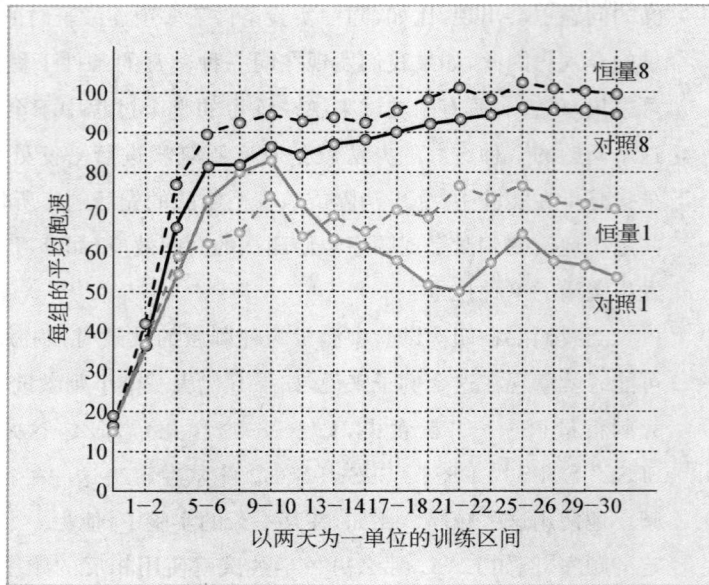

▼　图 9-6

鲍尔实验中每组的平均跑速。横坐标是以每两天为一单位的训练区间,纵坐标是每组的平均跑速。
得到两个对比奖赏量的老鼠,当只得到 1 粒食丸的奖赏时,它们奔跑的速度要比那些总是得到 1 粒
食丸的老鼠慢,这就是负对比效应(采自 Bower,1961,图 1)。

这个结果引出了个非常有趣的问题,即为什么鲍尔没有发现一个正对比效
应,或者说为什么得到 8 粒食丸的对照组的老鼠没有比得到同样数量的控制组
老鼠跑得更快呢?当把它们放在一条表示将要得到大奖赏的巷子里时,得到 8
粒奖赏的对照组的老鼠为什么不高兴呢?一种可能的解释是,它们本来是更高
兴的,但天花板效应(A Ceiling Effect)使得他们不能从行为上对跑速进一步作
出反应。也许是因为在一直得到 8 粒食丸奖赏的控制条件下,老鼠的速度已经
相当快,以至无法再提高。对照组的老鼠也是这样。尽管用天花板效应来解释
目前的数据资料得到另外一种正对比效应的支持(Padilla,1971),但是负对比效
应要比正对比效应更容易获得。我们将在第十章里详细讨论数据分析中的这种
天花板效应。

鲍尔的实验结果提醒我们,应当注意吸取我们在前面把被试间设计与被试
内设计作对比时得出的教训。就像格赖斯和亨特所做的关于刺激强度效应的实

验一样,鲍尔也发现,一定数量奖赏的效应依赖于我们所使用的实验设计类型。在被试内设计中,动物有获得两种奖赏水平的经验,因此奖赏对行为的影响要比在进行被试间比较时大,在被试间设计中,不同组的动物在连续的系列实验中得到的都是固定量的奖赏。这里再强调指出,我们所使用的设计的特性能够影响实验所得出的结论,也就是说,会影响自变量产生的效应。

对平衡的进一步思考

在不同的情况下可以使用不同的平衡设计。有些平衡设计很复杂。现在,我们只讨论几种比较简单的平衡设计,以便给大家提供几个处理此类问题的技巧。

由于鲍尔(Bower,1961)的对照组所描述的那个例子在许多方面都是一个平衡设计的典型范例。当对被试内设计的两种条件进行测试时,必须要把这两种条件进行平衡处理,以便不和练习阶段相混淆。对这一问题的一个解决办法,也是大多数心理学家所乐于采用的一个办法,就是ABBA设计。这里A、B分别代表两种条件,这样就不会使"特定条件"与"测试时间"相混淆,因为平均起来会同时对每种条件进行测试(对于A来说1＋4＝5;对B来说,2＋3＝5,这里数字是指测验的顺序)。但是特定的测试顺序也可能会对结果产生一定的影响。例如,我们如果假定有一个很强的练习效应会对因变量产生很大的影响,而且它在练习的最初阶段就出现了,也就是说在第一个A阶段就出现了。那么,这种练习效应对条件A有影响,但对条件B就不会有影响,因此,ABBA设计不可能消除"条件"与"练习"之间的这种混淆。

对于在训练初期出现的较大的练习效应这个问题,有两种解决办法可供使用。一种是在实验正式开始之前,让被试按实验要求做一些练习,这样,由于被试接受了一些练习,在我们感兴趣的实验变量引进之前,因变量一直保持稳定。另一种解决办法是使用几种平衡设计。例如,一半被试按一种设计进行,而另一半则按相反的设计进行。也就是说一半被试按ABBA设计,而另一半则按BAAB设计进行实验。鲍尔对平衡问题的解决是这种思维逻辑的扩展,因为他在实验中遵循同样的频次使用了每一种可能的平衡设计。但是当实验包含两种以上条件时,这种平衡设计就显得笨拙了,在绝大多数情况下,对实验初期出现的练习效应问题的比较完善的一种解决办法是让被试进行练习,然后使用两种平衡设计,其中一种平衡设计是另一种的镜像。格赖斯和亨特(Grice & Hunter,1964)在刺激强度实验中所使用的就是这种平衡设计法。

对于有两种以上实验变量的情形,我们将推荐一种独特的平衡设计——**平衡的拉丁方设计**。假设在一种不平衡的顺序中有六个变量,以便使练习效应不会影响实验结果,例如,在一个同时对比实验中(就像鲍尔的实验一样),有六种不同的奖赏量可供使用(而不是两种),平衡的拉丁方设计将确保,当每种变量被试验时,它前后的其他实验变量出现的频率相同。这个特征对减少变量之间的迁移效应非常有用,从而使平衡的拉丁方设计要比其他的平衡设计更受欢迎。

建立一个平衡的拉丁方比较容易,尤其是当实验有偶数个条件时更容易。让我们把这六种变量从 1—6 标上数字。一个平衡的拉丁方可以被看作一个两维矩阵,在这个矩阵中,列(垂直延伸的)表示实验变量,行表示被试。表 9-1 就是一个六种变量的平衡拉丁方。被试用字母 a—f 表示,他们接受实验变量的顺序就是每行所列的顺序。这样,由表 9-1 可知,被试 a 就按 1、2、6、3、5、4 这个顺序进行实验,建立平衡的拉丁方的第一行公式为:1、2、n、3、n−1、4、n−2,如此类推。在这里,n 代表实验条件的总数。当第一行列序以后,对于每一列,只要按顺序从小到大写出既可,当遇到 n 时,再按字母顺序重新从 1 开始(如表 9-1 所示)。使用平衡的拉丁方时,被试一定要按 n 的倍数进行实验,以便对练习效应进行适当的平衡。

245

▼　表 9-1　六个实验条件(1—6)的平衡拉丁方设计,横行指出了被试 a—f 接受实验条件的顺序

被试	第 1	第 2	第 3	第 4	第 5	第 6
测量条件的顺序						
a	1	2	6	3	5	4
b	2	3	1	4	6	5
c	3	4	2	5	1	6
d	4	5	3	6	2	1
e	5	6	4	1	3	2
f	6	1	5	2	4	3

当一个实验设计的条件为奇数时,使用拉丁方设计就有些复杂了,应用拉丁方设计对它进行平衡时必须使用两个矩阵,第二个矩阵与第一个矩阵正好相反,请参看表9-2,同表9-1一样,字母表示被试,数字表示实验条件。使用拉丁方设计时,每个被试必须在每个变量上试验两次。表9-2这个例子中有5个变量。一般说来,第一个矩阵是按偶数个变量时构建矩阵的方法建起来的,在奇数个实验条件下第二个矩阵则与第一个矩阵正好相反。

对许多目的不同的实验来说,平衡的拉丁方设计是一个最理想的平衡系统,因为,一般来说,每一种变量都是在练习的同一阶段出现,而且每一种变量在其他变量之前和之后出现的频率都相同。而其他的平衡设计不具备上述的后一个特征,人们在使用中更加关心的是在一种条件下的试验是否会影响另一种条件下的试验。

▼ 表9-2　5个变量(1—5)的平衡拉丁方设计

横行指出了被试a—f接受实验变量的顺序。当变量为奇数时,每个被试必须在每个变量下进行两次试验。

被试	拉丁方1 测试顺序					拉丁方2 测试顺序				
	第1	第2	第3	第4	第5	第1	第2	第3	第4	第5
a	1	2	5	3	4	4	3	5	2	1
b	2	3	1	4	5	5	4	1	3	2
c	3	4	2	5	1	1	5	2	4	3
d	4	5	3	1	2	2	1	3	5	4
e	5	1	4	2	3	3	2	4	1	5

▼ **9.3　实验主题与研究范例**

主题　小样本设计

范例　儿童的行为问题

即使是最简单的实验研究,也需要设计控制条件与实验条件的比较。无论被试间设计还是被试内设计,通常都需要大量的被试,尽管被试内设计通常所使用的被试较少。被试如此之多,以致任何一个不寻常的参与者都不会对结果形成多大影响,更不会歪曲实验结果。这种设计称为大样本设计,它已经成为心理学研究的一个标准;强有力的统计技术(参见附录 B)使研究人员可以决定他们是否有必要对实验变量之间的差异过分注意。相对于这种设计的是小样本设计,它需对少量的被试进行深入细致的分析。在实验心理学中,有两个领域经常使用小样本设计。你也许能从第六章回想到心理物理学经常使用小样本设计。实验控制是使用小样本设计的第二个研究领域的特点——以操作条件反射形式对行为进行的实验分析。斯金纳(Skinner,1963)呼吁在操作性研究中使用小样本设计,因为他想强调对行为的实验控制的重要性和削弱统计分析的重要性。斯金纳认为,统计分析通常成了一个目的,而不是帮助实验者得出实验结论的工具。传统研究常常通过使用大量的被试与统计推断来达到实验控制,小样本研究则通过严格控制实验环境和对因变量大量连续的测量来实现。小样本方法尤其适用于矫正行为操作技术的临床运用。特别是当治疗专家一次处理一个病人时更是如此,这是小样本设计的限定个案。尽管治疗专家用同样的方法一次可以治疗许多人,但是相对于在大样本研究中看到的那些被试数量来说还是很小的。我们以儿童的行为问题为例探讨一下小样本设计。

让我们来想象一下这样的事情:忧心忡忡的家长寻求心理医生的帮助,因为他们的女儿一天总要发几次脾气。当行为矫正专家使用操作性条件反射技术时,他首先要见一下孩子的面。那么,他能对行为作出什么诊断呢?是什么原因引起这种行为呢?治疗专家将如何消除儿童的不良行为并使其恢复到正常状态呢?一个行为矫正专家常常要了解在孩子的学习过程中,是什么原因导致了这种问题行为。他会把注意力放在产生并维持孩子哭闹、踢东西、撞头等行为的强化的关联性上面。通常所使用的疗法是尽力改变患者的这种强化关联,孩子会为她或他的适应性行为和没作出的不适当行为而受到奖赏。

AB 设计

在考察小样本设计之前,我们先看一个常见的、无效评价治疗效果的方法。有关疗效的研究,如果有可能的话,应当与治疗结合起来进行。这看起来比较简单,其中包括问题行为频率的测量,然后制定治疗措施,看行为是否会发生变化。

我们称这种设计为 AB 设计,这里 A 代表治疗前的基线状态,B 代表治疗后的状态,治疗是自变量。这种设计经常应用在医疗、教育和其他应用研究中。在这些研究中,我们关心的主要是治疗或训练的措施对问题行为的效果。然而 AB 设计(Campbell & Stanley, 1966)不是一种有效的实验设计,应当避免使用。之所以避免,是因为 B 阶段发生的变化可能是由其他因素导致的,这些因素与我们感兴趣的因素发生混淆。治疗可能产生行为的改变,但是研究者没有意识到的或无法控制的因素也会对行为的改变产生影响。由于缺乏控制组的对比,我们不能够得出这样的结论,即行为的改变是由治疗所导致的。要知道,在没有自变量的情况下,其他的干扰变量也会导致行为的变化。当其他变量与自变量一起不知不觉地发生变化时,就会产生混淆。仔细控制潜在的无关变量非常重要,这样就能保证效果是由自变量产生的。这在 AB 设计中无法做到,因为治疗研究者甚至没有意识到无关变量的存在。

解决这一问题最好的办法就是使用大样本设计。我们可以把被试随机分成两组,一组是实验组,接受治疗;另一组是控制组,不接受治疗。如果实验组的状况随着治疗的进行而得到改进,控制组的状况没有发生变化,我们就可以得出结论认为,是治疗而不是其他无关因素导致了这个结果。在对个体进行治疗的案例中,比如前面虚构的那个发脾气的女孩,生活中一般没有潜在的控制组,只存在一个被试的实验组。因为一个大样本设计,其实验组和控制组一般都有大量的被试,因此在评价治疗效果时,这种设计方法是不合适的。

ABA 设计或反向设计

针对 AB 设计的缺点,实验者通过逆转 B 阶段之后的条件而产生了一个变通的办法,即 ABA 设计或反向设计。在 ABA 设计中,第二个 A 的作用是去除 B 阶段中其他因素影响行为的可能性,使实验条件恢复到原先的基线水平。在第二个 A 阶段,不再使用任何自变量,让实验者观察行为是否返回到原来的基线水平上。如果行为返回到了原来的基线水平,那么,研究者就可以得出结论认为,B 阶段中行为发生的变化是由于对自变量的操纵而引起的。但如果一种无关变量与自变量高度相关,那么这种概括性的结论就不成立。实际上,这种情况是不可能发生的。这里让我们看一个反向设计的例子。

哈特及其同事(Hart et al. , 1964)对托儿所一位 4 岁儿童比尔进行了研究,该儿童看上去很健康、很正常,但却特别能哭叫。当他受到一点小挫折时就哭叫,而其他小朋友都能以一种有效的方式解决这一问题。研究者没有把他的哭叫归因于一些内部的变量,如害怕、缺乏自信或回到早期的行为退行,而是先对比尔的社会学习环境进行了考察,看究竟是什么强化关联性导致了比尔的这种行为。他们通过类似于在那个假设的小女孩例子里已经提到过的推理,认为是成人的注意强化了比尔的哭叫行为,于是哈特及其同事着手用一个 ABA(实际上是 ABAB)设计来检验这种假设。

首先,需要对因变量——哭叫作出准确的测量。老师随身带着一个小计算器,每当比尔哭叫的时候就按一下键。他们把一次哭叫定义为:(a)哭叫的声音大到在 50 英尺以外就可以听见,(b)哭叫声持续 5 秒或更长时间。每天放学之后,老师都把哭叫的总数计算出来。我们也许会对"一次哭叫"的操作性定义有不同意见(老师每次听哭叫声时都得跑到 50 英尺以外吗?),但是我们假设老师的测量是有效而可靠的。

在 A 阶段开始时,老师对比尔的哭叫声表现出了一种正常的注意。在第一个基线期的 10 天中,比尔每天哭叫 5—10 次,如图 9-7 最左边的分图所示,哭叫次数用纵坐标表示,治疗天数为横坐标。在随后的 10 天中(第一个 B 阶段),

249

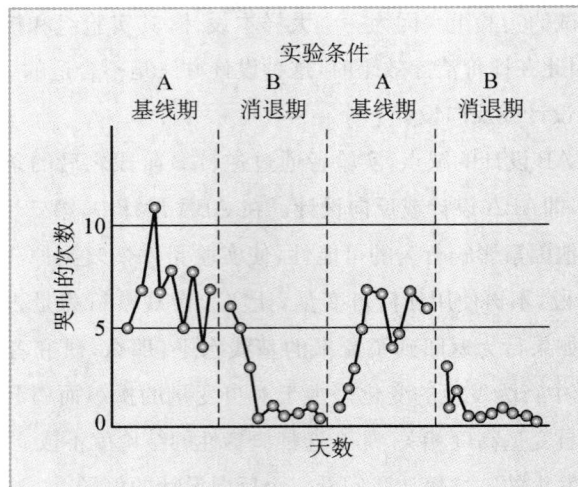

▼ 图 9-7
对比尔——一个幼儿园儿童——行为进行控制的 ABAB 实验设计中,比尔在四个阶段上的哭叫次数(采自 Wolf & Risley, 1971, p. 316)

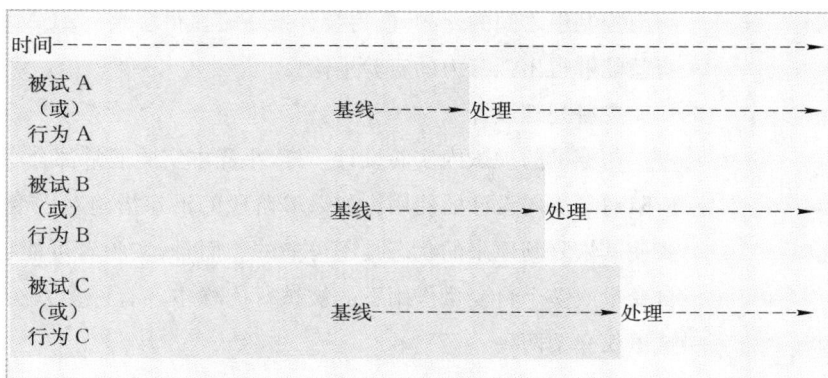

▼ 图 9-8

多基线设计轮廓图。不同的人(被试间)或不同的行为(被试内)有长短不同的基线期,垂线指出了自变量(处理)何时被引进。

老师试图通过不理会他的哭叫声,而用注意来奖赏比尔对小挫折(如摔倒或者碰撞)的适宜反应来逐步矫正他的行为。如图 9-7 所示,哭叫的次数明显减少,在第一个 B 阶段的后 6 天中处于 0 到 2 之间。这时我们就完成了这种设计(ABAB)的 AB 阶段。但是我们还不能确信,是否比尔在行为上的改善是由老师对他的强化(注意)所导致的。也许是因为那时他和全班同学能友好相处,或者在家里,他的父母对他也越来越好。这几个原因或者其他的原因都可以使其性情得到改善。

为了获得更充分的证据来说明比尔行为的改变是由强化所致,研究者又使其行为返回到基线水平。由于再次强化哭叫行为,比尔开始退回到原来的状态。一开始,当看到比尔快要哭叫的时候,就用注意对他进行强化(比如当比尔哭泣、呜咽的时候),当哭叫又被建立起来时,再用注意对其进行保持。如图 9-7 所示,仅用了四天就恢复到了原来的水平。因此可以得出一个结论:正是由于强化而不是其他一些因素导致了第一个 B 阶段中哭叫的终止。最后,因为这是一个治疗情景,研究者又通过强化适宜行为使比尔的问题行为重新得到了改善(这是第二个 B 阶段,与第一个相同),在这个阶段里比尔的哭叫声又一次终止了。

在这个研究中,研究者没有运用推断统计来证实所得出的结论。而且,通过对自变量的良好控制和因变量的反复测量,实验条件之间出现的明显差异(实验组与控制组之间的差异)使得统计推断略显得多余。ABA 小样本设计的使用本身就能够得出强有力的实验推论。

交替处理设计

与标准的被试内实验设计一样,小样本实验通常都会产生迁移效应,这种效应阻碍了反向设计的使用。如果 B 阶段的治疗措施对因变量有长期效应,那么要使其恢复到原来的状态是不可能的。而且,实验者可能也想得到几个在同一自变量或多个自变量作用下的被试行为样本。有许多方法可以解决这一问题,这里仅介绍两种。

罗斯(Rose,1978)曾使用过一个被称为 ACABCBCB 的设计,这里,A 代表基线条件,B 和 C 代表自变量的两个不同水平。当自变量的不同水平交替出现时,我们就得到了交替处理设计。罗斯想知道人工着色食品对儿童的活动过度有什么影响。选用两个多动的 8 岁女孩作被试。他们是严格的饮食控制者,采用 K‑P 限制饮食(Feingold,1975),不允许在食物中放人工香料和色素,也不允许含有自然的水杨酸盐(许多水果和肉食)。费恩戈尔德(Feingold)采用 AB 设计,在无控制组的条件下对此进行了实验,结果是 K‑P 限制饮食使多动趋于减少。

罗斯在实验设计的 A 阶段测量了两个女孩在 K‑P 限制饮食作用下的一般行为表现。B 阶段引入了一种不含人工色素的饼干后,他对该阶段行为的基线水平进行了测量。C 阶段引进了我们感兴趣的自变量——含有黄色素的燕麦饼干。罗斯之所以选取这种人造黄色素,是因为它在食品的制造中普遍使用,而且还不会改变饼干的味道和外表(当要求按照颜色对饼干进行归类时,人们无法正确区分出人工黄色素)。当儿童吃着带有颜色花边的饼干时,他们自己、父母和观察者都是不知情的。两个女孩在学校里的各种行为表现由几个不同的观察者作了记录。罗斯所测量的一个因变量是两个女孩离开她们座位的时间占在校时间的百分比。罗斯发现,在 C 阶段当她们吃了一块人工着色的饼干后最爱动。罗斯还注意到实验中不存在安慰剂效应,也就是说,她们离开座位的时间的百分比在 A 阶段(没有吃饼干)和 B 阶段(吃的是没有着色的饼干)基本上一样。这样,罗斯就得出结论:人工色素可以使某些孩子活动过度。

多基线设计

在罗斯的反向实验设计的扩展中允许实验者考察自变量的多种水平所产生

的不同效应,然而,这种扩展不允许在实验中存有较大迁移效应的自变量。但**多基线设计**(如图 9 - 8 所示)却适合在此类实验中使用,也就是说,在这种情景中,我们感兴趣的行为不会返回到基线水平上去(会产生永久性的迁移效应)。

多基线设计有两大特征值得我们注意。首先,不同的行为(或不同的被试)在自变量引进之前都有长短不等的基线期,基线期在垂线的左边,处理期——引进自变量的时期——在垂线的右边。如果在比尔的案例中(前面讲到过)使用这样一种设计,那么当哭叫声消失期出现时,可能会需要一条连续的基线来监视其他不需要的行为出现(如摔打等),然后,也许过几天,这个消失过程可能会被运用到摔打行为上。图 9 - 8 中的行为 A 可以是哭叫,而行为 B 可以是摔打。在对哭叫行为进行治疗时,摔打行为处于基线水平。如果这种未受处理的行为在自变量引进之前,保持稳定,然后随自变量的变化而变化,我们就可以认为,是自变量导致了该行为的改变,而不是一些碰巧在观察期发生变化的其他因素。我们可以猜出,哭叫和摔打一般总是连在一起的,因此,一种行为的处理会影响另一种行为的发生。如果在比尔的哭叫声消失时,摔打行为也相应减少的话,我们就不能把任一行为的变化归因于自变量的作用。

这个问题把我们带到了多基线设计的第二个重要特征(如图 9 - 8 所示),我们可以把多基线设计看成是一个小样本的被试间设计。与在被试内设计时几种行为被监视不一样,多基线设计中,在自变量引进之前的不同时期,不同的被试都可能受到监视。这种类型的多基线设计,与一般的被试间设计一样,可以适用于自变量有明显的迁移效应的情形。被试间多基线设计也适用于目标行为之间很可能相互影响的情形,就像有关比尔的假想实验中发生的一样。

由施赖布曼、奥尼尔和凯格尔(Schreibman, O'Neill, & Koegel, 1983)所做的一个实验是多基线设计被试间形式的很好例子。施赖布曼和他的同事想把行为矫正程序教给那些孤僻儿童的正常兄弟姐妹,使他们成为孤僻儿童的有效教师。孤独症是一种未明原因的行为障碍,其特征是社会行为贫乏、沉默寡言和各种自我刺激等。实验被试由三对兄弟姐妹组成,其中每一组中有一个是正常的(平均年龄 10 岁),有一个是孤僻的(平均年龄 7 岁)。对于每一组被试来说,都有几个目标行为,如计算、辨别字母以及学习钱币等被选出来由正常组员教给孤僻的弟妹。因为正常人必须学会正确的行为矫正技术,例如对适当反应的强化,因此,实验者首先要把正常组员正确使用行为矫正技术的基线测量记录下来,同时也要记录孤僻者正确的目标行为。每一对孩子的基线数据由图 9－9 中垂线

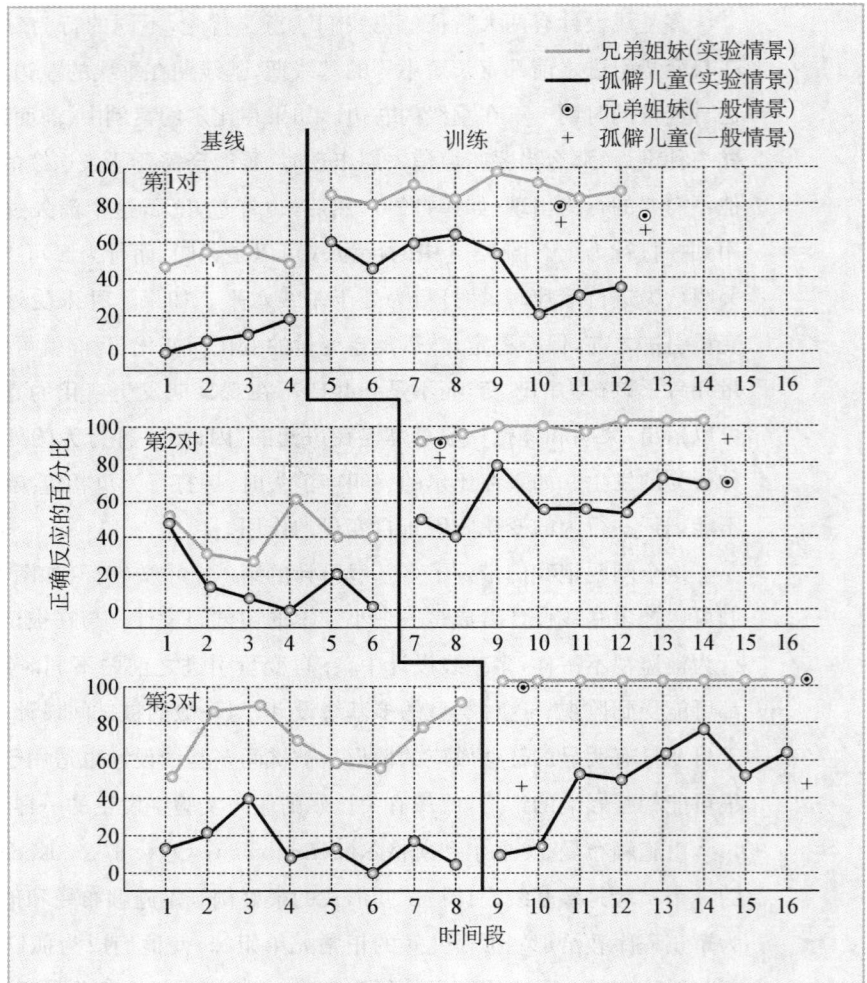

▼ 图 9－9

正常组员对正确的行为矫正技术的运用以及孤僻儿童的适应反应。每对孩子的基线期在垂线的左边。加号和靶心指的是非实验情景中的行为。(该图采自施赖布曼等人 1983 年在 *Journal of Applied Behavior Analysis*,Vol. 16,p. 135 上的一篇文章。版权属于 the Society for the Experimental Analysis of Behavior,Inc. 。重印得到了出版者和作者的许可。)

左边的曲线表示。既然行为矫正技术的学习很可能对教师(正常的儿童)和学生(孤僻的儿童)的许多行为产生影响,因此,对这些由成对儿童组成的被试的研究就必须采用多基线设计。正常和孤僻儿童的行为在正常的组员受到行为矫正技术的训练以后所发生的变化,在图9-9垂线的右边表示了出来。我们注意到,每对中的任何一个儿童的正确行为在训练开始之后都得到了提高。施赖布曼、奥尼尔和凯格尔得出了结论,他们认为是训练而不是其他一些干扰因素(诸如被试被观察时所出现的变化),使行为发生了变化。

　　注意加号和靶心代表的数点。这些符号表明儿童在与训练室完全不同的情境中的行为。此时,儿童不知道实验者在监视着他们。一般情境中的行为与训练室中的非常类似,因此可知,在产生儿童行为的一般变化方面,这个处理计划是有效的。

　　我们所描述的操作性条件反射的研究设计是斯金纳及其同事所创立的强有力研究技术的代表,仔细地对实验进行控制为心理学的研究提供了许多极有价值的基本数据。而且,这些设计方法在实际生活中得到了运用并取得了成功。感兴趣的读者可以阅读凯兹丁(Kazdin, 2001)关于这种技术广泛使用情况的介绍。小样本设计对于想了解人的思想和行为的心理学家来说无疑是一个重要的研究工具。

变化标准设计

253

　　变化标准设计(changing-criterion design)是指改变必要的行为以获得强化。例如,老鼠为了得到食物强化需要在数分钟内按压5次杠杆,随后,行为标准可能改变到按压7次杠杆才能得到强化。对其他行为标准可以使用这一方法重复进行。这里的自变量是获得强化所必需的标准行为,其潜在的逻辑与小样本设计类似。如果随着标准的改变行为也发生了系统改变,我们就可以认为是标准导致了这种变化。

　　治疗专家在不同的行为治疗情境中使用变化标准设计。柯恩等人(Kahng, Boscoe, & Byrne, 2003)运用这种设计对一位名叫克拉拉的四岁小女孩进行了增加进食治疗。这名女孩能够喝光一瓶饮料,却不愿意吃任何食物。治疗专家想出了一种巧妙方法让小女孩只要吃下一定量的食物就可以免于再进餐。另外,如果克拉拉吃下一口食物,她就会得到表扬,并在餐后进行的治疗中能够玩蓝狗玩具。后来,治疗专家逐渐提高进食的数量标准,小女孩必须吃完这些食物才能免于进餐并得到自己喜欢的饮料(苹果汁)。她也逐渐接受了进食标准的提高以获得苹果汁,而且进食其他食物也逐渐增加了。在治疗的后期,她达到了在16分钟内吃下15口各种食物的标准。在治疗结束6个月后,她已经可以在10分钟之内至少吃下50口食物中的90%。

麦 独 孤 及 其 同 事 (McDougall, Hawkins, Brady & Jenkins, 2006; McDougall & Smith, 2006)开发出了一种令人感兴趣的变化标准设计的变式。窄幅变化标准(range-bound changing criterion)中对目标行为设定了明确的上限和下限。这样,一个需要进行更多有氧运动的小孩就有了一个锻炼依据,以明确每次跑步时的最大运动量和最小运动量。标准分配设计(distributed-criterion design)同时具有多基线设计和交替处理设计的特点。在这样的设计中,不合群儿童在休息期间的独处时间以及与他人相处的时间都有相应的限制。这些比例和标准被分配在两个或两个以上的行为上,并能够随时间变化而增加想要的行为(该研究中是与伙伴玩耍)。麦独孤的研究给我们的启示就是,实验设计是改变行为的有效方法,将这些设计结合起来使用会有助于改善治疗状况。

从问题到实验:研究细节

问题　部分强化消退效应

为了产生一个工具性学习(操作性)条件反射,我们需要专注于我们所感兴趣的行为,即让动物通过强化刺激来进行学习。动物很快就会发现,如果能作出适当的反应,它会马上得到奖赏。例如,我们想教一个动物学习走迷宫。最简单的迷宫就是一条直巷,它由三部分组成:放动物的起始箱、动物穿过的巷子以及动物在那里得到强化的目标箱。强化物一般都是食物,通常在实验开始前不让动物进食。因变量是通过直巷的速度或所用的时间。在每一个阶段都要对动物奔跑的速度进行测量,以使实验者了解动物离开起始箱、穿越直巷和到达目标箱这三个阶段的速度。经过多次训练之后,老鼠奔跑的速度加快了,这说明学习已经在老鼠身上发生了。起初,老鼠慢悠悠地往前爬,但是经过一些试验后,它就会快速地飞奔了。

问题　强化量如何影响学习

假如现在问你一个有关学习的很简单的问题：学习是如何受强化量的影响的？你可能会认为，当强化量增加时，学习也会逐步提高。但是如果你仔细地阅读了本章的第一部分，就会认识到，这取决于"强化量"和"学习"是如何被界定的。我们能够通过改变被试接受奖赏的试验次数所占的百分比，或者通过改变每次试验的奖赏量来改变强化量。我们也能够用至少两种方法来测量学习效果：一种是奔跑的速度，另一种是对消退的阻抗。后一种测量是指在动物训练之后取消强化，看它跑迷宫这一条件反射还能持续多长时间。

问题　奖赏的百分比对消退阻抗有何效应？

让我们把兴趣指向一个特定的例子，在这个例子中，我们改变受奖赏试验的百分比。这样一来，实验就变得更容易操作了。在跑迷宫的实验中，我们改变动物跑完迷宫（自变量）而受到奖赏的试验次数占实际总次数的百分比，并测量出动物跑完迷宫及其阻抗消退所用的时间（或在反应消退期间它们的跑速）。

在许多类似的实验中，研究者已经发现，动物得到强化训练试验的百分比越小，对消退的阻抗作用一般来说就越大。如果一个动物得到连续的强化（也就是在每次试验之后都得到了强化），那么当强化被取消时，它的跑迷宫行为就比那些只得到部分强化的动物消退得快。总之，被强化的试验百分比越小，对消退的阻抗就越大（也就是当强化被取消时，动物会跑得更快）。在条件反应的形成过程中，间歇强化比连续强化会导致更强的持久性反应。我们把这种现象称为部分强化消退效应（partial reinforcement extinction effect）。有些学者曾经对这种现象作出过几种解释说明（Amsel，1994；Capaldi，1994）。

有许多变量可以对部分强化消退效应产生影响。当老鼠只在部分试验中受到奖赏时，许多因素都会随之发生变化。一个因素就是在有奖赏试验（或称 R）之前的无奖赏试验（或称 N-试验）的次数。另一个因素是指在部分强化训练的过程中，从无奖赏的试验转化为有奖赏的试验（或称 N-R 过渡）的过渡次数。第三个因素是指部分强化中，不同 N-长度的数目（或称在有奖赏试验之前的无奖赏试验的不同系列数）。所有这些变量都能（而且已经）进行测量。现在让我们通过一个动物学习实验来看一下第一个因素。

255

　　假设　对消退的阻抗将随着引入奖赏之前的无奖赏试验次数（N-长度）的增加而增强。

　　现在让我们来设计一个实验,在这个实验中,有奖赏试验之前的无奖赏试验的次数会有所不同。假如在引入奖赏之前有三种无奖赏试验长度,即在有奖赏试验之前分别有 1 次、2 次或 3 次无奖赏试验。那么假设就变为:对消退的阻抗应随无奖赏试验长度的增加而增强。无奖赏试验的次数越多,在条件反应消退期间,老鼠就会跑得越快。

　　我们还是用一个简单的直巷迷宫作为训练器具,老鼠跑迷宫所用的时间是因变量。在这个实验中,我们是用被试内设计呢,还是用被试间设计? 如果采用被试内设计,我们就必须对以上三种强化的时间进行平衡处理。但是,即使我们这样做了,也还存在一个严重的迁移效应问题,或者说在一个进度中对老鼠进行的训练会影响到下一个进度中对它的训练。

　　当需要考察的反应只有一个时,比如让老鼠跑直巷,可以使用被试间设计。不过,让动物在无奖赏试验的不同进度中学习不同的反应可能要避免差异延续问题。动物可以在刷着黑漆的直巷里接受一种 N-长度的无奖赏试验,而在刷着白漆的直巷里接受另一种 N-长度的无奖赏试验。这种关于部分强化消退效应的被试内实验设计经常会令人意外地出现与这一效应相反的结果:强化试验所占的百分比越大,动物表现出的消退阻抗也越强(有关部分强化消退效应被试内设计的问题讨论参见 Rescorla,1999)。在一个使用人类被试的单独实验中,斯瓦特德尔(Svartdal,2000)也在被试间的比较中观察到了常见的部分强化消退效应,而在被试内的比较中则发现了与部分强化消退效应相反的现象。如果你有兴趣将实验设计的影响、对比的影响与部分强化消退效应联系在一起进行了解的话,建议你查阅赖斯克勒(Rescorla,1999)和斯瓦特德尔(Svartdal,2000)的研究,并自己设计一个实验。

　　在部分强化实验中,三组中每组仅用 15 个被试就能得到稳定的结果。在实验开始之前,要事先对动物进行训练,以使它们熟悉实验情境。这样做也有助于减少由无关的外界变量,例如对实验者的操作所产生的恐惧,所导致的被试变异性。这样,动物每天要接受实验员的操作大约一小时,一共持续那么几天。老鼠也应当被放到存有食物的目标箱里,以确保它们能吃食丸。否则,当你准备开始实验时,食物也许不能充当强化刺激物。最后,在正式实验开始的前几天,每天也应当把老鼠放到直巷里,让它在里面停留并熟悉几分钟,这样就会保证在正式实验开始时,老鼠不会产生恐惧。在正式实验的每一次试验中,实验员都要把老鼠从笼子里取出来,放在起始箱中,当把起始箱的门打开时,按下计时器,老鼠就会通过巷子到达目标箱。在目标箱附近设置了一根光电杆,当老鼠通过这根横杆时,计时器马上停止。当老鼠进入目标箱后,箱门关闭,以使其无法返回到直巷里。尤其需要说明的是,每次当老鼠进入目标箱里时,它都要被关 30 秒钟,然后再把它单独放到一个笼子里,等待下一次试验。在这个实验中,自变量是无奖赏试验的次数(1 次、2 次或者 3 次)。自变量的操作很容易,当老鼠跑完迷宫时,我们可以给它食物,也可以不给它食物(无奖赏的试验)。唯一复杂的方面是,在实验过程中,很容易把无奖赏试验的次数与试验的奖赏量混淆,无奖赏试验的次数越多,老鼠得到的奖赏量就越少。解决这一问题的方法是,为无奖赏试验长度为 2 次和 3 次条件下的老鼠提供试验间强化。在两次试验的间隙,老鼠在中性的笼子里接受奖赏的时段相对单一。奖赏并不依赖于动物的工具性反应。

应该给老鼠一段训练时间,也许是 10 天,以确保它们能够掌握得到强化的特殊时刻。每天训练 12 次比较适宜,照此训练 10 天以后,我们引入消退训练,具体包括:在没有任何奖赏的条件下,每天让老鼠跑 12 次迷宫,总共大约 4 天就可以了,然后测量老鼠跑迷宫所用的时间。因为我们想要探明训练对消退阻抗的效应,因此这个实验阶段就显得很关键。但这里又出现了一个问题,那就是在反应消退期间,至少部分老鼠停止跑迷宫,它们或者拒绝离开起始箱,或者在直巷半中间停下来。在这些情况中,我们的因变量会测得些什么呢?用来避免这种问题的一个方法是,让老鼠在一段固定的时间之内通过直巷,如果没按标准完成,就把它们带走,下次重新开始。时间限定一般为 90 秒,如果在 90 秒之内,老鼠还没有往迷宫里移几步,那它就根本不可能走完迷宫了。这样,实验员就会把它取走,记录下的时间为 90 秒,把它放在一个中性的笼子里,等待下一次试验。既然不同的训练时间有时会导致动物对何时想跑有所偏爱,我们就有必要采用中位数时间而非平均时间来消除几个极端的长时间。(参见附录 B 有关中位数问题的讨论)

该实验的基本目的是想了解,无奖赏试验次数是否会产生更大的消退阻抗。

换句话说,如果被试进行更多的无奖赏试验,当在条件反应消退期间不给任何奖赏时,它们会跑得更快吗? 在与此很相似的另外一个实验中,卡帕尔迪(Capaldi,1964)发现,无奖赏试验的次数与消退阻抗呈正相关。

257 ▼ 小结

1. 通过对动物的学习与行为的研究,我们了解了条件反射的两种基本类型。在经典性(或巴甫洛夫的,或应答性的)条件反射中,中性刺激,例如光或声音,一般在无条件刺激(能产生自动的或无条件的反应)之前呈现,经过几次配对以后,如果中性刺激与无条件刺激之间有一种依随关系,那么,起初的中性刺激就会引发条件反应。

2. 在工具性(操作性)条件反射中,如果一个特定的行为出现后,紧接着给予强化刺激,那么,这个行为出现的频率就会增加。正强化使反应出现的频率增加,而负强化则使反应消失的频率增加。如果一个反应受到惩罚,它的出现率就会下降。

3. 在所有的实验研究中,无论是人还是其他生物体,一个最基本的问题是,在实验的每一种条件下是使用同样的被试(被试内设计),还是在不同的实验条件下使用不同的被试(被试间设计)。

4. 在允许使用的前提下,被试内设计更受欢迎,因为它可以减少由被试间的差异所导致的变异性。而且,被试内设计所使用的被试也比被试间要少,尽管它对每个被试进行的测试时间稍长些。

5. 被试内设计的一个最大顾虑就是迁移效应。在一种条件下对被试进行测试时所产生的相对长久的效应,会在以后的另一种条件下的行为中表现出来。在这种情况下就有必要使用被试间设计,尽管需要较多的被试以及被试的变异性较难控制。

6. 从某种程度上来说,实验设计的选择对实验结果会产生很大的影响。例如,在经典性条件反射实验中,如果采用被试间设计,那么刺激强度起的作用不会很大,而如果采用被试内设计,那么它起的作用就相当大。因此,实验设计的类型的选择有时是非常关键的。

7. 在被试内设计中,对变量进行平衡处理,或者以某种系统的方法对变量进行重组是很有必要的,这样可避免变量与实验时间发生混淆。如果没有进行平衡处理,那么与时间有关的效应,如疲劳效应或练习效应,就会影响实验结果,而并不是由于对自变量的操作所导致的。在被试间设计中,对那些非主要变量进行平衡处理也是有必要的。一种非常有用的平衡方法是平衡的拉丁方设计,这种设计中,每一个变量都机会均等地在另一个变量之前或之后出现。

8. 传统的大样本研究方法在一些具体的应用领域不大合适,例如在只有一个被试时就不能使用。我们通常把 AB 设计看作小样本设计。在行为的基线水平确立(A 阶段)之后再加以一些处理(B 阶段),如果我们就此得出结论,认为 B 阶段行为的变化是由处理所导致的,那就错了,因为其他变量(如练习和疲劳效应)也会对行为的变化产生影响。

9. 相对于 AB 设计来说,ABA 设计更加科学。在 B 处理阶段之后,我们引进了第二个 A 阶段,在这一阶段中把处理去掉,从而可以确定行为在 B 阶段的任何变化是由自变量还是由其他无关变量导致的。交替处理设计允许对多个自变量或者自变量的多个水平进行检验。

10. 多基线设计是另外一种小样本设计。在这种设计中,不同的行为或不同的人,在自变量引入之前,可能有长度不等的基线期。在被试内设计中,如果自变量有很强的延续效应,那么,较之 ABA 设计使用多基线设计会更好。

▼ 重要术语

258

AB 设计	条件反应(CR)	多基线设计
ABA(反向)设计	条件刺激(CS)	负对比效应
ABAB 设计	关联性	负强化刺激
ABBA 设计	连续强化	零关联性
交替处理设计	平衡	操作性条件反射
不对称迁移	辨别刺激	部分强化消退效应
平衡的拉丁方设计	标准分配设计	正对比效应
被试间设计	实验消退	正强化刺激
阻滞	疲劳效应	练习效应
延续效应	工具性条件反射	精神神经免疫学
变化标准设计	大样本设计	假性条件作用
经典性条件反射	匹配组设计	惩罚

随机分组设计　　　　　　行为塑造　　　　　　　无条件反应(UR)
窄幅变化标准　　　　　　同时对比　　　　　　　无条件刺激
应答性条件反射　　　　　小样本设计　　　　　　被试内设计
反向 ABA 设计　　　　　　拆窝技术

▼　讨 论 题 目

1. 被试内设计有什么优点,使用时应注意什么问题?

2. 被试间设计有什么优点和不足?

3. 在下面每个例子中,你认为哪种设计(被试内设计或被试间设计)最适合?

   (a) 在一个有关助人的社会心理学研究中,研究人员感兴趣的是,群体的大小是否会影响一个人对组中他人的帮助行为。

   (b) 在测量人类声音的反应速度时,研究人员想知道声音的响度变化对反应速度的影响。

   (c) 一项实验设计用来回答:妇女头发的颜色是否会影响她受人邀请外出约会的概率。

   (d) 对训练动物的三种不同技术的比较研究。

4. 什么是平衡的拉丁方设计? 为什么说在许多情境中它是一种受人欢迎的平衡设计方案? 制作两个与表 9-1 和 9-2 相似的平衡设计表,要求:(a)三种条件;(b)四种条件。

5. 本章所介绍的几个实验结果表明,同一个自变量,使用被试间和被试内设计会产生不同的结果。找出三个你认为使用这两种设计结果都完全相同的自变量。举两个你认为使用这两种设计会产生不同结果的例子。并说明理由。

6. 试讨论在使用 AB 设计时会产生什么样的混淆,并加以分类。

▼　网 络 资 源

请登录网页 http://academic. cengage. com/psychology/workshops/student_resources/workshops/between1. html,仔细浏览关于"组间设计和组内设计"的逐步介绍。

有关于学习研究的概述可以登录如下网址:

http://www.funderstanding.com/theories.cfm

有关实验设计的讨论请登录下面的网址：

http://trochim.human.cornell.edu//kb/expfact.htm

▼　课后练习：对强化结果的了解

　　人类所受到的强化大多来自知识经验性的奖赏，而不是任意一种类似于斯金纳箱中给老鼠食物那样的生物性奖赏。每当我们作出反应时，都会得到一种反馈。例如，"可以"，"很好"，"你理解得还算正确"。这样，当我们差不多作出正确反应时，都会得到一种奖赏，从而也能使我们得到一个反应是否接近目标行为的信息。

　　下面这个实验基于桑代克（Thorndike, 1932）早期所作的一项著名研究。我们的实验步骤是斯内尔格罗夫（Snellgrove, 1981）的实验步骤的一个变式。桑代克把被试的眼睛蒙起来，让他们画一条 3 英寸长的线段。在被试不了解他们画的结果之前，线段的精确性没有多大提高。但是桑代克发现，当告诉被试画的结果时，他们很快就能画出一条长度精确的线段。例如，当线段有八分之一英寸的误差时，就告诉被试"正确"，当误差超过八分之一时，就告诉被试"错误"。你要不断改变反馈的形式，当误差小于八分之一英寸时，对一些被试什么也不用说，却告诉另一些被试"很好"，而对第三组被试，则告诉他们所画线段的精确长度（精确到十分之一英寸）。

　　实验需要纸、铅笔、尺子、眼罩。每个被试只允许画 10 次并只给他们一种形式的结果反馈。记录每个被试每次所画线段的长度，以便使我们能对 10 次试验中每种反馈形式所带来的提高率进行比较。

　　你可以使用被试内设计方法来做这个实验。在实验中，被试要在接收每种反馈形式的一次反馈的条件下，画出几条长度不同的线段（例如，2 英寸、3 英寸和 5 英寸三条线段）。因为使用的是被试内设计，你必须把反馈类型与线段长度进行平衡处理，同样，在整个实验过程中，也需要对自变量的呈现顺序进行平衡处理。因此，最好是用被试间设计方法来做这个实验，因为不同种类的反馈会产生相对持久的延续效应。在使用被试间设计时，班里的其他同学要与你配合，这样你才能使每种反馈形式有一个较大的样本。另外，在具体操作上，一定要有一个明确一致的规定，以使所有的实验人员在整个实验过程中能以一致的方式来对待被试。

当你为实验制订规则时，一定要确保在运用每种反馈变量时，对被试进行反馈的时间要一致，因为延迟反馈比即时反馈产生的学习效果好（Swinnen，Schmidt，Nicholsonh & Shapiro，1990）。否则，你就不会把反馈的性质与反馈的速度混淆。在每次试验中，应当测量并记录被试的成绩，而且要在下一次试验之前，让被试了解本次试验的结果。

第十章
记忆与遗忘

261

艾宾浩斯的贡献——当记忆还年轻的时候

记忆的类型

变量介绍

10.1　实验主题与研究范例

量表衰减效应:通道差异

10.2　实验主题与研究范例

结果的普遍性:加工水平

10.3　实验主题与研究范例

交互作用效应:内隐与外显记忆测验

从问题到实验:研究细节

读和听,哪个更有效?

小结

重要术语

讨论题目

网络资源

实验室资源

课后练习:记住"9·11"恐怖袭击

262

科学无外乎是对日常思维的提炼。〔Albert Einstein〕

　　你能回想起你上八年级以来的经历吗？想一想,这期间你学会了很多东西;在你身上也发生了许多事情。也许你不能回想起你所经历过或所学习过的东西,甚至一点点都不能够。这些记忆怎么了？它们永远消失了？还是这些记忆过的事物仍然停留在某个地方,只不过由于你未找到一个合适的情景将它们重现到脑海中,所以你不能够主动地把它们回忆出来？有些事情即使你想把它们忘记都做不到,而另外一些事情无论你多么迫切地想回忆起来却不可能。如果你的初恋是一个令人伤心的结局,那么当其他往事都已经渐渐消失在过去的记忆中时,而对此事的记忆却会从八年级开始一直伴随你很长一段日子。为什么？

　　幽默大师本奇利(Benchley,R.)在一篇名为《我在大学都做了些什么》的文章中,试图回忆其在大学生涯中所学的东西并将它们按年代分类。在他的回忆表中有 39 个项目。他记起了一年级的 12 件事,而对四年级的事却减少到只有 8 件。表格 10－1 中所列的是从本奇利的项目表中挑选出的样例。挑选只是相对于所选信息的数量而言,但它的确很好地代表了他在大学期间所学到的永久性知识的广度和深度。当然,得知自己很快就能拿到大学学位时你也会感到幸福和骄傲的,因为学位标志着你已经掌握了与表中所列类似的基本知识。

　　这些就是本奇利对其大学生涯的全部记忆吗？如果你也将你八年级的事情列一个表格,大体上与本奇利的情形差不多。这就产生了一个很有趣的问题:我们怎样去研究那些无法回忆起来的记忆呢？如果一个人不能够回忆起某种经历,我们能否假设表征这种经历的记忆痕迹已经消失了？

▼　艾宾浩斯的贡献——当记忆还年轻的时候

　　有关人类记忆的实验研究开始于德国心理学家艾宾浩斯(Ebbinghaus,H.)(图 10－1)。艾宾浩斯是一位真正的科学先驱。与著名的同时代人冯特(Wilhelm Wundt,见附录 A)不一样,艾宾浩斯相信实验心理学能用于研究更高

▼ 表 10-1　本奇利大学生涯回忆项目节选

我所知道的事情————一年级

1. 公元 800 年,查里曼是死亡、出生还是发生了与神圣的罗马帝国有关的什么事。
2. 把一个纸袋放在另一个纸袋中,你就能够将牛奶和冰激凌的混合饮料装在里面带回家。
3. 在"parallel"中间有两个 l 字母。
4. 在法语名词中以"aison"结尾的是阴性名词。
5. 几乎每个你想知道事物的所有知识都可在百科全书中找到。
6. 把花生黄油涂抹在葡萄干面包上就可制成一个味道鲜美的三明治。
7. 好事多磨。
8. 在经济学中有一个收益下降法则。这条法则的意思是指当达到一定的极限时,收益便会下降。这条法则可能未被正确地表述,但确有一条这种名称的法则。

二年级

1. 用一把硬笤帚刺前臂能够很好地模仿麻疹的发作。
2. 伊丽莎白女王并非不容置疑。
3. 在听讲座的时候,把头依在手上睡觉不会被发现,就好像在遮眼睛一样。
4. 古腓尼基人是真正的犹太人,他们在距英格兰很远的北部经营锡矿。
5. 如果你在头天晚上睡觉之前将裤子和内衣一块儿脱下并将后者留在前者里面,那么你在早上就能够很快地穿好衣服。

三年级

1. 埃默森(Emerson)放弃他的牧师职位,因为他与宗教教派有争议。
2. 每天将你的手臂尽可能地向后面伸展 50 次,能使你的胸肌发达。
3. 事实证明奥里利厄斯(Aurelius, M.)的一个儿子是坏孩子。
4. 八小时的睡眠是不必要的。
5. 赫拉克利特(Heraclitus)相信火是一切生命的基础。
6. 好事多磨。

四年级

1. 目前还没有法律明确规定什么是非法进入机场。
2. 六小时的睡眠是不必要的。
3. 就寝之前喝上一杯苏打水会让你在第二天感觉更好。
4. 五月是这年中最短的一个月。

资料来源:Adapted from "What College Did to Me" in *Inside Benchley* by Robert Benchley. ⓒ 1921, 1922,1925,1927,1928,1942 by Harper & Brothers. Gertrude D. Benchley 版权所有,重印得到了 HarperCollins 出版公司的许可。

▼　图 10－1
艾宾浩斯开创了词语学习和
记忆的实验研究。

级的心理过程,而不仅仅局限于研究感觉过程。他的主要贡献在于证明了实验
研究能够回答有关记忆的一些有趣的问题。这些研究发表在一本他于 1885 年
出版的杰出著作《记忆:对实验心理学的贡献》(*Memory: A Contribution to
Experimental Psychology*)中。艾宾浩斯面临的一个问题也正是我们一直探讨
的,那就是:怎样测量记忆。艾宾浩斯自己充当了他所有实验的唯一一名被试。
他所发明的用于记忆研究的材料称为无意义音节。他通常所使用的无意义音节
由一个元音字母夹在两个辅音字母之间组成(因此称为 CVC 音节),像 ZOK,
VAP 等等。通过使用这类音节,他希望能减少所呈现材料之间语言联系的影
响,这种影响以前常发生在他所使用过的用于记忆研究的材料上,比如单词、句
子或者(像他有时所使用的那样)一段诗等。(以后的研究表明"无意义"音节是
一种用词不当,因为他所使用的一些项目也是词组;而且,当人们在学习无意义
音节时,常人为地赋予它们某种意义。)

　　艾宾浩斯从 2300 个总词组中挑选出这些无意义音节并把它们列入一个音
节长度不同的表中。比方说,如果音节表包含 30 个 CVC 音节,艾宾浩斯自己就
用一致的速率大声朗读这些音节,然后马上盖上音节表并努力复述或写下它们。

很显然,刚开始要做到这样不太可能,但由此可以测试出他所能正确回忆出的无意义音节数目。然后再读第二遍并尽力回忆。这样不断地大声朗读并努力回忆。为了测试出音节表的回忆难度,艾宾浩斯使用的是达到完好背诵一个音节表所需的学习/测试次数(或时间量)。这种方法称为**尝试达标记忆测定**。它在记忆研究中被广泛地使用了多年,但现在很少使用。

假定艾宾浩斯想在一个月后测定他所学习过的音节表的记忆情况。也许他要给自己提供音节表中的第一个无意义音节作为一种最初线索。但假使他不能回忆出所学的音节表,而且尽其可能也不能回忆起任何的东西。那么,这是否意味着他在一个月之前所记的音节表没有留下任何痕迹?我们怎样才能知道这一点呢?艾宾浩斯发明了一种巧妙的方法来回答这一问题。在测试对一系列无意义音节的记忆情况的时候,艾宾浩斯通过反复大声的朗读和努力背诵或写下它们的方式尝试去重学这些音节表,就像第一次学习的时候一样。这样反复进行,艾宾浩斯就能测试出学习某一音节表所需的遍数和时间。重学时对音节表的记忆情况可以通过节省量来测量,这种节省量是指重学音节表时所节省的时间和遍数。这种对记忆的测量即使人们不能回忆起学过的任何材料时也能奏效。艾宾浩斯发现即使他不能回忆一个音节表中的任何东西,但在重学音节表时仍常常表现出一定遍数和时间的节省。这表明对音节表的记忆即使不能主动地回忆,但仍是存在的。

节省量是艾宾浩斯用以说明重新学习先前学过的材料所节省的时间和次数的百分比值。比如,艾宾浩斯如果用 10 遍刚好记住一个无意义音节表,一个星期以后,他只需重学 5 遍这个表,这就说明有 50% 的节省[(10 − 5) ÷ 10 × 100%]。广义上,节省量的定义为:学习一个音节表的初始遍数(OL)与重学遍数(RL)之间的差值除以初始遍数,再乘上 100%。[公式为:(OL − RL)/OL × 100%]。为了理解得更清楚,让我们来考虑这种情况:在完好地学完一个音节表后的一刹那,不需要重学就能全部回忆,那么此时的保持量为 100%[(10 − 0)/10 × 100% = 100%]。但是如果一个人在 10 年以后再来学习这一音节表,他可能要重新开始,此时其保持量则为 0%[即如果重学时所花费的遍数和最初学习的相同,则:(10 − 10)/10 × 100% = 0%]。

我们所举的例子是假设的,但初始学习以后,保持量和时间之间的关系是怎样的呢?艾宾浩斯提出了这一问题并在其回答中给出了一个广为人知的结果,

265

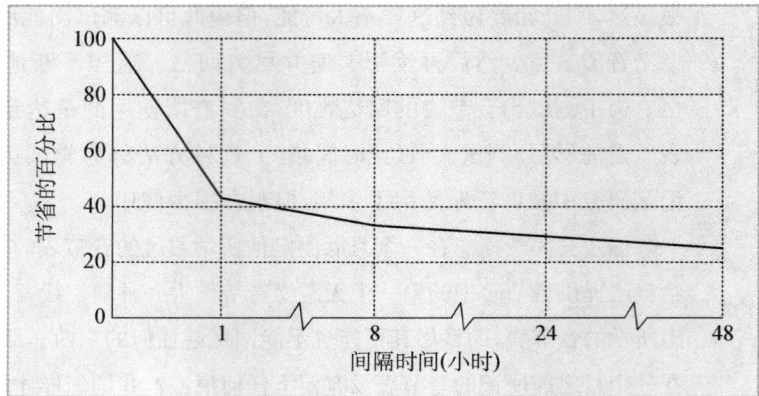

▼ 图 10 - 2

遗忘曲线。艾宾浩斯测试了在初始学习后的不同间隔时期重学一个无意义音节表的节省量。如图所示,遗忘是先快后慢。

见图 10 - 2。

图中曲线表示出了初始学习后保持量和时间之间的关系,或者说遗忘与时间之间的关系。正如你所见到的一样,艾宾浩斯发现,遗忘是先快后慢。节省法至今仍被用于探讨有关记忆的重要问题(例如 Macleod,1988;Keisler & Willingham,2007)。

尽管本奇利对其大学所学知识的记忆表现得糟糕,但如果他被要求重修那些课程,他也会像艾宾浩斯那样,表现出有一定的记忆保持(他如数家珍地告诉我们那些课程,比如,文艺复兴早期的蚀刻者、16 世纪一些小诗人的社会生活以及花边制作历史等)。也许你很难回忆起你在高中所学的几何课程(或者本书的第二章),但可以想象得到如果让你重新学习它们,你会发现容易得多。

人们也许会产生这样的疑问:艾宾浩斯的发现对人类记忆是否具有普遍意义?因为他的研究仅是重复地以他自己作为被试进行的,而这种方法在现代研究中是很难被接受的。但是,他的发现后来用大量的被试重复验证过多次,说明仍然是有效的。("可复制性"或者说实验结果的可重复性的重要意义,将在第十一章中探讨。)

艾宾浩斯关于记忆的研究工作确实具有开创性。除了记忆方面的创新研究之外,他还有许多其他的成就。它们包括:实验者倾向问题的讨论、一个心理学最早数学模型的推出、有关情景假设测验的最早例证以及有关研究中统计问题的先期讨论(相对于当时而言)等。此外,他还撰写了一部饶有趣味的心理学教科书,设计了一个早期的智力测验(Tulving,1992)。

卡尔金斯(Mary Calkins)对记忆研究作出了重要的贡献。卡尔金斯是詹姆斯(William James)以前的一个学生。她对联想是如何形成的这一问题很感兴趣(见 Furumoto,1991),并发明了著名的配对联想学习方法。在这种方法中,被试学习任意配对联结在一起的词表,例如,"调羹—飞机"和"椅子—信任"。之后,通过呈现配对中的第一个词(如,调羹)来作为回忆第二个词(飞机)的提取线索,通过这样的方法来测验对这些联结的记忆。多年来,对记忆感兴趣的很多研究都使用过这种方法,并且直到今天它依然很受欢迎。

▼ 记忆的类型

"记忆"这一术语,其内容非常广泛,涵盖了许多不同种类的技能和能力。所有这些涵义的共同特点是,学过一些东西,保持一段时间,然后在一些特定的情景下使用它们;但除此之外,关于记忆类型方面的看法便迥然不同了(有关摘要参见 Roediger,Marsh & Lee,2002)。毋庸置疑,你肯定有过这样的经历:查到一个电话号码,自言自语地正确重复,但之后当你穿过房间走向电话的时候却又把它们忘得一干二净。这种惊人的快速遗忘与艾宾浩斯所研究的慢速遗忘似乎有很大的不同。记忆中的信息,诸如对间隔一段短时期的电话号码的记忆反映着**短时记忆**或者工作记忆,一些心理学家相信它与长时记忆(艾宾浩斯所研究的那一类记忆)有着不同的特点,认为它是一种与众不同的记忆系统或记忆储存。一种界定短时记忆的方式是,对知觉到的信息在其从意识中消失之前,马上对这些信息进行恢复(James,1890)。而长时记忆是指人们在识记材料从意识中消失后,将其提取出来的记忆。

对于大多数心理学家来说,现在长时记忆的一般定义所涵盖的内容过于广泛,因此他们对记忆种类之间的差异进行了更加深入的辨析。本章稍后将对这些记忆进行更详细的讨论,我们将解释如何以不同的方式研究记忆。一个指导当今许多研究的基本区分是:外显记忆和内隐记忆(Graf & Schacter,

1985；Schacter，1987）。**外显记忆**（有时称为**情景记忆**）是指对人们生活中的事件（或情节）的有意识回忆。测试外显记忆时，人们可能被要求回忆在某一特定时间或地方学过的东西，或从混有几种似是而非干扰项的事件中辨认出曾经真正发生过的事件。比如，回答上个星期六晚上你做了什么，你从心理学导论这门课程中学到了些什么，或者到今天为止你已做了些什么等诸如此类用来测定短时记忆和长时记忆的作业，因为测验时人们被清楚地告知要其回忆过去的信息。

另一方面，**内隐记忆**是指人们无须作出有意识的努力而对过去所经历的信息的回忆或提取（Roediger & McDermott，1993；Schacter，1990）。它只在多少有些自动的情况下才发生。比如，当你弯腰去系鞋带的时候，你不需要对自己说"我怎样去做？我什么时候学会系鞋带的？我能记得怎样去系鞋带吗？"相反，系鞋带这种行为相对说来，无须努力便可出现，而且如果你停下来去想怎样系鞋带，反倒会做错。当然内隐显现的信息也是通过学习而来的，两种记忆之间区别的关键在于，内隐记忆不需人们有意识地回忆过去所经历的事物，外显记忆则必须有意识的参与。确实，正如我们在以后的章节中所要看到的一样，记忆的外显和内隐测验的作业类型常常是非常不同的（Roediger，1990）。

变量介绍

因变量

测量记忆的方法有很多种，通常涉及回忆或再认。在回忆测验中，要求被试重新再现记忆过的材料；而在再认测验中，先向被试呈现一些材料（包括记忆过的材料），再让他们判断是不是先前所看过的。常用回忆测验有三类：系列回忆、自由回忆和对偶联合回忆。在系列回忆测验中，要求被试按系列的顺序回忆曾经向他们呈现过的材料；而在自由回忆测验中，则无需考虑材料的呈现顺序。在对偶联合测验中，先向被试呈现配对的项目，诸如 igloo-saloon；在回忆的时候，先向被试呈现配对项目中的一个（如 igloo 作为刺激），然后要求被试回忆出配对项目中的另外一个（如

saloon 作为反应)。

再认测验通常有两类。在是/否再认测验中,向被试呈现其所学习过的材料,并在其中混杂一些新的但与所学习过的材料相似的项目(如单词),被试根据他们是否学习过来以是或否作出反应。**迫选再认测验**是一种多项选择测验。在测验中呈现给被试多种选择,其中只有一个是正确的,测验时要求被试选出正确的答案。迫选法优于是非法,因为对一个问题猜测对的可能性总要小些。

回忆和再认测验是不能分割开的,而应该根据材料的信息量或帮助回忆的线索力度将他们置于一个连续的整体中。如果提供 GRA 作为表中单词 GRAPH 的线索,那么这是回忆测验,还是再认测验?

在各自的测验中,回忆和再认测验中的因变量通常是在不同条件下正确回忆或再认的次数或比例,或者是错误数,它们的实际效果是一样的。有时也使用其他一些指标,诸如引自于信号检测论的 d′(参见第七章)。最近,正如在第八章中所介绍的那样,有关再认的测验已经开始用反应时(RT)作为因变量了。

最近,有关内隐记忆测验的研究引发了认知心理学家的兴趣(Roediger,1990)。尽管人们并没有被要求有意识地记住他们所学过的东西,但在这些任务上的作业却仍然受到先前接触过的材料的影响或启动。也就是说,内隐记忆测试的任务可以是这样的,当没有先前与之相关的具体实验室经验时,仍然能够完成的作业,比如像"s_r_w_e_r_"这样的残词补全作业。在这些类型的任务中,"记忆"是通过这样的事实被反映出来的,即测验的作业或结果受到先前所学习事件的启动或影响。例如,如果先前你曾经读到过单词 strawberry,即使你未被外显地要求回忆出这件事,但是你完成残词 s_r_w_e_r_ 的能力确实大大地提高了。这些测验饶有趣味,因为它们与传统的回忆和再认这些外显的记忆测验有很大的区别。在某种意义上,用内隐测验测得的"记忆规律"与用标准的外显记忆测验所测得的不一样。本章稍后将详细探讨内隐记忆测验。

自变量

在人类记忆实验中,有许多可以操作的变量类型。以往最为常用的一种变量是所呈现的记忆材料的性质。这些材料既可以是字母、数字、无意义音节、单词、词组、句子、段落,也可以是诗中的某些长段,而且其中每种材料的特征又都是可以改变的。例如,当其他相关因素诸如单词的长度等保持不变时,指示一定对象的词汇(如雪茄、犀牛)比那些抽象的词汇(如美丽、恐惧)要容易记一些(Paivio, 1969)。在这一章中,我们将探讨记忆实验中许多其他的重要自变量。一个非常明显的自变量是呈现材料与测试之间的间隔时间。它也是艾宾浩斯第一个开始研究的(参见图 10-2)。遗忘的发生到底有多快?它的机制是什么?另外一个吸引了众多注意力的自变量是呈现通道。是通过眼睛比通过耳朵所获得的信息要记得好一些呢,还是二者没有区别呢?学习策略也是一个很重要的变量,如一个人怎样尝试去学习(或编码)材料。我们最后要提到的变量是所使用的记忆测验的性质。例如,回忆测验所显示的结果与再认测验所得到的结果有差异吗?内隐记忆测验与外显记忆测验究竟有何不同?上述变量只不过是众多记忆研究变量中的几个样例而已,实际研究中还有很多。

控制变量

记忆实验通常被控制得很好。在各种条件下常被保持恒定的重要变量是呈现材料的数量和呈现的速率,尽管它们本身就是很令人感兴趣的变量。呈现的通道也是一个不能变化的变量,除非它是要考察的一个重要变量。如果材料的一些特征改变了,那么另外的因素必须保持恒定。如果研究者感兴趣的是词汇的具体性或抽象性的变化,那么,像单词的长度和出现的频率等其他变量则应该在所有的实验条件下都保持恒定。

▼ 10.1 实验主题与研究范例

主题 量表衰减效应

范例 通道差异

我们在此探讨的第一个主题是心理学研究中非常重要而又经常被忽视的问题。这个普遍的问题就是,当实验中被试在因变量上的表现成绩趋于完美(接近于量表的"天花板"),或者趋于零时,研究者该如何解释这种表现。这些效应被称为量表衰减效应（或者，更通俗地称为天花板效应和地板效应）。遇到这类情形时，通常我们都将从实际研究问题的情景中展开我们的讨论。

记忆研究中吸引了众多注意力的课题是通道差异问题。通过眼睛或通过耳朵呈现的材料，哪一个的记忆效果要好一些呢？或者它们之间没有差异？同时向耳朵和眼睛呈现信息的记忆效果是否比只向其中一个呈现信息的记忆效果更好一些？这些问题的研究不仅具有理论意义，而且具有实践意义。比如，当你查找到一个电话号码，而且需要在通过房间走到电话机旁时记住它，你是像以前那样默念这个号码就足够了呢，还是出声地读这个号码从而让信息既进入你的眼睛又进入你的耳朵？

注意：斯卡巴勒的实验

269

斯卡巴勒（Scarbrough，1972）试图回答上述问题。他使用的是一种以其发明者命名的称为布朗－彼得森技术（Brown-Peterson technique）的短时记忆任务（Brown，1958；Peterson & Peterson，1959）。在这种实验中，呈现给被试一些信息，要求他们识记一段时间，然后让他们操作一些其他的任务来分散对记忆材料的复述（他们对自己重复地读这些信息），直到后来要他们回忆这些记过的信息为止。这种典型的实验是向被试呈现一串 3 个辅音字母（例如 NRF）。然后要求被试在不同的间隔时间（保持间隔）里，在试图回忆之前，从一个三位数开始做连续减 3 的运算（464，461，458，等等）至大约 30 秒钟（运算是为了防止被试默默地复述或重读这些字母）。你自己可以尝试一下。在紧接着下列的句子之后，会出现 3 个字母和一个三位数字。出声地读出这组字母和三位数，移开视线，然后在你试图回忆字母之前从给定的数字开始，做减 3 的运算 30 秒钟。

XGR 679

你做得怎么样呢？运气好的话，或许你能把它完全回忆起来。人们在这种任务的实验中，第一次试验往往能做到这样。然而，一旦每次试验使用不同的辅音三字组进行多次试验后，他们的回忆成绩就会下降。在做了 4 至 5 次试验后，间隔时间为 18 秒钟时，被试的回忆成绩仅为 50%，（参见图 10－3）。这种现象被称为前摄干扰，因为先前的试验干扰了后继试验中的回忆活动。

在斯卡巴勒（Scarborough，1972）的实验中，使用布朗－彼得森技术，向所有

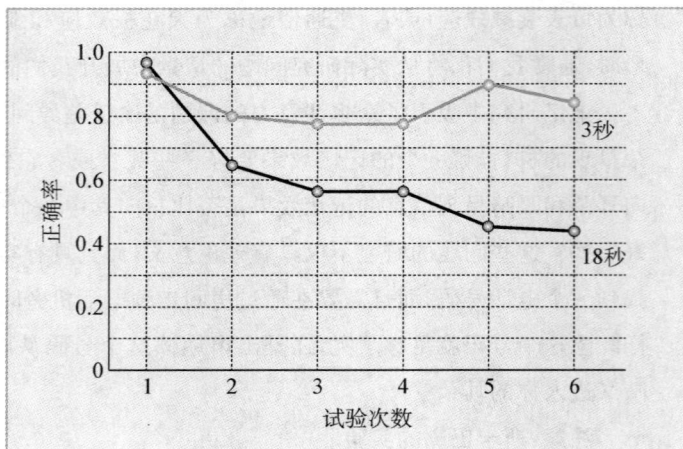

▼ 图 10 - 3

三字母构成的刺激组的保持与试验次数(1—6)和每次试验的间隔时间(3 秒或 18 秒)之间的函数关系。 在第一次试验中,即使在 18 秒间隔处,几乎没有遗忘。但许多次试验后,相对于先前的成绩来说,回忆变得越来越糟糕,特别是在 18 秒间隔处(Keppel & Underwood,1962)。这种现象就是众所周知的前摄干扰。

被试呈现 36 个辅音三字组,每组的呈现时间都是 0.7 秒钟。被试分为三组,每组为 6 个人。向每组被试呈现三字组的方式各不一样。一组被试只看三字组(单一的视觉条件),一组仅是听三字组(单一的听觉条件),第三组则既看又听三字组(视觉+听觉)。通过用速视器或录音机来呈现三字组,并对呈现时间进行了严格的控制。速视器是一种快速呈现和移动视觉信息的装置。在三字组呈现一秒钟后,被试将听到一个三位数,当然,要求被试立即回忆的条件(零秒间隔时间的条件)除外。在每种条件下的被试都要求在保持间隔时间是 0、3、6、9、12 秒或 18 秒的情况下记住这些字母组。一旦三位数呈现,就要求被试按每秒种一个数字的速度(使用一个节拍器来控制速度),以向后减 3 的形式倒数数字,这样可以防止被试复述字母组。在保持时间的末尾,节拍器停止,两盏绿灯亮了,标志着 10 秒钟的回忆时间。每一次试验包括一个警示信号(两个黄灯和一个音调),这些信号表明:呈现字母组,呈现三字词组,呈现三位数(有一组除外),被试向后倒数数字的间隔时间以及最后的回忆阶段。图 10 - 4 举例说明了一个典型的此类试验。实验中,采用不同的三字组,使用这种步骤重复做了 36 次(根据平衡的

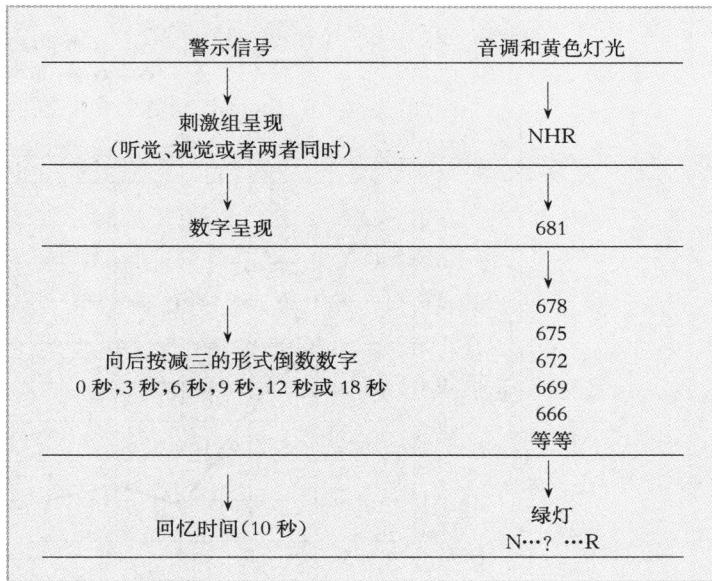

▼ 图 10 - 4
简要展示斯卡巴勒实验中使用的布朗-彼得森短时记忆步骤。

方式,6 种条件各做 6 次)。总之,实验中三种组间的条件(仅有视觉,仅有听觉和视觉 + 听觉)与 6 种组内条件相结合(保持时间为 0、1、3、6、9、12 秒或 18 秒)。斯卡巴勒实验的结果如图 10 - 5 所示。图中正确报告的百分比与保持时间被描绘为一种函数关系。

曲线(和斯卡巴勒报告的统计结果)表明,在仅有视觉呈现条件下的被试,通常比仅有听觉条件的被试的回忆百分比要高。并且,两个通道都接受信息的被试,与只接受单一视觉信息的被试相比,并没有产生更好的回忆。在各种条件下,只接受单一视觉信息的被试与接受视觉 + 听觉信息的被试的正确回忆率大致相同。但从图 10 - 5 中,我们还能得出什么样的结论呢? 特别是在听觉和视觉条件下,我们能从中得到有关遗忘速率的什么结论? 在这两种条件下,遗忘的速率是相同还是有差异呢?

斯卡巴勒(Scarborough,1972)对此结果持非常谨慎的态度。尽管单一听觉条件与单一视觉条件的函数,表面上看上去是随着间隔时间的增长两者相差越

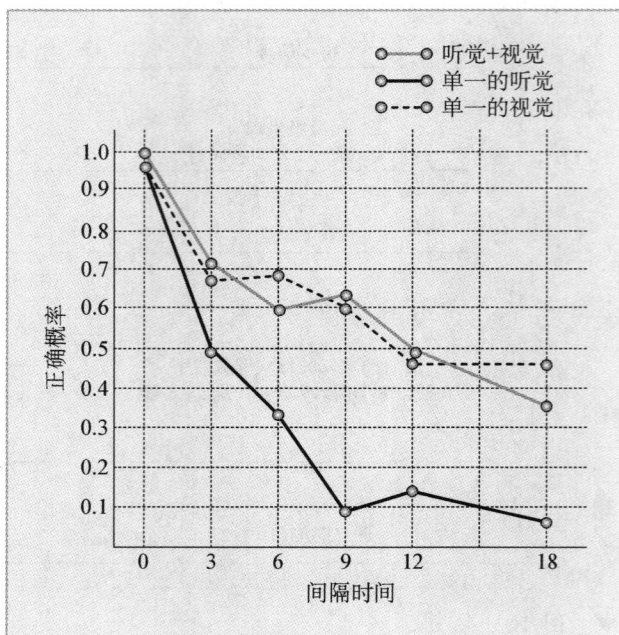

▼ 图 10 - 5

回忆一个三字组的正确率与三种呈现条件和减三运算持续时间的函数关系。注意:(1)视觉呈现条件一般要优于听觉呈现;(2)视觉和听觉同时呈现的条件并不优于单一的视觉条件(采自 Scarborough,1972)。

大,但他并没有就此相信,通过听觉通道呈现的材料要比通过视觉通道呈现的材料遗忘得更多。下面让我们来看看另外一位作者在其书中就此实验所作的阐述:

> 该图表明,从 Y 轴上截取一个大致相同的点,就可看出明显的差异。0 秒截点处提供给我们有关刺激的最初知觉和储存情况,因为它能测量出被试在刺激呈现后遗忘尚未发生的一瞬间把握住了多少信息。遗忘的速率可以根据函数曲线的斜率加以确定。根据这种分析,图 10 - 5 表明,通过听觉呈现的项目比通过视觉呈现的项目遗忘得更快(Massaro,1975,pp.530 - 533)。

非常不幸的是,这种解释虽似乎合理,但一定还有问题。因为在所有条件下 0 秒间隔处的作业都是趋于完美的。而一旦作业真的完美时,要分清不同条件下是否存在"真正的"差异是不可能的,因为存在量表衰减效应——在这个实验中,也就是天花板效应。如果因变量的范围足够大的话,听觉与视觉呈现在 0 秒处也能够看到差异。因此,基于刚才我们所引用的讨论,马萨罗(Massaro,D. W.)所作出的听觉通道比视觉通道的遗忘更快的结论是不能被接受的,因为在 0 秒间隔处作业水平相等的假定是不正确的。

所有这些在最初的时候也许会使人分辨不清,因此我们举一个浅显的例子来说明同样的原理。假设有两个肥胖的人决定打一个赌,看谁在某一段时间内减去的重量更多。其中一个看上去要比另外一个重些,但他们俩都不知道自己的确切重量,因为他们俩都没有用秤称过重量。为了打赌,他们决定使用那种常用的浴室秤,它能称 0—300 磅的重量。某一天,这两个人准备开始他们的减肥计划,每个人都在另一个人的监视下称体重。令他们非常吃惊的是,两人的体重都是丝毫不差的 300 磅。因此,尽管他们的外形不一样,这两个人决定以相等的体重开始他们的减肥打赌。

这又是一个量表测量中天花板效应的问题。浴室秤的测量范围不够大,不能称量这两个人的确切体重。我们假设,如果用一个范围足够大的秤去称的话,一个是 300 磅,而另一个是 350 磅。在减肥六个月后,我们进一步假设,两个人都减去了 100 磅。他们俩又去称体重,就会发现一个人的体重为 200 磅,而另一个人的体重则为 250 磅。由于他们都认为开始减肥时的体重是同样的(300 磅),故而他们俩得出了一个错误的结论,即新近称体重为 200 磅的人在打赌中获胜[参见图 10-6(a)]。

这里的问题与将斯卡巴勒的实验结果解释为从听觉通道呈现比视觉通道呈现的信息遗忘要快些的证据时可能出现的问题是一样的。对两位打赌减肥的人来说,没有什么方法知道谁减肥的速度快,同样,在上述实验中的两种实验条件下,也没办法知道哪种条件下遗忘更快。上述两种情况,在初始测试之前,我们都不能假设其初始分数是一样的。

避免斯卡巴勒实验中的问题的一个方法是不管 0 秒间隔处的情况,而去探询在 3 秒到 18 秒间隔处听觉通道的遗忘率是否要高于视觉通道的。这可以通过计算在 3—18 秒间隔时间范围内呈现材料和间隔时间之间的交互作用求出来,但只要对图 10-5 加以简单的观察,就可知道听觉与视觉通道的遗忘之间的差异是不是逐渐增大的。由图可知,它们之间差异的增大是在 3—9 秒间隔处,

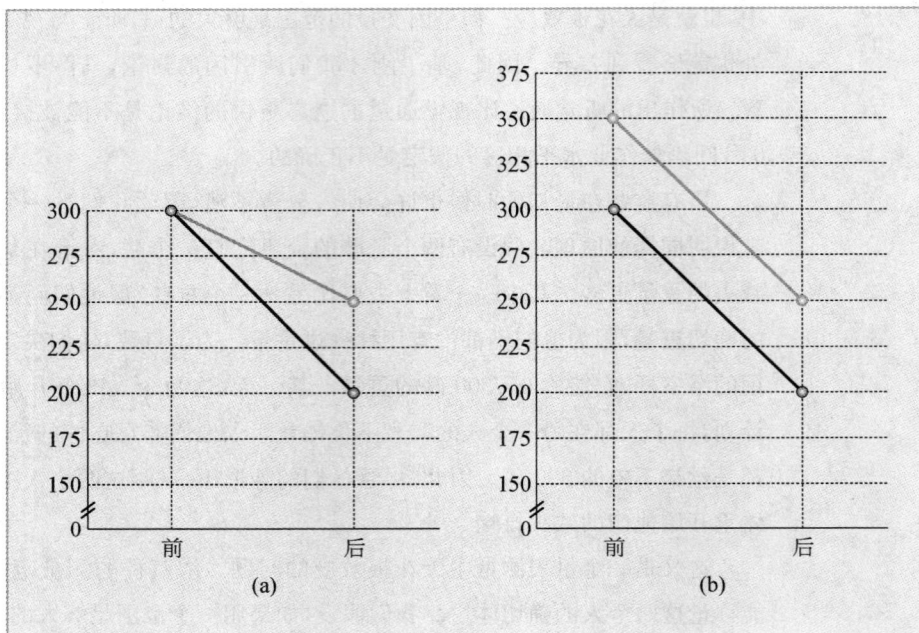

▼ 图 10 - 6

假想的两个肥胖者的减肥情形。图(a)表明两个肥胖者所相信的情形：他们以同样的体重开始，一个人比另外一个减去了多一倍的重量。图(b)则在消除了天花板效应的情况下揭示的真实情况。事实上，两个人都减去了100磅。量表衰减效应（天花板和地板效应）可能会掩盖本来存在于条件之间的真实差异。

但在这之后，它们之间的差异则保持恒定。然而，最后三个间隔点上的差异不再增大，可能是由于听觉通道条件下地板效应所导致的，因为此时的作业很糟糕，特别是在最后一点上（正确率仅为7%—8%）。在有天花板效应和地板效应时，我们对数据的解释必须十分小心谨慎。任何一位谨慎的研究者在对图10-5斯卡巴勒的实验中所得出的遗忘率数据作结论时，都将思索再三。就斯卡巴勒的实验而言，除去存在有天花板效应和地板效应的时间间隔，在3秒、6秒、9秒处，我们可以看到听觉通道比视觉通道的遗忘要快得多，这与早先引用的马萨罗（Massaro，1975，pp. 530 - 531）的结论相一致。

在心理学研究中，怎样避免天花板和地板效应问题呢？令人遗憾的是，并没有任何现成不变的规则。研究者通常尝试着先通过实验设计去避免极端的作业,然后他们常常再试着通过测试少量的先期被试来考察他们对任务操作的直观感觉。如果被试的操作接近量表的顶端或底端,那么实验任务就需修正。例如,在一个记忆实验中如果记忆成绩太好,那就可以增加呈现的材料以降低作业水平。与此相似,如果被试完成得太糟糕,几乎记不住任何东西,那么就要通过减少识记材料、放慢呈现速度等方法使任务变得容易些。设计任务和作业水平量表的指导思想应该是使被试的得分分布在中等范围内。那么,操作自变量时,被试作业水平的提高或降低都能被观察到。谨慎的研究者在实施可能被天花板或地板效应污染的实验前,常花力气去做预备实验。预备实验能使研究者了解到实验中存在的有关设计或实验程序方面的问题。

▼ 10.2 实验主题与研究范例

274

主题 结果的普遍性
范例 加工水平

我们在第三章已提到,验证一个假设有很多种方法,用于验证假设的单独某个实验尽管也能在一定程度上提供一些信息,但也有必要将其放在以其他方法验证该假设的众多实验的背景下进行审视。从理想的角度而言,研究者最好能从不同的条件进行会聚操作从而得出某一个结论,但通常在实际操作中做不到。这就涉及一个结果普遍性的问题:从一种实验中得出的结论往往不能推广到其他情境中去。这是一个令人沮丧的问题,但又不可避免,而且还十分重要。当实验显示出自变量对因变量有影响后,我们应该经常问这些问题:实验结果将推广到什么样的人群中去?(因为从老鼠身上所得到的结果并不意味着在人身上也能得到;参见第 15 章)是在什么样的处理下,实验的或非实验的条件下,得到此结果的? 如果自变量和因变量的操作和定义与最初的实验略有不同,是否还能得到同样的结论? 普遍性的问题在所有的研究类型中都存在。如果大剂量的药物会使实验室中的老鼠得癌症,是否这种药物要被禁止在人类中使用呢,即使所用的剂量非常小且生物体完全不同的时候? 当然,当一种物质尝试用到人类身上之前,要决定它对人类有害(或有益),用动物做实验是非常关键的一步。但是,对一个物种有效果并不意味着在另外的物种上也能发现同样的效果。

为了阐述清楚困扰我们的结果普遍性问题,我们以记忆的加工水平的实验为例加以说明。克雷克和洛克哈特(Craik & Lockhart,1972)认为,记忆可以被视为知觉的副产品,并且知觉又可以被视为有着不同阶段或水平的加工过程。例如,你知觉和理解单词 YACHT 的过程。克雷克和洛克哈特认为,当一个人阅读像 YACHT 这样的一个词时,要将注意力集中于不同认知"水平"的特征上。第一层水平是外部的表面特征:这个词有五个字母,其中一个是元音字母,它是以大写字母写出的,等等。在读它的时候,第一步是知觉这个单词的字母。这一级的加工是一种分析的字形(字母)水平。第二层水平是,阅读许多单词,同时将单词的书面特征转化为有听觉参与的一般编码。这种编码被称为音素(或音韵)的编码,因为它被假设为是以语音为基础的。语音是语言的基本声音模式。我们在判断 yacht 与 hot 是否押韵的时候,就必须依赖于语音编码,尽管这两个单词看上去并不相似。第三个加工阶段或加工水平是词义的确定。阅读的目的就是要从词中获得意义,知道 yacht 的意义是什么。这被视为分析的语义水平。

克雷克和洛克哈特(Craik & Lockhart,1972)认为觉察单词或任何其他事物的过程包含着从表面(认知系统的表层水平)到意义(认知系统的深层水平)的加工阶段。他们进一步指出,随之而至的记忆与最初的知觉加工深度直接相关:最初知觉的加工水平越深,对经验的记忆也就越好。

为了支持阐明他们有关记忆加工水平的假说,克雷克和塔尔文(Craik & Tulving,1975)做了一个实验。他们向本科生被试呈现 60 个词,并要求这些被试就每一个词回答一些问题。这些问题的设计可以产生对这些词的不同水平的加工。例如,被试看见单词 BEAR 呈现在屏幕上,并被问以下三个问题中的一个:它是由大写字母写出的吗? 它与 chair 押韵吗? 它是一种动物吗? 在对以上三种问题的问答中,被试将回答 yes,但是在这样做的时候,其加工水平是各不相同的。回答第一个问题时,只需核查词的表面(字形的)特征。回答第二个问题时,必须考虑词的声音(或它的音素编码)。最后,回答第三个问题时,被试必须理解词的含义或从语义上进行加工。研究者指出,根据加工水平理论,加工水平深的词比那些加工水平浅的词记忆得更好(语义的>语音的>字形的)。

克雷克和塔尔文(Craik & Tulving,1975)的结果支持了上述说法。他们通过一个认知测试来测量记忆。在实验中,他们向被试呈现 60 个认知过的单词

（被试曾就这些单词回答过问题），同时把它们与 120 个另外的单词混杂在一起。要被试准确地挑选并勾画出在实验的早期曾经识记过的 60 个单词。由于被试不得不挑选出 60 个单词，所以偶然性的操作（也就是说，从未接触过这些单词的被试的作业水平）会是 33％（180 次出现 60 次）。图 10－7 显示的是在学习阶段以 YES 反应的单词的结果。被试的再认成绩从对单词字形进行浅加工时的仅高于随机水平，增加到了对单词语义进行深加工时的近乎完美。三种条件的唯一差别是在学习阶段被试回答问题的时候所出现的简短心理加工。因此这个实验显示了记忆过程中非常快速的编码加工的力量。该结果证实了加工水平理论的预言。

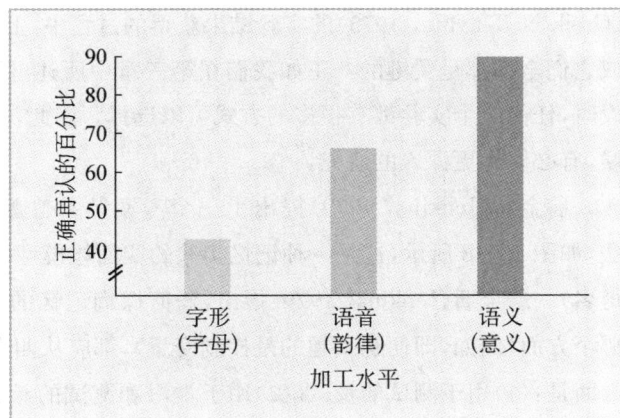

▼　图 10－7
克雷克和塔尔文（Craik & Tulving，1975）的结果。被试回答的问题被设计为三种加工水平：字形的（这是大写的字母吗?）、语音的（它与_____押韵吗?）和语义的（它是属于_____类别吗?）。结果与加工水平说一致，最初的加工越深，在后来的测试中再认的准确性越高（采自 Craik & Tulving，1975）。

　　加工水平的方法及其实验极大地鼓舞了实验心理学家，并由此产生了大量的研究（请参见 Gardiner，Java & Richdson-Klavehn，1996；Lockhart & Craik，1990）。《记忆》杂志还出版了一期有关这一主题的专刊（*Memory*，2002，vol. 10，issue 5－6）。在此我们所关心的并不是该理论本身，而是像图 10－7 所显示的基础性实验结果的普遍性问题。加工水平说已被批评为是循环论证和不可验证的，因为除了记忆作业外，没有任何有关加工水平深度评估的自变量指标

(Nelson，1977)。对加工水平结构没有进行会聚操作(参见第七章和第十四章)，该实验确实存在循环论证的问题：形成良好记忆的加工是深度加工，相反亦如此。尽管有这样的问题，加工水平的理论框架却已引发了大量的研究，部分原因是其基本的实验效果非常有说服力。在记忆研究中，当所有其他的变量保持不变时，像这样从几乎是机遇的水平到几乎完美的作业水平的变量很少见。

克雷克和塔尔文(Craik & Tulving，1975)的实验结果颇具说服力，但其普遍性如何呢？实验中的被试全都是大学生；材料是单个的词和针对每个词提出的问题；测试为再认测验，被试被迫在固定数量的词中加以选择(所以他们不得不猜测)；加工水平的操作又是以一种特殊的形式进行的。在克雷克和塔尔文(Craik & Tulving，1975)的实验结果获得的过程中，上述特征哪些是关键的，抑或它们全部都是关键的？正如我们在第三章中所述，验证某一特定的理论或假设时，任何一个实验都有很多的方式可以选择。因此，在决定结果的普遍性的时候，有必要作更深入的研究。

詹金斯(Jenkins，1979)提出了一个考察结果普遍性问题的引人注意的方法，如图10-8所示，这是一种记忆实验的四面体模型(四面体有四个面，因此而得名)。詹金斯(Jenkins，1979)指出，任何探询记忆的研究者，不管他的兴趣在哪个方面(例如，即便感兴趣的是控制变量)，都应从四个方面加以选择。这四个方面是：(1)用于测试的被试，(2)用于学习和测试的材料，(3)定向任务(或测试被试时的情景特征)，(4)所用测验的类型。罗迪格(Roediger，2008)近来发现，研究中需要考虑的问题并不止这些，不过我们这里仍将主要讨论詹金斯最初提出的四个方面。在克雷克和塔尔文(Craik & Tulving，1975)的实验中，研究者感兴趣的是定向任务(引领被试以特定方式加工单词的问题)是怎样影响被试的记忆保持的。另外三个方面他们则不感兴趣，因此所有其他的潜在变量必须要控制。所有被试均为大学生；记忆测验是再认测试；记忆材料为单词。詹金斯(Jenkins，1979)的框架指出，任何实验结果都要放到可能被操纵的其他潜在变量的关系中加以考察。有关结果普遍性的问题可概括为：如果其他控制变量被操纵，是否可获得同样的结果？如果自变量是以另外的定义方式被操作的，其结果能被重复吗？下面我们来看看一些有助于回答这个问题的加工水平效应的研究(下列所选择的例子虽没有涵盖所有的问题，但却说明了要点)。

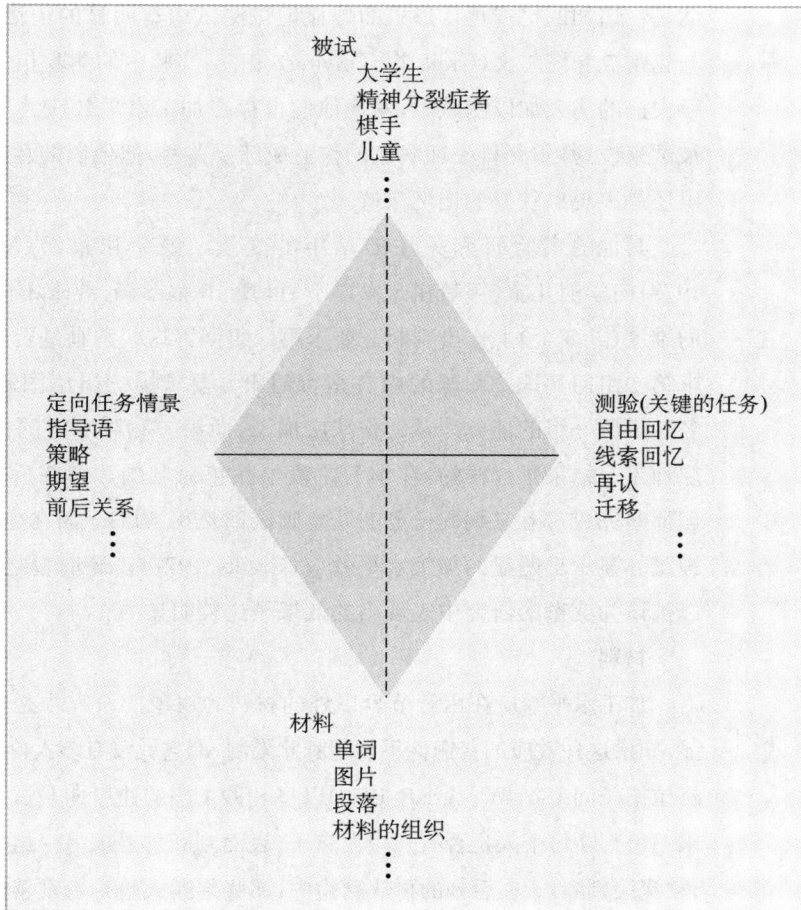

▼　图 10-8

詹金斯(Jenkins, 1979)的记忆实验的四面体模型。每一个角代表记忆研究者感兴趣的一群因素。即使在一个实验中只考察一个因素(比如,材料的种类),实验的结果也会受到作为控制因素的其他几个维度值的影响。

被试

　　大学生以外的被试是否显示出加工水平效应(语义加工后的材料记忆效果更好)？通常情况下,至今为止这个答案是对的。塞尔马克和里尔(Cermak & Reale, 1978)测量过患有科尔萨科夫综合征的病人。这种病人由于缺乏一种维生素从而引起慢性酒精上瘾并导致大脑的损伤。科尔萨科夫综合征的一个特征就是在诸如回忆或再认形式的外显记忆测试中有明显的记忆缺陷。但是,当用与克雷克和塔尔文(Craik & Tulving,1975)实验中的测验相似的方式对科尔萨科夫征的病人加以测试时,发现他们也存在加工水平效应。尽管相对于正常的被试来说,科尔萨科夫征病人的作业成绩要差些,但他们的意义编码比起浅层编码还是表现出较好的记忆保持。

278

其他的实验研究关注的是年龄变量。墨菲和布朗(Murphy & Brown,1975)向学前儿童(年龄在5岁以下)呈现16幅图画,要求不同的被试组在不同的维度(共3个)上作出判断。要求第一组回答这些图画是否属于某个类别。要求第二组回答这些图画的内容是否健康。要求第三组给图画中的突出颜色命名。最后一组的任务涉及的是浅层加工,而第一和第二组的任务则被认为是深层加工。结果是这样的:在学习阶段给颜色命名的儿童在后来能回忆出18%,但那些完成过意义编码任务的儿童则能回忆出40%。而在生命的另一端,老年被试亦显示出明显的加工水平效应(Craik,1977)。简而言之,加工水平效应在以被试为变量的研究中表现出的效果是比较明显的。

材料

加工水平效应在用音节表以外的材料为对象的研究中是否也存在呢?很明显,如果这种效应的普遍性不能超越此限制,那它就没有多大价值。史密斯和威诺格拉德(Smith & Winograd,1978)以每8秒1幅的速度向被试呈现人的肖像。要求一组判断每个人是否有一个大鼻子(表面判断);要求另一组判断每个人是否友善(深层判断)。在后来的再认测验中,那些判断人脸是否友善的被试的再认成绩要优于那些判断鼻子大小的被试。此结果确认了用肖像为材料的加工水平效应。

正如前面部分所提到的,墨菲和布朗(Murphy & Brown,1975)使用图画以学前儿童为被试在不同的加工水平上进行测试,也重复了加工水平的基本效应。莱恩和罗伯逊(Lane & Robertson,1979)也发现棋手对棋子在棋盘中所处位置的记忆亦存在这种效应。加工水平效应也在如汉字这样的不同材料(Lee,2002)以及简单行为(Zimmer & Engelkamp,1999)上有所发现。

一般而言,不仅在用语词为材料进行的大量加工水平研究说明加工水平的观点是正确的,而且其论据亦存在于用非语言材料所做的实验中。但英特罗布和尼克勒斯(Intraub & Nicklos,1985)报告了一个与这种效应不一致的例证。

他们让被试看图片并回答物理性问题(这是水平的还是垂直的?)或接近语义的问题(这是可食的还是不可食的?)。随后要求被试写一个句子或两个句子组成的描述性语言去回忆图片。令人吃惊的是,他们发现物理性问题的保持比意义性问题的保持效果要好,这与通常的模式相反。这种结果不能被视为一种偶然性而加以抛弃,因为他们在不同条件下的六个实验中都重复了这个结果。英特罗布和尼克勒斯所得到的不同寻常的结果有些神秘,因为至今还没有人能令人满意地解释为什么他们关于图片保持的实验中出现了完全相反的加工水平效应(物理判断优于意义判断)。但一种普遍模式之外的特例会给我们深化和完善理论的机会,正像下面要讲到的那样。

定向任务与情境

变量的类别涉及影响特定实验的许多方面,包括给被试的指导语、不同的实验任务、被试所使用的策略等等。

基本的加工水平效应(深度加工的保持比浅层加工的要好)在大量变化的实验中都是存在的。例如,在记忆实验中经常使用的一个维度是,被试在接触学习材料之前是否知道要对其进行记忆测验。如果告知被试将要对他们进行记忆测验时,这就意味着是一种有意学习;而向他们呈现材料时,不给予任何提醒(但认为他们正在完成着另外一些任务),就是偶然学习(因为,对于被试而言,他们觉察到了自己的学习;但对于本实验的目的而言,被试的这种学习纯粹是偶然的)。克雷克和塔尔文(Craik & Tulving, 1975)在偶然的和有意学习的条件下对被试进行测试,其结果表明加工水平效应在两种条件下均存在。

加工水平效应另外一个令人感兴趣的维度是,利用特定问题去诱发深层加工和浅层加工。克雷克和塔尔文让被试就单词的表面特征进行浅层和物理的判断,让被试判断这些单词是否属于某一个种类(动物?)以进行深度加工。当然,还有一些其他的问题类型也可以被用来将被试的注意力引导到单词的表面特征或意义特征。例如,海德和詹金斯(Hyde & Jenkins, 1969)以问被试单词是否包含有某个特殊的字母(一个 e?)作为浅层加工任务,而以评定单词的愉悦度作为深层加工任务。这种操作同样产生了明显的加工水平效应。一般而言,众多用语词作为材料的研究均得到一致的结论:自然(表层)加工任务条件下对材料的保持要比意义(深层)加工任务条件下的差。由此可知,加工水平效应普遍存在于以语词为刺激材料和以回忆或再认方式进行的记忆测验中。

测验类型

詹金斯(Jenkins，1979)记忆实验模型的第四个维度是用于评估记忆的测验类型。标准的记忆测验在回忆或再认方面有很多的变式。加工水平效应在两种测试类型中都多次出现。但研究者发现，有些另外类型的测试中不存在加工水平效应(Fisher & Craik，1977；Jacoby & Dallas，1981；McDoniel，Friedman & Bourne，1978)或者甚至是相反的效应(Morris，Bransford & Franks，1977)。这个发现有助于加工水平的观点更完善并导致一种新的方法，最终产生出合理的加工观点。指导这个研究的基本思想是一个测验的类型——测验涉及什么样的知识——可以决定该测验的有用编码活动。

莫里斯(Morris et al.，1977)及其同事用克雷克和塔尔文(Craik & Tulving，1975)实验原型中所使用的方法做了一个实验。他们以大学生为被试并让其就单词进行判断。对单词（比方，EAGLE）的提问被设计为诱发语音的加工水平("_____与 legal 押韵吗?")或语义的加工水平("_____是一只大鸟吗?")。被试就一半的单词回答语音方面的问题，另一半则回答语义的问题；正确的答案应该是一半的时间以"是"回答而另一半的时间以"否"回答。根据加工水平的观点，语义加工将产生更深的编码和更好的保持。这个预言在标准的再认测试(诸如克雷克和塔尔文所使用过的)中得到证实。在这种测试中学习过的单词与未学习过的单词混杂在一块，被试的任务是挑选出学过的。如图 10-9 左部所示，被试在语义编码条件下再认的正确率为 84%，而在语音编码条件下却仅占 63%。

但莫里斯与其合作者(Morris et al.，1977)给第二组被试一种不同的测试。这种测试被称为韵律再认测试。在这种测试中，被试的任务是检测一个音节表并挑选出与早先所学过的单词押韵的单词。因此，如果 beagle 在测试词表中，他们就要将它挑选出来，因为它与所学过的 eagle 押韵(在测试词表中的单词不在学习音节表中出现，他们只和学习音节表中的单词押韵)。被试在韵律测试中作业水平在语音条件(正确率为 49%)比语义条件(正确率为 33%)更好些。这是一个与通常的情况相反的结果。由此，莫里斯与其合作者指出，一种加工并不天生地优于或劣于另外一种加工，编码操作的效应依赖于信息怎样呈现给被试或怎样被测试的。他们提出**迁移恰当加工**(transfer-appropriate processing)以代替

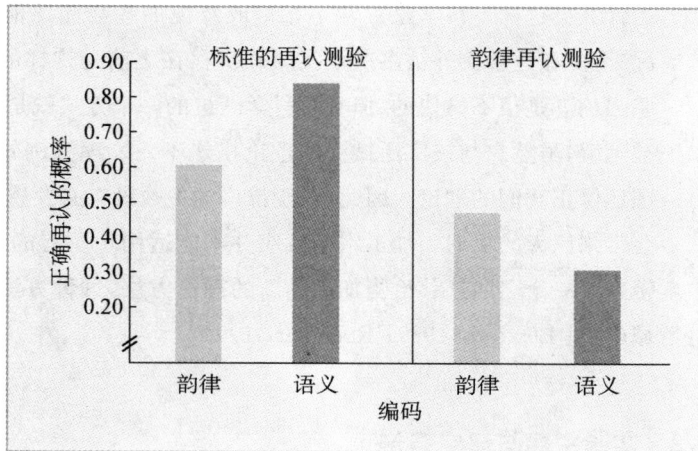

▼　图 10 - 9

莫里斯、布兰斯福德和弗兰克斯(Morris, Bransford, & Franks, 1977)的结果。被试在回答了需要他们思索单词的发音(语音编码)或意义(语义编码)的问题后,接受标准的再认测验(图左)或韵律再认测验。在韵律测验中选择与先前学习过的单词押韵的单词(图右)。通常情况下,在标准的再认测验中存在加工水平效应;但在韵律测验中,语音编码比语义编码产生了更好的成绩。由此可知,加工类型的深浅并非与生俱来的,而是依赖于使用信息的方式。对一种测验类型不好的加工,也许对另一种类型是好的。

固定水平加工。迁移恰当加工是指,如果学习阶段所获得的知识或操作能够与测验阶段所涉及的知识或操作相匹配,那么测验的结果(作业水平)会相对好些。在一个需要语音(韵律)知识的再认测试中,先前的语音编码会导致比语义编码更好的作业成绩。

尽管加工水平效应在许多变量中都是存在的,但并不能把它推广到所有测验类型中去。因为只有在需要意义加工的测试中,标准的加工水平效应才会出现。但在其他类型的测试中并非如此(参见 Jacoby & Dallas, 1981;Roediger, Weldon, Stadler & Riegler, 1992)。

本部分主要是围绕图 10 - 8 所示的詹金斯记忆实验模型来阐述的,其实他的理论可以广泛地运用于所有的心理学实验。也就是说,我们探讨任何问题的时候,均应问一问:其结果能否推广到不同的被试身上去,能否推广到不同的研究情景、不同的因变量测量以及不同的自变量操作方式上。

认识到一个实验结果不具有普遍性,这仅是第一步。关键问题是要弄清楚为什么会这样。科学家常常不相信或忽视那些会动摇他们已有信念的例外情况,至少在这种例外被多次证实为确实存在之前是这样的。改变一个人已有的坚强信念是很不愉快的,但有时科学跃进的一个方式就是,实验产生的例外情况被理解,虽然它与被广泛接受的理论格格不入。理解例外常使我们抛弃或大范围地修正我们的理论。因此,对于推广的失败没有必要感到沮丧,这种失败可能会带来巨大的机遇。加工水平效应并不能适用于所有的测验,这一事实给我们带来了一个名叫迁移恰当加工的新的理论方法,这种方法亦被应用到其他的领域(参见 Blaxton,1989;Roediger,1990)。

▼　10.3　实验主题与研究范例

主题　交互作用效应

范例　内隐与外显记忆测验

交互作用效应是一个统计学术语,它产生于用方差分析评价多因素实验或有一个以上自变量的实验的分析过程中。交互作用效应多被称为**交互作用**,我们在前面的第三章和第八章曾探讨过。(变量的分析在附录 B 中描述。)然而,由于交互作用的概念非常重要,所以我们在某些方面要再一次对其详细探讨。而且我们发现这个概念在某些方面困扰学生,因此重复阐述交互作用有助于更好地掌握这个主题。

你会回忆起,多因素实验是指那种在同一时间操纵两个或两个以上自变量的实验。当一个自变量的效应随着其他自变量水平的变化而变化时,交互作用便产生了。你已经多次在本章中接触过交互作用效应,尽管我们并没有这样去称呼它。例如,图 10-5 中斯卡巴勒(Scarborough,1972)的结果就显示出,在其短时记忆实验范例中,视觉呈现相对于听觉呈现的优越性依赖于所用的间隔时间。与之相似,图 10-9 中莫里斯及其合作者(Morris et al.,1977)的结果亦显示出,在学习时的加工水平与所用的测验类型之间存在交互作用。下面所列举的例子与莫里斯及其合作者的实验很相似。

内隐和外显测验

我们将利用内隐与外显记忆测验之间的差异来阐述交互作用。这些测验类型之间的差异在本章的开始部分曾简短地介绍过,在此将作详细探讨。

外显记忆测验是指那种要求被试有意识地回忆其在实验早期阶段学习过的
材料的测验,比如,这种测验的代表有:自由回忆、线索回忆和再认。在上述的每
一个测验中,要求被试回忆先前的经验。因此,这些测验是被明确地呈现出来用
作记忆的测验。

与之相反,内隐记忆测验则是这样一些任务,即与实验室中的先前经历无特
定关联的情况也能够完成的任务。内隐记忆测验的一个范例便是**残词补全任
务**。在这种任务中,被试先看一些缺少字母的单词,然后去填补这些空白以形成
完整的单词(例如,将_l_p_a_t 填补成 elephant)。要求被试尽可能快地产生出适
合于残词的单词,但没有告诉他们这些残词是由先前学习过的项目所形成的。
这些残词非常难于补全,如果人们最近没有看过这些词,那么通常仅能补全
20%—35%。被试在没有学习过单词的条件下的残词补全率是控制条件,常被
称为"非学习基线"。然而,如果被试在补全测验之前见过这些词,其补全率则大
有改善,通常比原先多 25%左右。即使被试未被告诉这些残词是早先学习过的
词汇,这种现象也会出现。这时记忆可被内隐地测量,因为即使没尝试去记忆先
前学习过的词汇以便于完成任务,但人们的作业水平由于先前的接触而出现自
发的提高。

作业水平上的这种提高被称为启动。为了测量启动效应,研究者将被试学
习过的词汇和没有学习过的词汇随机地混杂在一起来测量被试。每一个人的启
动成绩可以通过用学习过的词汇补全率减去未学习过的项目补全率(非学习基
线)计算出来。例如,假设你学习过 10 个单词,然后你接受一个补全测验。这是
一个由 10 个你学习过的单词加上另外 10 个你没有学习过的单词随机地混杂在
一起构成的残词补全测验。如果你从 10 个学习过的单词中补全出 5 个(50%),
但仅能从 10 个未学习过的单词中补全出 2 个(非学习基线为 20%),那么你的启
动分数为 0.50 - 0.20 = 0.30。(为确保学习过的和未学习过的单词之间的差异
并不只是由于学习过的项目更容易补全之故,所以对项目采取被试间的平衡设
计。也就是说,半数被试学习项目的一半,而另外被试则学习剩下的一半项目。
由此,在实验过程中,每一个项目既是学习过的项目又是未学习过的项目。参见
第九章。)

　　另外一个内隐记忆测验的例子是词根补全测验。在这种测验中，人们看见一个由前三个字母构成的词根，例如 ele_，并要他们用第一个浮现到脑海中的单词补全这个词根。你认为哪个单词可以补全这个词根呢？极有可能你会想到"elephant"而不是"element"和"elegant"，因为你受到前面句段中单词的启动。当人们在进行词根补全测验之前学习一个词表也会出现同样的启动效应。

　　已使用的内隐记忆测验还有很多其他的类型，但我们在这里将不再阐述（参见 Roediger & McDermott，1993）。这些测验共有的一个重要特征是，尽管被试的作业受到先前学习过的材料的影响或"启动"，但他们却能在没有觉察到记忆过这些材料的情况下进行操作。这些测验有时据称反映了"无觉察的记忆"（Jacoby & Witherspoon，1982），因为操作的改善不需要人们觉知到测验与学习过的材料之间的关系。

遗忘症

　　有关内隐与外显记忆测验之间差异的兴趣起源于对遗忘症患者的研究（比如，Warrington & Weiskrantz，1970）。遗忘症患者是由很多原因所导致的脑损伤引起的，诸如慢性酒精中毒（科尔萨科夫综合征）、缺氧症（大脑缺氧）、外科手术或头部受伤等。遗忘症患者在外显记忆保持测试方面表现出严重的记忆缺损。遗忘症患者的典型特征是，遗忘症患者只能回忆或再认很少的最近所学习过的材料，尽管他们其他的认知功能并未受损。有些病人非常容易遗忘，以至于病人的医生在每次见到病人的时候都要作自我介绍！下面一段摘自和遗忘症患者一块工作的威克尔格伦（Wickelgren，1977）所写的一本书。

　　　　在一次测试这些患者的时候，我有过一段糟糕的经历。这是一位20多岁的年轻男子，最近由于一次不寻常的击剑事故而导致脑受损。科金（Corkin, Z.）用"这是威恩·威克尔格伦"这样一些话来向病人介绍我。这位年轻男子回答道"威克尔格伦，这是一个德国人名，是不是？"我说："不是。"他就说："是爱尔兰人名？"我再一次说："不是。"他又问："是斯堪的那维亚人名？"我说："是的。"我与他交谈了大约5分钟，然后我出去打了一个电话。当我返回的时候，每个人都站在与先前大体相同的位置上。这时科金发现，这位病人似乎根本不知道曾经见过我，于是她再次向病人介绍我。她说："这是威恩·威克尔格伦。"病人接着问，"这是个德国人名，是不是？"我回答,"不是。"然后他说,"是爱尔兰人名?"我再一次说:"不是。"他又说问:"是斯堪的那维亚人名?"——与他和我第一次见面时所问的问题及其问题顺序是一样的(p. 326)。

　　有关遗忘症患者在日常生活中所遇到的困难的例子很多,感兴趣的读者可以阅读菲利普·希尔茨(Philip Hilts,1995)书中关于 H. M. 的介绍,H. M. 可能是最著名的遗忘症患者。作为一名记者,希尔茨讲述了 H. M. 是如何目睹了一场车祸却无法记起(即便当时 H. M. 的车必须紧急转向以避免撞上已倾覆的汽车),以及 H. M. 是如何在其父亲去世四年后仍不知道父亲已经离去的消息。由此可见,遗忘症患者的外显记忆相对于正常人而言受到严重的损害。过去经常假设遗忘症患者缺乏学习和储存新语词信息的能力。

　　1970 年,沃林顿和韦斯克兰茨(Warrington & Weiskrantz)用不同的方式对遗忘症患者进行记忆测验,并得到了一个改变科学家们对遗忘症尤其对记忆功能的看法的发现。他们先让遗忘症患者和控制组被试(患有神经系统疾病的患者)学习许多由 24 个词组成的词表,然后用不同方式对他们的记忆情况加以测量。(他们针对每一个记忆测验学习不同的音节表。)我们在此探讨其中的两个测验。

　　第一个测验是传统的外显的自由回忆测验,在测验中只是简单地要求被试尽可能多地回忆出词汇。正如所料想的一样,遗忘症患者(33%)比控制组被试(54%)回忆出的项目要少得多。第二个测验则是内隐测验,测验中让被试看一些模糊的单词(单词中的每一个字母都被擦掉了一些部分,因此在测验前被试根本不可能辨认出这些单词);然后要求被试勾画出这些词并说出来(这些词均在学习阶段呈现过)。令人感兴趣的问题是,遗忘症患者是否在内隐记忆任务中表现出典型的糟糕成绩,或者会出现一些不同的情况。

284

　　为说明交互作用的概念,在下面的部分中,我们来考察一下此实验可能得到的几种结果。

交互作用

　　通常情况下,当一个变量的效果(对因变量的)在另一个变量的不同水平上发生了变化,就可以说这两个自变量之间存在交互作用。我们选择内隐和外显记忆测验来说明交互作用这一概念,其原因在于它们显露出许多的交互作用。也就是说,内隐和外显记忆测验对某些特定自变量操作反应不同。对内隐记忆有很大影响的变量可能对外显记忆没有影响甚至是相反的影响。我们现在利用沃林顿和韦斯克兰茨实验结果的几种模式，来阐明内隐记忆和外显记忆测验中存在的交互作用。他们的实验在前面已部分地介绍过。

图10-10列出了四组假设的数据。这四组数据显示了沃林顿和韦斯克兰茨在遗忘症患者与控制组被试身上比较内隐记忆和外显记忆的实验所可能得到的不同结果模式。表中左边的数据对应于柱状图（页面的中部）和线形图（页面的右部）。我们将按顺序对每一个图加以说明。当我们探讨每一个例子的时候，将考察表中数据的模式并观察怎样将数据用图来表示。

例A是作为一个起始点来说明当变量之间不存在交互作用的时候，数据看上去会是什么样子。图中表明控制组被试无论是在外显记忆还是在内隐记忆测验中，其作业成绩都比遗忘症患者的好，显示出被试组的主效应。也就是说，记忆未受损者（控制组）无论在何种记忆测验条件下，其记忆总要优于遗忘症患者。在这个例子中，被试组与记忆类型之间没有交互作用。主效应是泛化的，即在一个变量的各个水平上（在此指测验的类型）出现的效果，都能在其他变量上被同样地观察到了（在此指控制组的操作要优于遗忘症患者）。

例B阐明了一种可能出现的交互作用形式。在这个例子中，控制组被试在外显自由回忆测验中，其作业成绩要优于遗忘症患者；而在词汇辨认测试时则两者是一样的。也就是说，当记忆用内隐的方式加以测试时，遗忘症患者与正常被试之间的差异便不再存在了。由此，一个自变量（记忆缺陷的存在与否）的效果随着另一个自变量（测验的类型）的水平而发生变化。这是两个变量之间交互作用的一个例子。

例C阐明了另一种形式的交互作用。它是研究者发现的最有趣的一种，被称为交叉交互作用。之所以这样称呼是因为它能更好地说明线形图C（最右边）。此例子中，控制组被试在外显记忆测验中的成绩要比遗忘症患者的好；但在内隐记忆测验中，遗忘症患者的成绩则要比控制组的好。由此可知，在交叉交互作用中，第一个自变量在第二个自变量的水平上有一种效果，而在另一个水平上则有相反的效果。如果在实验中我们得到了同例C一样的数据，我们将作出这样的结论：在内隐记忆测验中，遗忘症患者的记忆要比控制组被试的好（最起码在这个测验中是这样），而在外显记忆测验中则相反。

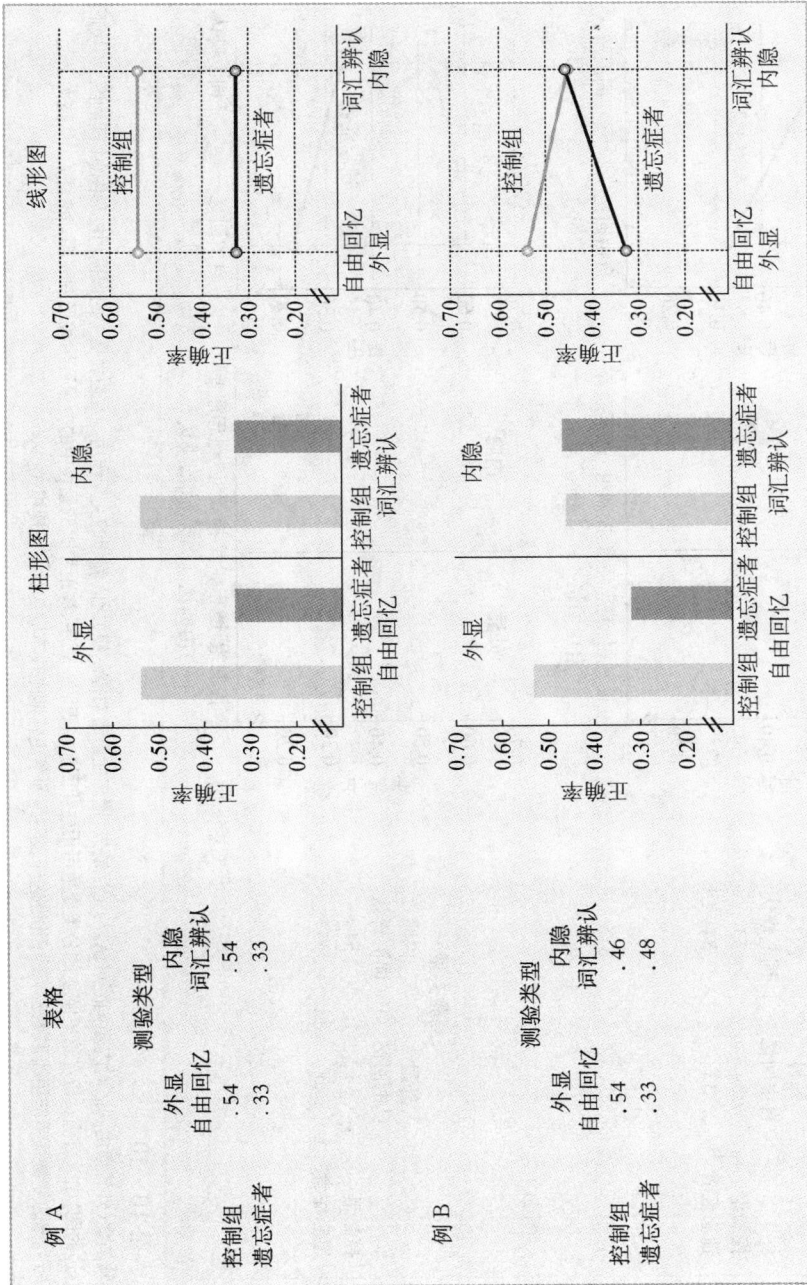

线形图

柱形图

表格

例 A

	测验类型	
	外显 自由回忆	内隐 词汇辨认
控制组	.54	.54
遗忘症者	.33	.33

例 B

	测验类型	
	外显 自由回忆	内隐 词汇辨认
控制组	.54	.46
遗忘症者	.33	.48

控制组　遗忘症者　控制组　遗忘症者
自由回忆　　　　词汇辨认
外显　　　　　内隐

自由回忆　词汇辨认
外显　　内隐

控制组
遗忘症者

成绩

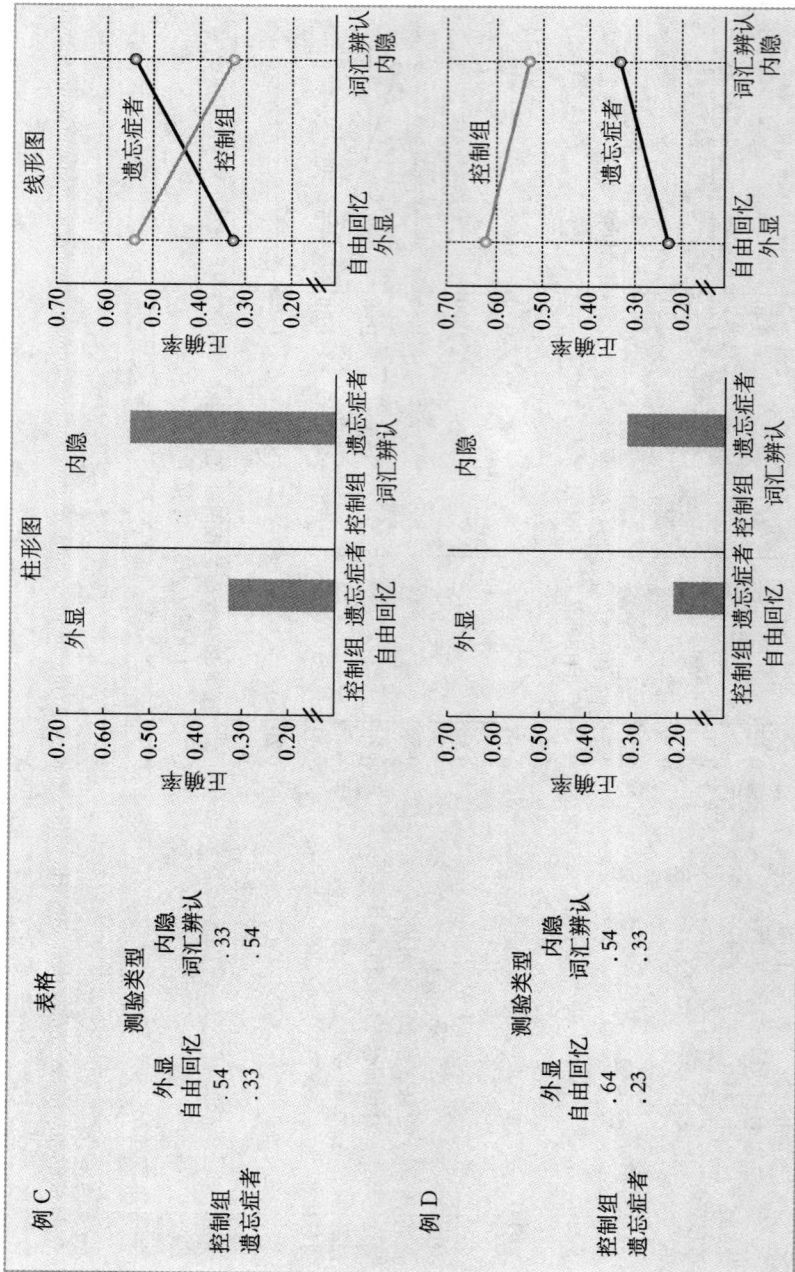

▶ **图 10－10**

测验类型（外显自由回忆×对内隐词汇辨认）与记忆缺失（遗忘症患者对控制组）之间假想的交互作用。左边表格中的数据用柱形图（中间的图）和线形图（右边的图）加以表明。像在这里讲述的分类变量用柱状图加以表明。顺序、等距和比例量表中的变量可用线形图表明。请注意，从技术上而言，这里所列出的变量是不能用线形图表明的；此处这样表明是为了更好地比较呈现呈现不同的数据呈现模式。

尽管还有很多其他类型的交互作用,但我们将以阐述例 D 的交互作用而结束这个话题。如果在实验中我们获得这些数据,我们将作出这样的结论:遗忘症患者在外显记忆测验中比内隐记忆测验要显示出更明显的记忆缺陷。也就是说,不但控制组在内隐记忆测验中的作业成绩要大大地优于遗忘症患者,而且该组被试在外显记忆测验中相对于遗忘症患者来说亦有很大的优势。这就说明内隐记忆测验相对外显记忆测验而言,是对健忘缺陷不那么敏感的测量方式。

我们不会让问题老是悬而不决。沃林顿和韦斯克兰茨所得的结果如例 B 一样。他们发现,尽管遗忘症患者在外显自由记忆测验中成绩很糟,但在残词辨认测验中所表现出来的启动分数与控制组是一样的(请记住没有任何被试在实验开始之前是能确认残词的,所以被确认的项目比率就是启动分数)。也就是说,当记忆用内隐的方式加以测量时,在测试时即使没有先前学习的经验测验也能被完成,遗忘症的记忆缺陷将不再存在。

自沃林顿和韦斯克兰茨的重要发现以来,许多其他用不同的内隐任务方式所做的实验也都得到了相似的结果(Shimamura,1986)。亦即尽管遗忘症患者在外显记忆测验中的成绩不好,但他们在内隐记忆测验中则显示出启动效应。虽然这些交互作用的原因还没有完全弄清楚,但却消除了这样一种观点,即遗忘症患者对近期经验没有任何记忆保持。至少部分遗忘症患者的问题似乎是存在于有意识地获得存储经验的过程中。

内隐与外显测验成绩比较研究的一个令人感兴趣的突破口是探讨正常人的记忆。前面所阐述过的交互作用在正常人身上也存在吗? 如果有的话,那就要探讨内隐与外显的差异能否推广到其他被试。在这个案例中(不像前面的加工水平例子),我们要探讨的是,从一组异常人群(遗忘症患者)中所得到的结果是否能推广到更具代表性的人群中去。许多实验确实显示出,在正常被试身上自变量与测验类型之间也存在差异(Roediger,1990)。在此,我们来探讨一个由韦尔登和罗迪格(Roediger,1987)所报告的实验研究。

韦尔登和罗迪格(Weldon & Roediger,1987)对图画优势效应——图画比语词更易记住——产生了兴趣。但以往这种效应只用外显记忆测验(回忆或再认)研究过,韦尔登和罗迪格想把图画/语词差异的研究推广到内隐记忆测验中去〔他们猜想,出于各种原因,图画优势效应在类似于沃林顿和韦斯克兰茨

（Warrington & Weiskrantz，1970）所采用过的内隐记忆测验中不会存在]。在他们的实验中，让大学生被试为了将来的记忆测验而在测验前先学习一长套图片和单词，且未说明这些材料的性质。有三组项目，一组是让被试学习的图片，一组是让被试学习的单词，第三组不让被试学习。所有项目是以抵消平衡的方式分配到各组被试中去的。这样，如果一组被试看见一个大象的图片，另外一组的被试则看见"elephant"这个词，而第三组被试则不看该材料的任何一种形式。

在学完词组和图片之后，被试接受外显的回忆测验或者内隐的残词补全测验。在自由回忆测验中，给被试一张空白纸，要他们尽可能回忆出图片的名字和词（比如，他们通过写下图片的名字来回忆图片，而不是将它们画出来）。尽管反应模式常是语词的，但对图片的记忆还是要优于对词组的记忆，如图 10－11 左边所示。图画优势效应在这个实验中并不明显，但具有统计学上的显著意义并

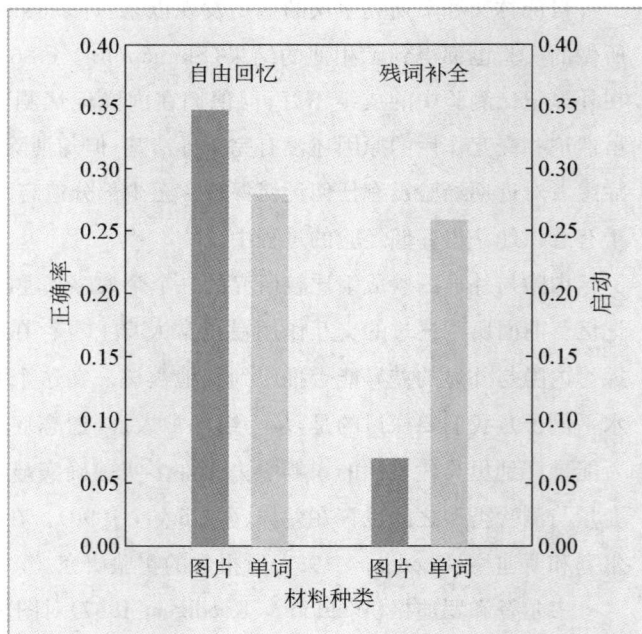

▼ 图 10－11
韦尔登和罗迪格（Weldon & Roediger，1987）的实验结果。在外显记忆测验中，图片的记忆优于对单词的记忆；但在内隐的残词补全测验中，词语则显示出更多的启动。整个图形揭示出一种交叉交互作用。

且在许多其他的研究中被重复验证过（Madigan，1983）。

　　在残词补全测验中，给被试呈现一个长的残词系列（比如，_l_p_a_t）并要求他们如果可能的话将每个残词补全。在这里的例子中，所要测量的是启动——当先前的呈现是图片的或语词的时候，相对于两种材料均没有学习过的来说补全成绩比较好。如果被试没有学习过这些项目，他们的补全率为37%。图10-11右边的数据则表明，从先前的图画和词汇的学习中产生的启动超过了这个水平。在残词补全测验中，与图左边的结果以及先前的结论不同，词比图片产生了更多的启动效应。图10-11表明，在正常被试身上，外显与内隐的保持量之间也存在交互作用。在一定程度上，这种交互作用比起在遗忘症患者身上得出的交互作用更为显著，因为这种交互作用是交叉交互作用。

　　交互作用与我们前面所说的量表衰减效应是相关的。天花板和地板效应常会使我们对交互作用的解释出错。让我们来回顾一下图10-5所示的斯卡巴勒的实验结果。图中标明了刺激呈现通道与间隔时间之间存在交互作用。呈现通道的作用仅在间隔时间比较长的条件下才存在。然而，我们认为这种交互作用没有意义，因为它是由0秒间隔处的天花板效应导致的。现在，我们可以得出这样一条普遍原则：在一个自变量的某些水平上，如果对因变量的操作存在天花板或地板效应时，对交互作用的解释应极为小心谨慎。

　　多因素实验极为有效并且比单因素实验更受研究者青睐，最为重要的原因是他们能解答普遍性的问题。正如我们在本章的前面部分所论述的那样，我们非常需要了解的一个问题是，一些自变量对一个因变量的影响是在何种条件下产生的。在同一个实验中，我们单独地变化第二个（或者甚至第三个）变量，至少能获得有关这方面问题的部分答案。

　　我们已探讨过同时操作两个变量的个案，这种逻辑也可以推广到同时操作三个、四个甚至更多变量的实验设计中去。（在实际工作中，研究者很少设计超过四个变量的实验。）当两个变量之间交互作用效果的性质依赖于第三个变量的水平而变化时，这种交互作用就被称为**高级交互作用**，因为它包含几个变量。

　　例如，假使一个调查者设计了这样一个实验：测验类型和记忆缺陷被操作了，这与沃林顿和韦斯克兰茨的实验一样；但在这个实验中，加工水平也被操作。一种条件下要求被试计算各个词中的元音字母数量，而在另一种条件下的被试则用每个词造句。当被试数算元音字母时,他们是在表层水平进行编码,因为他们将注意力集中于词的表面或者语音方面的特征。另一方面,当人们造句时,他们将注意力集中在词的意义或语义方面,对词的加工是在深层水平上进行的。所以,这个实验中的三个因素将分别是(1)编码阶段(元音计数—造句);(2)被试分组(遗忘症患者组—控制组);(3)残词补全和自由回忆。如果研究者得到如图10-12所表示的结果类型,则说明存在高级交互作用。图中的结果显示,在外显记忆测验时,当控制组被试通过造句学词时,其回忆的词要比在那种单纯的计算元音字母的条件下多得多。然而,遗忘症患者在外显记忆测验中则没有这种提高,但在内隐记忆测验中,无论是控制组被试还是遗忘症患者在通过造句学习词的条件下,其回忆成绩均没有变化。由此,一个第三维度(加工水平)的操作改变了另外两个变量之间交互作用的性质。(请注意:图10-12中的数据是假想的。)

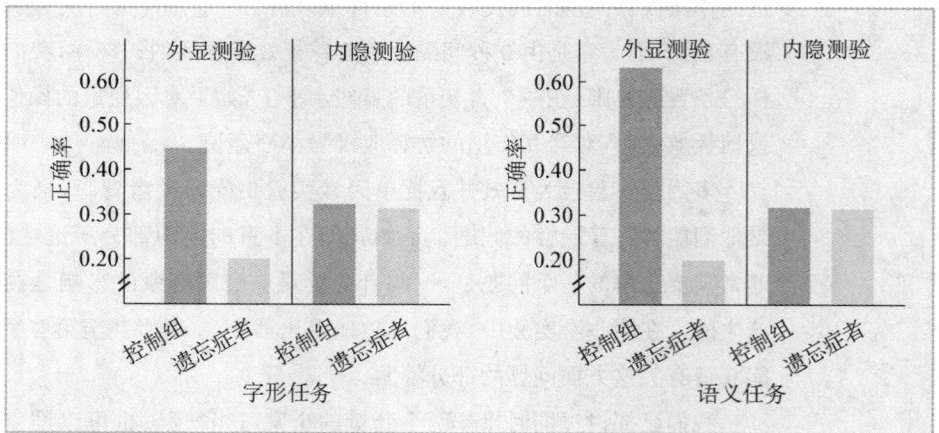

290

▼ 图 10-12
关于测验类型、记忆缺损和加工水平之间高级交互作用的假设(字形对语义)。

现在已经获得了很多有关外显与内隐记忆记忆测验的复杂交互作用,它们正为我们开辟一个全新的研究领域(Roediger & McDermott,1993)。迄今为止,这种研究已经产生了许多新的有关人类记忆的见解和理论。所以,内隐和外显记忆测验之间的交互作用不仅揭示了记忆障碍,比如遗忘症,这些令人感兴趣的问题,而且还提供了大量有关正常记忆最新信息的宝贵财富。

图示数据

在前面的探讨中,你很可能发现了,观察交互作用的最容易的方式是将数据用图表示出来,然后再去考察图的类型。当一个变量的效果类型在其他变量的水平上保持一致时(例如,图 10‐10 中的 A),那么这两个变量之间没有交互作用。当图的类型在自变量的不同水平上是变化的(例如,平均数覆盖、交叉或者分离),那么变量之间很可能存在交互作用。当然,必须运用一定的统计考验去决定哪种交互作用是真的有效果以及这种效果不是由于机遇而导致的。

不同类型的图适合于表示不同类型的变量。柱形图用来表明那些自变量是分类的还是属性的。也就是说,当自变量的水平与其他的变量没有数量上的关系时用柱状图。分类变量的例子有:一个人在学校中的专业、刺激呈现的通道、学习材料的类型(例如,图片或语词)、沃林顿和韦斯克兰茨实验中所使用的两个变量(记忆测验类型和记忆损害情况)。分类变量不能用线形图来表明,因为连线意味着变量是连续的或者至少是按一定的意义存在着顺序的。例如,你怎能去规定学习材料的顺序呢?图片"多于"或"少于"语词吗?显然,它们是不同类型的项目。严格地说,用线形图去描述图 10‐10 中右边的数据是不恰当的,因为类别维度被标定在横坐标上(X 轴)。表明这种变量的恰当模式是柱状图或表格。

使用线形图来标明时,在横坐标上(X 轴)的变量至少应是一个顺序量表,若是等距或比例量表就更好了(参见第六章)。顺序量表变量是按某种属性排列的等级顺序(例如,不高兴、中性和高兴)。顺序变量的不同水平表示所具备的这种属性的"多"或"少",但邻近水平之间的距离则不得而知。因为在顺序量表中的两点之间的距离是没有意义的。顺序变量用柱状图来表明比线形图更适合。

291

等距量表中的两点是有意义的,像温度(摄氏或华氏)或 IQ,但没有绝对零点。比例量表中的两点之间也有意义,而且还有绝对零点,所以测量之间的比例也是有意义的。比如距离、重量、间隔时间(学习与测试之间所经过的时间)以及药物剂量等。等距量表和比例量表都是连续的,因此具有这种性质的自变量才能用线形图加以表明。此外,表格也常被用来表明这些变量。

从问题到实验：研究细节

问题　读和听，哪个更有效？

我们已经探讨过涉及三个字母的一连串刺激的记忆作业中感觉通道差异的问题。一个更具普遍意义的问题是：读与听在信息的理解与记忆方面是否存在差异。同样的信息用一个演讲者朗诵的方式呈现和通过阅读一本书的方式呈现，哪种更有效呢？阅读可能让我们快速越过那些已弄懂的材料而在难解之处反复阅读。但在阅读时，我们也许更会倾向于用眼睛快速扫过书本和做白日梦；而一个演讲者的走动和朗读可能更易吸引我们的注意力。

问题　读优于听吗？

为了回答这个问题，可以不同的方式给出许多假设和操作定义。在此我们来考察其中的一个假设。

假设　阅读一个长段材料的被试在回答多项选择问题时的成绩要比那些听另外一个人朗读该材料的被试的成绩好。

尽管这个假设非常明确，但在实际操作该实验时仍有大量的问题需要解释清楚。变量需要被给出操作性定义。一个"长的材料"有多长？被试将接受什么样的材料？我们要使用更多的材料吗？用以阅读的材料将怎样呈现？呈现的时间是多长？谁去阅读这些材料——或者我们要将其加以变化吗？在多项选择（或迫选再认）测试中，我们将问一些什么类型的问题呢？我们是采用组间设计还是组内设计？这只不过是将假设付诸实际实验所要回答的问题中的一部分而已。我们怎样来确定这些因素对实验结果的影响？

首先让我们来考察最后一个问题。我们是使每个被试都参加两种条件的实验，还是在两种实验条件下使用不同的被试组呢？一般而言，最好是每个被试都被分配到两种条件中去，因为这样就不存在由于两种条件中被试之间的差异而导致两种条件下实验结果的差异了。只要我们将这种效应通过测试在听觉条件之前视觉条件下的一半被试和以相反的顺序测试另一半被试的方式加以抵消平衡，就没有问题能妨碍我们充分利用组内设计的优点了。

这种决定有助于回答其他问题。因为我们是在两种不同的条件下使用相同被试,显然我们需要使用至少两段测试材料,一段用于一种条件,另一段用于另一种条件。我们也许要使用更多段的材料,因为我们需要证实我们的结果不仅适用于实验中的特殊段落,而且将适用于其他的阅读材料。结果适宜于多种材料的普遍性问题,是个重要的问题,特别是在结果被错误统计的某些研究类型中,就显得更加重要(Clark, 1973)。

使用什么样的材料呢?大概而言,对被试相对比较陌生的材料是最好的选择,因为我们想要测试的是被试在阅读材料的过程中所获得的知识而并不是他们在实验前已获得的经验。如果被试在实验前能够回答多项选择测验中几乎所有的问题,那么自变量(阅读材料对听材料)就没有机会对因变量(再认)产生影响,因为我们会在再认测试中产生天花板效应(接近 100% 的操作)。为了避免熟悉的材料,研究者在调查人们对"自然主义"散文材料的记忆时,常选择包含有许多被试陌生的单词和概念的段落材料。这又使得我们对这些材料是那样的"自然"而感到迷惑。我们若能使用又熟悉又新颖的信息,那是最好的了。段落材料可从《科学美国人》(*Scientific American*)或其他的杂志中选择难度相似的文章。

段落材料应多长?这与呈现时间的长度是紧密相关的。假如我们决定再认测验的每个小测验需耗费 7 分钟的时间,那么就要将每段材料的呈现时间限制在 15 分钟,这样才能使实验只持续 1 小时。(大约有 15 分钟的时间用于说指导语、分发和收取试卷以及实验结束时对实验加以说明。)

也许设计这个实验最为复杂的地方是,准确地决定在每种呈现条件下,怎样在 15 分钟的时间里去呈现材料。假设我们挑选的材料需要在听觉条件下用 15 分钟时间大声读出来。在被试阅读材料的条件下,我们是否就是简单地让被试阅读 15 分钟呢?这样,他们就等于获得了更多的呈现时间,因为大多数人的默读比其朗读的速度要快。于是,阅读材料的被试在困难的材料上就要花费较多的时间。我们是否想采用某些方法——比如,通过指导被试一次性阅读材料的方式——去消除这种问题?或者将其视为我们正想要探讨的阅读与听觉条件之间自然差异的一种情况呢?如果在阅读条件下,我们能在一定程度上消除或减少复述(反复阅读材料),就会发现听觉的成绩要比阅读的好,那么,我们也许会对这种批评敞开大门,即我们的结论仅仅是在人工的实验室条件下而不是在"真

293

正的世界中"获得的。所以,为了最大限度地增加结果的普遍性,我们允许在阅读条件下的被试阅读材料 15 分钟——与以口述的方式呈现材料的时间一样——然后来看会有什么样的差异出现。如果读要优于听(或者相反),那我们就要做进一步的研究来精确考察加工的哪个方面是重要的。

同样的问题在以口述方式呈现材料的时候依然存在。我们应该变化不同的口述者吗?我们应该变化口述者的性别、吸引力吗?我们应该变化口述的语调吗?是单调乏味的语调,还是慷慨激昂的语调,就像一个演讲者在真正努力地传达着思想、感情……?我们决定请女士做口述者,并且尽量以正常的而不是单调乏味的语调来口述。

多项选择测验的设计也是非常重要的,特别需要注意测验不要编制得太难或太易以避免天花板或地板效应。测验是只涉及表层水平的问题(就像在第三段里讨论的)还是有关课文的更有意义的问题?或者我们该在这方面有所变化?我们大体同意使用有意义的问题。或者为什么不在第一部分使用一个回忆测试?(因为编制对散文回忆的量的测试是非常困难的,尽管采用这种方式是可能的。)

还有比我们在此探讨的更多的选择和困难,尽管我们采用的仅是两种呈现方式(读与听)和两段材料(段落材料是我们先前不感兴趣的一个变量)的 2×2 的被试内设计。因为我们以不同的方式操作了基本的实验条件并使用了一种不同的因变量,所以将当前实验的结果与其他以不同方式操作变量的实验的背景结合起来加以考察显然非常重要。如果我们想获得一些有关任何特定实验结果的普遍性或限制性的观点,做一系列这样的会聚实验是必须的。

令人有些意外的是,对于散文材料长时保持方面所存在的通道差异方面的研究,几乎没有几个研究者感兴趣。不过,金(King, 1968)和金奇与科兹明斯基(Kintsch & Kozminsky, 1977)所做的研究可以用作相关参考。最近,研究者对这一问题给新闻业带来的启示产生了兴趣(Eveland, Seo & Marton, 2002; Furnham, 2001)。这就是,人们阅读新闻故事记得的新闻更多,还是从电视或收音机上听到新闻报道后记得的新闻更多?你也许会想到怎样对这部分所介绍的研究进行修改,以使其更适合于应用在实际的新闻工作中。

▼ 小结

1. 艾宾浩斯是第一个系统地研究学习和记忆的人。他通过重学材料和测量重学时的节省量(相对于初学时的)的方法,解决了怎样去研究不能回忆的问题。尽管节省法至今仍在使用,但大多数研究者现在用其他的方式测量记忆,代表性的是回忆(生成)和再认(从未学习过的材料中进行分辨)测验的变式。

2. 心理学研究中的量表衰减是指一个测验量表的范围过于狭窄而使得两种条件之间原本存在的差异不能被测量出来的情形。当操作接近于完美的时候,出现的问题被称为天花板效应,因为此时的操作接近量表的顶端。当操作接近缺失的时候,出现的问题被称为地板效应。

3. 当所测出的两种条件下的作业成绩处于测量量表的顶端或底端时,研究者不能错误地假定两者相等。尽管被试在两种条件下测出的因变量分数相等(接近0%或100%),但在两种条件之间却可能存在真正的差异,这可能是由于量表过于狭窄(过于"短")而显示不出真正的差异。回想一下两个男人在浴室用只能称300磅的秤称体重的例子。本章的例子只说明了天花板效应,但地板效应同样普遍和重要。如果在一个有2到3岁儿童参加的记忆实验中,每个年龄组的平均成绩是2%,我们能就此作出两组儿童的记忆能力相同的结论吗?同样,在某些条件下当操作受到天花板和地板效应的限制时,对交互作用的解释可能是错误的。

4. 对于任何一个实验结果来说,最为关键的问题是它能超出产生该结果的实验条件之外仍会存在的普遍性问题。詹金斯的记忆实验四面体模型提供了四个评价这种普遍性的维度:(1)用其他的被试人群也能得到同样的结果吗?(2)用其他的实验材料也能得到同样的结果吗?(3)用其他不同类型的记忆测验会出现同样的结果吗?(4)用不同的实验处理和不同的自变量操作方式也能出现同样的结果吗?

5. 研究者感兴趣的是,一个特定的结果能否从诸如被试人群、材料、情景以及因变量的测量等等几个方面进行推广。在多因素实验或同时操纵一种以上变量的实验中,考察实验结果的普遍性是非常重要的。这样的实验告诉我们,当其他变量也同时被操纵的时候,一个自变量对一个因变量的效果是否相同或有差异。

6. 当一个自变量的效应在另一个自变量的所有水平上都相同时,可以说这个自变量有主效果。当一个自变量在另一个自变量的不同水平上对因变量的影响不同时,可以说这两个自变量之间存在交互作用。主效应可以被推广到其他的条件中,因为具有该效应的自变量在另一个自变量的所有水平上都能产生相同的影响;但对交互作用进行简单的推广则不安全,因为在多因素实验中一个自变量的效应依赖于另一个自变量的不同水平。

7. 内隐记忆与外显记忆测验与大量的自变量存在交互作用。例如,尽管遗忘症患者在诸如自由回忆这样的外显记忆测验上的表现很糟糕,但他们在词汇确认等内隐记忆测验中则与控制组的被试表现出同样的启动效应。在外显记忆测验中,对图片的保持要比对语词的好,但在口述的内隐记忆测验中,则词比图片的启动效应更大。通过研究这些测验类型与其他变量交互作用的方式,科学家获得了有关正常和非正常记忆功能的新知识。

▼ 重要术语

遗忘症	高级交互作用	再认
自传体记忆	内隐记忆	节省法
布朗-彼得森技术	交互作用	节省量
天花板效应	加工水平	量表衰减效应
交叉交互作用	长时记忆	语义编码
情景记忆	主效应	系列回忆
外显记忆	记忆术	短时记忆
闪光灯记忆	无意义音节	记忆实验的四面体模型
地板效应	对偶联合回忆	迁移恰当加工
迫选再认测验	语音(音素)编码	尝试达标
295 自由回忆	启动	残词补全任务
结果的普遍性	前摄干扰	是/否再认测验
字形编码	回忆	

▼　讨论题目

1. 除了本章前面所提到的,请确定两种情形,在这两种情形中,天花板和地板效应使得对实验的观察变得困难。在实验中怎样才能克服由这些效应而产生的问题?

2. 研究者经常沮丧地发现有些结果不能推广到新的情景中去。请讨论一下为什么推广的失败却常能促进我们对某种现象的理解。当过去的知识无法理解异常的实验结果时,科学的新发现反而诞生了,你能举出科学史上的此类例子吗?

3. 尽管多因素实验比较复杂,但是它有哪些优点而使得其在研究者中大受欢迎? 请讨论多因素实验与结果普遍性问题之间的关系。

▼　网络资源

有关记忆的基本知识以及如何培养较好的记忆能力的一个优秀网址如下:
http://www.muskingum.edu/~cal/database/general/memory.html
应用记忆研究所的网站上有关于记忆常见问题的列表(及其答案),网址如下:
http://www.memoryzine.com/index.html

▼　实验室资源

兰思顿手册(Langston,2002)的第五章介绍了一项语义记忆任务:被试像下面这样回忆单词,即"在槌球运动中,球必须通过的一个拱形或环"(答案是拱门)。有趣的是完成这项任务的能力,或者借助/不借助动作(一些被试被迫自己手中握着一个棒,而其他被试根据自己的意愿自己做动作)。研究假设是动作能帮助人们提取出单词。阅读这些实验,并运用詹金斯的记忆模型去重新生成实验变量。

▼ 课后练习：记住"9·11"恐怖袭击

你能回答下面的这些问题吗？

你第一次听说"9·11 袭击"消息是当天的什么时间？

当时你在哪儿？

你正在做什么？

谁告诉你的？

另外还有谁？

对"9·11"你有什么感受？

你能描述这次袭击经历中至少三个清晰的细节吗？

听到这个消息之后你立刻做了什么？

问你一些朋友同样的问题。如果机会好的话，你和你的朋友都将能够很自信地回答出所有问题中的至少五个问题，那么你对听到"9·11"消息的记忆被归入到闪光灯记忆（flashbulb memories）。闪光灯记忆比较鲜明的特点是其形象性，当人们听到这个消息时，他们就能报告出自己当时穿什么衣服这样不重要的细节。闪光灯这个术语是布朗和库里克（Brown & Kulik, 1977）为了描述人们听到震惊消息后的鲜明记忆而杜撰的。他们之所以选择这个术语，是因为"它表明惊讶，一种偶然的呈现，以及简短性"。

所谓闪光灯记忆实际上是鲜明的自传体记忆，而且像其他个人记忆类型一样容易出现错误。例如，当奈瑟尔和哈希（Neisser & Harsch, 1992）把最初的报道和那些 32 个月至 34 个月后收集的报道相对比时，发现人们对听到的"挑战者"号航天飞机爆炸消息的记忆发生了改变。在 36 个被试中，只有 3 个被试能够准确地记住所有的主要细节。22 个被试在 3 个主要记忆细节（地点、活动和消息来源）上有两个都是错误的，剩余的被试在 3 个问题的回答上都是错误的。像这种记忆歪曲似乎是随着时间的推移而形成的。席摩等人（Schmolck, Buffalo & Squire, 2000）考察了对听到辛普森（O. J. Simpson）杀妻案的听审会裁决的记忆。与最初的报告相比，裁决之后 15 个月大约 50% 的报道都是高度准确的。然而，32 个月之后，只有 29% 的报道是高度准确的了。

有许多原因可以解释为什么这些记忆会随着时间的变化而受到歪曲。当事件发生后人们会继续谈论和思考它们。面对不同的人或者出于不同的目的，人们讲述的故事会有所不同，于是记忆就受到了影响（如，Tversky & Marsh，2000）。人们也会聆听其他人的讲述，而聆听者可能随后把从他人那里听到的消息细节纳入自己的记忆之中（如，Niedzwienska，2003）。人们也具有对事件应该是怎样的信念，于是就可能重构自己的记忆以使其与这些信念相匹配（如，Ross，1989）。

在"9·11"袭击事件发生后，许多心理学家立即收集了对其的记忆。一些后续的研究正在进行，而且已经发表了大量的研究报告（如，Luminet et al.，2004；Talarico & Rubin，2003；Wolters & Goudsmit，2005）。如果你反复多年地接触这批人，那么你可能会思考什么样的记忆问题将会比较有趣。

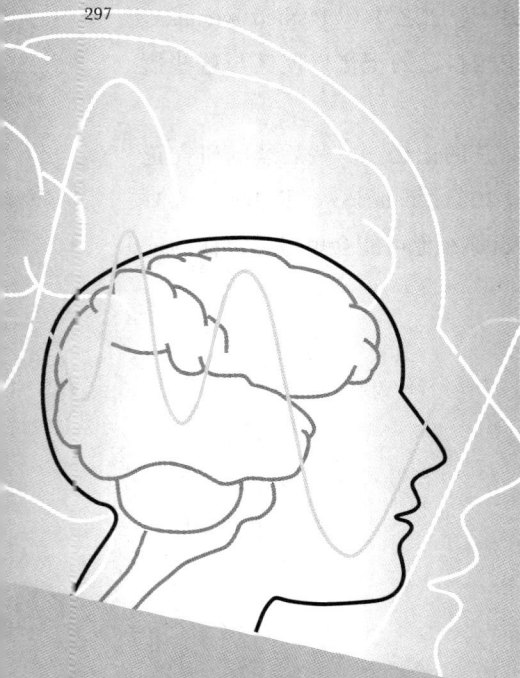

第十一章
思维和问题解决

构成生命的主要成分并非事实和事件,而是大脑中经久不息的思想风暴。 298

[Mark Twain]

如果这时你没有问题,我们给你一个。仔细阅读下面的问题并对照图 11 - 1 的说明。在阅读下面的内容前仔细想一想这个问题。

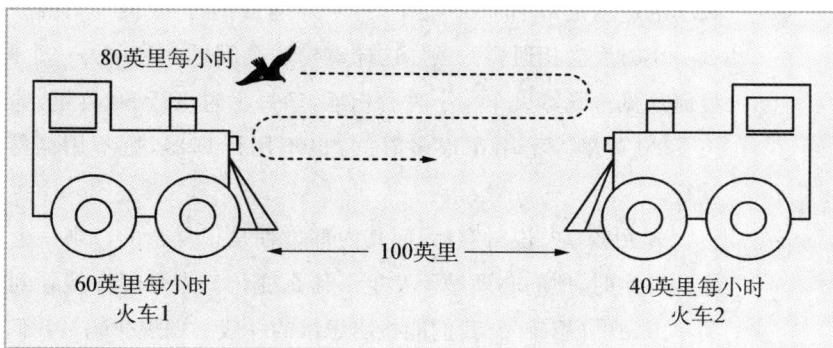

▼ 图 11 - 1　　　　　　　　　　　　　　　　　　　　　　　　　　　　　　　299
车鸟问题的图示。

两个车站相距 100 英里,星期六下午 2:00 两列火车分别从各自车站相向而行。一列火车每小时行驶 60 英里,另一列是每小时 40 英里。在火车开出时,有一只鸟在火车前飞行,速度是每小时 80 英里,鸟以恒定的速度在两列火车之间来回飞行。问火车相遇时,鸟飞了多少英里?

你能解决这个问题吗?大多数人解决这个问题时都有许多困难,但有些人几乎是立刻就解决了。你也许认为他们是数学家,事实上根本不是。

让我们来看看大多数人是怎样解决这个问题的。受这一问题的文字表述和图示的影响,他们立刻考虑的是,鸟从第一列火车飞到第二列火车花了多少时间?第二列火车在遇到鸟时开出了多远?然后是鸟飞回第一列火车的时间是多少?那列火车又跑了多远?等等。他们的一般策略是试图计算出鸟每次在两列火车之间飞行的距离,然后把每次距离相加就知道在两列火车相遇时鸟飞行的距离了。这是一个很有道理的策略,假如你有足够的时间,一架好的计算器,并具有微积分方面的知识,会算出答案的。

　　既然你很可能不具备上面一个或一个以上的条件,就需要找一个更简便的方法了。思维可被定义为"通过心理操作而获得新表征的过程"(Posner,1973,p.147)。我们可以说,思维是找出简单方法来解车鸟问题的必要手段。要解决这个问题,你必须重构概念。事实上,你作出适当的概念重构后,这个问题的解决就简单明了了。你需要关注的是两列火车在相遇时走了多长时间。既然一列火车的速度是每小时60英里,另一列是每小时40英里,它们相距100英里,那么一小时后会相遇。一旦你这样重构这个问题并利用另一个侧面的信息,答案显而易见。既然火车一小时后相遇,鸟每小时飞行80英里,那么火车相遇时鸟飞了80英里。不用花很多时间,也不用计算器,更不用高等数学,只要思维就行。

　　只要思维? 说得容易,但其内部过程是很复杂的。当一个人在寻找一个问题的答案时,他的心理过程发生了什么变化? 人是怎样搜寻到解决这个问题的简单方法的(思维)? 我们能找出思维的一般心理规律吗? 我们怎样才能研究这种内部过程? 这些包括在我们这一章要讨论的难题之中。

　　本章要讨论的实验主题包括结果的信度问题(或者叫可验证性)、无关变量和实验控制问题,以及心理研究中言语报告的使用。第一个问题涉及结果的信度:如果进行第二次实验,得到与第一次实验相同的数据以支持相同结论的可能有多大? 所有的研究都存在这个问题,但在思维和其他一些有复杂心理过程的实验中尤为突出,这一原因我们下面会讨论到。第二,问题解决和思维实验很复杂,因此设计要非常精巧以便实验具有趣味性和有用性,做到这点在这一领域是必要的。因为可能影响思维过程的因素有许多,在控制无关变量的同时,我们怎样控制某个自变量? 最后一个问题是被试的报告及其在心理学研究中的价值,在诸如问题解决和思维研究领域,人们常常还是愿意说出他们在解决问题时是怎么想的。在实验过程中,我们能把他们的报告作为有用的证据以研究心理过程的性质吗?

▼　两种思维方法

心理学史上有两种侧重点不同的研究问题解决的基本方法,它们对思维和学习研究都有深远的影响。这两种方法是自下而上(材料驱动)分析和自上而下(概念驱动)分析,类似于第七章讨论过的知觉研究的方法。

桑代克的试误学习

在一些有趣的早期实验中,如桑代克(Thorndike,1898)研究了猫的问题解决。在实验中,他把猫放在构造特别的迷箱里,箱的外边放着食物,猫要解决的问题是怎样逃出迷箱获得食物。在有些情形下正确的解决办法只是拉一下绳子,但有时猫可以用三种不同的解决方法。桑代克观察了猫在迷箱里的一系列尝试,并测量了猫在每次尝试中逃离迷箱所需的时间。开始时,猫尝试了种种的策略试图逃离迷箱,并用间接方法扑打其附近的物体。最终,它也许就能抓住那条绳子并把自己放出去了。由此可知,猫显然是通过尝试错误来学习的,至少在开始时它成功逃离迷箱似乎完全是偶然的。经过一系列学习,猫在每次试验中能够更快、更系统地逃离迷箱。然而不管怎样,支配猫解决问题的指导原则是一种试误学习。

在分析试误学习时,桑代克特别关注成功。他认为似乎是导致成功的正确行为产生了铭记或学习效应。行为的效果导致成功,而这种效果又在行为中得到巩固。这些早期实验产生了效果律理论和强化的概念(见第九章)。这种自下而上研究的历史影响,在动物学习的领域中是极其深远的,它的重要性也是无可比拟的,而且也远大于在思维和问题解决领域中的。人类思维和问题解决侧重于比较高水平的概念驱动过程,这一点将在下面讨论到。然而,仍有从试误学习或操作性条件反射角度分析人类思维过程的必要(见 Skinner,1957,第十九章)。

柯勒的黑猩猩的顿悟

1913 年,德国心理学家柯勒(Wolfgang Köhler)被他的国家委派到特纳利夫岛(属加那利群岛)研究类人猿。此后不久,第一次世界大战爆发,柯勒被留在岛上。在那里,他进行了黑猩猩问题解决能力的实验研究。与桑代克迷箱问题中猫抓绳子解决问题的办法不同,他实验中的许多问题不能用简单、直接的办法解决,而要通过更多的间接方法。柯勒在他的《猩猩的智慧》(The Mentality of Apes)书中讨论了他的研究,该书德文版 1921 年出版,英文版 1927 年出版。

在一个问题中,柯勒把香蕉挂得离猩猩很高、即使用围栏内的棍棒也够不着的地方。这个问题需要用间接方法解决。柯勒详细记录猩猩获取香蕉的种种努力。通常,它们先尝试直接获取的方法,如用棍棒去够或者去拨香蕉。这些方法失败后,它们似乎陷入杂乱无章的动作中,或者常常看上去要放弃这个问题。然而,之后突然有一只猩猩正确地解决了这个问题。在这一实验中,解决的办法是把围栏里的木条箱堆在一起,然后站在上面就会取到香蕉(见图 11 - 2)。

301

▼　图 11 - 2
柯勒的一个实验。柯勒实验中的一只猩猩把一只箱子放在另一只上面来取香蕉(采自 Köhler,1927,图五)。

柯勒强调顿悟在问题解决中的重要性。顿悟是指个体以独特的方式构思问题并使问题得以解决的能力。在黑猩猩的例子中,顿悟常常看起来发生在瞬间。在一系列无规则的动作,或者根本没有动作之后,猩猩会突然想到箱子与问题的

关系,一旦到了这个时候,顿悟就完成了,解决问题也很简单了。柯勒自上而下的问题解决实验强调对问题的结构、计划和概念属性表征而不在于试误。他是格式塔心理学派成员(见附录 A),这一学派的观点在某种程度上受到从桑代克研究工作发展而来的行为主义基本分析方法的反对。行为主义和格式塔理论都对心理学有很大影响。

▼ 11.1 实验主题与研究范例

主题　信度与重复
范例　类比推理

实验结果可信性的基本问题可简单归结为:如果重复实验,其结果与第一次相同吗? 这在心理学研究中是一个关系重大的问题。如果我们不能合情合理地确信实验结果是可信的,那么结果就毫无价值。

决定我们观察值信度的关键是观察量。观察量越大,我们越相信样本统计值接近总体参数值。如果在美国随机抽取一个样本进行问卷调查(例如,关于他们在即将开始的总统大选中的个人偏好),我们相信样本容量为 10 万人比样本只有 100 人反映出的全国民众意愿更准确。

这类似于拉斯维加斯赌场确保盈利率的方式。对于像 21 点游戏、双骰子游戏和轮盘赌游戏来说,总体参数(真实胜率)都是已知的。得到的个体观测值(下注)越多,结果就越能够反映总体参数。因为胜率是有利于赌场的,所以赌场总能盈利。

必须牢记,某一特定结果的信度取决于产生这一结果的观察量。因此,在实际情况中,我们一般尽量使观察量增加到最大限度。这样做不仅可以提高结果的信度,而且可以增强我们所使用的统计检验的效力,或者说可以增强在零假设真为假时拒绝零假设的检验能力。所谓零假设,就是认为自变量对因变量没有影响的假设。

信度不仅涉及样本的容量和统计,也牵涉到实验结果可验证性的不同类型。实验的可验证性关键在于相关变量的确认,因为它们必须被系统地操作或控制以产生一致性的结果。一般来说,与简单心理过程的研究相比,在涉及复杂心理过程的研究中,应尽最大可能关注结果的信度。理由之一,在对复杂心理过程的

302

研究中,常需使用被试间设计,即把不同的被试分配到不同的实验条件中,这样可以避免在被试内设计中存在的延续效应(见第九章)。使用被试间设计比被试内设计会增加观察的变异性,因为被试间的个体差异不好控制。

研究复杂认知的实验存在信度问题还有一个原因,即采用被试间设计研究复杂认知过程,通常很难在每种条件下获得许多观察资料,这是因为逐个测量被试费时颇多。比如在问题解决这个研究复杂心理过程的实验中,也许要花 1 个小时来测量一个被试。因此,即使实验有 4 种条件,每种条件只作 25 次观察,也要将近花 100 小时来测量被试。由于这些实际操作困难上的原因,我们常在研究复杂心理过程的实验中看到每种实验条件下的观察量很少,虽然这样做会降低我们对结果信度的信心和统计检验的推断力。

变量介绍

因变量

有三种基本方法测量问题解决的过程。假如我们以是否给出车鸟问题的说明为例,一组被试用图 11 - 1 来解决,另一组则没有用图解。我们测量的是什么?首先而且最多情况下是,测量两种条件下在一定时间限制(如 45 分钟)内有多少被试解决了问题。但是大多数研究的问题很可能太容易或至少在时间限制内是可以解决的。万一两组中每个人都解决了问题又怎么办?这就不能判别自变量是否起作用。由于天花板效应(见第十章)在起作用,从两组解决问题百分比相等得出自变量不起作用的结论当然是不正确的,因为问题太容易不能揭示任何可能的区别。接下来我们能做的是,看看问题解决中的作业水平的第二种测量:潜伏期,或者解决问题所花的时间。即使两组中所有被试都解决了这个问题,他们也许在不同条件下花了不同时间。因而,尽管在被试解决问题的百分比上没有差别,在上述两种条件(有图组对无图组)下测量解决这一难题所花时间被证明是个敏感指标。事实上,即使没有天花板效应,两组被试中都有比如说 60% 的人解决了这个问题,那么其差别仍可由潜伏期揭示出来。因此,我们说潜伏期可能是一种比反映正确率灵敏的因变量指标,因为它可能在大多数条件下反映自变量效果的情况。(很少有反例,影响正确率却不影响潜伏期。)当然,我们通常希望正确率与潜伏期有高的负相关,比如在某些条件下少数被试能解决问题,他们也花了比较长的时间。

在某些问题的解决存在一种以上的方法时,第三种测量的是问题解决的质量。把问题解决的方法评定为一个顺序量表是可能的;换言之,能够把它们从好到坏进行排序。那么,即使正确率和潜伏期测量不能反映出两种条件下的差别,但一种条件下的被试也许比另一种条件下的被试获得更多满意的解决方法。

有人也许想使用这三种测量问题解决的指标作为对问题解决构成的会聚操作,但它们之间无直接联系。例如,在解决某个特定的问题时,一个条件下的被试可能会比另一个条件下的被试花更长的时间,并且在第一个条件下或许还有更少的被试百分比。但是这个条件下被试的解决办法可能会优于其他条件下的。换言之,自变量的变化可能会使一个条件中的被试常常在相对短的时间内产生一个糟糕的解决办法;而与此相反,另一个条件中的被试却极少可能产生一个更好的解决办法,并且还会花更长的时间。因此,这些指标的测量之间可能没有简单的关联。这是第八章中速度—准确性权衡的一种变式。

自变量

在问题解决研究中,最基本的自变量是问题呈现方式。这种呈现方式又有几种不同变化手段。让我们以本章开头讲述的鸟在两列火车相遇时飞多远的问题为例来阐明这个问题。手段之一,我们可以变化解决这一问题所需信息的呈现顺序及其重要性。鸟时速80英里是解决这一问题的关键信息,它被隐藏在问题的描述中。如果这条信息放在比较显眼的位置,被试也许早就有意利用它来构建问题情境。第二个手段是变化无关信息的呈现量。车鸟问题中星期六下午2:00开车就是一个完全无关的信息,应不予考虑。也许呈现无关信息越多而相关信息越少时,解决问题所需时间就越长。有无插图说明及插图的性质也有不同效果。提供和没有提供插图会有助于或有碍于问题解决,这取决于问题的性质。另外,有些心理语言方面的变量也被研究了,诸如用主动句或被动句来描述问题。除了与问题呈现方式有关的变量外,其他有影响的变量,如在解决问题时是否有时间限制(或其他类别的压力)、对解决问题的奖赏程度,以及不同类别被试的个体差异(例如智商的高低)等也会影响问题解决。

304

控制变量

在以人为被试的实验心理学中，凡涉及思维和问题解决的实验要比其他的复杂。因此，这一领域（包括其他涉及复杂心理过程的分支，如社会和环境心理学）需要特别注意实验控制。由于在这个领域中使用被试间设计（不同被试被分配到不同的实验条件中）很普遍，所以研究时必须谨慎并确保各种条件下的被试在统计上是相等的，这或者通过随机分配，或者在诸如 IQ 等维度上进行匹配来实现。同样，实验者还必须尽可能严格地控制无关变量（诸如问题表述方式或者呈现方式等）。

类比推理

我们要说明关于研究信度的几种深入观点，这种说明是通过类比的问题解决实验展开的。当人们通过类比来理解某些观点时，他们是根据彼事来理解此事的。要是在物理课上你的老师说原子结构在某种程度上类似于太阳系结构，或者在化学课上老师说气体的分子相互碰撞就像弹子球桌上的弹子，或者在心理学课上老师说人的记忆可类比一个大的图书馆或一部词典，那么你的老师的授课方式就是类比推理。他们试图用你已经懂的事物帮助你去理解不熟悉的事物。致力于思维研究的心理学家们长期以来就已经认识到，类比在思维和新发现的获得方面是很重要的。获得新发现的窍门通常在于对分属不同知识领域内两个事物间相似性的察觉（Hadamard，1945）。例如，在 17 世纪，哈维（Harvey，W.）在他把心脏想象为一个水泵时提出了血液循环的动力模型。

类比推理的研究非常困难。问题解决、思维和发现这些课题长期未能得到心理学家的理解。然而，在最近的 20 年左右，这一领域的许多前沿问题都获得了进展（Mayer，1983）。在这里我们用吉克和霍利约克（Gick & Holyoak，1980，1983）实验中的例子来说明这方面研究的趣味性，并能从中看出确定实验现象信度的重要性。

吉克和霍利约克对问题解决过程中的类推效应感兴趣。在讨论实验前，我们给你看他们用过的问题，你先思考一下。这个问题叫辐射问题，它于 1945 年首先由邓克（Dunker）使用，可表述如下：

　　假如你是医生,面临着一个胃部有恶性肿瘤的病人。在肿瘤上不能动手术,但是,肿瘤不切除,病人就会死去。有一种射线能摧毁肿瘤。如果以足够高的辐射强度直接照射肿瘤时,肿瘤就会被摧毁。但不幸的是,当高强度的辐射经过机体的其他地方时,健康的组织也将同时被摧毁。低辐射强度的射线虽然对健康肌体无害,但也不能对肿瘤起作用。我们应该用什么类型的射线去摧毁肿瘤而同时又能避免伤害健康的组织呢?(Gick & Holyoak,1980,pp. 307 - 308)。

　　合上书,在你往下读之前思考一下怎样解决这个问题。直到你至少想出一个办法时再往下读。

　　你怎么做?许多学生解决这个问题都有困难,他们被问题中的诸多要求限制住了。许多"解决"的办法依靠先进的医疗技术,比如,先使用某些药物保护机体免受伤害,然后再对肿瘤进行辐射。一个较可行的解决办法是对病人进行手术,在患处插入一根导管,或者暴露出肿瘤,使射线能直接作用于病变器官。然而,最具创造性和有效性的解决办法是从不同方向上对准肿瘤发射若干束弱射线,并使它们会聚在一起。每束射线弱到通过机体时不致产生伤害,但是所有这些射线的强度聚集在一起又足够摧毁肿瘤。只有少数学生想到了这种方法。邓克对这一问题的最早研究中,45 个被试中只有 2 个(4%)提出了这个解决办法。

　　吉克和霍利约克(Gick & Holyoak,1980,1983)感兴趣的是,当在辐射问题前先给出一个类似的问题及其解决办法时,是否会有更多的人能解决这个问题。即被试是否能从第一个问题中提取出指导原则,然后运用到第二个中去。基于这种想法,吉克和霍利约克提出了其他的"类比故事"。这些类比故事蕴涵着高效解决辐射问题的基本原则。

　　在一个叫"指挥官"的故事中,一支坦克部队的指挥官要向敌军要塞发起攻击。如果使用大量坦克进行攻击,他获胜的机会很大;但他的部队必须经过一些狭窄而又不牢固的小桥,每座桥仅能允许少量坦克通过。而使用一座桥能够通过的很小兵力发起攻击又很容易被敌方击退。为了取得胜利,这支坦克部队的指挥官突然想出了一个方案,他向环绕敌军要塞的每座小桥都派遣了少量坦克,然后所有的坦克就可以同时通过小桥进行攻击并占领敌军要塞。

　　坦克攻击问题与辐射问题之间的相似性是明显的。这两种情形都要求问题解决者放弃对敌军要塞或肿瘤的直接进攻或辐射，先分散力量或辐射线，然后再同时从不同方向会聚攻击或辐射。实验中被试是否会用指挥官故事中的道理来解决辐射问题？吉克和霍利约克（Gick & Holyoak, 1980）做了一系列实验，研究了三种情况下被试对辐射问题的解决，即被试或者读过类似于"指挥官"的故事，或者没读过任何其他的故事，或者读过不相关的故事。他们在一些实验中发现，那些在解决辐射问题前没有阅读故事或阅读无关故事的被试仅有大约10％是用最有效的方法解决问题的。然而，当在被试解决辐射问题之前呈现过类比故事，大约75％的人在限定时间内解决了问题。由于几个实验都得出了这样的结果，因此可以说这一基本现象是经过反复验证过了的。显然，人们的问题解决能从类比中受益。

306

实验中的一个结果使吉克和霍利约克仔细思考了类比推理过程。在系列研究的第 4 个实验中，他们让所有被试读类比故事，然后解决辐射问题。在实验四的提示条件中，告诉被试在接触辐射问题前，他们要阅读一个故事，并能够利用故事作为提示考虑怎样解决问题。（这种指导语在吉克和霍利约克早期系列实验中都有。）在无提示条件中，主试没有提示被试刚读过的故事与他即将面临的问题解决任务之间存在的联系。结果显示，提示确实是解决类比推理问题的一个重要的因素。当作了提示后，92％的被试解决了问题；没作提示，则仅有20％。这一结果似乎显示，只给出类比是不够的，还必须引导被试在试图解决后一问题时要积极利用它。（实验四中解决问题的百分比 92％高于与之相关的早期实验 75％，这是由于不同实验中使用了不同的故事。）

这一事实也许不足为奇：告诉被试利用知识源确实能引导他们这样做。但令人奇怪的是，未经提示的少数被试（20％）是怎样自发找出解决问题的办法的。在任何实验领域里，每当产生出的新发现令人惊奇时，我们首先会问自己：它是真的吗？这又把我带回到了信度的问题中，即如果重做这个实验，还会得到与之相同的结果吗？

回答这个问题的一个方法是计算推断统计的结果，有关它的逻辑在附录 B 中已作描述。简单地说，推断统计被用于确定两种条件的结果差别是由自变量还是随机因素造成的。如果不同实验条件下所得出的结果之间差异很大，而且这种差异会是由偶然因素导致的概率低于 1/20 时，那么研究者可以排除偶然因素导致该结果的可能性,而认为结果是由自变量造成的,如上述实验中的有无提示条件。事实上,吉克和霍利约克运用合适的推断统计得出,两组间解决问题百分比的差异不是由偶然因素,而是由实验中是否有提示条件造成的。因此,我们可根据这个统计检验得出差异具有**统计信度**。

统计信度是得出实验结果的必要条件,但许多研究者更喜欢实验同时也具有**实验信度**。如果实验在完全相同条件下重做,结果会和以前一样吗?流行于研究者之间的一句格言是"重复一次抵得上一千次 t 检验。"(t 检验是用于评估两种条件下统计信度的众所周知的统计检验。)这句格言的要旨是许多研究者相信实验验证好于应用于初次实验结果的推断统计。尽管结论在统计上被认为是可信的,但由偶然因素(统计信度仍保留 5％的错误概率)、一些未被注意到的混淆因素,或者实验者误差所造成的错误可能性仍然存在。例如,大多数聪明的被试碰巧被分到一种条件中。尽管这些可能性不太容易出现,但有时它们确实发生了。在某些实验中,被试被随机地分配到各种条件中,在主实验之前,不同组要进行预测,以确认组间被试能力是否相等(在总体上)。偶尔,在用自变量测试之前,这种预测表现出了差异(参见 Tulving & Pearlstone,1966)。由于这种问题也会发生在控制很好的研究中,因此,研究者鼓励进行验证实验,即便是推断统计显示一些效果是可信的。

有三种类型的实验验证:直接验证、系统验证和概念验证。**直接验证**就像其名称所蕴涵的那样,是指在尽可能保持原实验方法的情况下在实际中重复实验。如果吉克和霍利约克试图尽可能准确地重复他们的第四个实验,除了所测验的新被试组被随机分配到各条件中之外,这就构成对他们实验的直接验证。

另一种较有趣的验证类型是**系统验证**。运用系统验证时,实验者试图变化那种被认为与实验结果不相关的因素。如果原始实验中发现的某种现象是真的,那么,尽管重做中一些因素发生了变化,但它该仍然出现。如果重做时原始实验的结果不再产生,那么研究者就在他的实验中发现了重要的边界条件。事实上,吉克和霍利约克系列实验之四可被认为是系统验证,这种验证产生了重要的新信息。在他们的前三个实验中,吉克和霍利约克让被试在解决辐射问题之前,或是学习一个包含类比推理的故事(实验条件)或是学习一个没有类推的故事(控制条件),然后比较了两种条件下的问题解决情况。如前所述,他们发现,在实验条件下比在控制条件下有更多的被试使用"会聚解决法"(从不同方向发射射线)解决辐射问题。他们在多次的实验中都验证了这一观察。然而,在前三个实验的每个条件下都提示被试利用故事试着解决这个问题。在实验四,吉克和霍利约克尝试变化这一变量特征(似乎很小),这可以使实验在系统验证方面进行讨论。他们发现这种提示实际上是实验控制的一个关键部分;仅让被试学习故事然后试着解决问题而不作特别的提示时,能够解决辐射问题的被试人数就远远地少于前面三个实验。

概念验证时,被试试图验证一个现象,但在某种程度上又与原先的实验有很大的不同。紧跟着前面描述过的实验之后,吉克和霍利约克(Gick & Holyoak, 1983)又做了一些实验,试图确定能够促进类比故事对问题解决产生正迁移的条件。在带有辐射问题和另一个别的问题的三个实验中,吉克和霍利约克让被试以不同的方式(实验条件)加工类比故事,以便了解正迁移量能否增加,对照组只是呈现类比故事而不带任何指导语(控制条件)。他们发现下列情况下正迁移量(用实验条件下被试解决问题的百分比与控制条件的百分比之差作指标)没有增加:①告诉被试概述故事而不是要他们为了回忆测验而学习(实验1);②在给被试包含解决问题的策略本质的故事时,是否同时告知其中的原理(实验2);③把图解和故事一起呈现给被试(实验3)。

吉克和霍利约克确实成功地揭示了在解决辐射问题时产生类比故事的正迁移的条件。当被试学习两个类比故事并亲自描述其相似性(在问题前给出)时,产生的正迁移要比只是学习一个大得多。吉克和霍利约克认为,被试学习两个类比故事,然后思考其相似性能产生好的内在观念(或用他们话说,图式),这一观念能自动地用于解决新问题。

尽管吉克和霍利约克的实验并未直接或系统地验证他们早期得出被试难于自发应用类比解决问题的实验研究,但他们会聚出了一个相同的结论,即难于从类比来改善推理。因此,这些后来做的实验可被看作概念验证,尽管实验技术不是原实验中的确切复制品,但在某种程度上他们验证了那种没有明确指导的类推困难现象的本质。

实验验证问题与**结果的普遍性**的主题交织在一起。在系统验证和概念验证中,研究者的兴趣并不在于精确地重复实验,而在于在探求这一现象能否以一种方式或另一种方式被推广。在系统验证中,被操作的变量(目的在于寻找普遍性)与原来实验变量的差别只是象征性的而不是实质上的。而在概念验证中,程序中的差异要大得多。在某种意义上说,如果研究者发现了该现象不能被验证的条件,那么对于研究本身来说,这是最好的结果。

例如,斯潘塞和韦斯伯格(Spencer & Weisberg,1986)重做了吉克和霍利约克在被试解决辐射问题之前有两个类比故事的实验条件。他们增加了一个有趣的变化,即在开始时,改变了最初训练故事与辐射问题的给出借口。在"相同情境"条件下,被试相信所给的三个故事是预备实验的一部分,并由同一个进入他们教室的实验者测试;在"不同情境"条件下,告诉被试只有前两个故事属于实验部分,训练完毕,实验者离开教室,他们的教师要他们解决辐射问题以作为"等级评定"的一部分。除此之外,辐射问题有立即呈现和在训练问题的 45 分钟后呈现两种方式。不同教室的被试参加四种不同的实验条件组合,但始终没有提示被试辐射问题与前两个问题之间存在的关联与类似。

结果见图 11 - 3。当前两个问题与辐射问题间没有延迟时,相同和不同情境组的迁移量相等。然而,训练问题和辐射问题间延续 45 分钟时,只有相同情境下尝试解决辐射问题的被试存在迁移效应,不同情境下的被试没有迁移效应。

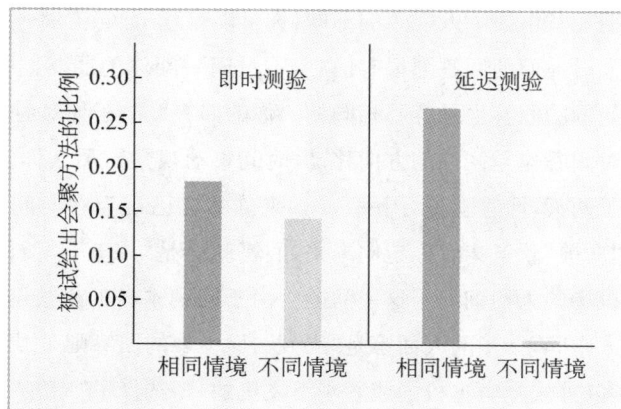

▼ 图 11 - 3
斯潘塞和韦斯伯格(Spencer & Weisberg,1986)实验中在解决相同类型问题时显示出迁移的被试比例。在不同情境的条件下,告诉被试,训练问题属于实验部分,而测试问题则属于班级的等级评定部分,当测试问题出现在训练问题呈现的 45 分钟之后时,没有出现迁移效应。而在相同情境的条件下,告诉被试三个问题都是实验的一部分,在即时和延迟测验中都有迁移效应。

当类比故事与辐射问题间明显的联系受到改变了的问题解决任务借口破坏时，被试就没有发现辐射问题与前两个故事的类似性。这些结果显示情境与测试时间之间存在交互作用，从而支持了前述的结论，即把类比推理推广到新的问题与背景中是有困难的。它们还有助于确定类比迁移能否被获得的条件。

许多研究关注了类比法在教育情境中的使用情况（Bulgren, Deshler, Schumaker & Lenz, 2000；Kolodner, 1997）。不过其他一些情境也同样令研究者们感兴趣，包括（并非局限于）人们如何在谈判之中使用类比法（Gentner, Loewenstein & Thompson，2003），以及如何在政治事件与领导人之间进行类比（Holyoak & Thagard, 1997）。一个创造性的新研究方向是考察具体性的类比怎样帮助人们理解抽象概念（Boroditsky, 2000）。例如，想一想你是怎样谈论时间的：你借用了"在前"、"向前"以及"在后"这样一些描述空间的词语。也就是说，你将个人的物理空间经验作为类比来谈论和思考时间（而实际上你既看不见也摸不到时间）。在一系列设计巧妙的实验中，波洛狄特斯基和拉姆斯卡（Boroditsky & Ramscar, 2002）证明了人们的物理位置是如何影响到他们对时间问题的回答的。这两位研究者向参与者提出了一些模棱两可的问题，比如"假设你被告知下周三的会议向前调整了两天，那么会议时间改变后，开会那天是星期几？"根据个人视角的不同，你可能有理由回答"周一"或者"周五"。（绝大部分人对他们的回答都很有信心，不过问一问你的朋友们——你会发现他们对这一问题的回答也是各不相同的。）你的回答取决于你对时间的思考方式。如果你将时间看作是往你的方向移动（时间移动视角），那么你就会想到时间（向前）移近了两天，回答就是"周一"。如果你将自己视为在时间中移动（自我移动视角），"向前"就意味着你走向未来，回答就会是"周五"。波洛狄特斯基和拉姆斯卡在机场向人们询问了这一问题。由于问题本身的模棱两可，在到机场迎接旅客的人中间，一半的人回答是"周五"，而一半的回答则是"周一"。但是超过半数的乘客（等候乘坐飞机的或者刚下飞机的）却选择了"周五"——因为当航空旅行者在物理空间中穿梭的时候，他们会认为自己正在移动，于是就使用了自我移动的空间视角来回答时间问题。波洛狄特斯基和拉姆斯卡在不同来源的被试身上发现了使用空间隐喻来回答时间问题的会聚证据，这些被试包括实验室的被试、火车上的旅客以及排队等候吃午饭的人群。例如，在排队等候吃午饭的人中间，占位越靠前的人在回答这个模棱两可的问题时就越有可能回答"周五"，因为他们刚刚体验到了自己空间位置的移动，于是就使用了相应的视角来回答这一问题。

就我们刚才描述的那个研究而言，一个合乎情理的问题是："人们用类推来有效解决问题的条件是什么?"霍利约克（Holyoak，1990；Holyoak & Thagard，1989）提出了有关成功产生类比迁移的条件的理论。根据他的理论，只要被试发现在原问题和迁移问题间有一组最好的联系，那么解决攻取要塞问题经验将有助于解决肿瘤问题。霍利约克称这种在一个问题和另一个问题之间建立的元素间联系的方式称为映射。例如，在要塞和肿瘤例子中，被试要明白攻占要塞和摧毁肿瘤的对应关系；不仅如此，被试还要清楚射线的摧毁能力与部队攻占能力间的对应关系。

根据这个原理，上述相似必须要以固定一致的方式被思考。即原问题和目标问题之间的映射或相似必须要有**结构一致性**。结构一致性是指两个问题中相似的元素需要以与全体映射一致的方式来建立联系。

请思考展示在图 11-4 中的结构映射。霍利约克假定，如果人们对两个问题中的一对元素所觉察到的关系是一致的，那么其他元素间的关系也就只能一致了。如果问题解决者注意到要塞与肿瘤之间类似，那么，攻占就只得与摧毁相联系，摧毁者（射线）与攻占者（本例中指部队）相映射。这种类比映射模式在结构上具有一致性。

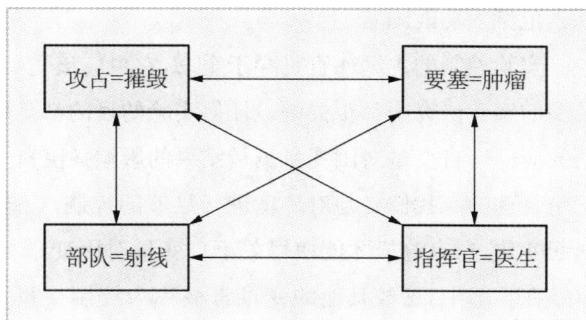

▼　图 11-4

霍利约克的肿瘤和要塞问题中因素类比联系模型的略图。

图 11-4 显示了两个问题成分间的相似性构成了一个相干集合，这样就为

311

彼此提供了相互支持。例如,如果有人首先认出了其中一个对应点——如,部队对应于射线——那么其就很有可能注意到其他对应点,比如指挥官和医生之间的对应。霍利约克认为,他的结构一致性理论有助于明确类比解答在哪些条件下比较容易,而在哪些条件下又比较困难。如果人们能够再认出一个或者两个映射,其他映射就会依次出现,问题就被解决了。

诺维克(Novick,1990)的实验显示,概括化程度依赖于问题的表征或抽象的方式。假如一般问题解决策略,比如使用一种二维矩阵作为解决手段的思维,在解决某一类型问题时被证明是有价值的话,人们也会在其他不需类推解决的问题中使用这一策略。

如果研究者不能发现控制现象的出现或缺失的变量,那么若想理解实验主题是困难的。进行系统验证和概念验证有助于研究者描述某一心理现象的边界条件:保证该现象存在的条件。换言之,一旦超出了这些条件,那么该现象则不复存在。当影响这一现象的变量被发现后,又由于相关因素是了解的,研究者可构建关于这一现象的较好的理论。

▼ 11.2 实验主题与研究范例

主题　实验控制

范例　功能固着

实验控制的主题一直贯穿于全书,它也应该受到这样的重视,因为它在所有类型的实验研究中都很关键。任何实验的目的都是观察某些变量被操纵后出现的效应——自变量对因变量测量结果的影响。由自变量导致因变量的效果的结论是合理的。我们必须对环境进行足够的控制,以保证没有其他因素和自变量一起变化,只有这样才能使得关于自变量对因变量是否产生影响的推论充分可靠。在本书中,这些其他的变量常被称为控制变量,尽管它们有时也叫无关变量,后者甚至叫讨厌的变量。如果无关变量和自变量一道起作用,我们就无从知道因变量的结果是由自变量造成的还是无关变量造成的,或者是由两者共同造成的。在这种情况下,我们说这两种变量的作用发生了混淆。

在复杂心理过程的研究中,存在着比其他类型研究更多的实验控制问题。

在诸如问题解决研究课题中,通常存在许多影响因变量测量的因素,我们已讨论过其中的一些原因。由于在大多数研究中需要使用被试间设计,因此,被试间的个体差异在很大程度上引起了未受控制的变异,或称"误差变异"。我们不大可能严格控制影响实验环境的所有无关变量,但可以使这些变量发生非系统的变化,因为变量的非系统变化对所有实验条件的影响都是一样的。当然,这些随机变化的因素还是可能会增大测量的变异度。

由于这些变异对因变量的影响,确认自变量的影响是否可信就变得更加困难了。另一个实验控制的方法是减少影响因变量的无关变异源。但是,假使它们在实验中出现并普遍存在于问题解决和其他一些复杂心理过程的实验中,那么,为了取得可靠的结果,有必要在实验条件中增加观察次数。由于我们讨论过的实验操作上的困难,所以这个办法并不总是能做到。因而,在上述情况下,尽可能搜集并控制无关变量既很重要又很值得。

我们讨论的所有这些看法并不意味着对涉及有趣复杂过程的可靠研究在实践上是不可能的。不过,我们有必要把在这类实验中会碰到的困难牢记在心。一些实验心理学家认为这些复杂领域中的研究相对"草率",因为它常常缺乏严格的实验控制,并且在实验条件(导致不可信结果的)下运用很少的观察。这一领域的有些研究者似乎认为,在研究复杂心理过程的实验中面临的困难很大程度上是实验控制应该少些而不是多些。但很显然,研究复杂过程的这一固有难题是可以克服的。我们有这一领域的典型例子。

一个相关的例子是关于问题解决中功能固着的研究。这个工作开始于邓克(Dunker,1945,pp. 85 - 101)的一系列重要研究。这个概念背后的一般思想是:如果一个物体最近在某一情境中经常以一种特定方式被使用,那么其用于解决新问题的其他方式则可能被忽视。邓克设想了一系列的问题用来检验这一常识,但我们只能关注其中的一个,即著名的盒子问题。这是一个经典的问题,迄今为止仍旧有人在研究(Carnevale & Probst,1998;German & Defeyter,2000)。

邓克的盒子问题

在盒子问题中,被试的任务是把三支小蜡烛安置在与视线相平行的门上。被试使用的材料被放在桌子上。其中有几件重要的材料:几枚大头钉、几根火柴、三个火柴盒大小的用纸板做的盒子以及蜡烛。问题的解决办法是先把盒子钉到门上作为平台,然后再把蜡烛底部熔化后粘在盒子上。在控制条件下,盒子是空的;而在功能固着的条件下,盒子里装有所需的材料:第一个装几支蜡烛,第二个装图钉,第三个装火柴。这样,在功能固着的条件下,盒子的功能就作为一个容器固定在被试的头脑中。而在控制条件下这样的功能固着则要少一些,因为盒子并没有被当作容器使用。邓克还设置了第三个条件,即中性用途的条件,在这种条件中,盒子也作为容器,但装的是中性物品比如钮扣等非解决问题所需的物品。

这个实验需要采用被试间设计,因为被试一旦接触了问题,他们显然不能在不同条件下被重测。在这个特定的实验中,邓克在每个实验中仅安排了 7 个被试。在每种条件下被试解决问题的人数结果见表 11 – 1。控制条件下,7 位被试都解决了问题;但仅 43% 的被试(7 个中的 3 个)在功能固着的条件下解决了问题。在中性条件下,只有 1 个被试(占 14%)解决了问题。当然,这些实验条件结果差异未经统计上的检验,但控制组与功能固着组的差异得到了四个问题的验证。功能固着组与中性用途组之间的差异,得到在解决另一个问题时使用两个独立组实验的验证。既然功能固着效应已被验证多次,我们可以相信它,尽管在最初的实验中只使用了少数被试。

▼ 表 11 – 1 在三条件下被试中解决邓克盒子问题的人数

当盒子装着材料(功能固着和中性条件)时,解决问题的人数比盒子是空的(控制条件)少。可能在前一种情况下,盒子作为容器的功能固定在被试的头脑中,因而不容易看出它作为蜡烛平台的功能。

条件	盒子所材料	解决问题人数($n-7$)
控制条件	空盒	7(100%)
功能固着条件	盒子里装着蜡烛、火柴和大头钉	3(43%)
中性条件	盒子里装着无关的材料(钮扣等)	1(14%)

邓克的发现可以在格式塔问题解决原理的框架中得到解释,这在本章的前面已作了讨论。格式塔主义者认为,许多问题的解决是通过顿悟,或者以能够正确解决的方式对问题的突然重构,在邓克的实验中,功能固着条件下的被试似乎

不能克服他们见到的物体通常的功能所带来的偏见,也不能重构他们的知觉以看出物体的不同用途。

亚当森的验证

亚当森(Adamson,1952)在这方面做过一个很有趣的实验。他试图在三个问题解决中,比较被试在功能固着条件下和控制条件下的结果,来验证邓克的最初实验。这些问题包括上面已讨论过的盒子问题,也包括其他两个问题:回形针问题和螺丝锥问题。(这些问题确切性质我们无需涉及。)在每种实验中,都对比了有某物体的先前经验的被试(被试因而也把物体的某一功能作为固定特性来看)和没有这类经验的控制组被试。亚当森主要关注邓克实验中被试数量少的问题,因而在他的六种情况中分别使用了 26—29 个被试(3 个问题×2 个实验条件),测试因变量的指标有两个:在 20 分钟内能够解决问题的被试百分率和被试成功解决问题所花的时间。

结果是有意思的。当亚当森使用邓克的解决问题的被试百分比作为因变量时,他只是在盒子问题上验证了功能固着效应。多达 86% 的控制组被试和 41% 的功能固着组被试解决了盒子问题。然而,由于另外两种情况中存在天花板效应,其结果不可能解释原先实验的结论。即,两种条件下几乎所有被试都解决了问题,实验结果没有差异,每种条件下两个问题的解决率接近 100%。这个问题在本章变量介绍部分也曾被再次讨论过(也见第十章),我们没有根据得出结论说,在这些情形下两种条件间无差别。因此,在一定程度上可以说,该实验的结论是,因变量反应不灵敏以至于我们无法识别两种条件下的任何可能差别。

幸运的是,亚当森也使用了第二个因变量指标。他也测量了解决问题所花费的时间——通常称之为反应的**潜伏期**。回形针和螺丝锥两个问题在两种条件下被试解决的平均时间见图 11-5。只有那些真正解决问题的被试数据包含在内。尽管几乎所有被试都能解决问题,但两种条件下所花时间有很大差别。如图 11-5 所示,每一实验中,被试在控制条件下解决问题要比在实验条件(功能固着)下快得多。因而,在某一问题有功能固着时,表现为问题解决速度变慢,但并不阻碍问题的解决。功能固着这一要点在亚当森的三个问题解决实验中都得到了证明,但在其中的两个实验中,需要使用潜伏期这种比简单百分比灵敏的指标来测量被试的解决问题过程。

314

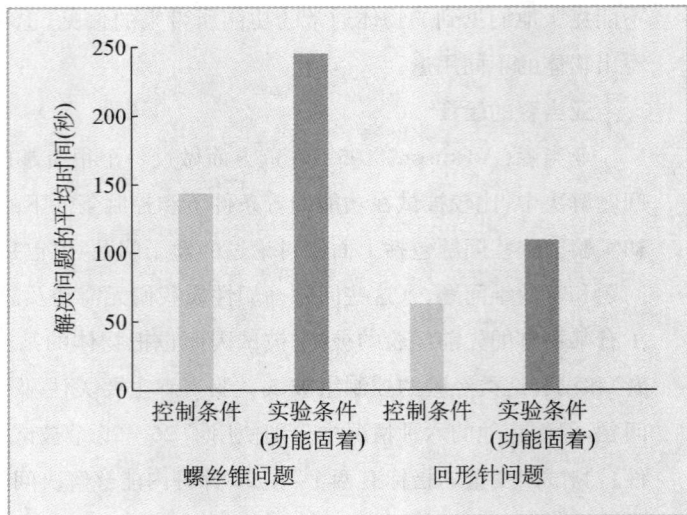

▼ 图 11－5

被试在亚当森实验(1952)的控制和实验条件(功能固着)下解决螺丝锥问题和回形针问题所花的时间。被试在功能固着条件下比在控制条件下花费的时间更长。

315　　　　　　潜伏期指标也可能由于地板效应而难以解释。例如,在亚当森的实验中,如果实验条件和控制条件下解决问题的时间都非常快(处于量表的底端),并且没有发现显著差异,那么就难以下结论说实验操纵没有效果。尽管情况并不是这样,但还是可以在图 11－5 中清楚地看到,与较慢的总潜伏期相比(螺丝锥问题),当总潜伏期较快时(回形针问题),实验条件和控制条件之间的差异也较小。

　　当使用百分比作问题解决的因变量时,为什么亚当森在螺丝锥和回形针问题实验中不能验证邓克的结果呢? 亚当森认为,可能是他用了许多聪明被试的缘故,当然,这也有可能。但是另一种真的可能原因是,亚当森允许被试用 20 分钟的时间解决问题;但邓克却相反,虽然他分配给被试解决问题的时间根据每个被试解决问题的进程而略有不同,然而事实上,邓克实验中给被试解决问题的时间似乎很少。

　　亚当森的研究是系统验证的精彩例子。控制得好的验证实验有助于澄清这一有趣现象的最初结论。这种验证是很有价值的,特别当它们经常产生对所讨论现象普遍性的新知识时。然而,当一个新现象在不同实验室被验证了一两次,为了深入研究的目的,简单的重复验证就不受鼓励了。(比如,杂志编辑多半不愿意发表那些进行直接验证甚或系统验证的研究报告。)实验应该转向对这一现象的影响因素的理解和发展出涉及心理过程的一种理论或模型。

在功能固着的研究领域中,格拉克斯伯格及其同事(Glucksberg & Weisberg,1966;Glucksberg & Danks,1967,1968)在功能固着的言语表达和标识效应方面进行了系统的验证研究。例如,在蜡烛问题里,当物体以言语标识(蜡烛、大头针、盒子、火柴)呈现给被试时,解决这一问题的被试人数要多于未用言语标识的人数。其中的奥妙是让被试想到盒子不仅用作装图钉的容器,也可以作为有解决这个问题能力的独立物体。标识物体有助于形成这一过程。正如格拉克斯伯格指出的,"世界的存在方式影响我们的所作所为,而我们以符号对世界的表征方式对我们作为的影响更大"(Glucksberg,1966,p. 26;楷体字部分是格拉克斯伯格原话中即予以强调的)。

▼ 11.3　实验主题与研究范例

主题　言语报告
范例　判断中的过于自信

在实验心理学早期,强调使用内省报告作为发现心理结构的方法。正如我们在附录 A 中讨论的,内省并不是对心理体验内容或其他方面内容的随便的、无规则的反应,而是描述心理体验的严格的方法技术。它的基本问题是信度:研究者在不同的实验室使用内省法常得出不同心理结构的结论。这也是内省法逐渐被弃之不用的一个原因,但把它驱逐出心理学研究领域,则是随着华生(Watson,1913)对构造心理学派的彻底批判和行为主义的兴起。由于内省法在构造心理学中有其语言上的专门内涵,因此在这里我们使用言语报告来标示心理实验中使用的被试报告(见第七章),有时也称之为主观报告。

尽管行为主义成功地清理了构造主义的方法,但主观报告法的使用仍在心理学研究中占有一席之地。事实上,使用言语报告非常符合行为主义者的科学原则,因为言语报告当然是外显的行为。实际上,行为主义奠基者华生在《行为主义》(*Behaviorism*)一书中"行为主义纲领"一节里表述得非常清楚:

316

行为主义者问:为什么我们不去了解我们能够观察到的真实心理世界? 让我们把目光放在只能被观察的事物上,并仅从这些事物中找寻规律。现在我们能观察到什么? 我们能观察到行为——**生物体动作或言语**。让我们马上指出:**说即是做**——也就是行为。说出来或自言自语(思维),就像棒球运动一样,是一种客观的行为(1925,p.6;楷体字部分是华生原话中予以强调的)。

使用言语报告受到行为主义奠基者的拥护。但正如斯彭斯(Spence,1948)指出的,构造主义与行为主义心理学家所使用的言语报告有着很大的差异。对前者来说,内省报告是一些被认为直接反映内部心理事件的事实或数据;在另一方面,行为主义者则认为言语报告只是行为的一种类型,是一种值得研究的因变量,言语报告的价值和真实性与其他任何一种反应类型或因变量毫无二致(参见第七章)。如果有人要用言语报告作为某种特定心理过程的证据,那么它只能作为几种必须的会聚操作中的一个。当然,言语报告在心理学的某一领域比其他一些领域更有用,思维研究就是应用言语报告很广泛的领域。

思维中一个关键因素是评估个人知识的能力。许多实验发现了熟知感现象,它最初由哈特(Hart,1965)进行了系统的研究。代表性实验是由弗里德曼和兰多尔(Freedman & Landauer,1966)做出的。实验中,给被试一系列涉及一般性知识的问题(如厄瓜多尔的首都是哪儿? 美国第五位总统是谁?)并要求回答。若被试不能回答,则要求他们从几个类似的答案中选择一个并以四点量表来评估自己对该选择的确信度。这四个判断为"肯定知道"、"可能知道"、"可能不知道"和"肯定不知道"。在做完这些熟知感判断实验后,再给被试呈现问题,并要求他们从六个可选项目中选出正确的答案。

被试从他们判定为肯定知道的项目中认出了73%,从可能知道的项目中认出了61%,可能或肯定不知道的项目中分别认出了51%和35%。这种评定等级与后来的操作存在相关的现象,显示出人们对他所知道的(紧接着回忆失败后的)主观感觉是相当准确的。其他一些实验也已揭示了与之类似的熟知感效应(例如,Koriat & Levy-Sadot,2001;schacter,1983;但是也有例外,见 Perfect & Hollins,1999)。而且近来的研究也说明特定的大脑活动是与感觉相联系的(Maril,Simons,Mitchell,Schwartz & Schacter,2003)。然而,上述数据的另一个有趣之处是,即使当人们确信他们知道问题的答案,但他们能作出的正确反应却仍然只有 73％。显然,监控人们知识状况的能力是很不完美的。通常我们似乎过于确信我们知道某种事情,事实上,当我们接受测试时,我们没有或至少不能够记起它。

其他一些使用细微差别方法的研究显示,人们有过于相信自己的知识的倾向。有一种方法是让人回答有两个选项的问题,然后叫他们估算他们答案的正确率。假如给你以下问题:"色素沉积的原因:(a)黄疸病(b)坏疽"。在选择了你认为是正确的答案后,要在 0.50 到 1.00 之间估算你真正正确的概率。(因为有两个答案,0.50 是随机概率。)利希滕斯坦和菲什霍夫(Lichtenstein & Fischhoff,1977)得出,尽管在信心判断和准确率之间存在相关,但被试对答案的信心要超出他们的知识所能支持的程度。例如,在一个被试自信回答的正确率为 80％的问题中,其实际正确率却只有 70％。这种过于自信似乎不是由于被试没有认真对待任务,因为在另一些研究中发现了同样的倾向。在那些实验中,甚至当一再强调准确估计的重要性并以输钱来对错误估计作惩罚时,被试仍然出现过于自信的问题(Fischhoff,Slovic, & Lichtenstein,1977)。

这些研究显示,尽管我们的言语报告一般和实际的知识存在相关,但决不意味着言语报告是对我们所知道知识的完美反映。这显示出认知过程中内省言语报告的缺陷。当我们进行某项操作时,记忆的怪异多变也可能对我们所思考的内容产生不正确或有偏差的判断。许多因素——动机的、情绪的、社会的——都可以减弱言语报告的准确性。确实,某些领域的研究者早就对言语报告的正面价值表示怀疑。

尼斯比特和威尔逊(Nisbett & Wilson,1977)回顾了许多在实验情境中涉及个体行为的言语报告的实验,并得出了惊人的结论:"在高级认知过程中几乎没有或者根本没有直接的内省觉察。"(p. 231)。他们使用了许多方面的证据得出了这一结论,其中一个常见的类型是,在被试间设计实验中比较被试的表现。实验中操纵一些实验变量并让它们显示出对行为有很强的影响,之后,问不同组的被试为什么他们以那种不同的方式反应。如果被试清楚地觉察到影响他们行为的这些力量,那么他们应该把自变量的影响作为决定他们成绩的关键因素而报告出来。在尼斯比特和威尔逊考察的许多情况下,被试都没有这样做,并且还否认这种自变量可能已影响了他们,即便是在实验者提出是有可能的时候。

尼斯比特和威尔逊以这些报告为依据提出,人们没有通向调节行为的认知过程的直接内省通道。由此得出的一个推论似乎是,主观报告通常不能准确描述人们的认知事件。(尼斯比特和威尔逊认为,即使这些报告是准确的,他们也是基于一般认识而非某些特殊的自我认识。)其他人则认为,尼斯比特和威尔逊的看法太极端(参见 Ericsson & Simon 1979;Simith & Miller,1978)。他们认为,在许多情况下,人们能表现出他们一般具有通向他们心理状态的精确通道。毕竟,在较早讨论过的熟知感研究中显示,即使被试不能回忆,但他们在判断是否知道信息方面基本上是准确的。尼斯比特和威尔逊描述的许多研究中都具有一个共同点,如使用被试间设计,被试在完成任务后报告。如果被试参加的是被试内设计,他们可能表现出更好的意识觉察,因为他们要接受所有自变量的测验。同样,如果要求被试在执行任务时进行报告(例如,大声对实验者说),报告也可能比较准确。使用内省报告法比立即报告法让被试更易受易犯错的记忆的影响;也许当他们正在做的时候,他们知道做了什么,但之后就忘记(或者是由于干扰)这样做的原因了。

梅特卡夫(Metcalfe,1986)进行了一个可获得即时报告的实验。她想知道要解决某类问题的人们是否体验到了某些预示着他们正在逐渐接近问题解决的感觉,或者解决方法是突然出现的。注意这个问题涉及了本章开始时讨论的试误学习与顿悟学习之争。梅特卡夫要被试解决许多不同的问题,诸如变形词(打乱词序的单词,如 travel 的词序被打乱后所生成的对应的变形 Valert)以及其他的难题。当他们在解决问题时,每隔 10 秒就响一次"咔哒"声,每一"咔哒"声中被试通过写 0 到 10 来评定他们接近问题解决的程度。"0"表示他们处于冷静状态,不知道答案是什么,中间值意味着他们逐渐感到兴奋,"10"表示他们解决了问题,此时,他们已写出了答案。

梅特卡夫推论到,如果问题解决是渐进的试误过程,人们会一步一步完成答案,他们的"兴奋感"比率会逐渐升高直至问题解决。另一方面,如果人们解决问题是通过突然顿悟的方式,那么在解决问题过程中间,他们的兴奋感应该保持一个低而不变的水平,当他们解决问题时,会突然跳到 10。最后,如果人们能准确估价他们是否获得了正确的答案,那么,"兴奋感"判断应该是正确答案比错误答案更高。

　　总之,这个实验提出了两个有趣的问题。第一,在逐步解决问题或者是在顿悟的一瞬间找到答案时,他们是否有主观感觉? 第二,人们是否有能成功解决问题的准确的主观预感? 即当他们的推理方法能产生正确的答案时他们是否知道?

　　梅特卡夫的实验结果是很有意思的。首先,被试的"兴奋感"比率倾向遵循顿悟模式。即当解决问题时,被试相对"冷静",没有迹象显示他们逐渐兴奋起来或更接近问题解决,直至他们的问题得到解决时。因而,对她使用的问题类型来说,人们倾向于以相当突然的顿悟方式获得答案。然而,最令人惊奇的结果是,被试的"兴奋感"判断很不准确,即当被试显示他们正接近答案时(即他们兴奋比率相当高时),他们事实上更容易给出不正确的答案而不是正确的答案! 因此,梅特卡夫的实验表明,人们关于他们是否将要解决问题的主观直觉不可信。这再一次证明,主观报告的解释必须慎重(也见第七章)。

319

　　所有这些看法使我们应该如何评价主观言语报告作为研究工具呢? 尽管问题复杂,我们仍能冒险作出一些总结。第一,在许多情况下,过分强调使用言语报告是不明智的。例如,在实验中把它作为唯一的因变量来测量。一些心理学家认为言语报告法也许难以操作或者不合伦理原则,因为研究者要描述被试操作过程和发生在被试身上的不同条件,并要求被试说出他们是怎样反应的(例如,Brown,1962;Kelman,1996)。不管怎样,人们的假设,即人们对角色扮演中的行为预测总会(或常常会)准确地反映他们在实际情境将要作出的行为,是危险的。第二,言语报告在有些领域中也许非常有用,但研究者在使用言语报告时必须仔细分析可能产生潜在错误的每一种条件。许多研究者把主观报告作为实验中有用的额外信息源,但不作为基本起作用的因变量。然而,埃里克森和西蒙(Ericsson & Simon,1979)详细列出了言语报告可作为基本数据的种种条件。最后,我们认为言语报告能作为有意义的因变量,无论这种报告是否能准确反映个体的认知状态。即使尼斯比特和威尔逊的断言,即人们几乎没有或者根本没有关于行为原因的准确内省觉察,是正确的,但研究人关于那些原因的信念和言语报告就其本身来说是有意义的。

从问题到实验：研究细节

问题　问题解决中的酝酿期

许多描述思维和问题解决的作者都认为，它们有一个似乎有益于问题解决的相当神秘的过程。请看下面由一位法国数学家普安卡雷（Poincaré，H.）对此的描述。（不要让引文中的数学术语使你灰心，只要考察其中涉及的心理学原理即可。）

　　我离开了当时居住的卡恩，进行一个由矿业学院赞助的地质方面的旅游。旅游使我忘记了数学研究工作。到了柯坦斯，我上了一辆公共汽车去另外一些地方旅行。当我刚乘上汽车时，脑中突然闪出一个从没有想到过的念头，即把我要证明的富克斯函数式（Fuchsian functions）等同于非欧几何函数式。我没有核证这个想法，当时正在找座位，没有时间思考这个问题。尽管我在车上继续谈论已经开始的话题，但对这一想法完全确信。回到卡恩时，由于良心的驱使，我在空闲时核证了这个结果。

　　审视我对一些数学问题的研究，显然不是很成功，也与先前的研究关系不大。由于对失败的厌恶，我在海边住了一些日子，想着其他一些问题。一天早晨，当我在悬崖上行走时，脑中突然闪现一个念头，它具有简洁、突然和即时有把握的特点，这就是不定的三元二次数学表达式可等同于非欧几何的表达式……

　　我被这个简单例子限制住了：把它们相乘是没有用的。就我的其他研究而言，我要说的方法是类比……

　　起初最令我震惊的是启发的突然出现，它是先前长时间无意识活动的明显标志。这种无意识活动对我的数学发现起着无可争辩的作用。（Poincare，1929，p. 388）

作家、数学家和其他科学家都有许多类似经历的报告。凯斯特勒（Koestler，1964）引证了几个例子。在这些例子中，一些明显的解题进程已经停止并且事实上解题者已经转向其他事情时，该问题却由灵感的突然出现而被解决了。（请回忆柯勒的猩猩实验中的同样情形。)我们如何对待这些报告,又怎样评估它们? 我们能认为它们是说明思维属性的有用证据吗? 如果是,那么问题的解决过程显然在没有意识注意时也能进行。对问题解决者本人来说,在解决问题过程中,他的心里孜孜以求的解题过程并不具有任何有意识的指导。

　　实验心理学家不可能相信这些报告并也与那些作者同样认为,这样的过程是思维的主流,而不是罕见的奇特事件。相反,他们很可能把这些报告看成是需要实验证明的假设。普安卡雷根据自己的直觉,把思维划为四个阶段。第一个是**准备期**,在此阶段,人们沉浸在试图解决问题的过程中,并获取大量相关事实和观点。第二个是**酝酿期**,在这个阶段,如果人们不能解决问题,就转向其他问题。此时的问题据说是潜伏着,就像一个正被母鸡孵着的蛋。(让我日后再作决定表达了同样的道理。)第三个是**豁朗期**(柯勒称之为顿悟),在这一阶段,人们找出了解决办法。最后一个阶段是**验证期**,问题解决者必须仔细核证问题的解决方法。这些阶段是根据直觉划分的,因而无精确的界定。

　　尽管普安卡雷搜集了许多似乎能够证明他的问题解决过程理论的例子——特别是在潜伏过程中——就像我们所知的,任何一个想法或理论,不管多么愚蠢,但若想找到一两个例子去证明它都是很有可能的。当然,我们也发现在问题解决中没有潜伏期和顿悟过程的许多反例。作为一种逸闻,我们必须把潜伏期在实验的基础上加以验证。

　　问题　我们能找出酝酿期现象的证据吗?

321

　　就目前而言,这一概念是不清楚的。我们需要给它一个比较具体明确的操作定义,以便知道我们所要寻找的是什么。我们看波斯纳(Posner, 1973)的定义:"酝酿期指从开始解决问题到问题解决这一段紧张思维活动后,由于给问题解决者的延迟时间而导致成功解决问题的可能性的增加。"(p. 171)这在某种程度上是准确的,但其中许多问题仍要界定。事实上,这是一个奇怪的操作定义,因为我们甚至不知道所定义的现象是否存在! 我们所做的是为了提出一个假定的操作定义作为实验的假设以便找寻这一概念。

　　假设　在解决问题过程中,给被试延迟(或休息的)时间与不给被试延迟时间相比,前者更可能(或更快)找到答案。

　　而且,延迟时间越长,至少在某个限度内,被试找到或更快找到答案的可能性越大。

有其他一些我们必须考虑的因素。比如,我们给被试多长时间来解决这个问题?两个 15 分钟或者总共一个 30 分钟也许都合适。基本自变量是在解决问题的两段时间中的延迟时间长度。至少,我们要有三个自变量条件,因此在解决问题两段时间中的延迟时间为 0、15 和 30 分钟是合适的。(有更广范围延迟时间间隔变化的更多条件也是合适的。)实验应尽可能采用被试间设计,因为在三种条件下占用被试大量时间是不允许的。每种条件下使用被试的数量根据具体情况而定,但要尽可能多。最低限度是 20 个,但基于这一小样本的统计检验效力不大。每一条件 75 到 100 个被试就好得多。既然成组被试比单个被试更方便测试,如果有许多人,那么测试 300 个被试也是可行的。整个实验长度在从有零延迟的 45 分钟到有 30 分钟延迟的 75 分钟的范围内变化。

另一重要因素是使用的问题类型。如果结果仅对应一个问题根本不准确,为了证明这一现象,最好在三种条件下就更多的问题来测试被试,而不是只测试一个问题。如果 75 个被试被用于每一个条件,那么 25 个就可用三个问题中的一个来测试。在正式实验前,先对被试进行预备测验,所测验的问题与实验中将要使用的类似,以确信:(1)没有被试在 15 分钟内或引进自变量前能解决问题;(2)至少有一半被试在没有延迟的情况下能在 30 分钟内解决问题。后者是为了防止出现地板效应,即因变量的操作水平太低不能揭示自变量变化产生的效应。下面是一个例子:

> 一个人有 4 条链子,每条链子有 3 个环。他想把这 4 条链子结成一个封闭的链圈。打开一个环要花 2 分钟,接一个环要花 3 分钟。这个人花 15 分钟把所有链子一起结成了一个封闭的链圈,他是怎么做的?

另外要考虑的是,被试在延迟期间应该做什么。他们不应只是坐在那里思考问题,因为那样就基本等于没给他们延迟。被试应进行心算或类似的作业,这种在延迟开始时就使他们相信,他们在进行一个新阶段的实验,而不会回到他们未解决的问题上是明智的。这有助于保证被试在插入作业过程中不必对问题加以注意。

最基本的因变量是每种条件下被试解决问题的百分率和他们解题时花的时

间。如果问题选得仔细以致有几个答案时，解题的质量也该被考虑到。即使问题没有这一特点，也要求被试在最后 15 分钟写下他们是怎样试图解决这个问题，并对这些解题意图的质量进行评价，看看不同的条件是否影响最终的解题质量。评价应由不知道被试条件的人来做（即评价者不知道实验的具体情况）。

这些对于酝酿期问题的实验尤为重要。这个问题实验预期是，在前后两个 15 分钟的解决问题过程中，有 15 分钟延迟条件的被试比那些没有延迟条件连续 30 分钟解题的被试，更容易解决问题（速度也快）。同样，有 30 分钟延迟的被试要比有 15 分钟延迟的被试更容易解决问题（速度更快）。

这种实验方法有助于真正理解酝酿期现象。也许酝酿期现象的最好证据来自西尔维勒（Silveira，1971）的博士论文，他的实验比我们在这里介绍的更加复杂。这一实验在波斯纳的书中有简短的讨论（Posner，1973，pp. 169–175）。已发表的实验出现了不同的实验结果。奥尔坦和约翰逊（Olton & Johnson，1976）的一个类似实验却没有发现酝酿期现象存在的证据，而斯蒂夫·斯密斯的实验数据则支持了酝酿期效应（参见 Smith & Blankenship，1989；Smith & Blankenship，1991；Smith，1995）。

如果酝酿期现象得到了实验证明，那么这仅是我们理解的开始。什么因素影响酝酿期？什么样的心理理论能解释它？把它说成是由"无意识的思维过程"引起的等于没说。事实上，这样说更糟，因为这种现象在实际上不起作用却要解释它时会产生错觉。你能想出一个可以把酝酿期现象解释清楚并可验证的假设吗？这是我们着手进行研究甚至是开始理解这一现象的途径。

（顺便提一下，链子问题的解决办法是，这个人打开其中一条链子的所有环——3×2 分 = 6 分，然后用三个打开的环把其他三条链子连起来——3 个接口，每个接口 3 分，一共 9 分）。

▼ 小结

1. 在诸如思维和问题解决等复杂心理过程的研究中，存在着结果信度和实验控制方面的特殊问题。一个主要问题是在不同条件下的观察中出现的相对比较大的变异性。个体在完成复杂任务，如解决问题时，表现出来的差异比在完成简单任务时要大得多。

2. 在复杂实验中,经常需用被试间设计。在这一设计中,每一独立组被试接受一种实验条件的处理。遗憾的是,被试间差别的变异控制可能比被试内设计要少。一个不完善的解决办法是,在每种条件下尽可能进行大量观察,以取得稳定的结果。同时,尽可能控制起作用的所有无关变量,使他们在实验条件内不增加变异性。

3. 一个单独实验的结果信度可运用适当的统计进行检验,通过统计推断逻辑作出估计。这种统计检验可以让我们估计实验变量的效果在多大程度上是由自变量的操作而不是随机因素引起的。

4. 许多心理学家喜欢选择用统计来衡量的信度,实验信度指的是实验的实际可验证性,它有三种类型。在直接验证中,努力尽可能准确地重复原实验,看能否在第二次得到同样的结果。系统验证涉及改变那些被认为对要说明的心理现象不关键的变量,以确定该变量的变化并不影响它的存在。概念验证试图用全新范式或一组实验条件来阐明某一心理现象。

5. 系统和概念验证实验同时也是为了说明结果的普遍性。实验结果能从系统验证实验程序中比较轻微的变化,到概念验证实验程序中比较大的变化中得到推广吗?通常,当研究者能够发现某一现象不能被验证的条件时,我们对该现象的理解就深入了。当这种边界条件被证实,研究者理解了什么因素影响某个心理现象的出现或不出现时,更好的理论就形成了。

6. 主观报告是人对认知过程觉知的言语报告。它们有时用于思维研究,但在使用时必须谨慎。在有些情况下,人们对其知识的判断过于自信。在各种复杂判断的实验中,被试给出错误的主观印象。该印象表明,某些特定的变量确实控制了他们的行为,但被试自己却浑然不觉。言语报告在心理研究中有时有用,但其可靠性随研究课题的不同而变化。

▼ 重要术语

类比	概念验证	实验控制
边界条件	证真偏见	实验信度
324 天花板效应	直接验证	无关变量

熟知感	效果律	结构一致性
地板效应	映射	主观报告
功能固着	虚无假设	系统验证
结果普遍性	效力	思维
豁朗期	准备期	言语报告
酝酿期	结果信度	验证期
顿悟	统计信度	沃森卡片选择任务
潜伏期		

▼　讨论题目

1. 你所在的大学生物系的一位研究者最近从老鼠实验中得出了"超感官知觉"（extrasensory perception,简称ESP）结论。在实验中,老鼠被放在迷宫里,它们必须从两条可能的路径中找出通向食物的道路。在迷宫中,老鼠在作出决定时既看不见食物,又闻不到食物的气味。不同测验中,放置食物的路径随机变化。在50次测验中,这位研究者发现100只老鼠有2只的测验成绩好于随机水平。一只老鼠找到正确路径的百分率是64％,另一只为66％（随机概率是50％）。下面两个测验中哪一个使你相信这些老鼠有超感官知觉?(a)这位研究者用统计检验显示,这两只老鼠选择的正确率确实好于随机水平;或者(b)另一位研究者对这两只老鼠又进行了几百次测试,并成功地验证了第一位研究者的发现。对你的选择进行解释。如果你是第二个研究者,什么能保证你实验中的老鼠在解决这一问题时没有使用感觉线索（假定老鼠的测验成绩又一次在随机水平之上）?

2. 看完第一个实验结果之后（即,100只老鼠中有2只在超感官知觉测验中成绩显然好于随机水平）,我们要问实验者,测验成绩低于随机水平10％以下的老鼠有多少只? 这位研究者说有3只,并说他对这一发现很感兴趣。这一发现显示有些老鼠似乎有"负的超感官知觉"。作为一个冷静的观察者,你从这些观点能得出什么结论?

3. 找出直接验证、系统验证和概念验证之间的差别。这三种类型的验证应被看成是质的不同还是量的不同? 如果是量的不同,它的潜在尺度是什么?

4. 科学研究中的奖赏机制不鼓励验证别人的研究结果。那些在研究中作出新发现的研究者要比那些"仅仅重复"别人工作的研究者得到的奖赏要多。有些人认为这一奖赏机制在心理学的许多研究领域造成了支离破碎与混乱的局面,因为研究者受这一机制的影响独自开展研究,无视或经常无视其他人在相关领域中的研究结果。因此,基本的现象常常得不到验证,你认为验证是否应该得到进一步的鼓励? 如果是,怎么做?

5. 许多心理学杂志鼓励研究者对一些心理现象报告一系列的实验结果而不只是单一的实验结果,你认为这是一个好想法吗? 如果是,为什么? 要求研究报告中包含众多的实验会带来什么风险?

6. 言语报告对于心理学的某些研究领域比另一些领域可能更有用。就下列的每个课题讨论使用言语报告的长处和短处。在你认为不能使用言语报告的情形下给出更好的方法:(a)研究被试回忆他们儿时所使用的策略;(b)研究大学生的性行为;(c)研究当人们决定购买这一产品而不是另一产品时的心理过程;(d)研究一个人喜欢另一个人的原因;以及(e)研究影响视错觉的因素。

▼ 网络资源

打开下面的网站链接可以找到许多经典的问题解决题目,其中包括"囚徒的困境":

http://www.psychnet-uk.com/games/games.htm

下面的网站链接提供了许多有关问题解决的不同实证研究和理论研究:

http://psych.hanover.edu/research/exponnet.html#Cognition

▼ 课后练习:证真偏见

请思考下面的问题:

以下每张卡片都是双面的,其中一面是字母,另一面是数字。你的任务是判断需要翻动哪些卡片以验证规则"若卡片的一面是元音字母,那么另一面就是偶数"。

| A | G | 4 | 7 |

你所选择的卡片是什么? 绝大多数人要么只选择了卡片 A,要么就是卡片 A 和卡片 4 两张。但实际上,你应该选择卡片 A 和卡片 7,因为这两张卡片能够让你证伪这一假设(如果卡

片 7 的背面是元音字母或者卡片 A 背面是奇数的话，那么这一规则就必定是错误的。而查看卡片 4 只能够让你证真这一假设）。这一任务就是经典的沃森卡片选择任务（Wason，1968），证真偏见就是指人们为了证真自己的假设而寻求支持证据的倾向性。

如果将这一任务用人们熟悉的内容进行表达的话，人们的任务表现就会更好一些。例如，他们知道该翻动哪些卡片来验证"必须年满 21 岁才能够饮酒"这一规则（卡片的一面是年龄，另一面是饮料类型）。

| 啤酒 | 汽水 | 21 | 16 |

这次，人们就不会再去查看 21 岁的人喝什么饮料了（因为其与规则无关）。他们知道应该查看喝啤酒的人有多大年龄，而 16 岁的人又在喝什么饮料（Ahn & Graham，1999；Cox & Griggs，1982）。

用这些问题考考你的朋友。你也许会想到用前面所介绍的吉克和霍利约克研究的变式来做一次实验：如果让你的朋友先做简单一些的啤酒版本的卡片选择，他们是否更有可能解答出传统版本的问题呢？如果不能的话，一个暗示会不会有助于他们进行知识迁移和问题解决呢？

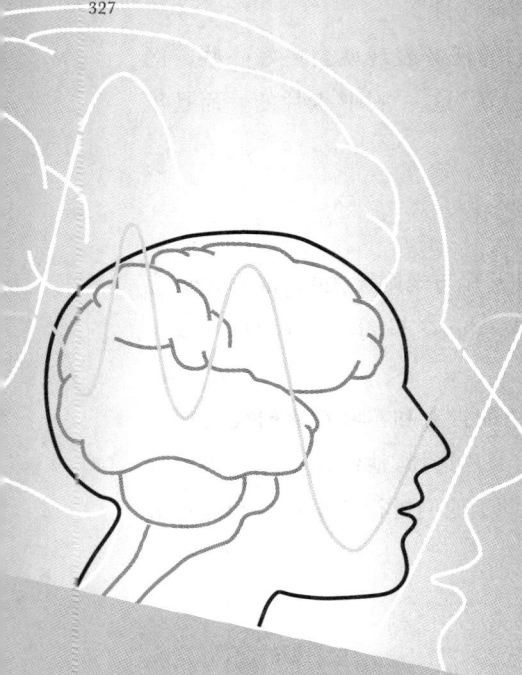

第十二章
个别差异与发展

理论上，我们能够区分学习与成长，但实际上它们是密不可分的：没有哪种行为能够独立于生物体的遗传、生长成熟或者支持环境；也没有哪种高级行为能够不受学习的影响。 Donald Hebb

当安巴蒂（Ambati，B. K.）还是一个医科大学的预科生时，他喜欢象棋、篮球和各种生物学研究。是什么使安巴蒂从大学生中脱颖而出呢？有一件事是，当他完成大学课程时，他只有 13 岁。另一件事是，他有望成为医学院最年轻的毕业生。巴拉，正像人们所称呼的那样，是一个神童，他 4 岁就已经掌握了微积分。他的年级平均成绩与测验分数表明，他应该能够在 18 岁之前从医学院毕业（Stanley，1990），并且事实上他也做到了，他 1995 年毕业时只有 17 岁（Baker，2006）。当他在 24 岁开始自己的医疗工作时，甚至因为太年轻而租不到一辆汽车（Baker，2006）。

显然，巴拉与那些 22 岁开始读医学院 25 岁左右毕业的大多数同学是不同的。为什么巴拉能比一般的医学院学生提早将近 10 年从事医疗工作呢？他究竟怎样以及为什么会发展得如此迅速，以至于能够与比他大得多的同学一块儿学习呢？那些关心个别差异和发展的心理学家们致力于解答这类问题。本章中，我们将探讨在研究个体之间的差异与发展方面所遇到的一些方法学上的问题。

之所以开始研究个别差异，是因为实际生活中总需要作出一些有关人的重要决策，但相对来说它受到了实验心理学家的冷落，因为他们首先感兴趣的是发现行为的一般规律并解释之。然而，尽管如此，个别差异研究的真正开始还得归功于实验方法的介入，因为以往都是由那些关心实践和应用的心理学家们用非实验的方法进行的。

个别差异的实验研究表明，在个性特征的测量方面缺乏信度。如果个体对未来行为的决策是建立在他们特定的心理能力、兴趣和对事件的反应方式上，那么这些个性特征在所有不同的测验上都应该得到类似的结果。此外，心理学家还应该对他们所关注的个性特征以某种方式定义，以便于相互间的沟通和交流。

如果每位测量智力的研究者都使用一个不同的定义,那么期待着研究者之间测量结果的一致是不可能的。最有用的定义也是最容易被交流的,它能够描述出个性特征的产生和测量程序。这样的程序被称为**操作定义**,它在所有的研究中都必不可少。操作定义的一个用途是,基于它可以把人区分为不同的等级或类别,然后就能在实验情景中对这些类别进行研究了。当人们以这种方式被分类时,所产生的变量就是**被试变量**。例如,年龄、智力、性别、神经质程度,或者任何能够以具体的方式明确规定的特征。年龄是发展心理学家特别感兴趣的被试变量,他们常常研究人一生中的行为变化。本章的后面将讨论与年龄相关的变化的研究中存在的一些问题。

一旦研究者对某一个性特征给出了操作定义并发现了高信度的测量时,她或他就可以期望通过某一类型的学习经验来改变该特征。在解释这一变化时存在着一个危险,即众所周知的向**平均数回归**,它可能会导致研究者相信一个变化产生了,而事实上根本不存在或完全相反。本章中,我们将讨论个别差异和发展研究中的信度、操作定义、被试变量以及回归的问题。

▼ 个别差异的研究途径

在科学中,尤其在心理学的个别差异研究中,一个普遍受到关注的问题是哪些方法和理论能够最好地预测未来事件。从历史上来看,个别差异的研究始终伴随着方法论方面的争论,即为了理解人们之间的差异和预测他们的将来行为,哪种方法是适宜的。

个别差异的方法学途径

其中一个问题涉及产生预期的方法。一般解决此类问题的方法有两个,实证的和分析的,它们与第一章中提到的归纳和演绎等同。**实证的途径**旨在通过任何可用的手段使得预测的精确度最大。这就需要把能够预测问题事件的众多测量结合起来。对在校学生进行的传统智力测验就是此类用于预测的方法的一个例子。20 世纪初,法国政府授命比纳(Binet,A.)和西蒙(Simon,T.)制订测验以区分哪些儿童可以从某类教育中获益,哪些则不可以。因此,智力测验的最

329

初目的(并且也是今天的一个主要目的)是测验结果能够很好地预测学生的在校成绩。比纳和西蒙认为,随着正常儿童的发展,他们应该能够解决更困难的问题。因此,那些能够答出较大儿童的题目的被认为是聪明的;相反,那些答不出自己年龄的题目的则被认为是比平均水平笨的。比纳和西蒙的测验包括了记忆、理解、注意以及其他类似的方面。他们给智力下的操作定义(见第六章)是学业成功的能力,这种成功的预期指标是儿童的考试成绩。

智力测验变得极其流行,因为它们达到了自己的目的,它们可以确定哪些儿童能在哪些类型的教育中获益。智力与学业成功之间的相关大约是 + 0.60 左右。当一个测验能够很好地预测某标准行为时,我们就说它具有预测效度(有时又称效标效度)。除了预测效度外,测验可能还具有相当大的表面效度,即从表面上看起来似乎它们真的测出了我们叫做智力的那个东西。当学业成功更容易被测量心理能力的测验项目所预测,而不会被那些测量与学业无关的某能力(比如击中台球的本领)的测验所预测时,这种情况就出现了。我们从科学中知道了什么在起作用,通常就能够更好地理解某物是怎样和为什么起作用的。基于这个原因对具体问题的实证解决常常先于理论的和分析的理解。

测量智力的一个**分析的途径**是,对是什么引起了那些我们归结为智力引起的效果进行理论的分析。一旦我们已经分析出了这个概念的组成成分,我们就可以进一步测量它们。19 世纪,高尔顿(Galton,F.)爵士相信,形成心理意象的能力和对刺激快速反应的能力是高智力的组成成分。当他在科学家和政治家与普通工人之间对这些能力进行比较时,他惊奇地发现没有差别。故而他得出结论认为,这些能力根本构不成智力。这与他自己的和其他人的观点相反。

当代的研究者在寻找智力的组成要素方面已经取得了更大的成功(Gardner,1983;Hunt & Lansman,1975;Sternberg,1988)。但是,若想让实证家的智力测验与实际的学业水平之间完全吻合还有一段距离。最好把分析的途径和理论的途径都看成是当代并存的两大方法,而不是相互敌对的,这也正是杰出的发展心理学家皮亚杰(Piaget,J.)试图理解智力发展的方式。皮亚杰(Piaget,1932)用了很多时间来观察儿童(起初是他自己的孩子)。遵循着实证的规则,他观察了儿童的认知的和社会的发展,并提出了发展的一个综合理论(Piaget & Inhelder,1969)。这个理论,反过来,又成了发展心理学方面大量研究的指导力量。正如我们在第一章中注意到的那样,个别的科学家可能会在理解事物的过程中专注于某一特殊的方法;但是,把实证的和分析的工作结合起来将最有利于科学的进步。

引起个别差异的变量

个别差异方面的第二个问题是关于导致它们产生的变量的。与知觉的研究(见第七章)一样,一些研究者支持个别差异的先天性(本性)基础,而其他的研究者则赞同经验性(教养)基础。这种本性—教养之争是心理学的古老话题(Schultz & Schultz, 1987),并且它仍然与一些其他的争论共同存在着。

根据本性理论,基因差异是个别差异的根本原因。最近赫恩斯坦和默里(Herrnstein & Murray, 1994)所做的研究,《钟形曲线》(*The Bell Curve*),证明了智力的遗传理论。特别值得关注的是,赫恩斯坦和默里还提出了一个"认知种族差异的基因因素"(p.270),并用它去解释黑人和白人之间的智力差异以及其他种群差异。他们的提法及其某些暗示遭到了几位科学家的强烈反对(Eraser, 1995;Sternberg, 1995),并且尼斯比特(Nisbett, 1995)还针对赫恩斯坦和默里关于黑、白种人间智力测验的差异源于基因的观点提出了相反的证据。

个别差异的教养观则着重探讨影响机体发展的经验因素。例如,埃里克森、克兰普和特斯奇-罗默(Ericsson, Krampe, & Tesch-Romer, 1993)在解释小提琴家和钢琴家的能力差异时,就与高尔顿(Galton, 1869/1979)天才来自遗传的观点截然相反。埃里克森及其同事提出了许多证据证明了音乐才能是练习的数量和质量的函数。他们认为至少 10 年的大量练习是产生音乐才能的主要原因。

正像我们曾经探讨过的其他方面的二分对立观点一样,任何一方都不能绝对正确地揭示事件的规律。针对行为上的自然与教养效应,赫布(Hebb, D.)长期以来一直提倡一种更为精明的看待方式(例如,Hebb & Donderi, 1987)。他注意到,遗传效应的发生离不开某种环境,即基因从来都不能单独起作用。另一方面,他也注意到,经验(教养)总是需要有某一基因背景的机体,即经验也从来都不能单独起作用。因此,当我们探索机体发展的时候,他建议我们应该考虑六个相互作用的因素。第一个因素是基因,第二个是出生前的营养环境,长期以来它始终被看作影响发展的重要因素。一个患有荨麻疹的母亲可能会生出一个认知发展迟滞的孩子,而妊娠期摄入大量酒精可能会产生一些与生俱来的缺陷。最近研究表明,如果母亲在妊娠期摄入了一定量的酒精,固然不足以致畸,但它可能会损害孩子 14 岁时良好的空间—视觉推理能力(Hunt, Streissguth, Kerr, & Olson, 1995)。亨特(Hunt)及其同事发现,母亲报告其在妊娠期摄入的酒精越多,她的孩子在回答怎样把三角形和正方形组合成某一个图形时就越快,但准确性也越差。赫布提出的第三个因素是出生后的营养,众所周知,此时的认知发展与饮食结构的好坏密切相关。这三个因素可以被视为与人的成长有关的机体变量。对于智力而言,我们知道这三种变量都与大脑的发育有关。杜肯及其同事(Duncan et al., 2000, 2003)先后证明了一般智力与大脑各部分的关系,尤其是与大脑前额叶的关系。赫布确定的第四个和第五个因素是那些通常与经验相联系的因素,即文化和个体学习因素。赫布认为,我们应该考虑到所有物种的所有成员都分享的环境因素——在人类社会中就是文化学习。例如,生长在蒙古苦寒之地的人所具有的经验就与那些生长在热带地区(如巴西的部分地区)的人有很大不同。第二种的学习(第九章曾讨论过的)是指每个个体独一无二的经历。即使是生活在同一文化环境中的同卵双胞胎也不会有一模一样的学习经验。赫布的第六个亦即最后一个因素是身体的损伤,诸如脑瘤或意外事故造成的失明等。

我们可以把赫布的因素看成是发展的一个轮廓而不是一个理论。但是,这些交互作用的因素确实使对发展的分析复杂化了,而且它们也提到了单纯地选择基因或经验来解释行为是徒劳无功的。最近,朱克曼(Zuckerman, 1995)研究了与某些人格特性有关系的激素和神经递质。结果令人信服地证明了某些激素和神经递质对应于诸如外向和冲动之类的行为。但是,朱克曼总结他的研究结果时却很慎重,他说:"我们不是这样继承人格特性或甚至行为机制的"(p. 331)。他指出我们所继承的化学模板以一种尚不知道的方式与赫布提出的那些因素相互间发生着影响。"只有通过学科间的交叉,发展与比较心理生理学的研究,才能提供答案"(p. 332),这些答案是关于因素间的交互作用的。

332

变量介绍

在这里我们只以一种类型的个别差异（智力）为例来说明，但其一般原则也同样适用于其他的个别差异。

因变量

智力研究中的因变量是每个实验者使用的智力测量。由于不同的实验者对关于智力是什么的问题回答不同，所以很难制订一个能被所有人接受的统一的测量。实证的途径通常是基于对儿童成长过程的观察，随着年龄的增长，儿童总是能完成更复杂和更困难的任务。对任何一个给定年龄的个体来说，都可以通过测试大量的有代表性的样本来确定该年龄段在完成某些特定任务（或题目）时的平均水平。这些特定的任务或测验项目将根据它们与学业成功的客观标准（如分数和阅读水平）和主观标准（如教师评定）的相关来选择。在任何一个特定的年龄水平，都有一个儿童通过的平均项目数。如果一个七岁儿童通过的测验项目数与九岁儿童的平均项目数相同，那么我们可以说这个儿童具有了九岁的心理年龄。智力商数，或 IQ，是指心理年龄除以实足年龄再乘以 100，或者（在这个例子中）$9/7 \times 100 = 129$。根据定义，100 分意味着一个个体得到了她或他的年龄段的平均成绩，并且每距这个平均数 15 分时就表明差了一个标准差（见附录 B）。IQ 的变式可以被用作智力的指标。

一个纯粹分析的智力测验（目前一般的使用中根本见不到）将包含许多被设计出的子测验以测量人们信息加工系统的许多具体特性。例如，短时记忆能力和扫描速度、长时记忆组织和通达时间、各种任务中信息的最大传递率以及注意分配的能力等都属于信息加工系统的特性。就像实证的测验那样，在这些任务上的作业水平可以与标准分数进行比较。计算出个体在所有单独任务上的得分就能够进一步获得一个综合分数，该分数可以被用来预测将来的学业水平。

自变量

所有的个别差异，包括智力，都是被试变量而不是真正的自变量。人类智力方面的研究常常是为了确立基因因素，而不是环境因素，在智力形成过程中的相对重要性。一种方法是考察，在同样的家庭和不同的家庭中长大的同卵（一模一样的）孪生儿、异卵（不一样的）孪生儿、其他的兄弟姐妹，以及不相关的儿童。在这些研究中有关基因相似性这一变量做了如下的设计：同卵孪生儿（当然）有着完全相同的基因遗传，异卵孪生儿以及其他普通的兄弟姐妹之间的基因相似性程度低于同卵孪生儿，而不相关儿童之间的基因相似性程度最低。而环境相似性则是这样变化的，即在同一个家庭中长大的儿童比在不同的家庭中长大的有着更多的类似经验。

针对环境相似性的定义，同时又出现了许多的反对意见。首先，假定同一家庭中的每对儿童之间具有相同的类似经验是没有道理的。如果没有其他特别的原因，卵生儿，尤其是同卵孪生儿，在遇到各种家庭事件时常常会比同年龄其他的配对孩子受到更为相似的对待。此外，养子女和亲子女也可能是以略微不同的方式被对待的，即使他们的年龄相同。第二个反对源于养子女比亲子女来到家庭的时间略迟，即使有的只迟几周或几个月。尽管在 10 到 15 岁或更大些时所测量的智力几乎没有表现出上述的种种细微差异，但许多研究都已证明了早期经验对儿童的智力发展至关重要。第三个反对源于成为一名家庭成员之前那段日子发生的经验的潜在影响，即在出生前环境中的经历。与基因遗传的状况一样，这些出生前的经验，一般来说，孪生最相似，普通的兄弟姐妹次之，而不相关的儿童之间则最差。出生前和出生后早期经验的相似性可能因此会与基因相似性相关，那么再据此把一个或另一个解释为与所测量的智力相关就很冒险了。

控制变量

在智力研究中，很难一一指出它的控制变量。惟独有一个需要控制的最重要因素，即通常具体的学习被认为会影响测验结果。如果某些特定的被试之前学过许多测验项目的答案，而不是测验时"推导"出答案，那么他们显然要比那些没学过这些特定事实、单词或关联的个体表现得更聪明。尽管，为了保证更多的"文化公平"或减少特定学习经验的影响，许多项目已经从现代的智力测验中删除了，但完全消除学习、语言的运用、动机、文化知识、测验以及其他已知会干扰智力测量的因素的影响是不可能的。如果智力只被解释为在校成功的可能性，那么这就不是问题了，因为这些其他的因素无疑会影响在校的表现。但如果智力被解释为"心理容量"或诸如此类的结构，那么这些无关变量的影响必须被减少到最小。

333

▼   12.1   实验主题与研究范例

主题   测量的信度
范例   智力和发展的研究设计

当心理学家说到信度时,他们是指对某一对象多次测量的一致性。你可能会假设你对同一事物的几次测量都将产生同样的数目,当然这是在不考虑已经存在误差的情况下。事实上,在一组测量中几乎总是会有变异,变异量决定了测量仪器和程序的信度。心理学家提到"误差"一词,顾名思义,它并非由某个人不小心造成的,而是某些特定的不可避免因素引起的无法预测的数据变异。这些误差源自人们在相继场合中行为表现的不同,而且常常超出了研究者的控制。因此,为了减少这种变异,心理学家们以相继场合中相同条件下的施测来增加测验信度。

如果同样的条件能够被保证,那么测量中的变异将是由所测量的真正变化引起的。如果你的身高被测量了两次,结果是 5 英尺 8 英寸和 5 英尺 10 英寸,那么请问这是由误差引起的还是由你身高的真正变化引起的?答案可能是非此即彼,也可能是两个都有。但条件(如鞋的磨损、身体姿势)越相近就越不可能把差异归结为误差。而且,两种测量在时间上越接近,就越不可能把差异归结为身高的真正变化。你知道身高的变化速度,或者说知道一个人真正身高的稳定性。

智力比身高还难以测量,因为其误差源更难以发现。一个人的智力测验成绩很可能由于无关因素的影响而时刻发生着改变,诸如,这个人昨天晚上的睡眠情况,测验前她或他是否吃得好,等等。若想了解智力的稳定性情况同样也很难。智力是变化的,还是终其一生都很稳定?如果它变化得很明显,那么它在一周、一月、一年或十年之内能变化吗?如果变化发生了,我们能确定产生这些变化的因素吗?这些是心理学家想要回答的问题,回答它们就需要测量智力。但是细心的读者会发现,我们现在已经把自己推进了一个逻辑上的循环之中。让我们再从头开始并试着走出来。

一般而言,对同一参量的几次测量不会完全一致。这个变异可能是误差或所测参量的真正变化引起的。没有一些额外的假设,我们不能判定在我们的测量中有多少误差。因此,如果智力变化了,我们怎样才能发现呢? 一个有用的假设——能够打破循环逻辑的假设——是在一个相对短时期内所测参量保持相对稳定。(如果一个研究者早上测量了你的智力之后下午又重测了,那么任何的变化都可以被假定为是由测量误差引起的而不是智力上的真正变化。)使用这个假设,研究者就能够估算测量误差,并试着去提高和详细说明测量仪器的信度。那么有关参量稳定性问题,就可以以智力为例进行解决了。

我们先来回顾一些测验发展者用来评估他们的测量信度的技术。然后再回顾一个多年来尝试着确定智力稳定性的研究。

测验信度

起初我们注意到,智力的概念并没有从理论上被很好地定义。一些理论家假定了许多独立的心智能力,或许已超过了 100 种(Guilford,1967)。另一些人则相信,存在一个基本的心智能力和其他被分离出来的许多具体能力,但这些具体能力不及基本能力重要(Herrnstein & Murray,1995)。这个基本能力被描述为"一种抽象推理和问题解决的能力"(Jensen,1969,p. 19)为了对它进行测验,我们集合了许多问题或任务并呈现给个体,同时要求他们在一个给定的时间内解决。把每一个体的分数与其他人的进行比较。在完全相信这些分数之前,我们还需要知道它们的信度。如果我们在第二天或一周后再测验它们,还会得到同样的分数吗? 由于我们不相信在如此短的时间内这个基本能力会发生明显的变化,因此,如果出现了测验分数的大变化,我们就可以归结为测量误差,这也说明我们的测验没有信度。在一个短时期内相继进行两次同样的测验以确定测量的**重测信度**。它通常以对大样本被试的第一次和第二次测验分数之间的相关来表示。

一个略有差别的程序可以避免诸如特殊的练习效应之类的问题。这种方法需要在两次施测中提供该测验的一个备选或平行形式。如果此时两次测验分数的相关仍然很高,那么就证明了测验信度是存在的。而且,该测验的两种形式是否等值也可以以这种方式来确定。

第三个计算信度的程序是通过呈现一个单独的测验来进行的。这个技术提供了**分半信度**;它把同一个测验的项目随意地分成两组(诸如序号为奇数的一组和序号为偶数的一组)并计算在该测验两个半组上得分的相关。如果相关高,则说明测验信度确实存在。此外,测验项目之间的等值也被确立了。

335

智力测量的稳定性

通常能在现代的智力测验中发现很高的重测信度(大约 0.95 的相关)。如果我们把这些测验看作是有信度的,那么我们就能进一步设想:个体被测量到的智力终其一生的稳定性如何。有许多纵向研究已经开始探讨这个问题了,并且大约每十年总有一些报告发表以便于当代人了解。有一项研究报告(Kangas & Bradway,1971)涵盖了不同时间在同一组被试身上进行的测验结果。其测验的具体时间是:被试的平均年龄只有四岁多的 1931 年时首次进行的斯坦福-比纳测验,以及后来的 1941 年、1956 年和 1969 年进行的重测。最初的样本是由旧金山海湾地区的儿童组成,他们是斯坦福-比纳量表修订时所需要的全国标准化总体中的一部分。研究中运用了两种形式的测验。在 1941 年,用同一个量表对 138 名被试进行了重测;在 1956 年,111 名被试接受了韦克斯勒成人智力量表和斯坦福-比纳测验的重测。在 1969 年,只剩下 48 名被试接受重测。

在探讨这个研究的结果之前,我们应该知道它们只能代表那些被收集数据的被试群。当然,它们也将代表与上述被试类似的群体。它们可能会也可能不会代表在重要方面与上述被试不同的群体。

坎加斯和布雷德韦(Kangas & Bradway)提供的数据表明,在 1969 年所测的 48 名被试与 1956 年施测的 111 名被试没有什么差异。他们提供了两个年龄的平均数和标准差以及每个年龄的斯坦福-比纳测验的 IQ 值,并发现这两个样本之间没有差异。

作者还对分数之间进行了配对相关的计算,其中 1931 年取的是两个测验值的平均数。在每个年龄都使用了斯坦福-比纳(S-B)智力测验,而在 1956 年和 1969 年还使用了韦克斯勒成人智力量表(WAIS)。结果列在表 12-1 中。注意:WAIS 包含一个言语部分和一个作业部分,两部分的分数放在一起才能得到完整的分数。当你从左往右看这个表时,你能看到,随着测验间隔时间的增大,系列测验之间的相关减小。当计算平均年龄为 4.1 岁的学前儿童智力与其他分数(表的最上边)之间的相关时,这种减小尤其明显。当计算成人的相关时,它们的系数就要大得多。但是,所有表 12-1 中列出的相关都具有统计上的显著性,因此可以说儿童四岁时测出的分数能够在某种程度上(0.41 的相关)预测他们将来,哪怕是

41.6 岁时的情况。（我们应该也注意到,给四岁儿童施测的智力测验在问题的类型上与年长儿童有很大的不同,这可能有助于解释他们之间的低相关。）

▼　表 12 - 1　1931—1969 年期间四个年龄的 IQ 测验分数之间的相关　　336

测验	1941(N=138) S-B (L形式)	1956(N=109-111*) S-B (L形式)	WAIS 总分	WAIS 言语分	WAIS 操作分	1969(N=48) S-B (L-M形式)	WAIS 总分	WAIS 言语分	WAIS 操作分
1931 S-B (L和M形式)	.65	.59	.64	.60	.54	.41	.39	.28	.29
1941 S-B (L形式)		.85	.80	.81	.51	.68	.53	.57	.18
1956 S-B (L形式)			.83	.89	.46	.77	.58	.68	.14
1956 WAIS　总分				.87	.84	.72	.73	.69	.41
言语分					.59	.73	.63	.70	.20
操作分						.36	.67	.47	.57
1969 S-B (L-M形式)							.77	.86	.36
1969 WAIS　总分								.87	.74
言语分									.38

注:S-B 是斯坦福-比纳测验,它在所有的年龄段上都施测了;WAIS 是韦克斯勒成人智力量表,它只在 1956 和 1969 年被施测了。所有的相关都在.01 水平上显著。(采自 Kangas & Bradway,1971,表 2。此表的 1931—1956 部分是从 Katherine P. Bradway 和 Clare C. Thompson 1962 年发表于《教育心理杂志》(*Journal of Educational Psychology*)上的一篇文章中摘取重印的。版权归美国心理学会。重印时得到了许可。
* 由于两个被试的数据不完整,因此计算任何一个相关时所需的总被试数就从 109 变成了 111。

　　当从表的上部看到底部时,你可以看得出随着被试年龄的增长,1969 年的测量值与前几年之间的相关增大。当只用 S - B 分数而不是 WAIS 分数之间求相关时,其相关系数还更高,并且反之亦然。由于斯坦福-比纳测验是言语的,所以它不可能与 WAIS 作业部分有相当高的相关。表 12 - 1 中列出的结果表明,对于这一样本而言,37年间智力相当稳定。

坎加斯和布雷德韦研究的另一个有趣的发现是,从 4.1 到 41.6 岁每个测试年龄上的测验分数都增加了。研究者们对男性和女性(各 24 人)的分数增加情况进行了分别的探讨,并且又把这两个不同性别组进一步分成高得分组、中等得分组和低得分组,组员分别是每个性别中最高分数的 8 人、中等分数的 8 人和最低分数的 8 个人。结果被显示在图 12-1 中。图中画出了男女高、低得分组在斯坦福-比纳测验中的 IQ 增加值。正如已经提到的,对所有组分数的增加情况都进行了连续地记录,其中包括没被显示出的中等得分组。但是,有一组似乎增加的远少于其他组:女性的高得分组。这个结果可能不是由天花板效应(见第十和十一章)引起的,因为高得分组的男性显示出的是稳定增加。由于我们不知道得分高的男性和女性最初是否相等,并且又由于得分低的女性提高了很多,因此天花板效应的存在是可能的。

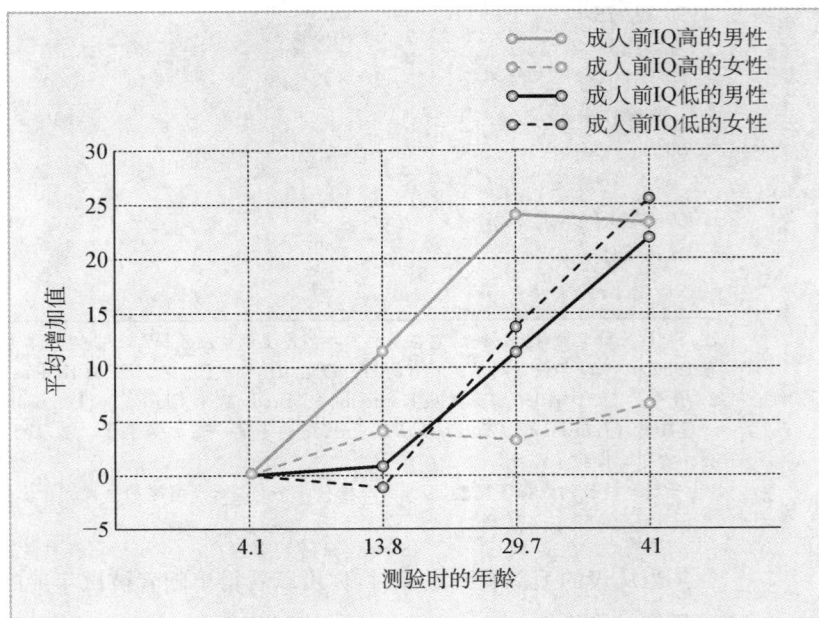

▼ 图 12-1
成年前不同 IQ 水平男女的连续平均年龄上的斯坦福-比纳 IQ 值的平均增加值。(采自 J. Kangas & K. Bradway,1971,图 1;1971 年的版权归美国心理协会所有。重印时得到了许可。)

虽然这个研究本身还不能得出什么结论，但是一般而言它与以往其他人的研究一致，即证明了所测量的智力在大部分人一生（从儿童早期到中年）中保持着相对的稳定。由此可知，心理发展的早期测量能够预测后来的智力，这在博恩斯坦和西格曼（Bornstein & Sigman，1986）的一个重要的纵向研究中已经被确证了。

用作变量的年龄

在坎加斯和布雷德韦的研究中，他们最初感兴趣的变量是年龄。正如前面讨论过的，年龄是一个被试变量。根据定义，被试变量不能被实验操纵。研究者只能代之以选择满足不同类别和研究的实例。因此，用被试变量进行的研究本质上是相关研究。研究者能够辨认出在一个被试变量中随着变异而发生变化的因变量，但很难把它归结为被试变量和随被试变量一起变化的某一混淆因素。这在以年龄为被试变量的研究中能够清楚地看出来。

最典型的将年龄作为变量的实验设计被称为**横断设计**。在这个设计中，研究者截取总体中的一个部分（包含不同年龄的个体），并在感兴趣的实验或程序中测验被试。如果一个研究者对智力随年龄的变化情况感兴趣，那么她或他可能会测验 5、10、15、20、25、30、35、40、45、50、55、60、65、70 和 75 岁。如果每个年龄有 25 人被测验，那么就需要 375 名被试。事实上，这是个非常普通的研究设计，尽管被取样的大年龄数不典型。有人认为发展研究中的这种设计存在着重大的问题。人们已经提出，在这种设计中许多其他的因素可能会与年龄混淆。例如，在 1997 年 25 岁的被试很可能在许多重要方面与 65 和 75 岁的被试不同：与年轻被试相比，年长被试可能被养育的方式不同、所受的教育不同，更可能是移民到美国的，也更可能一直在部队中服役，等等。这些种类的混淆被称为**同辈效应**，是指与不同年龄的人一起长大的人（同辈）的不同种类的效应。你的同辈，诸如你的同学，一定有别于你祖父的同辈。在许多智力作业研究中的另一个关键差异是，年长者可能比年轻人有着更短的正规教育时间。因此，即使一个使用横断研究设计的研究者发现了不同年龄段人们间的差异，他们也将很难推论年龄是该差异的原因而不是别的什么混淆因素。

许多智力的横断研究已经被做出了，它们显示出了一个共同的模式：智力在 25 岁以前时（在标准测验中测出的）是稳步增长的，之后直到 60 岁左右是逐渐降低的,之后降低的速度加快。然而,这个结论略微有些悲观,因为还有许多研究者认为,智力是平稳发展不升不降的,或者是 20 岁以后马上下降。但是,追溯以往和凭借其他研究得出的证据,更可能的结论似乎应该是,智力的横断研究被刚刚提到的所有因素,尤其是不同年代的人所受到的不同教育污染了。事实上,正如我们已经看到的,当坎加斯和布雷德韦用一个不同的研究设计去探讨年龄如何影响智力的问题时,他们就得出了智力随研究中经历的年龄的增长而持续增长的结论。

坎加斯和布雷德韦使用了一个纵向研究设计。在这些设计中,同一组被试在不同的时间里被反复地测试。通过这种方式,所有横断设计中固有的混淆都被避免了。因此,无论在被观察到的作业上发生了什么变化,在一些情况下,使用此种设计的研究者都可以较自信地归结为年龄而不是被混淆的被试变量。但是,纵向设计也不是一点问题都没有的。试想 1950 年一位研究者对年龄如何影响人们对战争以及美国是否应该具备强大的军事力量方面的态度感兴趣。如果在 1950 年测试的话,人们的态度很可能是赞成的,因为美国刚刚经历了二战的胜利。但是,如果 20 年后再测试这些人的话,由于处于反越战的高峰,所以他们的态度很可能是不赞成的。

这个例子说明了一个前历效应(history effect)问题,即年龄与测试时间的混淆。也就是说,测验时那些特殊的社会事件(如,第二次世界大战和越战)可能会对所研究的行为(如,所表达的关于战争的态度)造成重大影响。显然,如果一个研究者得出随着年龄的增长人们支持战争和国防的态度日趋减弱的话,那么他就过于草率了。纵向设计存在的另外一个问题是重复测验问题。根据定义,纵向设计中的被试将接受多次测验。因此,谨慎的研究者必须保证被试的成绩没有受到其先前测验经验的影响。纵向设计中的最后一个问题是被试的流失。随着时间的流逝被试可能会退出实验(由于死亡或迁徙),并且这种人员的流失率会随着时间而增大。实际上,一些纵向研究中的被试流失率可能高达 50%(Pedhazur & Pedhazur Schmelkin, 1991)。令人遗憾的是,被试的流失并不是随机性的。换句话说,留在研究中的被试和研究流失的被试之间可能存在着很大的差异。由于两次测验之间被试所具有的经验发生了改变,从而可能引起了所研究的行为的变化,所以,一般而言,纵向设计不能得出年龄改变行为的可靠结论。

　　既然横断和纵向设计中存在这些问题,那么心理学家怎样才能在发展差异上进行可靠的研究呢？事实上,心理学家所依靠的许多发展的研究大多采用了横断设计和纵向设计(前者是主流)。但是,沙(Schaie,1977)主张使用能够更明确估计作业中年龄变化的其他研究设计。其中之一是交叉序列设计。如图 12 - 2 所示,连续的四年(1987—1990)中出生的人们又在后来的连续四年(2006—2009)中被测试的情况。每一列代表一个横断设计,因为不同年龄的人们在同一年里被测试了。同样,每一行代表一个纵向设计,因为随着同龄人年纪的增长被多次重测了。此外,第三种设计类型也显示在了图的对角线上,它是时间延迟设计。该设计旨在确定保持年龄恒定时的测试时间效应。在这个时间延迟设计中测试年龄被保持在 19 岁,因此所观察到的任何变化都可以被归结为测试对象所处的不同年代。但是,此设计中的年龄与出生年和测试年混淆了。综观整个交叉序列设计,如果纵向和横断部分都表明了某一因变量随年龄变化,并且时间延迟部分又显示年龄恒定时测试时间的变化不会引起任何的因变量变化,那么研究者就可以安全地把这个被观察到的变化归结为年龄本身而不是某一混淆因素。

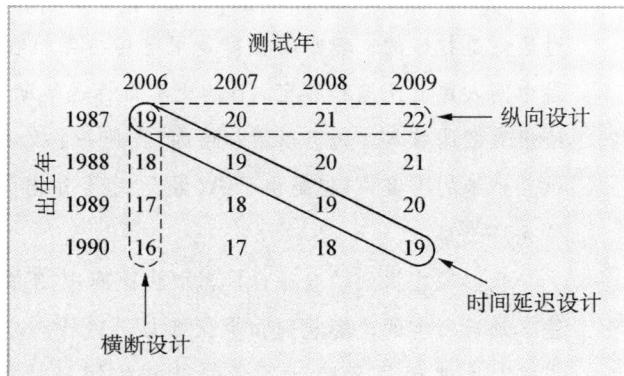

▼　图 12 - 2

为研究发展差异而进行的横断研究设计。1987—1990 年出生的人在 2006—2009 年期间被多次测试。每一单元的数字代表的是测试时被试的年龄。

▼ 12.2　实验主题与研究范例

主题　操作定义
范例　人工智能

下面讨论一种被称为模仿的比赛。模仿比赛是由图灵（Turing，1950）在一篇题为"计算机器与智力"的文章中首次提出的。图灵的目的是想创立一个情境，以使人们估计机器是否会思考。

　　该比赛是由三个人来玩的，一个男人（A）、一个女人（B）和一个可以是任何性别的询问者（C）。询问者呆在一个远离其余两人的房间里。询问者的比赛目标是确定另两个人中谁是男人和谁是女人。他（询问者）只知道他们是 X 和 Y，在比赛结束时，他或者说"X 是 A，Y 是 B"，或者说"X 是 B，Y 是 A"。允许询问者向他们提出诸如此类的问题：

　　C:X 愿意告诉我他或她头发的长度吗？现在假定 X 确实是 A，那么 A 必须回答。A 的目标是努力让 C 作出错误的辨认。他的回答因此可能是：

　　"我的头发是后短侧长的发式，最长的约九英寸。"

340

　　为了不泄露 A 和 B 的语调信息，回答应该用文字表述的，可以手写，不过最好是打印的。理想的安排是用电传打字机在两个房间沟通。或者，通过中间人重复问题和答案。B 的比赛目标是帮助询问者。她的最好策略是给出真实的答案。她可以附加诸如"我是一个女人，不要听信他的！"之类的信息到她的答案中，但是由于 A（男人）也会作出类似的回答，所以她的帮助将无济于事。

　　我们现在提问，"当一台机器取代比赛中 A 的位置时，会发生什么？"机器参加后所有的比赛规则和步骤都与上述相同，那么询问者的错误率会改变吗？这些问题又回到了我们最初的问题："机器能思考吗？"（Turing，1950，pp. 433 - 434）

　　模仿比赛通常也被称为图灵测验。假设这个测验能够确定机器、计算机，或者别的什么东西是否有智力。有关机器智力的判明标准在图灵的测验中被具体提出了：如果一个询问者与一台机器分开，并且一个人不能辨认出它们回答问题的印刷答案，那么可以说一台机器是有智力的。更坦白地说，一台机器的输出能够模仿一个人时，这台机器就拥有了智力。

　　图灵指出，至少原则上，在模仿比赛中的机器可以被看作一个人。对于许多心理学家和计算机科学家来说，图灵测验在智力的判明上是有效的。在一些支持图灵测验的观点的基础上，有关人工智能（AI）可能存在的信念已经广为流传了。关于 AI 有两种普遍的观点（Searle，1980）。第一种被称为强 AI，它完全遵照图灵的意图，认为机器能够拥有智力。换言之，强 AI 观点认为，机器可能会拥有像人一样的被称为智力的认知状态。这种认知状态可以在操纵机器的程序中找到。此种观点的智力只是程序中形式符号的操纵。AI 的第二种类型被称为**弱 AI**，它涉及用计算机程序对人类智力的模拟。它是通过计算机程序的手段来检验认知理论的。弱 AI 方法没有引起更多的反对，我们也不想在这儿讨论它。而是代之以集中讨论强 AI，因为它引发了大量的争论。

操作定义

　　图灵测验已经被许多人从积极的意义上接受了，因为它有两个重要的特征。第一个是以模仿比赛为手段来评估机器智力时用了一个实验：询问者是否相信一台机器等同于一个人。第二个特征对于我们的目的尤其重要。图灵所描述的实验产生了一个**操作定义**。

　　操作定义在第六章以阈限概念为例进行了讨论。操作定义是构造如智力等结构的一个规则，通过这个规则的使用，其他的科学家也可以产生和测量该结构，从而重复以往的研究。饥饿的一个操作定义是先在一段时间内不让狗吃食物，之后再测量它会吃多少食物。类似地，根据图灵的智力操作定义，我们可以把智力的产生看成能够回答问题的机器程序，并且还可以用回答引发的欺骗量来测量智力。这似乎是个完全可接受的操作定义，那么它为什么仍引起了如此多的争论呢？

　　图灵测验被反对的根本原因是，操作定义在原则上可靠，但它们却未必有效。一个操作定义的主要价值在于增进沟通。因此，如果某人宣称机器有智力，那么只是意味着这台机器通过了图灵测验这一事实，此外大概一无所长了。

341

　　在表述的清晰性方面,图灵测验显然是很好的。一贯(即可信地)产生图灵所指的智力的必要条件被明确给出了。但是,关于强 AI 的争论集中在图灵测验是否充分反映了我们叫做人的智力的东西。因此,在图灵测验能否标志智力这一效度方面的问题上有着许多的反对意见。本文中**效度**是指定义的真实或可靠。**结构效度**这一术语指的是测验(如图灵测验)所能测出假设要测量的结构(如智力)的程度。图灵测验定义的是智力,还是别的什么东西? 计算机引发的欺骗量能够反映智力吗?

　　最近操作定义总是被局限在它们的可应用性上,即它们的效度方面。重新思考一下前面提出的饥饿的操作定义:禁食一段时间并观察之后的食物摄入量。这能充分说出我们所指的饥饿吗? 可能没有。人类的进食有很多原因,与食物剥夺有关的只是其中之一。有时我们吃饭是为了社交;有时我们吃饭是因为我们特别想吃某类食物;有时我们吃饭是因为我们已经几个小时没进食了。而且,上述操作定义是不对称的,因为不吃并不意味着我们的胃是满的。有时我们不吃是因为我们的胃不适;有时我们不吃是因为我们正在努力减肥;有时我们不吃是因为我们刚刚已经吃过了。为了解释这些观察,我们在表述饥饿的概念时,就需要把多元的操作定义融会贯通于同一个理论中。我们不得不使用会聚操作(见第 7 章和第 14 章)。

　　对强 AI 的许多批评都与上述针对饥饿定义的批评类同。"机器不是人。计算机能讲话吗? 它能写诗吗?"图灵预料到了一些批评,并相信它们将来能被解答——是的,一个计算机程序能够以一种观察者(询问者)分辨不出是人还是机器所为的方式做那些事情。正如图灵(Turing,1950)所说,"问答法几乎适宜于引进任何一个我们希望包括的人类活动领域。我们不希望由于不能在选美中获胜而贬损机器的无能,也不希望由于在同飞机的比赛中失利而贬损一个人。我们比赛条件的不当使得这些无能或失利根本不相干。'目击者'可能会吹牛,可能会尽情地满足和炫耀于他们的魅力、力量或英雄主义,如果他们认为这样可取的话;但是询问者可能不需要实际的展示"(p. 435)。

　　一些批评以及图灵对之的反驳或许是能通过观察与实验来解决的经验方面的问题,但是,即使机器被发展得能做这些事情,仍然会出现新的批评。现在我们讨论图灵测验效度方面的批评。

中文房间

针对强 AI 可能性的一个主要讨论是由哲学家塞尔（Searle，1980，1990）发起的，他反对的是关于图灵测验的基本效度的。塞尔也用一个假设的实验来支持他的论点。他让我们想象一个不懂中文的人。为了便于讨论，让我们假设这个人就是你。你被隔离在一个房间里，并且在房间里放置了一本用你的母语写出的指导书，它明确规定了当一张胡乱涂写的纸条塞进来时你应该做什么。这些指导语让你把它们与房间中已有的一些卡片进行匹配。这些卡片上也有着一些不同类型的线条。当你找到了指导语要求的卡片时，就把它们放到一个槽里，以便最后拿到房间外面。

你有所不知，这些卡片上写的是中文；而且你也不知道，你确实正在按照要求用中文回答问题。这个假想的实验假设，你的指导语足够详细以至于你能够充分地回答问题，尽管你根本不懂中文——你甚至不知道自己正在操纵着中文符号。因此，你正在参加的是图灵测验的一个变式，因为人们正在用中文问"这个房间"问题（由此得名中文房间），并且询问者应该不能区分你的答案和会说中文的人的答案。你正在娴熟地操纵着一套形式符号，但这些符号对于你来说没有任何意义。

塞尔相信，在一个真实的中文房间比赛中你会通过图灵测验的。这意味着你在中文方面有才能和智力吗？塞尔的回答是"否"。虽然你通过了图灵测验，但你根本不理解中文。你的所作所为完全类同于一个愚弄询问者使其相信它是人而不是机器正在回答问题的计算机。计算机程序很类似于你在中文房间中所操纵的符号；此外，与你相像的还有，计算机没有给符号赋予意义或理解。根据塞尔的观点，这只能意味着图灵测验是无效的，它不能证明机器有智力。

塞尔又进一步论证了他的观点。他提出真正的理解需要一个在实验情境中有着因果推理能力的大脑。你不可能像理解你的母语那样去理解中文，因为你不能生成它。对于中文来说，所有你能够做的，与在"智力"活动中一台机器所能做到的一样，就是遵照指导语去操纵符号。要产生智力行为，被操纵的符号必须有内容和意义。由于人类心智有内容有意义而计算机程序则没有，因此，程序是不可能有智力的。塞尔（Searle，1990）指出，有了生理基础的机器就像我们的大脑一样，或许不是能够思维的唯一事情；但他认为创造人工思维装置的可能性是

"不存在的"。

塞尔中文房间的讨论及其有关大脑的观点并非没遇到过挑战（见 Churchland & Churchland，1990；Hauser，1997）。基本问题似乎是：什么可以作为智力的充分测验？只能操纵符号的装置的行为算作智力吗？强 AI 的回答是算。塞尔的回答是不算——一个模拟中文说话的程序是不理解中文的，就像一个模拟消化的程序不能真正消化食物一样。

343

定义智力

你现在可能要问，"智力还有其他的被广为接受的操作定义吗？"其简短回答是没有。智力与各种测量指标都存在着联系。例如，近来就有研究者将智力和工作记忆能力（Engle，2002；Engle，Tuholski，Laughlin & Conway，1999）以及某些脑区（Duncan，2003）联系在了一起。在这里，我们将探讨一些智力的其他定义和与操作定义概念有关的附加问题。

你可能已经注意到了，当我们在本章的第一部分讨论信度时，我们没有定义智力。这是因为测验的发起者常常有一个当时实用的问题。比纳只是想要确定法国学校学生适当的等级水平。在这些实用的情境中，测验的效度是由某一标准决定的，比如在校就读的成功。事实上，斯坦福-比纳和韦克斯勒测验在预测学业成绩方面做得很好。因此，你可能想说，如果智力测验有很好的效标效度（测验预测学业成绩）的话，那么智力就是测验测量的东西。但这个问题是两面的。一方面，大多数智力测验集中在数学和言语能力上，以至于它们忽略了包括音乐能力和理解他人能力在内的其他种类的重要智力活动。另一方面，从学业角度定义智力能力常常被看成是一个狭隘的和有文化偏差的智力定义方式。典型的 IQ 测验并不能测量出一个人的成功和环境适应能力。因此，争论一直存在，人们的 IQ 分数可能也与常识或有效率的生活没什么关系。而且，即使人们是高效的并且有常识，他们的 IQ 分数仍不会预测他们在另一个情境中的成功，比如在沙漠中存活下来或在丛林中保护了自己并能够存活。另外，按照一些批评家的观点，IQ 测验反映的是中上层白人的价值，而不反映智力对整个社会意味着什么。有研究发现，文化刻板印象对被试在其他测验中的成绩造成了影响。这一发现支持了人们所说的这种偏见（Steele & Aronson，1995）。例如，让女性接触到"女人不会做数学题"的刻板印象后，她们在较难的数学测验上的成绩会更差(Spencer, Steele & Quinn, 1999)。

因此,把智力的定义确定为智力测验所测量的并接受下来并不能解决许多问题。把智力局限在专门技术的范围内,很可能会遭致一般公众的反对,因为他们的关于什么是智力的概念与之不同(Sternberg, 1995)。

让我们简要思考一下当代对操作定义智力所做的努力和尝试。这个理论被称为**多元智力理论**,是由加德纳(Gardner, 1983, 2000a)提出的。他的目的是为了拓宽智力的标准学业定义,以包含那些西方文化价值较少提到的智力(为了使用他的措词)。而标准智力测验则较多涉及西方文化价值。加德纳从跨文化的、心理的、心理测量的、发展的以及神经的等方面提出证据证明智力七个维度的存在。这些多元智力是机体运动知觉的、语言的、逻辑-数学的、音乐的、自我理解的、社会成功的和空间的。在这些维度中,只有语言的、逻辑-数学的和空间的在标准 IQ 测验中被测试过。对于七种智力中的每一种来说,加德纳都试图证明它有一个独立的神经结构和一个独立的发展史;一个人可能在一个维度中表现得很好,而在其他维度中则相反;并且无论在什么样的文化背景中它们每一个都起着突出的作用,虽然方式不同。加德纳(Gardner, 2000a)提出,智力可能不止 7 种。在他 2000 年出版的一本书中,他探寻了在最初的智力序列中增加一种博物智力(naturalist intelligence)的可能性。博物智力涉及人们如何收集与自然世界有关的信息。加德纳还探讨了心灵智力(spiritual intelligence)和生存智力(existence intelligence)的可能性(有关不同智力的例子,参见 Edwards, 2003; Emmons, 2000; Gardner, 1998a; Gardner, 2000a; Gardner, 2000b; Kwilecki, 2000)。

344

我们不对每种智力一一剖析了,接下来我们只考虑一下加德纳对音乐能力的分析。首先,加德纳表明音乐能力的基本神经结构有别于其他能力的神经结构。音乐能力与右脑有关,而语言能力与左脑有关。左脑损伤的人常常会患失语症,即他们有语言障碍。然而有趣的是,尽管失语的人常常有说话的麻烦,但他们常常能唱;更有甚者,在一些罕见的例子中,即使唱不出歌词,他们的音乐能力依然没受到干扰。相反,右脑损伤的人常常会患音调失认症。音调不识症患者不能唱,他们平常的声音变化减小了。否则,音调不识症患者的语言能力就是完好无损的。

　　加德纳注意到的下一件事情是,人们在音乐能力上有着极大的差异。这可以通过特殊测验(即心理量表方面的)来评估,但在日常的观察中它已经显而易见了。莫扎特就是一个显而易见的音乐天才。很小的时候,这个天才就创作了一流的交响音乐;而且还未进入青少年,他就已经在欧洲的皇家宫廷中演奏了(参见 Gardner,1998b,第四章对莫扎特的论述)。

　　加德纳还进一步提出了独立音乐智力的证据,在此我们就不考虑了。对于每一个被提出的智力,加德纳都试图在几个维度上建立它们的操作性定义。这意味着他正在使用会聚操作以便于精炼他的智力概念。他在定义智力上成功了吗?加德纳的多元智力理论是智力的定义吗?正如你可能预料到的,那些问题的答案是"否",或者至少对于某些心理学家来说是"否"。

　　加德纳理论的一个反对者是心理学家斯滕伯格(Sternberg,R),他已经采用了信息加工方法来定义智力了[斯滕伯格的著作中最被接受的论述是《三元智力理论述评》(*The Triarchic Mind*),1988]。斯滕伯格对加德纳方法的主要批评是,他没有明确说出七种智力之下的过程。斯滕伯格认为,加德纳只是说出了智力的名称而没有确切指出它们是什么和它们不是什么。斯滕伯格的第二个批评是,智力是一般的,而加德纳的智力却是具体的。根据斯滕伯格的观点,加德纳辨认出的是才能而不是智力。缺乏音乐才能对一个人来说不会有太多的损害,可能只是不突出而已。但是,一个不能计划或推理的人在这个世界上则将会毫无用途。

　　斯滕伯格的批评被他考虑进了自己的智力理论中(Sternberg,1997)。他的理论强调加工信息、以新方式综合信息以及适应新情境的能力。斯滕伯格的智力操作性定义表明,智力行为反映的是对社会情境中问题的解决能力(见 Sternberge & Salter,1982)。这个观点是杰出的,被许多感兴趣于信息加工方法的心理学家所接受(见 Kantowitz,1989a)。

345 　　作为对斯滕伯格研究的部分回应,加德纳(Gardner,2007)认为,在看待智慧与智力上存在着几种不同的方式。一种方式就是寻求对世界需求的适应(是否觉得耳熟?)。在他的《未来的五种智慧》(*Five Minds for the Future*)一书中,他介绍了"如果我们想要在即将到来的世纪里取得成功"(p.1)所必须发展的认知能力。这五种未来智慧的特点是:学科智慧——掌握一种思想学派(自然学科、历史、法律等等）；综合智慧——能够整合来自不同学科的思想；创造智慧——能够提出并解决新问题；尊重他人的智慧——能够觉察到人与人之间的细微差异；道德智慧——能够履行个人的公民职责。

　　但这个适应的问题解决能力是智力吗？按照这个观点，写一首诗或谱一首曲是智力的还是才能的显现？对这些问题的回答需要一个根据许多操作定义作出的会聚操作数据所支持的令人信服的理论。尽管操作定义在科学理论的发展上确实起到了重要作用，但是操作定义的使用却有利有弊。其有利的方面是，操作定义能够促进科学的交流，从而也增进了科学研究的信度。如此可靠的工作为概念的阐述和精炼奠定了基础。其弊端在于，操作性定义可能是被讨论概念的相互矛盾的定义。尽管它们可能有效，但它们的含义通常服从于争论。定义需要适应于一个用于描述和预测行为的其他概念所组成的网络。当然，在理解自然和人工智能上的进步依赖于人们对智力概念作出的一个令人满意的定义。

▼　12.3　实验主题与研究范例

主题　回归假象

范例　教育评价

　　有关智力和个体差异研究的一个问题围绕着心理学家和教育学家对提高个体成绩的尝试和评价此类尝试的重要性而展开了。正如你可能怀疑的，精确的测量在于对评价变化的重视。无论测量误差什么时候出现，我们错误地得出某种变化发生了或没有发生的可能性都将存在。尽管这句话看起来没什么，但它对你却有着深刻的含义，许多心理学研究就是由于没有充分地考虑事实而被弄错了。

　　用于收集数据的特定设计或程序尤其易受测量误差引起的偏差影响。那些设计，记住，被称为**准实验设计**，因为被试没被随机分配到处理组和控制组中（Campbell & Stanley, 1966）。这些组中的被试可能在许多因素上被研究者匹配，但很难确保组之间的重要差异在处理开始前不存在。当研究前，实验（处理）组与控制（无处理）组没有在研究所要测试的变量上进行匹配时，这个问题就被扩大了。例如，同一社区的一组儿童可能被选出来作为实验组以测试一门新的跑步训练课程。还是在这个社区中再选出一组儿童作为控制组。实验组接受了六周的训练后,测量这两组的奔跑速度。这将会是一个准实验设计,因为儿童不是被随机地安排到实验组或控制组中的。即使实验者报告说两组成员的平均身高、体重和年龄相同,但我们仍不能确信处理前两组的平均奔跑速度相等。事实上,即使两组在平均奔跑速度上进行了匹配,我们仍不能确信训练后的组间差异是由于训练的效果。这是因为不能排除研究前取样时两组所来自的总体不同这一可能。当总体差异存在时,就可能出现被回归假象误导的可能性,或者说,实验效果是由"统计回归"引起的,而不是实验操纵。我们在第二章中谈到了回归假象。

或许在这儿举个例子有助于说明它。假设你是一个 A 学生,而你的邻居是一个 C 学生,尽管你们俩有着类似的背景。在一个特定的作业上,你们都得了 B。为了提高学业成绩,你的邻居决定参加一系列的补习班。你的老师决定评价补习班是否有效,于是她或他要对相同背景下的补习班和非补习班学生的未来等级进行比较。你被选出来作为匹配的学生与你朋友进行比较。在下一个作业中,你得了 A⁻,而你朋友得了一个 C⁺。评价该课程的一些情况列在了表 12-2 中。注意作为个人平均等级函数的标准等级的变化。如果因为你从 B 变成了 A⁻,而你朋友从 B 变成了 C⁺,就能得出补习班有害的结论吗? 可能不行,因为你们俩只是向平均数回归而已。在这个小研究中看到的效应可能不是一个真正的处理效应,而只是一个回归假象,因为你和你朋友不是真正相等的。事实上,补习班还可能让你朋友受益了,因为她或他的等级比通常的 C 等级要高。如果第一次作业是 B 的学生被随机分配到补习班或非补习班组,然后再在第二次作

▼ 表 12-2

向平均数回归干扰准实验结果解释的图解。尽管参加者是被匹配的 B 等级学生,但有或无补习班时他们的成绩还是向他们自身的平均等级回归了。补习班有用吗?

个人	平均等级	匹配等级	补习班	标准等级
你	A	B	无	A⁻
邻居	C	B	有	C⁺

业等级的基础上进行比较的话,那么可能会获得补习班对学生等级影响的精确评价。

　　向平均数回归的原因是,所有的心理测量都会受到一定量变异的影响。使用任何测量时,都不会得出百分之百的可靠数据,获得最高分的被试组不仅包括那些真正的一流学生,也包括那些由于测量的偶然误差而被混入的非一流学生。重测时,这些偶然的测量误差不会还在同一方向上发生。因此,重测时,最高分数组的平均值将略低些,而首次测试较差的被试组则会略高些。本章结尾处的课后练习部分旨在通过一个简单的例子使你更好地理解回归假象问题。

　　在诸如补偿性教育的准实验研究中回归假象的重要性已经成了争论主题。一个关于 20 世纪 60 年代领先计划(Cicirelli & Granger,1969)的有影响力的研究受到了特别关注。在这个威斯汀豪斯-俄亥俄研究(the Westinghouse-Ohio study)中,完成领先体验的儿童被随机选出以接受评估。然后,研究者对来自同一地区的控制组儿童进行了定义,这些儿童也符合该计划的条件,但是并没有参加该计划。控制组儿童被随机选出并在性别、种族团体成员和幼儿园教育方面与实验组儿童进行了匹配。请注意,他们是从不同的组中被选出的:一个参加过领先计划,一个没有参加过。等到实验和控制被试的最后选择作出后,对两组被试的社会经济状况、人口统计学状况以及态度等方面的额外指标也进行了搜集和比较。研究者报告说差异很小。然后计算和比较了实验(领先)组和控制(非领先)组儿童的学业成就和潜能。从这个大研究中得出的一般结论是,领先计划在消除贫穷和社会不利影响方面是没有效果的。

　　其他的心理学家(Campbell & Erlebacher,1970a)很快就对这个研究从几方面进行了批评。首先,他们指出这个研究的结果毫无疑问地引起了部分的回归假象。更糟糕的是,假象的大小不能估算出来,这让人对整个研究结果都产生了怀疑。

　　基本问题是匹配(若想参看类似的例子,见第二章)。西西雷利(Cicirelli)及其合作者令人赞赏地尝试了对一组参加领先计划的贫穷儿童样本与同一区域未参加的儿童进行了匹配。那么两组间后来的差异源于这个计划,对吗? 不一定。只有当这两个样本来自相同的潜在总体分布时,上述说法才正确。但是这种情况是不可能的。可能的情况是它们的两个潜在总体不同,即贫穷的"处理组"儿童来自一个比"控制组"儿童差的总体。通常被预先选出来参加领先计划的儿童是来自一个贫穷背景的,相反未参加计划的"控制"儿童则来自能力更强的总体。基本问题是被试没有被随机分配到实验条件中,因此研究者不得不对控制被试与实验被试进行匹配。为了匹配这两个来自不同总体的样本,实验者只得选择高于总体均数的儿童作为贫穷的处理组,而选择那些低于总体均数的儿童作为控制组。但是当这样做时可怕的回归假象又总会出现。当重测每一组时,个体的成绩都倾向于回归到组平均数。换言之,此例中的贫穷组将趋于表现得更差,而控制组则表现得更好。

当只对两组匹配却未进行任何的实验处理时,向平均数回归将会发生。这个效应与前面的一个例子相同,即当两名被作为 B 等级的学生错误"匹配"发生时,再次测量的成绩表明,优等生会从 B 提高到 A^-,而其他人则从 B 下降到 C^+。既然我们已经预料到此情境中向平均数回归的存在会导致组间的差异(控制组会好些),那么我们该怎样评估我们的研究结果呢?西西雷利及其同事并没有发现两组之间存在差异。既然我们可能预料到处理(领先)组由于回归假象而导致更糟糕的成绩,那么这是否意味着处理组由于领先计划的实施而真的提高了呢?回答这个问题是不可能的,因为在威斯汀豪斯-俄亥俄领先计划的评估中,回归假象的方向或者数值不能被计算出来。

在上一段中,我们对关于这类研究中的回归假象作出了合理的推测。但是从威斯汀豪斯-俄亥俄的研究中也无法得出领先计划没有影响的结论。更准确地说,由于不知道回归假象怎样影响结果,所以无法在那个研究的基础上得出任何结论。

一般而言,难以估计大小的回归假象在这类研究中是很有可能存在的,并且这个事实已经被广为接受了。那么,为什么还要做这样的研究呢,特别当重要的政治、经济和社会决策可能会以其结果为依据时?这个问题是由坎贝尔和厄尔巴克(Campbell & Erlebacher, 1970a, 1970b)以及西西雷利和他的支持者(Cicirelli, 1970; Evans & Schiller, 1970)提出的。他们的答案迥然不同,并且他们提出的问题类型也常常是科学家所面临的但科学也无法解决的问题。坎贝尔和厄尔巴克提出,坏信息比根本没有信息还要糟糕:如果适当控制的实验不能被执行,那么应该没有数据被搜集。另一方面,埃文斯和希勒(Evans & Schiller)反驳道:"这个立场不能理解每一个程序都将被最武断的、轶事的、盲目推崇的和主观的手段评估。"(p. 220)坎贝尔和厄尔巴克同时指出,"当科学的威信被用来支持那些科学评价不可能情况下的报告时,我们就可以判定它发生了误导"(1970b, p. 224)。作为一个根本的解决办法,他们提出召集"由争论中不属于任何一方的专家组成的"委员会来决定这件事。

在严格的理性意义上来说,这个问题可能是不可解决的;但我们仍能完全赞同一个研究应该根据可行的最好的科学程序来实施。威斯汀豪斯-俄亥俄研究应该如何被正确实施呢? 除了随机分配还有其他的解决办法。一个可能是把所有儿童都随机分配到不同的组中,并接受不同的程序以相互抵消这些程序的效力。这里有一个困难,即训练程序可能表现出相等的效力。那么就无法知道其中哪一个更好了。最好的方式是在实验开始时把参加者随机分配到无处理或处理(领先)条件中。在消除混淆因素上除了随机分配,没有什么其他的办法。但让寻求补习计划帮助的一半儿童不接受任何训练是不公平的。当然,刚开始人们无法保证这个计划确实有益,因为它正是研究者所要揭示的。当给有病的控制组安慰剂而不是治疗药物时,同样的问题在医学研究中也出现了。但要注意,对这个问题应该从两方面讨论,从长远的角度来看,针对治疗有效性的细致研究中会有更多的人获益,而不会由于治疗的暂停遭受损害。

当儿童被随机分配到处理和无处理条件中时,会发生什么? 下面让我们探讨由布赖特迈耶和雷米(Breitmayer & Ramey, 1986)所做的一个四年半的纵向实验。被试是来自美国大城市贫穷家庭的 80 个儿童。一出生就有一半的儿童被随机分配到无处理控制组。这些控制儿童参加一个日间照管中心直到实验结束,但他们没有接受任何特别的教育处理。其余的一半则被随机分配到处理组。他们的日间照管中心包括一个用于防止智力低下的领先计划。实验中的所有被试都是正常出生的,并且体重至少 5 磅。在新生儿出生后的第 1 分钟内,用一个量表测量了其生理反应性,该量表类似于第三章中介绍过的布雷泽尔顿修订的那个。这个测试的结果表明,在控制和实验组中都有一半多点的新生儿的生理反应不理想。因此,我们在这个实验中区分出了四组:实验的(包含教育的日间照管)/理想的、控制的(普通的日间照管)/理想的、实验的/不理想的以及控制的/不理想的。

四岁半时的智力测量显示了三个重要的发现。首先,出生 1 分钟测得生理水平理想的儿童在智力测验上的得分较高,而那些生理水平不理想的儿童则得分较低。其次,与控制组被试相比,在测验的言语部分,教育处理组儿童略好些;在操作部分,实验组则要好得多。最后,大部分教育效应是由于一个交互作用:不理想控制组被试在智力测验的所有方面都很差。结果如图 12 - 3 所示。这个交互作用类似于第二章提到的协同作用例子。由于事后的调查揭示了两组被试间高度类似的家庭背景,因此布赖特迈耶和雷米能够稳妥地推出早期教育有着重要意义——尤其对那些出生时生理水平不理想的儿童——这一结论。对这一研究发现有兴趣的读者,我们推荐一本埃尔斯沃斯和艾姆斯(Ellsworth & Ames,1998)关于领先计划的书。这本书对该计划及其目的进行了广泛深入的介绍(另见,Arnold,Fisher,Doctoroff & Dobbs,2002;Mantzicopoulos,2003;Slaughter-Defoe & Rubin,2001)。

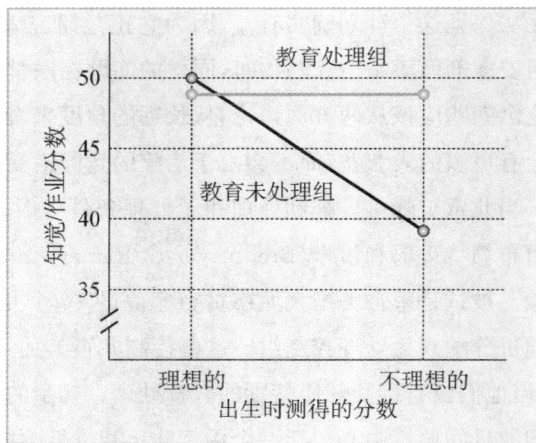

▼ 图 12 - 3

布赖特迈耶和雷米(Breitmayer & Ramey,1986)的实验结果。表明教育处理与出生时的健康对后来54 个月大的幼儿知觉/作业分数的交互作用。同样,未写出但仍能看出的智力测验的言语和算术部分的交互作用。

从问题到实验：研究细节

问题　动机与情绪在智力活动中起什么作用？

你们当中许多人可能患有数学恐惧症，而另一些人则可能不喜欢多项选择考试。如果你属于上述某种群体，或如果你有着能影响你的测验和考试成绩的喜好或憎恶，那么你正在展现动机和情绪对作业的效应。辨认此类喜好和憎恶对于小学老师来说特别重要，因为一旦一名学生开始憎恶某一事情，雪球效应就会出现。例如，假设一个小学生出于某种理由开始不喜欢数学了。那个学生将不仅发现数学考试可恶，而且还发现学数学也同样可恶。不学习新的数学概念将导致糟糕的测验成绩，进而又会增加这种厌恶感，如此等等。

有关认知探索方面的情绪观点在此不细述了。德韦克（Dweck）及其同事确定了两个一般目标，这两个目标是儿童从事智力活动时所具有的，并且它们在述及儿童有智力的原始理论中就已经显而易见了（Dweck，1999；Dweck & Bempechat，1983；Dweck & Elliott，1983；Levy，Plaks，Hong，Chiu & Dweck，2001）。一些儿童采用的目标被称为**成绩目标**。这些儿童似乎竭力不要显得愚蠢，他们想要显得聪明和不被同伴或老师给予否定评价。采用成绩目标的儿童有着德韦克所说的智力的**实体理论**。这些儿童相信，他们具有的混合智力可以由其他人的评价和他们在智力任务上的表现而得到最适当的估计。其他儿童则倾向于采用**学习目标**，该目标使得他们通过学习新技能和知识来竭力变得更聪明些。他们相信智力是通过刻苦工作和努力就能被提高的一组技能和知识，该理论被德韦克命名为**工具性提高理论**。这些目标怎样影响儿童的作业？在一些环境中这些目标是有益的吗？在此将讨论这些问题。

问题　儿童的动机目标怎样影响他们的智力活动？

我们可能预期，儿童的目标对他们成绩的影响会与任务要求发生交互作用（Hetherington & Parke，1986）。相对于新学习和高努力的要求而言，快速、准确和正确操作的要求可能会使实体理论家们完成得更好。而对工具性提高理论家们来说则相反，新学习和高努力的要求可能会导致更好的成绩。

351

假设　任务性质与儿童的动机目标将会发生交互作用，即任务要求与动机目标一致时智力作业将会最好，而两者有冲突时则会阻碍他们智力任务的完成。

验证这个假设的一个实验设计要求两组儿童：实体组和工具性提高组。每组都应该在两个条件下接受测试：成绩目标和学习目标。因此，这将是一个由被试变量作组间变量和测试条件作组内变量而构成的混合设计。

包含这两个变量的根本原因是为了了解它们之间的交互作用。当实验变量中的一个变量是准自变量时，比如被试变量，这是很重要的。因为被试变量必须被选出来并且不被操纵，所以在发现一个真实自变量对被试变量的不同水平上的分化性效应方面是重要的。

这个研究中首先要做的事情是选出这两组被试。不利的是，满足该目的的公开测试还没有。但是，德韦克已经提供了一个区分实体理论家和工具性提高理论家的简单方法。让儿童从两个对智力的陈述中选出一个，而且这两个陈述或者反映成绩目标或者反映学习目标。因此，依据这个原则你可以造出许多个陈述对（比如 16 个）。儿童在此测验上的分数是选择某类陈述的次数。此例中实体分数将从 0 变化到 16。你可能产生的一些陈述类型的例子如下：

1. （a）你可以学习新东西，但你的聪明才智不会变化。
  （b）聪明才智是只要你想就能提高的东西。
2. （a）没出错时我会觉得自己聪明。
  （b）学会怎样做事情时我会觉得自己聪明。
3. （a）第一个交考卷时我会喜欢学校的功课。
  （b）学习新东西时我会喜欢学校的功课。
4. （a）做容易的功课时我会觉得自己聪明。
  （b）正在读一本难理解的书时我会觉得自己聪明。

确定儿童组属的最容易办法是，计算所有参加测试儿童实体分的中数（即中位数）。然后你再把高于中数的儿童分配到实体组，把低于中数的其余儿童分配到工具性提高组。

建立一个可靠有效的测验是极其困难和耗时的。你可能会发现，在你的测验中得到一个广泛的分数分布也是困难的。为了确保你获得分数很高和很低的儿童，你可能需要修订你的测验问题直到产生好的分数分布为止。

确定好每组成员之后(大约每组至少 15 人),你将要设置测试情境了。在这里,德韦克(Dweck)及其同事之前的研究会有帮助。德韦克和贝姆佩查特(Dweck & Bempechat,1983)描述了几种让实体和工具性提高儿童选择的任务,并要求他们估计自己会做得怎么样。这些任务在难度和作业目标(学习或显得聪明)上不同。作出选择后,给所有儿童都呈现中等难度的相同任务。因此,他们通过先前的指导语操纵了儿童对任务的感知。同样的程序在本实验中仍可使用。你可以用与德韦克用过的类似的指导语,然后让儿童从事某一任务。为了测试大部分儿童,暗示他们这个测试程序对某种比赛通常是有用的。这样做是为了保持他们的动机和兴趣。对于学习定向的任务,可能会这样告诉儿童:"在这个比赛中,你可能会学习一些新东西,但你也可能犯一些错。你可能会被弄糊涂并觉得自己很笨,但你将学会一些很棒的东西。"对于成绩定向的任务,指导语可能是:"这个比赛很有趣,因为比别的容易做。尽管你可能不会学习许多东西,但它确实能向我显示有多少儿童会做它。"那么你将需要两个任务,每种指导语一个。为了保持儿童的兴趣,这两个任务不应该过于雷同。但用两个不同的任务,你就需要在两组指导语上进行任务的平衡。选出的任务可能是困难的,但找到它们的最简便方法可以是从一位与被试年龄相仿的"老师"那里获得帮助。这位"老师"应该能够帮助你选择对三年级儿童呈中等难度的两个智力任务。让我们把你选出的这两个任务称为任务 A 和任务 B。充分的平衡处理和设计的一般情况参见表 12-3 中。

▼　表 12-3　两个任务(A 和 B)与两类指导语(成绩和平衡)相结合的设计和平衡

表中的数字表示每个条件里的被试数。每组中的被试总数被确定为 16。

组	第一次测试	第二次测试
实体	(4)任务 A/成绩	任务 B/学习
	(4)任务 B/成绩	任务 A/学习
	(4)任务 A/学习	任务 B/成绩
	(4)任务 B/学习	任务 A/成绩
工具性提高	(4)任务 A/成绩	任务 B/学习
	(4)任务 B/成绩	任务 A/学习
	(4)任务 A/学习	任务 B/成绩
	(4)任务 B/学习	任务 A/成绩

　　我们预期，与成绩指导语任务相比，实体组被试在学习指导语任务上会做得更差；而工具性提高组被试则会在学习指导语任务上做得更好。

　　这个研究计划似乎可以执行，而且还可以对实体理论进行验证。但是，对被试变量进行的研究，尤其是用儿童作被试时会给研究者增添许多困难。一个问题是与实验伦理有关的。由于不可能让儿童就参加实验做到真正的知情同意，所以儿童的父母必须要表示他们是否愿意让其子女参加。这意味着你不得不接近一位小学老师，并得到他或她的允许以测试学生和让家长签署一份知情同意书。你的教授能够帮你制订一份满足这些目的的知情同意书。

　　必须解决的问题还有儿童的年龄。最早的研究用的是低年级儿童，此处用低年级儿童也比较安全。如果儿童太小，比如学前，那么他们可能还不知道聪明的涵义。相反在智力的信念方面高中生可能又太老练了以至于无法产生不同的被试组。不过，德韦克、曼格尔斯和古德（Dweck，Mangels & Good，2004）报告说，他们的实验成功地提高了大学生的学习动机。

　　此外，另一个必须要解决的问题还有性别。你是只想测试男孩或女孩，还是两者都测？德韦克及其同事（Dweck et al.，2004）已经发现，对于学习和成绩情境男女的反应不同，因此至少你应该确定在每个测试组中每种性别的比例相同，比如每组中都有45%的男孩。另一方面，如果你对在你的情境中男孩女孩不同的反应方式感兴趣，那么你可以考虑把性别当作一个额外的被试变量。

　　关于被试变量的研究常常很有趣，并且它关注的问题常常是有实际价值的。但是，不要忽略了被试变量可以被选择但不能被操纵这一事实。得出结论时，你必须承认它不是一个真正的自变量。

▼　小结

1. 个别差异的实证方法是建立在发现被研究的差异相关基础上，比如设计智力测验是为了预测学业分数。个别差异的分析理论试图通过潜在心理过程的差异来解释。个别差异的本性理论坚持基因决定论，相反教养观则强调影响机体发展的经验因素。赫布（Hebb）提出的解释个别差异的交互作用的六因素观点更全面。

2. 测量工具的信度对于包括个别差异研究在内的所有科学调查都是至关重要的。为了测量包括智力在内的复杂心理能力,建立一个可靠的测量手段是困难的,但如果可靠的测量被得出了,那么就能够用它们来调查诸如测量的稳定性(通过隔段时间重测的手段获得)之类的有趣问题了。

3. 在发展研究中应用得最广泛的设计是横断设计,应用时不同年龄的人们(总人口的一个横断面)被测试了。不幸的是,所发现的任何差异都可能是由与年龄混淆在一起的因素(比如教育上的不同或其他特别的人生经历)所导致的。在纵向设计中,随着年龄的增长对同一组被试一再地测试,因此消除一些在横断研究中会出现的混淆。不幸的是,在一些情况下,当被观察到的变化不是由年龄而是与年龄相关的人生经历引起时,纵向研究也会产生误导。交叉序列设计既包括了横断设计也包括了纵向设计,并通过时间延迟设计的探讨评估了变化的时间或年代(而不是年龄)所引起的变异。交叉序列设计更能够不受其他因素的混淆影响而推断出年龄效应,但不幸的是此类设计很难在实践中实施。大多数发展研究仍然依赖于在其他因素(比如社会经济地位)上对人们进行匹配的横断方法。

4. 心理结构的操作定义需要根据研究该结构的实验操作来详细说明这个结构。图灵测验以机器能够拥有智力的方式详细阐述了智力。有些研究者通过对其操作定义效度的指责而提出了他们的反对意见。

5. 当诸如智力、重量或年龄等的个别差异被研究时,它们是被当作被试变量的。从本质上讲,被试变量阻碍了分配到各条件中被试的随机性;研究者必须避免得出实验效果是由被试变量所产生的结论,因为可能是某一混淆因素引起的。

6. 在一些对两组被试(处理组和控制组)按某一标准进行匹配而不是随机分配的研究中,很有可能出现统计回归的问题,这个问题会影响研究结果和得出的结论。当极端被试组被选出(在一个维度上极端的)时,他们的重测分数将趋向于这个组的平均数。尽管在其他标准上进行了匹配,但这仍会发生。这确实能影响研究结果,因为我们预期,即使没有任何干扰介入,组分数依然变化。因此,评价使用事后准实验设计研究中的处理效果是可能的或不可能的。避免这个问题的唯一确定方式是首先把被试随机分配到条件中去。

▼ 重要术语

分析的途径	前历效应	回归假象
失语症	模拟比赛	向平均数回归
人工智能(AI)	智力	信度
中文房间	纵向设计	分半信度
实足年龄	心理年龄	强 AI
同辈效应	多元智力	被试变量
同辈	本性理论	重测信度
结构效度	教养观点	时间延迟设计
横断设计	操作定义	音调失认症
交叉序列设计	平行形式	图灵测验
实证方法	预测(效标)效度	弱 AI
表面效度	准实验设计	

▼ 讨论题目

1. 通常,被建构的心理测验是为了测量某一心理结构,诸如智力、抑郁或节食。一个基本要求是这类测验必须有信度。什么是信度?讨论心理测验中计算信度的三个不同方式。

2. 讨论心理学中操作定义之所以必要的理由。为下面的每一个结构提供两个操作定义:(a)干渴、(b)智力、(c)记忆能力、(d)性满足,以及(e)害怕蛇。你对让"同一个"结构有不止一个的操作性定义的要求感到担心吗?

3. 讨论发展研究中下列设计的优缺点:(a)横断设计、(b)纵向设计(c)交叉序列设计。

4. 讨论智力的强 AI 方法。计算机有智力吗?

5. 一个心理治疗师对她发明的新疗法效果的评价感兴趣。它被称为宠物疗法,即为了治疗抑郁的人们,她劝说他们养一条宠物狗,以期通过对狗的喜爱而唤起他们的兴奋和喜悦。为了评价这个疗法,该治疗师送给每位病人一条来自慈善机构的狗,并要他们照料。她用一个测验(已经证明有信度)测量养宠物之前一周和之后两个月的病人的抑郁水平。她发现第二次测量时病人的抑郁水平明显降低,因此她得出宠物治疗成功的结论。讨论这个研究及其所推出的结论中的几处错误事情。回归假象可能怎样起作用?这个研究怎样才能做得更好?

6. 讨论这个陈述:"所有涉及被试变量的实验都是准实验;所得到的结果本质上讲都是相关的并可能受到混淆的污染。"这个陈述真实吗? 你能想出一些例外吗? 在试图这样做的时候,请列出你能想到的心理学家感兴趣的所有被试变量。

▼　网络资源

你可以在下面的网址找到安巴蒂(Bala Ambati)博士的主页:

http://www.mcg.edu/eyes/Ambati_page.html

你可以从下面的网址下载有关加德纳多元智力研究的文章:

http://www.harvard.edu/PIs/HG.htm

http://www.howardgardner.com/Papers/papers.html

下面的网站详细介绍了智力测验的历史以及有关理论,并且链接有主要研究者的介绍:

http://www.indiana.edu/~intell/

▼　课后练习:回归假象演示

人们知道在许多研究领域中存在一个严重的问题,即向平均数回归,或回归假象。通过让你成为它的受害者,可以使得你很好地理解这一现象。试着按下述步骤做下面的实验:

1. 在你面前的一张桌子上抛掷六个骰子。

2. 把显示低分的骰子放在左边,高分的则放在右边。为了公平起见,两组中的骰子随机放置。

3. 计算并记录每一个三骰小组中每个骰子的平均数。

4. 把你的双手举过头顶并大声宣布,"以科学的名义,大点。"

5. 抛掷三个低分骰子并计算低分组中每个骰子的新平均数。

6. 抛掷三个高分骰子并计算高分组中每个骰子的新平均数。

7. 比较两组处理前和处理后的分数。如果可能,把你的数据与你班上同学的数据合并到一处。

357   一般而言,这个程序将导致低分组点数的提高和高分组点数的下降。你可能会因此而得出借用科学的名义在"表现不佳"的骰子上发挥了有益的影响,但对于"表现优异"的骰子则需个别关注以维持它们的出色表现。不管怎样,这个结论都没有考虑回归的作用,即反映许多类型的测量值接近平均数的倾向的统计效果。你知道,正常抛掷一个骰子能产生从 1 到 6 的点数,但多次抛掷的平均数将会是接近 3.5 的。三个骰子的平均数接近 3.5 的可能性要大于接近 1 或 6 的可能性。因此,当你选择三个低平均数的骰子并再次抛掷它们时,它们将会产生更高的平均值(接近 3.5 的平均值)。同样,再次抛掷时,高分组的三个骰子应该产生更低的平均值。在两种情况下,你所观察到的现象都是向平均数回归。

第十三章
社会影响

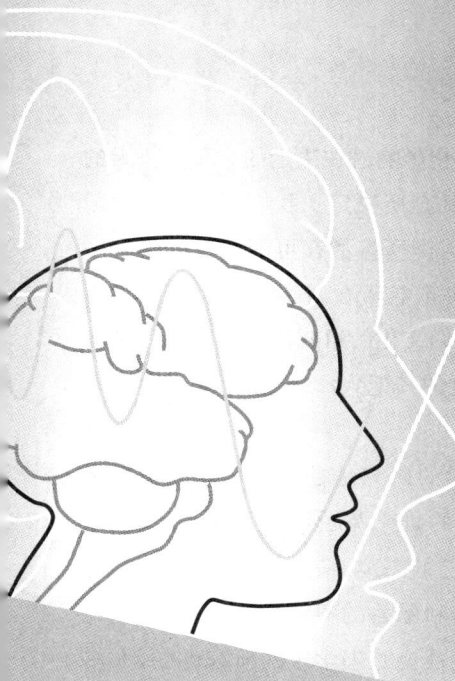

359

随处可见的事实表明，我们对原子的了解胜过对我们自身的了解。〔Carl Kaysen〕

　　每个人的行为都是由错综复杂的社会和文化影响潜在决定的。我们每天的所作所为，大多由我们生于斯长于斯的文化和社会所决定。我们所处的文化限制着我们的经验，所以，我们表现的行为，只是人类所有潜在可能行为的很少一部分。我们社会中的大多数人，一辈子也不会讲霍屯督语、不会划有叉架的独木舟，或是捕猎非洲大羚羊，因为这些行为不是我们文化的组成部分。在每一种社会中，个体的行为在很大程度上与其周围"重要的其他人"——如家人、同伴、老师等等——的行为保持一致。

　　社会如何影响个体？对这一问题做心理学的研究是社会心理学的内容之一。社会心理学是一个广阔的领域：大量多样的研究课题可以归在它的名下。比如，它关注人们如何在他人的影响下改变自己的态度、信念和行为；人们如何形成关于他人的印象；人们为何彼此吸引；攻击和暴力的根源是什么；决定利他和帮助的条件是什么，诸如此类，不胜枚举。但社会心理学家的研究课题，大多必定要与社会（其他人）对个体行为的影响有关，鲜有例外。许多实验研究都因重大的社会性事件而起。例如，本章稍后将要介绍的由阿米督·迪艾鲁（Amidou Dialloh）被杀所引发的研究，这名黑人被 4 名白人警官开枪射击了 41 次。迪艾鲁当时正在掏自己的钱包，而警官们却以为他在掏枪。对警官们的无罪判决引发了民众的抗议以及一系列的立法和诉讼案——所有一切都指向治安管理中可能存在的种族歧视。这些警官们有没有可能对迪艾鲁的种族持有偏见？也就是说，是否因为迪艾鲁身为黑人才是警官们把钱包误判为枪的关键所在？在本章稍后部分我们将回到这些问题上来。

▼　社会心理学的起源

　　科学心理学的历史不过一百多年，运用科学方法研究有趣而复杂的社会心理现象的历史更短。1908年,最早的两本社会心理学教科书问世。一本书的作者是美国心理学家麦独孤(McDougall, W.),另一本的作者是英国社会学家罗斯(Ross, E. A.)。两书在方法上均与现代社会心理学迥然不同。不过,麦独孤的著作对整个心理学界的影响很大。他极力主张,社会行为很大程度上是由多种本能决定的,这些本能与生俱来,相对不受特定的个人或其现存的社会情境所影响。虽然本能概念曾为心理学东山再起立下过汗马功劳(Mason & Lott, 1976),但如今已没有人相信,能够按照麦独孤曾经想做到的那样,用本能来解释人们复杂的社会行为。在当代对诸如配偶选择现象的解释上出现了更为成熟理论,这些理论强调社会行为中生物学基础与文化的相互影响(请回忆第十二章中对赫布观点的讨论)。进化过程(如,Buss & Schmitt, 1993)以及文化影响(如,Shweder & Sullivan, 1993)必须相互作用才能产生配偶选择行为。不过,近期的研究认为社会文化规范在决定人们怎样选择配偶上扮演了关键角色(Eagly & Wood, 1999)。

360

20世纪二三十年代,社会心理学成为一个实证研究的独立领域。这一期间有许多重大进展,其中包括谢里夫(Sherif, 1935)早期关于**社会规范**(告知我们行为普遍化的指导原则)及其对人们行为的惊人影响力的卓越研究。谢里夫通过研究"自动现象"这一错觉,来探究社会规范的影响及其发展。如果一个人呆在一间全黑的屋子里,对面墙上投射一个光点,人就会觉得这个光点在移动。虽然事实上光点是静止不动的,但人却明显感觉其在运动。光像是"自己在动",这一现象的名称即由此而来。

谢里夫感兴趣的是,其他人的判断对知觉光点的某一个体的判断有何影响?通过若干实验,谢里夫发现,一个人关于光点如何运动的判断颇受其他参与者的影响。如果实验者(或另一被试)引导被试预期光点在一个广阔的弧度内移动,那么,被试通常报告光点确实在做宽弧度运动。这些实验表明,一个人的知觉报告能够以戏剧化的方式被社会影响所操纵,并且对这一过程能够进行实验性研究。

在谢里夫的实验中,被试处于一种非常模糊的情境中。也许因为他们对自己的知觉非常不确定,所以才易受他人影响。如果我们减小情境的模糊性,还能发现社会影响对知觉和行为有如此之大的作用吗?阿希(Asch, 1951, 1956,

1958)在其具有里程碑意义的从众实验中提出了这个饶有趣味的问题。阿希（Asch，1956）是这样谈论这一问题的重要性的："虑及群体的强大力量，我们是否能够简单作出结论，认为这种力量可以促使人们向任意方向改变他们的决定和信念，可以让我们把昨天还相信是错误的事，今天就说成是正确，可以让我们因为正确的氛围或怪诞怨恨的耻辱而投入到与他人同一的行动中？"（p.2）。他的实验非常肯定地回答了这一质疑，也使从众——即群体如何影响个体行为从而使行为符合社会规范——成为继阿希研究后社会心理学的一个流行课题。

下面是阿希实验的基本程序。召集一群学生到一个房间里，说是要他们参与一项视觉辨别力的研究。首先给被试出示一根单独的线段，然后再出示三条比较线段，要他们说出三根比较线段中哪一根与标准线段等长（如图13-1）。每个实验小组都有七个人，但实际上只有一人是真被试，其余六人都是实验者的同盟者或是助手。真被试总是被有意安排在倒数第二的位置上，在听完前面五个人的回答后报告他的判断。实验要求每个人大声说出自己的答案，以使得组内其他人都听得到。

▼　图 13-1

阿希所用的知觉辨别力任务。要求被试判断哪一根比较线段（B）与标准线段（A）等长。如果在你之前的 5 个人都说是第 3 根比较线段，你觉得你会如何反应？

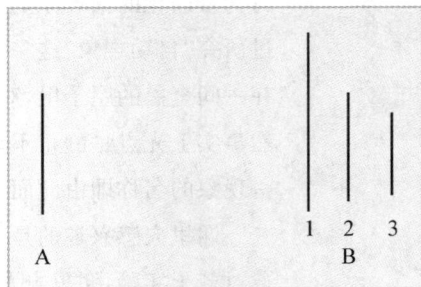

实验共进行 18 次，每次只有一根比较线段与标准线段等长。实验者安排假被试正确反应 6 次，然后持续 12 次作出错误反应。实验者感兴趣的问题是，在这种情况下，真被试是否会违背自己的知觉而遵从群体的判断？的确，在 1 次或更多的 12 次实验中，很大一部分被试一次或者多次地遵从了群体的错误判断。控制组中，假被试不发生错误，真被试作出错误判断的仅有 5%。有趣的是，阿希的经典实验原本是想证明，当可以依赖自己的感觉作为客观证据时，人们会拒

绝群体的影响。确实,阿希实验中有 63% 的被试作出了正确的反应——尽管有来自反面意见的群体压力。然而,社会心理学家意图强调的是有多少被试顺从,而不是有多少人拒斥群体的压力,或许是因为在美国社会中,从众比独立更令人惊奇,也更易引起争议(Friend,Rafferty & Bramel,1990)。近来,阿希的结果已经被延伸到了记忆领域。研究者让被试观看普通家庭生活场景的幻灯片,然后让被试两两一起轮流回忆幻灯片中的物品。被试不知道的是,其他参与者实际上是实验者的同盟。这些盟友故意说出一些并没有出现在幻灯片中的物品。让人感兴趣的是研究中发生了"记忆的社会感染",被试后来声称在幻灯片中看到了某些物品,而这些物品只不过是同盟者说出来的(Meade & Roediger,2002;Roediger,Meade & Bergman,2001)。研究表明,社会感染也可能会扭曲刑事案件目击证人的记忆(Gabbert,Memon & Allen,2003)。

总之,谢里夫和阿希的实验都表明,群体判断对个体有很大的影响。不过,后期研究揭示出许多可以削弱群体影响的因素。比如,只要在真被试之前有一个假被试没有"人云亦云"、"将错就错",那么,真被试往往也就不再"随大流",而能给出正确答案。

几乎与谢里夫论述社会标准的同时,勒温(Lewin,K.)也就社会心理学进行了广泛的著述。他创立了"场论"用以解释社会行为,还设计了一些有趣的实验。此外,他也非常注重用社会心理学家累积的知识来为解决社会问题出谋划策。他还帮助建立了群体动力研究中心(现在密执根大学),进行诸如领导、群体生产率等课题的探讨。在处理复杂人际关系问题的"敏感性训练"方法的建立上,勒温也起了重要作用。

如今,社会心理学是科学心理学最大的分支之一。社会心理学家运用实验的方法,试图理解许多为大多数个体所感兴趣的问题,比如,攻击、吸引及利他和帮助等。但正因为大多数人对社会心理学感兴趣,还可能对某些社会心理学课题有所思考,以至于他们常常倾向于把社会心理学现象和理论视为单纯的常识。更有甚者,认为这一领域已属无需引入实验方法的逻辑和以科学方式进行研究的一类。多年前,勒温(Lewin,1948)曾对这种推理予以反驳:

　　　　几千年物体跌落的日常经验不足以使人们产生有关重力的正确理论。一系列非同寻常的人造经验,亦即系统地探求真理的实验,是使一个概念从不恰当演变到较为恰当的必要手段。单凭社会生活中的第一手经验就可以形成正确的概念或是创建令人满意的原型的假设似乎并不足信（pp.60-61）。

变量介绍

因变量

社会心理学常常将偏好（或是喜欢、信仰，等等）测量作为研究中的因变量。这可以通过让被试在经历了某种实验处理之后填写问卷获得。例如，要求被试在七点量表上判断他们喜欢或不喜欢实验中其他被试的程度；或是他们对"堕胎等于谋杀"这种观点的赞同程度。除非要设计一种实验处理来以某种方式影响判断，否则这些测量是经常要进行的。尽管通过问卷技术可以收集到许多有用的信息，但社会心理学家越来越多地转向外显行为测量技术，而不是内部偏好的言语报告。尽管在社会心理学研究中，等级量表仍然不失为一种重要的因变量测量，但许多实验者也试图引进行为测量。比如，在一项研究攻击的实验中，研究没有像以往那样通过询问被试来测量他们之间的憎恶程度，而是代之以创设看似学习实验的情境，让被试有机会对其他被试施加温和的电击来测量。这样，就可以根据给出的电击量来测量攻击性了。（事实上，另一名被试是主试的同盟者，他不会受到任何电击。）类似的，实验者要确定实验中的男性被试对另一位女性的实验同盟者兴趣的大小，可以通过测量他对她说话或微笑的多少，或看他是否会与其约会，而不是直接去向他询问。这些是对攻击和吸引的行为测量。一般来说，就同一假设课题（比如攻击）而言，我们获得的一致性会聚测量越多，对实验中所揭示的关系就越可以确信。

自变量

社会心理学研究中的自变量通常是某一社会情境的，或某一情境中人的可操纵的特征。在一项有关态度转变的研究中，可以通过操纵支持所争论问题（比如，堕胎等于谋杀）的观点数，来变化某一信息的说服力。在验证"气温升高导致攻击增多"这一假设的实验中，实验者让一名被试和一名主试同盟者同处一室，使得攻击行为可能发生，然后变动房间的温度。在一个有关从众的实验中，研究者可以改变与被试所作判断持不同意见者的人数,看被试是否更可能改变自己的主意。也可以考察与实验中被试的特征有关的变量,如性别和种族,看人们是否更可能帮助(或是攻击、喜欢、赞同)与其同性或同种族的人。

控制变量

由于所要处理的情境通常是复杂的,在社会心理学研究中引入实验控制就颇需技巧。变化某一个或某几个因素,同时保持其他所有因素恒定,这是对实验中自变量和因变量之间的关系作出有力推论的前提,但这往往是非常困难的。下面的内容将论及这一问题。

▼ 13.1 实验主题与研究范例

主题　实验控制

范例　服从权威

心理学家通过实验来揭示行为的原因。首先,研究者选择一个感兴趣的问题:某些行为为何发生?第二,提出假设,对该行为作尝试性理解。通常,假设中应逐一指明导致或决定行为的因素。然后,实验者努力创设实验条件来验证假设。如果通过假设将某一因素精确认定为行为的原因,那么,系统操纵这一因素是否真会影响行为呢?在实验中,被操纵的变量称作自变量,所测量的行为称作因变量。**实验控制**即研究者在该情境中对其他变量的控制,以便确定行为变化是由自变量,而不是其他因素所引起的。我们感兴趣的行为越复杂,对情境中其他所有相关方面的控制就越困难。

如果因变量——即我们所感兴趣的行为——的变化,是由自变量之外的其他因素所造成的,**实验误差**就产生了。实验控制试图减小或消除实验误差。实验误差的一个主要来源是**混淆**,即第二个变量无意间与我们关注的自变量一起发生变化。这种情况下,研究者无法确定是自变量还是第二个即混淆变量引起了因变量的变化。

有几种方法可用于减少由混淆导致的实验误差。最直接的办法是控制所有其他感兴趣的变量,使得自变量成为唯一被操纵的对象。我们在第三章曾经讨论过,那些保持恒定的变量被称作**控制变量**。

但在实验的所有情况下严格控制一个变量往往是不大可能的。这就需要借助于其他技术。例如,当使用被试间实验设计时,这类问题就出现了。如果以对自变量的不同操纵划分出实验和控制两种条件,研究者就不希望两者间还存在有其他的差异。但是,在被试间设计中,至少还另有一个条件差异存在:即要在这两种条件下接受测试的,是不同的被试组。

类似被试间设计中总有些变量无法控制的情况,实验者就采取随机化的方式消减其影响。这样,如果要用被试间设计,研究者就应该将被试随机分配到两种条件当中。(这种分配应该基于某些方案,以保证真正的随机化,比如,本书末附录 C 中表 H——随机数字表。)当被试前来参加实验时,研究者可以依表内行中的数字将他们分配到不同条件中。如果有两种条件,就按单、双号分配被试。

随机化将实验中被试组间可能出现的系统差异降至最小。没有随机处理,实验者就要当心组间差异与自变量发生混淆,从而影响实验结果。而经过随机处理,尽管是不同的被试被分配到两种条件当中,但实验者可以放心,平均而言,两种条件中的被试在所有重要方面是对等的。这样一来,如果两种条件的行为间存在具有统计意义的显著性差异,就可以放心大胆地将此归为自变量的作用,而不是因为处于两种条件中的被试不同。

一般来说,社会心理学研究者所关注的情境,较之本书迄今所谈到的那些情境更为复杂。在社会情境中,有许多因素可能影响人们的行为。比如,在场他人的数量、他人的行为和态度、人际动力学,以及其他以没有控制或未曾料及的方式发生的事件或社会交互作用。也就是说,在社会情境中,研究者在确定因变量的任何变化均是由自变量引起的之前,还需对自变量之外的很多其他变量予以控制或随机化处理。

在一种控制性的背景中,我们该如何着手研究复杂的社会现象呢?例如,有关服从权威的问题。一个或一群处于权威地位的人是怎样促成他人服从命令的——特别是当那些行为可能反社会或不道德时?其中最令人发指的就是发生在 20 世纪纳粹德国的事件,一小撮纳粹狂热分子竟执导了一场对德国及其他占领国众多人口的大屠杀!执行这一计划既需要大量德国民众的默许,也需要其他知情的正常民众的行动。

要在实验室中研究服从，有许多因素需要考虑，诸如能被感知的权威人物的力量、期望被试表现出来的行为、可感知到的不服从将导致的结果、同伴压力的影响，以及所牵涉到的政治或意识形态方面的问题等等。我们怎样来测量服从呢？又如何把这样一个复杂的现象置于有控制的情境中，来研究其中的关键因素，而同时保持其他变量恒定呢？

米尔格拉姆（Milgram，S.）以其一系列引人入胜的实验回答了这个问题，这在他一本有关此类主题的著作中描述得很完整（Milgram，1974）。这些把复杂的社会心理学课题带入实验室做精确细致研究的实验，具有划时代的历史意义。其开创性的实验（Milgram，1963，1964a，1965）是运用一种普遍的方法学，在有控制的实验情境中建立起对权威的服从。在第一个研究中，米尔格拉姆（Milgram，1963）通过广告召集男性被试，有偿参加耶鲁大学中一项有关记忆与学习的研究。被试来到实验室后，会碰到另一个被试（其实这人是主试的同盟者）——一名47岁、经过特别训练扮演这一角色的会计，他举止温和，讨人喜欢（见图13-2）。主试告诉被试，以往关于惩罚影响记忆方面的研究很少，故而本实验想做一个这方面的科学研究，请你们两位参加，一个人做教师，另一个当学生，谁扮演哪个角色抽签决定。实际上，主试在抽签中作了手脚，使得那些不知就里的被试总是充当教师之职，而那位同盟者则一直扮演学生角色。主试是一位31岁的生物学教师，穿件白色实验服，表情非常严肃。学生被绑在一张电椅中，防止他过度移动，在他手腕上搁置电极，并使用一定的防护物，说是"防止起泡或烧伤"。学习者问主试要不要紧？主试告诉他说："尽管电击可能非常疼痛，但不会造成永久性组织损伤。"（Milgram，1963，p.373）

教师被试的任务，是给学生读一张配对联想词表（见第十章），然后给出一个刺激词和四个备选答案，要学生选出其中正确的一个，并大声说出。如果学生回答错误，教师就要按电击发生器上的一个开关，给学生一次电击。虽然那位"学生"并不会真正受到电击，但实验开始之前，还是要让真被试感受一个轻微的电击，以使他相信那发生器不是骗人的摆设。实验中，要求教师在学生每次犯错后增加电击量。基本的因变量是这位"天真的"被试意欲给出的电击量。这台电击

365

▼　图 13 - 2

米尔格拉姆独创性的服从权威研究中的学习者（受害者）。如果在一项实验中有人指使你严重伤害他，你会冒险去做吗？米尔格拉姆的发现表明，你会的。（采自 Milgram，1974，p. 17）

366

发生器上共有 30 个开关，清楚地标明电压从 15 伏特到 450 伏特依次递增。其中 28 个开关共分为四组，每组中 7 个开关下面从左到右依次用文字标明"轻微电击"、"中等电击"、"强电击"、"特强电击"、"剧烈电击"、"极剧烈电击"和"危险：严重电击"。最右边的两个开关标着"XXX"。

从一开始，学生同盟者就出错，这样就预期教师被试会逐渐增强电击量。在最初的研究中，教师看不见学生但可以听到他的声音。学生的反应被录在磁带上，保持标准化。"到 75 伏时，学生开始咕哝和呻吟；150 伏时他要求退出实验；180 伏时他叫喊痛不可忍；300 伏时他拒绝再做任何回答……主试要天真的被试将不回答也视作错答，继续实施电击程序。"（Milgram，1965，p. 61）

所有参加实验的被试都表现得非常紧张和沮丧，不时询问主试下一步该怎么办。每当被试不想再继续时，主试就说一些话（增加命令的力度）要被试听从。开始时非常轻柔："请继续。"接着是"实验需要你继续。"更进一步是"显然，你有必要继续下去。"最后，主试说："你别无选择，必须继续。"

　　米尔格拉姆（Milgram，1963）的实验结果着实令人惊异。最初接受这一情境测试的 40 名被试中，有 26 人（65％）"一路做下去"，给学生施以全系列的电击；而另外 14 名被试，因在达到或超过 300 伏水平时拒绝继续加重电击而中断了实验。结果反映在图 13-3 中。这里的被试并非冷酷残忍的刽子手，他们是正常人（一如你我），在这种情境中体验到了大量的冲突。米尔格拉姆（Milgram，1974）的书中有一章描写了这个实验，从中我们可以看出，许多被试虽说感到苦恼，但仍然在主试的指导下继续实验。被试大多虚汗淋漓，很多人瑟瑟发抖。他们不适症状的另一个表现是神经质地发笑，有几个被试已经不能自控。一个实验的观察者写道：

　　　　我看到一个成熟而泰然自若的商人，微笑着走进实验室，自信十足。不出 20 分钟，他变得神经质、结结巴巴、精神几近崩溃。他不住地拉扯耳垂、揉搓双手。有一刻，他用拳头敲到前额上，嘟哝着说："噢，上帝，赶快停止吧！"但是他仍然遵照主试的命令行事，一直到实验结束（Milgram，1963，p. 377）。

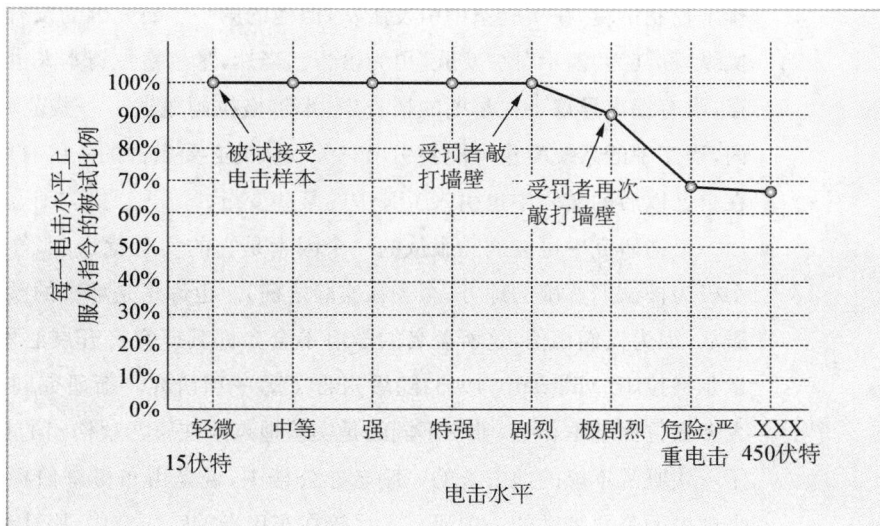

▼　图 13-3

在各种电击强度水平下，服从指令继续对受罚者施与电击的被试比例。即使当受罚者表现出陷入痛苦，和停止对记忆任务作出反应时，还有将近 2/3 的被试服从主试，执行"危险"及更高水平的电击。（采自 Baron & Byrne，1977，p. 292）

有趣的是,我们注意到,米尔格拉姆的演示事实上可能低估了人们的服从意愿。因为米尔格拉姆要在一个有控制的实验室情境中研究服从,这就缺少了服从的一个来源:主试对被试行为的真正权力。也就是说,被试可以轻而易举地脱离实验,而并不会由于不服从遭受任何持久、间接的负面影响。但是在真实的情境中,权威人物往往握有实权,足以让那些"逆臣贰子"吃不了兜着走。父母、教师、执法官员都可以惩罚忤逆者。所以,米尔格拉姆的研究并没能网罗自然状态下发生服从的所有要素。不过,真实情境和米尔格拉姆实验情境间的差异,并不能降低他的贡献。相反,这使得他的演示更让人震惊:人们意识到,即便在不服从行为不会受到任何惩罚性威胁的情况下,自己竟也会表现出如此高程度的服从性!我们可以预见,如果主试拥有任何一点实权的话,被试们甚至会更为服从。

鼓励服从的条件

你可能已经注意到,在米尔格拉姆研究的描述中,缺少了某些对实验而言至关重要的东西——实验中没有自变量的变化!这样一来,就这种情境中,增加或是降低对权威服从的条件方面的信息,我们获知甚少。所以,尽管米尔格拉姆安排了控制情境,在实验室中引发服从,但他的第一个研究因为没有对自变量进行操纵,称其为"演示"比"实验"更为恰当。当然,米尔格拉姆本人也意识到了这一点,没有提出异议。在早期的报告中,米尔格拉姆概述了一些范畴,在这些范畴内,程序中的系统变量可能会引出有关服从的必要条件的一些有用的新信息;他在自己以后的实验中也引入了其中的某些变量。

最初研究中可能鼓励服从的一个因素是它的实验背景,耶鲁大学大概是一个极为被试们尊敬的地方(至少在实验之前)。也许正是耶鲁的整体氛围培养了服从,因为人们相信,这所著名的学府不会允许其研究者开展心术不正的研究。米尔格拉姆(Milgram,1965)随后报告了另一项研究。新研究同最初的研究在大多数方面基本相似,唯一不同的是实验地点改在康乃狄格州的布里奇伯特,位于一块脏乱不堪的地方上的一座老办公楼中,说是由布里奇伯特研究委员会这个虚构的公司赞助的一项研究。尽管在布里奇伯特研究中,服从者有所减少(执行最大电击者,从原来耶鲁样本中的65%降至48%),但两者在统计上并没有显著性差异。米尔格拉姆得出结论,耶鲁的声望与最初高水平的服从并无关系。虽说这一结论是建立在拒绝虚无假设的基础之上的,但仍让人疑惑(见第三章),

尤其是注意到两研究间确实存在相当大的绝对差异(17%)。不过,保险的结论似乎应该是,耶鲁的环境不是导致服从的关键因素。

这里有一个饶有趣味的问题,如果相对于最初的耶鲁研究,布里奇伯特研究中的服从显著减少,米尔格拉姆又会得出怎样的结论呢? 他能够说是背景的性质(著名的耶鲁对残破的办公楼)造成这样的结果吗? 答案是不能,或至少严格地讲是不能。因为除背景之外,两情境间还有许多其他条件也发生了变化(比如所在城市和所处的一年当中的时段)。因此,至少有几个变量被潜在地混淆了。虽说在这两个研究中,主试及其同盟者都是由同样的人担当,结果的差异很可能是由不同的背景造成的。但一般而言,从跨实验的条件比较中作结论是有一定风险的。因为没有谁能确定所有其他条件都一定会保持恒定,不发生任何混淆。如果布里奇伯特应征的志愿者与耶鲁样本中的被试,在职业或社会经济地位上被证明是存在差异的,米尔格拉姆又会得出什么结论? (事实上,两样本间没有任何形式的显著差异。)为了解释服从上的差别,他将不得不进行补充实验。首先,他应该明确提出合理的假设,认定是哪些因素导致差异(比如社会经济地位、职业、年龄等)。然后,他应该开展一系列实验,逐一操纵每个因素,直到确认出影响服从的那几个。换句话说,如若许多未控制的因素发生跨实验变化(即混淆),使得那些实验得出不同的结果,这时候,必须将混淆的因素分离开来,使其独立变化,以确定到底是哪些因素造成了行为的差异。

在控制更为严密的实验中,又发现有其他变量对服从影响很大。当实验中另有其他人充当被试(其实是主试的同盟者)实施电击时,他们的行为明显影响了"天真"的被试。在一个例子中,米尔格拉姆(Milgram,1965)安排两个同盟者在预先设定的电击水平上拒绝继续实验,结果如图 13-4 所示,当有其他人拒绝继续实验时,天真的被试也更有可能表现同样的行为。另有实验表明,如果旁边有两个遵从的同伴鼓励被试提高电击水平,被试就会执行比他们自己决定时强得多的电击(Milgram,1964a)。

米尔格拉姆(Milgram,1965)另一项有趣的尝试是改变被试与"受害人"间的距离。在其中一种条件下,被试只能听到受害人的咕哝和抱怨;另一种条件下,两人在同一个房间里,被试可以看到受害人;在第三种条件下,要求被试在每次惩罚时,强行将学习者的手臂按在金属电击盘上(见图 13-5)。随着与受害人

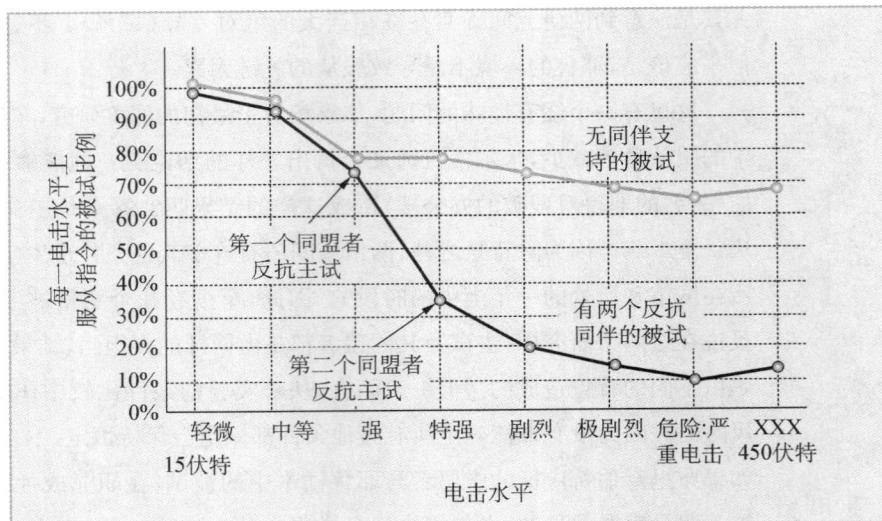

▼ 图 13－4

在对抗权威时起到一定作用的小组压力。当被试没有同伴的支持时,65％的被试继续听从主试的指令,在整个实验中给出越来越强的电击。当与对抗主试的同伴在一起时,仅有10％的被试继续听从主试指令。(采自 Baron & Byrne,1977,p. 297)

▼ 图 13－5

一名服从的被试强行将另一名被试的手臂按在金属盘上,给他电击。(采自 Milgram,1974,p. 37)

距离的接近，服从主试指令坚持到实验结束的被试，从74％依次减少到40％、到30％。虽然如此，仍有一点值得注意，即使当被试不得不直接抓住受害人的手的时候，还有近三分之一的人继续施加电击。

米尔格拉姆对服从的研究向我们展示，如何在社会心理学实验室中有相对控制的背景下，研究一个关系到社会影响的有趣而复杂的问题。尽管并不能把服从的方方面面都搬进实验室（比如前面提到的发令者对被试没有真正的权力），但这一情境还是具有足够的强制力，产生了显著的高水平的顺从。

在结束这一话题前，我们还需简单提及一下三方面的问题。看到米尔格拉姆的研究，很多人会说："我不会那样做的。"问题是在适当的情境中，你可能一样会做的。最初的实验中，曾用耶鲁大学的学生做过被试，他们的反应结果与纽黑文团体中的"真人"没什么两样。也许，读了这些内容后，你不会再参加到一如米尔格拉姆这样的情境中去了，但你可能还是会不加思考地去做类似的事情。（见Geher，Bauman，Hubbard & Legare，2002，关于人们所预测的将来行为的最新数据。）

米尔格拉姆的研究常常引发的第二个争议是有关它的伦理问题。以欺骗的方式取得被试的配合，实验程序又十分令人紧张，这样做道德吗？鲍姆林德（Baumrind，1964）和米尔格拉姆（Milgram，1964b）曾就这些问题展开过详细的争论。对这项研究涉及的伦理问题，这里只能提示有兴趣的读者去看这方面的一些文章，以及米尔格拉姆（Milgram，1974）书中的附录Ⅰ了。（有关伦理问题我们在第四章中专门论述过。）

最后，正如米尔格拉姆在其著述中反复指出的，就其本身而言，服从并不一定不好。事实上，如果我们大家都不服从社会的诸多法令和权威性人物，生活将变得不可思议。只有当一个人被要求依命作恶时，服从才是可恶的。

服从以及米尔格拉姆的研究依旧在社会心理学中受到了高度关注（见Blass，1999，2002；Miller，Collins & Brief，1995；Zimbardo，2007）。对米尔格拉姆所发现的服从有研究者已经提出了不同的理论解释（Nissani，1990）。此外，《社会问题》杂志（*Journal of Social Issues*，51:3）就服从权威的有关研究出版了一期专刊。考虑到近期在中欧和中东所发生的战争暴行，对盲目服从的了

370

解似乎有理由需要进一步深入下去。

▼ 13.2　实验主题与研究范例

主题　要求特征和实验者偏差
范例　催眠

审慎的心理学研究者总要在实验中引入尽可能多的实验控制。但即使是在最谨慎的研究者那里,有两种来源的偏差仍可能受到忽视。这就是由实验者造成的偏差和由被试本人造成的偏差。实验者偏差是所有科学中一个潜在的普遍性问题。其最明显的一种形式就是有意伪造数据。要有创造性、要发表许多文章、要有惊人的发现,以及要从资助代理处得到更多的经费,这诸多的社会压力,逼得某些研究者编造研究结果。布罗德和韦德(Broad & Wade,1982)思考了一些有据可查的该类欺诈行为,并对这一问题进行了详细讨论。不幸的是,除了提高警惕,以及对造假者一旦抓到即予以严惩之外,科学家们对减少这类欺诈行为显得无能为力。这种欺诈往往是当其他研究者试图重复和验证该项工作时被揭露出来的。第四章对有关科学研究中欺诈行为的进一步思考作了介绍。

实验者偏差不单是指有意造假的行为,还指实验者无意间对其研究结果施加的细微影响。已有许多研究和趣闻轶事的观察证明这种影响确实存在。一不留神,这种更为隐蔽的偏见就会以多种方式介入进来。在不同条件下,实验者和被试间互动的方式可能略有不同;读指导语时的声调和着重点可能有所变化;同样,面部表情、姿势等等都可能存在差异。实验者本人可能从来没有意识到这种效应,但他们对被试在不同条件中的行为方式有所期待,这可能会使他们的行为发生细微的变化,帮助产生预期的效果。

罗森塔尔(Rosenthal,1966,1969,2002)曾回顾了研究中(大多是他自己的)实验者期待的影响作用,并提出一些对策。最为有效的办法之一是实验者以一定方式将自己隔离,避免了解所考虑的假设和被试受测的特定条件,即要实验者对实验条件保持盲状态。不幸的是,在许多研究中这一办法很难做到,或并不实用,因为实验者必须执行这些实验条件。

实验者偏差问题,尽管有潜在危险,但往往没有所想象的那么严重。巴伯和西尔弗(Barber & Silver,1968)透彻分析了关于实验者期望效应的研究,认为尚无充分证据可以说这类效应已被证实。权且不论这种说法的正确性如何,但有其他因素向我们表明,实验者效应常常被夸大了。我们在本书里,从始到终屡次强调,任何个人实验的结果在进行推广泛化之前,都需要在其他类似的实验情境中予以查验。如果人们看重某一特定的实验结果,就必然会对其开展许多进一步的研究,去揭示它的产生条件,解析它的内部机制,等等。此类研究进程中,持有各种不同被试观的实验者在重复其基本现象时,会有多种可能性,有些人希望发现它,有些人则不希望。如果该现象完全得以再现,我们就可以假定它不是由实验者偏差造成的;如果不能,我们就怀疑实验者偏差应对此负部分责任。重要的是,实验者偏差,甚至于某一独立研究者明目张胆的弄虚作假在科学探究的正常进程中将会被揭露出来。当然,我们还是要密切注意,尽量避免这类效应。无论如何,在科学的进程中实验者偏差终将会被消除。

　　另一个潜在的、更强有力的,也是社会科学所独有的偏见来源,与被试及他们对心理学实验的设想有关。奥恩(Orne,1962,1969)首开先河,使心理学家们意识到了这一问题。他指出,参加实验的被试都有一些普遍的预期,他们可能试图理解实验的特定目的。他们可能相信,自己的良好表现理所当然会受到注意,主试对自己行为的任何指令也都自有用意。他们也想要知道那目的是什么,并在实验情境中寻找线索。许多心理学实验,特别是社会心理学实验,像米尔格拉姆对服从的研究,如果被试知道了真实的研究目的,那么结果就没有什么意义了(每个人都很快就会拒绝服从主试)。所以,往往要经过精心的伪装,以掩盖实验的真实目的。然而,正如奥恩所指出的,实验的目的往往非常明显。所以,无论如何,存在一个普遍性问题:被试的期望如何影响他们在实验中的行为? 奥恩(Orne,1969)注意到:

　　　　由于被试关心实验结果,他对自己的角色和研究假设的知觉将对他的行为产生重要的影响。实验者期望自己如何反应,实验者想要寻求什么结果,流露这类信息的那些线索指导着被试的行为,因此是重要的变量。我一度提倡把这类线索称作"实验的要求特征"……它包括实验的有关传闻、背景、内隐或外显的指令、主试及其提供的细微线索以及尤为重要的实验程序(p. 146)。

372

如果一个实验的结果是由实验情境的要求特征所造成的,那就不能推广到其他情境中去。众所周知,对自己被试身份的觉察,会对实验参与者的行为产生很大影响。本章的课后练习中有一个练习,可用来演示这一点。

在所有的实验室实验中,被试都意识到自己在被观察着,自己的行为被仔细监控着。被试对自己"应有"行为的预期,很大程度上决定了他在实验中的表现。医学研究中有一个现象形同此类,被称作安慰剂效应。即给病人一种说是有助于健康的药,而实际上是没有什么药性作用的东西,病人往往表现出病情的改善或疼痛的缓解。所以,在医学研究中要想鉴定一种药的作用,单是把用药组和不用药组进行对照是不够的,因为用药组的改善可能只是因为安慰剂效应(见第六章)。所以,用药组还应该与安慰剂组进行对照,这样才能确定相对于安慰剂效应的实际药效。这类研究常常被称作单盲实验,因为实验被试不知道自己服用的是真药还是安慰剂。在医学研究中,实验性保护措施往往还要进一步扩展,即也不让开发药物的医生知道对病人的处理。这类双盲实验的优点在于,病人或是医生的改善期望,都不会对结果发生影响。

在一项实验室研究中,奥恩(Orne, 1962)试图找到一个会被正常被试拒绝操作的、麻烦而又毫无意义的任务。他之所以对此感兴趣,是因为他想知道,在催眠状态下接受指令后,被试是否会执行操作。实验之一是给被试两千张写满一行行随机数字的纸,让被试将每一张每一行中一对对的数相加。显然,这是一项不可能的任务,奥恩假设,控制组的被试会很快意识到这一点并拒绝操作。而那些被脱去手表的被试,会毫不懈怠地坚持做几个小时,直到实验结束。后期研究(旨在使任务更加麻烦和无意义)中,要求被试每完成一页就抽取一张卡片,并按照写在卡片上面的指示去做。每张卡片指示被试要将一页纸至少撕成 32 块碎片,然后继续完成下一页。被试们还是坚持了数小时。当被问及原因时,他们说:既然是在参加一项实验,那么想必主试的要求自然有其道理(进行诸如忍耐性之类的测试)。

研究者曾让被试在催眠状态下做各种事情,往往相当成功。一个明显建构良好的发现是,被试在催眠状态下,可以被诱导去做各种反社会的和毁灭性的行为,比如把酸泼到别人脸上,或是抓握毒蛇(Rowland, 1939;Young, 1952)。奥恩和埃文斯(Orne & Evans, 1965)怀疑,这种行为可能主要应归咎于情境要求特征的影响，而非催眠的作用。他们让被试执行一系列看上去十分危险的行为：抓一条毒蛇、从气味刺鼻的酸中取硬币、将硝酸泼到主试脸上。（这些程序经过巧妙设计，看上去具有威胁性，实际上对被试来说都是安全的。）有几种处理条件：（1）被试被深度催眠；（2）告诉被试让他们模仿或伪装被催眠；（3）使被试处于清醒状态，不要求伪装受催眠，但置于主试要求服从指示的压力之下；（4）使被试处于清醒、无服从压力的状态；（5）在非实验条件下，要求人们完成这些任务。在研究中，为使主试不影响被试的行为，让主试对被试所处条件保持"盲"状态。实验结果见表13－1。一如所料，非实验情境中，人们拒绝执行反社会任务；但是和其他研究者的报告相一致，被催眠的被试中有相当比例的人依命行事。然而，所有模拟控制的被试也全部执行了任务；甚至那些没模仿催眠的被试，如果有服从压力，也有很大一部分执行了指令，这显示了实验情境的力量。

▼　表 13－1　应主试要求执行危险任务的被试的比例（采自 Orne & Evans，1965）

被试组	抓握毒蛇	从酸中取硬币	向主试泼酸
真催眠	83	83	83
假催眠	100	100	100
清醒控制—强制服从	50	83	83
清醒控制—不强制服从	50	17	17
非实验	0	0	0

由此可见，被试的反社会行为表现，并不一定是由催眠引起的。而实验情境的要求特征——包括背景、指导语，以及被试对催眠状态下自己应有表现的揣测——则足以制造反社会行为。也许，深度催眠可以促使人们表现出反社会行为；但近期的研究并没能提供可靠证据，证明催眠应对此类行为负责。

像奥恩和埃文斯所为，在实验中使用**模拟控制被试**，是解决要求特征问题的一种方式。其逻辑本质与在医学研究中使用安慰剂条件基本相同。假设情境的要求特征对实验条件或假控制条件中被试的影响都一样。如果实验操作（如催眠）确有实效，那么实验被试和模拟控制被试的行为应该有显著差异。当然，这一逻辑有个问题，即它暗示着没有发现差异就不存在差异这样一个因果必然联系。这是接受虚无假设时所犯逻辑错误的一个例子(见附录 B)。然而,没有发现催眠组与假控制组被试间的差异,并不证明催眠对行为没有影响。奥恩和埃文斯的实验只是证明,被试被催眠后服从命令作出危险举动,可能另有一种解释:与其说单单显示了催眠的效应,不如说可能是被试对情境的要求特征作出的反应。有关使用模拟控制被试的其他例子可以参见布莱恩特和巴尼耶(Bryant & Barnier,1999)以及里德及其同事(Reed,Kirsch,Wickless,Moffitt & Taren,1996)的研究。

要求特征是一个棘手的问题,在社会心理学的研究中尤其如此。正如奥恩(Orne,1969,p. 156)所指出的,不涉及欺瞒并鼓励被试尽可能精确地作出反应的实验中,这些担心就不太重要。但在另一些研究中,由于种种原因,并不鼓励最佳表现,而且还常常对被试有所欺瞒,这时,要求特征就会污染研究结果。在催眠研究中,尽管实验者假装得惟妙惟肖,但所有实验条件中的被试都说,因为自己是在参加一项实验,所以确信实验者必定采取了预防措施,自己或他人都不会受到伤害(他们说对了)。

▼ 13.3   实验主题与研究范例

主题   现场研究
范例   旁观者干预

实验室背景下的要求特征问题以及其他因素的影响,使得近年来许多社会心理学家转向**现场研究**。研究者不再试图将一些现象引入实验室,在有控制的背景中进行研究;而是试图在一种背景中导入足够的控制,以推知自变量的变化怎样影响因变量。将这类案例的结果推广到真实世界中不成问题——因为实验从一开始就是在现实世界中进行的。可是,就某些方面而言,社会心理学中,现场研究比实验室研究更难构思和实施。在考察一项具体的现场研究之前,我们将讨论某些有关问题。

实验室研究中,方法上最难解决的是如何从复杂的自然情境中抽取相关变量,然后再创设这些情境的某些部分,以便通过变化不同因素,决定它们对于我们感兴趣行为的贡献大小。通过将现象引入实验室,我们对情境得以控制。现场研究的主要问题与这一控制有关。在现场背景下,我们如何能获得对自变量的控制和操纵?假使做到了这一点,那么,我们又该如何同时对在复杂情境中不管我们愿不愿意都可能发生变化的其他因素,着手进行控制或随机化处理?不管以何种方式,在自然发生的背景中我们测量些什么?我们的因变量应该是哪些?有各种各样的东西可供我们测量,但它们同我们所感兴趣的现象间联系的紧密性程度如何?这些问题都很难回答;在很大程度上,答案取决于所要研究的问题,以及研究者个人对复杂情境施加控制时所表现出来的创造力。

韦布等在一本名为《无干扰测量:社会科学中的非反应性研究》(Webb et al. , *Unobtrusive Measure: Nonreactive Research in the Social Science* , 1996)的书中,对因变量的确定问题进行了系统论述。他们所关注的是,当人们知道自己被观察或被研究时,其行为会发生怎样的变化。他们讨论了若干"无干扰"测量法,在不为被试觉知的情况下测量其行为,这适用于心理学及其他社会科学的现场研究(见第二章)。不过,尽管该书包括了许多巧妙而天才的建议,但他们所描述的无干扰测量大多与心理学家积极探索的诸多心理学问题关系甚小。能得到一个好的因变量的测量,或对试图测量的基本结构能给出一个好的操作定义,首要问题是应保证在结构和测量对象间存在着合理的联系。正如就某一结构发现会聚操作一样,这是所有研究都存在的一个问题,但在现场研究中,这些问题被凸显出来。好像我们把标准死亡率用作社会病理学的指标一样,因变量测量与基本结构似乎往往只是稍有相关(见第二和第十四章)。

现场研究中的另一个问题是伦理问题。我们能够理所当然地以科学的名义,把并非自愿而且事实上无所察觉的人们纳入我们的研究吗?我们能允许自己操纵我们的公民同胞们(通过自变量),然后记录他们的反应(因变量)吗?特别是当这种操纵涉及增加压力、窘迫或是其他令人不快的状态时,这一问题尤为突出。在实验室中,心理学家在事后能够(也要求)询问参与者的情况,并告知将他们安排在这种不舒服的情境中的原因。但在现场,一般就不会这么做,因为参与者甚至并没有意识到他们在被心理学家操纵着、观察着。心理学家们已经达成共识,只要不对被试构成大的压力或是伤害,还是允许在公众背景下进行现场研究的——这并非没有关涉一定量的自我利益。当现场研究的合法性成为一个问题时,对此的判断,公民们自身是否同意就另当别论了。我们当然不能容忍政府部门的操纵和窃听,对于心理学家的科学动机,一般公众似乎也并不觉得就能够接受。这一问题在很大程度上还没有受到注意,一旦激起,就将宣布现场研究的末日。

在讨论一项关于**旁观者干预**的现场研究之前,让我们先来考察一下社会心理学家是怎么会对这个课题发生兴趣的。请看以下的真实事件:

> 凯迪凌晨三点下班回家时,遭到一名躁狂者的攻击。她惊恐地大叫。邱园(Kew Gardens)中有 38 位邻居闻声来到窗前;但尽管袭击者用了半个多小时才将她杀掉,却无一人前来相助,甚至无一人打电话报警。她死了。

> 安德鲁在曼哈顿乘 A 火车回家时,被人刺中腹部。其他 11 位乘客眼睁睁地看着这个 17 岁的男孩流血至死。甚至当袭击者离开车厢后,仍无一人出来相助。他死了。

> 一名 18 岁的电话接线员,单独一人在她布朗克斯的办公室时,遭到强奸和毒打。她随后逃出来,一丝不挂、满身是血地跑到大街上,声嘶力竭地呼救。光天化日之下,当强奸者试图把她拉回到楼上时,有 40 名路人聚集观看,而无一人干涉。最后,恰巧有两名警察路过,逮捕了暴徒。

以上短文一字不差地摘自拉坦和达利的一本名为《无责任的旁观者:他为什么不施援手?》(Latané & Darley, *The Unresponsive Bystander: Why Doesn't He Help?* 1970, pp. 1-2)的颇有感染力的书,书中记述了他们对这一问题的探索性研究。旁观者在危机情境中不能挺身而出,虽然此中的潜在原因有许多,但在这一研究中,首先凸显出来的一个因素是旁观者的数量。紧急关头,在旁观望、可能提供帮助的人数越多,其中有人挺身而出帮助受害者的可能性越小。在一项实验室实验(Darley & Latané, 1968)中,引导被试相信,他们在和其他一个、两个或是五个学生一起,参加(通过内部通话装置系统)一场有关大学生活中个人问题的讨论。主试给出指导语后离开现场,讨论开始。首先,学生们做自我介绍。突然,一名学生逼真地表现出癫痫突发症状。(事实上,每次仅有一名被试参加,其他都是录音。)研究者感兴趣的是想看,当想到没有或者另有其他一个、四个旁观者时,被试会如何行动? 实验结果见表 13-2。从中我们可以看出,随着其他旁观者数量的增加,试图帮助陌生人的被试比例下降。即便是对紧急情况作出反应,当想到还有其他人在场时,被试的反应也较慢。这里显然存在着"责任扩散"问题。所以,在场的人越多(就可能有越多的人看着自己出洋相),任何个人感到必须干预的压力也就越小。课堂上教师提问时,和其他一百人呆在一起的学生时,比起只和另五人在一起时,感到的压力要小。

▼ 表 13-2 帮助癫痫突发者的人数比例及其反应速度,均受情境中在场他人数量的影响。随着其他人人数的增加,试图帮助的人减少,帮助前迟疑的时间增多。

知觉到的 旁观者数	试图帮助陌生人 的被试比例	被试试图帮助 前延宕的秒数
1	85	52
2	62	93
5	31	166

(采自 Darley & Latané, 1968)

皮利厄文等(Piliavin et al., 1969)在纽约城地铁,就旁观者干预做了一项有趣的现场研究。他们选择了在两站之间通勤 7.5 分钟的一趟快速列车,在这段旅程中制造了一场危机,想要观察谁会对此作出反应,速度多快。有四组学生实施这一实验,其中,火车离站后大约 70 秒钟,一人(有难者)摔倒在地。自变量是有难者的种族,以及他看上去是生病(拄着一根拐杖)还是醉酒(带着一个包在棕色纸袋中,并散发着酒气的酒瓶)。另两名主试作为观察者,在旁记录因变量,即是否有人提供帮助,以及帮助前延迟的时间。此外,他们还记录助人者的种族、数量,以及旁观者的数量及其种族。

377

有几个预期:其一,比起其他种族的人,人们更可能帮助与自己同种族的人;其二,比起醉酒者人们更可能帮助生病的人;其三,随着旁观者数量的增加,帮助倾向会下降。有趣的是,这些预期(似乎合乎常识)只部分地得到证实。人们更愿帮助生病者而不是醉酒者,这一倾向非常明显(95%的实验中病人会得到帮助,而只有 50%的实验中醉鬼会得到帮助)。但在两种条件下,旁观者的数量并没以任何方式影响帮助的可能性及其速度。而且,对生病者的帮助并不受其种族的影响。可是,对醉酒者,同种族的人会比异种族的人更多地提供帮助。

让我们再来回顾一下责任分散理论。达利和拉坦提出这一假设,用于解释自然情境中旁观者对危机没能作出反应的影响因素。他们通过在实验室情境中系统变化旁观者的数量验证了这一观点。但在现场(这一现象最初引起人们的注意)的自然条件下,却没有发现任何证据可以证实这个观点! 也许,结果的差异并不在于现场和实验室研究间有什么较大的不同,而是由于在如此复杂的情境中,其他错综的因素影响着人们的帮助。

我们如何来确定这里有哪些因素呢? 首先,研究者应该提出简洁的假设来回答这个问题:在什么情况下,旁观者数量的增加会减少他人的干预意愿? 重要变量一旦被确定下来,实验者就必须系统地对其进行变化,以观察在场者的数量不同时,哪些因素影响旁观者的干预。这里,实验者想要寻找旁观者数量与其他试图揭示的因素间的交互作用。

从旁观者干预的研究中,我们还可以得出另外一个教训:他人的反应很大程度上会决定我们对某一情境的社会真实性的知觉。如果有 40 个人在围观一场谋杀,你、我也不会例外。因为人人都是如此,似乎也就理所应当。既然其他人也都能提供帮助,我们又何必当出头鸟呢? 正需要警察的时候,可他们又在哪里呢? 研究显示,如果让人们感觉到自己应对危机负责,或是看到有其他人干预,他们才更可能予以干预(Moriarity, 1975)。事件的类型也是一个问题。有研究发现,当人们目睹了主试的盟友在电梯中涂鸦时更可能出现旁观者干预,而当其在公园里随地乱扔时被干预的可能性则要小得多(Chekroun & Brauer, 2002)。这样看来,人们在公园感觉到了比在电梯里更多的责任扩散。

旁观者干预的现场实验,是运行良好的现场研究之典范。尽管不可能像在实验室背景下那样严密地控制变量,但可以操纵自变量,不与其他变量发生混淆。这可以通过对其他变量进行随机化处理得以实现。比如,在皮厄亚文等人(Piliavin et al., 1969)研究中的每一列火车上,实验条件随机决定。这样,其他变量——如特定乘车者之间的差异——就在不同条件中被随机化了,而不至于对研究得出的结论影响太大。但是,由于"被试们"并不知道自己身在实验中,我们要问,在推行这一研究时是否会存在伦理问题呢? 试想,如果某一旁观者在看到实验过程中反复呈现的危机时晕倒了(或是突发心脏病),实验得出的结论值得对被试进行如此考验吗？这是每个选择通过现场研究进行问题探究的人都将会碰到的一个困惑。

▼ 13.4　实验主题与研究范例

主题　选择因变量

范例　测量刻板和偏见

假设你想研究你所在高校的学生对黑人是否持有偏见，你会怎么做呢？你可以对学生实施调查，但是你能相信他们所说的话吗？在研究种族主义等一些社会敏感问题上，社会心理学家通常都不愿意接受人们的自我口头报告。人们有可能不知道他们自身存在的偏见（因为他们被触动相信其他方面），或者他们有可能错误地报告其态度以与反对种族主义的社会规范更一致（要求特征的一种形式）。由此，尽管社会心理学家依然对种族主义实施问卷调查（如，现代种族主义量表；McConahey, Hardee & Batts, 1981），但他们同时发展出了测量偏见的其他方法。即，社会心理学家致力于寻找对自我报告和社会期望问题不敏感的因变量。

在第十章（"记忆和遗忘"）中，你已经知道了**内隐记忆测验**，它可以允许心理学家在不必外显地要求人们回忆出研究情节的情况下测量记忆。社会心理学家已经采用了类似的方法创造出了**内隐态度测量**，可以在无须外显地要求被试报告其观点的前提下观测假设的相关偏见。

一个近期的内隐态度测验由一个白人警官射杀黑人移民的真实事件引发。正如本章开篇内容所述，1999 年的 2 月纽约的四位警官向正在伸手掏钱包的阿米督·迪艾鲁开枪射击了 41 次。迪艾鲁手无寸铁，但是警官却认为他在伸手掏枪而向他射击。或许这些警官对迪艾鲁存有种族偏见？即，是否他身为黑人的事实影响了警官误将钱包界定为枪？

为了从事这方面的实验研究，佩尼（Payne, 2001）创造了如下结构的启动实验：在每一个处理中，一张面孔在屏幕上简短闪烁 200 毫秒，随即呈现目标 200 毫秒。在每个处理开始和结束时都有**视觉掩蔽**。面孔启动是黑人或白人，靶目标是武器或者工具。（白人）被试的任务是忽略面孔，并且当目标是手枪或工具

380

时分别按对应的按键。该程序如图 13 - 6 所示。在实验一中，佩尼给予被试进行目标判断足够的时间；在实验二中，给出了作出判断的时间限制。即，在实验

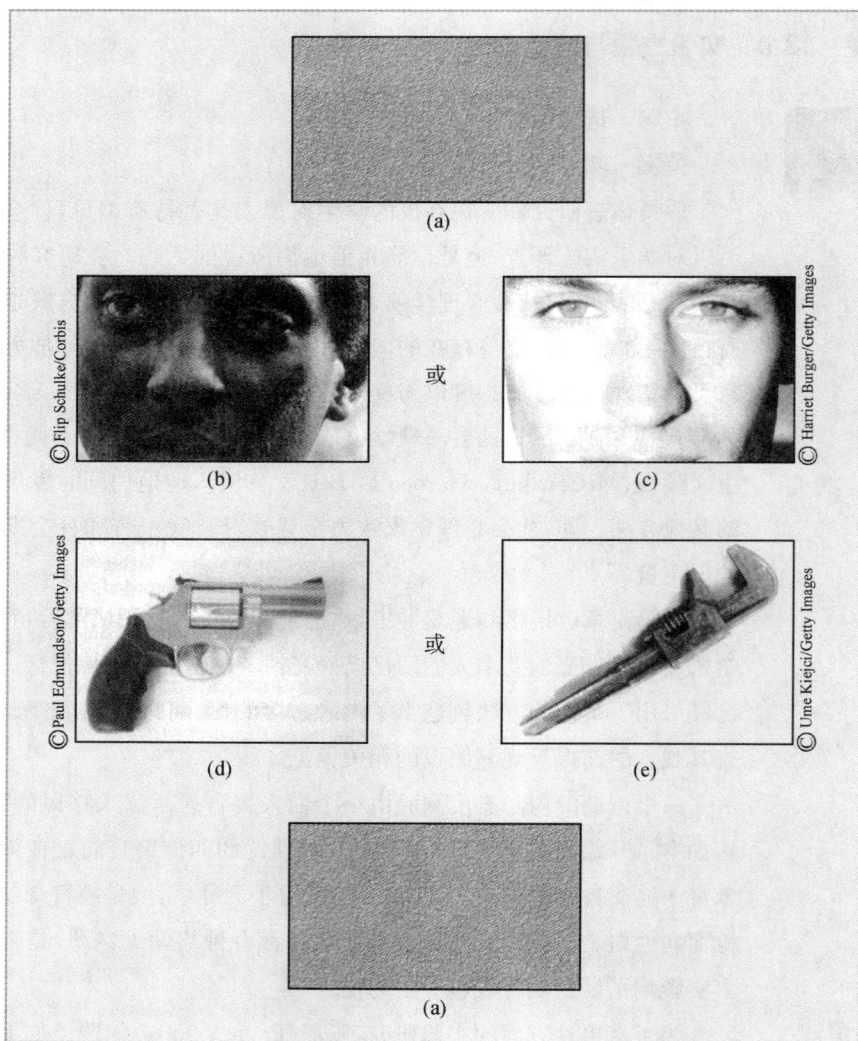

319

▼ 图 13 - 6

在每一个处理中，简短呈现一个白人或黑人面孔后呈现手枪或工具。视觉掩蔽出现在处理的开始和结尾之处。实验任务是按压代表"手枪"或"工具"的按键（采自 Payne，2001）。

二中,被试必须在靶目标呈现的 500 毫秒之内作出反应。在训练阶段给予反馈以确定被试学会了在实验二中作出快速反应。

　　因为在实验一中被试拥有其所期望的足够时间实施目标判断,所以判断几乎没有错误。佩尼将被试进行手枪-工具判断的速度作为第二个因变量纳入实验是一个明智之举。正如图 13-7 的左侧部分显示,在反应时中显示出了偏见模式。总体而言,被试在作出手枪的判断时更快。然而,即使目标呈现为手枪,如果图像显示为黑人而不是白人则被试作出"手枪"的按键反应更快。在工具反应中可以观察到相反的模式。在种族的面孔启动和靶目标的确认之间存在交互作用。看到黑人面孔对判断为手枪具有启动效应。

　　由于被试在实验二中必须作出快速反应(少于 500 毫秒),他们在实验一中的错误判断更多。现在你可以在错误数据中看到种族偏见的证据。数据显示在图 13-7 的右图中。总体而言,与手枪相比被试更有可能对工具作出错误判断,错误地将工具称为"手枪"。然而,具有讽刺意义的是,被试误将工具判断为手枪的错误几率更多发生在黑人面孔出现之后,而不是白人面孔之后。

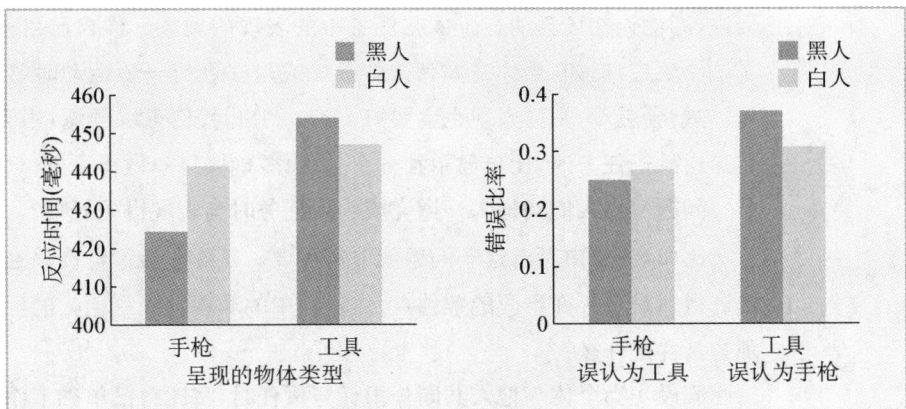

▼　图 13-7

左图显示了佩尼实验一的结果,其中给予被试进行手枪-工具判断的充足时间。种族偏见在反应时数据中得以体现;当呈现黑人面孔时,被试作出手枪的反应尤其快。右图显示了实验二的结果,其中被试必须进行快速反应。这次他们出现了错误,具有讽刺意义的是,当他们看完黑人面孔时更有可能将工具错误地判断为手枪(采自 Payne, 2001)。

再次回归到阿米督·迪艾鲁的案例上,可以想象警官是在压力下作出快速反应的。佩尼的数据表明,当人们进行快速反应时,看到黑人会增加将无害目标错误知觉为手枪的可能性。当处于紧急情况下,迫使人们依赖刻板印象实施判断。不幸的是,美国人具有将黑人视为危险的刻板印象(Devine & Elliot,1995)。手枪-工具范式在研究各种种族偏见问题中变得非常流行(如 Amodio,Harmon-Jones & Devine,2003;Payne,Lambert & Jacoby,2002),而且当任务为视频游戏中的射击/非射击决策时也得到了类似的结果(Correll,Park,Judd & Wittenbrink,2002)。但是,该信息并不完全是坏事。在理解如何剔除视频游戏范式中的偏见问题上也取得了相应的进展(Plant,Peruche & Butz,2005)。

从问题到实验:研究细节

问题　在场他人如何影响个体在某一任务上的得分?

其他人在场会以多种方式影响我们的行为。的确,当我们知道别人正在看着自己时,与以为没人观察时相比,行为会有所不同。此类效应之一被称为社会促进,即他人在场会助长个体在任务中的表现的现象。你自己可能已经注意到了这个效应,比如,当你在体育馆做锻炼或是在进行一项运动时,如果有观众在场,你就会更尽力些,表现也会更好一点。由此我们可以预测,当人们和他人一起完成某一任务时,比自己单独一个人工作,确实可以做得更好。

问题　当人们同他人一道完成一项任务时会表现得更好吗?

比如,工业中考虑这一问题就非常重要。工作应该设计成单独完成,还是小组进行?是否存在不同的条件,个体在其中的表现会受到他人的促进还是妨碍?那些条件是什么?

假设　当个体与他人共同分担任务责任时,将比自己单独工作时表现要好。

为验证这一假设,首先必须找到一项合适的任务,让被试在实验室中操作。我们所选择的任务必须是既能单独进行,又可以小组完成。而且,该任务的结果还必须是可以测量,并能在个体和群体两种情境间进行比较的。比如,设想任务是为残疾人设计一种更好的电话。自然,我们预期大多数小组设计比个体设计要好(也许,除去个别天才)。但我们如何能测出每一个体在小组中的表现,并将他与其单独工作时的表现作比较呢？当独自工作时，个体对产品独立负责。而群体工作时，个体是小组的一名成员，对最后产品只有部分贡献。相对于其个人产品，很难确定个体对群体产品的贡献是多少。所以，我们所需要的，是个体无论是单独操作还是群体进行，任务都基本相同；我们能够评估个体的相对贡献，同时，又可以体现群体努力的效应。

潜在备选的任务之一，是包括身体的努力，比如第一章提到的研究中所讨论的任务——拉绳的力量。让我们来看一下，这个任务是否符合前面概括出来的标准。首先，作业水平测量容易量化。可以把绳子连在一个装置上，当人拉绳时可记录下所用力量。第二，无论是单个拉还是几个人一起拉，测量都有意义。因为，在两种条件下，测量作业水平——即力——的单位制都是同样的。最后，容易将个体表现与群体表现进行对照。我们可以让每个被试单独尽力拉绳，然后将所有被试的力量分数相加。这一和数将代表每一个体对群体努力的潜在贡献，并可以作为基线来比较群体表现的作用。我们再让所有被试一起来拉绳，并将群体所用的力和个体力量的总和进行比较。如果群体合力较个体分数之和大，我们就可以得出结论，人们在与他人共同完成任务时的个人表现较好。我们就可以知道，一般而言，个体在群体中比单独时会付出更多的努力。由这项实验引出的一个有趣问题是，团体规模是否会影响个体表现？比如，如果我们相信其他人在场会助长表现，那么，也许在场的人越多，对行为的助长也越大。

假设　共同工作群体的规模越大，个体作业水平提高得越多。

我们可以用拉绳任务轻而易举地验证这一假设。我们可以简单变化所测群体的规模：即分别用二人、三人、五人和八人一组的被试。

现在，我们来概述一下实验变量。有两个自变量，分别是群体规模（二人、三人、五人或八人）和社会环境（单独对群体）。群体规模为组间因素。因为群体规模不同，我们不能对其进行组内操纵，所以，根据定义，我们必须在每一组中分配不同的被试。社会环境则要进行组内比较：每个被试都将单独拉绳，和与他人一起拉绳。

因变量是群体成员用力的总**力**。在单独条件下，将个体分数相加得到总分。既然我们已经决定要比较不同规模的群体，这种测量有一点困难。因为在大群体中，对总分作贡献的个体多，所以大群体的用力总和比起小群体来大得多。为使群体间有可比性,我们可以将群体分数换算成比率。也就是说,我们可以测出群体用力的总和,然后用群体成员的个体力量之和去除。例如,如果群体一道拉绳时对绳的拉力强度是 500 磅,而他们单独拉绳用力之和是 400 磅,比率就是5：4。如果我们预测群体会有助于个体的表现,这些比率就该大于 1.00,即群体力量(分子)应该大于个体力量之和(分母)。进一步讲,如果我们预测群体越大,促进作用也越大,那么该比率应该随着群体规模的增大而增大(比如,三人小组是5：4,八人小组是 6：4)。

其他还有哪些因素应该考虑呢? 首先,每种条件下,我们要测不止一个群体。虽然每组都有几名被试参加,但一组只能提供两个数据——成员单独力量的总和,及群体共同拉绳时的用力总和。显然,如果对每种群体规模条件只作一次观察,我们就不能进行有意义的比较。理想的话,我们应该对每种条件进行20 到 30 次测试。第二,我们应该对拉绳条件的顺序进行平衡处理。每一群体规模条件下,其中一半成员应该先进行个人操作;另一半被试则先参加群体操作。第三,在个人和群体操作间,被试应得到充分的休息,使肌肉不至于在一种条件下比另一种条件下更疲劳。

现在,让我们再来回顾一下我们的实验。第一,你觉得我们能够找到证据,支持社会促进作用吗? 也就是说,个体在与群体一起拉绳时,会比独自拉绳时用力更大吗? 第二,你觉得个体在大群体中会比在小群体中出力更多吗? 你认为有什么理由可以让我们实际上作相反的预期,即群体情境实则使我们的表现*更糟*呢? 回想上一部分(以及第一章)中,我们引入责任扩散的观点来解释旁观者的冷漠行为。在许多背景下,我们观察到,紧急事件的目击者越多,有人出来干预的可能性越小,或许是因为当周围有很多人可以提供帮助时,个体感觉自己的责任较小。有趣的是,我们也可以根据这一理论来预测,与他人一起分担工作事实上会*削弱*个体的表现。这是与我们社会促进假设截然相反的预测。因此,我们提出的实验可用来验证两种互相对立的理论,在科学家看来,这是一种令人满意的情境。

你可能还记得在第一章中,我们曾经介绍过一些与此非常类似的实验:该研究表明,实际上人们在群体中比单独时努力*更少*。最早的同类研究(Ringelmann作出,参见 Kravitz & Martin, 1986)显示,两人一组工作时仅投入个人能力的

383

93%；四人一组、八人一组则分别降至77%和49%。这样一来，就同我们独创性的预测恰好相反，个体在群体中的表现更差，而且群体规模越大，个体表现越糟。这种现象被称作**社会惰化**（Latané，Williams & Harkins，1979），似乎与群体成员责任扩散降低个体努力的观点（$I = N^{-t}$）相一致。

那么，我们的实验不能支持社会促进假设了吗？并不尽然。正如进一步研究所显示的，决定他人在场对个体表现是促进还是削弱，关键在于该情境中个体行为是否能被单独观察得到。当个体被淹没在群体中的时候，社会惰化现象就会出现。而当个体认识到其表现能被单独确定时，这种影响就会被剔除。例如，在游泳接力赛中，如果宣布个人所用时间，就比只宣布全队总时间情况下的选手们游得更快（Williams，Nida，Baca & Latané，1989）。因此，人们要是知道他们的个人表现能够被评估，那么当有他人在场时，其工作就会更加努力。而当个体"融入到群体之中"时，他们就可能减少努力。（"毕竟，既然没人留意，我又何必那么尽心竭力呢？"）

由此，我们建议商业管理者似乎应该对工作群体有所设计，使得个人的产出能够被其他人看得到（造成社会促进），也使得每个人的努力都能够被独立评估（防止社会惰化）。

▼ 小结

1. 比起本书所讨论的其他类型的研究，社会心理学研究在很多方面都更为困难，因为它所考察的情境往往非常复杂，有多个变量影响行为。所以，在情境中引入实验控制，以便就不同实验处理对因变量的影响作出合理的阐述，需要付出很大的努力。

2. 实验控制用来尽量消除实验误差，或是非自变量引起的任何因变量的变化。应该通过跨条件等组化尽可能控制这类额外因素。如果不能控制，就应该将这些因素随机分配到各种条件中去。

3. 社会心理学（及其他）研究中，实验者和被试的期望都可能制造麻烦。实验者可能以多种方式对结果产生微妙的影响，使其发生偏差。比如，在不同条件下对待被试有细微的差别。一种解决办法是，在测试时，要实验者对被试所处条件保持盲状态——但这并不总是切实可行的,因为实验者必须以某种方式提供实验操纵。实验者偏差效应可能在科学研究的正常进程中被揭示出来。

4. 比实验者偏差隐含有更大危险的因素是,实验背景的要求特征对被试行为的塑造。因为在不同实验室的不同实验中,要求特征都普遍存在。要求特征包括被试对其在实验中应有表现的期望。奥恩发展出好些天才的技术来评估要求特征的效应。他使用准控制群体——如假被试,这往往能使研究者得以评估要求特征是否影响某一特定实验,但对消除掉要求特征后,实验结果应是什么,就不得而知了。

5. 避开要求特征问题的一种途径是,在"现场"或是在自然背景中进行实验。这种情况下,由于被试甚至没有意识到他们处在实验中,所以要求特征自然被排除了。现场研究结果的推广不成问题,这点与实验室研究不同,所以越来越多的社会心理学家正在转向现场研究。可是,现场研究中也同样存在有严重的问题。例如,我们往往难以在控制额外的"讨厌的"变量的同时,有效地操纵一个自变量;也难以知道该测量些什么,因为被试甚至不知道他们在参与实验,也不能要求他们执行某一任务,评定他们的感受,等等。即便这些问题得以克服,我们还将面临一个更难解决的重要的伦理问题,即心理学家是否有充分的理由,可以拿不明就里的社会成员做实验呢?

6. 近来,社会心理学家已经采用了认知心理学家的方法来研究态度之类的问题。我们可以根据人们对情境的反应时间或者他们所记忆的内容来推断其态度和偏好。

▼ 重要术语

游动现象
盲
旁观者干预
(旁观者效应)
从众
混淆
控制变量
要求特征
责任扩散

双盲实验
实验控制
实验误差
实验者偏差
现场研究
内隐态度测量
内隐记忆测验
交互作用
服从

安慰剂效应
启动物
启动
随机化
模拟控制被试
单盲实验
社会促进
社会惰化
社会规范

社会心理学　　　　　　　　　目标　　　　　　　　　视觉掩蔽

▼　讨论题目

1. 为什么实验控制在社会心理学实验中比在其他研究中更难获得？请分别列举(a)实验室情境下或(b)现场实验中，典型的旁观者干预研究中必须予以控制(或随机化)的变量，以示说明。

2. "实验中，当一个无关变量可能与我们所感兴趣的自变量发生混淆时，对变量影响实行跨条件随机化处理，比控制该变量使其不致因条件不同而发生变化，更为有效。"评价这种说法，并说明对或错的理由。

3. 讨论无意识的实验者偏差以及实验情境的要求特征问题。如何在实验情境中将这些问题的影响降至最小？这些问题在各种研究中出现的概率相同吗？

4. 讨论现场研究的优点和缺点。如果你在不知不觉中充当了一项旁观者干预实验的被试，而且事后发现你当时的反应被记录下来了，你会介意吗？

5. 请分别列举出(a)在实验室实验中(b)在现场实验中，你认为可以研究的最好课题，并分别说明理由。

6. 米尔格拉姆(Milgram，1963)关于服从权威的研究遭到许多心理学家的严厉批评。鲍姆林德(Baumrind，1964)是最活跃的批评者之一。他争辩说，比起任何对心理科学的可能贡献来说，被试长时间的心理危机更应受到重视。米尔格拉姆开展了一系列后继研究(随即以及一年之后)，来判定那些被试是否因参加其服从实验而招致任何长期的、负面的影响。这些后继材料包括自我报告问卷以及对精神医生的口头报告。若就口头和自我报告的可信性存有疑问，那你该如何来确定参加诸如米尔格拉姆的服从研究的被试，是否会蒙受长期、负面的影响呢？

7. 请对佩尼的武器识别任务的效度作一评估。也就是说，你对用启动范式研究种族偏见有何感想？这一方法的优缺点是什么？

▼　网络资源

有关社会心理学的总体介绍可以在下面的网址找到：

http://www.spsp.org/what.htm

下面的网站囊括了社会心理学各方面的内容：

http://www.socialpsychology.org/

这个网站可以使你测出自己关于白人和黑人、男人和女人、年轻人和老年人以及日益增多的其他群体的内隐态度：

http://implicit.harvard.edu/implicit/

▼ 实验室资源

在本章,你学习了有关种族刻板印象的一些内容。还有其他一些类型的偏见你也可以用来研究,比如性别偏见、年龄偏见以及对于同性恋的偏见等。兰思顿手册(Langston,2002)的第八章介绍了有关性别刻板印象的实验研究。例如,卡车司机和医生通常被认为是男性,而秘书和护士则被认为是女性。有关这些性别偏见的证据可以通过检查人们的阅读次数而发现。也就是说,在人们所阅读的句子中,如果某一刻板印象上应该是男性的职业却出现了女性代词,那么与出现男性代词相比,人们的阅读速度就会变慢。例如,被试阅读句子"律师一定经常为他的案子被法院驳回而争论不休"的速度就要快于"律师一定经常为她的案子被法院驳回而争论不休"。除了可以重复这个基本效应,你还可以考虑这一效应的大小是否随人的类型不同而不同。例如,你是否认为性别刻板印象会更多地(或者更少地)出现在老年人或者年轻人中间？保守者或开明者中间？男人或者女人中间？你也可以思考一下,怎样把这一任务修改后用于其他的刻板印象研究之中(如对老年人的歧视)。

▼ 课后练习：置身实验的难度

人们对自己正在参加某项实验的认识,往往会强烈地影响其行为。在实验中,人们会做他在其他情境中不会做的事。你可以和你的朋友一起做一个简单的实验,来证明这一点。列出 10 位朋友的名单,然后把他们随机分成两组,一组作为实验组,一组作为控制组。两组的自变量是实验开始前你分别对他们所说的话。对实验组被试说："我希望你们能为我做点事,这是我一门课程中心理学实验的一部分。"对控制组说："我希望你们帮我个忙。"然后告诉每个朋友你有一个要求；你要他们每人做五次跳娃娃(jumping jacks)、六个仰卧起坐和四个引体向上,并尽快叠一个纸飞机。

　　当然,实验被试太少,你难以由此得出任何有力的结论。但你可能会发现,那些被要求帮助你做心理学实验的朋友大概更为合作。他们完成的活动更多、更快,而且几乎不提什么问题。控制组的人则可能会以为你学习用功过头了。

　　这个演示的要点表明,心理学实验不仅仅能对行为提供中立的研究;它们也能够促成所欲研究的行为。当人们知道自己是实验中被观察的对象,他们就会作出不同反应。这样,心理学家们所研究的实验室里的行为,很有可能与外面真实世界中所发生的行为间几乎没有任何关系了。实验中引导被试如此行为的线索被称作要求特征。

第十四章
环境心理学

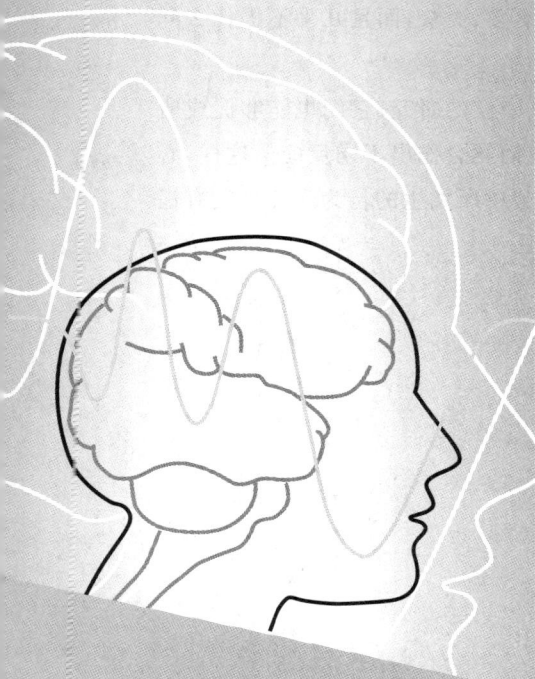

科学是由事实构建而成，正如房屋是由石头建造而成。然而，事实的罗列并不是科学，就如同一堆石头不是房屋。 J. H. Poincar

在斯托科尔斯和奥尔特曼(Stokols & Altman，1987)超过 1500 页的两卷本《环境心理学》手册中，他们将环境心理学描述为一门研究"与社会物理环境相关的人类行为和健康"的交叉学科(p. 1)。除了心理学家们研究环境心理学外，另外还有令人吃惊的一大批研究者与实践者们关注个人与环境的交互作用。他们大多来自建筑学、地理学、公共卫生、社会学和城市规划等诸如此类的领域。不同的学科兴趣形成了广泛的研究领域，诸如学校、居住区、工作场所、自然环境与极端和不寻常场所(沙漠或北极等)环境中的空间行为、拥挤、压力和领属范围等。并且很多研究者还研究了环境心理学在诸如保护资源和鼓励再回收利用领域内的多种应用。从这些大量的课题中，我们选出了几个以说明三个方法论方面的问题。

本章中探讨最深入的问题是**结果的普遍性**。一项关于噪音的研究(Cohen，Glass & Singer，1973)表明，居住在建于繁忙的高速公路旁低层公寓中的儿童的阅读成绩不如那些居住在高层的、过往交通噪音弱一些的儿童。这项研究的结果是，住于此类公寓的居民要求在高速公路上装设隔音罩(图 14-1)。这个问题可以成为支持这项要求的正当理由吗？研究者必须能够像科恩(Cohen，S.)及其同事那样表明，他们从自己的数据中得出的结论可以被有意义地普及推广。

第二个问题是实验心理学家与环境心理学家共同面临的问题，即噪音对行为的影响。实验心理学家极有可能用实验室实验来研究这一问题，而环境心理学家则总体上更偏重现场研究，于是准实验就代替了真实验。因此，我们将会探讨飞机噪音和建筑噪音对学生的影响，而这些学生并没有被随机分配到不同的实验条件下。

第三个问题对环境心理学家来说可能比对其他研究者更麻烦，涉及的是研究中的道德问题。科学家有责任确保在对知识的探索中个人不致被伤害。然而，通常总是会有一定的风险。那么，心理学家如何能保证研究遵循既定的道德原则呢？

390

▼ 图 14-1
建在纽约市内通往乔治·华盛顿桥路旁的一些公寓。高速公路的噪音对于居民来说是一个严重的问题。

Courtesy of Dr. Shelden Cohen

▼ 科学是通向真理的唯一途径吗？

我们的社会高度评价科学和技术。宇航员登上月球象征了美国科学的力量和声望。许多人认为我们高标准的生活，直接归功于诸如汽车、电视和计算机之类的技术产品，并且这种生活将随着科学的进步而不断提高。在实用性方面，科学为人们创造了更好的生活；在理论方面，是科学，而不是艺术、宗教、文学等其他门类，提供了发现真理的最佳可能。所有这些都为对科学知识的探求提出了广泛而正当的理由。

心理学迄今为止仍未创造出像其他科学如物理学和化学那样多的出色成果，所以，在纯粹实用的方面来论证心理学的科学贡献比较困难。然而，一些人认为，我们对诸如那些与核能相关的自然过程的理解早已超出了我们对人类本身的理解，以至于与其说我们是科学的受益者，倒不如说是它的俘虏。当污染、拥挤和相应的环境问题降低了生活质量时，社会科学的重要性就变得越来越突出了。环境心理学的研究直接影响到我们日常生活的方方面面。

由于自然科学在理论与实践两方面都获得了巨大成就,看来社会科学家们应当仿效他们这些卓有成就的同行。事实上所有的社会科学家都相信,通过运用自然科学家们使用的科学方法,他们很快会发现有影响的真理。科学将促使我们从理论上更好地理解人类活动的本质,而这将最终导致一种提高生活质量的技术。

尽管在受教育时科学家都学习过有关科学局限的简单说明,但并非所有的科学家都清楚这些局限。从事研究工作的科学家可能会最终抛弃那些对他们的日常工作价值不大的各种哲学观点(Medawar,1969,Chap. 1)。

虽然如此,比较可取的是看到问题的另一面并讨论这些局限。科学总是只关注特定的问题而忽略其他的问题。要科学地回答"上帝是否存在"的问题将会十分困难,所以大多数科学家满足于探索其他问题。同样,心理学家倾向于研究行为而不是其他种类的人类经验。赫克斯利(Huxley,1964)对科学的这一方面作了如下的阐述:

> 〔科学家们〕的工作方式异常古怪和武断,这从实用主义的角度来看是完全正当合理的;通过只专注于那些可以用因果关系予以解释的可测量方面的经验,他们已经能够取得对自然能量的巨大和日益增长的控制。但是能力和见识不是一码事,而且作为现实世界的一种体现,对世界的科学描绘是不完整的。原因很简单,科学甚至不能声称,它是把经验作为一个整体来研究的,而仅仅是研究在特定情境中经验的特定方面。这一切是那些较有哲学头脑的科学家们所完全清楚理解的。但是,一些科学家……倾向于将对世界描述的科学理论绝对地认为是对于现实的完整而穷尽的解释,并且倾向于关注那些科学家们根本不予考虑的一些经验,因为他们无法处理这些经验,源于这些经验不及那些被科学从大量给定事实中武断地选择出来的部分真实。(pp. 35 – 36,文中楷体部分是引用时所作的字体变化。)

魏增鲍姆(Weizebaum,1976)通过一个醉汉寻找丢失的钥匙的轶闻说明了这一相同的观点。一位跪在路灯下的醉汉受到了警察的询问。醉汉解释说他正在找他丢失在某个黑暗地方的钥匙。当警察问他为什么不在丢失的地方找,醉汉回答说,在路灯下光线好。科学在某种程度上就如同那醉汉,它在它的工具能

391

够提供最好解释的地方寻找真理。

当把对科学的这一批评施加到环境心理学时,环境心理学便会格外地遭受责难。现实世界与环境心理学家精心控制的用于实验室研究的人为世界是截然不同的。现实世界在路灯发出的光圈范围之外充满了问题。心理学家们知道,如果他们呆在路灯的光线范围之内直到一个新的突破产生一个更亮的灯,那么科学的进展尽管缓慢但却必定会发生,然而,这种传统的方法对于迅速解决需要立即处理的环境问题却希望渺茫。如果环境心理学家们仍缓慢而传统地前进,他们便会因其研究与社会需求无关而遭致公开的批评。这是一个严重的指责,因为毕竟是由社会通过联邦研究拨款机构及其他类似的机构来支付研究费用的。另一方面,匆忙行动想解决社会病症的不谨慎的心理学家在冒极大的风险,因为他得到的结果可能后来会被证明是不充分的。而且如果公共政策是在这种不完整的研究(或根本没有研究)基础上制订出来的,社会付出的代价可能会相当大(见图 14-2)。

© Corbis/Bettmann

▼ 图 14-2

圣·路易斯的普鲁特尔戈住宅工程的部分拆除。这些建筑尽管从表面上看来是好的,但是由于其对建筑心理功能的破坏以至于不适宜居住。从那以后,环境社会科学家们所进行的研究已经揭示了如何防止这样的不幸。

▼　发现城市生活的真谛

　　无论居住在城市还是乡村,我们所有人对城市生活质量都有自己的看法。对有些人而言,城市代表了成就和文明的高度。对其他人而言,城市是一个集暴力、污染和噪音的污秽之所。我们如何才能发现城市生活的真谛呢?

　　关于城市生活最为有真知灼见的一种观点可以在雅各布斯(Jacobs,1961)所著的一本引人入胜的书《美国大城市的生与死》(*Death and Life of Great American Cities*)中找到。作为她的卓识的一个例证,我们将简略地探讨一下雅各布斯关于人行道功能的看法。对于我们大多数人而言,人行道的存在只是帮助我们从一地去另一地。大多数人,包括心理学家,都没有对公共人行道的心理功能给予太多的思考。雅各布斯认为,人行道对于城市内的社会交往作出了巨大的贡献。她指出,在当地街道两旁的小店主们——裁缝店、杂货店、糖果店——为附近街区的住户提供了大量的社会服务。这些社会服务超出了个体经营的本质。因此,一位裁缝会注意到在街上相互追逐的孩子,并会提示他们的父母;糖果店主会让孩子们用他的卫生间,这样他们就不必跑上楼去;熟食店主会替一位暂时离开城镇几天的顾客接收邮件。这些服务就具体每一种而言,都是很细小的,但是,雅各布斯认为,它们汇集起来后为一个街区是适合居住的好地方的积极情感奠定了基础。

　　任何曾经住在上述这种传统老街坊的人都会本能地接受雅各布斯的观点。然而,她的结论仅仅是建立在自然观察的基础上。尽管观察是科学的一个重要起源(见第二章),但是一个更好的方法将增加她的观点的可信度。雅各布斯收集资料的方式全是非实验的。没有采取系统的措施来控制自变量和记录因变量;没有进行重复;在她对行为的描述中没有控制变量。尽管没有科学家会完全反对她的结论,但也很少有人会接受它们。多数科学家认为仍需对她的观点,那些不清晰且易被检验的假设进行充分的检验。除非按照科学所要求的正规程序予以充分地操作,否则雅各布斯的结论不能被视为科学真理,而只能被当作有趣的可能。

　　这个问题把我们带回到我们关于路灯的例子。雅各布斯正是在光线的范围之外进行研究,这使得科学家们不情愿接受她的观点。然而对许多人来说,她的结论似乎明显是正确的。为什么科学的方法会优于敏锐的观察呢?对这一重要问题的解答在第一章关于我们信念确立的探讨中已经给出了。你可能还记得科学方法的优势在于它是自我校正的。如果不同的观察者得到了关于人行道的功能和价值的不同结论,你如何判断哪一种观点是正确的呢?到目前为止,对于判定上述问题我们还没有一个比科学更好的方法。科学作为一种确立信念的方法同温斯顿·丘吉尔(Churchill,W.)对于民主政体的描述很相像,"民主政体是除了所有其他政体外最糟糕的政府体系。"接受科学方法并不意味着所有其他能达到真理的方法,例如雅各布斯对于城市生活的观察,就必然是不正确的。实际上,心理学研究已经证实了雅各布斯的许多观点。通向真理的途径肯定不止一条。但是当我们必须在某些有争议的特定真理上达到一致时,那么,尽管科学方法有它的种种局限,但仍然提供了最好的长期的解决方法。

394

变量介绍

因变量

环境心理学家除了记录可观察的行为之外,还常常记录感情和情绪。这些内部状态可由等级量表推论而知。因此,一项对拥挤的研究可能会让人们评定诸如他们对研究中其他人的观点、体验的舒适性以及房间大小的感觉等事情。然而仅仅用一些描述性的名称来标定一个量表,并不能保证这个量表可以测量,并且仅可以测量人类经验的特定方面。试考虑如下的一个等级评定问题,对该问题读者必须在1—5的数字中圈出一个:

谈到形体的吸引力,我的合作者是:

非常漂亮				非常难看
1	2	3	4	5

被试的反映往往会受非形体方面的行为特征所影响。一位乐于助人和合作的合作者会被认为比同一位侮辱人的和粗鲁的合作者(在一个不同的实验条件中)在

外表上更有吸引力。

自变量

在对拥挤、空间行为和领属范围的研究中操纵密度，密度通常被定义为每单位面积上的人数，例如 10 平方米（英尺）6 个人。由于我们可以统计人数、测量面积，所以，这样定义的密度满足了我们对一个清晰的操作定义的要求。因为密度有两个组成成分，所以我们可以用两种途径来操纵它。第一，我们可以使人数保持恒定并变化容纳他们的房间大小。第二，我们保持房间大小的恒定而改变房间内的人数。虽然乍一看似乎这两种对密度的操纵相同，但结果是它们在行为和感情上有不同的影响（例如，参见 Marshall & Heslin, 1975）。所以这种普通的操作定义，尽管明确和清楚，但由于它混淆了两个独立的变量：人数和空间大小，所以是不完整的。例如，如果密度是通过保持房间大小恒定和增加人数来操纵的，那么我们不知道观察到的差异最好是归因于密度的影响还是人数的影响。由于心理密度常常是与物理密度不同的事实，故而这个问题变得更加复杂。被拥挤的感觉不但与物理密度有关，而且也与社会情境有关（Rapoport, 1975）。一个拥挤的迪斯科舞会比同样拥挤的地铁车厢要感觉舒服得多。

环境心理学家们研究的另一类自变量可归为紧张刺激物类：那些引发紧张情境的动因。强噪音、高温及空气污染，都是这类自变量的例子。

控制变量

环境心理学中进行的研究往往缺乏像心理学实验室研究中那样精心控制的变量。尽管环境的总体物理特征，如室内温度，是被控制的，但那些更细微的变量，比如参与者们的相对位置（肩并肩或面对面）却往往被忽视了。这一缺憾在现场研究中格外明显，因为现场研究的根本特点决定了它不可能允许实验者更多地控制环境。进行现场研究的环境心理学家们清楚地了解这一问题，但认为相对于人为的实验室环境来说，现场情境在更大程度上的真实性是对于这一缺憾的充分补偿。

395

▼ 14.1 实验主题与研究范例

主题 结果的推广

范例 拥挤

任何实验就其本身而言是永无止境的。实验是通向预测和解释行为这一最终目标的道路上的台阶。除非过去实验的结果可以被应用到新情境中,否则实验毫无价值。所以建构解释电流的模型就不仅仅只涉及在实验室中研究的少量电子,而且也涉及你屋里墙上插座中的电子。

判定实验有用的一个重要标准是它的**代表性**。有代表性的实验允许我们把它们的发现推广到更多的普遍情景中去。当研究者们发现烟焦油会使实验狗致癌时,许多吸烟者认为这种实验只证明狗不该吸烟。简言之,他们怀疑这些发现的代表性并且不相信这些结果可以推广到人类。然而后继的研究证实了这些早期的发现;现在,一般的外科医生对吸烟的危害都非常地深信不疑,以至于所有的香烟包装上都必须标上对消费者的警告。

香烟—猎犬实验是把从一个样本中得到的结果普遍推广到不同样本或不同人群的一个例子。我们把这称为**样本普遍性**。它以不同的形式出现。研究最多的人类被试是学习心理学导论课程的大学生,作为他们教育过程的一部分,他们常常被要求参与几个实验。假设我们刚刚完成了一个关于提高阅读速度和理解的方法的研究,所用的小样本被试来自赖斯大学选修心理学导论的学生。如果这样的研究得出了适宜的结果,那么它在教育上就会有重要的意义。但是首先,在得出这些意义之前,需要回答几个有关样本普遍性的问题。第一,这些结果在所有选修心理学导论的赖斯大学的学生中是典型的或有代表性的吗?如果我们的样本只由男性被试组成,可能的回答为"不是"。即使我们的抽样程序使我们能够对第一个问题回答"是",我们仍然没有摆脱麻烦。这些结果能在一般意义上代表赖斯大学的学生吗?同样,如果我们的样本仅仅由赖斯的新生组成,我们不能确保赖斯的高年级学生会得出同样的结果。而且,即使我们的结果可以推广到赖斯的所有大学生们,那么除非它能够证明全国的大学生都可以从中受益,否则在阅读方法方面开始一个较大的改变可能仍不值得。即使如此,我们可能还会怀疑高中和初中的学生是否也能应用这种新的阅读方法。很明显，一个单独的实验将很难推广到所有与此有关的群体中去。

关于自变量和因变量的普遍性也存在着类似的问题。环境压力可以被诸如提高温度、提高噪音水平以及在实验前的晚上剥夺一个人的睡眠等多种多样的方法来引起。由于我们关注的是一般意义上的环境压力，而不是噪音、温度和睡眠剥夺的具体影响，所以我们必须确保对这些相关的自变量的不同操作能够使得我们得出关于压力的有代表性的结论。我们把这称为变量代表性。比如说，我们关心气温对城市骚乱的影响：长期的炎炎夏日会导致攻击行为吗？当在实验室中研究这一问题时（Baron & Bell, 1976），我们发现高温并不必然地导致攻击行为的增加，但在我们能够拒绝这一关于夏季城市问题的解释并转向其他假设（例如，在夏季的日子里，更多的年轻人在街上闲逛）之前，我们必须确保自变量和因变量能从实验室中推广到城市的情境中。我们中的大多数人都愿意接受实验室中华氏 95 度的温度等同于城市街道中的相同温度这一主张，但是当我们涉及一般的实验室中的攻击性测量时，这一等同就不是那么明显了。应用最为广泛的技术是让被试对一个研究的配合者施加一个电击，就如同在第十三章中米尔格拉姆的工作中应用的那样（参见图 14 - 3）。（实际上并没有施加任何电击，但实验者希望被试认为其正在控制一个电击。）更高的电击强度和更长的电

▼ 图 14 - 3
一台研究攻击的实验室中最典型的电击器。按钮控制（假设的）电击强度。

Estate of Bunji Tagawa

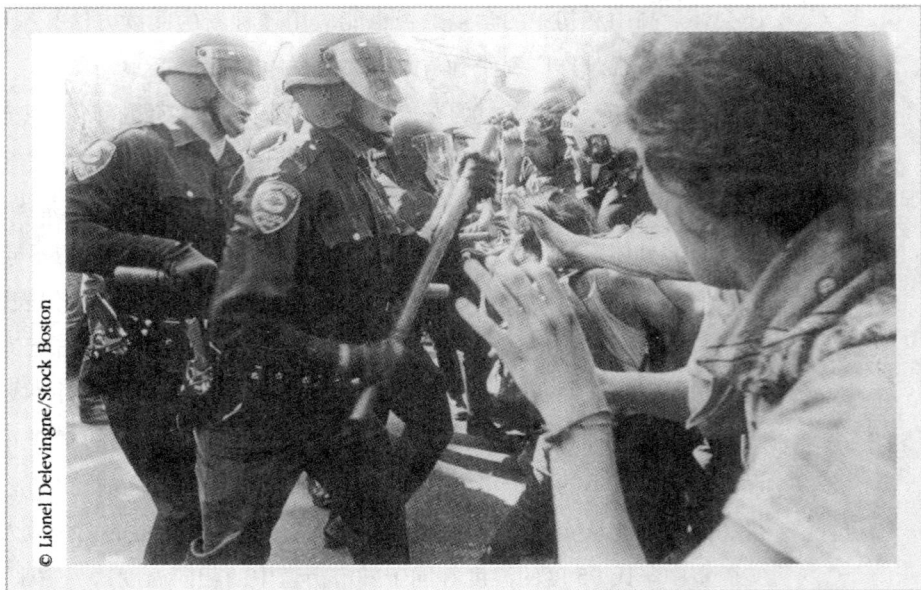

▼　图 14 - 4

一个非实验室情境中的攻击。你认为这与图 14 - 3 中测定的是同一种攻击吗?

击时间被认为是更强攻击的证明。那么按一个钮所表现出来的攻击与向一个商店橱窗投掷石头或者用步枪狙击警察和消防队员中的攻击是相同的吗(图 14 - 4)? 尽管最终的结果——伤害他人——在实验室内外的攻击行为中看起来似乎是相同的,但城市的无序可能给攻击增加了另一个维度。在实验室中建立一个物理的模拟,如老鼠被训练得会"储藏"钱,并不必然意味着心理上的一致。正是在确定变量的代表性时的巨大困难使得许多环境心理学家从实验室研究转向现场研究,尽管事实上这样做的结果是较少的实验控制。

　　在本章中,我们介绍四项有关拥挤的研究并将详细考察它们的结果是如何被推广的。第一项研究以动物为被试,其余的三项都以人为被试。三项以人为被试的研究区别在于:一项是建立在社会学家们的人口统计数据的基础上,一项运用以实验控制代替过去的那种统计控制的现场研究技术,而另一项则是实验室实验。

动物中的拥挤:实验室研究

　　卡尔霍恩(Calhoun, 1962,1966,1971)在国家精神卫生研究所进行了一项长期的系列研究,得出了一些有关老鼠中拥挤的长期影响的惊人发现。卡尔霍恩把他的老鼠放在一个有 4 个隔间的"老鼠空间"中(参见图 14 - 5)。由于隔间 1 和 4 没有被连接起来(见图 14 - 5),于是它们成了死胡同,老鼠则聚集在隔间 2 和 3 中。这种过度的拥挤导致了一些病理行为的发展。在隔间 2 和 3 中,幼鼠的死亡率高达 96%。雌鼠无法建造适宜的巢穴,并且常常丢弃幼鼠。这些幼鼠在它们被丢弃的地方死去,而且常被成年老鼠吃掉。高的死亡率对于老鼠的空间来说有极深刻的含义。雄鼠同时也表现出怪诞的性行为。最古怪的老鼠被卡尔霍恩称为"刺探者"。这些刺探者并不进行正常的鼠类求爱活动,它们会将雌鼠追逐到它们吃死去幼鼠的洞穴中。所以,自变量(高密度)导致了古怪的母性行为和性行为(因变量)的发生。

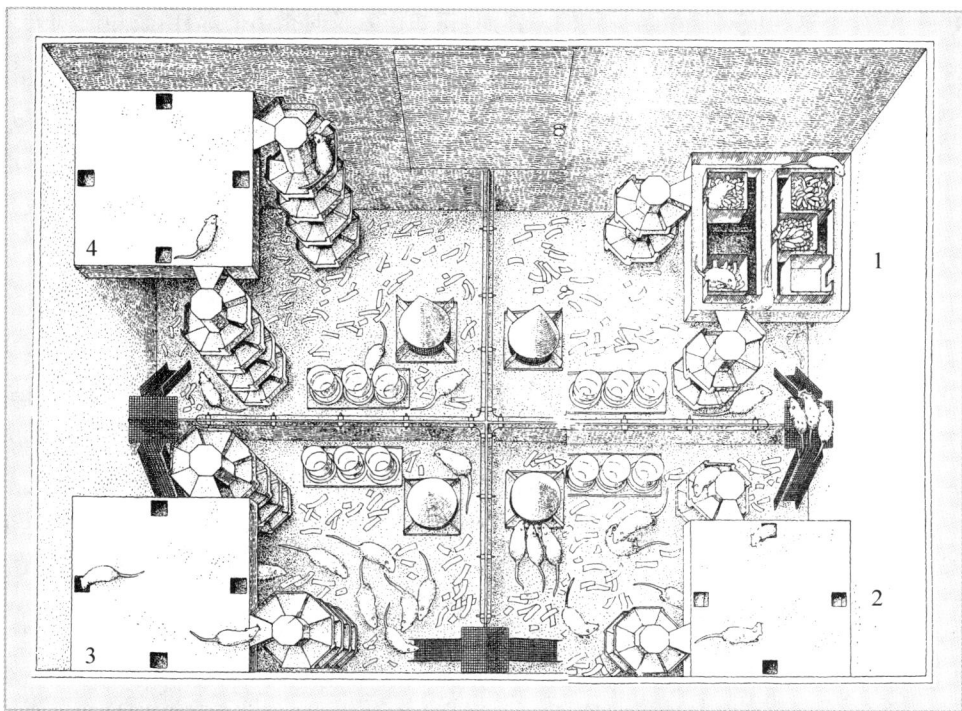

▼ 图 14 - 5

卡尔霍恩研究的老鼠空间。注意,并非所有的隔间都被坡道连接起来,所以它们中的两个是死胡同。(重印得到 Estate of Bunji Tagawa 管理者许可。)

398

至少可以说,这些结果是极令人吃惊的。如果推广到人类的拥挤问题上,它们强烈地暗示了过度拥挤将最终毁灭我们今日所认识的社会。但是在我们为了宽敞的空间而放弃我们高耸的公寓大楼之前,让我们先看一看对灵长类动物进行的一些研究。

刚才所介绍的卡尔霍恩的经典研究证实了一种拥挤—攻击模型。但是,近来对灵长类动物的研究所提出的一种应对模型似乎要更准确一些。灵长类动物通过采取能够减少攻击性冲突的补偿行为来应对拥挤。例如,沃尔肯藤等(Wolkenten,Davis,Gong & de Waal,2006)最先观察了棕色僧帽猴在非拥挤条件下和短期拥挤条件下的行为表现。他们发现攻击行为并没有什么不同,这支持了应对模型而拒绝了卡尔霍恩的拥挤—攻击模型。不过,在拥挤条件下僧帽猴表现出了更多的梳理行为,作者将这一结果解释为梳理行为减少了攻击性,而这与应对模型是一致的。然而,正如作者及时指出的那样,较短时间处于拥挤之中并不能排除长期拥挤条件下出现攻击行为的可能性。

总之,研究老鼠得到的结果认为拥挤导致了攻击行为,而拥挤的灵长类动物则可能通过采取应对行为而避免了攻击的出现。让我们转向关于人类的拥挤研究,来看看拥挤状态下的人类能否应对高密度条件(像僧帽猴那样),或是变得更具攻击性(像老鼠那样)。

人的拥挤:相关的人口统计学研究

卡尔霍恩用老鼠进行的研究意味着高密度导致病理行为。由于对于一位研究者来说,像卡尔霍恩拥挤老鼠那样把人长期拥挤在一起是极不道德的,所以一项类似于卡尔霍恩实验的直接实验验证是不可能的。但是,在我们的大城市中有一些社会形成的高人口密度区,观察这些现实世界中密度的影响无疑是合乎情理的。研究这种真实情境的优点是我们在推广结果的方面困难要小得多。例如,从一个城市推广到另一个城市比从一个实验室推广到一个城市的困难要小得多。不利之处是对自变量和可能的无关变量几乎没有任何实验控制。当实验控制不可行的时候,一个解决的方法是事后统计控制。

这就是埃文斯等(Evans et al. ,1989)在印度普内研究拥挤和社会退缩时采取的方法。这些研究者假设人们通过从社会交往中退缩来对待拥挤,而这将相应地削弱社会联系并导致更差的心理健康。社会支持通过设计的一个表明与家庭和朋友关系的 40 个项目的调查量表来测量。通过询问是否在过去的两个月中曾体验过特定症状的附加面谈项目来测量心理症状。被试是 175 名居住在印度普内的男性家长。

评估结果的统计技术是相关。使用相关考察大范围的自变量,以避免产生低相关的全距限制(参见第二章)是很重要的。因为研究是在印度进行的,居住密度从每个房间 11 人到 2 人,比在美国可以得到的典型密度范围大得多(Galle,Grove & McPherson,1972)。

图 14-6 表明了在密度和心理症状之间以及密度和社会支持之间的相关。两个相关系数在统计上均达到了 0.05 的显著水平。正相关表明密度的增加会伴随着更多的心理症状,而负相关则表明密度的增加伴随着社会支持的减少。

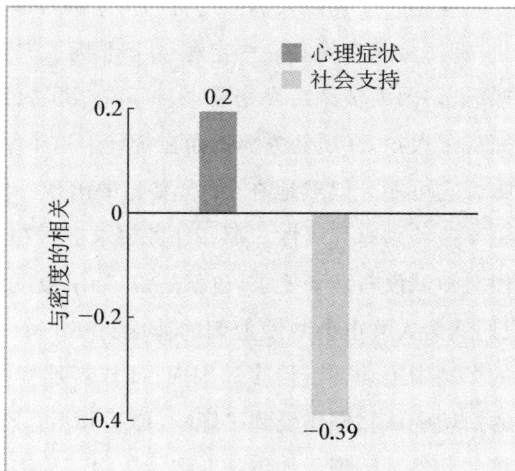

▼　图 14-6
密度和心理症状及社会支持间的
相关。(采自 Evans et al.,1989)

由于这是一个相关研究,我们不能就此认为人口密度会导致心理症状和减少社会支持。具有上述特征的人们可能会选择居住高密度房间,在逻辑上是可能的。人口统计学研究不能像在实验室研究通常所做的那样将人们随机分派到不同的密度条件中去;然而,在考虑过自我选择的解释之后,研究者们谨慎地推断,尽管相关方法有其局限性,密度仍很可能是一个原因。因而这些结果和卡尔霍恩对动物拥挤的研究中得出的结论是相似的。

人的拥挤：在火车站的现场研究

只有操纵自变量的研究才能得出因果关系的结论。萨格特、麦金托什和韦斯特(Saegert, Mackintosh & West, 1975)把他们的被试带到曼哈顿的宾夕法尼亚火车站来测定拥挤对操作和情绪的影响。最重要的自变量是密度，通过选择在火车站的时间：上午 10:00—11:30，或下午 5:00—6:00(在交通拥挤的高峰时段)来操纵。这一操纵方法将时间和密度混同起来，但是实验者认为，时间对任务没有什么显著影响。结果，这一假设并未得到实验的验证。实验者仔细地统计人数来保证实际在场的人数是在期望的范围之内。

给被试一个清单，要求他们在车站内操作并完成 42 个任务：诸如查找电话号码，寻找售票处，在报摊买东西等等。要求他们在 30 分钟的期间内完成尽量多的任务，这是一个因变量。接着，被试们填写一个心境形容词检查表(Mood Adjective Checklist)，这是一个允许人们描述自己情绪的等级评定设计。

主要的结果是"拥挤看起来确实在一定程度上干扰了需要用知识去完成的任务和对环境的操纵"。因为被试在高密度条件下完成了大约 25 项任务，而在低密度条件下则完成了大约 29 项任务。然而在统计上这个结果只是在 0.10 水平上显著。这意味着它可能会偶然地在 10 次实验中出现一次。由萨格特及其合作者得出的结论不是特别有代表性。那些任务要求被试在车站内拥挤的人群中来回走动。即使对被试没有认知要求，也就是说，如果被试仅仅被要求尽可能多地来回走动，我们认为人群也会减慢他们的速度。在一个很拥挤的人群中走动比在一个空荡的车站中走动要难得多。因而，像作者那样把这些结果予以推广并认为在拥挤的情境中认知操作受到了影响，似乎并不合理。但是，等级量表证实了被试在拥挤的条件下感到更加焦虑和多疑。由于检表中有 11 个等级，因而其中的一些表现出密度的影响也不足为奇。这种类似于霰弹枪的方法，即按惯例实施大等级的等级量表并期望其中的一些会产生重要的结果，这种方法可以导致假设的自我满足，但同时也会产生误导。尽管被试在被挤来挤去的拥挤环境中感到更焦虑是很合理的，但作者却没有解释另一个结果，即被试产生的更强的怀疑情绪。

当这项研究同埃文斯的人口统计研究相比较时，一个结论就凸显出来了。尽管控制自变量的研究一般都比仅有相关的研究更为人偏爱，但这并不必然地

400

意味着任何实验研究都天生地优于任何的相关研究。好的研究,即使是采用相关的方法也总是比采用实验方法的蹩脚研究更胜一筹。

　　环境心理学家经常出没在火车站以观察拥挤现象。最近的一项研究显示,火车也可以用于进行深入的研究。埃文斯和沃纳(Evans & Wener,2007)考察了长期在高峰时段乘坐火车往返于新泽西和曼哈顿的乘客,并记录下了两种密度指标(车厢密度:车厢里的乘客人数—座位数;座位密度:每排的乘客人数—座位数),此外还有三种应激指标(唾液皮质醇、校对成绩和心境的自我评定分数)。

　　经过多元回归分析后,他们的结果显示车厢密度与应激之间没有显著相关,但是座位密度却与三种应激指标相关显著。乘客通过让自己尽可能避免与他人的近距离接触来应对车厢拥挤。例如,某位乘客可能会选择站立而不是坐在两位乘客之间的空位上。因此,与车厢中的乘客数量相比,与身边其他人的距离是一个更重要的应激物。

人的拥挤:实验室研究

　　在这项实验室研究中,贝特森和休伊(Beteson & Hui,1992)利用摄影幻灯片和录像带来模拟发生在英国伦敦一个铁路售票室的行为。幻灯片和录像带都摄自同一地点。根据出现在售票室中的人数把幻灯片和录像带分成三类来操纵密度变量。在低密度条件下,每一个售票窗口只有一个或两个人在排队。在中等密度条件下则出现的人数更多,高密度条件下就非常拥挤了。

　　因变量是被试接下来完成的一个问卷,它包括与认知到的拥挤、认知到的控制、愉快和路径规避有关的量表。研究者建构了一个结构模型用来解释这些因变量和自变量(如密度等)之间的关系。这一模型预言密度通过认知到的控制来影响拥挤,而且认知到的控制与拥挤一起决定在量表中测量情绪和行为反应。研究使用了一个复杂的统计程序(LISREL)来确定结果与模型的拟合。

　　这一研究的特别之处在于一个附加的现场准实验,该实验是同在实验模拟时拍摄的那个售票室中购买火车票的旅客进行面谈。计算出三个不同的相关矩阵(幻灯片、录像带和现场),统计分析不能拒绝所有三个矩阵是相等的这一假设。所以实验室研究方法是有效的。经过推导,作者认为对于密度与拥挤的研究,幻灯片和录像带是非常合适的("从生态学的观点来看是正确的")。

拥挤研究的比较

我们已经在四项研究中考察过拥挤的影响:一项动物研究、一项相关的人口统计研究、一项现场研究和一项实验室研究。我们从每一项研究中能够得出的普遍性的种类之间存在相当大的差异。你可能会疑惑哪一项研究是最好的。对于这个问题没有简单的答案:尽管实验心理学家偏爱实验室研究,但心理学家并未对哪一种是最好的取得一致的意见。

这一部分的目的是使你知道,不管是什么类型的研究,在推广研究结果时都会遇到重重困难。到目前为止,你可能会觉得这些困难是如此之大,以至于似乎根本没有做研究的意义。然而这一结论又过于悲观。尽管从任一单独的研究来推广是相当困难的,但一组研究确实会使我们得到有代表性的结论。

▼ 14.2 实验主题与研究范例

主题 准实验

范例 噪音与认知绩效

真实验要求将被试随机分配到各个实验条件之中。对于环境心理学的研究而言,这很难达到,因此常常以准实验(见第三章)代替真实验。这一部分将介绍近期的两个准实验,这两个实验分别研究了噪音对小学生和大学生的影响。

一个来自欧洲的研究(Hygge, Evans & Bullinger, 2002)利用慕尼黑机场在同一时期的关闭与启用活动完成了一项准实验。实验中的两组被试由暴露在旧机场噪音下的儿童和即将暴露在新机场噪音之中的儿童组成。按照人口统计学变量匹配的两个控制组则没有接触到飞机噪音。数据收集分三轮进行:第一轮是新机场启用前6个月,第二轮是启用后1年,第三轮是启用2年后。测验是在一个隔音的厢式货车中进行的,以消除即时噪音的干扰。

图14-7显示了儿童在阅读资料一天后回忆该资料的长时记忆测验结果。对于身处旧机场的被试来说,在机场被关闭前,其飞机噪音作用下的记忆成绩更差一些(第一轮)。然而,一旦机场关闭后噪音的影响就消失了。对于新机场的被试,我们希望有相反的结果。在第一轮测验中噪音的影响没有达到统计学上的显著性。但是,在没有噪音的情况下第三轮测验成绩要更好一些。这些结果

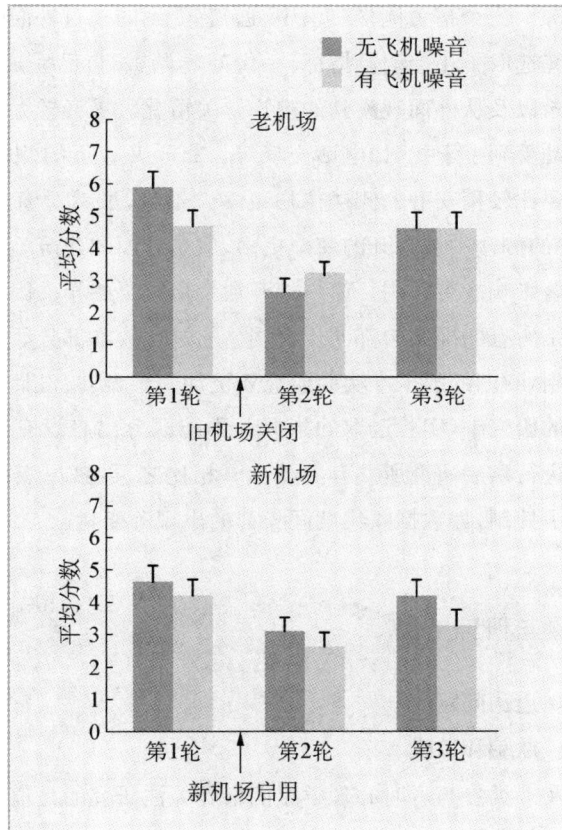

▼ 图 14-7

长时记忆任务的平均分数作为机场、噪音分组和测量轮次的函数。误差线表示平均数标准误（采自 Hygge et al.，2002）

显示，噪音影响了记忆成绩，但是当噪音源移除后这种影响就可以逆转。

将这个准实验研究与在伦敦希思罗机场开展的飞机噪音的事后研究（见第二章）进行比较一定会令人感兴趣。海因斯等（Haines，Stansfeld，Head & Job，2002）考察了飞机噪音接触与算术、自然科学和英语的标准化测验成绩之间的相关。对噪音的接触随着离机场距离的不同而不同。噪音接触与较差的阅读成绩和算术成绩显著相关。然而，在对其他的社会经济学变量进行统计控制后，这种相关就消失了。总之，由准实验得到的结果要比根据事后研究得到的结果更具说服力，因为科学家们更愿意得到因果性的解释而不是相关性的解释。

另外一个准实验研究考察了建筑噪音对大学生宿舍中住宿人员的影响

(Ng，2000)。三个宿舍侧楼（近、中、远）感受到的来自外面的建筑噪音水平并不相同。研究选取了 4 个测量指标：一份问卷调查、自己完成的活动日志、居住人员变动记录以及从外面观察到的窗户开关情况。噪音较大的侧楼中有更多的学生报告活动受到了干扰，如电话交谈等。离噪音较近的侧楼住户保持窗户紧闭的现象也要比较稍安静的侧楼住户更多。不过，虽然对窗户的外部客观观察发现，较安静的侧楼中被打开的窗户更多，但是外面的建筑施工是否正在进行对其并没有显著影响或者作用。窗户打开数量最重要的相关因素是室外的温度。

　　并不是所有的准实验都同样有用。通过比较本部分所介绍的两个准实验研究可以看到，欧洲的那个准实验研究要更加完善，实验设计也更规范。在大学生宿舍进行的研究中，实验选取的指标并不能区分出有没有建筑噪音出现。这也是对噪音进行事后研究所共有的缺点。相比之下，慕尼黑机场的研究则对多个变量进行了控制，如数据收集期间噪音的出现等变量。

▼　14.3　实验主题与研究范例

主题　道德问题
范例　欺骗和欺瞒

　　当涉及人类参与者时心理学家们格外关注研究的是道德问题。尽管这一关注有些是由于担心研究基金的限制和不能得到被试而显出功利主义色彩，但多数心理学家是有道德的人，他们并不想给任何人施加痛苦。那种为了得到资料什么都做得出来的疯狂研究者很大程度上是一种荒诞的说法。

　　由于很难让一位实验者在判定他或她自己的研究的道德问题时做到完全公正和客观，大多数大学和研究机构都设有伦理委员会（参见第四章）来决定提请的研究是否道德。事实上，所有联邦资助的研究在被给予资助前都必须得到这样一个委员会的批准。如第四章中提到的那样，这些委员会都按照美国心理学会（APA，2002）提出的几条原则来指导工作。一个重要的原则是**知情同意**的权利。这意味着每一位可能的实验参与者都应在实验进行之前得到关于研究所有主要特征的解释并有拒绝参加研究的权利。所以，实验者有明确的义务告诉参与者实验的任何可能的伤害影响。例如，如果一项环境心理学实验需要以响的噪音来作为应激源,那么参加者事先必须被告知。这样的话,那些有着声音敏感病史(该实验可能会导致儿童时期的旧病复发)的人,就可以拒绝参加了。(即使已经得到了参加者的知情同意,有道德的研究者也不会使用任何可能导致永久性听力损伤的极强声音。)

对许多环境心理学中提出的研究来说,要完全符合知情同意的原则极其困难。在许多情境中,如果人们知道他们正在被观察,他们的举止将不会像往常一样正常。在这样的研究个案中,研究者可能会隐瞒实验正在进行的事实,而只是在研究终止后告诉参与者或简单说明一下。很显然,由于个体既没有被告知又没有同意,因而这一做法违反了知情同意的原则。这样的研究显然可以被完全禁止。然而,不少心理学家认为如此严厉的限制将大大削弱他们旨在理解真实生活环境下人类行为的研究能力,即将大大降低将研究推广的能力。他们极力主张在研究的潜在价值与对参与者的潜在伤害之间应该取得平衡。

设想你就职于一个伦理委员会,看看你是否同意以下几例提请审查的研究：

1. 一位环境心理学家坐在一所拥挤的图书馆内并详细记录就座的格局。

2. 一位环境心理学家对一所图书馆内的就座格局进行录像。这些录像带被不限期地保留；图书馆的读者们不知道他们已被录像。

3. 一位实验心理学家告诉学生们,她对他们的阅读理解能力感兴趣,而事实上她却并未记录他们的阅读理解力,却记录了他们的反应速度。

4. 一位社会心理学家在一家酒类商店研究旁观者介入的问题,并已经得到了商店经理的许可。在一名顾客的面前,一位实验者"偷"了一瓶酒,另一位实验者走向那名顾客并询问,"你看到他偷了那瓶酒吗?"

5. 一位社会心理学家在得到男性参与者的同意之后,给他们接上皮肤电极。这些参与者被告知这些电极与在他们面前的一个测量性冲动的仪器相连。而事实上这个仪器由实验者控制。接着,给参与者放映裸体男女的幻灯片。仪器上显示这些男性参加者对男性图片给出了较高的读数,以使参与者相信他们有潜在的同性恋倾向。

衡量道德没有绝对的标准,我们不能宣称这些例子中有些绝对是合乎道德的而另一些是绝对不道德的。然而,与我们的同事们的非正式讨论的结果表明,只有第一个例子被毫不含糊地认为是道德的。由于心理学家只是观察并且不认识那些人(他们只是被资料表上的符号所表示),在这里知情同意原则被认为是没必要的。任何人,无论是不是心理学家,都可以在图书馆中很容易地观察到这些同样的人。对参与者的潜在伤害是可以忽略的。

你可能会对其他几个例子均被反对而感到吃惊。由于那些录像带没有在取得资料后被抹去,第二个例子被认为是侵犯了个人的隐私。第三个例子只有在实验者谨慎地向参与者简要说明了这一小小欺骗的真相和原因后才是可接受的。第四个例子实际上已经进行过了,一名顾客否认目睹了盗窃行为,但在她离开商店之后立即报告了警察,调查者不得不去警察局把实验者们保释出来。即使有简要的说明,第五个例子仍被认为是不道德的。即使在实验后立即澄清,然而使参与者认为他们具有潜在的同性恋倾向所造成的潜在心理伤害能否完全消除还不清楚,特别是如果参与者的确在实验前就具有被成功压抑的同性恋倾向时则更是如此。

米德尔米斯特、诺尔斯和马特(Middlemist, Knowles & Matter, 1976)进行的一个实验引起了一些道德上争论。他们对男洗手间的拥挤影响感兴趣。只要有可能,男人在小便时更愿意站得开一些,所以实验者在抽水马桶附近的一排(三个)便池中放一个盛拖把的水桶和一个写着"请勿使用"的牌子以控制男人们的间隔。实验时,主试的一个助手站在靠边的一个便池旁。被试与该助手之间的距离随着拖把桶和标示牌位置的改变(或是邻近助手,或是与助手间隔一个便池)而改变。这就迫使被试选择一个紧挨着抽水马桶的便池,故而助手或者与被试相邻,或者距被试一个便池远。米德尔米斯特及其同事推论说拥挤会导致压力;相应地,本实验中就会延迟被试小便的开始并缩短小便的过程。为了确定这些推测是否属实,一名实验者被安排坐在抽水马桶间中,用一个隐藏的潜望镜来秘密观察和计量小便的开始与持续时间。

尽管参加者不会被窥视潜望镜的实验者认出,但是这看起来仍然是对个人空间的特别不道德的侵犯,尤其因为被试都是不知情的参与者。在一则对该实验的道德批评中,库彻(Koocher, 1977)指出,道德原则要求心理学家们必须保护他们的参与者的尊严,而且当尊严与隐私被威胁的时候,实验者必须谨慎衡量研究的利弊得失。库彻指出尽管这是一个公共洗手间,但使用它的人们仍希望有一定程度上的隐私。米德尔米斯特及其同事(Middlemist et al. ,1977)在为他们的研究辩护时提出,既然被试不知道他们正在被观察,那么他们不会感到尴尬或者被伤害。

这些例子,特别是上述便池的研究,表明往往在什么是道德的这一问题上没有明确的答案。这一责任在于实验者和审查委员会。尽管在有限的事例中欺骗和隐瞒可以找出证明其正当的理由,但在这样的实验中仍需格外小心,并且尽可能获得知情同意。

从问题到实验:研究细节

问题 暴露于噪音中有害处吗?

一个关系到几乎所有人的问题是噪音对人类的心理影响。机场、工厂和城市的街道使市民长期暴露在噪音环境中。我们如何评估在噪音下这样暴露的可能影响呢?

问题 噪音会导致心理损害吗?

通常,从这个含糊的问题可以引申出几个假设。首先:我们提出一个能在高度控制的环境下被检验的假设来尝试一下实验室方法。

假设 处于强的(110 分贝声压级)持续的白噪音中,将会使人在 25 分钟内所能解出的数学题的数量减少、正确度下降。

我们如何得出假设中指定的一些变量呢?自变量噪音强度(设定在 110 分贝,和一台铆接机的强度一样)接近于暴露在 25 分钟的噪音下的安全界限。任何再强一些的噪音都有可能对人造成伤害,而强度再小一些的噪音或许不会产生实验效果;也就是说,如果比 110 分贝弱得多的噪音对行为没有影响,我们倾向于得出这样的结论:我们的噪音不够强。白噪音(大致类似于当你将收音机调到台与台之间时所听到的声音)包括所有频率的声音,它是实验室中常用的一种很方便的噪音源。

为什么要在噪音中暴露 25 分钟呢?由于我们希望用大学生作被试,我们知道如果实验接近 1 个小时——即和一节课的时间几乎一样,他们便会认为它是最合适的。因为我们的假设暗含了一个无噪音的控制条件，我们将 1 个小时的实验分成两个 25 分钟的部分，一个有噪音，一个没有噪音。这就为指导语和询问任务完成情况留下了 10 分钟。

我们的因变量是完成一项数学任务的成绩。选择这项任务是因为它是大学生熟悉的一个简单任务，实验时不需要再做训练。成绩是回答正确和错误的问题数目，这些都很容易测出。因为练习或疲劳或许会有影响，我们将仔细平衡我们的实验：使一半参加者在安静的条件下开始，另一半在噪音条件下开始。由于所有的被试都要完成所有的条件，因此这是一个被试内实验设计，比被试间实验设计提供了更高的精确性。在被试内实验设计中，每个人都与他或她自己相比较。这样个体之间的差异不会增加实验误差。但是，如果我们担心在噪音条件后的行为表现和安静条件后的行为表现会有差别，即当噪音不再呈现时它仍然在耳边回响，那么一个更好的实验设计就是组间设计，将参加者分组，每个 25 分钟的实验用单独的组来进行。

尽管我们的实验控制得很好，但当我们试图推广实验结果时仍存在几个问题。如果没有得到噪音影响的效果（噪音组和安静组的数学成绩一样），将会有这样的争论，一个 25 分钟的样本的确是太短了，以至于我们不能从中了解到一个多年每日 8 小时处于 110 分贝噪音中的工人情况。另一方面，如果得到了噪音影响的效果（即噪音组的数学成绩更差），仍然会有争论：工人最终已适应了噪音环境，如果我们持续测验参加者几天或几个星期，我们最初的效果就应消失。现在我们提出另一个假设，这样实验结果更易于被推广。

假设　**一个嘈杂的城市街道上的居民们将会：(a)更频繁地搬家；(b)与安静的街道上的居民相比，他们会在一个居住满意情况的等级量表中给出低分。**

由于这个假设是关于永久居民的长期影响的，因此避免了前一项实验中存在的推广问题。然而，这个假设不像其他假设那样明确。事先并没有指明嘈杂街道和安静街道的噪音水平，而这些在实验中是要被测量的。实验者还必须决定是只测量特定时段的声音水平，如交通拥挤的高峰期，还是取 24 小时的平均值。这个准自变量没有完全处在实验者的控制之下。而且，它或许还和收入、地位等因素混淆起来，因为社会经济地位较低的人更有可能居住在嘈杂一些的街道上。

因变量也不完全令人满意。即使居民常想从嘈杂的街道搬走,但经济因素可能会阻止他们这样做。另一方面,一个地区的人员更新率是一个能被可靠测量的客观数字。第二个因变量在很大程度上依赖于评价居住满意情况的等级量表的效度。主试将试图找到一个已在几项研究中使用过的且已被证明有效的量表。如果主试要被迫编制一个量表,那么这个量表首先必须被证明是有效的——这是一个既费时又困难的过程。因而,这项研究更容易推广的代价就是实验者控制的相当大的损失。

当我们将这两项研究作为对这部分最初所提出问题的解答并予以比较时,非常清楚,两者都不完美。研究工作中经常是这样的,没有一个单一的实验能回答一个问题。科学家被迫将注意集中在一个更具体的假设上,这样就只回答问题的一部分。对所有的心理学家来说,这是挫折的一个主要根源,因为只有当很多细小的对应于每个具体假设的部分被拼拢起来之后,才能得出一个全面的回答。一个环境心理学家可能会穷其一生来努力认识噪音和它的心理影响。如果想对噪音心理了解得更多些,请参阅坎特威茨和索金(Kantowitz & Sorkin,1983,Chap. 16)。

噪音污染对健康有害的证据不只在实验和环境心理学中。例如,建筑师现在已认识到他们的设计必须能够消音(Bronzaft,1993)。当在建筑学的期刊上发现对心理学研究的引用时,我们可以确信环境心理学的主张——环境特征深深地影响人类的行为和健康——正在逐渐被接受。

▼ 小结

1. 科学不是通向真理的唯一路径,而且目前只能对人类经验的一些特定部分进行科学分析。然而,科学方法是自我校正的,相反,其他确立信念的方法则不是。因此,只要科学工具适合于某一问题,科学是更受欢迎的。

2. 实验是心理学家朝向预测和解释行为这一最终目标前进道路上的台阶。通过进行有代表性的和能够被推广到相关情境的实验可以最迅速地达到这个目标。代表性的两种类型是样本普遍性和变量代表性。本章研讨了四项对于拥挤的研究,我们能够从每一项中得到的普遍性都大不相同。

3. 由于很少能够将被试随机分配到各个实验条件,也不可能对所有的自变量进行操纵,所以绝大多数的环境心理学家更偏爱现场研究而不是实验室研究。这样,准实验研究和事后研究就更加类似。

4. 飞机噪音会对记忆造成影响,但是这种影响在噪音消除后是可以逆转的。

5. 心理学家格外关注研究参与中的道德问题。研究中并不总是能让参加者行使知情同意权。在这样的研究中,对参与者的潜在伤害必须与研究的可能价值取得平衡。涉及隐瞒和欺骗的实验必须在极端谨慎的条件下进行。

▼ 重要术语

密度	结果的普遍性	样本普遍性
道德问题	知情同意	变量代表性
事后	代表性	

▼ 讨论题目

1. 一位牧师、一位犹太教拉比和一位科学家在沙滩上散步,讨论水上行走是否可能。作为一个实证的检验,牧师和拉比走入海中,而科学家则在岸上惊愕地看着。很快,水已经没到牧师的下颚了,而拉比的膝盖以上却都是干的。"你是怎么能够不湿的呢?"牧师问。"很简单,"拉比回答,"我在石头上走。"当这两位神职人士返回岸上时,他们对于实证主义会说些什么呢? 科学家的回答又是什么呢?

2. 选择科学不适宜研究的两个领域,探讨为什么科学的工具对这两个领域不相关或不适用。在遥远的未来,科学有可能处理这些领域吗?

3. 请到图书馆阅读最新一期的《环境与行为》(*Enviroment and Behavior*)和《人的因素》(*Human Factors*)。这两种刊物都是专门发表应用方面的研究的。讨论你在这里读到的文章是否比《实验心理学》(*Journal of Experimental Psychology*)杂志上刊载的文章更易于推广。

4. 列出一个你想做但又缺乏职业道德的实验清单。拜访这些实验研究领域内的专家、老师,看他们是否愿意指导和监督你的实验。有多少老师告诉你他们是因为你的实验不道德而拒绝指导？这一任务道德吗？

▼ 网络资源

下面的网站链接提供了环境心理学的一般信息：

http：//www. edra. org

http：//psy. gu. se/iaap/envpsych. htm

与环境心理学有关的网络链接可以在下面的网址找到：

http：//www. apa34. org

▼ 实验室资源

兰思顿手册(Langston，2002)第六章介绍了有关房间颜色对人们的情绪影响的实验室实验。被验证的理论认为，红色是一种"扩张性"的颜色，它使人更多地关注于外部环境；而绿色则是一种"收敛性"的颜色，使人更加关注内在的状态。虽然自变量很明显，但是不同颜色环境中的因变量以及需要完成的任务还是存在多种可能。如果测验的不同任务过多的话，统计上就有可能得到错误的显著性结果。如果你打算对兰思顿的方法进行完善的话，可以向你的指导老师请教怎样进行多元方差分析(见第三章"多个因变量")。

▼ 课后练习：噪音与记忆

409

这个练习将为你提供几种研究噪音对两种记忆影响情况的选择。这两种记忆分别是项目记忆(item recall)和探查记忆(probe recall)。将 7 张索引卡片编为一组，在每张卡片上面写上一周中的一天：星期一、星期二……星期天。这些卡片将作为刺激呈现给你的被试，每次呈现完毕需要重新洗牌以打乱顺序。在项目记忆任务中，你只呈现 6 张卡片，被试必须说出缺失的那一天。对缺失项目的回忆并不取决于卡片呈现的顺序。在探查记忆任务中，被试必须回忆出呈现序列中紧随在探查刺激之后的那一天。例如，如果你所呈现的六项序列是星期一、星期五、星期三、星期日、星期六和星期二，而探查刺激是星期六，正确的回答就应该是星期二。在这一任务中，掌握卡片的呈现顺序就至关重要。

我们所要研究的问题是噪音对这两种类型的记忆有何影响。你是否预期噪音对这两种任务的影响完全一样呢？噪音的种类有关系吗？噪音的强度有影响吗？

我们能够设计出的最简单实验可以是只有两种噪音水平的自变量：安静（无噪音的控制条件）和嘈杂。绝大多数的实验者可能会设计出更复杂的实验。例如，你可以变化噪音的种类以及噪音强度。可能的噪音种类包括器乐、声乐、语音、纯音和白噪音——就是包含有各种频率声音的特殊噪音。（你可以将收音机调到指示盘上两个电台之间以发出"嘶嘶"声来制造类似于白噪音的声音。）声音强度以分贝为单位进行测量，通常使用声级计的 A 标度。（如果你的指导老师没有声级计，可以去无线电器材店购买，价格很便宜。）如果你想要变化声音强度，声级为 55 分贝（A 标度）到 90 分贝（A）比较适宜。

我们有意略去了这个实验的假设。有关记忆与噪音的更多信息可以在班伯里等（Banbury et al. ，2001，p. 22）以及琼斯（Jones，1999）的文献中找到。噪音种类对言语记忆的影响可以在伊万纳格和伊托（Iwanaga & Ito，2002）的文献中找到。你作出的假设可以建立在自己有关噪音的经验基础之上，如边听收音机边学习，也可以查找这些文章来获得。不要想着设计一个包含有许多噪音种类和强度水平的实验——要获得这么多的数据非常困难，而且分析起来也不太可能。实际上，你只需要从你所感兴趣的自变量中选择一些子集就可以了。

作出你自己的假设，请人审查实验以确保人类被试受到了应有的保护，做好实验数据收集。你的关于记忆任务的因变量可能有对也有错。对于本书的作者来说，实验心理学最令人激动的地方就是发现数据能否支持假设。认真完成你的实验，或许你的假设至少有一部分会得到证实。

第十五章
人的因素

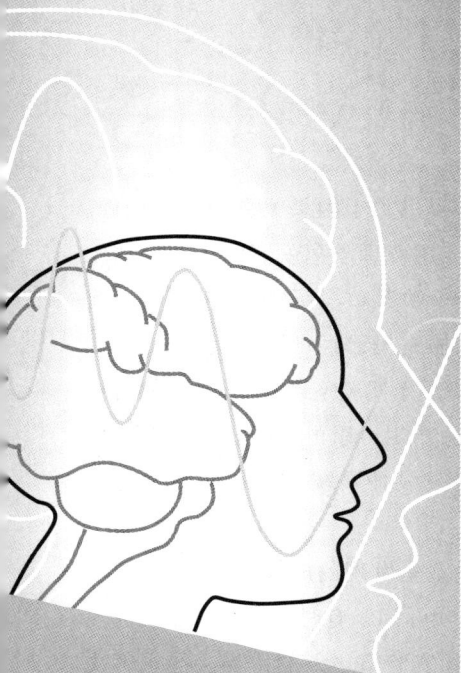

411

当人性科学和人际关系的科学像自然科学一样发展的时候，人们主要关心的是如何才能更有效地改变人的天性。但问题的关键并不是人类的天性能否改变，而是在什么条件下才能改变。 John Dewey

人们赞成实验室研究的主要理由是它能够提供关于因果关系的精确论证。一旦从实验室研究中把握了某些效应和现象，应用心理学家就能够运用这些知识改变实验室之外的某些现实。这些应用除能解决某些实际难题外，其本身就是一种科学的功能。假如一个重要的效应在实验室里已经得到了确认，那么描述和解释该效应的行为规律和关系，同样可以应用于实验室以外。的确，如若做不到这一点，人们对当初实验室研究的效度将会产生严重的怀疑。为了其价值的有用性，知识必须被应用，因此，实验室的研究只是开端，而不是终结（见第一章）。

本章将阐述一些最初在实验心理学的实验室里发现的成果，是如何有效地用于解决实际生活中人的因素的问题的。解决实际问题有时意味着开始新的实验室研究工作。而其他时候，研究人员则需要到实验室之外的世界去寻求解决方案。我们并不把这几个人的因素方面的案例看作是实验心理学用于解决实际问题的最终辩护理由，因为就这些基本的研究对于我们将来生活的影响作出判定，毕竟为时尚早。本章需要掌握的是实验心理学基本原则的推广问题，因此打算借助于所讨论的特定应用问题来具体说明这一点。

▼ 人的因素和人的行为

定义

人的因素被定义为"试图在技术系统与人之间寻找最优化结合的学科"（Kantowitz & Sorkin，1983，p. 4）。技术既包括一些很小的和很普通的，比如开罐刀具，也包括一些大的、深奥的，比如空间站。技术的公分母是人；所有大的和小的系统必须由人来操作。假如对人类的操作特征和现状有了充分的了解，那么我们就能原则上设计出有着更好的人—机界面的所有技术系统。

在人的因素中，人所具有的核心地位说明了为什么实验心理学对人的因素的研究有如此大的影响。人的因素学会（Human Factors Society）中有一半以上的成员受过心理学的专门训练。发表在《人的因素》杂志上的文章有相当一部分被认为是实验心理学的应用成果。了解在应用情景中发生作用的机制是人的因素研究领域中的重要方面。

用户第一

在人的因素中，第一条需要遵守的原则是"用户第一"。假如从现在开始在25 年间关于人的因素方面你应该记住的只有一件事，那么它首先就是"用户第一"。其他的一切都是围绕这一主题展开的。

在你承诺做到"用户第一"以前，你首先必须知道谁是用户，不同的用户群对人的因素有不同的要求。比如，当日本人生产第一辆汽车时，它是为日本公民设计的。当汽车出口到美国后问题便出现了，美国人如果不同时踩离合器和加速器便无法踩刹车使车子停下。看起来，这种设计的不足是很明显的。一般而言，美国人比日本人高大并且有一双大脚。尽管刹车踏板对长着小脚的日本人而言是很舒适的，但对长着大脚的美国人来说，则显得太窄小了。其原因就在于在初始设计时并没有考虑到美国人的特征，这样便违反了人的因素中的第一条规则——"用户第一"。

在更高级的领域里同样的错误也会发生。一家对人的因素高度重视的美国大电信公司为了满足用户的要求正欲设计一种系统，该系统能够随时向用户显示记录的电话讯息。由于用户已经指定了所需的硬件，因此人机界面的设计者必须编写出类似于微机语言的相应程序，使用时用户只需键入适当的命令即可。于是，计算机科学家应邀来编写这种新的微机语言。经过几个月的努力，他们完成了一种功能强大的语言，能够快速、有效地处理记录信息。不仅如此，精明的设计者们还通过让秘书作测试被试检验了他们的新系统。由于这种系统是为秘书设计的，所以设计者以秘书作为测试被试进行检验是很理想的。可惜的是，没有一名被试能够掌握这种新的语言系统。一番思考之后，设计者认为他们需要对操作手册进行全面完善，于是花了好几个月进行修改，并增加了许多实例和图解。第二次的检验发现,一些秘书人员尽管能够运用该系统,但是大多数人仍比较迷惘。设计者对此很不满意并仔细咨询了那几个成功操作的秘书。现在问题明朗化了。设计者,也就是电脑编程人员,编制了一个系统,而该系统只对那些思维方式与他们类似的用户才是最理想的。但是大部分用户是缺乏计算机技术的。因此,设计者又编写了一种新的效率较低的语言,该语言在完成给定的记录程序时需要很多的指令,但是这种新语言易学易用。最后一次的检验表明大多数的秘书人员都能够使用这一办公系统。第一次检验后设计者所进行的培训,无疑是以缩短电脑程序长度为出发点的,这种思维定势使他们忽略了"用户第一"的守则。他们的设计与其说是为了用户,毋宁说是为了自己。但是最终灾

▼ 图 15 - 1
使用中的机床控制对于一个普通人来说是不容易操作的。该机床所适合的理想操作者应该是1372 毫米(4.5 英尺)高、640 毫米(2 英尺)的肩宽和2348 毫米(8 英尺)的手臂跨度。(Butterworth Heinemann, Ltd.)

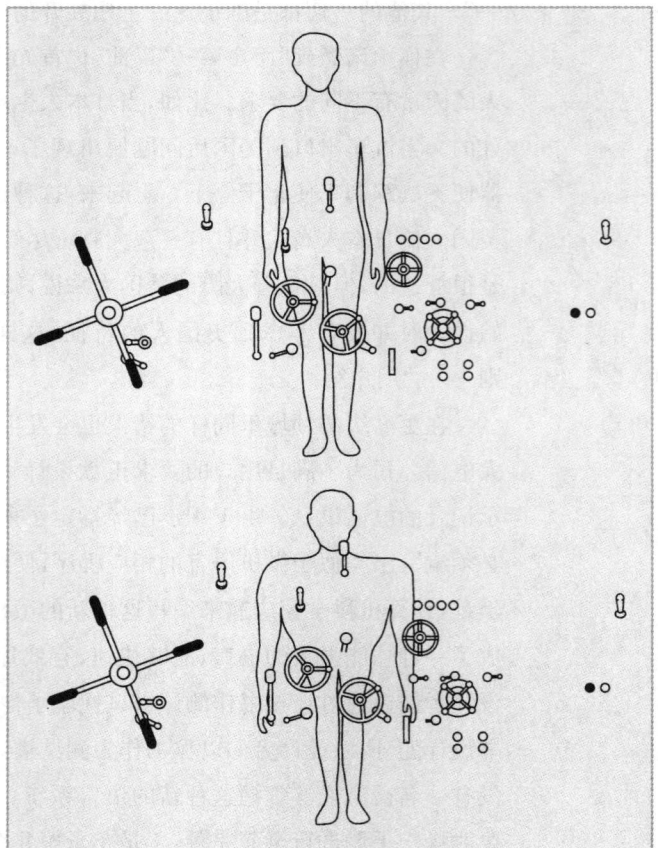

难被避免了,因为设计者是聪明的,在他们将其产品推向市场前,先在用户中进行了试验。所以,"用户第一"原则的一个很重要的方面是必须在最终消费该产品的用户群中进行试验。

违反"用户第一"的最后一个案例是关于机床设计的(见图 15-1)。在这里,用户群是已知的。但是正如图 15-1 表明,此类设计的机床需要一个躯干很短但手臂极长的人来控制。然而生活中没有这种身材的人,这个例子说明改变机器要比改变使用机器的人容易得多。

生命的价值

人的因素中一个很重要但也很容易被忽略的主题是生命的价值。将经济价值与死亡联系在一起,看起来很滑稽,但实际上,每当劳动者(工人)想知道安装到系统上的装置的安全系数和需要什么种类的安全告示时,经济价值与死亡是一直联系在一起的。没有任何一种产品是绝对安全的。即便是一颗很小的纽扣,若被婴儿吞下去也是致命的。

人的因素学会(Parsons,1970)主席在其就职演说中对生命与死亡进行了讨论。人的生命价值可以通过多种方法来评价,从由人体中提炼出的几分钱的化学产品到 30 多枚的银币再到政府首脑生命的上百万美元的保险政策不等。据帕森斯估计,阿波罗号宇航员如能成功地按期飞回地球,每个宇航员会花费美国纳税人 5 亿美元的费用。尽管帕森斯牧师不提倡让阿波罗号自生自灭,但是很明显,并不是所有人的生命都是等价的。

对于美国一家汽车制造商所作出的在所有 2004-型汽车中装上安全气囊的决策的经济效用,人们会如何评估呢? 回答这一问题的一种统计方法叫做质量调整生命年(quality-adjusted life year,QALY)。它的计算可以分三步进行(Thompson,Graham & Zellner,2001)。为了说明这个问题,我们假设某种新的汽车安全设备每年可以避免 1000 例死亡以及 50000 例长期伤残:

1. 计算该设备挽救的生命年数量。如果一例死亡平均减少的生命年为 40 年,一例伤残平均减少的生命年为 0.5 年,则挽救的生命年总数为 65000 生命年(1000×40+50000×0.5)。

2. 对免于死亡的生命年质量进行调整。如果新设备并不能使人获得全部的功能（1.0），而是只有原来质量的 0.9，则质量调整生命年为 36000（1000×40×0.9）而不是 40000。

3. 对免于伤残的生命年质量进行调整。假设新设备将生命年质量从 0.6（无该设备而致残）提高到 0.9，那么 50000 名幸存者每年将获得 0.3 个质量调整生命年。如果这些人平均的剩余寿命为 40 年，那么增加的质量调整生命年即为 600000。

415

对一千万辆汽车进行统一的安全改进所获得的质量调整生命年：安全带为 219629，驾驶员安全气囊为 312735，而双安全气囊则为 334531（Thompson，Segui-Gomez & Graham，2002）。改装除安全带之外的安全设施所增加的成本效益：驾驶员安全气囊为 24000 美元/质量调整生命年，双安全气囊为 61000 美元/质量调整生命年。相比之下，40 岁到 50 岁妇女每年的乳腺 X 光检查的成本效益为 227000 美元/质量调整生命年；而卫生保健人员用于防止艾滋病毒向病人传播的成本效益则为 465000 美元/质量调整生命年。我们的社会必须决定挽救一个生命年我们愿意花费多少。

414

变量介绍

因变量

在人的因素的研究中，最通用的因变量是错误率。作为一门学科，减少错误率是人的因素研究中显而易见的主要目标。时间也是一个很重要的因变量。测量完成一项任务的总时间常常与部分时间一起作为测量的参数，如反应时和运动时等。在现实生活中，对事件的延迟反应时等同于错误。例如，如果你决定在汽车靠近一个悬崖时停车，但是由于你的反应迟钝以至于就在跌落悬崖之前才踩刹车闸而没能达到预期目的，这等同于没有刹车。

自变量

人的因素学家研究问题的范围很广，涉及若干自变量。对空难中视错觉作用感兴趣的研究者，可能会与研究知觉的实验心理学家一样，研究相同的自变量。同样，对训练感兴趣的人，将会操纵一些诸如练习、练习的分配及呈现通道等与记忆研究者相同的自变量。而研究心理负荷的人的因素科学家则会与研究注意的实验心理学家使用相同的自变量。

然而，在人的因素中，关注核电站、军事指挥、控制和通讯等复杂系统的专家，可能会以与社会和组织心理学家或社会学家所用的类似的方式去操纵小组中的交流路径。环境自变量，比如噪音、温度以及振动等，在应用的情景中，都是有趣的和有用的。被试变量，如具有不同领导风格的人们，可能会被选出来。另外，在人的因素研究中，一天中工作和时间的变动计划表也可以被操纵。

控制变量

在许多应用研究中，虽然有控制变量，但总是很少。此类研究大部分都是在现场进行的，现场的情景不利于实验室研究中经常能够做出的那些实验控制。基于此，研究者在确认潜在混淆变量时必须要小心，因为这些混淆变量很可能会导致实验结果的其他解释。比如，当有关的外部变量被迫变化时，它们也许掩盖了真实的处理结果。

▼ 15.1 实验主题与研究范例

主题　小样本设计

范例　动态视敏度

现实生活中有许多情景需要对移动的目标物进行觉察和识别。棒球场上的中锋在迎接远处飞来的球时，他首先必须在其视野内发现目标物（棒球），才能够判断球的落点。在密集航线上驾驶飞机的飞行员必须时刻注意航线以避开迎面飞来的其他飞机。一个宇航员在试图停泊宇宙飞船时必须觉察飞船和泊位之间的相对运动情况。在高速公路上一个汽车驾驶员若想超车，必须觉察邻近汽车的情况以确定是否能安全超过。所有这些都属动态视敏度的案例。

动态视敏度被定义为知觉运动物体细节的能力。它是相对于静态视敏度而言的，静态视敏度是指知觉静止物体细节的能力。视敏度通常通过呈现带小缺口的字母 C（被称为兰道 C 型视标）来测量（见图 15-2）。若缺口大，很容易被注意到;若缺口很小,字母 C 会被当成字母 O。缺口的大小是人们对字母 C 与外表上很像的字母 O 作出可靠辨别的视敏度指数。若兰道 C 型视标静止不动,我们测量的就是静态视敏度。若兰道 C 型视标有运行轨迹,我们测量的则是动态视敏度。当你在配镜师的办公室里看斯内伦视力表时,测量的是你的静态视敏度。

虽然动态与静态视敏度是相互关联的(Scialfa et al.,1988),但如果用静态视敏度去预测动态视敏度便会产生技术问题。因此,为了测量某人是否具有成功地从事某种需要良好动态视敏度的职业的能力,谨慎的研究人员会直接测量其动态视敏度。不仅如此,动态视敏度还在设计复杂系统方面具有很重要的意义。设计者通常有一个选择标准,即他们倾向于那些易于检测和辨认的移动目标。

眼科专家对动态视敏度与瞳孔大小之间的关系很感兴趣(Ueda,Nawa,Yukawa,Taketani & Hara,2006)。作为标准测验步骤的一部分,医生将使用滴眼液进行扩瞳。一些研究认为,扩瞳可能会对驾驶员识别并避免路面危险的能力造成限制(Wood,Garth,Grounds,McKay & Mulvahil,2003),因此,在进行眼科检查并接受扩瞳后短时间内不应该马上驾驶汽车。既然动态视敏度是汽车驾驶所需要的,于达及其同事(Ueda et al.,2006)想知道扩瞳是否降低了动态视敏度。尽管他们预测视敏度会下降,然而实验却观察到了扩瞳后动态视敏度的增加。虽然这一出乎意料的结果并非暗示我们可以通过滴液扩瞳来提高驾驶技术,但却说明之前发现的驾驶水平的下降可能并非源于动态视敏度的欠缺。当然,单独一个实验并不能证实一种解释(见第一章),所以需要更多的实验通过考察其他一些自变量如目标大小、照明条件等来对这一结果进行解释。

目标物波长对动态视敏度的影响

正如许多有趣的人的因素问题一样,颜色对移动问题的解决所产生的影响无论是理论上还是实践上均具有重要的意义。设计决策涉及各种不同范围内的项目,比如,计算机显示器和街头的一些标志牌,关于某一特定颜色更容易被知觉到的知识,在一定程度上会影响设计决策。理论上,人们知道蓝色的锥体颜色感受器与其他的颜色感受器差异很大,它有着较低的静态视敏度而且反应更慢(Long & Garvey,1988)。因此,朗和加维(Long & Garvey,1988)认为,研究颜色的波长对动态视敏度的影响,无论从实践上还是从理论上都是很有必要的。

在他们的研究中,只有两个男性观察者接受了所有的实验条件。这两个观察者在戴眼镜时的静态视敏度均是 20/20,当然眼镜是在实验中被戴上去的。尽管这是一个很小的研究样本,但是,每个观察者均在为期 12 个月的时间里参加了 40—60 分钟的测试。使用小样本设计,并不是为了最大程度地省力。相反,被试是合适的,因为他们是在高度控制的实验情境中接受测试的,并且在这种情况下,数据很容易被重复测得。

实验

兰道 C 型视标被投射到一个白色屏幕上。波长或颜色是一个自变量,四个兰道 C 型视标共有四种波长,分别是白、蓝、黄或者红色。兰道 C 型视标的缺口有四种可能的位置:左上、右上、左下和右下。缺口的位置随机变化,每次实验均不相同。若想回答正确,被试必须报告缺口的位置。图 15-2 显示了在实验中所使用的缺口大小的样本。本实验使用了极限法——一种心理物理法(见第六章)——来确定阈限或者被试能够正确辨认缺口位置的最小缺口尺寸。缺口的尺寸是第二个自变量。每次实验进行时,常常是以一个较大的缺口开始的。如果接下来的反应正确,那么缺口的尺寸将会减小。这种做法一直持续到出现不正确的反应为止。然后,缺口的尺寸再随测试的进行而逐渐增大。如此重复多次。当被试对给定的缺口第二次作出错误判断时,相应条件下进行的测试便停止了。阈限就是或前或后与之毗邻的那个较大缺口。

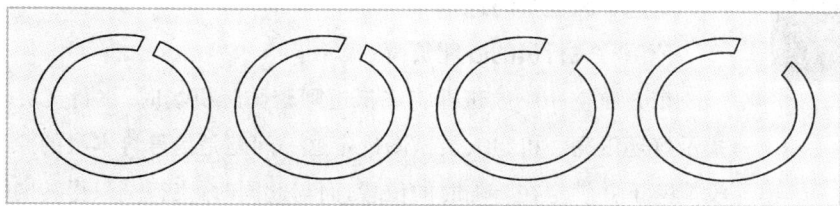

▼ 图 15-2

兰道 C 型视标的各种变式。

另一个重要的自变量是观察者眼睛的适应水平。夜间观察时,视觉被视杆细胞所控制,称为暗视觉。在明亮的光线下,视觉被视锥细胞所控制,叫明视觉。视杆细胞和视锥细胞对波长或颜色有不同的敏感性,即使视杆细胞无法辨别确定颜色,它们仍然会对各种不同的波长以不同的敏感性作出反应。所以,在暗视觉下,研究波长的效应是明智的,因为在这种情况下,视杆细胞的作用占主导地位;而在明视觉条件下则相反,视锥细胞支配着视觉,占主导地位。在本研究中,用夜晚观察条件来产生暗视觉,而用白天观察条件来产生明视觉。

最后,我们将要讨论的第四个也是最后一个的自变量是目标的移动速度。根据早期研究中使用的值,以及在选择速度范围时人们考虑到的目标移动对视敏度的不利影响,本实验中选择了角速度的三个值。

朗和加维分别检验了两个被试者的数据资料,因为小样本研究不能在不同被试间计算平均数。他们发现,随着目标速度的增加阈限(缺口尺寸)也会增加。速度越快越难以知觉到。在夜晚的观察条件(暗视觉)下,蓝色目标物有较低的阈限,比其他颜色的物体,如白色、黄色或红色,更容易被知觉到;而在白天的观察条件(明视觉)下却不然。

这些实验结果在实践中是很有意义的。例如,红色照明通常用于保持人们的暗适应(即使一个人的眼睛在黑暗中能够看到东西)。朗和加维的研究表明蓝色照明而不是红色照明易于使人的视觉识别黑暗中移动的物体。

▼ 15.2 实验主题与研究范例

主题　因变量的选择

范例　飞行员的心理负荷

东方航空 401 航班即将飞抵迈阿密国际机场时,飞行员突然发现前起落架指示灯还没亮。机组人员试图确定这一问题是信号灯本身的原因还是前起落架没能落下并锁定在着陆时的位置,而与此同时,飞行员只得转向并低空飞过了埃弗格拉兹。尽管一个前起落架失灵的着陆滑行并不是很危险,但假如信号灯事先早已正确显示前起落架失灵的信号的话,那么,机组人员自然就会用人工的方法放下前起落架了。

此时飞机在自动飞行仪的控制下继续飞行,与此同时,三个机组人员都在竭力察看是否信号灯出了问题,并尝试前起落架能否放下来。然而,令机组人员意想不到的是,自动驾驶仪突然失灵了,飞机开始缓缓地下滑。机组人员的注意力完全集中在信号灯上,过了很长时间副驾驶员才注意到高度测量表。在离飞机坠毁还有 8 秒钟时,机组人员没能采取任何措施拉高飞机。导致这次 99 人死亡的机械故障仅仅是一个烧坏了的灯泡。这次灾难的心理原因是注意的心理过程。机组人员费尽心机,全神贯注地试图解决信号灯的问题,以至于没有人去注意飞机驾驶和飞行高度监控等更为重要的问题。

关于注意力分配和集中的基础研究所提供的模型和资料就直接与这类实际问题有关(见第八章)。但是这类研究的实际效用不能在实验室中得到评估。因此需要**现场研究**去验证在大学实验室所作出的研究成果是否在现实的世界里也起作用。就航空学来讲,在飞行中的飞机上进行这种现场研究其代价是很昂贵的,并且也是很危险的。因此,大部分的现场研究是在飞机模拟器中进行的。这些模拟器是那样地逼真,以至于联邦航空公司用它进行职业飞行员的培训和鉴定工作。在航空学中,模拟飞行器为精心控制的实验室研究与真正的航线之间建起了桥梁。我们先回顾一下在加利福尼亚的美国国家航空航天局(National Aeronautics and Space Administration,简称 NASA)的艾姆斯研究中心(Ames Research Center)飞行模拟器上进行过的系列研究,然后再结合位于艾姆斯的飞行瞭望台处进行的现场研究得出结论。我们的目的是说明如何测量和评估飞行中所需要的注意力,即工作负荷对飞行员控制飞行模拟器能力方面的影响。

美国国家航空航天局的 GAT 实验:在飞行模拟器里测量工作负荷

自 1983 年开始,在 NASA 的航空训练总部(General Aviation Trainer,简称 GAT)进行了一系列的飞行实验。这是一种相对不太昂贵的模拟飞行器,在这里训练飞行员驾驶单引擎的飞机飞行。模拟飞行器安置在一个可以使飞机座舱随飞行员的动作而活动的底座上。座舱的窗户通常被遮盖着,所以飞行员必须依靠仪表上的读数来操作。

一般而言,这种研究的目的就是提供心理负荷测量的客观方法,尤其当使用次要任务法时。所谓**次要任务**就是在执行重要任务(被称为**首要任务**)过程中临时插入的一项无关任务。通常,完成次要任务的成绩可看作完成首要任务所需要的注意力的指标。如果次要任务的成绩不好,那么对首要任务而言这可能意味着需要很强的注意力或者心理负荷。问题是如何运用已完成的大量注意力研究成果来帮助解决飞行现场的实际困境。

418

　　实验心理学家在实验室里完成的许多注意力研究方面的成果表明,次要任务是研究注意力负荷的有用指示物(Kantowitz,1985)。当前所面临的挑战是对基础研究知识的运用,因为绝大部分基础研究知识并不是为了解决不远的将来真实世界中发生的任何实际问题而诞生的。GAT环境是介于严格控制的实验室和真实的飞机之间的合理折衷。

　　飞行员工作负荷的现场研究既使用了主观的因变量也使用了客观的因变量。**客观测量**包括诸如反应时和正确率等这些很容易被实验人员核对的变量。**主观测量**就是一种在等级量表上给出的言语报告,比如,要求飞行员在从1 - 10的量表上判断其工作负荷。主观评定未必能被实验人员核实。但是,在1980年代的早期,在飞行模拟器里研究工作负荷的研究人员(心理学家),在寻找满意的客观测量手段方面遇到了一些麻烦。这类研究要做许多主、客观方面的测量。通常是找到能产生显著变化的主观变量,但是有用的客观测量却很少。研究表明,在找到的大量测量中,如果有一项研究能提供可靠的统计结果就很不错了。所以,研究者们喜欢主观测量手段胜过客观测量手段。这种偏好是易于理解的。因为没有人想浪费精力去做没有意义的事情,即无法满足统计需要的事情。

理论假设

　　航空飞行中人的因素的主要问题是缺乏有意义的理论框架以帮助指导研究和实践。大多数的心理学文献似乎跟实际工作者毫不相干;所以,以前的大多数关于心理负荷的研究也并没有以任何理论观点为依据。于是人们采纳了一种宽松的工程学方法,该方法的使用是基于这样的一个前提,即如果有足够的客观测量被研究,那么研究人员就会发现飞行员心理负荷影响所产生的效用。尽管研究者们在复制注意的实验室研究方法方面做了一些思考和尝试,但有关这些方法的理论启示却几乎没有人用心地去了解过。

　　幸好,这种情况正在得到改善,因为研究者们接受了这样一种观点,即好的理论是最好的实践工具(Kantowitz,1989b)。例如,近来一项关于空中交通管制员心理负荷的研究(Loft, Sanderson, Neal & Mooij, 2007)就是以一种质化模型开始的。这一模型强调了管制员在管理心理负荷时认知策略的重要性。实际上,随着交通运输中人的因素理论使用的增加,我们能够期待越来越多的研究者使用量化模型或者计算机模型(Kantowitz, 1998),就像近期使用计算机模型检测驾驶员改变行驶道路那样(Salvucci，Mandalia，Kuge & Yamamura，2007)。

一个常用的次要任务是**选择反应任务**。在选择反应任务中，可能会使用几个刺激(如，不同频率的音)；每个刺激均有它自己的独一无二的反应。因为选择反应需要一定的注意力，所以总是它存在干扰首要任务的危险。如果这种情况发生，首要任务的操作将会受到损害，并且我们也将无法得出首要任务的注意力需要方面的任何结论。幸运的是，飞行员都受到过相当好的训练。他们已经学过无论发生什么意外的事情，他们的第一责任都是驾驶飞机。回想前面说过的401 次航班就是没有遵守这一规则以致机毁人亡。

实验

在模拟器里人们通常用选择反应任务测试飞行员。这种实验的主要目的是(1)发现选择反应的次要任务是否对首要飞行任务不产生干扰；如果干扰不存在，那么(2)看一看它是否可以充当测量飞行员心理负荷的一个合适的因变量。在这里，我们并不打算讨论所有的结论；有兴趣的读者可以看坎特威茨、哈特和博特卢西(Kantowitz，Hart，& Bortolussi，1983)发表的研究报告。

本研究所使用的次要任务由两种或者四种音调组成。(二选和四选任务同时使用的理由与相应的一些理论问题有关，该理论问题超出了本章所涉及的范围，参见 Kantowitz & Knight，1976。)飞行员通过按压其左侧拇指处的转换器来对声音作出反应，反应的合适与否依赖于音调的变化。在模拟飞行器里每 22 秒钟出现一个声调。

每一个飞行员在模拟飞行过程中的路程都是难易相间的，每次飞行持续 22 分钟。情景(路况)的设计是以先前的等级数据为基础的(Childress，Hart & Bortolussi，1982)，每个模拟情景飞行三次：一次是只有首要任务，作为控制条件；一次是附带一个二选的次要任务；另一次是附带一个四选的次要任务。

图 15-3 表明，飞行任务的错误率是次要任务水平的函数。就像预期的那样，难度高的飞行情景显示出了较大的错误率。最重要的是次要任务效应。相应的统计分析显示出，图 15-3 两条曲线基本上是平缓的。在无次要任务条件和有一个二选或四选次要任务的条件之间没有什么统计上的显著差异。因此，关于飞行员首先驾驶好飞机不让次要任务干扰主要飞行任务的关键假设被证实了。

420

▼　图 15 - 3

作为次要任务水平函数的首要任务（飞行）的出错率。

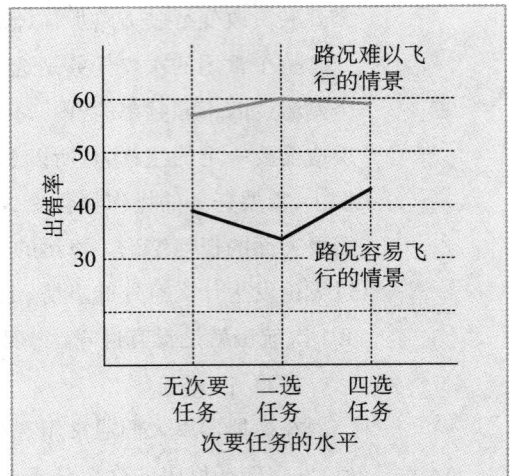

▼　图 15 - 4

飞行过程中次要任务的信息传递与飞行片段间的函数关系。

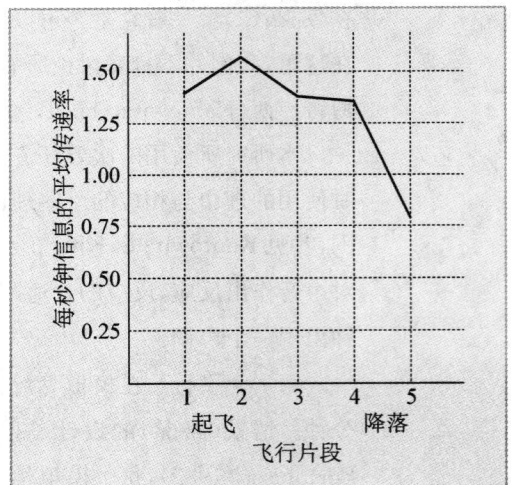

　　图 15 - 4 表明了次要音调任务上的成绩是飞行片段的函数。纵轴表示每秒钟所传递的信息，以比特（bit）为单位。这是一种既要考虑速度同时又要考虑反应准确度的测量。高分代表着高的操作水平。图 15 - 4 上每个点之间确实存在可靠的统计差异。尤其是飞行的最后片段得到的最低分数。这意味着在飞行的这一片段注意力和心理负荷均最大。相对而言，在本飞行片段中对次要任务中的注意确实是较少的，所以每秒的比特数很低。这一结果飞行员也能直觉地感

受到,因为飞行员们相信在着陆的过程中心理负荷是最高的。然而,他们的观点带有主观性,图 15-4 中的客观结果并不是以此为依据的。

　　简短的实验描述表明了理论的确是实践的工具。在 GAT 模拟器中,尽管实验情景比产生理论的实验室环境要少一些控制,但我们仍然能够通过使用选择反应而得出飞行员工作负荷的客观测量。我们也发现,飞行员就他们的心理负荷所作的主观报告或观点与客观的选择反应测量一致,即两者会聚了。主观与客观测量的会聚,使我们更加确信降落引起高心理负荷这一结果了。

测量空中飞行员的心理负荷

　　图 15-5 是 NASA 凯珀(Kuiper)机载天文台。它是一个"飞行的望远镜",可以使宇航员到达 40000 英尺以上的地球大气层,大约 85％的地球气体在脚下,因此能获得较理想的天体事件的图像资料。与天文台的定期观察相一致,心理负荷的研究者们能够从四个方面继续检测飞行员的心理负荷:通讯分析、对心理负荷的主观等级评定、对与心理负荷相关的额外因素的主观等级评定及心律(Hart,Hauser,& Lester,1984)。

▼　图 15-5
NASA凯珀机载瞭望台。

由于心理负荷的研究不能干扰正常的飞行程序,所以研究人员在研究方案的设计上不得不受些限制。例如,为了安全起见,在起飞和降落时除心律外不能做其他测量。另外通过引进次要任务来获得客观资料也不现实。虽然如此,一些有用的信息仍可得到。最有趣的结果是飞行员和副驾驶员在平均心律上存在差异。飞行员,由于对飞机的安全飞行负责,比副驾驶员的心律高得多,因为副驾驶员只负责航行和通讯。这个差异并不能归结为训练上的不同,因为所有的飞行员都是很优秀的;实际上,一个人在这次飞行中是副驾驶员而在另一次飞行中可能是飞行员。然而,实际飞行安排上的这些难题就会给完整的实验设计带来障碍,因为机上所有的飞行员既在正驾驶员,又在副驾驶员的位置上均能被检测是有很多困难的。同样,要获得飞行员未飞行前的基线心律资料也是不可能的。飞行员的心律(每分钟从 72 次到 87 次)有很大的差别;对副驾驶员而言,则没有这么大的增幅变化。然而,从心理负荷的主观估计看,尽管整个飞行片段间情况明显地不同,但是在正副驾驶员之间却没有什么差异。

就像大多数对航空飞行中的心理负荷的研究一样,对这些结果的解释并不像实验室或模拟器里的研究那么容易。心律对肉体上付出的努力是很敏感的:对飞行员而言,较高的心律更可能反映生理活动而不是心理活动。心律的变化被用来测量心理负荷,而心理负荷却较少受到肉体努力的影响,但是研究人员并没有报告变化的结果。最理想的方法看起来就是在实验室和模拟器两种情况中把客观的、主观的和生理的测量方法结合起来。客观测量结果能用来校正那些更适合其他的飞行中的测量结果。在测量飞行员心理负荷方面,未来的进步取决于现有结果与注意理论的连接,而这并不是一个容易完成的任务,它需要在基础研究者和应用研究者之间的更好合作(Kantowitz,1982)。

载重车司机的工作负荷

用于测量飞行员心理负荷的方法已经成功地应用于职业卡车司机心理负荷的测量上了。正如上面提到过的,测量心理负荷的主要假设是次要任务的插入不会改变首要任务的操作成绩(见图 15-6)。尽管这个假设对职业飞行员而言确实是真实的,因为他们在取得职业资格证书之前进行过大量的专门化训练(Kantowitz & Casper,1988),但是这并不能保证它对卡车司机也适用。

坎特威茨(Kantowitz,1995)在驾驶模拟器里,用那些持有卡车营业执照的

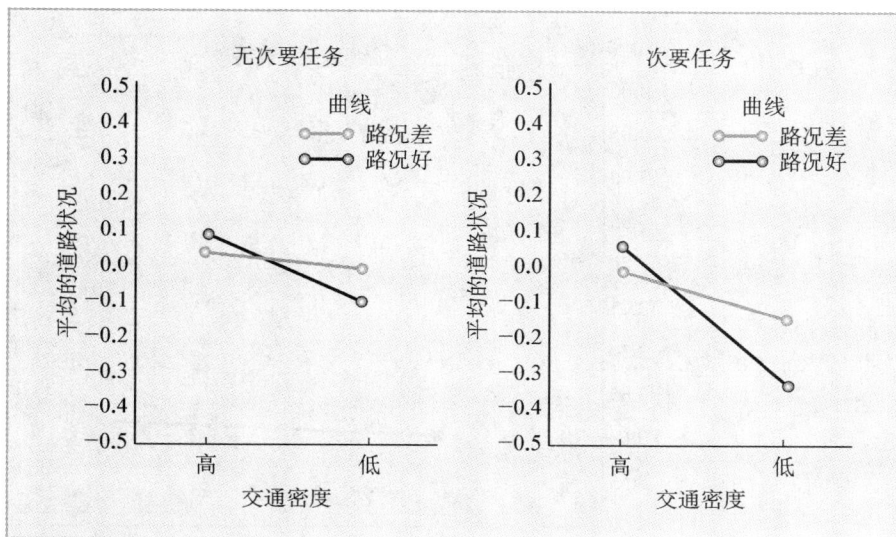

▼ 图 15－6
道路状况（英尺）与交通密度。

司机做被试,对这一假设进行了检验。首要任务测量的是车道状况和车速。当
次要任务介入时,它们没受到影响。因此,主要假设在职业司机那里得到了印
证。研究中使用了两个次要任务。在速度计任务条件下,要求司机读出车辆的
行驶速度,该速度计被事先安装了四个速度的值,从 1000、2000、3000 转/分钟到
4000 转/分钟。方向盘上装有四个档的开关(调节器),司机只要压其中的一个
就可作出反应。在瞬时记忆任务中,要求司机背读听到的七位数的电话号码。
图 15－7 表明,读速度计任务条件下的反应时受交通密度和路况的影响。统计
资料显示出显著的交互作用,即司机的工作负荷在车辆多、弯弯曲曲的路段最
高。图 15－8 表明,交通状况好、车辆少的情况下瞬时记忆较好。这意味着在拥
挤的交通中司机的工作负荷较高。

这些结果表明驾驶员工作负荷的概念并不仅仅局限于飞行员。成功地测量
飞行员心理负荷的工具和技术同样可以用在驾驶模拟器的研究中。然而,在我
们能够把工作负荷概念完全推广到地面车辆的驾驶员身上之前,必须在公路上
对载重车司机的工作负荷进行测验。汽车制造商现在正使用驾驶模拟器和虚拟

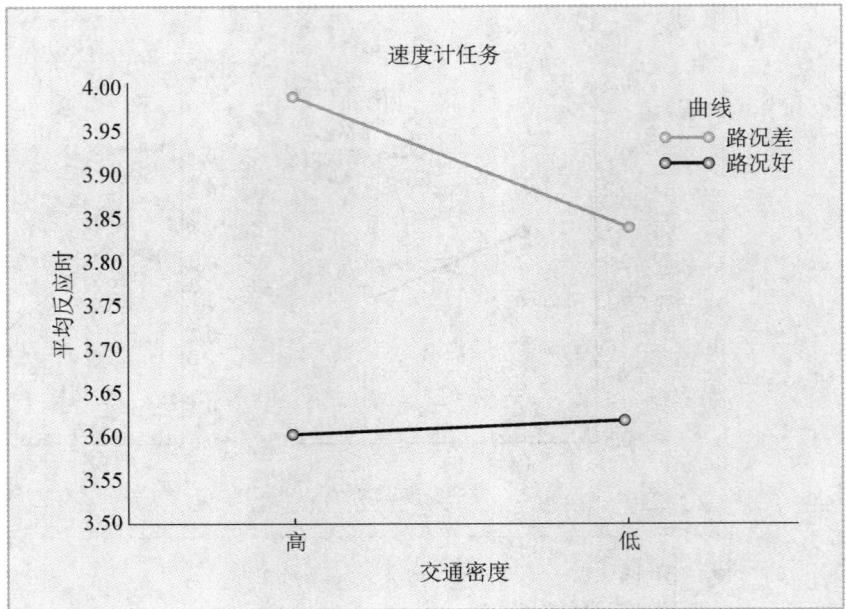

▼ 图 15－7

对速度计次要任务的反应时(秒)和交通密度。

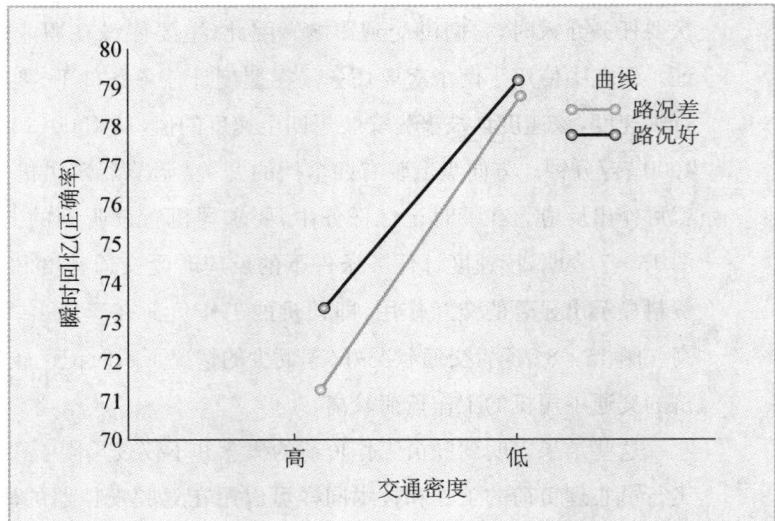

▼ 图 15－8

瞬时数字记忆和交通密度。

模型对新的车载设备进行评估(Bullinger & Dangelmeier，2003)。

汽车驾驶与移动电话

驾驶汽车时使用移动电话是否安全？常识和研究结果(Reed & Green，1999)都认为这时候使用电话是不安全的,部分原因是这需要将你的视线从路面移开。事实上,纽约州已经禁止使用手持式移动电话,而其他许多州和地区也在考虑类似的立法。这种立法有一个缺点,那就是其暗示使用免提电话是安全的。这是一个重要的研究问题,目前多个实验室正在进行着研究。

双任务法是评估使用免提电话的理想方法,尽管有必要设定一个适当的单任务控制条件(Kantowitz & Simsek，2000)。使用移动电话进行交谈(次要任务)所带来的认知负荷能否对主要任务(驾驶)的执行构成干扰？

近期的一项研究(Strayer & Johnston，2001)使用早期的模拟驾驶任务回答了这一问题。这项任务被称为尾随追踪(pursuit-tracking),要求被试使用操纵杆控制电脑屏幕上的光标追踪(或尾随)一个移动着的目标。目标会偶尔发出红光或者绿光,被试要在红光闪现的时候按压操纵杆上的按钮,也就是把唐德斯 C 反应作为次要任务。研究者随后加入了他们称之为双任务的条件,在该条件下被试或者收听收音机,或者使用手持电话或免提电话进行交谈。实际上,这是一项真正的三任务条件,因为被试必须要执行(1)尾随追踪、(2)唐德斯 C 反应,或者(3)交谈或者听收音机。

与不使用电话只进行尾随追踪的双任务条件相比,在使用电话条件下(三任务),唐德斯 C 反应的时间出现了增加,而使用手持电话和免提电话的结果则相同,收听收音机条件下的反应时间没有增加。尽管这些结果与研究的假设相一致,也就是说在驾驶汽车的时候,任何形式的移动电话都不应该使用,但是该研究还是存在着一些局限。

首先,尽管尾随追踪任务已经在实验心理学中广泛使用了几十年(Jagacinski & Flach，1988),但是研究者并没有证明该任务能够有效代替实际的汽车驾驶,而且也没有引证有关这一问题的任何研究。其次,研究者忽略了对尾随追踪任务成绩的报告。使用手持电话和免提电话的差异有可能反映在追踪绩效之中。第三,研究者并没有认识到他们使用了三任务作业,而其基线条件本身是一个双任务作业。因此,他们的实验并没有包括相应的单任务条件,即没有唐德斯 C 反应的尾随追踪以及没有尾随追踪的唐德斯 C 反应。

425

这一实验作为应该禁止使用免提电话的证据被媒体广为引用。尽管本书的作者们也同意这样的结论,但是斯特雷耶和约翰斯顿(Strayer & Johnston,2001)的研究本身并不足以证明为此立法有充分的理由。需要有其他研究来证实驾驶模拟器以及开车时使用某些设备的有效性,从而为禁止在驾驶时使用任何移动电话提供全面的科学依据。事实上,同样是这些研究者(Strayer, Drews & Johnston,2003),他们在最近一项使用驾驶模拟器的研究中发现,当驾驶员使用免提电话进行交谈时他们的刹车时间增加了。

我们建议你在开车的时候不要有任何形式的电话交谈,因为很多交通事故的数据研究都表明这是一种类似于酒后驾驶的危险行为(Goodman, Tijerina, Bents & Wierwille,1999)。如果你需要在车内打电话,可以将车开到安全位置(休息区,而不是州际公路的路边),然后停车接打电话。开车的时候接听电话只会更加危险(Reed & Green,1999)。

▼ 15.3 实验主题与研究范例

主题 现场研究

范例 中央高位刹车灯

就像前面的研究所提到的一样,交通安全是人的因素心理学家日益关心的主要问题。美国人对汽车的偏爱并没有因为汽车操作成本的上升、空气污染、许多大城市里的拥挤和交通事故的不断发生等而下降。交通事故对我们城市里的年轻人构成了严重的威胁,机动车相撞成为 1—34 岁年龄段美国人死亡的首要因素(National Safety Council,1999)。如果你的汽车是 1986 年出厂的或是更迟些,那么你是人的因素心理学家的研究成功经历——中央高位刹车灯——的直接受益人之一。发明这种灯的动力来源于 25％之多的汽车失控事件和 7.4％的致命事故都涉及追尾事故的发生。在 1977 年的早些时候,马隆和柯克帕特里克(Malone & Kirkpatrick)进行了一个涉及华盛顿地区出租车在内的现场研究,以测验刹车灯的不同外形与汽车追尾相撞事故之间的关系。马隆(Malone,1986)在人的因素学会的学报上概括讲述了这个研究的情况。

刹车灯的格局和追尾碰撞事件的发生

　　马隆和柯克帕特里克将 2100 个出租车司机均分为四组：三个实验组和一个控制组。依据年龄、性别和有无事故的历史对司机进行匹配。自变量是车尾部刹车灯的安装情况。安装格局有四种。控制条件是在汽车较低的两侧安装两个刹车灯。三个实验测试刹车灯包括：(1)汽车中央的高位刹车灯，(2)独立的双高位刹车灯，以及(3)一个把现在的(尾灯)功能从刹车和转向功能区分开的独立功能条件。

　　因变量是在一年中发生的追尾碰撞事件和行驶里程。在研究中，出租车司机在不同的路况和气候的情况下共行驶了 6000 多万公里。

　　马隆和柯克帕特里克发现，用中央高位刹车灯的司机比安装其他形式刹车灯的司机经历的追尾事件要少。图 15-9 显示了四种实验情况下的事故数量。正如你所见到的，在中央高位刹车灯情况下的司机比控制条件(现存的刹车灯格局)下的司机出现的追尾事件少 54％。当事件发生时，有中央高位刹车灯的车能使事件的破坏程度降低 38％。马隆和柯克帕特里克推测，这种刹车灯的格局导致尾随车辆的刹车发生得更快，从而降低了相撞时的速度和彼此的破坏程度。当出租车装上中央高位刹车灯后，是什么使得尾随车辆的刹车加快了呢？马隆和柯克帕特里克推测是由于中央高位刹车灯的格局接近个体正常视线的缘故，也就是说，它刚好位于司机驾车时通常看到的位置。这一研究有助于改变所有在美国销售的汽车刹车灯的格局。现在所有新车均要求配备中央高位刹车灯。

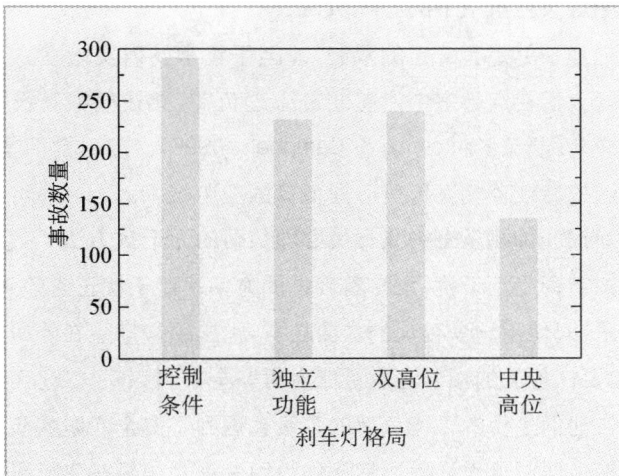

▼ 图 15-9
实验条件：刹车灯的格局。　　426

遗憾的是,最近的研究发现高位刹车灯并不是任何情况下都能使事件减少50％(Mortimer,1993)。它的实际收益范围是22％—35％。一份来自保险公司的汽车相撞资料显示仅仅有5％的收益(Farmer,1995)。我们不知道为什么收益比预测的少得多。这种状况的部分原因也许在于新奇性:随着安装高位刹车灯的车辆增多,司机们会变得越来越习惯它,于是此种刹车灯的效用减小了。尽管如此,在汽车刹车灯问题上有关人的因素的研究仍旧证明着中央刹车灯的益处(Theevwes & Alferdinck,1995)。

人的因素是心理学中激动人心的和具有挑战意义的研究领域。许多研究人员选择这一领域是因为有将实验心理学的原理应用到人的日常生活中去的机会。本章所阐述的研究反映了这一普遍方法。例如,朗和加维就将心理物理学中发展出来的极限法应用到了目标物波长对动态视敏度影响的研究中。马隆和柯克帕特里克应用知觉的基本原则去测试中央高位刹车灯。按照支持心理学研究的社会人士的评价标准,归根结底,实验心理学家是否成功要看其研究与社会问题的关联程度。就像你在这一章里所见到的,人的因素心理学家已经在这些问题上取得了成功。

从问题到实验:研究细节

问题　测量飞行员空中的心理负荷

现场研究几乎总是有一定的限制,以至于经常妨碍实验室方法和结果的直接应用。尽管我们在实验室中能够测量心理负荷,并在模拟飞行器里也取得了一定程度的成功(参见 Kantowitz & Campbell,1996)。就目前而言,还没有一项能被普遍接受的持续监测飞行员心理负荷的空中技术。

问题　寻找一种测量空中飞行员心理负荷的无干扰方法

这里的关键词是无干扰,意味着我们的方案不能干扰正常的飞行,所以最好的实验室技术,即使用一个客观的次要任务,也必须被排除在外。在高心理负荷下,分散到次要任务上的额外注意可能会对安全不利。同样,让飞行员不断地在飞行途中报告他们主观的工作负荷的等级也遇到了安全问题的质疑。

这意味着生理测量也许更适宜于作为因变量。如果在飞行员身上埋置无痛电极以测量心率或脑波的话，飞行员的飞行将不会受到干扰，这两者可以作为生理指标。自变量可以是飞行的不同阶段以及驾驶员或者副驾驶员。

假设　脑波可以标示出空中飞行员的心理负荷

这一假设比它乍看起来的表面现象要复杂得多。主要的实验问题是如何计算脑波。记录脑电波（称为诱发电位）的技术是通过把表面电极无痛埋置于颅骨而实行的，并且已被广为接受了，但对这些信号的解释则完全是另一回事。诱发电位包含了许多的成分，因此需要完善的计算机程序从电子噪音中把真正成分区分出来。甚至在这些成分被正确地辨认和记录之后，仍需要它们与飞行员工作负荷相关。

为了进行讨论，假定我们能够锁定一些特定的诱发电位成分，并且可以在飞机上安装一个体积小但功率大的计算机系统，以便于持续地记录正、副驾驶员的脑电波。我们想要演示随飞行员心理负荷的加大诱发电位也在逐渐增大的趋势。我们也可以预言正驾驶员比副驾驶员的脑电波幅度大。

我们的实验设计细节可能要视特定的飞行要求而定。现场研究者通常没有办法奢望飞机的飞行符合他们的研究需要。相反，对问题的研究必须要时刻注意适应飞行任务。这在很大程度上束缚了实验的设计。我们希望能够确认从飞行员的起飞、飞行、降落等不同阶段测量以便提供飞行员在全过程中不同的心理负荷水平。当然，我们还要使用前人已经发表的研究结果，以计算工作负荷与飞行阶段的相关。

如果我们的实验开始了，那么最大的脑电波将会出现在飞行的最艰难阶段。如不这样，那么在这一研究领域就可能有许多潜在误差源，以至于即使我们的假设正确也可能无法产生相应的结果。或许飞行阶段不足以引起飞行员工作负荷的变化。或许选择了错误的脑电波成分。或许我们没有得到足够的数据来对我们预想的结果进行有力的统计分析。或许我们选择的飞行员样本太少了。或许相对于飞行任务而言飞行员的技术水平太高，以至于他们的工作负荷始终处于低水平阶段而绝不会出现超负荷现象。当然，还有许多其他方面的问题也可以一一列出。

428

▼　小结

1. 人的因素是一门试图寻找人和技术之间最优结合的学科。许多人的因素研究者和实践者均源于实验心理学的训练。然而,人的因素的研究范畴却远远超过了实验心理学。

2. 人的因素的主要原则是"用户第一"。因为人是各种各样技术系统中最基本的成分,如若不能明了人作为系统一部分的功能,那么我们在技术系统方面便不能有任何的改进和提高。

3. 在许多人的因素的情境中,心理学研究中传统的大样本设计研究方法已不再适用。动态视敏度是最适合使用心理学研究技术的人的因素的一个研究题目。颜色和运动速度影响动态视敏度。

4. 人的因素的实验可以在实验室、模拟器或者工作现场中进行。为了安全和经济的原因,在模拟器里进行的研究主要用于航空和原子能等方面。

5. 在研究心理负荷时使用主观和客观的测量。主观测量较易获得,但客观测量更容易被研究者认同。

6. 无论是基础研究还是人的因素研究,理论都具有同样重要的指导作用。颜色视觉模型已被用于研究动态视敏度了。注意模型在指导心理负荷的模拟器研究中也是很有用的。

7. 人的因素心理学家对交通安全日益关注。对此的研究常常在驾驶模拟器、测试车道以及交通道路上进行。驾驶模拟器最为安全,而且也能供高度的实验控制。而道路研究则要危险一些,提供的控制也较少,但更为真实。

▼ 重要术语

选择反应任务	极限法	质量调整生命年(QALY)
动态视敏度	正常视线	暗视觉
现场研究	客观测量	次要任务
人的因素	明视觉	主观测量
兰道 C 型视标	首要任务	工作负荷

▼ 讨论题目

1. 当出于改变人们的工作环境而进行调查时,作为人的因素的一名研究者必须要考虑哪些道德因素?

2. 为了安全和保护人的生命而只得增加整个工作系统的成本时,一个系统设计者会如何考虑安全特性?

3. 请列出一些实例来说明目标物的颜色是动态视敏度的重要影响因素。

4. 讨论现场研究的诸多困难。你能想出克服这些困难的方法吗?

5. 比较一下,在飞行模拟器里和真实的飞机上进行的驾驶员心理负荷研究的优、缺点。

6. 本章中的研究表明,数年来以一种格局安装的刹车灯,如果在其格局上稍作修改的话,会产生出更安全的汽车。那么可有办法对汽车前灯进行轻微的修改,以使它们能帮助司机看得更清楚和降低看不见对面汽车司机的可能? 请提出一些能被验证的想法。

▼　网络资源

下面的网站列出了设计低劣的物品与环境目录:

http://www. baddesigns. com

下面的网站对人的因素有关问题作了精彩的全面纵览,此外还提供了许多链接:

http://www. ergonomics. org. uk

人的因素和人类工程协会的网站也引人注目:

http://www. hfes. org

▼　课后练习:理解交通信号牌

许多司机不能理解美国高速公路上的交通信号牌,并且尤以年长司机为甚(Dewar, Kline, & Swanson, 1994;Hanowski, Kantowitz, & Kantowitz, 1996)。一旦人的因素专家能够确认哪些符号难于理解时,它们就会被重新设计和改进。请做下面的小测试以发现你能理解多少。然后请一位年长司机,或许是一位祖父,来完成该测试,并了解他的完成情况。把你们的结果与这部分结尾处的答案对照。

1.

2.

3.

4.

5.

6.

7.

8.

9.

10.

11.

12.

13.

14.

15.

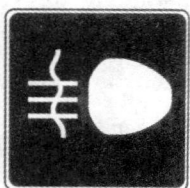
16.

17.

18.

19.

20.

答案

图像符号	百分率	
	年轻司机	年长司机
1. 不能右转	99	93.5
2. 不能大回	99	94.5
3. 人行道	86	76
4. 紧急医疗服务	80	64.5
5. 分叉的高速公路末端	73	62.5
6. 雨天路滑	41	43.5
7. 自行车穿过	47	41
8. 露天剧场	32	28
9. 附加车道	37	11.5
10. 图书馆	62	43
11. 前方减速	100	100
12. 救护车走近	100	100
13. 车尾箱打开	100	95
14. 渡口	100	100
15. 下一个路口有煤气站	90	93
16. 打开雾灯	95	60
17. 降低轮胎压力	95	62
18. 火车站	100	78
19. 十字路口有学校	32	45
20. 水上娱乐	100	88

第1—10项采自杜沃等人(Dewar et al., 1994)的研究。其中年轻司机为18—39岁,年长司机为60岁以上。第11—20项采自哈诺斯基等人(Hanowski, 1996)的研究。其中年轻司机为18—22岁,年长司机为65岁以上。

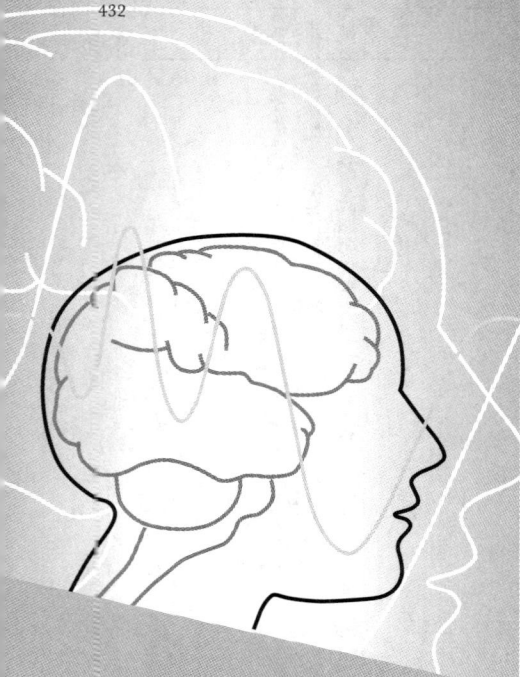

附录 A
实验心理学：历史回顾

实验心理学的起源：哲学与生理学

　　赫尔姆霍茨的贡献

早期的科学心理学

　　韦伯

　　费希纳

　　冯特

　　艾宾浩斯

心理学流派

　　构造主义：心理生活的结构

　　机能主义：心理的机能

　　行为主义：拒绝心理的解释

　　格式塔心理学：整体知觉

一些现代趋向

　　第二次世界大战与心理学的发展

　　认知心理学：心理的回归

　　认知神经科学：大脑的十年

　　专门化

小结

重要术语

网络资源

心理学有一个长久的过去, 但只有一个短暂的历史。 Hermann ⁤⁤433
Ebbinghaus

好奇心和求知欲是科学的最初动机,与心理的工作原理相比,人们还极少发现哪个问题会更加引人入胜。从亚里士多德时代至今,大凡伟大的哲学家的著作都曾经关心过一些所谓的心理学问题。我们如何感知和分辨外部世界? 我们如何认识外部世界并记住所认识的一切? 我们如何用这些信息来建构关于这个世界的概念并解决这个世界向我们提出的问题? 变态行为的根源是什么? 有没有可以支配社会行为和政治行为的规律? 梦有意义吗?

尽管这些问题已经讨论了许多世纪,但直到科学方法在物理学中建立起牢固地位,三四百年后,这些方法才被用于对人类的思维和行为的研究(如同艾宾浩斯的引述)。实际上,今天的心理学可能可与 16 世纪的物理学相比。如同许多心理系学生所意识到的(深感沮丧),关于人类行为的许多重要领域,我们仍然有很多东西需要去认识。

这个附录提供了实验心理学智慧史的一个简短的、非常粗略的梗概。所有的历史都可以从该领域的杰作,即波林(Boring, 1950)的著作中,以及更近的、更易读的舒尔茨(Schultz, 1987)的著作中读到(另见 Pickren & Dewsbury, 2002; Rieber & Salzinger, 1998)。

▼　实验心理学的起源:哲学与生理学

哲学史的一个重要问题就是心身关系问题。心和身本来是同一的还是有着本质的区别? 在这个问题上有一个一度极为流行的立场,即心和身是两个独立的实体,按照不同的原理操作,这个立场可能在很大程度上阻碍了科学心理学的发展。按照这个通常称之为二元论的理论的说法,身体像其他无生命物体一样受物理规律的制约,而心却不受这些规律的制约,因为心具有自由意志。如果一个人是一个二元论者并且不相信存在制约精神生活的规律,那么他就认识不到在试图发现这种规律的过程中使用科学的方法。早期的二元论者认为尽管心能控制身，但身对心只有很小的影响。

笛卡儿(Descartes，1596—1650)的一部很有影响的哲学著作使得这种心身不能交互作用的信仰得以减弱。笛卡儿提出了心身交感论的思想：身能影响心，心也能影响身。尽管保持了二元论立场，并且心仍被视为不朽的且具有自由意志和精神，但身体却能够被视为一种机械系统而采用理性的、科学的方法进行研究了。因为一般认为动物没有精神，所以对动物的研究同样可以使用那些对物理科学的无生命物体所用的方法。因此，科学方法的应用开始从纯物理系统的研究扩展到了生物体的研究。

许多年以后，这种思想越发普及，甚至人脑也成为一种为发现心理规律而有目的地去研究的东西。机械论模型在解释物理系统(如，天文学和物理学)方面的能力极大地影响了英国的经验主义哲学家(Locke，Berkeley，Hume & Hartley)。他们认为也能用一种类似的方式，即用要素和以有规律的方式作用于要素的影响力(或联想)来制作人脑的模型。经验主义者强调心理现象的机械本质；他们讨论了思想中的联想的"规律"，以及对外部世界的知觉的物理基础。这种为了科学研究把人脑当作机器的观念逐渐占据了主导地位。

英国的哲学家也强调学习对于我们了解外部世界的重要性。笛卡儿认为有些观念是天生的，或其发展无需那些从外部世界到达感官的信息。康德(Kant)对此又进一步展开，其一部分看法后来表现在格式塔心理学中。英国的经验主义者(empiricist，*emperic* 一词来自希腊语 *empeiria*，意指经验)因反对这个思想而得其名。洛克在《论人类的理解》(*An Essay Concerning Human Understanding*)一书中这样写道：

> 让我们假定心就像我们所说的那样，是一张白纸，上面没有任何字符，没有任何观念：——它是如何得到那些观念的呢？它从哪里获得人们以源源不断、无边无际的想象力用几乎无穷尽的方式描绘在它上面的那些富藏呢？它从哪里得到理性和知识的全部材料呢？用一句话说，我的回答是，从经验而来。通过经验，我们的全部知识就建立了(1690/1959，Book Ⅱ，Chap. 1)。

哲学家们从自然规律出发来讨论心的问题,为科学心理学的建立铺平了道路,只是其研究方法还仅仅是轶事法和反省法。与几个世纪以前柏拉图(Plato)和亚里士多德(Aristotle)的细心的反省相比,无论这些方法多么卓越,可能在促进我们的认识方面并没有多少超越。而将实验的方法和科学的逻辑应用到对大脑和行为的研究中去才是真正所需要的。正如波林所指出的"对大脑的问题应用实验的方法是一个无可比拟的伟大的突出的事件。"这个方法通过生理学的道路进入了心理学。

19世纪中期的德国生理学家对我们今天所称的感觉生理学很感兴趣:感觉器官(眼,耳等等)的生理学和经神经系统从这些器官到大脑的信息传输。许多德国生理学家希望生理学能最后简化成物理学,并且当他们开始对人类神经系统的生理学感兴趣时,他们也越来越把人脑当成一个物理机器了。1940年代柏林物理学会形成了,并以一种毅然决然的态度支持一种信仰,他们相信,一切现象最终都能用物理术语来解释。在这个学会中有四个二十多岁的激进的年轻科学家,他们曾用鲜血在其誓言上签名来表明其信仰,即人类有机体内的一切力量都是化学和物理的力量。

435

赫尔姆霍茨的贡献

在这些年轻的科学家中,有一个是赫尔姆霍茨(Helmholtz,1821—1894)。赫尔姆霍茨主要是一个物理学家和生理学家,将心理学建成一门独立的学科并不是他所真正关注的,但他所做的研究却在很大程度上产生了这种效果。他在视觉和听觉领域所做的研究都是绝对重要的,但在这里我们要强调的是他在生理学和实验心理学之间所做的可称为过渡性的实验中所起的作用。

一个重要事例就是他用如今我们熟知的反应时实验来研究神经冲动的速率。缪勒(Müller,J.),一个著名的德国生理学家曾提出神经冲动的传导是瞬间即逝的,可能接近光速。如果你捏痛自己的手,那么你是否能注意到从看到捏的动作到感到捏痛之间的时间的流逝?可能没有。缪勒还认为,无论以什么代价可能都无法计算出神经冲动的速率。但仅仅几年之后(1851年),赫尔姆霍茨就用实验测量了这个速率。基本想法出奇地简单:在与大脑距离不同的两个点刺激同一根神经,测量有机体对刺激发生反应所用的时间上的差别。如果一个人知道了两个刺激点之间的距离,并且知道了反应所用的时间上的差别,既然速率等于距离除以时间,那么就能计算出神经冲动的速率。赫尔姆霍茨刺激蒙起眼睛的人的肩膀和脚踝,测量他们每次用多少时间用手(推动控制杆)作出反应。既然他能大致测量出一个从脚踝到大脑的刺激比从肩膀到大脑的刺激多走了多远,那么他就能估计出神经冲动的速率是相对较慢的每秒 50 米的比率——还没有达到声音的速率,比起光速来就更小了。在这个问题上赫尔姆霍茨的极其认真的实验是用青蛙做的(在技术上有所不同,在逻辑上相同),估计值也没有太大的差别。实际上这一估计值已经大体上经受住了时间的考验,尽管今天我们知道神经冲动的速率与神经的直径有关。

值得一提的是,赫尔姆霍茨发现各被试之间甚至同一个被试在不同的试验中的反应时间有很大的差异,对此他感到非常失望,以至于完全放弃了这个研究(Schultz & Schultz, 1987)。自赫尔姆霍茨之后很多心理学家尽管并没有为此放弃这项研究,但也都对在心理学研究中发现的这种差异感到非常无奈。这本书的大部分所关注的就是在测量动物和人的行为时所产生的差异问题以及应该如何克服。

▼ 早期的科学心理学

科学心理学是在德国诞生并获得早期发展的。在这部分,我们论述早期的四个先驱者的贡献:韦伯、费希纳、冯特和艾宾浩斯。表 A-1 总结了他们以及赫尔姆霍茨的贡献。

436

▼ 表 A-1　五位历史上的科学家

赫尔姆霍茨	1821—1894	测量神经冲动的速率
韦伯	1795—1878	发现韦伯定律,把物理刺激的增加值和最小可觉差联系起来
费希纳	1801—1887	扩展了韦伯定律(费希纳定律)和创立了心理物理学
冯特	1832—1920	1879 年建立第一个实验心理学实验室
艾宾浩斯	1850—1909	1885 年著《论记忆》,表明复杂的心理现象是可以研究的

韦伯

韦伯(Ernst Weber，1795—1878)是莱比锡大学的一个解剖学家和生理学家,他的研究集中在皮肤感觉或触觉上。他对心理学的最大的贡献源于为调查对物体重量的判断是否受到肌肉主动参与的影响而做的几个实验(见第六章)。他让人比较两个重量,其中一个叫标准重量。在一种情况下,蒙起眼睛的被试先拿起一个标准重量,再拿起一个比较重量,并向主试报告这两个重量是否相等。在另一种情况下,被试是被动的,仅仅是两个重量被相继地放在他的手上,然后由他作出判断。

韦伯发现当被试肌肉主动参与时,判断相当准确;但更重要的是,他注意到在被试察觉标准重量和比较重量之间差别的能力方面一个有趣的现象。标准重量越大,标准和比较重量之间的差别也只有越大才能被察觉到。当标准重量较小时,标准和比较重量之间只要有较小的差别就能被察觉到。但当重量较大时,察觉所必需的差别量(称为最小可觉差或 jnd)也相应更大。韦伯进一步发现对于任何感觉器官,产生一个最小可觉差所必需的差别量与标准重量的比率是一个常数。因此,产生一个最小可觉差所必需的差别量不仅随标准量值增大,而且确实是有规律地增加的。这一事实后来就形成著名的韦伯定律(见第六章)。

费希纳

韦伯认为他的发现是一个有趣并且有用的一般性的概括,但他绝没有想到它的重要性。费希纳(Gustav Fechner，1801—1887)在很多方面都是比较古怪的,但是他对心理学的贡献确实很大。他是作为一名物理学者而受到培训的,但他也对哲学、宗教、美学和心理学作出了贡献。在无数个其他学术探险中,他写了一部关于死亡之后的生命的书和另一部认为植物也有心灵生活的书(超前表现出对这个问题感兴趣)。1830 年代,他的兴趣转到色觉和后像等心理学问题上来。当他透过有色镜注视太阳时,眼睛受到了严重的损伤;操劳过度和极度消沉加在一起,迫使他在 1839 年退休了。

然而费希纳又恢复了健康,这使心理学获得了长远利益。1850 年他正在思考一个基础问题,即是否存在支配物理能量转化成其心理表征的规律。他开始

437

寻找这种规律,这种规律将把物理刺激的强度和对刺激的主观印象联系起来。就在解决这个问题的过程中,他注意到韦伯的工作并高度赞扬韦伯所发现的规律,把它称为韦伯定律。费希纳对韦伯定律作了更详细的描述。这些我们在第六章讨论过,这种扩展被称为**费希纳定律**。对费希纳而言,这是他的希望的达成,即在物理世界和精神世界中间存在准确的定量关系。因此,我们说费希纳建立了**心理物理学**这个重要学科,这一点我们在第六章中也谈到过。

冯特

第一个自我评价认为自己首先是一个心理学家的人,可能就是冯特(Wilhelm Wundt, 1832—1920),尽管那时已经是他生涯的后期。在他接受生理学和医学训练期间(和其他几个人做赫尔姆霍茨的助手),他对心理学逐渐产生了兴趣。1874 年,他的《生理心理学原理》(*Principles of Physiological Psychology*)出版了。杰出的历史学家波林称之为实验心理学史上最重要的一部著作。在这部书中冯特系统地回顾了当时心理学的一切成果,同时也提出了他的心理学体系,后来这个体系被称为心理学的构造主义学派(后面会进一步讨论)。这部书先后修订的六个版本,为系统化的心理学的建立奠定了基础。冯特的贡献不仅仅是作出重要的科学发现,更为突出的是他将心理学组织起来使其建立成一个独立的学科。冯特培养了许多人才,这些人才后来都靠自己的努力作出了重要的贡献。他还因 1879 年在莱比锡大学建立了第一个实验心理学实验室以及创立了第一本心理学杂志而获得了声誉。

尽管冯特帮助将实验心理学建立成一个独立的学科,但他还是不相信能够对一些高级心理过程诸如记忆、思维和创造力等等进行实验研究。他认为实验方法只能用在对感觉和知觉的研究上,而高级心理过程应该通过对几个世纪的各种文化的文化作品分析或通过文化史、文化人类学等来研究。对于后者冯特作出了十卷的研究论述。

艾宾浩斯

就在冯特建立他的实验室的同一年(1879),对其认为实验方法在心理学中存在极限的信仰持怀疑态度的工作也正在进行。这一年,艾宾浩斯(Hermann

Ebbinghaus，1850—1909）开始了他在人类学习和记忆方面的开拓性的实验，并在 1885 年出版的《论记忆》（*Memory*）这部重要的著作中达到了顶点。这本书表明，有趣的实验工作可以用在诸如记忆这类更为复杂的心理学问题上。他的研究开启了研究人类学习和记忆问题的重要领域，第十章对此作了更为完整的讨论。

438

▼ 心理学流派

当讨论到大约 1890 年到 1940 年这段历史的时候，习惯上将心理学分成几个流派，尽管这会对某些反对被一刀切地划到这些分类中的心理学倾向造成伤害。下面我们就简要地介绍构造主义、机能主义、行为主义和格式塔心理学等流派的主要特征。

构造主义：心理生活的结构

很多心理学教科书都将冯特与心理学中的构造主义学派联系在一起，但是构造主义的思想还是与铁钦纳（Edward Bradford Titchener，1867—1927）联系得更紧密一些。铁钦纳是冯特的一个学生，他将构造主义的观点带到美国并从他在康奈尔大学的实验室中推广出去。尽管在某些方面有所不同，但我们仍可以把他们的观点作为一个整体来看待。

正如它的名字所暗示的，构造主义心理学主要关注的是揭示心理的构造。按照构造主义心理学家的说法，心理学的三个主要问题是：（1）经验的要素是什么？（2）这些要素是如何结合的？（3）为什么这样结合？原因是什么？他们认为经验的基本要素是感觉：视觉、听觉、味觉、嗅觉等等。经验的另外两种要素是代表并非实际存在的经验的意象和情感，情感意指情绪的反应，如憎恨、快乐和爱。经验的每种要素都可以根据其持续性、强度、品质和清晰性等属性进行评价。

构造主义心理学的工作就是将复杂的心理经验分析为最简单的组成成分，由此观点出发只要通过理解意识经验的基本要素，就能理解它们是如何组合成复杂的心理现象的。因此，既然它寻找心理经验的基本要素，那么它就是一种要素分析法。分解成要素的感觉和意象被认为是通过联结规律组合成复杂的心理结果。这种将心理事件分解的方法就是**内省法**。对于构造主义心理学家来说，内省法所指的不是一种偶然的反省，更不是一种批判的反省，而是一种详细而精确的观察经验的方法。对所有的观察者来说，正如詹姆斯所描述的，意识看起来像是一整块，或一整条河流。受过训练的内省者摒弃了这一观点。他们会报告一个经验的意识内容，而不是经考虑之后的焦点目标。一个受过训练的内省者不会报告说在这个环境中看见一张桌子，而会报告说看见一种特别的空间模型、颜色以及亮度等等。换句话说，就是训练内省者去看见"看见一张桌子"这样一种经验的要素。如果一个人天真地报告说看见一张桌子，就会被认为是犯了**刺激错误**。

439

内省法是一种严格的、困难的方法，构造主义阵营以外的人们觉得它是一个毫无结果的方法。它也是不可信的；不同实验室的内省主义者对同一个经验的内容不能达成一致。铁钦纳相信构造程序为心理学的发展道路制定了模式，剩下来的一切就是填充内容了。他对心理学中的新兴学派非常反感，这些学派在1920年以后最终将构造主义学派推下了历史舞台。虽然如此，冯特和铁钦纳培训了很多心理学家，他们后来都成为在与对立的其他学派斗争中发挥了重要作用的卓越的构造主义者。

尽管冯特与构造主义联系在了一起，但是他的心理学思想和构造主义学派还是存在着重大差异。例如，冯特强烈批评内省法，认为它并不是一种有效的科学方法(Benjamin, 1997)。而且，像格式塔心理学家一样，冯特认为知觉并不能解释为感觉元素的综合。相反，他主张知觉是独一无二的，因为其既包含了感觉元素，也包含了心理的注意过程。

机能主义：心理的机能

就在构造主义者关心心理生活的结构时，机能主义者正在关心心理过程和心理构造的机能。在1850年代末，达尔文(Darwin)的进化论在英国和美国的知识分子中得到传播。因此人们很自然地开始寻求心理过程的适应意义。心理过程的机能是什么？它们之间的差别是什么？

杜威(John Dewey, 1859—1952)1894年被聘请到芝加哥大学，在这里他发起了机能主义心理学。同一时间来到芝加哥大学的还有米德(Mead, G. H.)、安吉尔（Angell，J. R.）和穆尔（Moore，A. W.）。杜威受到达尔文的自然选择观念的极大影响。1896年，他发表了论文《心理学中的反射弧概念》（The Reflex Arc Concept in Psychology）。在这篇论文中他批评了心理学中的把心理过程分解成其假定的要素部分的要素分析主义倾向。有趣的是，在这篇论文中他没有攻击铁钦纳，而是更关注其他问题。他认为心理过程是连续的、正在进行的事件，心理学者应该仔细记住这种差别，他们所提出来进行研究的过程一定程度上是假定的，并不是动作本身的一部分。杜威强调要研究自然环境中的行为从而决定其功能。

机能主义学派比铁钦纳的严格的构造主义者的小团体更加含糊和无组织。机能主义几乎不使用内省，尽管不可能研究缺乏内容和功能的心理过程，他们更倾向于认可心理学中的实践的或应用的设计。然而机能主义者又没有对心理学的特定的设计，而铁钦纳却有，最接近于他们所提出的声明的就是安吉尔向美国心理学会所作的主席发言（1907）。除了强调诸如心理测验和教育（杜威后来转到这个方向）这类的实践活动以外，机能主义者还提出对更低级的生物体进行研究。这自然是源于其对进化以及对心理过程的发展作用所作的强调。

机能主义从芝加哥传播到了多个地方，特别是哥伦比亚大学。它的立场从未特别系统或教条，机能主义仅是被心理学笼统地接受。正当机能主义为其在哥伦比亚大学的全盛期而欢欣鼓舞时，一个名叫华生（John Watson）的年轻心理学家于1903年在这里得到了博士学位。

行为主义：拒绝心理的解释

1913年，华生发表了一篇论文《行为主义者眼中的心理学》（Psychology as the Behaviorist Views It）。由此开始了心理学中行为主义的革命。早在华生在芝加哥大学读书的时候，其后来被称为行为主义的思想就开始成型了，但直到几年以后当他在约翰·霍普金斯大学教书期间，这个思想才得到了全面发展。在他1913年的论文中，华生尖锐地抨击了构造主义心理学和内省主义对意识和心理内容的强调。华生认为应该摒弃所有那些不能从一个实验室再现到另一个实验室的没有意义的东西，而应该研究所有理性的人们都赞同的东西：行为。他认可皮尔斯伯里（Pillsbury）的一句话"心理学是一种行为的科学"，并继续写道：

　　我认为我们能够提出一种心理学,就像皮尔斯伯里那样定义它,并且决不再回到我们的定义:决不使用意识、心理状态、心理、内容、内省、可证实的和意象等等这类的词语。而应该用刺激和反应、习惯形成、习惯整合这类的词。我认为现在真的值得去做这种努力了(1913,pp. 166—167)。

　　华生的清晰、简明的行为主义立场的宣言极具影响力。对于许多心理学家而言,他证明抛弃统治这个领域多年的黑暗的胡言乱语是一种明智之举。华生的坦率、风趣的写作才能在他的另一部著作《行为主义者立场的心理学》(*Psychology from the Standpoint of a Behaviorist*,1919)中也一览无遗。

　　行为主义者试图将心理学建设成一门自然科学,一种他们认为在1913年还缺少的状态,其主题将是行为,没有必要再纠缠于对诸如意识、无意象思维和统觉等等含义不清的概念的复杂争论上。华生和其他行为主义者攻击了持暧昧立场的构造主义和机能主义。行为主义者并没有讲意识、意象等等不存在,他们只是主张这些概念不是有用的科学的构成物。

　　行为主义者认为最重要的行为是习得的,因此对学习的研究就成了兴趣的焦点。在第九章和第十一章中回顾的巴甫洛夫和桑代克的先驱性的研究表明了一个关于学习的客观心理学的可能性。自此,行为主义心理学的焦点就集中在学习上了。

　　行为主义者的观点给心理学带来了一场革命,一场至今仍然存在的革命。到目前为止行为主义者的观点大多被吸收到心理学的主流中,尽管在许多细节上仍然存在争论。确实,当今没有一种立场可以称之为行为主义,除非一个人将行为的研究认可为心理学一个适当的论题。(既然大家都在观察行为,那么大概今天所有的实验心理学家都会赞同这个观点。)然而行为主义者们有着不同的立场,并以不同的人物为代表。行为主义路线中华生的最卓越的继承者是霍尔特(Holt,E. B.)、拉施里(Lashley,K.)、托尔曼(Tolman,E. C.)、伽思里(Guthrie,E. R.)、赫尔(Clark Hull)、斯彭斯(Spence,K.)和斯金纳(Skinner,B. F.)。尽管在关于应该如何处理心理学的许多问题上他们有着很大的不同,但这些心理学家都认为自己是行为主义者。例如,拉施里和赫尔都很关心行为的生理学基础,而斯金纳却避开了这些调查。当前那些反对行为主义的批评家通常是在反对斯金纳的立场,作为一个激进的行为主义者他以其观点的极端性吸引了大量的注意。但是,既然还有多种其他的行为主义立场,斯金纳的立场当然不能被看作心理学中行为主义的唯一形式。

当前很流行的说法是行为主义正在衰落。心理结构(例如注意)在心理学中甚至在动物行为的研究中被重新提起。但是这些心理结构是和可观察到的反应紧密联系在一起的。(我们在第七章和第十四章中讨论了如何为不可观察的心理结构发现证据。)行为主义在实验心理学的所有领域都产生了广泛的影响,至今仍然以多种形式表现,其势头昌盛未艾。

格式塔心理学:整体知觉

机能主义和行为主义在一定程度上是作为构造主义的反对派而在美国发展起来的。另一个构造主义的对立学派是在其本源地的德国发展起来的。感知的构造观点可以用"砖和灰泥"的观点来刻画:用联想过程(灰泥)把感觉要素(砖)粘合在一起。格式塔心理学家反对这种要素分析的立场,认为对物体的概念是整体的,不是各部分的复杂的总和。按照格式塔心理学的说法,人们是在一个单一的整体中感知这个世界。

惠太海默(Max Wertheimer,1880—1943)和其他格式塔心理学家提出了许多看起来和构造主义立场不一致的知觉过程完整性的实证。其中的一个现象是**形状恒常性**。如果一本书放在桌子上,你站在桌子前,那么你的视网膜上就会出现一个矩形的映像,但是如果你向左或向右移动几米,那么视网膜上的映像就会变成梯形。尽管有这种视网膜感觉上的变化,但你所感知到的这本书还是和刚才一样,在两种情况下有着一样的形状。这种形状在你的知觉中保持着恒常性。和许多种其他知觉现象一样,大小和亮度也有类似的恒常性,它们都证明着同一个观点。知觉看来具有独立于投射到感受器上的感觉变化的整体性。

格式塔心理学开始也跟行为主义一样反对构造主义,但很快他们就发现了自己与行为主义的对立。格式塔心理学发现在行为主义对行为的描述中同构造主义一样也有令人不满的要素分析,只不过要素变成了刺激和反应。反过来,行为主义者发现,格式塔心理学者如同他们在构造主义者和机能主义者那里所发现的一样对构成物的定义十分含糊。此外,格式塔心理学者还常常愿意通过简单的实证来论证其观点,而不是提出明确的理论并用实验来验证。在一定程度

442

上,格式塔心理学者和行为主义者是在不同的领域进行探索,格式塔心理学者关心的主要是知觉,而行为主义者关心的则主要是学习。但后来的格式塔心理学家,如最著名的考夫卡和柯勒,开始将格式塔概念应用到心理学的其他领域,比如学习、记忆和问题解决的研究等等。因此,行为主义者和格式塔心理学者经常发生冲突,但实验的论争通常以和局结束。与行为主义相比,格式塔理论是在更一般的水平上描述行为,他们对于同一心理现象所作的表面看来大相径庭的解释也许并不像他们当时看起来的那样不可调和。

格式塔心理学没有像机能主义和行为主义那样整合到心理学的主流中,但其在心理学某些领域的影响是不可磨灭的。这一点对于现代认知心理学而言确实如此,特别是它在知觉、问题解决和思维等领域的贡献。

▼ 一些现代趋向

心理学流派纷争的时代在 1940 年左右开始衰落了,并且这种严格划分心理学领域的做法也不再有可取之处。这些学派的影响还存在于当代的研究中,但领域的组织已经基于不同的路线了。自 1940 年以来,心理学的历史就写得很少了,因为表面上已经几乎没有统一的主题了。可是我们还是要在这里概述一些现代趋向。

第二次世界大战与心理学的发展

在第二次世界大战期间,心理学家受雇于不同的职业中,例如研究公众意见和宣传,帮助协调陆海空三军的种族关系,应战斗情境的需要而训练动物,为复杂的飞机设计座舱,为人员选拔设计测验,处理战争倦怠、消沉等临床问题等等。心理学家被迫从其学术研究中抽身出来,并被鼓励将其知识应用到身边的各种各样的问题中。在很多情况下,这种与现实世界的问题联系使得他们看到自己理论上的不足,并为其提供了发展新的更好理论的机会。因此,这场战争对心理学的很多领域都产生了健康的影响。就是在这一时期,人的因素即后来所称的人类工程学作为一门学科形成了。

大约在同时产生的另一个趋向是实验的方法扩展到了问题领域,而该领域

以前从未使用过实验。在 1930 年代到 1940 年代期间,实验社会心理学和实验
儿童心理学受到了相当的重视。

认知心理学:心理的回归

行为主义在从 1930 年代到 1940 年代间统治了美国心理学,由于其避开
了对不可观察事件的研究,所以对心理过程的研究在这一时期实质上被抛弃了。
可是 1950 年代的几次发展使高级心理过程的研究恢复成为一种合理而可行的
(虽然很难)的努力。

第一,心理学家表明许多心理操作很难用环境刺激和反应之间的条件联结
来解释。人主动地参与控制心理活动,许多有趣的人类行为(例如语言、问题解
决和创造力)的多样性和复杂性不能用简单的行为主义机制作出全面且令人满
意的解释。心理机制的更丰富的理论为解释心理生活的复杂性提供了更强大的
方法。当前的挑战是用能够将心理构造与可观察到的反应联系起来的客观的科
学方法来研究这些不可观察到的心理事件。目前已经发展出许多巧妙的推理性
方法来开展这些工作(见第七章和第十四章)。

认知心理学也受益于现代科技。1940 年代末借用于工程学的信息论原理
实现了概念的量化,而以前概念很少得到测量,或者说根本不能测量(例如,一个
刺激中的"信息"量)。尽管这个方法还没有解决心理学中的许多传统问题,但它
在信息加工模型的发展中有很大影响,信息加工模型就是用流经系统的信息流
的形式来表征人的认知过程。这些模型已经引发了许多研究。

另一个来自心理学领域之外的主要影响是计算机科学。因为计算机能够执
行复杂的计算任务,许多科学家认为计算机可以为人脑编码、储存、加工和提取
信息的方式提供一个模型。人工智能领域的研究目的就是探索人类和机器智能
之间的关系,计算机科学已经铺平了使用并行分布式处理(parallel distributed
processing, PDP)方法通往认知的道路(如, Seidenberg & McClelland, 1989)。
一个 PDP 模型由不同分层的简单处理单元网络组成,同一层中的各个处理单元
又与相邻分层的所有处理单元相互连通。通过计算机模拟可以完成对不同模型
的检验,PDP 模型已经被用于模拟多种不同认知过程之中(Balota & Cortese,
2000)。最近,认知和计算机方法已经被引入社会心理学等心理学的其他实验领

443

域之中(如,Queller & Smith,2002)。

认知神经科学:大脑的十年

美国国会曾断言 1990 年代是大脑时代。认知心理学家已经热切地抓住神经科学以扩大我们对认知功能的理解(Posner,1993;Posner & Raichli,1994)。**心理生理学是心理学和生理学的交叉学科**。心理生理学的两个重要目标是:(1)发现心理现象是否有可测量的生理学相关量;(2)发展那些源于对生理状态的认识的心理学模型(Kantowitz,1987)。

使用心率、瞳孔扩大和脑电波等指标就能帮助认知心理学家研究一些基本特性(Jennings & Coles,1991a)。诸如功能核磁共振(functional magnetic resonance imaging,fMRI)之类的脑成像技术在认知神经科学家中越来越受到欢迎。fMRI 用于测量被试进行目标认知活动时相应的大脑活动,如血流量及血氧含量(如,McDermott & Buckner,2002)。例如,认知心理学的一个重要问题是心理容量是否有限度,如果是有限的,那么心理瓶颈发生在何处——在知觉阶段,在转换阶段,还是在运动控制阶段?那些只能测量输入输出关系的认知心理学家就受到由诸如反应时成绩这类综合测量指标所得到的推论的限制。但神经生理学家有潜力去窥视"黑匣子"的秘密从而得到在假定的心理事件上的中介指标。

当然心理生理学指标的解释并不是没有风险的。这种危险已经通过将脑电波的研究与早期颅相学的研究联系起来而被阐明了(Kantowitz,1987)。颅相学家假定大脑由一套独立的心理功能组成。每种功能受特定的身体部位调节并且和头部隆起的大小有关。现代的"脑电波学者"们研究所记录到的脑电波,并试图将其与心理过程形成映射。这样做往往很容易将某些电信号生搬硬套地解释成心理过程的直接表现,就像现代心理学所不齿的将心理过程定位到生理隆起上的颅相学家一样。

只要一个人避免将心理生理学数据从字面上解释成心理过程的直接反映,神经科学就能为认知心理学提供很多东西。行为的许多有用的生理相关量已经被发现,神经学家正在致力于对行为和生理进行更好的理论整合(Buckner & Tulving,1995;Jennings & Coles,1991b)。

▼ 表 A - 2　美国心理学学会（APA）分会

APA分会序号	APA分会名称（英文原名）
1.	普通心理学分会（Division of General Psychology）
2.	教学心理学分会（Division on the Teaching of Psychology）
3.	实验心理学分会（Division of Experimental Psychology）
5.	心理测量与统计分会（Division on Evaluation, Measurement and Statistics）
6.	神经行为学与比较心理学分会（Division of Behavioral Neuroscience and Comparative Psychology）
7.	发展心理学分会（Division on Developmental Psychology）
8.	人格与社会心理学学会——APA的一个分会（The Society of Personality and Social Psychology — A Division of the APA）
9.	社会问题心理研究学会——APA的一个分会（The Society for the Psychological Study of Social Issues — A Division of the APA）
10.	艺术心理学分会（Division of Psychology and the Arts）
12.	临床心理学分会（Division of Clinical Psychology）
13.	顾问心理学分会（Division of Consulting Psychology）
14.	工业与组织心理学学会——APA的一个分会（The Society for Industrial and Organizational Psychology, Inc. — A Division of the APA）
15.	教育心理学分会（Division of Educational Psychology）
16.	学校心理学分会（Division of School Psychology）
17.	咨询心理学分会（Division of Counseling Psychology）
18.	公共服务心理学者分会（Division of Psychologists in Public Service）
19.	军事心理学分会（Division of Military Psychology）
20.	成人发展和老年心理学分会（Division of Adult Development and Aging）
21.	应用实验与工程心理学家分会（Division of Applied Experimental and Engineering Psychologists）
22.	康复心理学分会（Division of Rehabilitation Psychology）
23.	消费者心理学分会（Division of Consumer Psychology）
24.	理论与哲学心理学分会（Division of Theoretical and Philosophical Psychology）
25.	行为实验分析分会（Division for the Experimental Analysis of Behavior）
26.	心理学史分会（Division of the History of Psychology）
27.	社区心理学分会（Division of Community Psychology）
28.	精神药理学分会（Division of Psychopharmacology）
29.	心理治疗分会（Division of Psychotherapy）
30.	心理催眠分会（Division of Psychological Hypnosis）

续 表

APA 分会序号	APA 分会名称（英文原名）
31.	地区心理学会事务分会（Division of State Psychological Association Affairs）
32.	人本主义心理学分会（Division of Humanistic Psychology）
33.	智力缺陷与发展障碍分会（Division on Mental Retardation and Developmental Disabilities）
34.	人口与环境心理学分会（Division of Population and Environmental Psychology）
35.	女性心理学分会（Division of Psychology of Women）
36.	宗教心理学分会（Division on Psychology of Religion）
37.	青少年与家庭服务分会（Division of Child, Youth, and Family Services）
38.	健康心理学分会（Division on Health Psychology）
39.	精神分析分会（Division on Psychoanalysis）
40.	临床神经心理学分会（Division of Clinical Neuropsychology）
41.	美国心理学与法学分会（Division of American Psychology – Law Society）
42.	独立执业心理学家分会（Division of Psychologists in Independent Practice）
43.	家庭心理学分会（Division of Family Psychology）
44.	同性恋问题心理研究协会（The Society for the Psychological Study of Lesbian and Gay Issues）
45.	少数民族问题研究协会（Society for the Study of Ethnic Minority Issues）
46.	媒体心理学分会（Division of Media Psychology）
47.	运动与体育心理学分会（Division of Exercise and Sport Psychology）
48.	和平心理学分会（Division of Peace Psychology）
49.	团体心理学与团体心理治疗分会（Division of Group Psychology and Group Psychotherapy）
50.	成瘾心理学分会（Division of Addictions）
51.	男性心理学研究协会（The Society for the Psychological Study of Men and Masculinity）
52.	国际心理学分会（International Psychology）
53.	青少年临床心理学分会（Society of Clinical Child and Adolescent Psychology）
54.	儿童心理学分会（Society of Pediatric Psychology）
55.	美国药物疗法促进分会（American Society for the Advancement of Pharmacotherapy）

注：没有第 4 分会和第 11 分会。

专门化

也许心理学中最值得注意的近期趋向就是专门化。心理学流派往往是无所不包;对于他们所考虑到的心理学的每一个方面都会发表意见。例如,尽管学习是行为主义者的主要兴趣,但他们不仅仅关注学习;他们还将该观念应用到思维、语言和儿童发展领域中。现在心理学家不再通过流派而是通过感兴趣的领域来定位自己。许多心理学系也是依照这些框架来组织的,这部分内容参见本书的第六章到第十五章。

心理学家可能是社会心理学家,或者是动物学习心理学家,或者是发展心理学家,或者是认知心理学家(感觉、知觉、记忆、语言、思维、信息加工等等),或者是人格心理学家等等。或者心理学家可能是精神生物学、临床心理学或组织心理学、工业心理学等方面的专家。而且所有这些领域都有分支领域,例如认知心理学中所列的那些分支。这些领域的工作者经常很可能对其他领域知之甚少。这种专门化的倾向常被批评为不幸,但看起来也别无选择。这种专门化只是一种成熟科学的标志,因为一个心理学家要通晓当今心理学的所有领域几乎是不可能的。

实验心理学仅是美国心理学会的 53 个分支之一。不过,许多从属于其他领域的心理学家也将实验方法应用在自己的研究中。(另一方面,有些领域的成员可能反对在心理学中使用实验法。)表 A - 2 中所列内容就是在当代心理学家中所发现的一些具有巨大差异性和专门化的思想。

446

除了美国心理学会以外,还有另外两个对实验心理学家具有重要意义的学会。心理实验心理学会(Psychonomic Society)成立于 1958 年。全部成员都限定为已经在科学期刊上发表论文作出学术贡献的科学家。心理实验心理学会出版了几种很有影响的实验心理学期刊,并发起主办了一个重要的科学家交流信息的年会。美国心理协会(American Psychological Society),创立于 1988 年,是最新的协会。它的目标是推动心理学的规范性,保护心理学的科学基础,促进公众对心理学的科学性和应用性的理解,提高大学的教育质量,鼓励从公众的兴趣出发宣传心理学。最后,作为对近来日益高涨的认知神经科学兴趣的反映,现在许多实验心理学家要么加入了神经科学学会(Society for Neuroscience,成立于

1970 年),要么就加入了认知神经科学学会(Cognitive Neuroscience Society,成立于 1994 年)。

▼ 小结

1. 科学心理学有 100 年左右的历史。心理学根源于几千年来哲学家所提出的问题。用实验来研究心理学的最初的技术是由那些开始对心理学问题感兴趣,特别是对与感官接收刺激有关的问题感兴趣的物理学家和生理学家发明的。

2. 心理学的四个早期的先驱者是赫尔姆霍茨、韦伯、费希纳和艾宾浩斯。在一个早期的反应时实验中,赫尔姆霍茨测量了神经冲动的速率,由此表明实验技术如何提供关于心理学问题的信息。

3. 韦伯考察了一个刺激要变化多少才能使一个观察者注意到这种差别。他发现一个最小可觉差所需的变化量与标准刺激量之间是一个恒定的比例。这就是人们所熟知的韦伯定律。费希纳继续了韦伯的工作并提出了心理物理学这个术语,心理物理学所关注的就是物理世界的变化与人对于变化的知觉是如何相关的这一问题。

4. 艾宾浩斯在记忆方面做了第一个系统实验。他的研究方法和发现对这一领域产生了巨大的影响,因为它们表明更高级的心理过程能够通过实验进行研究。

5. 在 1890 年到 1940 年之间一系列不同的心理学流派形成了。四个主要流派是构造主义、机能主义、行为主义和格式塔心理学。其主要特点的小结列在表 A-3 中。这些学派的影响今天仍然存在,但是当代心理学是根据研究者感兴趣的主题来分类的。因为心理学已经成熟了,绝大多数心理学家的兴趣已经变得越来越专门化了。

447

▼　表 A-3　四个主要心理学派的概要

学派	论题	研究目标	研究方法
构造主义	意识经验	将意识经验划分成其基本组成部分：感觉、表象和情感	分析的内省
机能主义	心理过程的机能和它们如何帮助人们适应	研究自然环境中的心理过程；发现系列过程的作用	客观测量；非正式观察和内省
行为主义	行为：在不同条件下它是如何改变的，强调学习	描述、解释、预测和控制行为	对行为的客观观察；正式的实验
格式塔心理学	主观经验，强调知觉、记忆和思维	理解在整体经验（没有将经验分成任意的种类）中的意识经验的现象	主观报告；一些行为测量；实证

▼　重要术语

情感	意象	心理生理学
行为主义	表象	反应时实验
认知心理学	信息论	感觉
二元论	内省	形状恒常性
费希纳定律	最小可觉差（jnd）	刺激错误
功能核磁共振	并行分布式处理	构造主义
机能主义	心理物理学	韦伯定律
格式塔心理学		

▼　网络资源

有关美国心理学重大事件的编年表可以登录下面的网址：

http：//www. cwu. edu/～warren/today. html

心理学经典论文的全文版可以在下面的网站找到：

http：//psychclassics. yorku. ca/

下面的网站收集了许多与心理学史有关的网站链接：

http：//elvers. stjoe. udayton. edu/history/welcome. htm

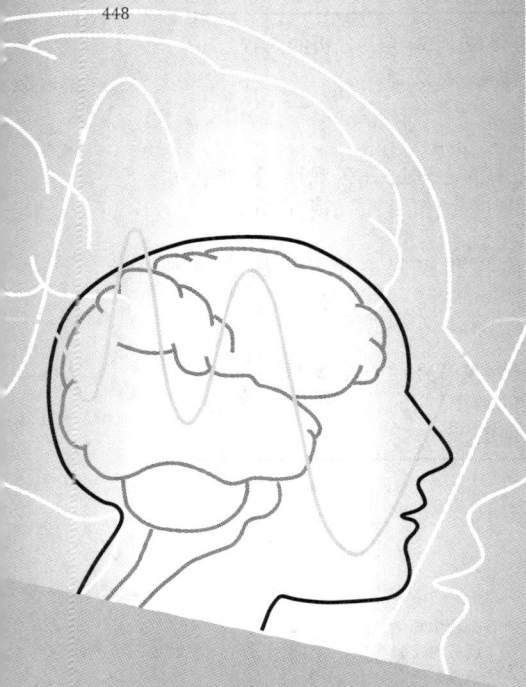

附录 B
统计推理：概论

统计思维能力有朝一日将如同阅读与书写能力一样,成为一名合格公民的必须。[H.G. Wells]

　　本附录的目的在于传达这么一种思想,即为什么对统计的理解在实施和解释心理学研究中是如此的关键和重要。我们也会就心理学研究中如何使用统计推理进行一些介绍,当然我们并不奢望读者在阅读本附录之后就能摇身一变成为统计学的专家。它可以作为已修过统计学课程者的一种回顾。第一次接触统计的学生则需要仔细地多阅读几遍,因为里面所涉及的许多内容对他们而言都是新的。从现在开始你就应该意识到,如果你想完成整个研究生阶段的学习而获得心理学博士学位的话,那么你至少必须修三门统计学课程。

　　我们生活的世界里有许多方面其实都可用概率来探讨。我们并不总是完全确定某些事件将会发生,我们只知道它们会在某些时候或者有多大可能发生。最常见的例子就是天气预报。气象学家可能会说,有 80% 的几率会下雨,或有 20% 的可能会下雪,在预报中总会预置一些先决条件,但即使知道这些几率,我们也不可能完全准确地预测未来的天气。大多数人类行为的发生同样也是概率性的,推断统计可以有效地帮助心理学家们进行估计,在两种条件下所观察到的差异究竟是随机造成的一种偶然发生,还是背后另有原因。达成这一目的的统计学分支称为**推断统计**。此外还有所谓的**描述统计**,它是统计学中较为初等的类型,可以帮助心理学家们概括及描述观察的结果。我们先来介绍一下描述统计,然后再转入推断统计的内容。

▼　描述统计:依样画葫芦

　　当我们进行一项实验并对因变量进行测量时,通常会得到大批数据。我们怎样处理它们呢?首先,我们需要组织这些数据,将它们系统化。我们不需要对不同实验条件下从被试身上测得的全部数据都加以关注,而是作一个大致的了解就行了。通过对数据的概括处理,我们可以发现在大量的数据背后所隐藏的一般趋势。描述统计提供了这一系统化与概括化的功能。两种主要的方式是对集中趋势(典型分数)和离中趋势(数据的分布)的测量。

　　假设如下的实验情景,一家制药公司出资赞助一个实验,想了解一下 LSD (一种麻醉药物)对老鼠行为的影响。于是我们让实验者观察一下药物是如何影响老鼠奔跑速度的。40 只食物剥夺的老鼠经训练已能为了一份食物奖赏而走完直线型迷宫。将它们随机分成两组,我们对其中的一组注射 LSD,然后在 30 分钟之后观察,看药物对老鼠在迷宫中奔跑的速度有何影响。另一组的其他条件与第一组老鼠相同,只是注射的不是药物而是安慰剂(一种无活性的物质)。下面是 20 只控制组老鼠的奔跑时间,单位是秒:13、11、14、18、12、14、10、13、13、16、15、9、12、20、11、13、12、17、15 和 14。注射 LSD 组的老鼠奔跑时间为 17、15、16、20、14、19、14、13、18、18、26、17、19、13、16、22、18、16、18 和 9。现在我们已有了每只老鼠奔跑的时间,怎样处理它们呢? 一种可能是,我们可以以用图示的方式来表示这些数据,如图 B-1 的两个直方图。此处,横坐标(X 轴)代表奔跑的秒

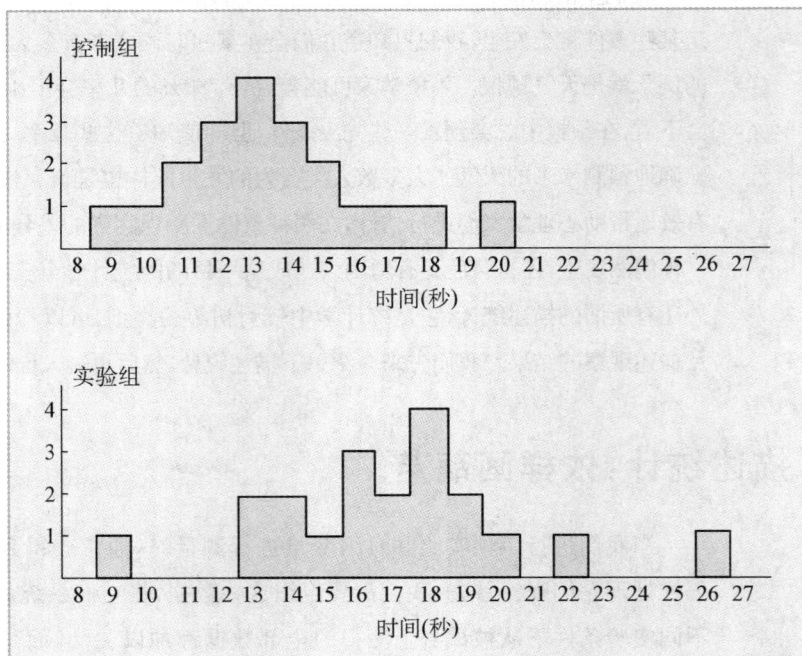

▼　图 B-1
假想 LSD 药物实验中 20 只控制组与实验组被试所得数据的直方图。

数,纵坐标(Y 轴)代表每一种情况下,每一种速度所出现的频数。控制组的情况见上图,下图代表实验组的情况。同样的信息也可用**频数多边形**的方式来加以表示。其构成与直方图相同,如果你将直方图上底边的中点连起来,就可窥见一二。频数多边形的例子本附录稍后有示例(图 B-2)。图 B-1 的两种条件下,得分出现次数最多的往往是中间的数字;而两边则逐渐变少。这一现象控制组比实验组更为明显。同样,实验组跑迷宫的耗费时间要比控制组的长。直方图与频数多边形都是**次数分配**的类型。在某种程度上,它们使数据系统化,对于概括描述而言更为有效。

集中趋势

对数据最为常见的概括描述就是关于集中趋势的测量。顾名思义,它可以显示数据中心位置的情况。目前在心理学研究中对集中趋势最为典型的测量就是**算术平均数**,这一平均值($\overline{X}$)可以简单地由所有分数的和($\sum X$)除以观察次数(n)得出,或表示为 $\overline{X} = \sum X/n$。大多数人认为算术平均数即反映一组数据的平均情况,虽然"平均"一词从技术上说可以代表对任何集中趋势的测量值。在前一个假设的实验中,实验组与控制组所有被试奔跑的时间总数分别为 338秒和 227 秒,由于在每一条件下各观察了 20 次,故实验组的平均奔跑时间为16.9 秒,控制组的为 13.6 秒。

算术平均数是最为有用的集中趋势测量指标,稍后我们将介绍的几乎所有推断统计,都是以此为基础展开的。因此有可能的话,总要算出平均值。然而有时也会对另一个集中趋势的指标进行测量:**中位数**。该数值之上分布着一半的数据,之下分布着另一半数据。如果观察次数是奇数,如 27 次,那么从低往高或从高往低的第 14 个数即为中位数,显然这一数值将其他的数分为上下两组,每组各有 13 个数。而当观察次数(n)为偶数时,如中间的两个数不相等,中位数则为两个中间数的算术平均数。比如下面一组数:66,70,72,76,80,96,中位数为$(72+76)/2$,即 74。有时候,位于中间的两个数常会相等,例如前面假设有关LSD 药物的实验中的情况,通常的做法是将中位数指定为某一特定范围(全距)中的适当比例的位置,该特定范围的上下限分别位于这个相等数之上和之下相差一半的数处。用一个例子来说明就容易了:回头再看一下我们实验中的数据,如果你将控制组的分数从低到高排列就会发现,第 8、9、10 和第 11 个数皆为 13。在这一条件下,第 10 个数被视为中位数。该数可以被看作是处在 12.5 至 13.5 全距中四分之三的位置,因而控制组的中位数为 12.5 + 0.75,即 13.25。同理,实验组被试的中位数是 17(读者可自行推算)。

那么我们为什么要用中位数呢?首先的一条理由是它具有不受极端数影响(正是我们所期望的)的特征。在 66、70、72、76、80 和 96 这一组分数中,如果最低分值变为 1 而不是 66,最高分值为 1223 而不是现在的 96,其中位数仍旧是不变的,而平均数就会产生剧烈的变化。通常这一优点对概括来自现实生活中的数据时极为有用。在 LSD 的药物实验中,假设有一只注射了 LSD 的老鼠在走迷宫的途中停了下来,因对迷宫中一件它所感兴趣的玩意儿盘桓良久,造成它完成迷宫全程的时间达 45 分钟或 2700 秒。如果该数值取代最初数据分布中的 26 秒这一数值的话,该组数据的算术平均数将从 16.9 秒变成 150.6 秒,本来只比控制组的平均值慢 3.30 秒,现在则要比控制组多耗时达 137.0 秒。这一切仅仅是由于出现了一个极为异常的数据:在这种情况下,研究者更多地是利用中位数而不是平均数来反映集中趋势。利用平均数似乎就不能代表对集中趋势的估计,因为有一个数据的影响太大了,当然,运用中位数常常也会严重地限制可以用来处理数据的统计检验。

离中趋势的测量

对集中趋势的测量能反映数据中心位置的情况,而对离中趋势的测量则能反映出数据相对于中心的离散情况。对离中趋势最为简单的测量是全距,即一组数据中最大值与最小值之间的差异数。如关于 LSD 药物实验例子中,控制组老鼠的全距为 11(20 - 9),而实验组的则为 17(26 - 9)。但由于全距反映的仅仅是极端数据的情况,所以很少使用。

为了更好地对离中趋势进行测量,我们期望能得到一个数值,能够反映出原测量数据与某个集中趋势测量值的离散量。通常用作参照来计算离散量的集中趋势测量值的是平均数。平均差就是这样的一种合乎要求的测量,其计算方法如下:先计算出分布中每一个数与平均数之间的差,然后计算这些差的和,再除以数据的个数。当然,计算时我们必须取离差的绝对值(即不管该数是大于还是小于平均数,离差皆取正值)。原因在于如果不取正值那么所有的离差之和必为0,这是平均数的一个明显特征(见表 B-1)。因此,平均差必然是绝对平均差。在我们假设的关于 LSD 药物的实验中,实验组和控制组的平均差见表 B-1。符号"│ │"代表取绝对值,如:│-6│=6。

▼ 表 B-1 两组数据的平均差和绝对平均差的计算

在计算平均差时,所得出的离差(差异)之和是零,这就是为什么必须使用绝对平均差。 452

控制组			实验组		
X	$(X-\overline{X})$	$\mid X-(\overline{X})\mid$	X	$(X-\overline{X})$	$\mid X-(\overline{X})\mid$
9	-4.60	4.60	9	-7.90	7.90
10	-3.60	3.60	13	-3.90	3.90
11	-2.60	2.60	13	-3.90	3.90
11	-2.60	2.60	14	-2.90	2.90
12	-1.60	1.60	14	-2.90	2.90
12	-1.60	1.60	15	-1.90	1.90
12	-1.60	1.60	16	-0.90	0.90
13	-0.60	0.60	16	-0.90	0.90
13	-0.60	0.60	16	-0.90	0.90
13	-0.60	0.60	17	+0.10	0.10
13	-0.60	0.60	17	+0.10	0.10
14	+0.40	0.40	18	+1.10	1.10
14	+0.40	0.40	18	+1.10	1.10
14	+0.40	0.40	18	+1.10	1.10
15	+1.40	1.40	18	+1.10	1.10
15	+1.40	1.40	19	+2.10	2.10
16	+2.40	2.40	19	+2.10	2.10
17	+3.40	3.40	20	+3.10	3.10
18	+4.40	4.40	22	+5.10	5.10
20	+6.40	6.40	26	+9.10	9.10

$\sum X = 272$　总计 = 0.0　总计 = 41.20　$\sum X = 338$　总计 = 0.00　总计 = 52.20

$\overline{X} = 13.60$　　　　　　　　　　　　　$\overline{X} = 16.90$

绝对平均差 $= \dfrac{41.20}{20} = 2.06$　　　　绝对平均差 $= \dfrac{52.20}{20} = 2.61$

　　一组数据的绝对平均差足以反映数据的离中趋势。其中的逻辑与找到某个分布的平均值的逻辑相同。然而标准差和方差(稍后介绍)却要优于平均差,因为它们所具有的数学特征使得它们在较高级的统计计算中更为有用。对它们进行测量,其背后所隐含的逻辑同平均差的逻辑极为相似,这也就是为什么在此我们讨论平均差的道理所在。在计算平均差时,我们已将每个数同平均数之间的差取了绝对值,所以平均差之和就不再为0。如果不取绝对值的话,我们也可以将数值平方以省去麻烦。这也正是在计算方差和标准差时运用的方法。

　　一个分布的方差定义为平均差的平方和除以数据的个数。换言之,取每一个数减去平均数,再平方;然后将所有的这些值相加,除以观察次数,方差的公式如下:

$$s^2 = \frac{\sum (X - \overline{X})^2}{n} \qquad (B-1)$$

其中 s^2 代表方差,X 是个体的数值,$\overline{X}$ 是平均数,n 代表数据的个数或观察的次数。虽然方差是一个非常有用的数值,但其描述离中趋势是以平方的形式——此例中是奔跑时间的平方——而这常常不是很有用的。为了回到原来的度量单位,只需对此开方即可。标准差就是方差的平方根,用 s 表示,(有些教科书也用 sd 表示)。由于 s 使用的是原始的度量单位,因此它和平均数常常共同用来描述数据的分布情况。后面我们会看到,方差是用来计算其他统计值的基础,如推断统计中的 F。

$$s = \sqrt{\frac{\sum (X - \overline{X})^2}{n}} \qquad (B-2)$$

使用平均差的方法对 LSD 药物实验中控制条件与实验条件下的标准差的计算如表 B-2 所示。

　　等式 B-1 和 B-2 关于一个分布的方差与标准差的计算公式相当烦琐。在实际运用中,使用的是另一个计算公式。标准差的计算公式为:

$$s = \sqrt{\frac{\sum X^2}{n} - \overline{X}^2} , \qquad (B-3)$$

▼　表 B-2　　通过平均差的方法对控制条件和实验条件下标准差 s 的计算

控制组			实验组		
X	$(X-\overline{X})$	$(X-\overline{X})^2$	X	$(X-\overline{X})$	$(X-\overline{X})^2$
9	−4.60	21.16	9	−7.90	62.41
10	−3.60	12.96	13	−3.90	15.21
11	−2.60	6.76	13	−3.90	15.21
11	−2.60	6.76	14	−2.90	8.41
12	−1.60	2.56	14	−2.90	8.41
12	−1.60	2.56	15	−1.90	3.61
12	−1.60	2.56	16	−0.90	0.81
13	−0.60	0.36	16	−0.90	0.81
13	−0.60	0.36	16	−0.90	0.81
13	−0.60	0.36	17	+0.10	0.01
13	−0.60	0.36	17	+0.10	0.01
14	+0.40	0.16	18	+1.10	1.21
14	+0.40	0.16	18	+1.10	1.21
14	+0.40	0.16	18	+1.10	1.21
15	+1.40	1.96	18	+1.10	1.21
15	+1.40	1.96	19	+2.10	4.41
16	+2.40	5.76	19	+2.10	4.41
17	+3.40	11.56	20	+3.10	9.61
18	+4.40	19.36	22	+5.10	26.01
20	+6.40	40.96	26	+9.10	82.81

$\sum X = 272$　　总计 $= 0.00$　　$\sum (X-\overline{X})^2 = 138.80$　　$\sum X = 338$　　总计 $= 0.00$　　$\sum (X-\overline{X})^2 = 247.80$

$\overline{X} = 13.60$　　　　　　　　　　　　　　　$\overline{X} = 16.90$

$$s = \sqrt{\dfrac{\sum (X-\overline{X})^2}{n}} \qquad\qquad s = \sqrt{\dfrac{\sum (X-\overline{X})^2}{n}}$$

$$s = \sqrt{\dfrac{138.80}{20}} \qquad\qquad\qquad s = \sqrt{\dfrac{247.80}{20}}$$

$$s = 2.63 \qquad\qquad\qquad\qquad s = 3.52$$

其中 $\sum X^2$ 表示所有数据的平方和,$\overline{X}$ 是该分布的平均数,n 是数据的个数。同理,方差的计算公式为:

$$s^2 = \frac{\sum X^2}{n} - \overline{X}^2. \qquad\qquad (B-4)$$

这种情况下的数值与通过定义中的公式计算得出的完全一样。

心理学家在描述一组数据时,通常会使用两个描述统计量:平均数和标准差。虽然还有其他的反映集中趋势和离中趋势的统计量,但这两个统计量最能胜任完成描述的使命,而方差的应用也非常广泛,在推断统计中我们将会发现这一点。

关于计算的说明

整个附录 B 中,我们都会像表 B-2 那样用详细的计算过程将统计的步骤表现出来。我们这么做的目的是期望使统计背后的逻辑呈现得更为清晰。然而事实上完全有可能不需要这样一步步地计算就同样可以达到目的。许多计算器和计算机都可为你求出统计值。常常你要做的仅仅是将数据输入计算器或计算机中,用一些很少的附加指令,结果就出现了。计算机在统计分析中运用非常普遍,因为它既快又不犯错误,除非你在输入数据时出错了或使用了错误程序。稍后我们在探讨相关系数时,将介绍用计算机来计算统计量的方法。

正态分布

从图 B-1 所示的 LSD 药物实验数据图中可以发现,图形中数据的分布形态是中央隆起,两边下沉趋向数轴。虽然这些数据皆为假设的,但是该数据的分布仍旧反映出对多数行为进行测量时所显示出的特性,也就是说,在大多数的测量中,数据一般集中分布在中心。这一形状被称为正态曲线,见图 B-2(曲线 B)。

如果我们观察到的心理学数据标在图上的话,那么大部分都会典型分布在中间,从中间向两端几乎对称地衰减。数据分布在低于平均数 10 个点的位置的可能性与高于平均数 10 个点的可能性相当。

图 B-2 所示的三条曲线都是对称的图形。在正态分布中,分数的平均数与中位数皆落在同一点上,具有相同平均数和中位数的曲线变化性却可以有所不同。如图 B-2 所示,标示以字母 A 的曲线高且窄,比其他两条曲线代表的分布的标准差要小,同样,扁平的曲线(C)比其他两条的标准差要大。

正态曲线具有非常有用的性质。正态曲线每一段的分数都占有特定的比

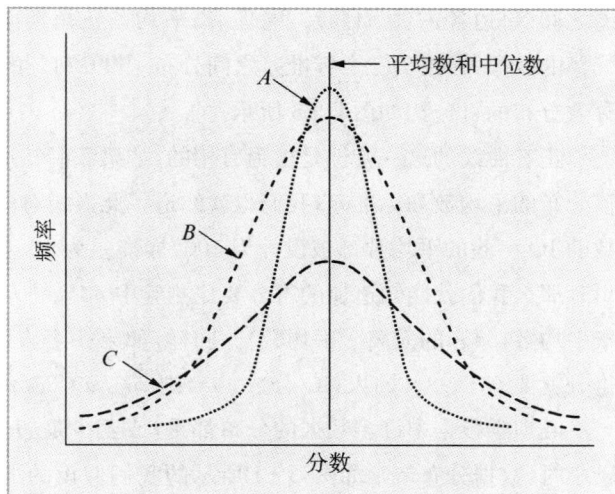

▼　图 B-2
三种不同变化性的正态曲线例图。C 的变化性最大，A 的变化性最小，正态曲线代表的是一种对称的分布，中位数和平均数具有相同的值。

例，其特征如图 B-3 所示，在该图的曲线中，从一点开始曲线的方向发生了微微的变化，即从该点开始曲线更多地向外（相反方向）弯曲。这一点就称为拐点。拐点的位置总是位于距平均数一个标准差的位置上。事实上，正态曲线具有相当有用的特性，它所代表的数据分布的特定比例，总是包含在该曲线所占的特定的面积之内。所有分数中大约 68％ 的分数分布在距平均数位置正负一个标准

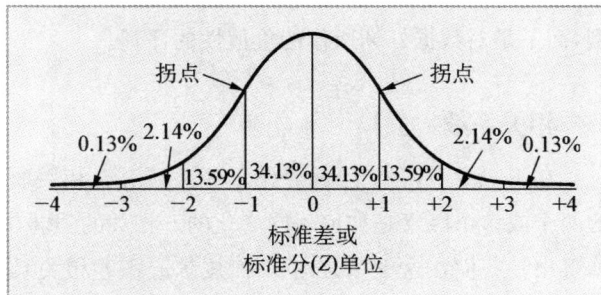

▼　图 B-3
正态曲线特定面积范围之内分数的分布比例。拐点位于离平均数一个标准差的位置。

差之间(每边各占约 34%)。同理,离平均数正负两个标准差之间分布了几乎 96%的数据,在正负三个标准差之间分布了 99.74%的数据,每个面积范围之内分数分布的百分比如图 B-3 所示。

正态曲线的这一特性是极为有用的:如果我们知道了某人的分数,也知道了该分布的平均数和标准差,我们也就知道了此人相对的位置和等级。例如,大多数的 IQ 测验的平均数都被设计为 100,标准差为 15。如果一个人的 IQ 分数是 115,那么我们就能知道他的得分要比测验中 84%的人高(其中 50%的人得分低于平均数,34%的人高于平均数)。同样,如果一个人的 IQ 分数为 130 的话,其得分就要高于 98%的人;IQ 分数 145,则高于 99.87%的人。

心理学数据中许多数据的分布都是,或至少是假设为,正态分布的(当样本较小时,数据分布常常如图 B-1 所示的我们假设的那种情况)。我们很难判定分布是否是正态分布。通常是通过**标准分数**,或 Z 分数,将数据与正态分布中不同的平均数与方差加以比较。标准分数就是个体分数与平均数的差值,通常以标准差为单位。所以 IQ 分数 115 转换成 Z 分数就是 1.00,即(115 − 100)/15;IQ 分数 78 转换成 Z 分数为 − 1.47,即(78 − 100)/15。标准分数相当有用,因为它可以进行跨分布的相对位置的比较,即使这些分布的平均数和标准差有很大的差异。如果不同学科成绩的平均数与标准差差别很大,那么在计算它们时就要将其折算成标准分数。所以一个人在班里的名次用平均数和 Z 分数加以衡量就要比用仅仅是找到原始测验分数的均值可信得多。

所以,如果某一实验分布正常,就意味着若将数据用图表示的话,就会形成一个正态分布。因此心理学研究中所用的正常(态)通常指的是一种分布的类型,而不是对数据好坏所作的价值性的评判。

相关系数

在第二章中,我们已经介绍了相关研究。相关研究的目的在于检验有机体的两个或多个因素是如何一同变化的。相关的强弱与方向可通过相关系数的计算得出。我们在这里只讨论一种:**皮尔逊积差相关系数**或简写作 r。框 B-1 中所列的是相关系数 r 的计算公式,所用的数据是第二章中讨论过的有关头围与记忆成绩的假想数据。

框B-1　计算皮尔逊相关系数

表B-3中的一组数据命名为X分数，另一组命名为Y分数。如，将头围值称为X分数，回忆单词数称为Y分数。对表2-1中(a)、(b)、(c)三组原始分数所进行的皮尔逊相关系数r的计算公式如下：

$$r = \frac{n\sum XY - (\sum X)(\sum Y)}{\sqrt{[n\sum X^2 - (\sum X)^2][n\sum Y^2 - (\sum Y)^2]}} \qquad (B-5)$$

▼　表B-3　以原始分数计算公式(公式B-5)

对表2-1中(a)列数据的皮尔逊相关系数r的计算

	X			Y	
被试数	头围(cm)	X^2	单词回忆	Y^2	XY
1	50.8	2580.64	17	289	863.60
2	63.5	4032.25	21	441	1330.50
3	45.7	2088.49	16	256	731.20
4	25.4	645.16	11	121	279.40
5	29.2	852.64	9	81	262.80
6	49.5	2450.25	15	225	742.50
7	38.1	1451.61	13	169	495.30
8	30.5	930.25	12	144	366.00
9	35.6	1267.36	14	196	498.40
10	58.4	3410.56	23	529	1343.20
$n = 10$	$\sum X =$ 426.70	$\sum X^2 =$ 19709.21	$\sum Y =$ 151	$\sum Y^2 =$ 2451	$\sum XY =$ 6519.90

$$r = \frac{n\sum XY - (\sum X)(\sum Y)}{\sqrt{[n\sum X^2 - (\sum X)^2][n\sum Y^2 - (\sum Y)^2]}}$$

$$r = \frac{10(6915.90) - (426.70)(151)}{\sqrt{[10(19709.21) - (426.70)^2][10(2451) - (151)^2]}}$$

$$r = \frac{69159.00 - 64{,}431.70}{\sqrt{[197092.10 - 182{,}072.89][24510 - 22{,}801]}}$$

$$r = 4727.30 \ \sqrt{(15019.21)(1709)} = \frac{4727.30}{\sqrt{25667829.89}}$$

$$r = \frac{4727.30}{5066.34}$$

$$r = +0.93$$

续

> n 代表所进行的观察中被试的数目(此处为 10),$\sum X$ 和 $\sum X$ 代表所有 X 和 Y 分数的总和;$\sum X^2$ 和 $\sum Y^2$ 是 X 值和 Y 值的平方和;$\left(\sum X\right)^2$ 和 $\left(\sum Y\right)^2$ 是 X 值和 Y 值总和的平方。此公式中不包含 $\sum XY$,代表 X 值和 Y 值乘积的总和,它可以简单地通过计算每一 X 分数与对应的 Y 分数的乘积的总和来计算。除了公式 B-5 通过原始分数计算皮尔逊相关系数的办法,还有其他的一些计算公式,但大致都与此公式相类同。通过原始分数来计算皮尔逊相关系数 r 的公式详见表 B-3。其中所用的数据采自表 2-1 的(a)列(第二章,第 37 页),你也可以利用该表(b)列和(c)列的数据。自己计算出皮尔逊相关系数 r,以此确定是否真正掌握了这一计算方法,并同时加深对相关概念的感性了解。计算出的 r 值可与表 2-1 各列数据下所列的 r 值进行对照。

▼ 推断统计

[458]

描述统计可用来描述和概括数据,我们假设的实验结果可以概括为如下的陈述:控制组的平均奔跑时间为 13.6 秒,标准差为 2.63;注射 LSD 的实验组平均耗时 16.9 秒,标准差为 3.52。实验组的老鼠与控制组的相比跑得慢许多;两组的平均数相差 3.3 秒。但我们是否应该把这一差别当真呢?也许这一差异仅仅是一些偶然因素造成的,如测量错误,或者说控制组的一些老鼠正逢心情特别好,有意想撒欢跑得快一点。我们如何才能判断这两种条件下的差异是"真实"和可信的——而不是一次意外呢?两个条件下的差异要达到多大才能使我们得出结论,认为其差异不是由于单纯的偶然因素造成的?推断统计可以帮助我们回答这一问题。

实践中这一过程也不是太过复杂。我们可以选择针对实验情景的合适的统计检验,用计算器或计算机进行一些直接的演算,然后再去查询一些特殊的表。这些表格中的数据可以告诉我们,在我们设置的实验条件下发现的差异是由随机因素造成的概率多大。如果足以使我们确信不是偶然原因造成的,那么我们就可以得出结论,认为该差异是具有显著性的统计的差异,或者说该差异是真实可信的。尽管随后真正的计算过程相当简单,但这些计算背后的逻辑却需要我们掌握,这样才可能真正理解统计的推断是如何作出的。

取样

总体就是具有某些共同可观测特性的一个统计测量(如个体或物体)的完整集合,比如,所有达到选举年龄的美国公民,所有注射了 LSD 的患白化病的老鼠,或所有要求记住 50 个单词系列的人。基于这样或那样的理由,我们会对这些总体感兴趣,但是很显然,我们不可能对任一总体进行完整的研究。如果我们能够在给它们注射 LSD 或注射另一种惰性化学物质之后对所有老鼠的奔跑速度都加以测量,那么我们就可以更好地理解 LSD 的效用,因为我们已对整个总体进行了测量。(当然,任何差异依旧可能是由测量中的误差造成。)但是,由于实际中我们总不可能对整个总体进行测量,所以就必须从总体中取样。一个样本是其对应的总体的一个子集。我们在对实验条件进行对比,几乎总是对样本所作的检验。我们作一个统计推断,然后仅仅根据取自总体的样本的观察来得出结论。我们当然想知道 LSD 或其他惰性化学物质对一般意义上的老鼠有何效用,我们也希望从对一个样本(如每种条件下 20 只老鼠)的分析结果中得到结论。框 B-2 列出了一些用于总体测量的参数和用于样本数据的统计。

459

样本总是尽可能地代表所研究的总体。一个办法就是**随机取样**,即通过完全任意的方法从总体中挑选样本成员。(随机取样常通过随机数字表进行,附录 C 中的表 H 就是这样的随机数表。)从技术而言,我们从样本中获得的结果只能推广至取样的那个总体中,但是如果真如此顶真的话,那么任何实验研究都不再有什么意义了。如果我们从动物配给站中拿来 50 只老鼠来为我们假想的某一实验服务,我们选择了一个 40 只的样本,随机地将它们分派于实验的两个条件之中,那么所得出的有关结果是不是只在 50 只老鼠的这一总体中才可信且具有价值呢? 当然,技术上可以这么说,但如果真是这样,便没有人会对实验结果感兴趣了,也没有人会浪费时间做这样一个实验了。我们至少会推测,这一实验结果对同一品种的老鼠都适用。实际中,心理学家们认为他们的实验结果可以推及的范围远远要超出他们用来实验取样的有限的总体范围。在第十章和第十四章中,我们对结果普遍性以及这一推测基础的问题有更全面的讨论。

框 B-2　统计标记

标记总体分数特征的数据称为**参数**,而标记从总体中抽取的样本分数特征的是**统计量**。整个总体分数的平均数就是一个参数,而其中一个样本的平均数则是统计量。为了表示这一区别,总体参数和样本统计量可用不同的符号加以表示。以下所列的是一些最为常见的符号。我们对其中的一些已作了解释;其他的有关讨论见后几页。

$N =$ 总体容量

$n =$ 样本容量

$\mu =$ 总体平均数

$\overline{X} =$ 样本平均数

$\sigma^2 =$ 总体方差

$s^2 =$ 样本方差 $\dfrac{\sum (X-\overline{X})^2}{n}$

$\hat{s}^2 =$ 总体方差的无偏估计 $\dfrac{\sum (X-\overline{X})^2}{n-1}$

$\sigma =$ 总体标准差

$s =$ 样本标准差

$\hat{s} =$ 根据无偏方差估计得出的样本标准差

$\sigma_{\overline{x}} =$ 平均数的标准误 $\dfrac{\sigma}{\sqrt{N}}$

$\hat{s}_{\overline{x}} =$ 平均数的估计标准误 $\dfrac{\hat{s}}{\sqrt{n}}$

样本平均数的分布

有一个方法可以检验我们假设的实验中所获得的数据的信度,即用新的一组老鼠重复前一个实验。显然这一次实验中实验条件和控制条件下所获得的老鼠奔跑时间的平均数不可能与前一次一样。在四次重复实验中,实验条件和控制条件下的平均奔跑时间(秒)分别为 17.9 和 12.5,16.0 和 13.4,16.6 和 14.5,以及 15.4 和 15.1。由于注射 LSD 药物的实验组中的老鼠要比未注射药物的控制组的老鼠跑得慢得多,所以这增加了我们对最初发现的正确性的信心,尽管最后一次实验中,两组的差异很小。如果我们一直重复这样的实验,将两种条件下获得的平均数组成一个数列,那么你会发现,这些分布都是正态的,具有正态分布的所有特征,如落在曲线范围内的数据分数总有一个确定的比例。如果我们将每次实验所获得的两个条件下的平均数之间的差值作为一个分布，结果同样是正态的。正是由于注射药物组与控制组之间差异的分布是正态的，所以我们就可以知道某一特定的平均数差发生的概率是多少。这可以为我们提供大量的信息，而且这也是推断统计的基础。

为了更好地加深对**样本平均数分布**概念的认识，让我们借霍罗威茨（Horowitz，1974，pp. 179 - 182）的有关学生课堂表现的例子来说明这一问题。霍罗威茨制造了一个分数总数为 1000 的正态分布总体，其中整个总体的平均数与标准差都是已知的。当然，在真实的研究中这几乎是做不到的。这 1000 个分数的范围在 0 至 100 之内，平均数是 50，标准差为 158。这些数都登记在 1000 张纸条上，放在一个容器内。霍罗威茨让 96 名学生从容器中抽取 10 张纸条作为样本，然后计算出样本的平均数，每次从容器中抽一张纸条，记录下该纸条的编号，然后将纸条放回原处，重新将之混入容器中，再抽取下一张纸条，直到抽满 10 张。在每名学生计算了其抽取的 10 个分数的平均数之后，霍罗威茨收集了全部 96 名学生的计算结果，并构成了一个样本平均数的分布，见表 B - 4。平均数可能分布的分数区间在左面一栏中显示，平均数分布于该分数区间中的次数于右栏中。该分布几乎是完全对称的，在于总体的真实平均数（50）上、下相等的距离中，分布的分数数量几乎是相同的。而且 96 个样本的平均数（49.99）也同总体的真实平均数（50）非常接近。但表 B - 4 中所显示的样本平均数的极大变化性却非常明显。虽然假定每个样本中的 10 个数据都是随机抽取的而没有任何的偏见，但其中一个样本的平均数为 37.8，而另一个则高达 62.3。显然这些都是不可同日而语的平均数，尽管它们代表的样本都取自同一个总体。如果你进行了一项实验并发现两个差异非常巨大的样本平均数，你尝试判断它们究竟是来自同一个分布还是两个不同的分布时，也许你会以为如此巨大的差异一定是来自不同的分布。换言之，你也许会因此认为，经实验处理所产生的分数与控制条件下得分之间产生了可信的差异（分数分别来自两个分布），通常这是一条很好的准则——不同条件下平均数之间的差异越大，平均数间的差异就越可能值得信赖——但是本例中我们却发现，即使是从同一个已知的分布中随机抽样，依旧会产生样本平均数间以及样本平均数与总体平均数之间巨大的差异。我们在考虑平均数之间微小的差异时，更应牢记这样的教训。在 LSD 药物实验

461

▼　表 B-4　霍罗威茨班级里抽取的 96 名学生样本的平均数分布

每一个样本平均数都是根据 10 次观察得出的

分数间隔	次数
62.0—63.9	1
60.0—61.9	1
58.0—59.9	3
56.0—57.9	7
54.0—55.9	9
52.0—53.9	12
50.0—51.9	15
48.0—49.9	15
46.0—47.9	13
44.0—45.9	9
42.0—43.9	6
40.0—41.9	3
38.0—39.9	1
36.0—37.9	1
	96 个样本

样本平均数 = 49.99
样本平均数的标准差(s) = 5.01

（采自 Horowitz，1974，表 8-1）

中,实验组与控制组平均数之间 3.3 秒的差异是真实可信的吗?

平均数的标准误

平均数的标准误就是关于样本平均数分布的标准差。表 B-4 的数据中,该值为 5.01。平均数的标准误给予我们一些有用的信息,如样本平均数分布的变化性如何,任何样本平均数的值出错的可能性如何等等。标准误大表明变化性也越大,而标准误小则告诉我们任何样本的平均数都与总体的真实平均数相当接近。可见,平均数的标准误是一个相当有用的数据。

你也许要问,为什么我们还要不厌其烦地告诉你平均数的标准误,为了计算它,还必须将一个实验重复多次,获得样本平均数的分布以便能计算其标准差,幸运的是,其实你并不必这么做。计算平均数标准误(用 $\sigma_{\bar{x}}$ 表示)的公式非常简单,只需用总体的标准差(σ)除以观察次数的平方根($\sqrt{N}$)即可。

▼　表 B-5　　学生抽取的样本容量为 50 的 96 个样本平均数的分布

该分布如表 B-4 的情况,仍旧是正态的,但如果每一样本的容量扩大的话,分布的变化性(由平均数的标准误表示)就会大大降低

分数间隔	次数	
55.0—55.9	1	
54.0—54.9	3	
53.0—53.9	5	
52.0—52.9	9	
51.0—51.9	13	
50.0—50.9	17	
49.0—49.9	16	样本平均数 = 49.95
48.0—48.9	14	样本平均数的标准差(s) = 2.23
47.0—47.9	9	
46.0—46.9	6	
45.0—45.9	2	
44.0—44.9	1	
	96 个样本	

(采自 Horowitz, 1974,表 8-2)

$$\sigma_x = \frac{\sigma}{\sqrt{N}} \tag{B-6}$$

这回你又该想"太棒了,但这对我又有什么用呢? 因为公式 B-6 中总体的标准差以及总数是永远也无法知道的。"这一问题统计学家们同样也会碰到,所以他们又设计了一个由样本的标准差估计总体标准差的办法。请回过去找一下公式 B-2,这是用来计算样本标准差(s)的。只要将分母中的 n 换成($n-1$),你就有了一个可以无偏估计总体标准差 σ 的公式了。这一可以用以求得样本平均数分布的标准误的公式(称为平均数标准误或 $\hat{s}_x$)为:

$$估计 \ \sigma_x = \hat{s}_x = \frac{\hat{s}}{\sqrt{n}} \tag{B-7}$$

显然,我们期望平均数的标准误越小越好,因为它表示了我们如果以样本平均数代表总体平均数的话,错误有多大。公式 B-6 和 B-7 已告诉我们该如何

做：增加样本的规模 n，也就是使方程式中的分母变大。样本规模越大，n 越大，平均数的标准误 $\hat{\sigma}_{\bar{x}}$ 就越小。这一点并不奇怪。如果总体有 1000 个分数，那么样本规模是 500 的样本平均数，当然会比规模仅为 10 的样本平均数更接近总体的平均数。

霍罗威茨通过让他的 96 名学生一再从 1000 个分数的总体中抽取纸片并计算平均数，而将这一结论告诉了他们。这次他们的样本容量是 50 而不是第一次的 10。样本平均数分布的结果如表 B - 5 所示。这一次，由于样本增大，所以学生所获得的样本平均数的变化性就小得多了。也同总体的平均数 50 更为接近。样本平均数分布的标准差，或平均数的标准误为 2.23，小于样本容量为 10 时的 5.01。如果从总体中抽取的样本是 100 的话，其平均数的标准误就会是 1.59；如果样本的容量 $n = 500$ 的话，平均数标准误是 0.71；如果样本为 1000，就仅为 0.50 了。（这些都是根据公式 B - 6 计算得出的，因为总体的标准差 σ 在本例中是已知的。）即使取样 1000 次，样本平均数仍与总体平均数存在差异的原因在于，抽样中存在重复抽样的现象，即抽取一张纸条后，它又会被放回容器中，因此一张纸条可能被抽取不止一次，而有的纸条可能根本就没能被抽到。

我们从中学到的是，在实验的条件下，我们总应设法扩大观察的次数——样本的大小，这样我们获得的统计量才会尽可能地接近于总体参数。

假设检验

科学家们通过设计实验来检验假设。假设检验传统的统计学逻辑大致如下。由一个实验者设置一些条件，如在我们用老鼠做的实验中实验组（LSD）和控制组（安慰剂）的条件，以检验**实验假设**。本例中的实验假设为 LSD 药物会对老鼠的奔跑速度产生影响。这一假设的检验对立于**虚无假设**，即两种条件不会对奔跑速度产生影响。换一种说法，实验假设认为奔跑速度数据的两个样本来自两个不同的总体（即分布有差异的总体）；虚无假设则认为两个样本来自相同的分布。

一个重要的假定是不可能完全证明两种假设的正确性，即使两个平均数表面上存在多大的差异，总是存在两个样本来自同一总体的可能。通过推断统计我们所能做的只是决定我们有多大程度的信心来拒绝虚无假设，那么另一个假设就可以间接地得到检验。如果我们很有把握拒绝虚无假设的话，也就意味着另一个假设的正确。说明两种条件下所得的分数之间确实存在差异。心理学家们有个约定俗成的规定，即如果统计检验的计算表明虚无假设可能正确的概率小于 0.05（5％的偶然性），那么我们就可以拒绝它而接受另一个假设。

在这里我们简要地介绍一下概率的概念。考虑如下的问题：如果我们随机地从一副 52 张牌中抽取一张牌，是黑桃的概率是多少？因为一副牌中黑桃共有 13 张，所以抽到黑桃的概率就为 13 除以 52，或 1/4 = 0.25。一般而言，如果一个事件可以发生的途径有 r 条，而所有的可能总数为 N 的话，则该事件的概率即为 r/N。如果我们掷一枚硬币，落地后正面朝上的概率是多少？一枚硬币呈现出来有两种方式，所以 $N = 2$，其中一种就是正面朝上，故 $r = 1$，正面朝上的概率就为 1/2 或 0.50。

现在我们可以更加准确地解释约定的 0.05 水平的统计显著性意味着什么了。如果虚无假设实际是正确的话，那么研究者在 100 次中只有 5 次以下的机会能够在两个不同的条件下获得如此之大的差异。如果拒绝虚无假设可能犯错误的机会如此微小，那么我们有理由认为这么做是安全的，转而接受另一个假设。这一 0.05 的标准又称为 0.05 的置信水平，因为此时在 100 次中犯错误的可能仅为 5 次。虚无假设被拒绝之后，研究者就可以得出结论，认为研究结果中的差异是可信的，或者存在统计上的显著性差异。也就是说，研究者可以相当有把握地认为不同条件下所得出的数据上的差异是可信的，如果重复该实验，也将会产生相同的结果。

然而，将实验假设与虚无假设对立起来的逻辑在近年来由于各种原因遭到了批评。有人指出这么做会给人们关于科学家们是如何工作的以错误的导向。有一点很清楚，没有多少研究者会废寝忘食花精力去考虑虚无假设。一般而言，实验都是用来检验我们的理论的。首先要考虑的是实验的结果如何才能用理论加以解释或说明，我们尤感兴趣的是那些重要的实验结果看上去却同关于某一现象的主要理论不相吻合的情况，因此，实验之所以重要，是因为它们能告知关于我们的理论与思想的一些信息——这也正是我们设计这些实验的初衷——而不是为了知道虚无假设是否该被拒绝。但是虚无假设的检验逻辑作为一种科学推理过程的先导仍被广泛地使用，尽管它有过分简化的倾向。所以在此我们仍旧加以介绍,不是想误导读者认为心理学家们整天在梦想着他们的实验假设以对抗虚无假设。这应该只是一部分,科学推理的过程要远比通过虚无假设的方法使我们相信结果的方法来得多变和复杂(见第一章)。

假设检验:参数已知

检验对立于虚无假设的逻辑,可以通过在总体参数已知的条件下,判断某一特定的样本究竟是否来自该总体的例子加以很好的说明。但是,在实际的研究中很少会出现这样的情况,总体参数很少是已知的。

假设你很有兴趣知道,你所在的上实验心理学课的班级同学 IQ 测验上的得分,是否真实可信地超过(或低于)全国的平均数。这个例子中的总体参数我们是知道的,平均数为 100,标准差是 15。你可以很容易地用某些智力测验的简化版来测试你班上的同学,如用韦克斯勒成人智力测验的团体测验量表。假设你随机从你班上的 100 名同学中抽取了 25 人,得出该样本的平均数为 108,标准差为 5。

我们如何才能检验班里的同学要比总体聪明这一实验假设呢? 首先让我们来看一下假设,实验假设为班里的学生要比整个国家的人聪明,或者是学生们的 IQ 分数是抽取于一个不同的总体而非随机抽取的。这不是一个真正使人激动的假设,也不是心理学研究的热门前沿话题,但只要我们愿意就可以做。虚无假设当然就是我们的样本与全国的平均数之间不存在可信的差异,或者为班里的学生只不过是来自同一总体的一个样本。如果虚无假设成立,那么样本平均数 108 与总体平均数(μ)100 之间的差异就将归之为随机因素。但显然这并不是难以置信的,因为在样本平均数的有关讨论中我们已经看到,样本平均数可以在多大程度上与总体参数存在差别,哪怕样本的选择是不带任何偏见的。回忆以下霍罗威茨课堂里显示的内容,结果可见表 B-4 和表 B-5。

正态曲线、样本平均数的分布以及 Z 分数都能帮助我们判断虚无假设是错误的可能性有多大。当我们从一个较大的总体无偏地抽取样本时,这些样本的平均数分布也是正态的。对于正态分布,我们可以确定分数分布于曲线各部分的比率,见图 B-3。最后请记住,Z 分数是通过计算正态分布中任一分数与平均数之间的距离,并以标准差为单位的。

这些都是顺带的回顾。那么这又将如何给予我们帮助呢? 当样本确实来自一个总体，而其 IQ 平均分又大于总体时，该假设是这样被检验的，即将样本的平均数当作一个个别数来处理（用我们早先讨论过的方法），并且根据样本平均数与总体平均数的离差来计算 Z 分数。在本例中，我们已知总体的平均数为 100，而随机抽取学生的那个班级的平均数为 108。为了计算 Z 分数，我们还要知道平均数的标准误：即样本平均数分布的标准差。所以这里计算 Z 分数的公式为：

$$Z = \frac{\overline{x} - \mu}{\sigma_{\overline{x}}} \qquad (B-8)$$

平均数的标准误（$\sigma_{\overline{x}}$），可以通过将总体的标准差 σ（本例中 IQ 分数的标准差是 15）除以 $\sqrt{n}$ 来求得，这里的 n 指的是班级样本的容量，即 $\sqrt{25}$。（该推导可从公式 B-6 中得出。）所以，$\sigma = 15/\sqrt{25} = 3$。因此，Z 分数就为 $(108 - 100)/3$，等于 2.67。

　　Z 分数为 2.67，我们又可作何结论呢？该分数可以使我们有充分的合理的自信来拒绝虚无假设，并作出倾向于实验假设的结论，即在 IQ 分上，该班级其实要比总体表现得更为出色。我们为了确信这一点而问这样的问题：当样本平均数取自一个平均数为 100 的较大的总体时，Z 分数为 2.67 的可能性有多大？答案为发生的可能性仅为 0.0038，即 10000 次中仅有 38 次发生（下一段中我们会说明这是怎样计算的）。拒绝虚无假设的惯例是，只要该假设发生的概率为 1/20，就拒绝它。所以该班级的样本平均数与总体平均数之间的差异是一种可信的差异，或显著的差异。

　　为了解释这一相当重要的结论是如何得出的，我们有必要再次提及正态曲线的特性，即在曲线每一部分分布的数据都有一个确定的比例。图 B-3 显示，Z 分数为 ±2.00 的可能性已属相当稀有了。从正负两个方向大于该值的分数发生的可能性仅为 2.15%，即发生的概率为 0.0215。这同样低于 5% 或 0.05 的显著水平（或置信水平）。所以，任一距总体平均数达 2 个或 2 个以上标准差的样本平均数，如果应用上述的逻辑，就可以认为是与总体平均数之间存在可信的（显著的）差异。事实上，在 0.05 的置信水平拒绝虚无假设的关键的 Z 分数为 ±1.96。附录 C 的表 A 中呈现的是：(1) 从 0 到 4 的 Z 分数；(2) 平均数与 Z 分数之间的面积;(3)最为重要的是超越某个 Z 分数之后的面积。超过 Z 分数之后的面积就是仅仅出于偶然而找到一个距平均数为这么远的分数的概率。再次指出,如果概率小于 0.05,也就是 Z 分数为 1.96(或更大)时,我们就应该拒绝虚无假设。在我们假设的 IQ 分数的例子中,Z 分数为 2.67,如果是来自同一总体,其发生的微小概率仅为 0.0038。

上面我们讨论的这一统计问题——将样本平均数与总体参数进行比较,以考察该样本是否来自这个总体——有太多人为的痕迹,因为一般总体的参数是很难知道的。但是这个例子的确展示出大多数一般统计检验的特性,对于所有的检验来说,不外乎通过一个实验来获得一些数据资料或原始分数,然后依此进行一些计算;得到一个诸如前面刚计算的 Z 分数那样的值;然后将该值同一个数值的分布加以对照,以确定如果虚无假设是准确的话,获得计算出来的这样一个值的概率有多大。这一分布能告知,我们所获得的结果可以归因为随机变化的概率是多少。如果概率为在 100 次中其发生少于 5 次($P < 0.05$),那么根据约定我们就可以认为虚无假设可以被拒绝。这一概率有时也被称作 α 水平。但也有的心理学家将该水平定为 0.01,甚至是 0.001(100 或 1000 次中才发生 1 次),这样就可以提高他们拒绝虚无假设的正确性。

我们所述的 Z 分数检验也可以被用来介绍其他的一些重要统计概念。首先,我们一起来看一下,按照虚无假设的检验逻辑,在对实验数据进行统计检验时,可能出现的两种类型的误差。有自作聪明者将之称为 I 型误差和 II 型误差,自此学生们总爱将两者混淆起来。I 型误差就是拒绝了真实的虚无假设。该型误差发生的概率从 α 水平上可以看出来。如果 α 水平是 $P = 0.05$,那么我们错误地拒绝真实虚无假设的可能就是每 100 次中发生 5 次。这也显示了推断统计的概率本质。我们并不能绝对地肯定一个虚无假设可以被拒绝,而只是具有合乎理由的把握。因此我们用以判断统计量显著性的 α 水平或 P 水平越低,我们出现 I 型误差的可能也就越小。然而,这却会增加我们出 II 型误差的概率,即虚无假设明明是错误的而我们却没有拒绝它。可见,将 α 水平设置为不同的点位时,会系统性地减少和增加产生两种类型误差的可能。它们互为撷抗,不可两全。表 B-6 列出了这两种误差。

▼　表 B-6　Ⅰ型误差和Ⅱ型误差的本质

当实验者错误地拒绝了一个为真的虚无假设，就会产生Ⅰ型误差，其发生的概率由 α 水平决定。当实验者未能拒绝一个错误的虚无假设，就会产生Ⅱ型误差。当虚无假设错误又被拒绝时，实验者就作出了正确的决定，这取决于实验者的能力水平。

实验者的决定	总体中事件的真实状态	
	自变量没有作用，虚无假设为真	自变量有作用，虚无假设是错误的
拒绝虚无假设	Ⅰ型误差——认为自变量有作用是一个错误的决定，发生的概率是 α。	正确决定——这依靠实验者的能力水平。
没有拒绝虚无假设	正确决定	Ⅱ型误差——没有侦测出实验处理的效用。

　　科学家们在这种情况下一般采取保守的姿态，所以 α 层级非常小，如将它定为0.05 或 0.01（而不是 0.10 或 0.15）。因此，能将真的虚无假设加以拒绝——即实验中明明不存在差异，我们却说它存在——而产生的误差减到很小。然而其后果是，我们出现Ⅱ型误差的概率却增加了。一个保守的统计检验将Ⅰ型误差降低，而相反更为自由的统计检验则增加了Ⅰ型误差的产生概率，却减少了出现Ⅱ型误差的可能。

　　遗憾的是，在我们的实验情形下，永远也不可能准确地知道我们究竟产生了Ⅰ还是Ⅱ型误差。我们可以通过对结果加以实验性的重复来发现这一点。然而，我们同样可以通过计算出统计检验的效力来发现这一点。统计检验的效力就是当虚无假设确实错误而我们也确实对之加以拒绝。显然，我们总是尽量使我们所运用的统计检验的效力最大。此处，我们并不想对检验效力的计算作过多的说明，但我们可以指出影响检验效力的两个主要因素。请先回顾一下公式 B-8 中关于 Z 分数的计算，任何可以使 Z 分数变大的方法皆可增加统计检验的效力，或拒绝虚无假设的可能。总体平均数 μ 为一固定值，因此公式 B-8 中只有两个参数的变化可以影响到 Z 分数，一是样本平均数与总体平均数的差 $(\bar{x}-\mu)$，另一个是样本的容量 n。如果 $\bar{x}$ 与 μ 之间的差异增大（或者在其他的情况下，如果实验中进行对比的样本平均数间的差异增大），那么拒绝虚无假设的可能性也就增加了。

　　但对于平均数之间差异的大小我们是无能为力的，它也是固定的，所以能够增

467

加我们统计检验效力的办法就是扩大样本的容量。个中的道理简单来说就是样本越大,我们就可以更加确信我们的样本平均数可以代表其来自的总体的平均数。由此我们也可以更加确信样本平均数与总体平均数之间的任何差异(或两个样本平均数之间的差异)是可信的。样本的大小对检验效力有极大的影响,表 B-7 显示了这一点。对于我们假设的 108(IQ)的样本平均数与 100(IQ)的总体平均数间差异而言,表中列出了当样本大小变化时 Z 分数和 P 值的变化情况。显然,当样本大小发生变化时,我们关于样本是来自一个全国性的总体还是一个高智商的总体的结论也变得更加肯定。如果我们假定这里的虚无假设确实是错误的话,那么通过扩大样本的规模,我们就减少了出现 Ⅱ 型误差的概率而增加了我们所使用的检验的效力。

468

▼　表 B-7　变化样本容量(n)对统计检验效力的影响,或当检验运用时虚无假设被拒绝的可能有多大。

表中的数据取自 IQ 分数的样本平均数为 108 的 Z 分数(书中已对计算作了说明)

$$Z = \frac{\overline{X} - \mu}{\sigma \overline{x}}$$

如果平均数差异不变而 n 扩大的话,z 也增大,因为:

$$\sigma \overline{x} = \frac{\sigma}{\sqrt{n}}。$$

n	$\overline{X} - \mu$	$\sigma \overline{x}$	Z	p^+
2	8	13.14	0.61	.2709
5	8	6.70	1.19	.1170
7	8	5.67	1.41	.0793
10	8	4.74	1.69	.0455*
12	8	4.33	1.85	.0322*
15	8	3.88	2.06	.0197*
17	8	3.64	2.20	.0139*
20	8	3.35	2.38	.0087*
25	8	3.00	2.67	.0038*
50	8	2.12	3.77	.0001*
75	8	1.73	4.62	<.00003*
100	8	1.50	5.33	<.00003*

＊ 所有有该记号的值符合约定的统计显著性水平,$p < 0.05$(单侧)

＋ p 值是单尾的。

最后一个要考虑的问题是对统计检验方向性的确定与说明。在验证一个与虚无假设截然对立的择一假设时常常遵从一个惯用的逻辑。根据该逻辑，择一假设可能是定向的或非定向的。如果一个实验有一个实验组和一个控制组，非定向性的实验假设很简单，即两组的因变量的表现会产生差异。但是定向假设还需附加上对差异方向的预计，例如，预计实验组的表现要好。

这一区别很重要，因为如果择一假设是定向的，那么应该运用**单侧（单尾）统计检验**，但如果择一假设为非定向性的，就要运用**双侧（双尾）检验**。单或双"侧"指的是对于一些已经确定的统计检验值（比方说 $Z = 1.69$），我们在查阅与之对应的 p 水平时，考虑分布的是单侧还是双侧（见图 B-4）。

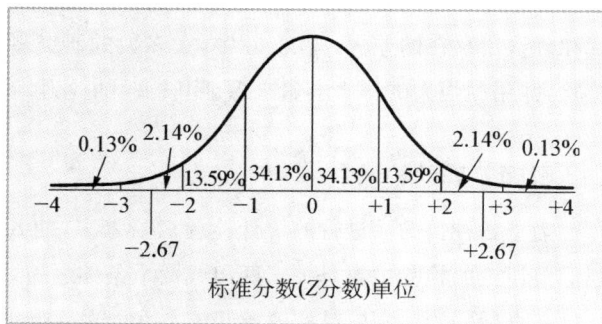

标准分数(Z分数)单位

▼　图 B-4

本图为图 B-3 呈现的标准正态分布。该分布有两侧，一侧为正，另一侧为负。如果实验只是简单地推定实验条件和控制条件下结果会有所不同，而非规定差异的方向，那么实验的这一假设就称为非定向假设。如果 $Z = 2.67$，那么此时必须同时查找正的一侧与负的一侧发生的概率，并将两者相加，因为实验者未说明差异应为正还是负。当实验者同时对变化及方向加以说明时，那么只需查找一侧的概率。由于分布是对称的，所以对于单尾检验和双尾检验而言，可以拒绝虚无假设的概率前者恰为后者的一半。实验者越是对实验结果没有把握，其作出决定，认为不是偶然发生的不同条件之下的差异，就越是需要大些。

用我们前边的例子说明也许就更清楚了。我们抽取了一个学生的样本（$n = 25$），确定了该样本的平均数为 IQ 分 108，为了检验这是否与 IQ 为 100 的总体平均数存在差异，我们计算出 $Z = 2.67$。如果我们事先没有预计样本的 IQ

是如何与正常总体产生差异的——如果我们只是认为它或者可能高些或者可能低些——那么这就是一个非定向假设。而事实上,我们预计到样本的 IQ 要大于 100,所以我们检验的是一个定向的假设,只需单侧检验即可。也就是说,我们只需在正态分布的一侧来看 Z 分数对应的值:即大于零的一侧。$Z =$ $+2.67$ 对应于单侧的 P 值为 0.0038。如果假设是非定向的,我们就不可能事先预计所得的 Z 分数是大于而不是小于 0。这一 Z 分数既可落于正的一侧,也可落在负的一侧。由于差异可以在两个方向上发生,所以我们就应进行双侧检验。在实际中,由于分布的两侧是对称的,故只需将一侧检验的 P 值加倍即可。在我们所举的例子中,如果假设是非定向的,P 就等于 2×0.0038,或0.0076,仍低于 0.05。

　　双侧检验较之单侧检验更为稳健保守,但效力较低,它更难拒绝虚无假设。如果我们对一个实验的结果不甚确定,就需要一个更大的统计量,以帮助我们发现和确认所存在的差异。在实际中,大多数的研究者推崇更为保守稳健的双尾检验,并用相当大的样本容量来保证其检验的效力。

组间差异的检验

　　为了各种目的而进行的统计检验名目繁多,使人有些眼花缭乱。而接下来我们要讨论的检验主要是关于两组或两个条件之间差异的可靠性。我们应该怎样挑选合适的检验呢? 其实这并没有一条严格的准则。被检验的假设、检验效力及检验所适合的情境类型都是会改变的。在心理学的研究中,针对两个平均数之间的差异进行检验最为常用的当推 t 检验。由于 t 检验提供差异信度的同时,还可以用来进行简单的方差分析(稍后会加以讨论),所以我们先讨论另外两种其他的检验。它们是**曼-惠特尼 U 检验**和**威尔科克逊符号秩次检验**。它们还对介绍另外一种类型的统计检验相当有用。

　　曼-惠特尼 U 检验和威尔科克逊符号秩次检验都为**非参数检验**,它们与**参数检验**不同。参数统计检验是对检验实施的潜在总体作有关推断的检验。参数检验的一般假设是,用以比较的潜在总体的方差相等,且其分布为正态。如果这些假设不能满足,那么,参数检验就不再合适。但是,由于我们不知道总体的参数,又如何能够知道构成检验基础的假设能否被满足呢? 通常我们不可能知道总体的参数，除非通过样本的统计量来估计。但是，如果用非参数统计，这一问题就不复存在，因为非参数检验对于潜在的总体参数并没有作任何假定。由于总体参数无论怎样都不可能知道，因此这就为使用非参数检验提供了一个重要的理由。另一个理由是，这类检验一般很容易计算，甚至常常只需手工计算便可得出结果。即便如此，非参数检验的效力一般还是比同样条件下的参数检验低，因为它们较难拒绝虚无假设。

当我们想要比较两个样本以确定它们是否来自同一个或不同的潜在总体时，就使用曼-惠特尼 U 检验。当两个样本由不同的被试组成，或在被试间设计的实验情况下，我们也使用该检验。曼-惠特尼 U 检验的基本原理此处不作讨论。一般而言，其逻辑与从一个检验计算出一个值，再将该值与一个分布进行比较，以判定虚无假设是否应该被拒绝的其他统计检验相类似。用曼-惠特尼 U 检验来检验一组数据的步骤如框 B-3 所示。它是关于 LSD 药物实验两个样本之间差异可靠性的检验。

威尔科克逊符号秩次检验同时用来检验两个组之间的差异，但针对的实验设计必须是**相关度量设计**。也就是说，要么必须是同一组被试既参加实验组又参加控制组（一种被试内设计），要么便是被试必须以某种方式进行匹配。当然，对于被试间设计而言必须有一定的先决条件，以保证诸如练习或疲劳等变量不至于同我们感兴趣的变量混淆（见第三章）。但只要实验控制良好，威尔科克逊符号秩次检验对于结果分析而言就不失为一种合适的工具。

在讨论符号秩次检验之前，我们先来看一下较为简单、但与之类似的**符号检验**，其适用的范围与前者大致相当。符号检验非常简便易施。假设我们有 26 名被试，同样地加入实验条件和控制条件的实验，我们预期在实验条件下，被试的表现要比在控制条件下好。又假设现在其中的 19 名被试的确是实验条件下的表现好于控制条件下的，还有 7 名与预期的相反。那么这一差异是否可靠呢？符号检验可以在毋须理解更多有关被试真实分数的情况下，回答这一问题。根据虚无假设，我们可以预计 13 名被试在实验条件下表现好，另 13 名被试在控制条件下表现好。现在有 19 名被试表现正如所料，但仍存在 7 名被试相反或例外的情况，符号检验可以帮助我们计算出此时虚无假设是错误的确切概率。本例中可将虚无假设拒绝的置信水平为 0.014（单侧），而对于非定向的预计而言，P

470　　框 B-3　对图 B-1 中假想的实验数据进行的曼-惠特尼 U 检验的计算

步骤 1:同时将两组的数据一起排序,从最小的数字开始。授予它最低的秩次。

控制(安慰剂) 潜伏期(秒)	秩次	实验(LSD) 潜伏期(秒)	秩次
9	1.5	9	1.5
10	3.0	13	11.5
11	4.5	13	11.5
11	4.5	14	17.0
12	7.0	14	17.0
12	7.0	15	21.0
12	7.0	16	24.5
13	11.5	16	24.5
13	11.5	16	24.5
13	11.5	17	28.0
13	11.5	17	28.0
14	17.0	18	32.0
14	17.0	18	32.0
14	17.0	18	32.0
15	21.0	18	32.0
15	21.0	19	35.5
16	24.5	19	35.5
17	28.0	20	37.5
18	32.0	22	39.0
20	37.5	26	40.0
	$\sum R_1$ 295.5		$\sum R_2$ 524.5

注意:当分数相等时,同为该分的分数其秩次的平均值为它们的秩次。如本例中对 9 秒而言,其秩次就为 1.5(1 和 2 的平均数)。

步骤 2:计算 U 和 U' 的公式如下,其中 n_1 代表较小样本的容量,n_2 为较大样本的容量,$\sum R_1$ 为较小样本的秩次和,$\sum R_2$ 为较大样本的秩次和。显然,如果样本容量不等的话,这些字符的下标就相当重要了,本例则不然。

$$U = n_1 n_2 + \frac{n_1(n_1+1)}{2} - \sum R_1$$

续

$$U = (20)(20) + \frac{20(21)}{2} - 295.5 \qquad (B-9)$$

$$U = 400 + 210 - 295.5$$

$$U = 314.5$$

$$U' = n_1 n_2 + \frac{n_2(n_2+1)}{2} - \sum R_2$$

$$U' = (20)(20) + \frac{20(21)}{2} - 524.5 \qquad (B-10)$$

$$U' = 85.5$$

事实上只要计算出 U 或 U' 即可,因为另一个值可根据下面公式推出。

$$U = n_1 n_2 - U'$$

或

$$U' = n_1 n_2 - U$$

步骤 3:挑选 U 和 U' 中较小的数值,查找附录 C 中的表 B,看两组间的差异是否可靠。表 B 中的值是根据不同样本容量而列的。在本例中,两个样本容量皆为 20,从表中可查出临界值为 88,如果要判断两组间的差异真实可靠的话,实验中所得的 U 或 U' 的值一定要小于表 B 中相应的值。因为 85.5 小于 88,所以我们可以得出结论认为,在 0.001 的置信水平上,两组间的差异是可靠的。

注:表 B 所适用的两个样本的容量只允许在 8 和 21 之间。否则的话,你必须求助于高级教材。

值则等于 0.028(双侧)。具体是如何计算的我们此处同样无法深究,但在附录 C 的表 C 中,我们已经给出了当有 x 个分数与我们的假设预计不一致时,样本容量从 3 到 42 的 α 水平(单侧)。所以,假如实验中有 16 名被试(记住,同样地参加两种条件),结果有 13 名表现如预期而另有 3 名情况相反,那么查表可知,在 0.011 的置信水平(单侧)上,我们可以拒绝虚无假设。

符号检验利用一个实验的信息很少,只需理解被试是否在一个条件下比另一个条件的表现好或差即可。对于符号检验而言,两种条件下表现差异的大或小并不是问题的关键,重要的是差异的方向。可见符号检验浪费了实验中获得的大量信息,因而不是一种非常富有效力的统计检验,威尔科克逊符号秩次检验同符号检验类似,也用于相同(或匹配)被试在两种条件中的操作,也着重考虑两种条件之间差异的方向。但是,威尔科克逊符号秩次检验将差异大小纳入了考察范围。正是由于这一点,有时我们也将之称为估计大小的符号检验。框 B-4 是威尔科克逊符号秩次检验如何实施的一个例子。

框 B-4　威尔科克逊符号秩次检验的计算

　　假设一项实验,用以检验冯·威吉特(von Widget)教授的记忆教程"如何才能集中精力记住任何材料"是否灵验。首先,给一组 30 名被试呈现 50 个单词,让他们记忆。然后将这些被试随机分成两组,并保证两组人员回忆出的单词数的平均值之间没有显著差异。接着让实验组接受为期三周的冯·威吉特教授的课程,而控制组则不作任何处理。然后,所有 30 名被试再用另外一组 50 个的单词进行记忆测验。我们这里要问的问题是,实验组被试的记忆是否显著地提高了。(注:我们可以,也应该同时将实验组被试在第二次测验中的表现与控制组的表现进行比较,曼-惠特尼 U 检验堪当此任。你知道为什么吗?)我们用威尔科克逊符号秩次检验,对实验组被试前后两次测验中的表现是否发生了明显的改善进行了评估。

　　步骤 1:将数据列入一张表中(如后所示),每名被试的两个分数(参加记忆课程前与参加课程之后)配成对,找出并记录每对之间的差异。

　　步骤 2:根据差异值的大小,从最小的开始,对所有的差异值进行排序。忽略正负号,用的是差异的绝对值。对于秩次相同的分数,用秩次的平均数作为这几个分数的秩次(见表后的最右一列)。

　　步骤 3:将所有负的差值秩次相加(5.5+2.5+8.5+5.5 = 22.0),也将正的秩次相加(14+15+2.5+8.5+8.5+2.5+13+2.5+11.5+8.5+11.5 = 98.0)。这些即为符号秩次的值。

　　步骤 4:取符号秩次值的最小值(本例中为 22),到附录 C 的表 D 中查找相应的配对观察次数(列在表的左部,n)。本例中为 15。然后寻找该数字对应的显著性水平的值。因为本例中结果的方向已经作了预期(我们预期记忆课程可以帮助而不是有损于单词的记忆),所以我们选择 0.025 显著水平的单侧检验。对应值为 25。如果实验中得出的两个值中较小的那个低于表中的对应值,那么结果就是可靠的。由于 22 低于 25,我们就可以作出结论,冯·威吉特教授的课程的确对单词记忆有帮助。

　　注:要记住的是,控制组的表现在两次测验中并没有改善。这是一条关键的信息,不然的话,我们就不能排除另两种可能的假设。一是第二次测验成绩的提高仅仅是由于经过了第一次测验之后的练习效应;另一种可能是第二组的单词比第一组的容易。事实上,如果冯·威吉特教授的记忆课程真如现在充斥市场的记忆课程一样有效的话,严格真实的实验结果将会(也已经)显示出比现在假设的例子中更为可观的进步。所有的记忆增进课程都体现了几条同样的原则,即它们对客观性材料,如单词的记忆,确有帮助。

473

续

回忆出的单词平均数				
被试	参加课程前	参加课程后	差异	秩次
1	11	17	+ 6	14.0
2	18	16	− 2	5.5
3	9	21	+ 12	15.0
4	15	16	+ 1	2.5
5	14	17	+ 3	8.5
6	12	15	+ 3	8.5
7	17	16	− 1	2.5
8	16	17	+ 1	2.5
9	15	20	+ 5	13.0
10	19	16	− 3	8.5
11	12	13	+ 1	2.5
12	16	14	− 2	5.5
13	10	14	+ 4	11.5
14	17	20	+ 3	8.5
15	6	10	+ 4	11.5
	$\overline{X} = 13.8$	$\overline{X} = 16.07$		

t 检验

在框 B-5 和框 B-6 中，我们利用前面两个框中的数据进行了相应的 t 检验。t 检验是一种参数检验，也就是说我们事先假定潜在的分布从形态上看是正态的。另外，t 检验与其他的参数检验一样，所使用的数据分布至少具有等距的性质。而 U 检验和符号检验只要求数据是有顺序的即可。t 检验从根本上说是建立在 Z 分数之上的，与平均数之间差异的标准误有关。因此，即使计算的公式乍一看有些不同寻常，但其根本的逻辑与本附录中先前所讨论的类似。

框 B-5 被试间 t 检验的计算

下面的检验根据的是先前讨论过的假设的实验数据(见框 B-3),计算公式如下:

$$t = \frac{\overline{X}_1 - \overline{X}_2}{\sqrt{\left[\dfrac{\sum X_1^2 - \dfrac{(\sum X_1)^2}{N_1} + \sum X_2^2 - \dfrac{(\sum X_2)^2}{N_2}}{N_2 + N_2 - 2}\right]\left[\dfrac{1}{N_1} + \dfrac{1}{N_2}\right]}} \quad (B-11)$$

$\overline{X}_1 =$ 组 1 的平均数　　$\sum X_1^2 =$ 组 1 分数的平方和

$\overline{X}_2 =$ 组 2 的平均数　　$\sum X_2^2 =$ 组 2 分数的平方和

$N_1 =$ 组 1 分数的个数　　$(\sum X_1)^2 =$ 组 1 和的平方

$N_2 =$ 组 2 分数的个数　　$(\sum X_2)^2 =$ 组 2 和的平方

控制组(安慰剂)				实验组(LSD)			
X	X^2	X	X^2	X	X^2	X	X^2
9	81	13	169	9	81	17	289
10	100	14	196	13	169	18	324
11	121	14	196	13	169	18	324
11	121	14	196	14	196	18	324
12	144	15	225	14	196	18	324
12	144	15	225	15	225	19	361
12	144	16	256	16	256	19	361
13	169	17	289	16	256	20	400
13	169	18	324	16	256	22	484
13	169	20	400	17	289	26	676
$\sum X = 272$		$\sum X^2 = 3838$		$\sum X = 338$		$\sum X^2 = 5960$	
$\overline{X} = 13.60$				$\overline{X} = 16.90$			

步骤 1:在计算每一组的 $\sum X, \sum X^2$ 和 $\overline{X}$ 之后(顺带要说明的是,这里不需要对数据加以排序),我们还需要计算每一组的 $(\sum X)^2/N$:$(272)^2/20 = 3699.20$ 和 $(338)^2/20 = 5712.20$。然后我们再计算出每组的 $\sum X^2 - (\sum X)^2/N$:$3838 - 3699.2 = 138.8$ 和 $5960 - 5712.2 = 247.8$。

步骤 2:现在我们将上一步中获得的两组数据相加:$138.8 + 247.8$,然后再除以 $N_1 + N_2 - 2$:$386.6/38 = 10.17$。

步骤 3:将第二步得到的商(10.17)乘以 $[(1/N_1 + 1/N_2)]$:$(10.17)(2/20) = 1.02$。

步骤 4:将第三步得到的积开方:$\sqrt{1.02} = 1.01$。

续

步骤5:我们可以得出两组平均数之差的绝对值(两组平均数相减而忽略符号): $16.90 - 13.60 = 3.30$。

步骤6:$t = $平均数的差(第5步)再除以第4步的结果:$3.30/1.01 = 3.27$,所以 t 值为3.27。为了对此值进行评价,我们去附录C中的表E查找有关的值。我们根据实验中的自由度(df)来查表。自由度就是允许自由变化的分数的数目。对于被试间的 t 值而言,自由度为 $N_1 + N_2 - 2$,本例中,$df = 38$。对于 $P = 0.05$ 和 $df = 38$ 这两个值而言,表中 t 的临界值是2.04(总是根据第二低的 df 值来计算临界值)。由于我们计算的 t 值超过了临界值,故我们拒绝两组老鼠具有相同奔跑速度的虚无假设。也就是说,LSD对我们实验中被试的行为是有效用的。

475

框 B-6 被试内 t 检验的计算

这里所用的假想数据采自冯·威吉特实验(见框 B-4)。被试内 t 检验的计算公式为

$$t = \sqrt{\frac{N-1}{\left[N\sum D^2 / (\sum D)^2 \right] - 1}} \qquad (B-12)$$

其中 $N = $ 被试的数目,$D = $ 在两个条件下某一被试(或配对的两个被试)的分数差。

回忆出的平均单词数				
被试	前	后	差异	D^2
1	11	17	+6	36
2	18	16	−2	4
3	9	21	+12	144
4	15	16	+1	1
5	14	17	+3	9
6	12	15	+3	9
7	17	16	−1	1
8	16	17	+1	1
9	15	20	+5	25
10	19	16	−3	9
11	12	13	+1	1
12	16	14	−2	4
13	10	14	+4	16
14	17	20	+3	9
15	6	10	+4	16
	$\overline{X} = 13.80$	$\overline{X} = 16.07$	$\sum D = 35$	$\sum D^2 = 285$
			$(\sum D)^2 = 1225$	

续

步骤 1:当你如上表中将每位被试的成绩配对之后,记录下每对分数的差,然后再将该分数差平方。

步骤 2:将所有被试的分数差相加,得到 $\sum D$,然后将之平方,得到 $\left(\sum D\right)^2$:$\sum D = 35$,而 $\left(\sum D\right)^2 = 1225$。

步骤 3:计算分数差的平方和,得到 $\sum D^2 = 285$。

步骤 4:将 $\sum D^2$(步骤3)乘以被试人数:$285 \times 15 = 4275$。

步骤 5:将第四步得到的乘积再除以 $\left(\sum D\right)^2$:$4275/1225 = 3.49$。再将该结果减去 1:$3.49 - 1 = 2.49$。

步骤 6:将被试数目减去 1,即 $(N-1)$,再除以第 5 步的结果:$14/2.49 = 5.62$。

步骤 7:$t = \sqrt{5.62} = 2.37$。

步骤 8:对 t 值进行评价,将之与统计表 E 中的临界值进行比较。自由度取 $N-1$。本例中 $df = 14$。查表得知,$df = 14$,$p = 0.05$ 的临界值为 2.145。由于计算得出的 t 值要大于临界值,故我们可以认为,冯·威吉特课程确实影响单词记忆。

效应大小

总之,计算诸如 Z 分数或 t 分数这样的统计量,可以帮助我们判断实验结果是不是由随机因素造成的。确定差异的 α 水平(如框 B-5)就可以使我们确信该差异具有统计学意义上的显著性,故而拒绝虚无假设。t 检验的一个有趣特征(我们稍后要介绍的 F 检验也具备)是,随着自由度的增加,拒绝虚无假设所需的 t 值大小却随之减小。这也就意味着 t 检验的效用随着样本容量的扩大而增加,这正如 Z 分数增大时所表现的那样(见表 B-2)。同样,正如框 B-5 中独立组 t 检验的公式所示,如果我们保持平均数之间的差异不变,而增加样本容量 (n),那么随着分母的变小,t 值就会增大。这同样可以使得我们的检验更具效力并拒绝更多的虚无假设。因而在有些情况下,即使平均数之间的差异很小,它仍有可能具有统计显著性。通常当我们进行一项实验时,会期望平均数之间存在真实的差异——自变量具有大的作用(效应)。然而,对于一项非常有效用的实验而言,即使平均数之间的差异相当小,我们仍旧可以检测出差异。在后一种情况下,也许我们不清楚这种差异究竟是归之于有效用的自变量,还是应归之于相当有效力的统计检验。

我们如何才能知道实验确实拥有一个相当具有效用的自变量呢? 为了确定自变量"效应大小",我们需要一种方法揭示某一特定组可以用来预测行为的程度。在框 B-5 的例子中,我们可以进行这样一种计算,使得我们在判断一只实验鼠究竟是接受了安慰剂还是接受了 LSD 药物时,心中多少有点数。所需的信息就是一个相关系数,因为我们想要预计一只实验鼠究竟经过了怎样的处理,其方式与框 B-1 中我们想依据头围来预测记忆分数的情形极其类似。在我们进行一次 t 检验之后,就可以接着计算一下相关,以评估实验效应大小。此处较为合适的相关系数为 r_{pb},称为点二列相关,公式为:

$$r_{pb} = \sqrt{t^2/(t^2 + df)} \tag{B-13}$$

r_{pb} 的值应在 0 至 + 1.00 之间。根据习惯,相关系数在 0.3 以下的便认为相关较小,在 0.31 至 0.5 之间的视作中等,超过 0.5 的相关值便认为很可观了 (Thompson & Buchanan, 1979)。在框 B-5 中,$t = 3.27$,$df = 38$,从公式 B-13 我们不难得出 $r_{pb} = 0.47$。可以认为这是一个中等程度的效应,用该公式同样能计算出框 B-6 中的 r_{pb},你不妨尝试一下。

我们应该知道的另外一种最重要的效应度(**effect size**)指标是 η(厄塔)。我们可以在进行 F 检验后,用它来判定虚无假设的错误有多大。作为接下来有关介绍的准备,F 检验最简单的形式和 t 检验非常类似,只不过前者的自变量水平要多于两个(就是说,不同的 LSD 药物剂量)。复杂一些的实验会有两个或两个以上的自变量,每个自变量都有几种不同的水平,对它们也可以使用 F 检验进行分析。和 r_{pb} 一样,η 表示个体因变量的分数与群组资格的相关。η 值越大,就说明效应值越大,我们就能更好地根据被试的分数预测其群组资格。

在进行方差分析时,我们可以计算两种方差(随后会有介绍)的比值,显著性与两种自由度有关:F 比值的分子自由度 df_n 和分母自由度 df_d。于是,η 的计算公式就是:

$$\eta = \sqrt{df_n \times F/(df_n \times F) + df_d} \tag{B-14}$$

效应大小的测量还有另一个重要的用途,它也同依据样本容量来拒绝虚无假设有关。假设我们进行了一项实验,发现 t 值不足以拒绝虚无假设,尽管平均数之间的差异也并不是零(即仍存在差异)。t 值之所以太小的一个原因可以归之为样本的容量,样本容量太小就检验不出平均数之间差异的统计显著性。在这种情况下,慎重的研究者就会对自变量作用的大小作恰当的假设,如计算 r_{pb}。如果相关系数的值达到中等或很高,那么,增加实验中的样本容量以拒绝虚无假设就不失为明智之举。获得具有统计显著性的结果非常重要。但行百里者半九十,即使有统计显著意义但差异相当小的话,同样不见得令人满意。而实验的自变量效应很可观,却又找不到统计显著性时,意味着你已遇到了些麻烦,此时增加统计的效力是当务之急。

效应大小还可由其他方法算出,我们暂不在此讨论。不论对于什么样的统计检验,逻辑都是一样的,即推断统计能够告诉我们,在多大程度上我们可以判定虚无假设是错误的。在另一方面,像 r_{pb} 这样的相关系数可以测量自变量的效应大小——虚无假设的错误程度有多大(Thompson & Buchanan,1979)。

方差分析

到现在为止,我们所讨论的实验都只有两种条件,一个实验条件和一个控制条件,彼此相互对比。但大多数的心理学研究已超越了这样的阶段。研究者们不再是简单地呈现或不呈现一些自变量,而是常常有系统地变化自变量的大小与数量。在我们前述的关于 LSD 药物对老鼠奔跑速度产生影响的例子里,如果将施予注射的 LSD 药物量加以变化,可能会发现许多非常有价值的信息。也许低剂量药物的作用和高剂量的注射效果会有很大的差别。但如果仅仅通过两组的实验设计,给一组老鼠注射一定量的 LSD,另一组不注射,那么我们对上面的问题很难决断,因此必须采取一种多组的设计。为了对多组的实验结果加以评估,我们必须采用方差分析,特别是简易方差分析。当一个因素或自变量(如 LSD 的药物量)系统地发生变化时,我们就可采取简易方差分析。所以它也可称为单因素方差分析。当然,实际中研究者感兴趣的往往是更为复杂的情况,他们也许会对两个或更多的因素同时发生变化时的情形更感兴趣。在二因素或多因素的实验设计中,方差分析仍旧适用,不过要复杂得多。在本附录中,我们将介绍简易方差分析和二因素方差分析(ANOVA)的逻辑。但在我们的例子和讨论中,将只讨论被试间实验设计的情况。被试内设计的方差计算与之相比有所不同。

方差分析的步骤从本质上说就是一种对方差估计值之间的比较。我们已经讨论过方差的概念，以及从一组特定的样本观察值来估计方差的方法。如果此时你不太清楚的话，不妨回到本附录前面，重温一下离中趋势的测量中有关方差的概念。前面讲过对总体方差的无偏估计公式是：

$$\hat{S}^2 = \frac{\sum (X - \overline{X})^2}{n-1} \qquad (\text{B}-15)$$

如果数据与平均数的离差较大，那么方差也大。同理，如果离差小的话，方差就小。

在方差分析中，要进行两项独立的方差估计。一是根据不同实验组之间的变异性所作的估计：不同实验组平均数彼此之间的差异有多大。实际上方差的计算是通过比较每组平均数与实验中所有数据的平均数之间差异而获得的。各组平均数之间的差异越大，组间方差也越大。

除此之外，还需进行的是组内方差的估计。这一概念在如何从每一个样本中估计方差时已讨论过了。现在我们再来看一下如何寻找到一个组内方差的估计值。由于该估计值对于所有组的被试都具有代表性，故我们将这些组方差的平均数作为组内方差的估计。组内方差能够帮助我们估计各组内被试之间彼此差异的程度（或同本组平均数之间的差异程度）。简而言之，我们获得了两个方差的估计值：一个是组间的方差，一个是组内方差。那么这样做有什么意义呢？

检验不同组或条件下数据的差异是否可靠，基本的逻辑如下：虚无假设认为，在不同条件下的所有被试皆是来自同一个潜在总体，实验变量没有任何效用。如果虚无假设为真，不同组中的所有分数皆出自同一总体的话，那么组间方差就应该与组内方差相等。不同组平均数之间彼此的差异因而也就不会比组内各分数之间的差异来得大或小。如果要想拒绝虚无假设的话，组间平均数的差异必须要比组内各分数之间的差异来得大。实验组之间的方差（差异）越大，自变量就越可能已经发挥了效用，尤其是如果组内方差较低时。

最先提出这一思想的是英国杰出的统计学家费希尔（Fisher, R. A.）。该检验以他的名字命名，因而称为F检验。F检验就是组间方差估计值与组内方差估计值之间的比：

$$F = \frac{\text{组间方差}}{\text{组内方差}} \qquad (B-16)$$

根据刚才的逻辑,虚无假设时 F 的比值应为 1.00,因为此时组间方差与组内方差相等。组间方差越是比组内方差大,F 的比值就越是比 1.00 大,因而我们也就愈加有信心拒绝虚无假设。至于 F 比值必须比 1.00 大多少则取决于实验的自由度,或测量允许变化的自由程度。这同时取决于实验组或条件的个数和每一组中观察的次数。自由度越大,所需的用以判定实验具有可靠效用的 F 值就越小,从附录 C 表 F 中所列的数值中我们不难发现这一点。接下来,请你仔细地跟随框 B-7 例子中的计算,感受一下方差分析。

如果简易方差分析显示实验条件之间存在可靠的差异,这仍旧没有告诉我们所有我们想要的信息。尤其是,我们仍然很想知道具体是哪一个条件同其他的有所不同。这对于实验中定性地操纵自变量的情况而言更为重要。自变量的**定量变化**是指实验中,对自变量加以数量上操纵的情况(例如,LSD 药物的剂量),而**定性变化**则是指实验条件发生了改变,但又不是以容易确定的定量变化的方式。定性变化的例子如指导语的操纵,不同的实验条件是由于在实验开始时指导语的不同。在这种情况下,我们不能简单地下结论说,实验条件之间存在可靠的差异。我们所感兴趣的是,究竟是哪一个特定的条件下产生了差异。要回答这一问题,我们必须在简易方差分析之后再进行有关的检验。在这些随后的检验中,我们将依次挑选两种实验条件进行比较,以确定是哪对条件之间产生的可靠差异。有许多不同的统计检验堪当此任。我们可以将各组成对地进行方差分析,但通常会进行一些其他的检验,包括纽曼-丘尔斯检验(Newman-Keuls test)、谢费检验(Scheffé test)、邓肯多级检验(Duncan's test)、图基 HSD 检验(Tukey's Honestly Significant Differences test)和邓尼特检验(Dunnett's test)。这些检验的假设与效用各有不同,如果你需要使用其中一种后继检验的话,可以查询有关的统计学教科书。

多元方差分析

有关行为研究的一个令人头疼的方面是,很少有通过简单或单因素的解释就能将问题说明白的。即使是在实验室条件下的最为简单的行为,也是同时受多因素影响的。为了发现这些行为的多重决定因素以及它们彼此之间的交互作用,我们进行的实验必须有多于一个的因素同时发生变化。对于这样的实验结果进行适当分析的方法称为**多元方差分析**。这种方法应该对包含任何一个因素的实验结果分析都有效,但在实际运用中,很少会有多于两个的因素被同时加以操纵,当实验中包含二因素时,该分析就称为双向 ANOVA;对于三因素的情况而言,该分析就称为三向 ANOVA;依此类推。

框 B-7　简易方差分析的计算

　　设想你进行了一项实验,研究的是 LSD 药物对老鼠奔跑速度的影响。但这一次 LSD 的控制水平有三个,而不是前面例子中的两个。10 只老鼠未接受 LSD 的注射,10 只接受了小剂量的注射,另有 10 只老鼠接受了大剂量 LSD 的注射。因此,实验采取的便是一种被试间的设计。LSD 药物的剂量(无、少量、大量)为自变量,老鼠的奔跑时间为因变量。首先,计算出各组数据之和($\sum X$)以及各数的平方和($\sum X^2$)。

	LSD 剂量		
	无	少量	大量
	13	17	26
	11	15	20
	14	16	29
	18	20	31
	12	13	17
	14	19	25
	10	18	26
	13	17	23
	16	19	25
	12	21	27
$\sum X$	133	175	249
$\overline{X}$	13.30	17.50	24.90
$\sum X^2$	1819	3115	6351

　　方差分析计算中的一个基本量是平方和,其实它是离差平方和的简称。如果回过去看样本方差的公式 B-1,就会发现公式的分子部分就是平方和。事实上我们感兴趣的平方和共有三个。首先是总平方和(SS_t),定义为个别数据与总平均,或实验中各组所有数据的平均数之间离差的平方和。第二是组间平方和(SS_b),定义为组平均数与

总平均数之间离差的平方和。第三,组内平方和(SS_w),是组内或条件内的各个数据与该组平均数的离差平方和。由于$SS_t = SS_b + SS_w$,所以在实际的计算中只需计算其中的两个平方和即可,第三个可以从上式推导得出。

通过计算出各个数据同相应的平均数之间的离差,对之加以平方,然后再求和,就可以计算出这些平方和。但这样的方法既费时又耗力。幸好,有相应的计算公式可以使计算容易得多。尤其是如果每组的$\sum X$和$\sum X^2$都是已知的条件下,计算便大大地简化了。用来发现总平均和的公式为

$$SS_t = \sum \sum X^2 - T^2/N, \qquad (\text{B}-17)$$

其中$\sum \sum X^2$为先将每组中的每一数加以平方(X^2),然后再将这些平方后的值加起来,即$\sum X^2$。而这里有两个分开的求和符号,一个代表将组内的平方值累加起来,而另一个则代表再将不同组的$\sum X^2$累加起来。T代表所有数之和;N代表实验中数据的总数目。所以在我们的例子中SS_t的计算如下:

$$SS_t = \sum \sum X^2 - T^2/N$$

$$SS_t = 1819 + 3115 + 6351 - (133 + 175 + 249)^2/30$$

$$SS_t = 11285 - 310249/30$$

$$SS_t = 11285 - 10341.63$$

$$SS_t = 943.37$$

组间平方和的计算公式如下:

$$SS_b = \sum \left(\sum X\right)^2/n - T^2/N \qquad (\text{B}-18)$$

公式的第一部分为每组数据和的平方,除以该组的观察次数,$\left(\sum X\right)^2/n$;然后再将各组的该计算值相加,$\sum \left(\sum X\right)^2/n$。公式的第二部分与$SS_t$公式的第二部分相同。

$$SS_b = \sum \left(\sum X\right)^2/n - T^2/N$$

$$SS_b = 17689/10 + 30625/10 + 62001/10 - 10341.63$$

$$SS_b = 11031.50 - 10341.63$$

$$SS_b = 689.87$$

用SS_t减去SS_b就得到了组内平方和,所以,$SS_w = 943.37 - 689.87 = 253.50$。但作为核对,直接去计算一遍该值也是值得的。其公式与公式 B-16 一样,只不过这一次是

续

在每一组内进行计算。除非出了什么错，否则计算出的值与将前两个平方和相减得到的值应该是相等的。

在我们得到了各个平方和之后，为了方便起见要建立一张方差分析表，如下所示。在表的最左面一栏代表的是方差的来源，或简称来源。要牢记的是，我们感兴趣并用以比较的最初方差来源有两类：组间和组内。

接下来一列是自由度（df）。该数值也可以认为是在总数固定后，可以自由变化的数据的数目。而对于组间的自由度而言，一旦全部总数固定了之后，除了一组之外，其他所有各组皆可自由变化。所以组间 df 为组数减 1。在我们的例子中，df 为 $3-1=2$。组内 df 等于分数的总数减去组数，因为一旦总数固定的话，每组中各有一个分数是不能变化的。所以样例中组内 df 为 $30-3=27$。总 $df=$ 组间 $df+$ 组内 df。

第三列为平方和（SS），已分别计算出来了。第四列是均方（MS），将每一行的 SS 除以该行的 df 就可得到。如果虚无假设为真的话，每一个均方值都是对总体方差的一个估计值。但如果自变量有效用，那么组间均方就要比组内的均方大。

在前文中我们已经讨论过，将这两个值加以比较便可计算得出一个 F 比值，即用 MS_b 除以 MS_w。一旦求得 F 值，还需要确定该值是否达到了统计的显著水平。通过查附录 C 中的表 F，我们可以发现对于 2 和 26 的自由度（这是表中所能找到的与 2 和 27 的自由度最为接近的自由度）而言，要达到 0.001 的显著水平，F 值至少为 9.12，所以我们可以得出结论，自变量的变化，即 LSD 注射剂量的不同，使得各组老鼠奔跑速度产生了可靠的差异。

482

来源	df	SS	MS	F	p
组间	2	689.87	344.94	36.73	<0.001
组内	27	253.50	9.39		
总体	29	943.37			

注：如果你借助计算器来计算方差分析，你必须要警惕出错。如果你（通过 SS_t 和 SS_b）得到的组内平方和是负值时，那么你就应该知道自己一定出错了，因为平方和不可能为负值。所以最好同时通过相减的方法和直接计算的方法来计算 SS_w，就算作为核对也好。一个易犯的错误是将 $\sum X^2$（将每一个数平方，再将这些平方数相加）同 $\left(\sum X\right)^2$ 混淆，后者是数据总数（$\sum X$）的平方。

这种包含一个以上的因素的复杂设计的重要意义在于它们可以帮助我们评估不同的因素是如何交互作用而产生一个实验结果的。请回忆一下,当一个实验变量的作用受另一个实验变量水平的影响时就产生了交互作用(见第三章)。如果我们就人际吸引进行一项2×2的实验(指实验包含有两个不同的因素,每一因素又有两个不同的水平),该实验的两个因素分别是被试的性别(男和女)以及被试要对之评价的假被试(主试的同盟者)的性别,我们会发现一种交互作用。如果被试站的位置与要对之评价的假被试之间的距离为一个因变量的话,我们会发现男性被试倾向站得靠近女性假被试;而女性被试则倾向站得靠近男性假被试。这是一个交互作用的例子。因此,不能简单地下结论,认为男性或女性被试将在实验情境中站得与假被试很近,因为这要取决于假被试的性别。

当我们进行复杂的方差分析时,我们会发现实验中每一因素的单独效应(称为主效应),同时也可以发现因素之间的相互影响(称为交互作用效应,或简称为交互作用)。如果女性被试不管假被试的性别,在什么情况下都站得靠近,那么这就是被试性别对于人际距离的主效应。而交互作用则为根据假被试的不同性别,不同性别的被试会产生不同的结果。

框 B-8 记忆实验数据的 2×2 ANOVA 计算

这一实验有 40 名被试,他们分成 4 组,每组 10 人,代表一个不同的条件。让两组被试学习高度形象化的词,即与具体课题相对的很容易在生活中看见的词(如:大象、椅子、汽车)。另两组被试学习低形象化的词,即抽象的难以形成具体视觉图象的词(如美丽、民主、真理)。对于每一种类型的词汇而言,学习这些词的两组被试又分别接受不同的指导语,告诉两组单词条件下的各一组被试不断地重复念这些词,直到屏幕上出现下一个单词为止,这些被试的记忆条件就是机械复诵。对于精细复诵的被试而言,他们的指导语是学习过程中在单词之间建立心理图象及有意义的联想。于是,该实验便成了一种 2×2 的因素设计。其中一个因素是学习材料的类型(高形象和低形象词),另一因素为被试接受的指导语(机械或精细复诵的指导语)。由于不同组的被试只参加了四个条件中的一种,故该实验为被试间设计。每一名被试记住单词的数目见下表。随后是方差分析所含的步骤,根据这些步骤,我们可对实验结果作相应的分析。

续

高形象词		低形象词	
机械复诵	精细复诵	机械复诵	精细复诵
5	8	4	7
7	8	1	6
6	9	5	3
4	7	6	3
4	10	4	5
9	10	3	6
7	8	4	2
5	9	4	4
5	8	5	5
6	9	3	4
$\sum X = 58$	86	39	45
$\overline{X} = 5.8$	8.6	3.9	4.5
$\sum X^2 = 358$	748	169	225

$\sum\sum X^2 = (358 + \cdots + 225) = 1500 \quad \sum\sum X = 228$

步骤1:将所有数的总和($\sum\sum X = 228$)加以平方,然后再除以数的总个数(40)。$(\sum\sum X)^2/N = (228)^2/40 = 1299.6$。这是一个校正值。

步骤2:$SS_t = \sum\sum X^2 - (\sum\sum X)^2/N$。1500减去步骤1的结果。$SS_t = 200.4$。

步骤3:计算$SS_{形象}$。先取每一形象化条件中所有数的和,再平方,然后再分别除以产生这些和的数的数目,将两个商加起来,再将和减去步骤1的结果。

$$SS_{形象} = (58+86)^2/20 + (39+45)^2/20 - 步骤1$$
$$= \frac{144^2 + 84^2}{20} - 1299.6$$
$$= 1389.6 - 1299.6$$
$$= 90$$

步骤4:计算$SS_{复诵}$。其计算同步骤3的相同,除了各数的和改为每一种复诵类型的和。

$$SS_{复诵} = \frac{(86+45)^2 + (58+39)^2}{20} - 步骤1$$

续

$$= 1328.5 - 1299.6$$
$$= 28.9$$

485

步骤5:计算 $SS_{形象 \times 复诵}$。将每一组的和加以平方,然后将这些平方值加起来,除以每一和所包括的分数数目。再减去 $SS_{形象}$(步骤3)、$SS_{复诵}$(步骤4)和步骤1。

$$SS_{形象 \times 复诵} = \frac{58^2 + 86^2 + 39^2 + 45^2}{10} - 步骤1 - 步骤3 - 步骤4$$

$$= 14306/10 - 1299.6 - 90 - 28.9 = 12.1$$

步骤6:计算 $SS_{误差}$。将 $SS_{总体}$ 减去每种处理的 SS。

$$SS_{误差} = 200.4 - 90 - 28.9 - 12.1 = 69.4$$

步骤7:确定自由度。

$$df_{总体} = 所有测量次数减1 \quad (40-1) = 39$$

$$df_{形象} = 形象的水平数目减1 \quad (2-1) = 1$$

$$df_{复诵} = 复诵的水平数目减1 \quad (2-1) = 1$$

$$df_{形象 \times 复诵} = df_{形象} \times df_{复诵} \quad (1 \times 1) = 1$$

$$df_{误差} = df_{总体} - df_{形象} - df_{复诵} - df_{形象 \times 复诵}$$

$$(39-1-1-1) = 36$$

步骤8:概括表。通过将 SS 除以 df 以计算出均方(MS),然后再将各种处理的 MS 除以误差的 MS,以得到 F 比值。

2×2 ANOVA 概括表

来源	SS	df	MS	F	p
形象	90.0	1	90.0	46.6	<0.05
复诵	28.9	1	28.9	15.0	<0.05
形象×复诵	12.1	1	12.1	6.3	<0.05
误差	69.4	36	1.9		

步骤9:为了确定 F 比值的显著性,用分子的 df(此时都为1)和分母的 df(df 误差),这里为36,查对附录C统计表 F 中的值,以找出任何你感兴趣的自变量及交互作用的效应。我们可以得出结论,单词类型以及复诵类型都对记忆有影响。但我们也应注意到单词类型的效应是依赖于复诵类型的(即我们找到了一种交互作用),精细复诵比机械复诵产生的回忆效果要好,但在高形象词上的影响上要比低形象词上的明显。

很遗憾，我们不可能花更多的篇幅来完全解释清楚这些复杂的方差分析是如何进行的。简单地讲，复杂方差分析的 SS_b 可以通过简易或单向方差分析中的方法来计算，但仍需要进一步将其分解为自变量的主效应及自变量之间的交互作用。然后，将这些平方和除以相应的自由度以计算出均方，F 比值的获得也如前例一样。框 B-9 提供了这样的一例。

方差分析是一种参数统计检验，因此，在对样本之后的潜在总体参数进行检验时，同样需要一些预想的假设成立。我们所讨论的方差分析类型（固定效应模式）的最为重要的两个假定是，每种条件下的观察分数为正态分布以及各个条件下的组内方差皆相同。这后一个假设被称为同质方差假设。它假定对自变量的操纵可以影响组间方差，但不会影响组内方差。在实际应用中，研究人员不会为这些假设过分操心，这是因为统计学家们已经证实，方差分析是一种强有力的统计检验，或者说，即使违背了假设，它也不至于导致错误的结论。大多数研究者甚至都不去验证这些假设是否被满足了，即使他们去检查了，且发现了与假设有所抵触的话，最好的解决办法也就是简单地采取一种更为保守稳健的置信水平（比如，用 0.01 代替 0.05）。一次操作已经影响了不同实验条件下的方差，这一事实本身就颇为有意思，因为它显示出高方差条件下的被试受到了实验处理的不同影响。了解了这一事实也许就获得了理解该情境中行为的一条线索。

独立性 χ^2 检验

表 B-8 显示的数据和表 2-1 类似，其表示的是一个小学院中男生和女生所选专业的频数。虚无假设认为，对专业的选择并不取决于个体的性别。如果这两个变量是独立的，我们就应该看到表 B-8 各个单元中的相对频数大致相等的情况。然而，这些频数并不一样，于是我们可以使用独立性 χ^2 检验来判断性别是否与所选专业存在相关。

χ^2 的计算公式如下所示：

$$\chi^2 = \sum (O - E)^2 / E \qquad (\text{B-19})$$

这里 O 表示观察到的频数（表 B-8 的各单元所示），E 表示各单元中的预期频数。框 B-9 显示了 χ^2 的计算过程。预期频数等于各单元所在的行总频数乘以列总频数再除以该表的总频数。因此,对于选择历史专业的女生而言,其预期频数为 $(154 \times 115)/378 = 46.85$。所有的计算如框 B-9 所示。

▼　**表 B-8　某小学院 5 个专业的男女生主修人数的 2×5 列联表,括号内是各专业男女生的相对频数(%)**

性别	主修专业					行总频数
	历史	心理学	英语	生物学	经济学	
女生	37(32.2%)	24(64.9%)	41(66.1%)	31(38.8%)	21(25%)	154
男生	78(67.8%)	13(35.1%)	21(33.9%)	49(61.2%)	63(72%)	224
合计	115	37	62	80	84	378

487

框 B-9　计算表 B-8 中数据的 χ^2 值

第一步:计算各单元的预期频数。

女生$(W) \times$历史(H)　　　$(115 \times 154)/378 = 46.85$

$W \times$心理学(P)　　　$(37 \times 154)/378 = 15.07$

$W \times$英语(En)　　　$(62 \times 154)/378 = 25.26$

$W \times$生物(B)　　　$(80 \times 154)/378 = 32.59$

$W \times$经济学(Ec)　　　$(84 \times 154)/378 = 34.22$

男生$(M) \times H$　　　$(115 \times 224)/378 = 68.15$

$M \times P$　　　$(37 \times 224)/378 = 21.90$

$M \times En$　　　$(62 \times 224)/378 = 36.74$

$M \times B$　　　$(80 \times 224)/378 = 47.41$

$M \times Ec$　　　$(84 \times 224)/378 = 49.78$

第二步:在各单元中,用观察频数减去预期频数,对差数求平方后再除以预期频数。

$W \times H$　　　$(37 - 46.85)^2/46.85 = 97.02/46.85 = 2.07$

$W \times P$　　　$(24 - 15.07)^2/15.07 = 79.74/15.07 = 5.29$

$W \times En$　　　$(41 - 25.26)^2/25.25 = 247.75/25.26 = 9.81$

$W \times B$　　　$(31 - 32.59)^2/32.59 = 2.53/32.59 = 0.08$

$W \times Ec$　　　$(21 - 34.22)^2/34.22 = 174.77/34.22 = 5.11$

$M \times H$　　　$(78 - 68.15)^2/68.15 = 97.02/68.15 = 1.42$

$M \times P$　　　$(13 - 21.9)^2/21.9 = 79.21/21.9 = 3.62$

$M \times En$　　　$(21 - 36.74)^2/36.74 = 247.75/36.74 = 6.74$

续

$M \times B$　　　$(49 - 47.41)^2/47.41 = 2.53/47.41 = 0.05$

$M \times E_c$　　　$(63 - 49.78)^2/49.78 = 174.77/49.78 = 3.51$

第三步：将第二步中的各个结果相加，即得到 χ^2 值。

$\chi^2 = 2.07 + 5.29 + 9.81 + 0.08 + 5.11 + 1.42 + 3.62 + 6.74 + 0.05 + 3.51 = 37.7$

第四步：查找附录 C 中的表 G 以检验 χ^2 的显著性。χ^2 自由度为（行数－1）×（列数－1），则本例中的自由度为 $(2-1) \times (5-1) = 4$。要达到 $p < 0.05$ 的显著水平，一个具有 4 个自由度的 χ^2 值必须等于或大于 9.49。由于本例中 $\chi^2 = 37.7$，超过了临界值，达到了统计显著性，我们就能够拒绝性别与所选专业相互独立的虚无假设。

▼　统计的误用

　　统计的方法是如此的常用，以至于有时似乎借助统计的方法可以使任何观点站住脚。政客、经济学家、广告策划人、心理学家以及许多其他人都用统计来支持他们各自的观点，难怪人们会得出这样的印象，统计学可以屈从于任何目的。但正如一句古老的谚语所云"统计不会说谎，说谎的是用统计的人"。但事实上，统计学家们自己没什么可担心的，因为凭借他们的老到，通过统计不难将错误的结论同正确的区分开来。然而，统计确实可以被误用、滥用而给人造成错误的印象。所以你必须对一些常见的误用保持警觉，这样你才不会受它们的误导。

小样本或偏差样本的使用

488

　　许多电视广告用小样本和/或偏差样本来隐蔽地误导消费者。观众会看见在电视上一位女士被要求用两种牌子的洗衣粉，比较它们洗涤家庭中沾有污渍和色斑的衣物的效果。她选择了一种她常用的产品 BAF 与新的"超强去污"产品 SCR 进行对比。将常用的洗衣粉放入一台洗衣机，而将新产品放入另一台洗衣机，同时进行洗涤。稍后，该女士便声称是新的超强去污洗衣粉效果好。主持人问："您相信这一品牌吗？"女士答："为什么不。从现在开始，我将一直使用这种超强去污的洗衣粉，它确实能去除衣物上的污渍。"即使我们违反常规地假定，电视上展现的这一幕不是出自编造的话,观众也应该对产品作更多的了解,而不被这样的一个小样本(一次)所蒙蔽。如果该"实验"能够诚实地经100位妇女的重复,那么她们是不是都会选择超强去污的新产品呢?而广告商们则力图给我们留下这样的印象,因为这位妇女青睐这个产品,所以所有的人(总体)也都会喜欢它。但是我们必须牢记的是,仅仅通过一个样例就判断广大的总体具有的某种性质为真必须非常地谨慎。

另一个问题是,对于这样的一个广告来说,也许厂商所询问的个体样本是故意有偏差的。厂商们总是会去调查符合他们口味的有倾向性的人群,比如已经拥有了该产品的人。厂商会问消费者:"你喜欢你的新产品吗?"然后便显示有一小组站在厂商立场上的人在交流中流露出的想法和观点。只有在从未使用过该产品的人群中取样,且将其与主要的竞争对手加以比较,结果才更为可信。由于现在的电视广告必须以事实为基础,所以用此方法进行的电视广告便越来越广泛了。在一个有趣的广告中,一款豪华车的车主被要求试着驾驶另一款车,以比较两种车型的性能。这种情况的抽样检验是一种典型的偏差取样,因为一般而言拥有老产品的人都会对新产品有所抵触,因此,在这种情况下仍对新产品有所偏好的话,那么对于新产品而言结论就更为有利了。

无论何时你发现某人展示出某种偏好的话,你都要问两个有关抽样的问题:(1)样本有多大?(2)样本中的人员是如何被选中的?

被夸大的统计图

显示或隐藏图示中差异的一个普通方法就是将结果以夸张的方式标记。可以通过变化图示中的标尺来显示出差异,或(极少的情况下)隐匿差异。假设一座城市的杀人犯人数在三年内从72增加到80、91。次年,该市市长意欲再度竞选,并迫切希望向世人展示过去三年中,在他的管理下城市治安状况良好。于是,她的竞选班子绘制了图 B-5 中左边的那张图。通过将 Y 轴的标尺拉得很长,他们的图示给人的感觉是谋杀率相当稳定。就在同一年,该市警察局正呼吁扩充编制,他们想让人知道该市已变得越来越不安全,所以他们绘制了图 B-5 中右侧的一张,通过改变标尺使谋杀率的增加看上去很突出。

两组显示的事实都是准确的。然而,左面的图给人的印象是谋杀率上升得很缓慢,根本不值得大惊小怪(市长的确领导有方)。而右面的图则恰好相反,给

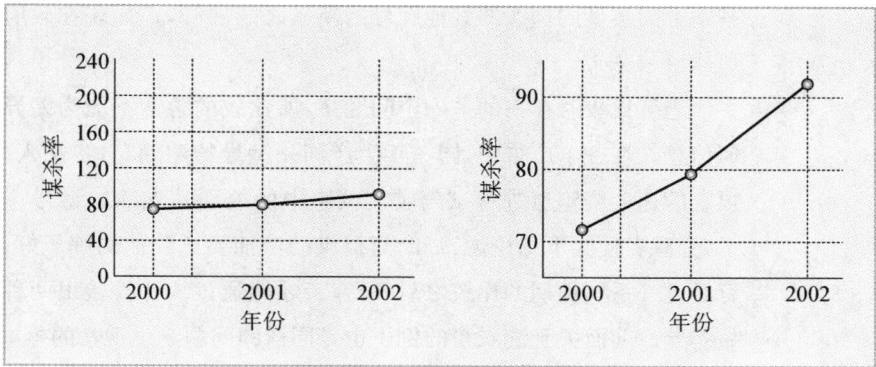

▼　图 B-5

标尺的变化。从左图中,我们发现似乎谋杀率只有稍微的上升,相反,右图则显示谋杀率上升得很快。然而两张图事实上都正确地反映了谋杀率的变化情况——奥妙就在于 Y 轴标尺的刻度。由于标尺的改变会使原来较小的差异看上去很大,或将大的差异变小。因此,仔细读图,并注意测量的标尺就非常重要。

人的印象是谋杀率陡增。(难道不需要更多的警察来维护吗?)

　　这些绘图技法相当常见。事实上,为了使结果表达得更清楚,本书的一些图示中也运用了夸大标尺的手法。因此,在读图时,必须仔细看清图中的标尺。对于实验数据而言,更重要的是确定差异在统计上是否可靠,而不应该挖空心思地使差异在图示中显得足够"大"。

缺乏或不适当的比较

　　广告中常用的一个伎俩是称某产品比什么东西多 X 个百分点的优势,或比另一产品少 Y 个百分点的弊端。"请买新式'闪电'汽车,因为它能使每公里油耗节省 27％。"这听上去颇有诱惑,直到你停下来问自己,"比什么节省 27％呢?"缺乏比较的对象使得此处的统计毫无意义。也许"闪电"牌小汽车比一台 2 吨重的坦克每公里少耗油 27％,这可不是一条买新款车的好理由。

　　有时即使进行了特定的比较,但这种比较常常是不恰当的。广告中常常会有这样的宣称,一件产品要比去年的型号好。"请买新款、改进型的'闪电'车,它比去年的车型每公里耗油减少 27％。"当然,它依然是一条真正的狗,即使它比去年的狗好。作为消费者而言,他们所期望的比较是在一辆崭新的"闪电"车与基本上同类型同档次的其他牌号的新车之间展开,正如现在政府所进行的测试那样。

进行比较时存在的另一个问题是,所比较的常常不能为差异的信度提供任何信息。在一个广告中,同一年生产同一型号的两辆车,各加入 1 加仑汽油,以恒定的速度绕跑道进行试驾驶。试验中的差别是汽油的型号。一辆车先停下了,旁观者便会下结论说,赞助商提供的汽油要比其他的牌子好。但事实上,只有经过一系列长期的比较之后,研究者才能通过统计检验出两种汽油之间的可靠差异。前面关于洗衣粉的例子也是同样的问题——观察的样本太小。

总体而言,必须审视并确定你的陈述中包含了一个比较,比较的目的已经澄清,而且是恰当合适的。此外,对于某些陈述而言,还要说明所涉及的任何差异是否在统计上可靠也是需要说明的。

赌徒的谬误

统计检验依据的是概率理论:关于预期随机事件发生概率的理论。有趣的是,人们对于随机事件发生的知觉与概率论思想中的许多重要方面并不相符。人们作出的结论如果以概率论的逻辑加以评判的话,往往是非理性的。对于这种现象有过非常有趣的研究(例如,Tversky & Kahneman,1971,1974)。这里,我们只对人们在概率判断中最为常见的一种错误进行分析。

想象有一个人投掷一枚硬币,共投了 1000 次,如果这是一枚真正的硬币,结果大约有 500 次正面朝上,500 次反面朝上。经过大量的投掷,其正面朝上的概率为 0.50,不过即使这是一枚真硬币,1000 次投掷中正面朝上也很有可能不是正好 500 次,可能有 490 次或 505 次正面朝上。但不管怎么样,结果总是非常接近 500 次的。现在再让我们来看一下,一个人在打赌硬币正面朝上或是背面朝上时的情景。如果当时的情况确实是随机的话,那么该名打赌者在任何一次压注时赢的概率就为 0.50。假设接连赌了 5 次,每次这个人都赌硬币正面朝上,而每次结果都是背面朝上,显然,投掷硬币时连续 5 次背面朝上很不寻常,这样的事件发生的机会也相当低(0.03)。赌博的人注意到了这一蹊跷,所以,在下一次压注时,他赌了 10 元钱正面朝上,现在他愈发确信硬币将正面朝上了。

赌徒的逻辑如下:"此枚硬币是枚真硬币。从总体来看,应该有一半的时候

490

正面朝上,另一半时候背面朝上。而该枚硬币已经接近5次背面朝上了,这回也该正面朝上把次数拉平。所以我赌这回硬币落下时正面朝上,而且愿意增加我的赌注。"更为普遍的一种逻辑是"如果游戏真是随机的话,而且我现在输了,那么我就要一直赌下去,因为我迟早会时来运转的。"正是这种想法让拉斯维加斯和大西洋城的轮盘赌昼夜转个不停,敛聚搜刮完那些别的方面聪明而这方面犯糊涂的人的钱财。

这种论断的错误在于其对概率规律的应用——诸如一枚真的硬币应该有一半的时候正面朝上——这些规律只有在无数次大量的事件发生之后才可能成立。对于很少的尝试次数而言,这些规律不适用。那名赌徒所忽略的是:硬币投掷都是独立事件,前面抛掷中发生的情况对接下来将要发生的情况没有任何影响。如果接近5次投掷结果都是背面朝上,并不会影响下一次投掷正面朝上的概率。正面朝上的概率仍为0.50。硬币可不会像赌徒所隐含的假设的那样,对前面的投掷有记忆。其实,赌徒对于第6次尝试不会比前面的5次更有把握。正面朝上的概率依旧没变。

从某种意义上说,赌徒的错误是很自然的事。他们所作的判断被真理的光圈包围,它确实是依据正确的概率规律所下的结论,经过大量的投掷,对一枚真正的硬币来说,的确有50%的结果是正面朝上。错就出在将适用于大量事件发生时才有效的规律运用到了很少的事件上。这些规律不适用于事件发生较少的情况。也就是说,如果将硬币抛掷一千万次,硬币落地时可能有50%的时候是正面朝上。但赌徒只从大量发生的事件中截取一小部分,比如5次投掷,那么正面朝上的次数可能是0次也可能是5次,其概率是0.06。这种结果的发生(全部正面朝上或背面朝上)并不是绝对不可能,因为概率还没小到可以忽略不计。

▼ 小结

1. 对于从事心理学研究的人而言,了解和掌握一些统计学的基本原理相当重要。统计有两个主要的分支,它们是描述统计和推断统计。
2. 描述统计用来概括和组织原始数据。通过绘图的方法,如直方图、频数多边形等,可以达到这一目的。不过,最基本的是对分布的集中趋势和离中趋势所作的概括性测量。

3. 对集中趋势的最基本测量就是寻找到分布的平均数，或通常人们所说的平均数。中位数（最居中的数）有时候也会用到，尤其是针对那些存在极端数的分布而言。对于离中趋势的最基本测量是标准差和方差。在描述统计中更常用的是标准差，方差则更多地用于推断统计。心理学中绝大多数的分布都被假定为正态分布，即平均数、中位数和众数皆落在分布的同一位置上，并且这种分布是对称性的。正态曲线每一部分所涵盖的数据皆有一确定的比例。

4. 推断统计可以帮助我们推测各种实验条件之间的差异是否可靠。我们期望从一个样本的分数来推断包含该样本的总体情况。在推断统计过程中要用到大量不同的检验，但这些检验的逻辑则相当类似，通过与虚无假设的比较来检验一个择一假设，其中虚无假设认定，实验中各组之间不存在差异。通过一系列的计算最终得到一个值。然后再将该值与有关表中值的分布加以比较，从中我们获知，在什么样的置信水平上我们可以拒绝虚无假设。

5. 我们通过 Z 分数检验将一个样本同一已知的总体加以比较，以确定该样本是否来自同一个总体。为了检验实验组和控制组这两组之间是否存在差异，我们可以运用 t 检验或曼-惠特尼 U 检验，这两种检验采用的是两个独立的被试组，也可用符号检验、t 检验和威尔科克逊符号秩次检验，这些检验适用于对相关的两种条件的测量（或者用被试内涉及，或者用匹配被试）。曼-惠特尼检验和威尔科克逊检验都是非参数检验，因为它们并不作总体参数的任何假设。要确定虚无假设在多大程度上是站不住脚的，可以对自变量效用的重要性指标加以计算。这种指标通常以相关系数的形式出现。自变量影响很大但却没有统计上显著意义的话，这就意味着只有扩大样本规模才能拒绝虚无假设。

6. 对于多组之间的比较而言，方差分析是相当重要的统计方法。当实验中只有一个自变量受到操纵时，可以通过简易方差分析来对差异的信度进行检验。而当两个或两个以上的自变量同时受操纵时，就需要运用更为复杂的多因素方差分析。这种多因素的设计尤其重要，通过它我们可以对决定行为的因素之间存在的交互作用进行评估。

7. 迪斯雷利（Disraeli）说过，"世界上有三种谎言——谎言、该诅咒的谎言和统计"。有些方式会造成统计的误用和滥用，包括从小样本和偏差样本中得出结论；为了突出效应而夸大图示的标尺；进行不恰当的比较；以为通过大量取样和观测才能成立的概率论的规律也可适用于小样本（如赌徒的谬误）。统计本身并不会说谎，但它们却可被人利用而给人以误导。

▼　重要术语

绝对平均差	推断统计	定性变化
α 水平	转折点	定量变化
方差分析	交互作用效应	随机取样
算术平均数	置信水平（或显著水平）	相关测量设计
组间方差	效应大小	强有力的检验
被试间设计	主效应	样本
集中趋势	曼-惠特尼 U 检验	符号检验
独立性 χ^2 检验	多元方差分析	简易（单因素）方差分析
自由度	非方向检验	标准差
描述统计	非参数检验	平均数的标准误
方向检验	正态曲线	标准分数
离中趋势	虚无假设	统计
样本平均数分布	单侧统计检验	t 检验
厄塔（η）	参数	双侧检验
实验假设	参数检验	Ⅰ型误差
F 检验	皮尔逊积差相关系数	Ⅱ型误差
次数分布	皮尔逊相关系数	方差
频数多边形	点二列相关系数	威尔科克逊符号秩次检验
直方图	总体	组内方差
方差的同质性	统计检验的效力	Z 分数

▼　网络资源

请浏览"圣智学习心理学资源中心（Cengage Learning Psychology Resource Center），统计和研究方法业务"网页有关以下内容的逐步介绍：

集中趋势和变异性

Z 分数

标准误

假设检验

相关

单一样本的 t 检验

独立组和相关组的 t 检验

网址为：http://academic. cengage. com/psychology/workshop

在这个网站可以找到一本完整的统计学图书，并带有分析和演示包：

http://www. ruf. rice. ca/～lane/rvls. html

这个网站所收集的统计分析软件几乎可用于任何统计问题：

http://members. aol. com/johnp71/javastat. htm

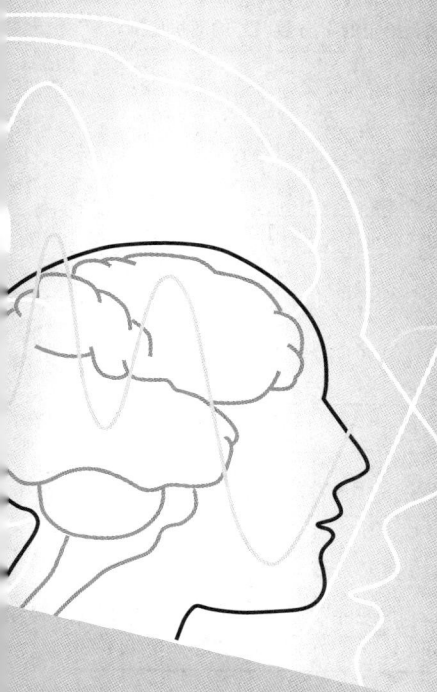

附录 C
统计表

▼ 表 A　正态曲线下的面积比例

如何使用表 A：表 A 中的值代表标准正态曲线中的面积比例，它的平均数为 0，标准差为 1.00，总体面积等于 1.00。要使用表 A，首先必须将原始数据转换成一个 Z 分数。A 列代表这个 Z 分数；B 列代表标准正态分布的平均数(0)和 Z 分数之间的距离；C 列代表给定的 Z 分数以外的面积比例。

A 列给出正的 Z 分数

B 列给出平均数和 Z 分数之间的面积。既然这个曲线是对称的，那么正、负 Z 分数与平均数之间的面积是一样的。

C 列给出 Z 分数以外的面积。

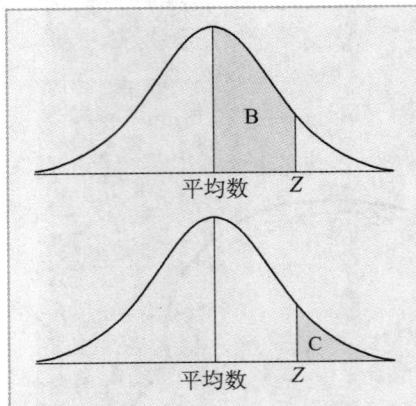

(A) Z 分数	(B) 平均数和 Z 分数之间的面积	(C) Z 分数之外的面积	(A) Z 分数	(B) 平均数和 Z 分数之间的面积	(C) Z 分数之外的面积	(A) Z 分数	(B) 平均数和 Z 分数之间的面积	(C) Z 分数之外的面积
0.00	.0000	.5000	0.13	.0517	.4483	0.26	.1026	.3974
0.01	.0040	.4960	0.14	.0557	.4443	0.27	.1064	.3936
0.02	.0080	.4920	0.15	.0596	.4404	0.28	.1103	.3897
0.03	.0120	.4880	0.16	.0636	.4364	0.29	.1141	.3859
0.04	.0160	.4840	0.17	.0675	.4325	0.30	.1179	.3821
0.05	.0199	.4801	0.18	.0714	.4286	0.31	.1217	.3783
0.06	.0239	.4761	0.19	.0753	.4247	0.32	.1255	.3745
0.07	.0279	.4721	0.20	.0793	.4207	0.33	.1293	.3707
0.08	.0319	.4681	0.21	.0832	.4168	0.34	.1331	.3669
0.09	.0359	.4641	0.22	.0871	.4129	0.35	.1368	.3632
0.10	.0398	.4602	0.23	.0910	.4090	0.36	.1406	.3594
0.11	.0438	.4562	0.24	.0948	.4052	0.37	.1443	.3557
0.12	.0478	.4522	0.25	.0987	.4013	0.38	.1480	.3520

(A) Z分数	(B) 平均数和Z分数之间的面积	(C) Z分数之外的面积	(A) Z分数	(B) 平均数和Z分数之间的面积	(C) Z分数之外的面积	(A) Z分数	(B) 平均数和Z分数之间的面积	(C) Z分数之外的面积
0.39	.1517	.3483	0.67	.2486	.2514	0.95	.3289	.1711
0.40	.1554	.3446	0.68	.2517	.2483	0.96	.3315	.1685
0.41	.1591	.3409	0.69	.2549	.2451	0.97	.3340	.1660
0.42	.1628	.3372	0.70	.2580	.2420	0.98	.3365	.1635
0.43	.1664	.3336	0.71	.2611	.2389	0.99	.3389	.1611
0.44	.1700	.3300	0.72	.2642	.2358	1.00	.3413	.1587
0.45	.1736	.3264	0.73	.2673	.2327	1.01	.3438	.1562
0.46	.1772	.3228	0.74	.2704	.2296	1.02	.3461	.1539
0.47	.1808	.3192	0.75	.2734	.2266	1.03	.3485	.1515
0.48	.1844	.3156	0.76	.2764	.2236	1.04	.3508	.1492
0.49	.1879	.3121	0.77	.2794	.2206	1.05	.3531	.1469
0.50	.1915	.3085	0.78	.2823	.2177	1.06	.3554	.1446
0.51	.1950	.3050	0.79	.2852	.2148	1.07	.3577	.1423
0.52	.1985	.3015	0.80	.2881	.2119	1.08	.3599	.1401
0.53	.2019	.2981	0.81	.2910	.2090	1.09	.3621	.1379
0.54	.2054	.2946	0.82	.2939	.2061	1.10	.3643	.1357
0.55	.2088	.2912	0.83	.2967	.2033	1.11	.3665	.1335
0.56	.2123	.2877	0.84	.2995	.2005	1.12	.3686	.1314
0.57	.2157	.2843	0.85	.3023	.1977	1.13	.3708	.1292
0.58	.2190	.2810	0.86	.3051	.1949	1.14	.3729	.1271
0.59	.2224	.2776	0.87	.3078	.1922	1.15	.3749	.1251
0.60	.2257	.2743	0.88	.3106	.1894	1.16	.3770	.1230
0.61	.2291	.2709	0.89	.3133	.1867	1.17	.3790	.1210
0.62	.2324	.2676	0.90	.3159	.1841	1.18	.3810	.1190
0.63	.2357	.2643	0.91	.3186	.1814	1.19	.3830	.1170
0.64	.2389	.2611	0.92	.3212	.1788	1.20	.3849	.1151
0.65	.2422	.2578	0.93	.3238	.1762	1.21	.3869	.1131
0.66	.2454	.2546	0.94	.3264	.1736	1.22	.3888	.1112

(A)	(B)	(C)	(A)	(B)	(C)	(A)	(B)	(C)
Z分数	平均数和Z分数之间的面积	Z分数之外的面积	Z分数	平均数和Z分数之间的面积	Z分数之外的面积	Z分数	平均数和Z分数之间的面积	Z分数之外的面积
1.23	.3907	.1093	1.51	.4345	.0655	1.79	.4633	.0367
1.24	.3925	.1075	1.52	.4357	.0643	1.80	.4641	.0359
1.25	.3944	.1056	1.53	.4370	.0630	1.81	.4649	.0351
1.26	.3962	.1038	1.54	.4382	.0618	1.82	.4656	.0344
1.27	.3980	.1020	1.55	.4394	.0606	1.83	.4664	.0336
1.28	.3997	.1003	1.56	.4406	.0594	1.84	.4671	.0329
1.29	.4015	.0985	1.57	.4418	.0582	1.85	.4678	.0322
1.30	.4032	.0968	1.58	.4429	.0571	1.86	.4686	.0314
1.31	.4049	.0951	1.59	.4441	.0559	1.87	.4693	.0307
1.32	.4066	.0934	1.60	.4452	.0548	1.88	.4699	.0301
1.33	.4082	.0918	1.61	.4463	.0537	1.89	.4706	.0294
1.34	.4099	.0901	1.62	.4474	.0526	1.90	.4713	.0287
1.35	.4115	.0885	1.63	.4484	.0516	1.91	.4719	.0281
1.36	.4131	.0869	1.64	.4495	.0505	1.92	.4726	.0274
1.37	.4147	.0853	1.65	.4505	.0495	1.93	.4732	.0268
1.38	.4162	.0838	1.66	.4515	.0485	1.94	.4738	.0262
1.39	.4177	.0823	1.67	.4525	.0475	1.95	.4744	.0256
1.40	.4192	.0808	1.68	.4535	.0465	1.96	.4750	.0250
1.41	.4207	.0793	1.69	.4545	.0455	1.97	.4756	.0244
1.42	.4222	.0778	1.70	.4554	.0446	1.98	.4761	.0239
1.43	.4236	.0764	1.71	.4564	.0436	1.99	.4767	.0233
1.44	.4251	.0749	1.72	.4573	.0427	2.00	.4772	.0228
1.45	.4265	.0735	1.73	.4582	.0418	2.01	.4778	.0222
1.46	.4279	.0721	1.74	.4591	.0409	2.02	.4783	.0217
1.47	.4292	.0708	1.75	.4599	.0401	2.03	.4788	.0212
1.48	.4306	.0694	1.76	.4608	.0392	2.04	.4793	.0207
1.49	.4319	.0681	1.77	.4616	.0384	2.05	.4798	.0202
1.50	.4332	.0668	1.78	.4625	.0375	2.06	.4803	.0197

(A) Z分数	(B) 平均数 和Z分 数之间 的面积	(C) Z分数 之外的 面积	(A) Z分数	(B) 平均数 和Z分 数之间 的面积	(C) Z分数 之外的 面积	(A) Z分数	(B) 平均数 和Z分 数之间 的面积	(C) Z分数 之外的 面积
2.07	.4808	.0192	2.35	.4906	.0094	2.63	.4957	.0043
2.08	.4812	.0188	2.36	.4909	.0091	2.64	.4959	.0041
2.09	.4817	.0183	2.37	.4911	.0089	2.65	.4960	.0040
2.10	.4821	.0179	2.38	.4913	.0087	2.66	.4961	.0039
2.11	.4826	.0174	2.39	.4916	.0084	2.67	.4962	.0038
2.12	.4830	.0170	2.40	.4918	.0082	2.68	.4963	.0037
2.13	.4834	.0166	2.41	.4920	.0080	2.69	.4964	.0036
2.14	.4838	.0162	2.42	.4922	.0078	2.70	.4965	.0035
2.15	.4842	.0158	2.43	.4925	.0075	2.71	.4966	.0034
2.16	.4846	.0154	2.44	.4927	.0073	2.72	.4967	.0033
2.17	.4850	.0150	2.45	.4929	.0071	2.73	.4968	.0032
2.18	.4854	.0146	2.46	.4931	.0069	2.74	.4969	.0031
2.19	.4857	.0143	2.47	.4932	.0068	2.75	.4970	.0030
2.20	.4861	.0139	2.48	.4934	.0066	2.76	.4971	.0029
2.21	.4864	.0136	2.49	.4936	.0064	2.77	.4972	.0028
2.22	.4868	.0132	2.50	.4938	.0062	2.78	.4973	.0027
2.23	.4871	.0129	2.51	.4940	.0060	2.79	.4974	.0026
2.24	.4875	.0125	2.52	.4941	.0059	2.80	.4974	.0026
2.25	.4878	.0122	2.53	.4943	.0057	2.81	.4975	.0025
2.26	.4881	.0119	2.54	.4945	.0055	2.82	.4976	.0024
2.27	.4884	.0116	2.55	.4946	.0054	2.83	.4977	.0023
2.28	.4887	.0113	2.56	.4948	.0052	2.84	.4977	.0023
2.29	.4890	.0110	2.57	.4949	.0051	2.85	.4978	.0022
2.30	.4893	.0107	2.58	.4951	.0049	2.86	.4979	.0021
2.31	.4896	.0104	2.59	.4952	.0048	2.87	.4979	.0021
2.32	.4898	.0102	2.60	.4953	.0047	2.88	.4980	.0020
2.33	.4901	.0099	2.61	.4955	.0045	2.89	.4981	.0019
2.34	.4904	.0096	2.62	.4956	.0044	2.90	.4981	.0019

续　表

(A) Z分数	(B) 平均数和Z分数之间的面积	(C) Z分数之外的面积	(A) Z分数	(B) 平均数和Z分数之间的面积	(C) Z分数之外的面积	(A) Z分数	(B) 平均数和Z分数之间的面积	(C) Z分数之外的面积
2.91	.4982	.0018	3.07	.4989	.0011	3.23	.4994	.0006
2.92	.4982	.0018	3.08	.4990	.0010	3.24	.4994	.0006
2.93	.4983	.0017	3.09	.4990	.0010	3.25	.4994	.0006
2.94	.4984	.0016	3.10	.4990	.0010	3.30	.4995	.0005
2.95	.4984	.0016	3.11	.4991	.0009	3.35	.4996	.0004
2.96	.4985	.0015	3.12	.4991	.0009	3.40	.4997	.0003
2.97	.4985	.0015	3.13	.4991	.0009	3.45	.4997	.0003
2.98	.4986	.0014	3.14	.4992	.0008	3.50	.4998	.0002
2.99	.4986	.0014	3.15	.4992	.0008	3.60	.4998	.0002
3.00	.4987	.0013	3.16	.4992	.0008	3.70	.4999	.0001
3.01	.4987	.0013	3.17	.4992	.0008	3.80	.4999	.0001
3.02	.4987	.0013	3.18	.4993	.0007	3.90	.49995	.00005
3.03	.4988	.0012	3.19	.4993	.0007	4.00	.49997	.00003
3.04	.4988	.0012	3.20	.4993	.0007			
3.05	.4989	.0011	3.21	.4993	.0007			
3.06	.4989	.0011	3.22	.4994	.0006			

▼　表 B　曼-惠特尼 U 检验的临界值

要使用这些表格,首先决定用什么显著性水平,用单侧检验还是双侧检验。例如,如果你需要 $p = 0.05$,用双侧检验,那么就用(c)。然后在选定的某个子表的两个组中确定实例的数目或量数(n)。你计算的 U 值必须小于表中对应位置的值。例如,一个实验中每组有 18 名被试,经计算 $U = 90$,那么就能够作出拒绝这个虚无假设的结论,因为由这两个被试组的大小决定的 U 值的临界值是 99[见子表(c)]

(a) 单侧 U 检验($p = 0.001$)或双侧 U 检验($p = 0.002$)的临界值											
n_1/n_2	9	10	11	12	13	14	15	16	17	18	19	20
1												
2												

续　表

n_1/n_2	9	10	11	12	13	14	15	16	17	18	19	20
3									0	0	0	0
4		0	0	0	1	1	1	2	2	3	3	3
5	1	1	2	2	3	3	4	5	5	6	7	7
6	2	3	4	4	5	6	7	8	9	10	11	12
7	3	5	6	7	8	9	10	11	13	14	15	16
8	5	6	8	9	11	12	14	15	17	18	20	21
9	7	8	10	12	14	15	17	19	21	23	25	26
10	8	10	12	14	17	19	21	23	25	27	29	32
11	10	12	15	17	20	22	24	27	29	32	34	37
12	12	14	17	20	23	25	28	31	34	37	40	42
13	14	17	20	23	26	29	32	35	38	42	45	48
14	15	19	22	25	29	32	36	39	43	46	50	54
15	17	21	24	28	32	36	40	43	47	51	55	59
16	19	23	27	31	35	39	43	48	52	56	60	65
17	21	25	29	34	38	43	47	52	57	61	66	70
18	23	27	32	37	42	46	51	56	61	66	71	76
19	25	29	34	40	45	50	55	60	66	71	77	82
20	26	32	37	42	48	54	59	65	70	76	82	88

(b) 单侧 U 检验（$p = 0.01$）或双侧 U 检验（$p = 0.02$）的临界值

n_1/n_2	9	10	11	12	13	14	15	16	17	18	19	20
1												
2					0	0	0	0	0	0	1	1
3	1	1	1	2	2	2	3	3	4	4	4	5
4	3	3	4	5	5	6	7	7	8	9	9	10
5	5	6	7	8	9	10	11	12	13	14	15	16
6	7	8	9	11	12	13	15	16	18	19	20	22
7	9	11	12	14	16	17	19	21	23	24	26	28
8	11	13	15	17	20	22	24	26	28	30	32	34

n_1/n_2	9	10	11	12	13	14	15	16	17	18	19	20
9	14	16	18	21	23	26	28	31	33	36	38	40
10	16	19	22	24	27	30	33	36	38	41	44	47
11	18	22	25	28	31	34	37	41	44	47	50	53
12	21	24	28	31	35	38	42	46	49	53	56	60
13	23	27	31	35	39	43	47	51	55	59	63	67
14	26	30	34	38	43	47	51	56	60	65	69	73
15	28	33	37	42	47	51	56	61	66	70	75	80
16	31	36	41	46	51	56	61	66	71	76	82	87
17	33	38	44	49	55	60	66	71	77	82	88	93
18	36	41	47	53	59	65	70	76	82	88	94	100
19	38	44	50	56	63	69	75	82	88	94	101	107
20	40	47	53	60	67	73	80	87	93	100	107	114

（c）单侧 U 检验（$p = 0.025$）或双侧 U 检验（$p = 0.05$）的临界值

n_1/n_2	9	10	11	12	13	14	15	16	17	18	19	20
1												
2	0	0	1	1	1	1	1	1	2	2	2	2
3	2	3	3	4	4	5	5	6	6	7	7	8
4	4	5	6	7	8	9	10	11	11	12	13	13
5	7	8	9	11	12	13	14	15	17	18	19	20
6	10	11	13	14	16	17	19	21	22	24	25	27
7	12	14	16	18	20	22	24	26	28	30	32	34
8	15	17	19	22	24	26	29	31	34	36	38	41
9	17	20	23	26	28	31	34	37	39	42	45	48
10	20	23	26	29	33	36	39	42	45	48	52	55
11	23	26	30	33	37	40	44	47	51	55	58	62
12	26	29	33	37	41	45	49	53	57	61	65	69
13	28	33	37	41	45	50	54	59	63	67	72	76
14	31	36	40	45	50	55	59	64	67	74	78	83
15	34	39	44	49	54	59	64	70	75	80	85	90
16	37	42	47	53	59	64	70	75	81	86	92	98
17	39	45	51	57	63	67	75	81	87	93	99	105

续　表

n_1/n_2	9	10	11	12	13	14	15	16	17	18	19	20
18	42	48	55	61	67	74	80	86	93	99	106	112
19	45	52	58	65	72	78	85	92	99	106	113	119
20	48	55	62	69	76	83	90	98	105	112	119	127

(d) 单侧 U 检验（$p=0.05$）或双侧 U 检验（$p=0.10$）的临界值

n_1/n_2	9	10	11	12	13	14	15	16	17	18	19	20
1											0	0
2	1	1	1	2	2	2	3	3	3	4	4	4
3	3	4	5	5	6	7	7	8	9	9	10	11
4	6	7	8	9	10	11	12	14	15	16	17	18
5	9	11	12	13	15	16	18	19	20	22	23	25
6	12	14	16	17	19	21	23	25	26	28	30	32
7	15	17	19	21	24	26	28	30	33	35	37	39
8	18	20	23	26	28	31	33	36	39	41	44	47
9	21	24	27	30	33	36	39	42	45	48	51	54
10	24	27	31	34	37	41	44	48	51	55	58	62
11	27	31	34	38	42	46	50	54	57	61	65	69
12	30	34	38	42	47	51	55	60	64	68	72	77
13	33	37	42	47	51	56	61	65	70	75	80	84
14	36	41	46	51	56	61	66	71	77	82	87	92
15	39	44	50	55	61	66	72	77	83	88	94	100
16	42	48	54	60	65	71	77	83	89	95	101	107
17	45	51	57	64	70	77	83	89	96	102	109	115
18	48	55	61	68	75	82	88	95	102	109	116	123
19	51	58	65	72	80	87	94	101	109	116	123	130
20	54	62	69	77	84	92	100	107	115	123	130	138

来源：Adapted from "Extended Tables for the Mann-Whitney Statistic," by D. Aube, 1953, *Bulletin of the Institute of Educational Research at Indiana University 1*, *No. 2*, Tables 1，3，5，and 7. Taken from *Nonparametric Statistics for the Behavioral Sciences*, by S. Siegel, 1956, New York：McGraw-Hill Book Company. Reprinted by permission of the Institute of Educational Research and McGraw-Hill Book Company.

▼　表 C　符号检验的分布

3 到 42 个观察对的符号检验的 α 水平。X 指排除的数量（条件之间的差别是在非预期方向的次数），而 p 水平表明排除的次数随机发生的概率。如果有 28 个观察对，其中 20 个被安排在预期方向，而只有 8 个是在排除方向，那么这种排除次数随机发生的概率是 0.018。

x p	x p	x p	x p	x p	x p
$n=3$	$n=6$	$n=8$	$n=10$	$n=12$	$n=14$
0.125	0.016	0.004	0.001	1.003	1.001
	1.109	1.035	1.011	2.019	2.006
$n=4$	2.344	2.145	2.055	3.073	3.029
0.062			3.172	4.194	4.090
1.312	$n=7$	$n=9$			5.212
	0.008	0.002	$n=11$	$n=13$	
$n=5$	1.062	1.020	0.000	1.002	$n=15$
0.031	2.227	2.090	1.006	2.011	1.000
1.188		3.254	2.033	3.016	2.004
			3.113	4.133	3.018
			4.274		4.059
					5.151
$n=16$	$n=21$	$n=26$	$n=31$	$n=35$	$n=39$
2.002	4.004	6.005	7.002	9.003	11.005
3.011	5.013	7.014	8.005	10.008	12.012
4.038	6.039	8.038	9.015	11.020	13.027
5.105	7.095	9.084	10.035	12.045	14.054
6.227	8.192	10.163	11.075	13.088	15.100
			12.141	14.155	16.168
$n=17$	$n=22$	$n=27$			
2.001	4.002	6.003	$n=32$	$n=36$	$n=40$
3.006	5.008	7.010	8.004	9.002	11.003
4.025	6.026	8.026	9.010	10.006	12.008
5.072	7.067	9.061	10.025	11.014	13.019
6.166	8.143	10.124	11.055	12.033	14.040
		11.221	12.108	13.066	15.077
$n=18$	$n=23$		13.189	14.121	16.134

续　表

x	p	x	p	x	p	x	p	x	p	x	p
3	.004	4	.001	$n=28$				15	.203		
4	.015	5	.005	6	.002	$n=33$				$n=41$	
5	.048	6	.017	7	.006	8	.002	$n=37$		11	.002
6	.119	7	.047	8	.018	9	.007	10	.004	12	.006
7	.240	8	.105	9	.044	10	.018	11	.010	13	.014
		9	.202	10	.092	11	.040	12	.024	14	.030
$n=19$				11	.172	12	.081	13	.049	15	.059
3	.002	$n=24$				13	.148	14	.094	16	.106
4	.010	5	.008	$n=29$				15	.162	17	.174
5	.032	6	.011	7	.004	$n=34$					
6	.084	7	.032	8	.012	9	.005	$n=38$		$n=42$	
7	.180	8	.076	9	.031	10	.012	10	.003	12	.004
		9	.154	10	.068	11	.029	11	.007	13	.010
$n=20$				11	.132	12	.061	12	.017	14	.022
3	.001	$n=25$				13	.115	13	.036	15	.044
4	.006	5	.002	$n=30$		14	.196	14	.072	16	.082
5	.021	6	.007	7	.003			15	.128	17	.140
6	.058	7	.022	8	.008						
7	.132	8	.051	9	.021						
		9	.115	10	.049						
		10	.212	11	.100						
				12	.181						

▼ 表 D 配对符号秩次检验(威尔科克逊检验)的临界值

使用这个表格时,首先确定 n 列中的得分对子数。对于几种显著性水平的临界值列于表的右侧的几列中。例如,如果 n 是 15,计算出的值是 19,就可以这样推断:因为 19 小于 25,所以在使用双侧检验时,在 0.02 的显著性水平上,条件间的差别是显著的。

	单侧检验的显著性水平		
	.025	.01	.005
	双侧检验的显著性水平		
n	.05	.02	.01
6	1	—	—
7	2	0	—
8	4	2	0
9	6	3	2
10	8	5	3
11	11	7	5
12	14	10	7
13	17	13	10
14	21	16	13
15	25	20	16
16	30	24	19
17	35	28	23
18	40	33	28
19	46	38	32
20	52	43	37
21	59	49	43
22	66	56	49
23	73	62	55
24	81	69	61
25	90	77	68

注:n 是配对的数目。

来源:Adapted from *Some Rapid Approximate Statistical Procedures* (*Rev. ed.*), by F. Wilcoxon, 1964, New York: American Cyanamid Company. Taken from *Nonparametric Statistics for the Behavioral Sciences*, by S. siegel, 1956, New York: McGraw-Hill Book Company. Reprinted by permission of the American Cyanamid Company and McGraw-Hill Book Company.

▼ 表 E t 分布的临界值

为得到适当的 t 值,在该实验自由度数目所在的行中读取。所在列由选定的显著性水平来决定,单元格所列的就是在每种概率水平下对于每种 df 的临界值。你得到的 t 值必须等于或大于表中的临界值,那么它才是显著的。例如,$df = 15$,$p = 0.05$(双侧检验),那么 t 值必须大于或等于 2.131。

	单侧检验的显著性水平							
	.25	.10	.05	.025	.01	.005	.0025	.001
	双侧检验的显著性水平							
df	.50	.20	.10	.05	.02	.01	.005	.002
1	1.000	3.078	6.314	12.706	31.821	63.657	127.321	318.309
2	0.816	1.886	2.920	4.303	6.965	9.925	14.089	22.327
3	0.765	1.638	2.353	3.182	4.541	5.841	7.453	10.214
4	0.741	1.533	2.132	2.776	3.747	4.604	5.598	7.173
5	0.727	1.476	2.015	2.571	3.365	4.032	4.773	5.893
6	0.718	1.440	1.943	2.447	3.143	3.707	4.317	5.208
7	0.711	1.415	1.895	2.365	2.998	3.499	4.029	4.785
8	0.706	1.397	1.880	2.306	2.896	3.366	3.833	4.501
9	0.703	1.383	1.833	2.262	2.821	3.256	3.690	4.297
10	0.700	1.372	1.812	2.228	2.764	3.169	3.581	4.144
11	0.697	1.363	1.796	2.201	2.718	3.106	3.497	4.025
12	0.695	1.356	1.782	2.179	2.681	3.055	3.428	3.930
13	0.694	1.350	1.771	2.160	2.650	3.012	3.372	3.852
14	0.692	1.345	1.761	2.145	2.624	2.977	3.326	3.787
15	0.691	1.341	1.753	2.131	2.602	2.947	3.286	3.733
16	0.690	1.337	1.746	2.120	2.583	2.921	3.252	3.686
17	0.689	1.333	1.740	2.110	2.567	2.898	3.223	3.646
18	0.688	1.330	1.734	2.101	2.552	2.878	3.197	3.610
19	0.688	1.328	1.729	2.093	2.539	2.861	3.174	3.579
20	0.687	1.325	1.725	2.086	2.528	2.845	3.153	3.552
21	0.686	1.323	1.721	2.080	2.518	2.831	3.135	3.527
22	0.686	1.321	1.717	2.074	2.508	2.819	3.119	3.505
23	0.685	1.319	1.714	2.069	2.500	2.807	3.104	3.485

续　表

df	单侧检验的显著性水平							
	.25	.10	.05	.025	.01	.005	.0025	.001
	双侧检验的显著性水平							
	.50	.20	.10	.05	.02	.01	.005	.002
24	0.685	1.318	1.711	2.064	2.492	2.797	3.090	3.467
25	0.684	1.316	1.708	2.060	2.485	2.787	3.078	3.450
26	0.684	1.315	1.706	2.056	2.479	2.779	3.067	3.435
27	0.684	1.314	1.703	2.052	2.473	2.771	3.057	3.421
28	0.683	1.313	1.701	2.048	2.467	2.763	3.047	3.408
29	0.683	1.311	1.699	2.045	2.462	2.756	3.038	3.396
30	0.683	1.310	1.697	2.042	2.457	2.750	3.030	3.385
35	0.682	1.306	1.690	2.030	2.438	2.724	2.996	3.340
40	0.681	1.303	1.684	2.021	2.423	2.704	2.971	3.307
45	0.680	1.301	1.679	2.014	2.412	2.690	2.952	3.281
50	0.679	1.299	1.676	2.009	2.403	2.678	2.937	3.261
55	0.679	1.297	1.673	2.004	2.396	2.668	2.925	3.245
60	0.679	1.296	1.671	2.000	2.390	2.668	2.915	3.232
70	0.678	1.294	1.667	1.994	2.381	2.648	2.899	3.211
80	0.678	1.292	1.664	1.990	2.374	2.639	2.877	3.195
90	0.677	1.291	1.662	1.987	2.368	2.632	2.878	3.183
100	0.677	1.290	1.660	1.984	2.364	2.626	2.871	3.174
∞	.674	1.282	1.645	1.960	2.326	2.576	2.807	3.090

来源：Table E is taken from "Extended Tables of the Percentage Points of Student's *t*-Distribution," by E. T. Federighi, 1959, *Journal of the American Statistical Association*, 54, 683 – 688. It is reproduced by permission of the American Statistical Association.

▼　表 F　F 分布的临界值

在表中通过查寻 F 比率的分子和分母的自由度确定对应值的位置。当选定所需的显著性水平后,得到的 F 比率必须比表中的值大。例如,$p = 0.05$,分子 $df = 9$,分母 $df = 28$,那么 F 值必须大于 2.24 才是可信的。

分母 df	α	分子 df 1	2	3	4	5	6	7	8	9
3	.25	2.02	2.28	2.36	2.39	2.41	2.42	2.43	2.44	2.44
	.10	5.54	5.46	5.39	5.34	5.31	5.28	5.27	5.25	5.24
	.05	10.1	9.55	9.28	9.12	9.01	8.94	8.89	8.85	8.81
	.025	17.4	16.0	15.4	15.1	14.9	14.7	14.6	14.5	14.5
	.01	34.1	30.8	29.5	28.7	28.2	27.9	27.7	27.5	27.4
	.001	167	148	141	137	135	133	132	131	130
4	.25	1.81	2.00	2.05	2.06	2.07	2.08	2.08	2.08	2.08
	.10	4.54	4.32	4.19	4.11	4.05	4.01	3.98	3.95	3.94
	.05	7.71	6.94	6.59	6.39	6.26	6.16	6.09	6.04	6.00
	.025	12.2	10.6	9.98	9.60	9.36	9.20	9.07	8.98	8.90
	.01	21.2	18.0	16.7	16.0	15.5	15.2	15.0	14.8	14.7
	.001	74.1	61.2	56.2	53.4	51.7	50.5	49.7	49.0	48.5
5	.25	1.69	1.85	1.88	1.89	1.89	1.89	1.89	1.89	1.89
	.10	4.06	3.78	3.62	3.52	3.45	3.40	3.37	3.34	3.32
	.05	6.61	5.79	5.41	5.19	5.05	4.95	4.88	4.82	4.77
	.025	10.0	8.43	7.76	7.39	7.15	6.98	6.85	6.76	6.68
	.01	16.3	13.3	12.1	11.4	11.0	10.7	10.5	10.3	10.2
	.001	47.2	37.1	33.2	31.1	29.8	28.8	28.2	27.6	27.2
6	.25	1.62	1.76	1.78	1.79	1.79	1.78	1.78	1.78	1.77
	.10	3.78	3.46	3.29	3.18	3.11	3.05	3.01	2.98	2.96
	.05	5.99	5.14	4.76	4.53	4.39	4.28	4.21	4.15	4.10
	.025	8.81	7.26	6.60	6.23	5.99	5.82	5.70	5.60	5.52
	.01	13.8	10.9	9.78	9.15	8.75	8.47	8.26	8.10	7.98
	.001	35.5	27.0	23.7	21.9	20.8	20.0	19.5	19.0	18.7
7	.25	1.57	1.70	1.72	1.72	1.71	1.71	1.70	1.70	1.69
	.10	3.59	3.26	3.07	2.96	2.88	2.83	2.78	2.75	2.72
	.05	5.59	4.74	4.35	4.12	3.97	3.87	3.79	3.73	3.68
	.025	8.07	6.54	5.89	5.52	5.29	5.12	4.99	4.90	4.82
	.01	12.2	9.55	8.45	7.85	7.46	7.19	6.99	6.84	6.72
	.001	29.2	21.7	18.8	17.2	16.2	15.5	15.0	14.6	14.3

分母 df	α	1	2	3	4	5	6	7	8	9
						分子 df				
8	.25	1.54	1.66	1.67	1.66	1.66	1.65	1.64	1.64	1.63
	.10	3.46	3.11	2.92	2.81	2.73	2.67	2.62	2.59	2.56
	.05	5.32	4.46	4.07	3.84	3.69	3.58	3.50	3.44	3.39
	.025	7.57	6.06	5.42	5.05	4.82	4.65	4.53	4.43	4.36
	.01	11.3	8.65	7.59	7.01	6.63	6.37	6.18	6.03	5.91
	.001	25.4	18.5	15.8	14.4	13.5	12.9	12.4	12.0	11.8
9	.25	1.51	1.62	1.63	1.63	1.62	1.61	1.60	1.60	1.59
	.10	3.36	3.01	2.81	2.69	2.61	2.55	2.51	2.47	2.44
	.05	5.12	4.26	3.86	3.63	3.48	3.37	3.29	3.23	3.18
	.025	7.21	5.71	5.08	4.72	4.48	4.32	4.20	4.10	4.03
	.01	10.6	8.02	6.99	6.42	6.06	5.80	5.61	5.47	5.35
	.001	22.9	16.4	13.9	12.6	11.7	11.1	10.7	10.4	10.1
10	.25	1.49	1.60	1.60	1.59	1.59	1.58	1.57	1.56	1.56
	.10	3.29	2.92	2.73	2.61	2.52	2.46	2.41	2.38	2.35
	.05	4.96	4.10	3.71	3.48	3.33	3.22	3.14	3.07	3.02
	.025	6.94	5.46	4.83	4.47	4.24	4.07	3.95	3.85	3.78
	.01	10.0	7.56	6.55	5.99	5.64	5.39	5.20	5.06	4.94
	.001	21.0	14.9	12.6	11.3	10.5	9.92	9.52	9.20	8.96
11	.25	1.47	1.58	1.58	1.57	1.56	1.55	1.54	1.53	1.53
	.10	3.23	2.86	2.66	2.54	2.45	2.39	2.34	2.30	2.27
	.05	4.84	3.98	3.59	3.36	3.20	3.09	3.01	2.95	2.90
	.025	6.72	5.26	4.63	4.28	4.04	3.88	3.76	3.66	3.59
	.01	9.65	7.21	6.22	5.67	5.32	5.07	4.89	4.74	4.63
	.001	19.7	13.8	11.6	10.4	9.58	9.05	8.66	8.35	8.12
12	.25	1.46	1.56	1.56	1.55	1.54	1.53	1.52	1.51	1.51
	.10	3.18	2.81	2.61	2.48	2.39	2.33	2.28	2.24	2.21
	.05	4.75	3.89	3.49	3.26	3.11	3.00	2.91	2.85	2.80
	.025	6.55	5.10	4.47	4.12	3.89	3.73	3.61	3.51	3.44
	.01	9.33	6.93	5.95	5.41	5.06	4.82	4.64	4.50	4.39
	.001	18.6	13.0	10.8	9.63	8.89	8.38	8.00	7.71	7.48

分母 df		分子 df								
	α	1	2	3	4	5	6	7	8	9
	.25	1.45	1.55	1.55	1.53	1.52	1.51	1.50	1.49	1.49
	.10	3.14	2.76	2.56	2.43	2.35	2.28	2.23	2.20	2.16
	.05	4.67	3.81	3.41	3.18	3.03	2.92	2.83	2.77	2.71
13	.025	6.41	4.97	4.35	4.00	3.77	3.60	3.48	3.39	3.31
	.01	9.07	6.70	5.74	5.21	4.86	4.62	4.44	4.30	4.19
	.001	17.8	12.3	10.2	9.07	8.35	7.86	7.49	7.21	6.98
	.25	1.44	1.53	1.53	1.52	1.51	1.50	1.49	1.48	1.47
	.10	3.10	2.73	2.52	2.39	2.31	2.24	2.19	2.15	2.12
	.05	4.60	3.74	3.34	3.11	2.96	2.85	2.76	2.70	2.65
14	.025	6.30	4.86	4.24	3.89	3.66	3.50	3.38	3.29	3.21
	.01	8.86	6.51	5.56	5.04	4.69	4.46	4.28	4.14	4.03
	.001	17.1	11.8	9.73	8.62	7.92	7.43	7.08	6.80	6.58
	.25	1.43	1.52	1.52	1.51	1.49	1.48	1.47	1.46	1.46
	.10	3.07	2.70	2.49	2.36	2.27	2.21	2.16	2.12	2.09
	.05	4.54	3.68	3.29	3.06	2.90	2.79	2.71	2.64	2.59
15	.025	6.20	4.77	4.15	3.80	3.58	3.41	3.29	3.20	3.12
	.01	8.68	6.36	5.42	4.89	4.56	4.32	4.14	4.00	3.89
	.001	16.6	11.3	9.34	8.25	7.57	7.09	6.74	6.47	6.26
	.25	1.42	1.51	1.51	1.50	1.48	1.47	1.46	1.45	1.44
	.10	3.05	2.67	2.46	2.33	2.24	2.18	2.13	2.09	2.06
	.05	4.49	3.63	3.24	3.01	2.85	2.74	2.66	2.59	2.54
16	.025	6.12	4.69	4.08	3.73	3.50	3.34	3.22	3.12	3.05
	.01	8.53	6.23	5.29	4.77	4.44	4.20	4.03	3.89	3.78
	.001	16.1	11.00	9.00	7.94	7.27	6.81	6.46	6.19	5.98
	.25	1.42	1.51	1.50	1.49	1.47	1.46	1.45	1.44	1.43
	.10	3.03	2.64	2.44	2.31	2.22	2.15	2.10	2.06	2.03
	.05	4.45	3.59	3.20	2.96	2.81	2.70	2.61	2.55	2.49
17	.025	6.04	4.62	4.01	3.66	3.44	3.28	3.16	3.06	2.98
	.01	8.40	6.11	5.18	4.67	4.34	4.10	3.93	3.79	3.68
	.001	15.7	10.7	8.73	7.68	7.02	6.56	6.22	5.96	5.75

分母 df	α	1	2	3	4	5	6	7	8	9
	.25	1.41	1.50	1.49	1.48	1.46	1.45	1.44	1.43	1.42
	.10	3.01	2.62	2.42	2.29	2.20	2.13	2.08	2.04	2.00
	.05	4.41	3.55	3.16	2.93	2.77	2.66	2.58	2.51	2.46
18	.025	5.98	4.56	3.95	3.61	3.38	3.22	3.10	3.01	2.93
	.01	8.29	6.01	5.09	4.58	4.25	4.01	3.84	3.71	3.60
	.001	15.4	10.4	8.49	7.46	6.81	6.35	6.02	5.76	5.56
	.25	1.41	1.49	1.49	1.47	1.46	1.44	1.43	1.42	1.41
	.10	2.99	2.61	2.40	2.27	2.18	2.11	2.06	2.02	1.98
19	.05	4.38	3.52	3.13	2.90	2.74	2.63	2.54	2.48	2.42
	.025	5.92	4.51	3.90	3.56	3.33	3.17	3.05	2.96	2.88
	.01	8.18	5.93	5.01	4.50	4.17	3.94	3.77	3.63	3.52
	.001	15.1	10.2	8.28	7.26	6.62	6.18	5.85	5.59	5.39
	.25	1.40	1.49	1.48	1.47	1.45	1.44	1.43	1.42	1.41
	.10	2.97	2.59	2.38	2.25	2.16	2.09	2.04	2.00	1.96
20	.05	4.35	3.49	3.10	2.87	2.71	2.60	2.51	2.45	2.39
	.025	5.87	4.46	3.86	3.51	3.29	3.13	3.01	2.91	2.84
	.01	8.10	5.85	4.94	4.43	4.10	3.87	3.70	3.56	3.46
	.001	14.8	9.95	8.10	7.10	6.46	6.02	5.69	5.44	5.24
	.25	1.40	1.48	1.47	1.45	1.44	1.42	1.41	1.40	1.39
	.10	2.95	2.56	2.35	2.22	2.13	2.06	2.01	1.97	1.93
22	.05	4.30	3.44	3.05	2.82	2.66	2.55	2.46	2.40	2.34
	.025	5.79	4.38	3.78	3.44	3.22	3.05	2.93	2.84	2.76
	.01	7.95	5.72	4.82	4.31	3.99	3.76	3.59	3.45	3.35
	.001	14.4	9.61	7.80	6.81	6.19	5.76	5.44	5.19	4.99
	.25	1.39	1.47	1.46	1.44	1.43	1.41	1.40	1.39	1.38
	.10	2.93	2.54	2.33	2.19	2.10	2.04	1.98	1.94	1.91
24	.05	4.26	3.40	3.01	2.78	2.62	2.51	2.42	2.36	2.30
	.025	5.72	4.32	3.72	3.38	3.15	2.99	2.87	2.78	2.70
	.01	7.82	5.61	4.72	4.22	3.90	3.67	3.50	3.36	3.26
	.001	14.0	9.34	7.55	6.59	5.98	5.55	5.23	4.99	4.80

分母 df	α	1	2	3	4	5	6	7	8	9
	.25	1.38	1.46	1.45	1.44	1.42	1.41	1.39	1.38	1.37
	.10	2.91	2.52	2.31	2.17	2.08	2.01	1.96	1.92	1.88
26	.05	4.23	3.37	2.98	2.74	2.59	2.47	2.39	2.32	2.27
	.025	5.66	4.27	3.67	3.33	3.10	2.94	2.82	2.73	2.65
	.01	7.72	5.53	4.64	4.14	3.82	3.59	3.42	3.29	3.18
	.001	13.7	9.12	7.36	6.41	5.80	5.38	5.07	4.83	4.64
	.25	1.38	1.46	1.45	1.43	1.41	1.40	1.39	1.38	1.37
	.10	2.89	2.50	2.29	2.16	2.06	2.00	1.94	1.90	1.87
28	.05	4.20	3.34	2.95	2.71	2.56	2.45	2.36	2.29	2.24
	.025	5.61	4.22	3.63	3.29	3.06	2.90	2.78	2.69	2.61
	.01	7.64	5.45	4.57	4.07	3.75	3.53	3.36	3.23	3.12
	.001	13.5	8.93	7.19	6.25	5.66	5.24	4.93	4.69	4.50
	.25	1.38	1.45	1.44	1.42	1.41	1.39	1.38	1.37	1.36
	.10	2.88	2.49	2.28	2.14	2.05	1.98	1.93	1.88	1.85
30	.05	4.17	3.32	2.92	2.69	2.53	2.42	2.33	2.27	2.21
	.025	5.57	4.18	3.59	3.25	3.03	2.87	2.75	2.65	2.57
	.01	7.56	5.39	4.51	4.02	3.70	3.47	3.30	3.17	3.07
	.001	13.3	8.77	7.05	6.12	5.53	5.12	4.82	4.58	4.39
	.25	1.36	1.44	1.42	1.40	1.39	1.37	1.36	1.35	1.34
	.10	2.84	2.44	2.23	2.09	2.00	1.93	1.87	1.83	1.79
40	.05	4.08	3.23	2.84	2.61	2.45	2.34	2.25	2.18	2.12
	.025	5.42	4.05	3.46	3.13	2.90	2.74	2.62	2.53	2.45
	.01	7.31	5.18	4.31	3.83	3.51	3.29	3.12	2.99	2.89
	.001	12.6	8.25	6.60	5.70	5.13	4.73	4.44	4.21	4.02
	.25	1.35	1.42	1.41	1.38	1.37	1.35	1.33	1.32	1.31
	.10	2.79	2.39	2.18	2.04	1.95	1.87	1.82	1.77	1.74
60	.05	4.00	3.15	2.76	2.53	2.37	2.25	2.17	2.10	2.04
	.025	5.29	3.93	3.34	3.01	2.79	2.63	2.51	2.41	2.33
	.01	7.08	4.98	4.13	3.65	3.34	3.12	2.95	2.82	2.72
	.001	12.0	7.76	6.17	5.31	4.76	4.37	4.09	3.87	3.69

续 表

分母 df	α	分子 df								
		1	2	3	4	5	6	7	8	9
	.25	1.34	1.40	1.39	1.37	1.35	1.33	1.31	1.30	1.29
	.10	2.75	2.35	2.13	1.99	1.90	1.82	1.77	1.72	1.68
120	.05	3.92	3.07	2.68	2.45	2.29	2.17	2.09	2.02	1.96
	.025	5.15	3.80	3.23	2.89	2.67	2.52	2.39	2.30	2.22
	.01	6.85	4.79	3.95	3.48	3.17	2.96	2.79	2.66	2.56
	.001	11.4	7.32	5.79	4.95	4.42	4.04	3.77	3.55	3.38
	.25	1.32	1.39	1.37	1.35	1.33	1.31	1.29	1.28	1.27
	.10	2.71	2.30	2.08	1.94	1.85	1.77	1.72	1.67	1.63
∞	.05	3.84	3.00	2.60	2.37	2.21	2.10	2.01	1.94	1.88
	.025	5.02	3.69	3.12	2.79	2.57	2.41	2.29	2.19	2.11
	.01	6.63	4.61	3.78	3.32	3.02	2.80	2.64	2.51	2.41
	.001	10.8	6.91	5.42	4.62	4.10	3.74	3.47	3.27	3.10

来源：Adapted and abridged from *Biometrika Tables for Statisticians*, *2nd ed.*, *vol. 1* (Table 18), edited by E. S. Pearson and H. O. Hartley, 1958, New York：Cambridge University Press. With permission of the *Biometrika* trustees.

▼ 表 G χ^2 分布的临界值

根据自由度的数目［(行数 - 1)×(列数 - 1)］查找相应的临界值。χ^2 值必须大于或等于给定显著性水平的临界值才具有显著性。例如，$P = 0.05$，$df = 9$，χ^2 值必须大于或等于 16.92。

df	$p = .10$	$p = .05$	$p = .01$
1	2.71	3.84	6.63
2	4.62	5.99	9.21
3	6.25	7.82	11.35
4	7.78	9.49	13.28
5	9.24	11.07	15.09
6	10.64	12.59	16.81
7	12.02	14.07	18.48
8	13.36	15.51	20.09

续　表

df	$p=.10$	$p=.05$	$p=.01$
9	14.68	16.92	21.66
10	15.99	18.31	23.21
11	17.28	19.68	24.72
12	18.55	21.03	26.21
13	19.81	22.36	27.69
14	21.06	23.69	29.14
15	22.31	25.00	30.58
16	23.54	26.30	32.00
17	24.77	27.59	33.41
18	25.99	28.87	34.81
19	27.20	30.14	36.19
20	28.41	31.41	37.56
21	29.62	32.67	38.92
22	30.81	33.93	40.29
23	32.01	35.17	41.64
24	33.20	36.42	42.98
25	34.38	37.65	44.32

来源：Abridged from table in *Fundamental Statistics for the Behavioral Sciences* (3rd ed.), by D. C. Howell，1995，Belmont，CA：Duxbury.

▼　表 H　随机数表

	1	2	3	4	5	6	7	8	9
1	32942	95416	42339	59045	26693	49057	87496	20624	14819
2	07410	99859	83828	21409	29094	65114	36701	25762	12827
3	59981	68155	45673	76210	58219	45738	29550	24736	09574
4	46251	25437	69654	99716	11563	08803	86027	51867	12116
5	65558	51904	93123	27887	53138	21488	09095	78777	71240
6	99187	19258	86421	16401	19397	83297	40111	49326	81686
7	35641	00301	16096	34775	21562	97983	45040	19200	16383

	1	2	3	4	5	6	7	8	9
8	14031	00936	81518	48440	02218	04756	19506	60695	88494
9	60677	15076	92554	26042	23472	69869	62877	19584	39576
10	66314	05212	67859	89356	20056	30648	87349	20389	53805
11	20416	87410	75646	64176	82752	63606	37011	57346	69512
12	28701	56992	70423	62415	40807	98086	58850	28968	45297
13	74579	33844	33426	07570	00728	07079	19322	56325	84819
14	62615	52342	82968	75540	80045	53069	20665	21282	07768
15	93945	06293	22879	08161	01442	75071	21427	94842	26210
16	75689	76131	96837	67450	44511	50424	82848	41975	71663
17	02921	16919	35424	93209	52133	87327	95897	65171	20376
18	14295	34969	14216	03191	61647	30296	66667	10101	63203
19	05303	91109	82403	40312	62191	67023	90073	83205	71344
20	57071	90357	12901	08899	91039	67251	28701	03846	94589
21	78471	57741	13599	84390	32146	00871	09354	22745	65806
22	89242	79337	59293	47481	07740	43345	25716	70020	54005
23	14955	59592	97035	80430	87220	06392	79028	57123	52872
24	42446	41880	37415	47472	04513	49494	08860	08038	43624
25	18534	22346	54556	17558	73689	14894	05030	19561	56517
26	39284	33737	42512	86411	23753	29690	26096	81361	93099
27	33922	37329	89911	55876	28379	81031	22058	21487	54613
28	78355	54013	50774	30666	61205	42574	47773	36027	27174
29	08845	99145	94316	88974	29828	97069	90327	61842	29604
30	01769	71825	55957	98271	02784	66731	40311	88495	18821
31	17639	38284	59478	90409	21997	56199	30068	82800	69692
32	05851	58653	99949	63505	40409	85551	90729	64938	52403
33	42396	40112	11469	03476	03328	84238	26570	51790	42122
34	13318	14192	98167	75631	74141	22369	36757	89117	54998
35	60571	54786	26281	01855	30706	66578	32019	65884	58485
36	09531	81853	59334	70929	03544	18510	89541	13555	21168
37	72865	16829	86542	00396	20363	13010	69645	49608	54738
38	56324	31093	77924	28622	83543	28912	15059	80192	83964
39	78192	21626	91399	07235	07104	73652	64425	85149	75409
40	64666	34767	97298	92708	01994	53188	78476	07804	62404
41	82201	75694	02808	65983	74373	66693	13094	74183	73020

	1	2	3	4	5	6	7	8	9
42	15360	73776	40914	85190	54278	99054	62944	47351	89098
43	68142	67957	70896	37983	20487	95350	16371	03426	13895
44	19138	31200	30616	14639	44406	44236	57360	81644	94761
45	28155	03521	36415	78452	92359	81091	56513	88321	97910
46	87971	29031	51780	27376	81056	86155	55488	50590	74514
47	58147	68841	53625	02059	75223	16783	19272	61994	71090
48	18875	52809	70594	41649	32935	26430	82096	01605	65846
49	75109	56474	74111	31966	29969	70093	98901	84550	25769
50	35983	03742	76822	12073	59463	84420	15868	99505	11426
51	12651	61644	11769	75109	86996	97669	25757	32535	07122
52	81769	74436	02630	72310	45049	18029	07469	42341	98173
53	36737	98863	77240	76251	00654	64688	09343	70278	67331
54	82861	54371	76610	94934	72748	44124	05610	53750	95938
55	21325	15732	24127	37431	09723	63529	73977	95218	96074
56	74146	47887	62463	23045	41490	07954	22597	60012	98866
57	90759	64410	54179	66075	61051	75385	51378	08360	95946
58	55683	98078	02238	91540	21219	17720	87817	41705	95785
59	79686	17969	76061	83748	55920	83612	41540	86492	06447
60	70333	00201	86201	69716	78185	62154	77930	67663	29529
61	14042	53536	07779	04157	41172	36473	42123	43929	50533
62	59911	08256	06596	48416	69770	68797	56080	14223	59199
63	62368	62623	62742	14891	39247	52242	99832	69533	91174
64	57529	97751	54976	48957	74599	08759	78494	52785	68526
65	15469	90574	78033	66885	13936	42117	71831	22961	94225
66	18625	23674	53850	32827	81647	80820	00420	63555	74489
67	74626	68394	88562	70745	23701	45630	65891	58220	35442
68	11119	16519	27384	90199	79210	76965	99546	30323	31664
69	41101	17336	48951	53674	17880	45260	08575	49321	36191
70	32123	91576	84221	78902	82010	30847	62329	63898	23268
71	26091	68409	69704	82267	14751	13151	93115	01437	56945
72	67680	79790	48462	59278	44185	29616	76531	19589	83139
73	15184	19260	14073	07026	25264	08388	27182	22557	61501
74	58010	45039	57181	10238	36874	28546	37444	80824	63981
75	56425	53996	86245	32623	78858	08143	60377	42925	42815

	1	2	3	4	5	6	7	8	9
76	82630	84066	13592	60642	17904	99718	63432	88642	37858
77	14927	40909	23900	48761	44860	92467	31742	87142	03607
78	23740	22505	07489	85986	74420	21744	97711	36648	35620
79	32990	97446	03711	63824	07953	85965	87089	11687	92414
80	05310	24058	91946	78437	34365	82469	12430	84754	19354
81	21839	39937	27534	88913	49055	19218	47712	67677	51889
82	08833	42549	93981	94051	28382	83725	72643	64233	97252
83	58336	11139	47479	00931	91560	95372	97642	33856	54825
84	62032	91144	75478	47431	52726	30289	42411	91886	51818
85	45171	30557	53116	04118	58301	24375	65609	85810	18620
86	91611	62656	60128	35609	63698	78356	50682	22505	01692
87	55472	63819	86314	49174	93582	73604	78614	78849	23096
88	18573	09729	74091	53994	10970	86557	65661	41854	26037
89	60866	02955	90288	82136	83644	94455	06560	78029	98768
90	45043	55608	82767	60890	74646	79485	13619	98868	40857
91	17831	09737	79473	75945	28394	79334	70577	38048	03607
92	40137	03981	07585	18128	11178	32601	27994	05641	22600
93	77776	31343	14576	97706	16039	47517	43300	59080	80392
94	69605	44104	40103	95635	05635	81673	68657	09559	23510
95	19916	52934	26499	09821	87331	80993	61299	36979	73599
96	02606	58552	07678	56619	65325	30705	99582	53390	46357
97	65183	73160	87131	35530	47946	09854	18080	02321	05809
98	10740	98914	44916	11322	89717	88189	30143	52687	19420
99	98642	89822	71691	51573	83666	61642	46683	33761	47542
100	60139	25601	93663	25547	02654	94829	48672	28736	84994

参考文献

Adams, J. A. (1972). Research and the future of engineering psychology. *American Psychologist*, *27*, 615 – 622.

Adamson, R. E. (1952). Functional fixedness as related to problem solving: A repetition of three experiments. *Journal of Experimental Psychology*, *44*, 288 – 291.

Adler, R. (2001). Psychoneuroimmunology. *Current Directions in Psychological Science*, *10*, 94 – 98.

Ader, R., & Cohen, N. (1982). Behaviorally conditioned immunosuppression and murine systemic lupus erythematosus. *Science*, *215*, 1534 – 1536.

Adler, S. A., Gerhardstein, P., & Rovee-Collier, C. (1998). Levels-of-processing effects in infant memory? *Child Development*, *69*, 280 – 294.

Ahn, W., & Graham, L. M. (1999). The impact of necessity and sufficiency in the Wason four-card selection task. *Psychological Science*, *10*, 237 – 242.

American Psychological Association. (1987). *Case-book on ethical issues*. Washington, DC: Author.

American Psychological Association. (2001). *Publication manual of the American Psychological Association* (5th Ed.). Washington DC: Author.

American Psychological Association. (2002). *Ethical principles of psychologists and code of conduct 2002*. Retrieved March 21, 2003, from http://www.apa.org/ethics/code2002.html.

American Psychological Association. (2003a). *Guidelines for ethical conduct in the care and use of animals*. Retrieved March 21, 2003, from http://www.apa.org/science/anguide.html.

American Psychological Association. (2003b). *Research with animals in psychology*. Retrieved March 21, 2003, from http://www.apa.org/science/animal2.html.

Amodio, D. M., Harmon-Jones, E., & Devine, P. (2003). Individual differences in the activation and control of affective race bias as assessed by startle eyeblink response and self-report. *Journal of Personality & Social Psychology*, *84*, 738 – 753.

Amsel, A. (1994). Précis of frustration theory: An analysis of dispositional learning and memory. *Psychonomic Bulletin & Review*, *1*, 280 – 296.

Angell, J. R. (1907). The province of functional psychology. *Psychological Review*, *14*, 61 – 91.

Arnold, D. H., Fisher, P. H., Doctoroff, G. L., & Dobbs, J. (2002). Accelerating math development in Head Start classrooms. *Journal of Educational Psychology*, *94*, 762 – 770.

Asch, S. E. (1951). Effect of group pressure upon the modification and distortion of judgment. In H. Guetzknow (Ed.), *Groups, leadership, and men* (pp. 117 – 190). Pittsburgh: Carnegie.

Asch, S. E. (1956). Studies of independence and conformity: I. A minority of one against a unanimous majority. *Psychological Monographs*, 70, 9 (Whole No. 416).

Asch, S. E. (1958). Effects of group pressure upon the modification and distortion of judgments. In E. E. Maccoby, T. M. Newcomb, & E. L. Hartley (Eds.), *Readings in social psychology* (3rd ed., pp. 174 – 183). New York: Holt.

Baker, T. (2006, November). Dr. Ambati is youngest volunteer surgeon in flying eye hospital's history. *MSG Science/Medical News*. Medical College of Georgia. Retrieved July 20, 2007, from http://www. mcg. edu/news/2006NewsRel/Ambati091806. html.

Balota, D. A., & Cortese, M. J. (2000). Theories in cognitive psychology. In A. Kazdin (Ed.), *The encyclopedia of psychology*. Washington, DC: American Psychological Association.

Barber, T. X. (1976). *Pitfalls in human research: Ten pivotal points*. New York: Pergamon.

Barber, T. X., & Silver, M. J. (1968). Fact, fiction, and the experimenter bias effect. *Psychological Bulletin Monograph Supplement*, 70 (6, pt.2), 1 – 29.

Barker, R. G. (1968). *Ecological psychology*. Stanford, CA: Stanford University Press.

Barker, R. G., & Wright, H. F. (1951). *One boy's day*. New York: Harper and Row.

Baron, R. A., & Bell, P. A. (1976). Aggression and heat: The influence of ambient temperature, negative affect, and a cooling drink on physical aggression. *Journal of Personality and Social Psychology*, 33, 245 – 255.

Bartoshuk, L. M. (2000). Comparing sensory experiences across individuals: Recent psychophysical advances illuminate genetic variation in taste perception. *Chemical Senses*, 25, 447 – 460.

Bateson, J. E. G., & Hui, M. K. (1992). The ecological validity of photographic slides and videotapes in simulating the service setting. *Journal of Consumer Research*, 19, 271 – 281.

Baumrind, D. (1964). Some thoughts on ethics of research: After reading Milgram's "Behavioral study of obedience." *American Psychologist*, 19, 421 – 423.

Beck, S. B. (1963). Eyelid conditioning as a function of CS intensity, UCS intensity, and Manifest Anxiety Scale score. *Journal of Experimental Psychology*, 66, 429 – 438.

Bem, D. J. (2004). Writing the empirical journal article. In J. M. Darley, M. P. Zanna, & H. L. Roediger Ⅲ (Eds.), *The Compleat Academic* (pp. 185 – 219). Washington DC: American Psychological Association.

Benjamin, L. T. (1997). *A history of psychology: Original sources and contemporary research*. New York, McGraw-Hill.

Bevan, W. (1980). On getting in bed with a lion. *American Psychologist*, 35, 779 – 789.

Bhalla, M., & Proffitt, D. R. (1999). Visual-motor recalibration in geographical slant perception. *Journal of Experimental Psychology: Human Perception and Performance*, 25, 1076 – 1096.

Blaney, R. H. (1986). Affect and memory: A review. *Psychological Bulletin*, 99, 229 – 246.

Blass, T. (1999). The Milgram paradigm after 35 years: Some things we now know about obedience to authority. *Journal of Applied Social Psychology*, 29, 955 – 978.

Blass, T. (2002). *Obedience to authority: Current perspectives on the Milgram paradigm*. Mahwah, NJ: Lawrence Erlbaum Associates.

Blaxton, T. A. (1989). Investigating dissociations among memory measures: Support for a transfer appropriate processing framework. *Journal of Experimental Psychology: Learning, Memory, and Cognition*, 15, 657 – 668.

Blough, D. S. (1958). A method for obtaining psychophysical thresholds from pigeons. *Journal of the Experimental Analysis of Behavior*, 1, 31 – 43.

Blough, D. S. (1961). Experiments in animal psychophysics. *Scientific American*, 205, 32.

Blum, D. (2002). *Love at Goon Park: Harry Harlow and the science of affection* (pp. 113 – 290). New York: Berkley.

Boneau, C. A. (1998). Hermann Ebbinghaus: On the road to progress or down the garden path? In M. Wertheimer (Ed.), *Portraits of pioneers in psychology*, (Vol. 3, pp. 51 – 64). Washington, DC: American Psychological Association.

Boring, E. G. (1950). A history of experimental psychology. New York: Appleton-Century-Crofts.

Boroditsky, L. (2000). Metaphoric structuring: Understanding time through spatial metaphors. *Cognition*, 75, 1 – 28.

Boroditsky, L., & Ramscar, M. (2002). The roles of body and mind in abstract thought. *Psychological Science*, 13, 185 – 189.

Bornstein, M. H., & Sigman, M. D. (1986). Continuity in mental development from infancy. *Child Development*, 57, 251 – 274.

Bowd, A. D. (1980). Ethical reservations about psychological research with animals. *Psychological Record*, 30, 201 – 210.

Bower, G. (1961). A contrast effect in differential conditioning. *Journal of Experimental Psychology*, 62, 196 – 199.

Bramel, D., & Friend, R. (1981). Hawthorne, the myth of the docile worker, and class bias in psychology. *American Psychologist*, 36, 867 – 878.

Brannigan, A., & Zwerman, W. (2001). The real "Hawthorne effect." *Society*, Jan/Feb, 55 – 60.

Breitmayer, B. J., & Ramey, C. T. (1986). Biological nonoptimality and quality of postnatal environment as codeterminants of intellectual development. *Child Development*, 57, 1151 – 1165.

Brickner, M. A., Harkins, S. G., & Ostrom, T. M. (1986). Effects of personal involvement: Thoughtprovoking implications for social loafing. *Journal of Personality and Social Psychology*, 51, 763 – 769.

Bridgeman, B., McCamley-Jenkins, L., & Ervin, N. (2000).

Predictions of freshman grade-point average from the revised and recentered SAT1: Reasoning test. (College Board Research Report No. 2001 - 1). New York: College Entrance Examination Board.

Bridgman, P. W. (1945). Some general principles of operational analysis. *Psychological Review, 52*, 246 - 249.

Broad, W. , & Wade, M. (1982). *Betrayers of the truth: Fraud and deceit in the balls of science.* New York: Simon and Schuster.

Broadbent, D. E. (1971). *Decision and stress.* New York: Academic Press.

Bronzaft, A. L. (1993). Architects, engineers and planners as anti-noise advocates. *Journal of Architectural and Planning Research, 10*, 146 - 159.

Brown, J. (1958). Some tests of the decay theory of immediate memory. *Quarterly Journal of Experimental Psychology, 10*, 12 - 21.

Brown, R. (1962). Models of attitude change. In R. Brown, E. Galanter, E. H. Hess, & G. Mandler (Eds.), *New directions in psychology* (Vol. 1, pp. 1 - 85). New York: Holt, Rinehart, and Winston.

Brown, R. , & Kulik, J. (1977). Flashbulb memories. *Cognition, 5*, 73 - 79.

Bryant, R. A. , & Barnier, A. J. (1999). Eliciting autobiographical pseudomemories: The relevance of hypnosis, hypnotizability, and attributions. *International Journal of Clinical & Experimental Hypnosis, 47*, 267 - 283.

Buckner, R. L. , & Tulving, E. (1995). Neuroimaging studies of memory: Theory and recent PET findings. In F. Boller & J. Grafman (Eds.), Handbook of neuropsychology (Vol. 10, pp. 439 - 466). Amsterdam: Elsevier.

Bulgren, J. A. , Deshler, D. D. , Schumaker, J. B. , & Lenz, B. K. (2000). The use and effectiveness of analogical instruction in diverse secondary content classrooms. *Journal of Educational Psychology, 92*, 426 - 441.

Bullinger, H. J. , & Dangelmaier, M. (2003). Virtual prototyping and testing of in-vehicle interfaces. *Ergonomics, 46*, 1 - 3, 41 - 51.

Bushman, B. J. , & Huesmann, L. R. (2006). Short-term and long-term effects of violent media on aggression in children and adults. *Archives of Pediatrics and Adolescent Medicine, 160*, 348 - 352.

Bushman, B. J. , Ridge, R. D. , Da, E. , Key, C. W. , & Busath, G. L. (2007). When God sanctions killing. *Psychological Science, 18*, 204 - 207.

Buss, D. M. , & Schmitt, D. P. (1993). Sexual strategies theory: An evolutionary perspective on human mating. *Psychological Review, 100*, 204 - 232.

Butters, N. , & Cermak, L. S. (1986). A case study of the forgetting of autobiographical knowledge: Implications for the study of retrograde amnesia. In D. Rubin (Ed.), *Autobiographical memory* (pp. 253 - 272). New York:

Cambridge University Press.

Calhoun, J. B. (1962). Population density and social pathology. *Scientific American, 206*, 139 - 148.

Calhoun, J. B. (1966). The role of space in animal sociology. *Journal of Social Issues, 22*, 46 - 58.

Calhoun, J. B. (1971). Space and the strategy of life. In A. H. Esser (Ed.), *Behavior and environment. The use of space by animals and men* (pp. 329 - 387). New-York: Plenum.

Campbell, D. T. , & Erlebacher, A. (1970a). How regression artifacts in quasi-experimental evaluations can mistakenly make compensatory education look harmful. In J. Helmuth (Ed.), *Compensatory education: A national debate: Vol. 3, Disadvantaged child.* (pp. 185 - 210). New York: Brunner/Mazel.

Campbell, D. T. , & Erlbacher, A. (1970b). Reply to the replies. In J. Helmuth (Ed.), *Compensatory education: A national debate: Vol. 3, Disadvantaged child* (pp. 221 - 225). New York: Brunner/Mazel.

Campbell, D. T. , & Stanley, J. C. (1996). *Experimental and quasi-experimental designs for research.* Chicago: Rand McNally.

Capaldi, E. J. (1964). Effect of N-length, number of different N-lengths, and number of reinforcements on resistance to extinction. *Journal of Experimental Psychology, 68*, 230 - 239.

Capaldi, E. J. (1994). The sequential view: From rapidly fading stimulus traces to the organization of memory and the abstract concept of number. *Psychonomic Bulletin & Review, 1*, 156 - 181.

Carnevale, P. J. , & Probst, T. M. (1998). Social values and social conflict in creative problem-solving and categorization. *Journal of Personality and Social Psychology, 74*, 1300 - 1309.

Carter, L. F. (1941). Intensity of conditioned stimulus and rate of conditioning. *Journal of Experimental Psychology, 28*, 481 - 490.

Cermak, L. S. , & Craik, F. I. M. (Eds.). (1979). *Levels of processing in human memory.* Hillsdale, NJ: Erlbaum.

Cermak, L. S. , & Reale, L. (1978). Depth of processing and retention of words by alcoholic Korsakoff patients. *Journal of Experimental Psychology: Human Learning and Memory, 4*, 165 - 174.

Cheesman, J. , & Merikle, P. M. (1984). Priming with and without awarecess. *Perception & Psychophysics, 36*, 387 - 395.

Cheesman, J. , & Merikle, P. M. (1986). Distinguishing conscious from unconscious perception. *Canadian Journal of Psychology, 40*, 343 - 367.

Chekroun, P. , & Brauer, M. (2002). The bystander effect and social control behavior: The effect of the presence of others on people's reactions to norm violations. *European Journal of Social Psychology, 32*, 853 - 866.

Childress, M. E. , Hart, S. G. , & Bortolussi, M. R. (1982). The reliability and validity of flight task workload ratings. *Proceedings of the Human Factors Society, 26*, 319 - 323.

Chomsky, N. (1959). A review of Skinner's Verbal Behavior.

Language, 35, 26 - 58.

Churchland, P. M., & Churchland, P. S. (1990). Could a machine think? *Scientific American,* (January) 32 - 37.

Cicirelli, V. G. (1970). The relevance of the regression artifact problem to the Westinghouse-Ohio evaluation of Head Start. A reply to Campbell and Eriebacher. In J. Helmuth (Ed.), *Compensatory education: A national debate: Vol. 3, Disadvantaged child* (pp. 211 - 215). New York: Brunner/ Mazel.

Cicirelli, V., & Granger, R. (1969, June). *The impact of Head Start: An evaluation of the effects of Head Start on children's cognitive and affective development.* A report presented to the Office of Economic Opportunity pursuant to Contract B89 - 4356. Westinghouse Learning Corporation, Ohio University. (Distributed by Clearinghouse for Federal Scientific and Technical Information, U. S. Department of Commerce, National Bureau of Standards, Institute of Applied Technology, PB 184 - 328.)

Clark, H. H. (1973). The language-as-fixed effect fallacy: A critique of language statistics in psychological research. *Journal of Verbal Learning and Verbal Behavior, 12*, 335 - 359.

Clark, W. C. (1969). Sensory-decision theory analysis of the placebo effect on the criterion for pain and thermal sensitivity (d'). *Journal of Abnormal Psychology, 74*, 363 - 371.

Clark, W. C., & Yang, J. C. (1974). Acupunctural analgesia: Evaluation by signal detection theory. *Science, 184*, 1096 - 1098.

Cohen, S., Glass, D. C., & Singer, J. E. (1973). Apartment noise, auditory discrimination and reading ability in children. *Journal of Experimental Social Psychology, 9*, 407 - 422.

Colom, R., Jung, R. E., & Haier, R. J. (2006). Finding the g-factor in brain structure using the method of correlated vectors. *Intelligence, 34*, 561 - 570.

Cook, T. D., & Campbell, D. T. (1979). *Quasi-experimentation: Design and analysis issues for field-settings.* Chicago: Rand McNally.

Coren, S., Ward, L. M., & Enns, J. T. (1994). *Sensation and perception.* Fort Worth: Harcourt Brace.

Cornsweet, T. N. (1962). The staircase method in psychophysics. *American Journal of Psychology, 75*, 485 - 491.

Correll, J., Park, B., Judd, C. M., & Wittenbrink, B. (2002). The police officer's dilemma: Using ethnicity to disambiguate potentially threatening individuals. *Journal of Personality & Social Psychology, 83*, 1314 - 1329.

Corrigan, P. W., Holmens, E. P., Luchins, D., Buican, B., Basit, A., & Parks, J. J. (1994). Staff burnout in a psychiatric hospital: A cross-lagged panel design. *Journal of Organizational Behavior, 15*, 65 - 74.

Cowey, A. (1995). Blindsight in monkeys. *Nature, 373*, 247 - 249.

Cox, J. R., & Griggs, R. A. (1982). The effects of experience on performance in Wason's selection task. *Memory & Cognition, 10*, 496 - 502.

Craik, F. I. M. (1977). Age differences in human memory. In J. E. Birren & W. Schaie (Eds.), *Handbook of the psychology of aging.* New York: Van Nostrand Reinhold.

Craik, F. I. M., & Lockhart, R. S. (1972). Levels of processing: A framework for memory research. *Journal of Verbal Learning and Verbal Behavior, 11*, 671 - 684.

Craik, F. I. M., & Tulving, E. (1975). Depth of processing and the retention of words in episodic memory. *Journal of Experimental Psychology: General, 104*, 671 - 684.

Cutler, B. L., & Penrod, S. D. (1989). Forensically relevant moderators of the relation between eyewitness identification accuracy and confidence. *Journal of Applied Psychology, 74*, 650 - 652.

D'Amato, M. R. (1970). *Experimental psychology: Methodology, psychophysics, and learning.* New York: McGraw-Hill.

Darley, J. M., & Latané, B. (1968). Bystander intervention in emergencies: Diffusion of responsibility. *Journal of Personality and Social Psychology, 8*, 377 - 383.

DeGreene, K. B. (Ed.). (1970). *Systems psychology.* New York: McGraw-Hill.

Devine, P. G., & Elliot, A. J. (1995). Are racial stereotypes really fading? The Princeton trilogy revisited. *Personality and Social Psychology Bulletin, 21*, 1139 - 1150.

Dewar, R. E., Kline, D. W., & Swanson, H. A. (1994). Age differences in the comprehension of traffic sign symbols. *Transportation Research Board 73rd Annual Meeting* (Paper No. 940979). Washington, DC: Transportation Research Board.

Dewey, J. (1896). The reflex arc concept in psychology. *Psychological Review, 3*, 357 - 370.

Doll, R. (1955). Etiology of lung cancer. *Advances in Cancer Research, 3*, 1 - 50.

Donders, F. C. (1868/1969). Over de snelheidvan psychische processes. (On the speed of mental processes.) (w. Koster, Trans.). In W. G. Koster, *Attention and performance II* (pp. 412 - 431). Amsterdam: North Holland.

Duncan, J. (2003). Intelligence tests predict brain response to demanding task events. *Nature Neuroscience, 6*, 207 - 208.

Duncan, J., Seitz, R. J., Kolodny, J., Bor, D., Herzog, H., Ahmed, A., et al. (2000). A neural basis for general intelligence. *Science, 289*, 457 - 460.

Duncker, K. (1945). On problem solving. *Psychological Monographs, 58*, 1 - 112. (Whole No. 270).

Dunn, J. (1998). Implicit memory and amnesia. In K. Kirsner & C. Speelman (Eds.), *Implicit and explicit mental processes* (pp. 99 - 117). Mahwah, NJ: Erlbaum.

Dweck, C. S. (1999). *Self-theories: Their role in motivation, personality, and development.* Philadelphia: Psychology Press.

Dweck, C. S., & Bempechat, J. (1983). Children's theories of intelligence: Consequences for learning. In S. G. Paris, G. M. Olson, & H. W. Stevenson (Eds.), *Learning and motivation in the classroom* (pp. 239 - 256). Hillsdale, NJ: Erlbaum.

Dweck, C. S. , & Elliott, E. S. (1983). Achievement motivation. In E. M. Hetherington (Ed.), *Handbook of child psychology: Vol. 4, Socialization, personality, and development.* New York: Wiley.

Dweck, C. , Mangels, J. , & Good, C. (2004). Motivational effects on attention, cognition, and performance. In D. Y. Dai & R. J. Sternberg (Eds.), *Motivation, emotion, and cognition: Integrative perspectives on intellectual functioning and development* (pp. 41 – 55). Mahwah, NJ: Erlbaum.

Eagly, A. H. , & Wood, W. (1999). The origins of sex differences in human behavior: Evolved dispositions versus social roles. *American Psychologist, 54* , 408 – 423.

Ebbinghaus, H. (1885/1913). *Memory: A contribution to experimental psychology.* New York: Columbia University Press. (Reprinted by Dover, 1964)

Edwards, A. C. (2003). Response to the spiritual intelligence debate: Are some conceptual distinctions needed here? *International Journal for the Psychology of Religion, 13* , 49 – 52.

Eibl-Eibesfeldt, I. (1970). *Ethology: The biology of behavior.* New York: Holt, Rinehart & Winston.

Eibl-Eibesfeldt, I. (1972). Similarities and differences between cultures in expressive movements. In R. A. Hinde (Ed.), *Nonverbal communication* (pp. 297 – 312). Cambridge: Cambridge University Press.

Ellsworth, J. , & Ames, L. (1998). *Critical perspectives on Project Head Start: Revisioning the hope and challenge.* Albany, NY: State University of New York Press.

Elmes, D. G. , Chapman, P. F. , & Selig, C. W. (1984). Role of mood and connotation in the spacing effect. *Bulletin of the Psychonomic Society, 22* , 186 – 188.

Elmes, D. G. , Kantowitz, B. H. , & Roediger, H. L. (1992). *Research methods in psychology* (4th Ed.). St. Paul: West.

Elmes, D. G. , Kantowitz, B. H. , & Roediger, H. L. (2006). *Research methods in psychology* (8th Ed.). Belmont, CA: Wadsworth Thomson Learning.

Emmons, R. A. (2000). Is spirituality an intelligence? Motivation, cognition, and the psychology of ultimate concern. *International Journal for the Psychology of Religion, 10* , 3 – 26.

Engle, R. W. (2002). Working memory capacity as executive attention. *Current Directions in Psychology, 11* , 19 – 23.

Engle, R. , Tuholski, S. W. , Laughlin, J. E. , & Conway, A. R. A. (1999). Working memory, short-term memory, and general fluid intelligence: A latent-variable approach. *Journal of Experimental Psychology: General, 128* , 309 – 331.

Ericsson, K. A. , & Simon, H. A. (1979). Verbal reports as data. *Psychological Review, 87* , 215 – 251.

Ericsson, K. A. , Krampe, R. , & Tesch-Romer, C. (1993). The role of deliberate practice in the acquisition of expert performance. *Psychological Review, 100* , 363 – 406.

Eriksen, C. W. (1960). Discrimination and learning without awareness: A methodological survey and evaluation. *Psychological Review, 67* , 279 – 300.

Eron, L. D. (1982). Parent-child interaction, television violence, and aggression in children. *American Psychologist, 37* , 197 – 211.

Eron, L. D. , Huesmann, L. R. , Lefkowitz, M. M. , & Walder, L. O. (1972). Does television violence cause aggression? *American Psychologist, 27* , 253 – 263.

Evans, G. W. , Palsane, M. N. , Lepore, S. J. , & Martin, J. (1989). Residential density and psychological health: The mediating effects of social support. *Journal of Personality and Social Psychology, 57* , 994 – 999.

Evans, G. W. , & Wener, R. E. (2007). Crowding and personal space invasion on the train: Please don't make me sit in the middle. *Journal of Environmental Psychology, 27* , 90 – 94.

Evans, J. W. , & Schiller, J. (1970). How preoccupation with possible regression artifacts can lead to a faulty strategy for the evaluation of social action programs: A reply to Campbell and Erlebacher. In J. Helmuth (Ed.), *Compensatory education: A national debate: Vol. 3, Disadvantaged child* (pp. 216 – 220). New York: Brunner/Mazel.

Eveland, W. P. , Seo, M. , & Marton, K. (2002). Learning from the news in campaign 2000: An experimental comparison of TV news, newspapers, and online news. *Media Psychology, 4* , 353 – 378.

Eysenck, H. J. , & Eaves, L. J. (1981). *The cause and effects of smoking.* New York: Gage.

Farah, M. J. (1990). *Visual agnosia.* Cambridge, MA: The MIT Press.

Farmer, C. M. (1995). *Effectiveness estimates for center high mounted stop lamps: A six-year study.* Arlington, VA: Insurance Institute for Highway Safety.

Fechner, G. (1860/1966). *Elements of psychophysics* (Vol. 1, H. E. Adler, D. H. Howes, & E. G. Boring, Trans.). New York: Holt, Rinehart, and Winston.

Feingold, B. F. (1975). Hyperkinesis and learning disabilities linked to artificial food flavors and colors. *American Journal of Nursing, 75* , 797 – 803.

Festinger, L. (1957). *A theory of cognitive dissonance.* Stanford, CA: Stanford University Press.

Festinger, L. , Riecken, H. W. , & Schachter, S. (1956). *When prophecy fails.* Minneapolis: University of Minnesota Press.

Ficken, M. S. , Rusch, K. M. , Taylor, S. J. , & Powers, D. R. (2000). Blue-throated hummingbird song: A pinnacle of nonoscine vocalizations *Auk, 117* , 120 – 128.

Fischhoff, B. , Slovic, P. , & Lichtenstein, S. (1977). Knowing with certainty: The appropriateness of extreme confidence. *Journal of Experimental Psychology: Human Perception and Performance, 3* , 522 – 564.

Fisher, R. P. , & Craik, F. I. M. (1977). Interaction between encoding and retrieval operations in cued recall. *Journal of Experimental Psychology: Human Learning and Memory, 3* ,

701 – 711.

Fishman, D. B. , & Neigher, W. D. （1982）. American psychology in the eighties: Who will buy? *American Psychologist, 37*, 533 – 546.

Fossey, D. （1972）. Living with mountain gorillas. In T. B. Allen （Ed.）, *The marvels of animal behavior*. Washington, DC: National Geographic Society.

Fostervold, K. I. , Buckmann, E. , & Lie, I. （2001）. VDU-screen filters: Remedy or the ubiquitous Hawthorne effect? *International Journal of Industrial Ergonomics, 27*, 107 – 118.

Fraser, S. （ **Ed.** ）**.** （1995）. *The bell curve wars: Race, intelligence and the future of America*. New York: Basic Books.

Freedman, J. L. , & Landauer, T. K. （1996）. Retrieval of long-term memory: "Tip-of-the-tongue" phenomenon. *Psychonomic Science, 4*, 309 – 310.

Friend, R. , Rafferty, Y. , & Bramel, D. （1990）. A puzzling misinterpretation of the Asch "conformity" study. *European Journal of Social Psychology, 20*, 29 – 44.

Frost, R. , Katz, L. , & Bentin, S. （1987）. Strategies for visual word recognition and orthographic depth: A multilingual comparison. *Journal of Experimental Psychology: Human Perception and Performance, 13*, 104 – 115.

Furnham, A. （2001）. Remembering stories as a function of the medium of presentation. *Psychological Reports, 89*, 483 – 486.

Furumoto, L. （1991）. From "paired associates" to a psychology of self: The intellectual odyssey of Mary Whiton Calkins. In G. A. Kimble, M. Werthheimer, & C. L. White （Eds.）, *Portraits of pioneers in psychology*. Hillsdale, NJ: Erlbaum.

Gabbert, F. , Memon, A. , & Allan, K. （2003）. Memory conformity: Can eyewitnesses influence each other's memories for an event? *Applied Cognitive Psychology, 17*, 533 – 543.

Gabrenya, W. K. , Latané, B. , & Wang, Y. （1983）. Social loafing in cross-cultural perspective: Chinese on Taiwan. *Journal of Cross-Cultural Psychology, 14*, 368 – 384.

Gabrieli, J. D. E. , Keane, M. M. , Zarella, M. M. , & Poldrack, R. A. （1997）. Preservation of implicit memory for new associations in global amnesia. *Psychological Science, 8*, 326 – 329.

Galle, O. R. , Grove, W. R. , & McPherson, J. M. （1972）. Population density and pathology: What are the relations for man? *Science, 176*, 23 – 30.

Galton, F. , Sir. （1869/1979）. *Hereditary genius: An inquiry into its laws and consequences*. London: Julian Friedman Publishers.

Gardiner, J. M. , Jave, R. I. , & Richardson-Klavehn, A. （1996）. How level of processing really influences awareness in recognition memory. *Canadian Journal of Experimental Psychology, 50*, 114 – 122.

Gardner, H. （1983）. *Frames of mind: The theory of multiple intelligences*. New York: Basic Books.

Gardner, H. （1998a）. Are there additional intelligences? The case for naturalist, spiritual, and existential intelligences. In J. Kane （Ed.）, *Education, information, and transformation*. Englewood Cliffs, NJ: Prentice Hall.

Gardner, H. （1998b）. *Extraordinary minds: Portraits of 4 exceptional individuals and an examination of our own extraordinariness*. New York: Basic Books.

Gardner, H. （2000a）. *Intelligence reframed: Multiple intelligences for the 21st century*. New York: Basic Books.

Gardner, H. （2000b）. A case against spiritual intelligence. *International Journal for the Psychology of Religion, 10*, 27 – 34.

Gardner, H. （2007）. *Five minds for the future* （pp. 1 – 20）. Boston: Harvard Business School Press.

Garner, W. R. （1974）. *The processing of information and structure*. Hillsdale, NJ: Erlbaum.

Garner, W. R. , Hake, H. W. , & Eriksen, C. W. （1956）. Operationism and the concept of perception. *Psychological Review, 63*, 149 – 159.

Geher, G. , Bauman, K. P. , Hubbard, S. E. K. , & Legare, J. R. （2002）. Self and other obedience estimates: Biases and moderators. *Journal of Social Psychology, 142*, 677 – 689.

Gentner, D. , Loewenstein, J. , & Thompson, L. （2003）. Learning and transfer: A general role for analogical encoding. *Journal of Educational Psychology, 95*, 393 – 405.

German, T. P. , & Defeyter, M. A. （2000）. Immunity to functional fixedness in young children. *Psychonomic Bulletin & Review, 2000*, 707 – 712.

Gibson, J. J. （1979）. *The ecological approach to perception*. Boston: Houghton Mifflin.

Gick, M. L. , & Holyoak, K. J. （1980）. Analogical problem solving. *Cognitive Psychology, 12*, 306 – 355.

Gick, M. L. , & Holyoak, K. J. （1983）. Schema induction and analogical transfer. *Cognitive Psychology, 15*, 1 – 38.

Gigerenzer, G. （1993）. The superego, the ego, and the id in statistical reasoning. In G. Keren & C. Lewids （Eds.）, *A handbook for data analysis in the behavioral sciences: Methodological issues.* （pp. 311 – 339）. Mahwah, NJ: Erlbaum.

Ginsburg, H. J. , & Miller, S. M. （1982）. Sex differences in children's risk-taking behavior. *Child Development, 53*, 426 – 428.

Glaser, M. O. , & Glaser, W. R. （1982）. Time course analysis of the Stroop phenomenon. *Journal of Experimental Psychology: Human Perception and Performance, 8*, 875 – 894.

Glucksberg, S. （1966）. *Symbolic processes*. Dubuque, IA: William C. Brown.

Glucksberg, S. , & Danks, J. H. （1967）. Functional fixedness: Stimulus equivalence mediated by semanticacoustic similarity. *Journal of Experimental Psychology, 74*, 400 – 405.

Glucksberg, S. , & Danks, J. H. （1968）. Effects of discriminative labels and nonsense labels upon availability of novel function.

Journal of Verbal Learning and Verbal Behavior, 7, 72 – 76.

Glucksberg, S., & Weisberg, R. W. (1966). Verbal behavior and problem solving: Some effects of labelling in a functional fixedness problem. *Journal of Experimental Psychology, 71,* 659 – 664.

Goodman, M. J., Tijerina, L., Bents, F. D., & Wierwille, W. W. (1999). Using cellular telephones in vehicles: Safe or unsafe? *Transportation Human Factors, 1,* 3 – 42.

Graf, P., & Schacter, D. L. (1985). Implicit and explicit memory for new associations in normal and amnesic subjects. *Journal of Experimental Psychology: Learning, Memory and Cognition, 11,* 501 – 518.

Grant, D. A., & Schneider, D. E. (1948). Intensity of the conditional stimulus and strength of conditioning: Ⅰ. The conditioned eyelid response to light. *Journal of Experimental Psychology, 38,* 690 – 696.

Green, B. G., Shaffer, G. S., & Gilmore, M. M. (1993). A semantically-labeled magnitude scale of oral sensation with apparent ratio properties. *Chemical Senses, 18,* 683 – 702.

Green, D. M., & Swets, J. A. (1996). *Signal detection theory and psychophysics.* New York: Wiley.

Greenough, W. T. (1992). Animal rights replies distort (ed) and misinform (ed). *Psychological Science, 3,* 142.

Greenwald, A. G. (1992). New look 3: Unconscious cognition reclaimed. *American Psychologist, 47,* 766 – 779.

Gregory, R. L. (1970). *The intelligent eye.* New York: McGraw-Hill.

Grice, G. R. (1966). Dependence of empirical laws upon the source of experimental variation. *Psychological Bulletin, 66,* 488 – 498.

Grice, G. R., & Hunter, J. J. (1964). Stimulus intensity effects depend upon the type of experimental design. *Psychological Review, 71,* 247 – 256.

Guilford, J. P. (1967). *The nature of human intelligence.* New York: McGraw-Hill.

Hadamard, J. (1945). *The psychology of invention in the mathematical field.* Princeton, NJ: Princeton University Press.

Hahn, G., Charlin, V. L., Sussman, S., Dent, C. W., Manzi, J., Stacy, A., Flay, B., Hansen, W. B., & Burton, D. (1990). Adolescent's first and most recent use situations of smokeless tobacco and cigarettes: Similarities and differences. *Addictive Behavior, 15,* 439 – 448.

Haier, R. J., Jung, R. E., Yeo, R. A., Head, K., & Alkire, M. T. (2004). Structural brain variation and general intelligence. *NeuroImage, 23,* 425 – 433.

Haines, M. M., Stansfeld, S. A., Head, J., & Job, R. F. S. (2002). Multilevel modelling of aircraft noise on performance tests in schools around Heathrow Airport London. *Journal of Epidemiology and Community Health, 56,* 139 – 144.

Hanowski, R. J., Kantowitz, B. H., & Kantowitz, S. C. (1996). Driver memory for in-vehicle advanced traveller information system messages. *13th Biennial Symposium on Night Visibility and Driver Behavior.* Washington, DC: National Research Council.

Hanson, N. R. (1958). *Patterns of discovery.* Cambridge: Cambridge University Press.

Hardy, J. D., Wolff, H. G., & Goodell, H. (1952). *Pain reactions and sensations.* Baltimore: Williams & Wilkins.

Harre, R. (1983). *Great scientific experiments.* Oxford: Oxford University Press.

Harlow, H. F. (1958). The nature of love. *American Psychologist, 13,* 673 – 685.

Hart, B. M., Allen, K. E., Buell, J. S., Harris, F. R., & Wolf, M. M. (1964). Effects of social reinforcement on operant crying. *Journal of Experimental Child Psychology, 1,* 145 – 153.

Hart, J. T. (1965). Memory and the feeling-of-knowing experience. *Journal of Educational Psychology, 56,* 208 – 216.

Hart, S. G., Hauser, J. R., & Leser, P. T. (1984). Inflight evaluation of four measures of pilot workload. *Proceedings of the Human Factors Society, 28,* 945 – 949.

Hauser, L. (1997). Searle's Chinese box: Debunking the Chinese room argument. *Minds and Machines, 7,* 199 – 226.

Hebb, D. O., & Donderi, D. C. (1987). *Textbook of psychology* (4th Ed.). Hillsdale, NJ: Erlbaum.

Helmholtz, H. von (1962). *Treatise on physiological optics* (Vol. 3), J. P. C. Southall, Ed. New York: Dover.

Herman, L. M., & Kantowitz, B. H. (1970). The psychological refractory period effect: Only half the double stimulation story? *Psychological Bulletin, 73,* 74 – 86.

Herrnstein, R. J. (1962). Placebo effect in the rat. *Science, 138,* 677 – 678.

Herrnstein, R. J., & Murray, C. (1994). *The bell curve.* New York: The Free Press.

Hetherington, E. M., & Parke, R. D. (1986). *Child psychology: A contemporary viewpoint* (pp. 429 – 480). New York: McGraw-Hill

Hilts, P. J. (1995). *Memory's ghost. The nature of memory and the strange tale of Mr. M.* New York: Simon & Schuster.

Holland, P. W. (1993). Which comes first, cause of effect? In G. Keren & C. Lewids (Eds.), *A handbook for data analysis in the behavioral sciences: Methodological issues* (pp. 273 – 282). Mahwah, NJ: Erlbaum.

Holyoak, K. J. (1990). Problem solving. In D. N. Osherson & E. E. Smith (Eds.), *Thinking: An invitation to cognitive science* (Vol. 3, pp. 117 – 146). Cambridge: MIT Press.

Holyoak, K. J., & Thagard, P. (1989). Analogical mapping by constraint satisfaction. *Cognitive Science, 13,* 295 – 355.

Holyoak, K. J., & Thagard, P. (1997). The analogical mind. *American Psychologist, 52,* 35 – 44.

Horowitz, L. M. (1974). *Elements of statistics for psychology and education.* New York: McGraw-Hill.

Howard, D. V., & Wiggs, C. L. (1993). Aging and learning: Insights from implicit and explicit tests. In J. Cerella, W. J.

Hoyer, J. Rybash, & M. Commons (Eds.), *Adult age differences: Limits on loss.* New York: Academic Press.

Howell, D. C. (2008). *Fundamental statistics for the behavioral sciences* (6th Ed., Ch.9). Belmont, CA: Wadsworth.

Howell, W. C. (1994). Human factors and the challenges of the future. *Psychological Science, 5*, 1 – 7.

Huesmann, L. R., Eron, L. D., Lefkowitz, M. M., & Walder, L. O. (1973). Television violence and aggression: The causal effect remains. *American Psychologist, 28*, 617 – 620.

Huesmann, L. R., Moise-Titus, J., Podolski, C. L., Eron, L. D. (2003). Longitudinal relations between children's exposure to TV violence and their aggressive and violent behavior in young adulthood: 1977 – 1992. *Developmental Psychology, 39*, 201 – 221.

Huesmann, L. R., & Taylor, L. D. (2006). The role of media violence in violent behavior. *Annual Review of Public Health, 27*, 393 – 415.

Huff, D. (1954). *How to lie with statistics.* New York: Norton.

Hull, C. L. (1943). *Principles of behavior.* New York: Appleton-Century-Crofts.

Hunt, E., & Lansman, M. (1975). Cognitive theory applied to individual differences. In W. K. Estes (Ed.), *Handbook of learning and cognitive process* (Vol.1, pp.81 – 110). Hillsdale, NJ: Erlbaum.

Hunt, E., Streissguth, A., Kerr, B., & Olson, H. (1995). Mothers' alcohol consumption during pregnancy: Effects on spatial-visual reasoning in 14-year-old children. *Psychological Science, 6*, 339 – 342.

Huxley, A. (1946). *Science, liberty and peace.* New York: Harper.

Hyde, T. S., & Jenkins, J. J. (1969). Differential effects of incidental tasks on the organization of recall of a list of highly associated words. *Journal of Experimental Psychology, 82*, 472 – 481.

Hygge, S., Evans, G., & Bullinger, M. (2002). A prospective study of some effects of aircraft noise on cognitive performance in school children. *Psychological Science, 13*, 469 – 474.

Hyman, R. (1964). *The nature of psychological inquiry.* Englewood Cliffs, NJ: Prentice-Hall.

Intraub, H., & Nicklos, H. (1985). Levels of processing and picture memory: The physical superiority effect. *Journal of Experimental Psychology: Learning, Memory, and Cognition, 11*, 284 – 298.

Irwin, M. R., & Miller, A. H. (2007). Depressive disorders and immunity: 20 years of progress and discovery. *Brain, Behavior, and Immunity, 21*, 374 – 383.

Iwanage, M., & Ito, T. (2002). Disturbance effect of music on processing of verbal and spatial memories. *Perceptual and Motor Skills, 94*, 1251 – 1258.

Jacob, T., Tennenbaum, D., Seilhamer, R. A., Bargiel, K., & Sharon, T. (1994). Reactivity effects during naturalistic observation of distressed and nondistressed families. *Journal of Family Psychology, 8*, 354 – 363.

Jacobs, J. (1961). *Death and life of great American cities.* New York: Random House.

Jacobson, E. (1978). *You must relax* (5th Ed.). New York: McGraw-Hill.

Jacoby, L. L., & Dallas, M. (1981). On the relationship between autobiographical memory and perceptual learning. *Journal of Experimental Psychology: General, 3*, 306 – 340.

Jacoby, L. L., & Witherspoon, D. (1982). Remembering without awareness. *Canadian Journal of Psychology, 32*, 300 – 324.

Jagacinski, R. J., & Flach, J. M. (2003). *Control theory for humans: Quantitative approaches to modeling performance.* Mahwah, NJ, Erlbaum.

James, W. (1890). *Principles of psychology.* New York: Holt.

Jenkins, J. (1979). Four points to remember: A tetrahedral model of memory experiments. In L. S. Cermak & F. I. M. Craik (Eds.), *Levels of processing in human memory* (pp.429 – 446). Hillsdale, NJ: Erlbaum.

Jennings, J. R., & Coles, M. G. H. (1991a). Introduction. In J. R. Jennings & M. G. H. Coles (Eds.), *Handbook of cognitive psychophysiology.* New York: Wiley.

Jennings, J. R., & Coles, M. G. H. (Eds.). (1991b). *Handbook of cognitive psychophysiology.* New York: Wiley.

Jensen, A. R. (1969). How much can we boost I. Q. and scholastic achievement? *Harvard Educational Review, 39*, 1 – 123.

Jones, D. (1999). The cognitive psychology of auditory distraction: The 1997 BPS Bradbent Lecture. *British Journal of Psychology, 90*, 167 – 187.

Kahneman, D. (1973). *Attention and effort.* Englewood Cliffs, NJ: Prentice-Hall.

Kahng, S. W., Boscoe, J. H., & Byrne, S. (2003). The use of an escape contingency and a token economy to increase food acceptance. *Journal of Applied Behavior Analysis, 36*, 349 – 353.

Kamin, L. J. (1969). Predictability, surprise, attention, and conditioning. In B. A. Campbell & R. M. Church (Eds.), *Punishment and aversive behavior* (pp.279 – 296). New York: Appleton-Century-Crofts.

Kangas, J., & Bradway, K. (1971). Intelligence at middle age: A thirty-eight year follow-up. *Developmental Psychology, 5*, 333 – 337.

Kantowitz, B. H. (1972). Response force as an indicant of conflict in double stimulation. *Journal of Experimental Psychology, 110*, 302 – 309.

Kantowitz, B. H. (1982). Interfacing human information processing and engineering psychology. In W. C. Howell & E. A. Fleishman (Eds.), *Human Performance and Productivity* (pp.31 – 81). Hillsdale, NJ: Erlbaum.

Kantowitz, B. H. (1985). Stages and channels in human

information processing: A limited analysis of theory and methodology. *Journal of Mathematical Psychology, 29*, 135 – 174.

Kantowitz, B. H. (1987). Premises and promises of psychophysiology. *Contemporary Psychology, 32*, 1002 – 1004.

Kantowitz, B. H. (1989a). Interfacing human and machine intelligence. In P. A. Hancock & M. H. Chignell (Eds.), *Intelligent interfaces: Theory, research and design* (pp. 49 – 67). Amsterdam: Elsevier.

Kantowitz, B. H. (1989b). The role of human information processing models in system development. *Proceedings of the Human Factors Society 33rd Annual Meeting*, 1059 – 1063. Santa Monica, CA: Human Factors Society.

Kantowitz, B. H. (1995). Simulator evaluation of heavyvehicle driver workload. *Proceedings of the Human Factors and Ergonomics Society 39th Annual Meeting* (Vol. 2, pp. 1107 – 1111). Santa Monica, CA: Human Factors and Ergonomics Society.

Kantowitz, B. H. (1998). Computational models for transportation human factors. *Proceedings of the Human Factors and Ergonomics Society 42nd Annual Meeting, 2*, 1220 – 1221.

Kantowitz, B. H. (2001·). Using microworlds to design intelligent interfaces that minimize driver distraction. *Proceedings of the First International Driving Symposium on Human Factors in Driver Assessment, Training and Vehicle Design*, 42 – 57. Aspen, CO.

Kantowitz, B. H., & Campbell, J. L. (1996). Pilot workload and flightdeck automation. In R. Parasuraman & M. Mouloua (Eds.), *Human performance in automated systems* (pp. 117 – 136). Human workload in aviation.

Kantowitz, B. H., & Casper, P. A. (1988). Human workload in aviation. In E. Wiener & D. Nagel (Eds.), *Human factors in aviation* (pp. 157 – 186). New York: Academic Press.

Kantowitz, B. H., & Fujita, Y. (1990). Cognitive theory, identifiability and human reliability analysis (HRA). *Reliability Engineering and System Safety, 29*, 317 – 328.

Kantowitz, B. H., Hart, S. G., & Bortolussi, M. R. (1983). Measuring pilot workload in a moving-base simulator: Ⅰ. Asynchronous secondary choice-reaction task. *Proceedings of the Human Factors Society, 27*, 319 – 322.

Kantowitz, B. H., & Knight, J. L. (1976). Testing tapping timesharing: Auditory secondary task. *Acta Psychologica, 40*, 343 – 362.

Kantowitz, B. H., & Sanders, M. S. (1972). Partial advance information and stimulus dimensionality. *Journal of Experimental Psychology, 92*, 412 – 418.

Kantowitz, B. H., & Simsek, O. (2000). Secondary task measures of driver workload. In P. Hancock Desmond (Eds.), *Stress, workload, and fatigue.* (pp. 395 – 408). Mahwah, NJ: Erlbaum.

Kantowitz, B. H., & Sorkin, R. D. (1983). *Human factors:*

Understanding people-system relationships. New York: Wiley.

Kaufman, L. (1974). *Sight and mind.* New York: Oxford.

Kawai, N., & Imada, H. (1996). Between-and withinsubject effects of US duration on conditioned suppression in rats: Contrast makes otherwise unnoticed duration stand out. *Learning and Motivation, 27*, 92 – 111.

Kazdin, A. E. (2001). *Behavior modification in applied settings.* Belmont, CA: Wadsworth/Thomson Learning.

Keisler, A., & Willingham, C. T. (2007). Non-declarative sequence learning does not show savings in relearing. *Human Movement Science, 26*, 247 – 256.

Keith-Spiegel, P., & Koocher, G. P. (2005). The IRB paradox: Could the protectors also encourage deceit? *Ethics & Behavior, 15*, 339 – 349.

Kelman, H. (1966). Deception in social research. *Transaction, 3*, 20 – 24.

Keppel, G., & Underwood, B. J. (1962). Proactive inhibition in short term retention of single items. *Journal of Verbal Learning and Verbal Behavior, 1*, 153 – 161.

Kihlstrom, J. F., Barnhardt, T. M., & Tataryn, D. J. (1992). The psychological unconscious: Found, lost regained. *American Psychologist, 47*, 788 – 791.

King, D. J. (1968). Retention of connected meaningful material as a function of presentation and recall. *Journal of Experimental Psychology, 77*, 676 – 683.

Kinsey, A., Pomeroy, W., & Martin, C. (1953). *Sexual behavior in the human female.* Philadelphia: Saunders.

Kintsch, W., & Kozminsky, E. (1977). Summarizing stories after reading and listening. *Journal of Educational Psychology, 69*, 491 – 499.

Kluger, A. N., & Tikochinsky, J. (2001). The error of accepting the "theoretical" null hypothesis: The rise, fall, and resurrection of commonsense hypotheses in psychology. *Psychological Bulletin, 127*(3), 408 – 423.

Kolodner, J. L. (1997). Educational implications of analogy: A view from case-based reasoning. *American Psychologist, 52*, 57 – 66.

Koriat, A., & Levy-Sadot, R. (2001). The combined contributions of the cue-familiarity and accessibility heuristics to feelings of knowing. *Journal of Experimental Psychology: Learning, Memory, & Cognition, 27*, 34 – 53.

Koestler, A. (1964). *The act of creation.* New York: Dell.

Köhler, W. (1927). *The mentality of apes.* London: Routledge and Kegan Paul.

Kohn, A. (1986). *False prophets.* New York: Basil Blackwell.

Koocher, G. P. (1977). Bathroom behavior and human dignity. *Journal of Personality and Social Psychology, 35*, 120 – 121.

Kravitz, D. A., & Martin, B. (1986). Ringelmann rediscovered: The original article. *Journal of Personality and Social Psychology, 50*, 936 – 941.

Kuhn, T. S. (1970). Logic of discovery or psychology of research. In I. Lakatos & A. Musgrave (Eds.), *Criticism and the growth of knowledge* (pp. 1 – 23). New York: Cambridge University Press.

Kulpe, O. (1893). Grundriss der Psychologie. Auf experimenteller basis dargestellt [An outline of psychology from an experimental perspective]. Leipzig: Englemann.

Kwilecki, S. (2000). Spiritual intelligence as a theory of individual religion: A case application. *International Journal for the Psychology of Religion, 10*, 35 – 46.

Lane, D. M. , & Robertson, L. (1979). The generality of the levels of processing hypothesis: An application to memory for chess positions. *Memory & Cognition, 7*, 253 – 256.

Latané, B. (1981). The psychology of social impact. *American Psychologist, 36*, 343 – 356.

Latané, B. , & Darley, J. M. (1970). *The unresponsive bystander: Why doesn't he help?* New York: Appleton-Century-Crofts.

Latané, B. , Williams, K. , & Harkins, S. (1979). Many hands make light the work: Causes and consequences of social loafing. *Journal of Personality and Social Psychology, 37*, 822 – 832.

Lee, Y-S. (2002). Levels of processing and phonological priming in Chinese character completion tests. *Journal of Psycholinguistic Research, 31*, 349 – 362.

Lester, B. M. , & Brazelton, T. B. (1982). Cross-cultural assessment of neonatal behavior. In D. A. Wagner & H. W. Stevenson (Eds.), *Cultural perspectives on child development*. San Francisco: Freeman.

Levy, S. R. , Plaks, J. E. , Hong, Y. , Chiu, C. , & Dweck, C. S. (2001). Static versus dynamic theories and the perception of groups: Different routes to different destinations. *Personality and Social Psychology Review, 5*, 156 – 168.

Lewin, K. (1948). *Resolving social conflicts*. New York: Harper.

Lichtenstein, S. , & Fischhoff, B. (1977). Do those who know more also know more about how much they know? *Organizational Behavior and Human Performance, 20*, 159 – 183.

Locke, J. (1659/1959). *An essay concerning human understanding*. New York: Dover.

Lockhart, R. S. , & Craik, F. I. M. (1990). Levels of processing: A retrospective comment on a framework for memory research. *Canadian Journal of Psychology, 44*, 87 – 112.

Loft, S. , Sanderson, P. , Neal, A. , & Mooij, M. (2007). Modeling and predicting mental workload in en route air traffic control: Critical review and broader implications. *Human Factors, 49*, 376 – 399.

Loftus, E. F. , & Klinger, M. R. (1992). Is the unconscious smart or dumb? *American Psychologist, 47*, 761 – 765.

LoLordo, V. M. (2001). Learned helpnessness and depression. In M. E. Carroll & B. J. Overmier (Eds.), *Animal research and human health: Advancing human welfare through behavioral science* (pp. 63 – 77). Washington, DC: American Psychological Association.

Long, G. M. , & Garvey, P. M. (1988). The effects of target wavelength on dynamic visual acuity under photopic and scotopic viewing. *Human Factors, 30*, 3 – 14.

Lovelace, E. A. , & Twohig, P. T. (1990). Healthy older adult's perception of their memory function and use of mnemonics. *Bulletin of the Psychonomic Society, 28*, 115 – 118.

Lowe, D. G. , & Mitterer, J. O. (1982). Selective and divided attention in a Stroop task. *Canadian Journal of Psychology, 36*, 684 – 700.

Luminet, O. , Curci, A. , Marsh, E. J. , Wessel, I. , Constantin, T. , Gencoz, F. , & Yogo, M. (2004). The cognitive, emotional, and social impacts of the September 11th attacks: Group differences in memory for the reception context and its determinants. *The Journal of General Psychology, 131*, 197 – 224.

MacLeod, C. M. (1988). Forgotten but not gone: Savings for pictures and words in long term memory. *Journal of Experimental Psychology: Learning, Memory, and Cognition, 14*, 195 – 212.

Madigan, S. (1983). Picture memory. In J. C. Yuille (Ed.), *Imagery, memory , and cognition: Essays in honor of Allan Paivio* (pp. 65 – 89). Hillsdale, NJ: Erlbaum.

Malone, T. B. (1986). The centered high-mounted brake light: A human factors success story. *Human Factors Society Bulletin, 29*.

Mann, T. (1994). Informed consent for psychological research: Do subjects comprehend consent forms and understand their legal rights? *Psychological Science, 5*, 140 – 143.

Mantzicopoulos, P. (2003). Flunking kindergarten after Head Start: An inquiry into the contribution of contextual and individual variables. *Journal of Educational Psychology, 95*, 268 – 278.

Marcel, A. J. (1983). Conscious and unconscious perception: Experiments on visual masking and word recognition. *Cognitive Psychology, 15*, 197 – 237.

Marks, L. E. (1974). *Sensory processes: The new psychophysics*. New York: Academic Press.

Maril, A. , Simons, J. S. , Mitchell, J. P. , Schwwartz, B. L. , & Schacter, D. L. (2003). Feeling-of-knowing in episodic memory: An event-related fMRI study. *Neuroimage, 18*, 827 – 836.

Marriott, P. (1949). Size of working groups and output. *Occupational Psychology, 23*, 47 – 57.

Marshall, J. E. , & Heslin, R. (1975). Boys and girls together: Sexual composition and the effect of density and group size on cohesiveness. *Journal of Personality and Social Psychology, 31*, 952 – 961.

Martell, R. F. , & Willis, C. E. (1993). Effects of observers' performance expectations on behavior ratings of work groups: Memory or response bias? *Organizational Behavior and Human Decision Processes, 56*, 91 – 109.

Massaro, D. W. (1975). *Experimental psychology and information processing*. Chicago: Rand McNally.

Mayer, R. E. (1983). *Thinking, problem solving, cognition.* New York: Freeman.

McCall, R. B. (1990). *Fundamentals of statistics for the behavioral sciences* (5th Ed.). San Diego: Harcourt Brace.

McConahay, J. B., Hardee, B. B., & Batts, V. (1981). Has racism declined in America? It depends on who is asking and what is asked. *Journal of Conflict Resolution, 25*, 563 – 579.

McDaniel, M. A., Friedman, A., & Bourne, L. E. (1978). Remembering the levels of information in words. *Memory & Cognition, 6*, 156 – 164.

McDermott, K. B., & Buckner, R. L. (2002). Functional neuroimaging studies of memory retrieval. In L. R. Squire & D. L. Schacter (Ed.), *Neuropsychology of Memory* (3rd Ed.) (pp. 166 – 173). New York: Guilford Press.

McDougall, D., Hawkins, J., Brady, M., & Jenkins, A. (2006). Recent innovations in the changing criterion design: Implications for research and practice in special education. *The Journal of Special Education, 40*, 2 – 15.

McDougall, D., & Smith, D. (2006). Recent innovation in small-*n* designs for research and practice in professional school counseling. *Professional School Counseling, 9*, 392 – 400.

Meade, M. L., & Roediger, H. L., Ⅲ (2002). Explorations in the social contagion of memory. *Memory & Cognition, 30*, 995 – 1009.

Medawar, P. B. (1969). *Induction and intuition in scientific thought.* London: Methuen.

Merikle, P. M., & Reingold, E. M. (1992). Measuring unconscious perceptual processes. In R. F. Bornstein & T. S. Pittman (Eds.), *Perception without awareness: Cognitive, clinical & social perspectives* (pp. 55 – 80). New York: Guilford Press.

Merikle, P. M., Smilek, D., & Eastwood, J. D. (2001). Perception without awareness: Perspectives from cognitive psychology. *Cognition, 79*, 114 – 134.

Metcalfe, J. (1986). Premonitions of insight predict impending error. *Journal of Experimental Psychology: Learning, Memory, and Cognition, 12*, 623 – 634.

Middlemist, R. D., Knowles, E. S., & Matter, C. F. (1977). What to do and what to report: A reply to Koocher. *Journal of Personality and Social Psychology, 35*, 122 – 124.

Milgram, S. (1963). Behavioral study of obedience. *Journal of Abnormal and Social Psychology, 67*, 371 – 378.

Milgram, S. (1964a). Group pressure and actions against a person. *Journal of Abnormal and Social Psychology, 69*, 137 – 143.

Milgram, S. (1964b). Issues in the study of obedience: A reply to Baumrind. *American Psychologist, 19*, 848 – 852.

Milgram, S. (1965). Some conditions of obedience and disobedience to authority. *Human Relations, 18*, 57 – 76.

Milgram, S. (1974). *Obedience to authority: An experimental view.* New York: Harper & Row.

Miller, A. G., Collins, B. E., & Brief, D. E. (1995).

Perspectives on obedience to authority: The legacy of the Milgram experiments. *Journal of Social Issues, 51*, 1 – 19.

Miller, D. B. (1977). Roles of naturalistic observation in comparative psychology. *American Psychologist, 32*, 211 – 219.

Miller, J., & Ulrich, R. (1998). Locus of the effect of the number of alternative responses: Evidence from the lateralized readiness potential. *Journal of Experimental Psychology: Human Perception & Performance, 24*(4), 1215 – 1231.

Miller, J. O., Franz, V., & Ulrich, R. (1999). Effects of stimulus intensity on response force in simple, go-no-go, and choice RT. *Perception and Psychophysics, 67*, 107 – 119.

Miller, N. E. (1959). Liberalization of basic S-R concepts: Extensions to conflict behavior, motivation and social learning. In S. Koch (Ed.), *Psychology: A study of a science* (Vol. 2, pp. 196 – 292). New York: McGraw Hill.

Miller, N. E. (1985). The value of behavioral research on animals. *American Psychologist, 40*, 423 – 440.

Mitchell, C. J., & Lovibond, P. F. (2002). Backward and forward blocking in human electrodermal conditioning: Blocking requires an assumption of outcome additivity. *Quarterly Journal of Experimental Psychology, 55B*, 311 – 329.

Mook, D. G. (1983). In defense of external invalidity. *American Psychologist, 38*, 379 – 387.

Moriarty, T. (1975). Crime, commitment, and the responsive bystander: Two field studies. *Journal of Personality and Social Psychology, 31*, 370 – 376.

Morris, C. D., Bransford, J. D., & Franks, J. J. (1977). Levels of processing versus transfer appropriate processing. *Journal of Verbal Learning and Verbal Behavior, 16*, 519 – 533.

Mortimer, R. G. (1993). The high mounted brake lamp: A cause without a theory. *Proceedings of the Human Factors and Ergonomics Society 37th Annual Meeting* (pp. 955 – 959). Santa Monica, CA: Human Factors and Ergonomics Society.

Moscovitch, M. (1982). Multiple dissociations of functions in the amnesic syndrome. In L. Cermak (Ed.), *Human memory and amnesia.* Hillsdale, NJ: Erlbaum.

Moy, P., Xenos, M. A., & Hess, V. K. (2005). Priming effects of late-night comedy. *International Journal of Public Opinion Research, 18*, 198 – 210.

Murphy, M. D., & Brown, A. L. (1975). Incidental learning in preschool children as a function of level of cognitive analysis. *Journal of Experimental Child Psychology, 19*, 509 – 523.

National Advisory Mental Health Council Behavioral Science Task Force. (1995). Basic behavioral science research for mental health: A national investment (executive summary). *Psychological Science, 6*, 192 – 202.

National Safety Council. (1999). *Injury facts, 1999 Edition.* Itasca, IL: Author.

Natsoulas, T. (1967). What are perceptual reports about? *Psychological Bulletin, 67*, 249 – 272.

Navon, D., & Miller, J. (2002). Queuing or sharing? A critical evaluation of the single-bottleneck notion. *Cognitive Psychology*, 44, 193–251.

Nelson, T. O. (1977). Repetition and levels of processing. *Journal of Verbal Learning and Verbal Behavior*, 16, 151–171.

Ng, C. F. (2000). Effects of building construction noise on residents: A quasi-experiment. *Journal of Environmental Psychology*, 20, 375–385.

Neisser, U., & Harsch, N. (1992). Phantom flashbulbs: False recollections of hearing the news about Challenger. In E. Winograd & U. Neisser (Eds.), *Affect and accuracy in recall* (pp. 9–31). New York: Cambridge University Press.

Niedzwienska, A. (2003). Distortion of autobiographical memories. *Applied Cognitive Psychology*, 17, 81–91.

Nisbett, R. (1995). Race, IQ, and scientism. In S. Fraser (Ed.), *The bell curve wars: Race, intelligence and the future of America* (pp. 36–57). New York: Basic Books.

Nisbett, R. E., & Wilson, T. D. (1977). Telling more than we can know: Verbal reports on mental processes. *Psychological Review*, 84, 231–259.

Nissani, M. (1990). A cognitive interpretation of Stanley Milgram's observations on obedience to authority. *American Psychologist*, 45, 1384–1385.

Norman, J. (2002). Two visual systems and two theories of perception: An attempt to reconcile the constructivist and ecological approaches. *Behavioral and Brain Sciences*, 25, 73–144.

Notterman, J. M., & Mintz, D. E. (1965). *Dynamics of response*. New York: Wiley.

Novick, L. R. (1990). Representational transfer in problem solving. *Psychological Science*, 1, 128–132.

Oltmanns, T. F., Martin, M., Neale, J. M., & Davison, G. C. (2006). *Case studies in abnormal psychology* (7th Ed., pp. 1–14). New York, Wiley.

Olton, R. M., & Johnson, D. M. (1976). Mechanisms of incubation in creative problem solving. *American Journal of Psychology*, 89, 617–630.

Orne, M. T. (1962). On the social psychology of the psychological experiment: With particular reference to demand characteristics and their implications. *American Psychologist*, 17, 776–783.

Orne, M. T. (1969). Demand characteristics and the concept of quasi-controls. In R. Rosnow & R. L. Rosenthal (Eds.), *Artifact in behavioral research* (pp. 147–179). New York: Academic Press.

Orne, M. T., & Evans, T. J. (1965). Social control in the psychological experiment: Antisocial behavior and hypnosis. *Journal of Personality and Social Psychology*, 1, 189–200.

Pachella, R. G. (1974). The interpretation of reaction time in information-processing research. In B. H. Kantowitz (Ed.), *Human information processing — Tutorials in performance and cognition* (pp. 41–82). Hillsdale, NJ: Erlbaum.

Padilla, A. M. (1971). Analysis of incentive and behavioral contrast in the rat. *Journal of Comparative and Physiological Psychology*, 45, 464–470.

Paillard, J., Michel, F., & Stelmach, G. (1983). Localization without content: A tactile analogue of "blind-sight." *Archives of Neurology*, 40, 548–551.

Paivio, A. (1969). Mental imagery in associative learning and memory. *Psychological Review*, 76, 241–263.

Papini, M. R., Thomas, B. L., & McVicar, D. G. (2002). Between-subject PREE and within-subject PREE in spaced-trial extinction with pigeons. *Learning and Motivation*, 33, 485–509.

Parr, W. V., Heatherbell, D., & White, K. G. (2002). Demystifying wine expertise: Olfactory threshold, perceptual skill and semantic memory in expert and novice wine judges. *Chemical Senses*, 27, 475–755.

Parsons, H. M. (1970). Life and death. *Human Factors*, 12, 1–6.

Parsons, H. M. (1974). What happened at Hawthorne? *Science*, 183, 922–931.

Pashler, H. (1989). Dissociations and dependencies between speed and accuracy: Evidence for a two-component theory of divided attention in simple tasks. *Cognitive Psychology*, 21, 469–514.

Pavlov, I. P. (1963). *Lectures on conditioned reflexes*. New York: International Publishers.

Payne, B. K. (2001). Prejudice and perception: The role of automatic and controlled process in misperceiving a weapon. *Journal of Personality & Social Psychology*, 81, 181–192.

Payne, B. K., Lambert, A. J., & Jacoby, L. L. (2002). Best laid plans: Effects of goals on accessibility bias and cognitive control in race-based misperceptions of weapons. *Journal of Experimental Social Psychology*, 38, 384–396.

Pedhazur, E. J., & Pedhazur Schmelkin, L. (1991). *Measurement, design, and analysis: An integrated approach.* Hillsdale, NJ: Erlbaum.

Peirce, C. S. (1877). The fixation of belief. *Popular Science Monthly*, 12, 1–15. Reprinted in E. C. Moore (Ed.). (1972). *Charles Sanders Peirce: The essential writings.* New York: Harper & Row.

Perfect, T. J., & Hollins, T. S. (1999). Feeling-of-knowing judgments do not predict subsequent recognition performance for eyewitness memory. *Journal of Experimental Psychology: Applied*, 5, 250–264.

Peterson, L. R., & Peterson, M. J. (1959). Short term retention of individual items. *Journal of Experimental Psychology*, 58, 193–198.

Piaget, J. (1932). *The language and thought of the child* (2nd Ed.). London: Routledge & Kegan Paul.

Piaget, J., & Inhelder, B. (1969). *The psychology of the child*. London: Routledge & Kegan Paul.

Pickren, W. E., & Dewsbury, D. A. (2002). *Evolving perspectives on the history of psychology*. Washington, DC:

American Psychological Association.

Piliavin, I. M. , Rodin, J. , & Piliavin, J. A. (1969). Good samaritanism: An underground phenomenon? *Journal of Personality and Social Psychology, 13* , 289 - 299.

Plant, E. A. , Peruche, B. M. , & Butz, D. A. (2005). Eliminating automatic racial bias: Making race non-diagnostic for responses to criminal suspects. *Journal of Experimental Social Psychology, 41* , 141 - 156.

Plous, S. (1991). An attitude survey of animal rights activists. *Psychological Science, 2* , 194 - 196.

Plous, S. (1996a). Attitudes towards the use of animals in psychological research and education. *American Psychologist, 51* , 1167 - 1180.

Plous, S. (1996b). Attitudes towards the use of animals in psychological research and education: Results from a national survey of psychology majors. *Psychological Science, 7* , 352 - 358.

Poincaré, H. (1929). *The foundations of science.* New York: Science House, Inc.

Popper, K. R. (1961). *The logic of scientific discovery.* New York: Basic Books.

Posner, M. I. (1973). *Cognition: An introduction.* Glenview, IL: Scott, Foresman.

Posner, M. I. (1993). Attention before and during the decade of the brain. In D. Meyer & S. Kornblum (Eds.), *Attention and performance* XIV (pp. 340 - 351). Cambridge: MIT Press.

Posner, M. I. , & Raichle, M. E. (1994). Images of mind. New York: Scientific American Library.

Proctor, R. W. , & Capaldi, E. J. (2001). Empirical evaluation and justification of methodologies in psychological science. *Psychological Bulletin 127* (3) , 759 - 777.

Prescott, J. , & Wilkie, J. (2007). Pain tolerance selectively increased by a sweet-smelling odor. *Psychological Science, 18* , 308 - 311.

Proffitt, D. R. (2006). Embodied perception and the economy of action. *Perspectives on Psychological Science, 1* , 110 - 122.

Proffitt, D. R. , Bhalla, M. , Gossweiller, R. , & Midgett, J. (1995). Perceiving geographical slant. *Psychonomic Bulletin & Review, 2* , 409 - 428.

Pytte, C. L. , Rusch, K. M. , & Ficken, M. S. (2003). Regulation of vocal amplitude by the blue-throated hummingbird, *Lampornis clemenciae. Animal Behavior, 66* , 703 - 710.

Queller, S. , & Smith, E. R. (2002). Subtyping versus bookkeeping in stereotype learning and change: Connectionist simulations and empirical findings. *Journal of Personality and Social Psychology, 82* , 300 - 313.

Rapoport, A. (1975). Towards a redefinition of density. *Environment and Behavior, 7* , 133 - 158.

Reed, M. P. , & Green, P. A. (1999). Comparison of driving performance on-road and in a low-cost simulator using a concurrent telephone dialling task. *Ergonomics, 42* (8) , 1015 - 1037.

Reed, S. B. , Kirsch, I. , Wickless, C. , Moffitt, K. H. , & Taren, P. (1966). Reporting biases in hyponosis: Suggestion or compliance? *Journal of Abnormal Psychology, 105* , 142 - 145.

Rescorla, R. (1999). Within-subject partial reinforcement extinction effect in autoshaping. *Quarterly Journal of Experimental Psychology, 52B* , 75 - 87.

Rescorla, R. A. (1967). Pavlovian conditioning and its proper control procedures. *Psychological Review, 74* , 71 - 80.

Rescorla, R. A. (1988). Pavlovian conditioning: It's not what you think it is. *American Psychologist, 43* , 151 - 160.

Rieber, R. W. , & Salzinger, K. (1998). *Psychology: Theoritical-historical perspectives* (2nd Ed.) Washington, DC: American Psychological Association.

Ringelmann, M. (1913). Recherches sur les moteurs animes: Travail de l'homme. *Annales de l'Institut National Agronomique,* 2e series-tome XII, 1 - 40.

Roberts, C. (1971). Debate I. Animal experimentation and evolution. *American Scholar, 40* , 497 - 503.

Roberts, S. , & Pashler, H. (2000). How persuasive is a good fit? A comment on theory testing. *Psychological Review, 107* , 358 - 367.

Rodgers, J. L. , & Rowe, D. C. (2002). Theory development should begin (but not end) with good empirical fits. A comment on Roberts and Pashler (2000). *Psychological Review, 109* (3), 599 - 603.

Roediger, H. L. (1990). Implicit memory: Retention without remembering. *American Psychologist, 45* , 1043 -1056.

Roediger, H. L. , III, Marsh, E. J. , & Lee, S. C. (2002). Varieties of memory. In H. Pashler & D. Medin (Eds.), *Steven's handbook of experimental psychology* (3rd Ed.), *Vol 2 : Memory and cognitive processes* (pp. 1 - 41). New York: Wiley.

Roediger, H. L. , III, & McDermott, K. B. (1993). Implicit memory in normal human subjects. In F. Boller & J. Grafman (Eds.), *Handbook of neuropsychology* (Vol. 8, pp. 63 - 131). Amsterdam: Elsevier.

Roediger, H. L. , III, Meade, M. L. , & Bergman, E. T. (2001). Social Contagion of memory. *Psychonomic Bulletin & Review, 8* , 365 - 371.

Roediger, H. L. , III, Weldon, M. S. , Stadler, M. A. , & Riegler, G. H. (1992). Direct comparison of word stems and world fragments in implicit and explicit retention tests. *Journal of Experimental Psychology: Learning, Memory, and Cognition, 18* , 1251 - 1269.

Roediger, H. L. , III. (2007). Twelve tips for authors. *Observer, 20* , 39 - 41.

Roediger, H. L. , III (2008). Relativity of remembering: Why the laws of memory vanished. *Annual Review of Psychology, 59* , 225 - 254.

Rollin, B. E. (1985). The moral status of research animals in psychology. *American Psychologist, 40* , 920 - 926.

Rose, T. L. (1978). The functional relationship between artificial food colors and hyperactivity. *Journal of Applied Behavior Analysis, 11*, 439 – 446.

Rosenthal, R. (1966). Experimenter effects in behavioral research. New York: Appleton-Century-Crofts.

Rosenthal, R. (1969). Interpersonal expectations: Effects of the experimenter's hypothesis. In R. Rosental & R. L. Rosnow (Eds.), *Artifact in behavioral research* (pp. 183 – 277). New York: Academic Press.

Rosenthal, R. (2002). Covert communication in classrooms, clinics, courtrooms, and cubicles. *American Psychologist, 57*, 839 – 849.

Rosenthal, R., & Fode, K. (1963). The effects of experimenter bias on the performance of the albino rat. *Behavioral Science, 8*, 183 – 189.

Ross, E. A. (1908). *Social psychology.* New York: MacMillan.

Ross, M. (1989). Relation of implicit theories to the construction of personal histories. *Psychological Review, 96*, 341 – 357.

Rovee-Coller, C. (1993). The capacity for long-term memory in infancy. *Current Directions in Psychological Science, 2*, 130 – 135.

Rowan, A. N., & Lowe, F. M. (1995). *The animal research controversy: Protest, process, & public policy.* North Grafton, MA: Tufts University Center for Animals and Public Policy.

Rowland, L. W. (1939). Will hypnotized persons try to harm themselves or others? *Journal of Abnormal Social Psychology, 34*, 114 – 117.

Saegert, S., Mackintosh, E., & West, S. (1975). Two studies of crowding in urban public spaces. *Environment and Behavior, 7*, 159 – 184.

Salmon, W. C. (1988). Rational prediction. In A. Grünbaum & W. C. Slamon (Eds.), *The limitations of deductivism* (pp. 47 – 60) Berkley: University of California Press.

Salvucci, D. D., Mandalia, H. M., Kuge, N., & Yamamura, T. (2007). Lane-change detection using a computational driver model. *Human Factors, 49*, 532 – 542.

Scarborough, D. L. (1972). Stimulus modality effects on forgetting in short term memory. *Journal of Experimental Psychology, 95*, 285 – 289.

Schacter, D. L. (1983). Feeling of knowing in episodic memory. *Journal of Experimental Psychology, 9*, 39 – 54.

Schacter, D. L. (1987). Implicit memory: History and current status. *Journal of Experimental Psychology: Learning, Memory, and Cognition, 13*, 501 – 518.

Schacter, D. L. (1990). Introduction to implicit memory: Multiple perspectives. *Bulletin of the Psychonomic Society, 28*, 338 – 340.

Schaie, K. W. (1977). Quasi-experimental designs in the psychology of aging. In J. E. Birren & K. W. Schaie (Eds.), *Handbook of psychology and aging.* New York: Van Nostrand.

Schmolck, H., Buffalo, E. A., & Squire, L. R. (2000).

Memory distortions develop over time: Recollections of the O. J. Simpson trial verdict after 15 and 32 months. *Psychological Science, 11*, 39 – 45.

Schreibman, L., O'Neill, R. E., & Koegel, R. L. (1983). Behavioral training for siblings of autistic children. *Journal of Applied Behavior Analysis, 16*, 129 – 138.

Schultz, D. P., & Schultz, S. E. (1987). *A history of modern psychology* (4th Ed.). New York: Academic Press.

Scialfa, C. T., Garvey, P. M., Gish, K. W., Deering, L. M., Leibowitz, H. W., & Goebel, C. C. (1988). Relationships among measures of static and dynamic visual sensitivity. *Human Factors, 30*, 677 – 688.

Searle, J. R. (1980). Minds, brains, and programs. *Behavioral and Brain Sciences, 3*, 417 – 458.

Searle, J. R. (1990). Is the brain's mind a computer program? *Scientific American,* (January) 26 – 31.

Seidenberg, M. S., & McClelland, J. L. (1989). A distributed, developmental model of word recognition and naming. *Psychological Review, 96*, 523 – 568.

Sergent, C., & Dehaene, S. (2004). Is consciousness a gradual phenomenon? Evidence for an all-or-none bifurcation during the attentional blink. *Psychological Science, 15*, 720 – 729.

Sherif, M. (1935). A study of some social factors in perception. *Archives of Psychology,* 187.

Shimamura, A. P. (1986). Priming effects in amnesia: Evidence for a dissociable memory function. *Quarterly Journal of Experimental Psychology, 38A*, 619 – 644.

Shweder, R. A., & Sullivan, M. A. (1993). Cultural psychology: Who needs it? In L. W. Porter & M. R. Rosenzweig (Eds.), *Annual review of psychology* (Vol. 44, pp. 497 – 523). Palo Alto, CA: Annual Reviews.

Sidman, M. (1960). *Tactics of scientific research.* New York: Basic Books.

Silveira, T. (1971). *Incubation: The effect of interruption timing and length on problem solution and quality of problem processing.* Unpublished doctoral dissertation, University of Oregon.

Singer, P. (1995). Animal experimentation: Philosophical perspectives. In W. T. Reich (Ed.), *Encyclopedia of bioethics,* (Vol. 1, pp. 147 – 153). New York: Free Press.

Skinner, B. F. (1957). *Verbal behavior.* New York: Appleton-Century-Crofts.

Skinner, B. F. (1959). The flight from the laboratory (pp. 242 – 257). *Cumulative Record,* New York: Appleton-Century-Crofts.

Slaughter-Defoe, D. T., & Rubin, H. H. (2001). A longitudinal case study of Head Start eligible children: Implications for urban education. *Educational Psychologist, 36*, 31 – 44.

Smith, A. D., & Winograd, E. (1978). Adult age differences in remembering faces. *Developmental Psychology, 14*, 443 – 444.

Smith, E. R., & Miller, F. D. (1978). Limits on perceptions of cognitive processes: A reply to Nisbett and Wilson. *Psychological Review, 85*, 355 – 362.

Smith, S. M. (1995). Getting into and out of mental ruts: A theory of fixation, incubation, and insight. In R. J. Sternberg & J. E. Davidson (Eds.), *The Nature of Insight* (pp. 229 – 251).

Smith, S. M. , & Blankenship, S. E. (1989). Incubation effects. *Bulletin of the Psychonomic Society, 27*, 311 – 314.

Smith, S. M. , & Blankenship, S. E. (1991). Incubation and the persistence of fixation in problem-solving. *American Journal of Psychology, 104*, 61 – 87.

Snellgrove, L. (1981). Knowledge of results. In L. T. Benjamin & K. D. Lowman (Eds.), *Activities handbook for the teaching of psychology* (p. 66). Washington, DC: American Psychological Association.

Spence, K. W. (1948). The postulates and methods of "behaviorism." *Psychological Review, 55*, 67 – 78.

Spencer, S. J. , Steele, C. M. , & Quinn, D. M. (1999). Stereotype threat and woman's math performance. *Journal of Experimental Social Psychology, 35*, 4 – 28.

Spencer, R. M. , & Weisberg, R. W. (1986). Context-dependent effects on analogical transfer. *Memory & Cognition, 14*, 442 – 449.

Stanley, A. (1990, May 8). Pre-med student, 12, goes for record. *Roanoke Times & World-News, 1*, 10.

Steele, C. M. , & Aronson, J. (1995). Stereotype threat and the intellectual test performance of African Americans. *Journal of Personality & Social Psychology, 69*, 797 – 811.

Steinhauser, M. , Maier, M. , & Hubner, R. (2007). Cognitive control under stress. *Psychological Science, 18*, 540 – 545.

Sternberg, R. J. (1988). *The triarchic mind: A new theory of human intelligence.* New York: Viking.

Sternberg, R. J. (1992). How to win acceptances by psychological journals: 21 tips for better writing. *APS Observer*, (September) 12 – 18.

Sternberg, R. J. (1993). *The psychologist's companion* (3rd Ed.). New York: Cambridge University Press.

Sternberg, R. J. (1995). For whom the bell curve tolls: A review of the bell curve. *Psychological Science, 6*, 257 – 261.

Sternberg, R. J. (1997). Intelligence and lifelong learning: What's new and how can we use it? *American Psychologist, 52*, 1134 – 1139.

Sternberg, R. J. , Grigorenko, E. L. , & Kalmar, D. A. (2001). The role of theory in unified psychology. *Journal of Theoretical and Philosophical Psychology, 21*(2), 100 – 117.

Sternberg, R. J. , & Salter, W. (1982). Conceptions of intelligence. In R. J. Sternberg (Ed.), *Handbook of human intelligence* (pp. 3 – 28). Cambridge: Cambridge University Press.

Sternberg, S. (2001). Separate modifiability, mental modules, and the use of pure and composite measures to reveal them. *Acta Psychologica, 106*, 147 – 246.

Stevens, S. S. (1961). The psychophysics of sensory functions. In W. A. Rosenblith, *Sensory communication* (pp. 1 – 33).

Cambridge: MIT Press.

Stokols, D. , & Altman, I. , (Eds.). (1987). *Handbook of environmental psychology* (Vol. 1). New York: Wiley.

Strayer, D. L. , & Drews, F. A. (2007). Cell-phone-induced driver distraction. *Current Directions in Psychological Science, 16*, 128 – 131.

Strayer, D. L. , Drews, F. A. , & Johnston, W. A. (2003). Cell phone-induced failures of visual attention during simulated driving. *Journal of Experimental Psychology: Applied, 95*, 23 – 32.

Strayer, D. L. , & Johnston, W. A. (2001). Driven to distractions: Dual-task studies of simulated driving and conversing on a cellular telephone. *Psychological Science, 12*(5), 462 – 466.

Stroop, J. R. (1953). Studies of interference in serial verbal reactions. *Journal of Experimental Psychology, 18*, 643 – 662.

Sussman, S. , Hahn, G. , Dent, C. W. , Stacy, A. W. , Burton, D. , & Flay, B. R. (1993). Naturalistic observation of adolescent tobacco use. *International Journal of Addictions, 28*, 803 – 811.

Svartdal, F. (2000). Persistence during extinction: Conventional and reversed PREE under multiple schedules. *Learning and Motivation, 31*, 21 – 40.

Svartdal, F. (2003). Extinction after partial reinforcement: Predicted versus judged persistence. *Scandinavian Journal of Psychology, 44*, 55 – 64.

Swazey, J. P. , Anderson, M. S. , & Lewis, K. S. (1993). Ethical problems in academic research. *American Scientist, 81*, 542 – 553.

Swets, J. A. , Dawes, R. M. , & Monahan, J. (2000). Psychological science can improve diagnostic decisions. *Psychological Science in the Public Interest, 1*(1), 1 – 26.

Swinnen, S. P. , Schmidt, R. A. , Nicholson, D. E. , & Shapiro, D. C. (1990). Information feedback for skill acquistion: Instantaneous knowledge of results degrades learning. *Journal of Experimental Psychology: Learning, Memory, and Cognition, 16*, 706 – 716.

Talarico, J. M. , & Rubin, D. C. (2003). Confidence, not consistency, characterizes flashbulb memories. *Psychological Science, 14*, 455 – 461.

Telford, C. W. (1931). The refractory phase of voluntary and associative responses. *Journal of Experimental Psychology, 14*, 35 – 36.

Theeuwes, J. , & Alferdinck, J. W. A. M. (1995). Rear light arrangements for cars equipped with a center high-mounted stop lamp. *Human Factors, 37*, 371 – 380.

Theios, J. (1973). Reaction time measurements in the study of memory processes. In G. H. Bower (Ed.), *The psychology of learning and motivation* (Vol. 7, pp. 44 – 85). New York: Academic Press.

Thompson, J. B. , & Buchanan, W. (1979). *Analyzing psychological data.* New York: Scribner's.

Thompson, K. M., Graham, J. D., & Zellner, J. W. (2001). *Risk-benefit analysis methods for vehicle safety devices*. 17th International Technical Conference on the Enhanced Safety of Vehicles, Amsterdam, Netherlands.

Thompson, K. M., Segui-Gomez, M., & Graham, J. D. (2002). Validating benefit and cost estimates: The case of airbag regulation. *Risk Analysis, 22*(4), 803 – 811.

Thorndike, E. L. (1898). Animal intelligence: An experimental study of the associative processes in animals. *Psychological Review Monograph Supplement, 2*.

Thorndike, E. L. (1932). *The fundamentals of learning*. New York: Teachers College, Columbia University.

Tombu, M., & Joliceur, P. (2003). A central capacity sharing model of dual-task performance. *Journal of Experimental Psychology: Human Perception and Performance, 29*(1), 3 – 18.

Tulving, E. (1992). Ebbinghaus, Hermann. In L. R. Squire (Ed.), *Encyclopedia of learning and memory* (pp. 151 – 154). New York: Macmillan.

Tulving, E., & Pearlstone, Z. (1966). Availability versus accessibility of information in memory for words. *Journal of Verbal Learning and Verbal Behavior, 5*, 381 – 391.

Turing, A. M. (1950). Computing machinery and intelligence. *Mind, 59*, 433 – 460.

Tversky, B., & Marsh, E. J. (2000). Biased retellings of events yield biased memories. *Cognitive Psychology, 40*, 1 – 38.

Ueda, T., Nawa, Y., Yukawa, E., Taketani, F., & Hara, Y. (2006). Change in dynamic visual acuity by pupil dilation. *Human Factors, 48*, 651 – 655.

Ulrich, R., & Mattes, S. (1996). Does immediate arousal enhance response force in simple reaction time? *Quarterly Journal of Experimental Psychology, Section A: Human Experimental Psychology, 49*, 972 – 990.

Ulrich, R., Mattes, S., & Miller, J. (1999). Donder's assumption of pure insertion: An evaluation on the basis of response dynamics. *Acta Psychologica, 102*, 43 – 75.

Underwood, B. J. (1975). Individual differences as a crucible in theory construction. *American Psychologist, 30*, 128 – 134.

van Wolkenten, H., Davis, J. M., Gong, M. L., & de Waal, F. B. M. (2006). Coping with acute crowding by *Cebus paella*. *International Journal of Primatology, 27*, 1241 – 1256.

Velten, E. A. (1968). A laboratory task for the induction of mood states. *Behavior Research and Therapy, 6*, 473 – 478.

Walden, P. (2004). Survey procedures, content, and dataset overview. In D. Romer, K. Kenski, P. Waldman, C. Adasiewicz, & K. H. Jamieson (Eds.), *Capturing campaign dynamics: The national Annenberg Election Survey* (pp. 12 – 33). New York: Oxford University Press.

Warrington, E. K., & Weiskrantz, L. (1970). Amnesic syndrome: Consolidation or retrieval? *Nature, 228*, 628 – 630.

Wason, P. C. (1968). Reasoning about a rule. *Quarterly Journal of Experimental Psychology, 20*, 273 – 281.

Watson, J. B. (1913). Psychology as the behaviorist views it. *Psychological Review, 20*, 158 – 177.

Watson, J. B. (1919). *Psychology from the standpoint of a behaviorist*. Philadelphia: Lippincott.

Watson, J. B. (1925). *Behaviorism*. New York: Norton.

Waugh, N. C., & Norman, D. A. (1965). Primary memory. *Psychological Review, 72*, 89 – 104.

Webb, E. J., Campbell, D. T., Schwartz, R. D., & Sechrest, L. (1966). *Unobtrusive measures: Nonreactive research in the social sciences*. Chicago: Rand McNally.

Weiskrantz, L. (1986). *Blindsight: A case study and implications*. Oxford: Clarendon Press.

Weiskrantz, L. (1997). *Consciousness lost and found: A neuropsychological explanation* (pp. 40 – 42). New York: Oxford.

Weiskrantz, L. (2002). Prime-sight and blindsight. *Cognition and Consciousness, 11*, 568 – 581.

Weiskrantz, L., Cowey, A., & LeMare, C. (1998). Learning from the pupil: A spatial visual channel in the absence of V1 in monkey and human. *Brain, 121*, 1065 – 1072.

Weizenbaum, J. (1976). *Computer power and human reason*. San Francisco: W. H. Freeman.

Weldon, M. S., & Roediger, H. L. (1987). Altering retrieval demands reverses the picture superiority effect. *Memory & Cognition, 15*, 269 – 280.

Welker, R. L. (1976). Acquisition of a free-operant-appetitive response in pigeons as a function of prior experience with response-independent food. *Learning and Motivation, 7*, 394 – 405.

Wesp, R., Cichello, P., Gracia, E. B., & Davis, K. (2004). Observing and engaging in purposeful actions with objects influences estimates of their size. *Perception & Psychophysics, 66*, 1261 – 1267.

White, R. J. (1971). Debate Ⅱ. Antivivisection: The reluctant hydra. *American Scholar, 40*, 503 – 512.

Wickelgren, W. A. (1977). Learning and memory. Englewood Cliffs, NJ: Prentice-Hall.

Wickström, G., & Bendix, T. (2000). The "Hawthorne effect"— what did the original Hawthorne studies actually show? *Scandanarian Journal of Work Environment Health, 26*(4), 363 – 367.

Willerman, L., Schultz, R., Rutledge, J. N., & Bigler, E. D. (1991). In vivo brain size and intelligence. *Intelligence, 15*, 223 – 228.

Williams, K. D., Nida, S. A., Baca, L. D., & Latané, B. (1989). Social loafing and swimming: Effects of identifiability of individual and relay performance of intercollegiate swimmers. *Basic and Applied Social Psychology, 10*, 73 – 82.

Williams, K., Harkins, S., & Latané, B. (1981). Identifiability as a deterrent to social loafing: Two cheering experiments. *Journal of Personality and Social Psychology, 40*, 303 – 311.

Witt, J. K. , & Proffitt, D. (2005). See the ball, hit the ball: Apparent ball size is correlated with batting average. *Psychological Science, 16* , 937 – 938.

Wolf, M. M. , & Risley, T. R. (1971). Reinforcement: Applied research. In R. Glaser (Ed.), *The nature of reinforcement* (pp. 310 – 325). New York: Academic Press.

Wolters, G. , & Goudsmit, J. J. (2005). Flashbulb and even memory of September 11, 2001: Consistency, confidence, and age effects. *Psychological Reports, 96* , 605 – 619.

Wood, J. M. , Garth, D. , Grounds, G. , McKay, P. , & Mulvahil, A. (2003). Pupil dilation does affect some aspects of daytime driving performance. *British Journal of Ophthalmology, 87* , 1387 – 1390.

Woodworth, R. S. , & Schlosberg, H. (1954). *Experimental psychology* (Rev. Ed. , pp. 396 – 397, 485 – 486). New York: Henry Holt and Company.

Wundt, W. (1874). *Principles of physiological psychology.* Leipzig: Englemann.

Yeager, K. (1996). R&D and the dimensions of value. *EPRI Journal, 21* , 16 – 25.

Young, P. C. (1952). Antisocial uses of hypnosis. In L. M. LeCron (Ed.), *Experimental hypnosis.* New York: Macmillan.

Young, P. T. (1928). Precautions in animal experimentation. *Psychological Bulletin, 25* , 487 – 489.

Zajonc, R. B. (1962). Response suppression in perceptual defense. *Journal of Experimental Psychology, 64* , 206 – 214.

Zimbardo, P. G. (2007). *The Lucifer effect: Understanding how good people turn evil.* New York: Random House.

Zimmer, H. D. , & Engelkamp, J. (1999). Levels-of-processing effects in subject-performed tasks. *Memory & Cognition, 27* , 907 – 914.

Zuckerman, M. (1995). Good and bad humors: Biochemical bases of personality and its disorders. *Psychological Science, 6* , 325 – 332.

术语表

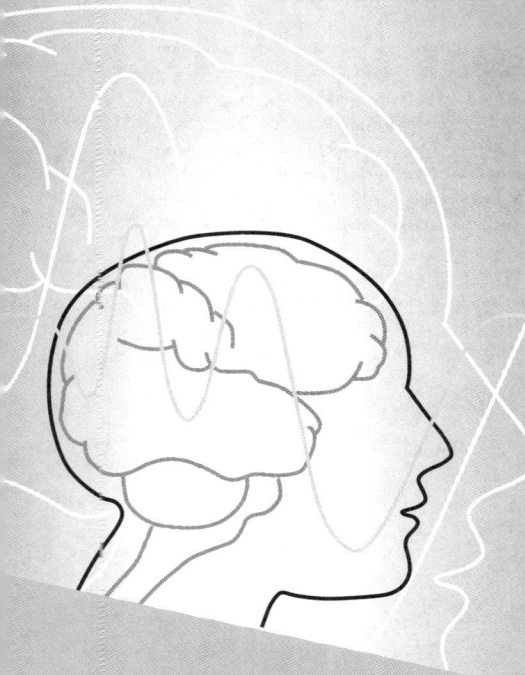

先验的方法(A priori method) 按照皮尔斯的观点,这是一种根据事件的合理性来确立信念的方式。

AB 设计(AB design) 通常被用于心理治疗中在测量了某特定行为(A)后即提出某治疗(B)的研究设计;一个用处不大的研究设计

ABA 设计(ABA design) 见反向设计

ABAB 设计(ABAB design) 通常被用在心理治疗中使治疗程序(B)能够被再提出的完全反向设计

ABBA 设计(ABBA design) 对处理或条件以 ABBA 或 BAAB 顺序给予的被试内平衡

横坐标(Abscissa) 图的横轴(或 X 轴)

绝对平均差(Absolute mean deviation) 分数与平均数离差的绝对值

绝对阈限(Absolute threshold) 在心理物理学中假定的外来刺激被感知到以前必须跨越的界线

摘要(Abstract) 期刊文章前面的简短总结,告诉读者该研究做了些什么(方法)以及有何结果

感情(Affection) 情绪性反应,如憎恨、快乐、喜爱等

视觉后像(Afterimage) 看过视觉刺激后所产生的,通常会持续几秒钟。见正后像与负后像

人工智能(AI)(artificial intelligence) 认为计算机程序能够完成一些即使由人来操作尚需智力活动的一种观点

α 水平(Alpha level) 见显著性水平

α 波(Alpha waves) 在放松的醒觉状态中所看到的高振幅慢脑波

交替处理设计(Alternating treatment design) 自变量有两个以上水平的小样本设计

遗忘症(Amnesia) 通常是由脑损伤引起的记忆障碍,其标志特征是全部或部分的记忆丧失

类比(Analogy) 以另外一种概念来理解某一概念

方差分析(Analysis of variance) 一种适于分析有着任何数量水平的单个或多个自变量的实验可靠性的统计检验

分析的途径(Analytic approach) 以理论或模型为基础预测事件的方式

拟人化(Anthropomorphizing) 把人的特性或情感诸如快乐之类赋予动物的倾向

APA 格式(APA format) 由美国心理学会(APA)指定的期刊文章格式,最新的《APA 出版手册》(the publication Manual of APA)是第五版

失语症患者(Aphasic) 是有语言障碍的人;通常与大脑左半球受损有关

仪器(Apparatus) 学术论文中方法部分的一小节,主要介绍研究中用于测试被试的任何特殊设备

应用性研究(Applied research) 旨在解决某一实际问题的研究

算术平均数(Arithmetic mean) 通常称作平均数,是集中趋势的测量值;所有分数之和除以分数的个数

不对称迁移(Asymmetrical transfer)　见延续效应

听觉的孤立物选择任务(Auditory oddball task)　让被试区分两个截然不同的听觉刺激并数算其中出现较少一个的频数的监听任务

作者(Author)　学术文章的责任人,通过对作者姓名进行文献检索可以找到其他有用的参考文献

自传体记忆(Autobiographical memory)　有关自己生活的记忆

自动现象(Autokinetic phenomenon)　暗室中一个人把单一的静止光点知觉为移动的现象

觉察(Awareness)　在没有意识觉知的前提下个体能否对某一事件作出知觉反应的知觉问题

平衡的拉丁方(Balanced Latin square)　让每个条件都在所有其他条件的前后出现相等频数的平衡方案

基线(Baseline)　用作对比基础的测量结果,通常没有接受处理

基础研究(Basic research)　旨在增加基本了解的研究

行为主义(Behaviorism)　一个由华生创立的侧重于研究外显行为而不是精神或心理事件的心理学派

决策标准(β)(Beta(β))　信号检测论中与观察者采用标准有关的一个统计值

β波(Beta waves)　注意于认知任务时所看到的低振幅快脑波

组间方差(Between-groups variance)　实验中组间的离差值

被试间设计(Be tween-subjects design)　实验中每个被试只在一个自变量的一个水平上接受实验的实验设计

比特(Bit)　以二进制数字测量信息的基本单位

盲(Blind)　被试在实验中并不知道自己是否处于实验处理条件下

盲视(Blindsight)　根据韦斯克兰茨的实验,被试不能再认物体但能够察觉物体存在和运动与否的特定脑损伤效应

阻滞(Blocking)　当一个新的条件刺激与先前学过的某种条件刺激一起呈现后,先前所学的条件刺激会阻碍对新条件刺激的学习,因为新条件刺激是多余的

自下而上加工(Bottom-up processing)　特征提取开始于感觉刺激的认知过程

边界条件(Boundary conditions)　产生或者获得某种现象所必需的条件

布朗-彼得森技术(Brown-Peterson technique)　一种研究短时记忆的方法,使用时先呈现需要记住的项目然后再呈现限制被试复习的材料以转移保持测验前被试的注意力

旁观者干预(旁观者效应)(Bystander intervention (bystander effect))　目睹危机并且可以提供帮助的人越多,帮助遇难人员的旁观者可能就越少

容量共享(Capacity sharing)　注意模型的一种,该模型假设存在有一个心理操作所需要的公共资源

延续效应(Carryover effect)　测试一个条件中的被试会对他们后来在另一个条件中的行为产生相对持久的影响

个案研究(Case study)　对某行为的特殊实例或案例的透彻调查;不允许做因果推断,而只能是描述性的

分类词表(Categorized list)　与同一类别成员有关的记忆实验中使用的单词;例如,家具类:椅子、床、沙发、桌子

原因(Cause)　当我们看到由变化的因素所产生的结果,就可以从实验结果中推断出原因

天花板效应(Ceiling effect)　见量表衰减效应

中央瓶颈(Central bottleneck)　注意模型的一种,该模型假设个体每次只能按照顺序处理某一任务

集中趋势(Central tendency)　分数分布的中央;表示分数分布中央的描述统计(见平均数和中位数)

变化标准设计(Changing-criterion design)　一种小样本设计,通过随时间系统地改变标准来来获得某种结果

中文房间(Chinese room)　塞尔用于证明人工智能不存在的一个想象的实验

独立性 χ^2 检验(Chi-squared(χ^2) for independence)　一种用来判断列联研究中两个变量之间关系显著性的统计检验

选择反应任务(Choice-reaction task)　为了测量首要任务所需要的注意量而采用的包含一个以上刺激和反应的次要任务

选择反应时(Choice-reaction time)　见唐德斯反应 B

实足年龄(Chronological age)　个体的自然年龄

经典性条件反射(Classical conditioning)　学习的一种基本形式,刺激最初不能引发某些反应,通过与能够引起此类反应的其他刺激(无条件刺激)多次配对出现,最后它习得了这种能力;也被称为应答性条件反射

认知心理学(Cognitive psychology)　研究人们如何获得、贮存和使用信息的心理学

同辈(Cohort)　在一个发展研究中年龄相当的人们

同辈效应(Cohort effects)　当年龄是变量时,所给出的被试处于发展中,从而使同代人效应引起的一个潜在混淆

计算机文献检索(Computerized literature search)　一种使用计算机在图书馆或者网络上进行数据库搜索的方法

概念性验证(Conceptual replication)　用一个全新范式或一套实验条件证明某一实验现象的尝试(见会聚操作)

概念驱动加工(Conceptual driven processing)　见自上而下的加工

条件反应(CR)(Conditioned response)　对某一条件刺激的习得反应

条件刺激(CS)(Conditioned stimulus)　通过与无条件刺激的重复配对呈现获得了引发起初只能由无条件刺激引发的某种反应的中性刺激

保密(Confidentiality)　研究中从被试处获得的信息除非得到被试的允许否则不可以公开

证真偏见(Confirmation bias)　寻找信息以证真而非证伪自己假设的倾向

从众(Conformity)　使行为与社会规范一致

混淆(Confounding)　由于研究中存在着与自变量同时变化的另一个变量,以至于因变量上发生的任何效应都不能明确地归因于自变量;存在于相关研究中

结构效度(Construct validity)　几种指标很好地拟合在一起并且会聚于(可以被其解释的)一个潜在的心理学概念

关联性(Contingency)　操作性条件反射中反应与结果之间的关系或经典条件反射中条件刺激与无条件刺激(CS - UCS)之间的关系

列联研究(Contingency research)　一种关系研究的设计,在该设计中,对两个变量的所有组合的频数进行评估以判断二者之间的关系

连续强化(Continuous reinforcement)　每次适当行为后都给予某奖赏的强化进度表

控制条件（Control condition） 一种实验条件,通常不接受处理,只是用来做基线水平

控制组（Control group） 不接受实验处理的被试组

控制变量（Control variable） 实验中被保持恒定的一个潜在自变量

会聚操作（Converging operations） 支持某一共同结论的一系列相关的研究线路

相关系数（Correlation coefficient） 表示两个变量间相关程度的从 -1.00 变化到 +1.00 的数字

相关研究（Correlation research） 使实验者可以用单一的统计同时测定关联的程度与方向

平衡（Counterbalancing） 是指为了避免测试时间效应(比如,练习和疲劳)与实验条件发生混淆而进行的用以抵消该效应的系统变化实验条件顺序的技术

判断标准（Criterion） 在信号检测中,由决策过程所设定的判断水平,以决定对于信号的出现与否作出"有"或"无"的回答

效标效度（Criterion validity） 见预期效度

批判性实验（Critical experiment） 对相互竞争的理论给出鉴别答案的实验

交叉滞后组相关程序（Cross-lagged-panel correlation procedure） 包含了多个变量间的相关,这些相关可以为测定变量间可能的因果关系方向提供帮助

交叉交互作用（Crossover interaction） 一个自变量对某一因变量的影响在另一个自变量的某一特定水平上发生了逆转

横断设计（Cross-section design） 各年龄段的大样本总体同时接受测试(与纵向研究相对)

交叉序列设计（Cross-sequential design） 把横断设计与纵向设计程序结合起来的实验

感受性（d'） 信号检测论中与观察者的敏感度有关的一个统计值

数据（Data） 获得的因变量的分数

数据驱动加工（Data-driven processing） 见自下而上的加工

信息咨询（Debriefing） 被试参加完实验后被告知该实验的所有细节;研究者的一种道德义务

欺瞒（Deception） 参加者在某方面的计划中被误导的一种研究技术;可能是不道德的

决策阈限（Decision threshold） 可以引发某一反应的某一刺激的标准与强度(见β和 d')

演绎（Deduction） 由一般到特殊的推理

自由度（Degree of freedom） 在数值的总数及其总和固定不变的情况下可以自由变化的数值数

限定性观察（Delimiting observations） 尤其在自然观察中,限定或选择观察行为类别的必要性

要求特征（Demand characteristics） 实验中被试用于确定实验者目的或期待的线索

密度（Density） 拥挤研究中的一个首要自变量,通常被定义为每单位面积中容纳的人数

因变量（Dependent variable） 被实验者测量和记录的变量

描述统计（Descriptive statistics） 组织和概括数据的方法

设计（Design） 一个实验的框架——自变量、因变量、被试变量和控制变量

决定论（Determinism） 一种哲学观点,认为所有事件的发生都有其原因

异常案例的分析（Deviant-case analysis） 调查结果不同的类似案例以确定不同结果的原因

差别（Difference） 所有量表的基本属性,可以据此对物体或其特征进行归类。

差别阈限（Difference threshold） 判断两个刺激不同的平均点

差异延续效应（Difference carryover effects） 被试内设计中的一个问题,对先前条件的接触会改变个体在后继条件中的行为

扩散（$I = N^{-1}$）（Diffusion（$I = N^{-1}$）） 表明其他人的影响(I)随着人数(N)的增多而减小的幂定律

责任扩散（Diffusion of responsibility） 在小组情境中个体设想其责任较小的倾向

知觉的直接途径（Direct approach to perception） 根据吉布森的观点,我们直接获得并使用环境提供的信息

直接验证（Direct replication） 尽可能与第一次完全相同的重复实验,以确定能否获得相同的结果

直接测量（Direct scaling） 观察者直接以心理量表的单位进行度量的一种测量方法

定向检验（Directional test） 见单侧检验

辨别刺激（S^D）（Discriminative stimulus（S^D）） 表明反应能否被强化的刺激

讨论（Discussion） 学术论文的一部分,作者通过对结果的检验、解释以及限定作出理论性结论

离中趋势（Dispersion） 分数分布的伸展量

标准分配设计（Distributed-criterion design） 一种将不同结果标准分配到两个或两个以上行为之中的小样本设计(见变化标准设计)

样本平均数的分布（Distribution of sample means） 来自一接近正态分布总体的样本平均数的分布

异卵（Dizygotic） 由两个不同受精卵发育而来的

痛觉仪（Dolorimeter） 一种类似于吹风机的设备,能够将辐射热聚焦在皮肤上

唐德斯反应 A（Donders A reaction） 一个反应对应一个刺激的反应时任务

唐德斯反应 B（Donders B reaction） 有两个或两个以上反应并分别与各自刺激对应的反应时任务

唐德斯反应 C（Donders C reaction） 一个反应对应两个刺激的反应时任务

双盲实验（Double-blind experiment） 被试和实验者都不知道哪些被试接受哪一处理条件的实验技术

功能的双分离（Double dissociation of function） 通过来自不同功能领域的两个不同任务引发相反行为的技术(见会聚操作)

二元论（Dualism） 精神与肉体是两个独立实体的观点

动态视野测量（Dynamic perimetry） 用于测量视野的一种程序,使用时让一个小的视觉目标物渐渐地移入视野中

动态视敏度（Dynamic visual acuity） 知觉移动物体细节的能力

心向（Einstellung） 见定势

脑电图（EEG）（Electroencephalogram） 通过把电极放置于头皮处所记录的脑电活动

艾莫特定律（Emmert's law） 后像的大小与观察距离成比例

实证的（Empirical） 依赖于或来源于观察或实验的

经验法（Empirical approach） 与分析法相对,是基于经验规律来

获得预测效力的努力

知觉的经验论（Empirical theory of perception）　认为知觉完全由过去经验决定的观点

情景记忆（Episodic memory）　自传性的和亲身经历的记忆

等距（Equal interval）　量表的一个属性，即量表的全距中每一个单位的变化都是等同的

厄塔（η）（Eta）　F 检验效果量大小的指标

道德问题（Ethical issues）　涉及研究参加者处理的一系列问题，诸如欺瞒、告知同意、动物被试人道处理等

习性记录（Ethogram）　对某一物种所表现出来的特定行为相对完整的详细记录

习性学（Ethology）　对自然而然发生的行为的研究

事件关联电位（ERP）（Event-related potential）　紧接着一个具体诱发刺激之后测量到的一种脑波类型（见 N100 波、N400 波、P200 波和 P300 波）

事后（Ex post facto）　顾名思义就是"来自事实发生之后"，说明实验中的条件并非确定于实验之前，而是确定于某些变化自然而然发生之后

实验（Experiment）　系统操纵一些环境因素以观察这个操作对行为的影响

实验控制（Experimental control）　为了确保因变量的任何效应都能被归结为自变量的操作，实验中应该做到的保持无关变量恒定

实验误差（Experimental error）　并非由自变量导致的因变量的变化

实验消退（Experimental extinction）　当工具性反应之后不再给出强化物时

实验假设（Experimental hypothesis）　具体说明自变量效果的研究假设（与虚无假设相对）

实验信度（Experimental reliability）　如果重复某一实验，可以复制或者再次得到该实验结果的程度

实验者偏差（Experimental bias）　实验者在不知道的情况下对实验结果所施加的影响，通常是引导被试支持实验者的假设

实验者效应（Experimenter effects）　由于实验者的出现而导致的实验结果的人为性

解释（Explanation）　为使大家明白某组事件而进行的说明

外显记忆测验（Explicit memory test）　需要人们有意识地记住具体事件的记忆测验

额外变量（Extraneous variables）　控制变量，也被认为是多余的变量

F 检验（F test）　构成方差分析基础的两个方差的比率

表面效度（Face validity）　为了使测量工具直观上似乎测量了想要测量的东西所需具备的条件

因素设计（Factorial design）　每个自变量的每个水平都会随其他自变量的所有水平一起出现的实验设计

虚惊（False alarm）　实际上只有噪音而观察者却认为是信号出现的不正确报告

可证伪观点（Falsifiability view）　波珀提出的测验的否定结果比肯定结果会提供更多信息的主张

疲劳效应（Fatigue effect）　一段时间的实验后行为水平降低的一种迁移效应形式

费希纳定律（Fechner's law）　费希纳提出的感觉与刺激强度成对数关系的定律：$\Phi = k log(s)$

现场研究（Field research）　在被试一般不知道他们正处于实验中的自然情境中进行的研究

图形（Figures）　研究报告的结果部分中对数据的画图介绍

闪光灯记忆（Flashbulb memory）　听到某一意外事件新闻后的生动记忆

地板效应（Floor effect）　见量表衰减效应

功能核磁共振成像（fMRI）　功能核磁共振成像是一种测量大脑血液流量的工具，是神经活动的相关指标

迫选再认验验（Forced-choice recognition test）　要求被试必须在两个或更多选项中作出选择的测验，通常用于控制反应风格

欺骗（Fraud）　对研究结果的故意歪曲，包括编造数据、篡改数据和故意不报告那些被认为不符合某人利益的结果

自由回忆（Free recall）　被试在没有外部回忆线索帮助的条件下对识记项目进行回忆；他们可以按任意顺序进行回忆，在这个意义上说，回忆是自由的

退出的自由（Freedom to withdraw）　实验者有道德有义务允许他们的被试中途推出研究计划

次数分布（Frequency distribution）　按某一分布顺序排列的一组分数，以表明每一分数出现的次数

次数多边形（Frequency polygon）　次数分配的一种线形图

功能固着（Functional fixedness）　不能在一个需要使用不同功能的新情境中应用一个物体

机能主义（Functionalism）　关注心理过程的机能的心理学派

一般练习效应（General practice effects）　随着操作的重复进行，操作绩效有逐渐提高的趋势

结果的普遍性（Generality of results）　是否某一特定结果能在不同的环境中获得的问题，诸如用一个不同的被试总体或在不同的实验情境中

泛化（Generalization）　由个别事实形成广泛命题

格式塔心理学（Gestalt psychology）　强调知觉中完型的重要性，而不是把经验分解为各个部分的人为分析（就像构造主义那样）的心理学派

字形（Graphemic）　知觉分析的字母水平

幻觉（Hallucination）　在没有任何明显刺激的情况下对某一经历的报告

霍桑效应（Hawthorne effect）　实验作业受到参加者对所做实验的了解的影响

异类的（Heterogeneous）　不同类的；与其他不同的

高级交互作用（Higher-order interaction）　在多因素实验中涉及两个以上自变量的交互作用效应

直方图（Histogram）　以柱形高度表示分数次数的次数分配图；也称为柱形图

前历效应（History effects）　由于研究中的被试随着时间变化而变化，在两次测量之间无意中可能会发生某种混淆

击中（Hit）　正确检测到已呈现的信号

同质方差（Homogeneity of variance）　方差分析假定不同条件的组内方差相等

同质的（Homogeneous）　类似的；与其他同类的

人的因素（Human factors）　试图让人与技术的关系最优化的学科

假设（Hypothesis）　预测因变量与自变量之间关系的可验证的

论断

观念（Ideas） 想法

启发（Illumination） 问题解决中个体获得顿悟或发现一个潜在解决办法的中间阶段

错觉（Illusion） 错误的或歪曲的知觉

表象（Images） 意识体验的一部分，以"心灵的眼睛"进行审视

模拟游戏（Imitation game） 见图林测验

影响（$I = N^2$）（Impact（$I = N^2$）） 表明随着其他人数量（N）的增加而影响（I）也增大的幂定律

内隐态度测量（Implicit attitude measures） 在个体没意识到测量内容的情况下对其的态度（如，关于种族）进行测量

内隐记忆测验（Implicit memory test） 不需要明确记住某些具体经验但却能自发地展现那些经验效应的"记忆"测验

酝酿期（Incubation） 问题解决过程中，个体在解决问题失败后转向其他事情的一段时间。问题被认为处于酝酿之中，就像正被母鸡孵化的鸡蛋那样，随后被更快地解决

自变量（Independent variable） 由实验者操纵的变量

知觉的间接途径（Indirect approach to perception） 知觉是对感觉进行解释的观点

间接测量（Indirect scaling） 心理量表是通过连续测量最小可觉差而得到的

归纳（Induction） 从特殊到一般的推理

推断统计（Inferential statistics） 确定某一特定实验发现的信度与普遍性的程序

转折点（Inflation point） 正态曲线中尾部开始伸展的点；它是距平均数一个标准差之处

信息（Information） 事实；来自外部世界的资料；也是信息理论中的一个计量单位

知情同意（Informed consent） 潜在被试必须有权决定自己是否参加实验

顿悟（Insight） 问题解决中的豁朗期；当一个念头被"孵化"；有时会伴有"啊哈"的体验

实验动物管理与使用委员会（IACUC）（Institutional Animal Care and Use Committee） 在美国几乎所有从事科学研究的机构中对动物被试保护情况进行监管的委员会

伦理委员会（IRB）（Institutional Review Board） 在美国几乎所有从事科学研究的机构中对人类被试保护情况进行监管的委员会

工具性条件反射（Instrumental conditioning） 被试学会作出得到奖赏或避免惩罚的反应的条件反射；与经典条件反射相对，不呈现诱发刺激

智力（Intelligence） 心理年龄（测验测得的）除以实足年龄再乘以100

交互作用（Interaction） 当一个自变量的水平受到其他自变量水平的不同影响时的实验结果

内插任务（Interpolated task） 用于填充记忆实验中材料的学习与回忆之间时段空白时段的任务

不确定间距（Interval of uncertainty） 在差别阈限的计算中较高阈限与较低阈限之间的差异

等距量表（Interval scale） 具有差别、数量和等距性质的量表

中介变量（Intervening variables） 联系自变量与因变量的抽象概念

引言（Introduction） 学术论文中对所研究的问题进行具体说明

并讲述其重要性的部分

内省（Introspection） 构造主义心理学家用于审视和探讨自身意识的一种方法

最小可觉差（JND）（Just-noticeable difference） 由费希纳所提出，是一个差别阈限所引起的内部感觉，也是定义内部心理量表的基本单位

标记量值量表（Labeled magnitude scale） 将从0到100的数字与从"无"到"能想像到的最强感觉"的词汇标签进行配对所得到的比例量表

兰道C型视标（Landolt C） 测量视敏度的一种方法，字母C的缺口不断地变小直至观察者报告说看不见为止

大样本设计（Large-n design） 使用大量被试的实验；常常用复杂统计程序来分析

潜伏期（Latency） 完成某项任务所需的时间

效果律（Law of effect） 对某种反应的强化导致了该反应在未来更多出现的可能

水平（Level） 某种自变量的值

置信水平（Level of confidence） 见显著性水平

加工水平（Levels of processing） 预测语义的或"更深"的编码任务会比知觉的或"浅显"的编码任务产生较好记忆成绩的记忆研究的框架

文献检索（Literature search） 一种使用计算机在图书馆或者网络上进行数据库搜索的方法

纵向设计（Longitudinal design） 随着被试年龄的增长重复地测试他们（与横向设计相对）

长时记忆（Long-term memory） 经过最初的知觉后已经从意识中消失了的记忆的提取

大小（Magnitude） 与依据数量大小对量表值排序一事有关的量表属性——如果$A > B$且$B > C$，那么$A > C$

效应大小（Magnitude of effect） 揭示自变量效应的大小，诸如r_{pb}的计算值——虚无假设可能错误的程度

数量估计（Magnitude estimation） 观察者将数字分配到刺激的特性上，除了被分配的数字要与所判断的数量成比例（比例量表）外，通常无其他限制

主效应（Main effect） 一个自变量的效应在另一个自变量的所有水平上都相同的情况

曼-惠特尼 U 检验（Mann-Whitney U test） 确定两个样本间差异的非参数检验

映射（Mapping） 问题解决中，信息源与目标问题的一系列对应；这两个问题如何相互"映射"

掩蔽（Masking） 目标刺激之后马上呈现一个混乱的视觉刺激以阻止目标刺激视觉延续的技术

匹配（Matching） 根据被试的特点或者测验分数使不同组被试对应相等

匹配组设计（Matched groups design） 先在某一被认为与自变量相关的变量上对被试进行匹配，然后再把他们随机分配到条件中的实验设计

材料（Materials） 描述任何被写出的或录制的用于测验被试的图表、问卷和调查等的方法部分中的亚部分

测量（Measurement） 把数字或名称系统地赋予物体或物体的属性

量表（Measurement scales） 按照信息量增多的顺序依次为：名

称量表、顺序量表、等距量表和比率量表

中位数（Median）　集中趋势的测量值；分布的中间数值，或把分布一分为二的数值

中介物（Mediator）　提供两个变量间因果联系的一个变量；一个潜在的因果机制

心理年龄（Mental age）　用 IQ 测验测出的与实足年龄相对的个体智力年龄

心理负荷（Mental workload）　使环境需要与机体能力之间协调的类似于注意的一种中间变量

方法（Method）　学术论文的一部分，介绍实验者完成的具体操作

权威法（Method of authority）　权威的话被无条件接受的一种信念确立方式（与经验法相对）

极限法（Method of limits）　升高或降低所呈现刺激的序列以测量阈限的心理物理程序

注意凝聚法（Method of tenacity）　不顾相反观点或事实，完全固着于某一特定信念的一种信念确立方式（与经验法相对）

混合设计（Mixed design）　既有被试内自变量也有被试间自变量的实验设计

通道效应（Modality effects）　视觉与听觉呈现常常会产生不同的保持效果；听觉呈现时系列项目中的最后几个的记忆效果常常优于视觉呈现的

监测任务（Monitoring task）　不要求观察者描述呈现信息的一种形式的分听任务

单一关系（Monotonic relationship）　两个变量之间一个变量的增加会伴随另一个变量的一致增加或降低的关系

同卵（Monozygotic）　从同一个受精卵发育而来的

莫扎特效应（Mozart effect）　有人发现，聆听莫扎特作品使视觉空间测验成绩得到了提高

多元方差分析（Multifactor analysis of variance）　有一个以上自变量的实验的方差分析

多元智力（Multiple intelligences）　智力事实上是由七个不同智力构成的理论

多基线设计（Multiple-baseline design）　不同行为（或不同人）在自变量介入前接受长度变化的基线期的小样本设计

N100 波（N100）　显示刺激基础分析的刺激开始大约 100 毫秒后 ERP 出现的一个负成分

N400 波（N400）　被猜测会显示不同或不一致的刺激开始大约 400 毫秒后 ERP 出现的一个负成分

知觉的先天论（Nativistic theory of perception）　以遗传机制解释知觉能力的理论（见知觉的经验论）

自然观察（Naturalistic observation）　不介入研究者个人立场的对自然发生事件的描述

本性理论（Nature theory）　遗传的差别是个体差别的根源

负后像（Negative afterimage）　与视觉刺激在亮度上相反，颜色上互补（对照正后像）

负比效应（Negative contrast effect）　当强化量减小时行为水平也随之降低，而且降低后的行为水平要低于一直以小量强化引起的行为水平

负相关（Negative correlation）　一个变量的变化会伴随另一个在相反方向上变化的这两个变量间的关系

负强化刺激（Negative reinforcing stimulus）　一种刺激，移开它时会增加反应的可能性

噪音（Noise）　由许多不同频率声音构成的复合音

称名量表（Nominal scale）　具有差别性质的量表

非定向检验（Nondirectional test）　见双侧检验

非参数检验（Nonparametric tests）　不对潜在总体分布作潜在假定的统计检验；常常被用在不处于等距/比率水平的数据

无意义音节（Nonsense syllables）　例如，英语中没有意义的辅音-元音-辅音的三字母组（如，YUN）

正态曲线（Normal curve）　对称的钟形曲线的分布

正常视线（Normal line of regard）　个体从事某一特殊任务（例如，开车）时通常采用的视觉线

零关联性（Null contingency）　反应与强化刺激之间没有关系的一种强化依随性

虚无假设（Null hypothesis）　自变量对因变量将不会有影响预期

零结果（Null result）　因变量没有受到自变量影响的一种实验结果

教养观（Nurture view）　强调经验的因素影响机体发育的观点

服从（Obedience）　对直接命令或指挥的遵从

客观指标（Objective measures）　容易被核实的诸如反应时之类的因变量（与主观测量相对）

客观阈限（Objective threshold）　根据奇斯曼和梅里克尔，引发真正随机行为的刺激能量水平（与主观阈限相比）

观察（Observation）　对现象的密切关注与记录

单侧检验（One-tailed test）　把拒绝区域只放在分布一侧的检验

操作性条件反射（Operant conditioning）　见工具性条件反射

操作定义（Operational definition）　根据被用来证明一个概念的操作而得出的该概念的定义

操作主义（Operationism）　一种认为概念应由测量和产生它们的操作来定义的主张，但是其忽略了一个完整的概念至少需要两组观察的事实

顺序量表（Ordinal scale）　具有差别和数量性质的量表

纵坐标（Ordinate）　图中的纵轴（Y 轴）

组织（Organization）　好理论的一个特征是它能够把现存的知识组织起来

P200 波和 P300 波（P200 and P300）　显示注意刺激的刺激开始大约 200 和 300 毫秒后 ERP 出现的正成分

对偶联合回忆（Paired-associate recall）　一种记忆任务，先呈现单词对（例如，猫咪-大象），然后测验时出示配对的第一个单词，让被试回忆第二个单词

平行形式（Parallel forms）　一个测验的两个可供选择的形式

并行分布式处理（PDP）（Parallel-distributed processing）　使用计算机模型来模拟认知过程；由简单处理单元网络构成的模型，这些处理单元位于不同的分层，同一分层的各个处理单元都与相邻分层的所有处理单元相连接

参数（Parameters）　描述总体特征的统计值

参数检验（Parametric tests）　假定分数成正态分布和测量属于等距或比率水平时的统计检验

简约性（Parsimony）　使用最少的语言来陈述理论

部分强化（Partial reinforcement）　只在某些场合下才对想得到的行为进行奖赏的强化进度表

部分强化消退效应（PREE）（Partial reinforcement extinction effect）　与连续强化条件下习得的反应相比，部分强化条件下习得的反应在消退时会遇到更大的阻力

参与性观察(Participant observation) 观察者与那些正被观察的对象一起参与的观察技术;例如,与野生大猩猩生活在一起

皮尔逊相关系数 r (Pearson r) 两个变量之间相关的参数测量

知觉(Perception) 一般被看作比感觉复杂并且常常被认为涉及感觉解释的觉知过程

知觉防御(Perceptual defense) 不情愿报告那些被知觉到的不愉快材料,而不是不能知觉到它们

人差方程(Personal equation) 由 18 世纪天文学家最早注意到的反应时差异

个人空间圈(Personal space) 围绕每个人的物理区域,如果别人闯入该区域则会引起不舒服的体验;可以通过个人的防御反应测得

现象学经验(Phenomenological experience) 一个人对他或她自己意识状态的觉知

外激素(Pheromones) 一个人(或动物)发出的与性感受有关的气味

音素的(音位的)(Phonemic(Phonological)) 单词知觉分析的声音水平

明视觉(Photopic vision) 由网膜视锥细胞控制的视觉,一般在白天的观看条件下出现

安慰剂效应(Placebo effect) 在药物疗效的研究中,当病人相信他们已经接受了某一药物的治疗,尽管事实上他们接受的只是惰性物质,结果常常会出现药效增强的效应

剽窃(Plagiarism) 使用他人的语句、数据或者观点而不注明来源

点二列 r(Point biserial r) 在由两组构成的实验中用于确定自变量效应大小的一种相关系数

主观相等点(Point of subjective equality) 测定差别阈限时较高阈限与较低阈限的平均值

总体(Population) 潜在观察的总人数(样本可能源于此)

正后像(Positive afterimage) 与原始视觉刺激在亮度和颜色上相似

正对比效应(Positive contrast effect) 当强化量增大时,与一直伴随大强化量的行为水平相比,可能会发现行为水平提高的现象;这种情况极少出现

正相关(Positive correlation) 两个变量间一种可观察到的关系,即一个变量的变化伴随着另一个变量相同方向的变化

正强化刺激(Positive reinforcement stimulus) 一种刺激,呈现它时,会提高产生该刺激的反应的可能性

效力(统计检验的)(Power(of a statistical test)) 当虚无假设确实错误时,某一检验拒绝它的可能性

练习效应(Practice effect) 由于练习而不是自变量的影响,而导致实验中行为水平提高的一种迁移效应

准确性(Precision) 被确切说明的程度

预测(Prediction) 采集到数据之前对未知结果的声明

预测效度(Predictive validity) 测验分数对某一标准测量行为的预测能力;也被称为效标效度(例如,某法律学校入学考试正确地预测了学生将来作为律师的成功可能)

预备(Preparation) 问题解决的最初阶段,个体专注地思考某一给出问题的事实和想法

首因效应(Primacy effect) 个体对表中的开始信息的记忆效果优于中间信息的情况

主要任务(Primary task) 在同时进行的一组任务中最重要的那个任务

启动物(Prime) 不一定会促进行为的先前经验

启动视觉(Prime sight) 病人 D. B. 所知觉到的视觉刺激后像,而他声称自己看不见视觉刺激

启动(Priming) 通过呈现一个启发人想到相关事件的刺激而引发相关认知的一种技术;例如,单词桌子能使你想到椅子

前摄干扰(Proactive interference) 由先前的学习导致的遗忘

问题(Problem) 没有额外的精炼会显得过于笼统而无法验证的模糊问题;见假设

程序(Procedure) 学术论文方法部分中的一小节,解释被试/参与者在实验中的经历,并包含有足够的信息以使其他人能够重复这项研究(完全重复原来的研究)

免于伤害的保护(Protection from harm) 有道德的研究者保护他们的被试免遭伤害

假性条件作用(Pseudoconditioning) 不是由于条件刺激与无条件刺激的联合而出现的条件反应幅度的暂时增大

心理不应期(Psychological refractory period) 在刺激间有延迟的选择反应中,第二个反应时被延迟的时期

精神神经免疫学(Psychoneuroimmunology) 研究行为、神经、内分泌以及免疫过程之间相互关系的交叉学科

心理物理法(Psychophysical methods) 诸如费希纳创立的极限法以及信号检测之类的现代方法

心理物理学(Psychophysics) 研究物理刺激的变化如何转化为心理体验

心理生理学(Psychophysiology) 用物理测量来推断心理过程(与心理物理学相对)

惩罚(Punishment) 一种刺激,呈现时会降低产生该刺激的反应的可能性

单纯嵌入(Pure insertion) 该假设认为,增加与删除某个心理模块不会改变其他模块的处理时间

定性变化(Qualitative variation) 让自变量在不容易定量的维度上变化的操纵,比如,实验中给被试提供不同类型的指导语

质量调整生命年(QALY)(Quality-adjusted life year) 对新技术的效益进行统计调整估计

定量变化(Quantitative variation) 让自变量在一个可测量的维度上变化的操纵,比如,用做强化的给老鼠的食物丸的数量

准实验(Quasi-experiment) 自变量不是受实验者的直接控制而是自然发生的一种实验

准实验设计(Quasi-experimental designs) 自变量不是受实验者的直接控制而是自然发生的一种实验

准自变量(Quasi-independent variable) 被选出的或被测量的而不是被直接操纵的自变量

随机分配(Random assignment) 一种能确保每名被试有相同机会被分到实验处理之下的方法

随机样本(Random sample) 来自每一个单位都有均等入选机会的总体的无偏差样本

随机选取(Random selection) 一种能确保总体中的每位成员有相同机会参与实验的方法

随机组设计(Random-groups design) 在被试间设计中把被试随机分配到实验条件中去的设计

随机化(Randomization) 一种抽样统计方法,每一要素被选中的

概率相等

窄幅变化标准(Range-bound changing criterion)　变化标准设计的一种变式,结果标准具有指定的上限和下限

比例量表(Ratio scale)　具有差别、数量、等距和绝对零点性质的量表

反应时间实验(Reaction-time experiment)　以时间作为因变量的实验,通常对快速的反应进行测量

反应性(Reactivity)　被试对于研究者或者研究环境的意外反应,这可能会给研究结果带来混淆

回忆(Recall)　一种保持的测量,让个体重现学习过的材料

接受者操作特性(ROC)(Receiver-operating characteristic)　见ROC函数

近因效应(Recency effect)　表结尾处的信息,相对中间部位而言,信息的保持更好些

再认(Recognition)　判断信息熟悉性的一种保持的测量

参考文献(Reference)　位于学术论文的末尾,参考文献部分应该只包括该文所引用的文献

回归假象(Regression artifacts)　当在某一变量上得分极端的被试被再次施测时其测量值的变化所体现出的一种人为现象

向平均数回归(Regression to the mean)　某一变量上的极端测量值当被再次施测时其值会向组平均数靠近的趋势,这是测量的不可靠所致

相关的测量设计(Related measures design)　或是对同一被试施测或是对在几个重要维度上被匹配的被试施测的几个测量中的一个

关系研究(Relational research)　尝试测定两个或更多变量有多大关联的研究

信度(Reliability)　实验结果的可重复性;推断统计提供了一个对某一发现可重复获得的可能性的估计值;也指一个测验或测量工具的一致性,这种一致性通过计算两个得分之间的相关来测定,两个得分可以是被试两次参加同一种测验的分数(测验—重测信度),或参加两种平行形式测验的分数,或参加分半内容测验的分数(分半信度)

结果信度(Reliability of results)　指某个实验结果的可重复性;推断统计所估计的某一研究结果有多大的可重复性;也指某种测验或测量工具的一致性,这种一致性通过计算两个得分之间的相关来测定,两个得分可以是被试两次参加同一种测验的分数(测验—重测信度),或参加两种平行形式测验的分数(平行测验信度),或参加分半内容测验的分数(分半信度)

消除有害后果(Removing harmful consequences)　道德的研究者消除任何被试可能已经遭受的有害后果

验证(Replication)　重做一个早期的实验以复制(和/或许扩展)它的发现(也见系统验证)

代表性(Representativeness)　关于能否允许把实验变量扩展到更一般情境中的问题

再生性(Reproducibility)　见可靠性

应答性条件反射(Respondent conditioning)　见经典性条件反射

全距限制(Restriction of range)　当样本不代表一个给出变量或因素可能值的全距时所发生的;全距限制降低了两个变量间可观察到的相关或关系的程度

结果(Results)　学术论文的一部分,介绍研究所得到的数据以及对这些数据进行的统计分析

提取线索(Retrieval cue)　记忆测验时呈现的帮助回忆的信息

倒摄干扰(Retroactive interference)　后继材料的学习产生的材料遗忘

反向(ABA)设计(Reversal(ABA)design)　一种小样本设计,先在基线(A)条件下测量被试行为,然后在B阶段施行实验处理并观察任何可能出现的行为变化,最后再实施最初的基线(A)条件以确保实验处理能够对B阶段中观察到的变化真正负责

稳健性检验(Robust tests)　强健性统计检验

ROC函数(接受者操作特征曲线)(ROC function(Receiver-operating characteristic))　根据众多击中对虚报坐标点画出的图

行文标题(Running head)　出现在已发表文章页面顶端的标题

样本(Sample)　从总体中选出的观察资料

样本的概括性(Sample generalization)　有关实验中使用的样本能否代表其他样本的代表性问题

抽样(Sampling)　统计学中对实验被试或实验项目的选取

节省法(Saving method)　记忆能够以重新学习先前所学材料需要的试验次数的减少(节省)来进行测量

节省分数(Saving score)　词表的最初学习遍数(OL)与重学遍数(RL)之差除以最初学习遍数,将此比值乘以100

量表衰减效应(Scale-attenuation effects)　当因变量的作业或是接近完满(天花板效应)或是接近缺失(地板效应)时出现的结果解释上的困难

科学方法(Scientific method)　通过系统的观察与实验来明确表达假设和验证假设;通过归纳与演绎来明确表达假设和验证假设

盲点(Scotoma)　由视觉系统的生理缺陷引起的视野中的盲区

暗视(Scotopic Vision)　由网膜视杆细胞控制的夜晚视觉

次要任务(Secondary task)　用于衡量注意的一个额外任务

自我矫正(Self-correcting)　一种能够自己察觉和修正错误的程序

语义学(Semantic)　单词的意义分析

感觉(Sensation)　刺激信息的基本和最初的入口

独立可变性(Separate modifiability)　一种独立的形式,改变某种心理模块而不需要修改其他模块

系列位置(Serial position)　当为稍后的记忆测验学习时信息呈现的顺序

系列位置曲线(Serial position curve)　保持作为信息摄入位置函数的曲线呈现;通常,最初的几个项目(首因效应)和最后的几个项目(近因效应)比中间的记忆效果要好;这个典型发现被称为系列位置效应

系列回忆(Serial recall)　一种记忆测验,被试要努力按照材料呈现时的原有顺序进行回忆;回忆一个电话号码就是一种系列回忆任务

定势(Set)　认知的期待效应;例如,如果人们常常以某种特定方式解决问题,那么他们遇到新问题时仍会用同样固定的方式解决,即使当最初的策略不再有效时;也被称为心向,源于最初的德国实验

形状恒常性(Shape constancy)　尽管视网膜的感觉发生了改变,但是物体的形状看上去仍然保持恒定

塑造(Shaping)　通过奖赏接近理想要反应的成功行为而形成该反应条件反射的一种技术

短时记忆(Short-term memory) 在知觉后和离开意识觉察前的信息恢复

符号检验(Sign test) 用于确定在相关测量设计中获得的两列数据间差异的一个非参数检验

显著性水平(Significant level) 实验发现是由偶然、随机波动或数据的操作等因素引起的概率

简单(单因素)分析(Simple(one-factor)analysis) 对一个有着两个以上水平的自变量的实验进行的方差分析

简单反应(Simple reaction) 见唐德斯 A 反应

模拟控制被试(Stimulating control participants) 被告知去模仿某种行为的实验被试,这种行为是被试预期其他人会做的(如,让人模仿催眠状态)

同时对比(Simultaneous contrast) 由于经历了两个或更多个强化的对比量而导致的工具性行为的变化

单盲实验(Single-blind experiment) 被试不知道他们被赋予的处理条件的实验

偏态分布(Skewed distribution) 一种非对称分布

小样本设计(Small-n design) 运用少量被试的研究设计

社会促进(Social facilitation) 当其他人在场并且个体作业被测量时出现的个体努力提高

社会惰化(Social loafing) 当其他人在场并且只有组作业被测量时有时出现的个体努力降低

社会规范(Social norms) 行为的社会标准

社会病理学(Social pathology) 常常在极度拥挤的动物身上观察到的普通社会交互作用的崩溃

社会心理学(Social psychology) 研究社会如何影响个体的心理学

种属主义(Speciesism) 表述动物生命与人有着本质不同的观点的术语;因此,这个观点是固执己见的一种形式

速度—准确性权衡(Speed-accuracy trade-off) 在反应时实验中,以反应速度的变化来取代正确反应百分比的变化的能力

分半信度(Split-half reliability) 通过把测试项目一分为二并计算被试在这两半测试上得分的相关来确定测验的信度

拆窝技术(Split-litter technique) 把同一窝的动物随机分配到不同组中;匹配组设计中的一个类型

稳定性(Stability) 是指以同样被试和同样自变量水平等等的重复实验中产生相同分数的因变量测量

阶梯法(Staircase method) 一种较新的极限法程序,将呈现的刺激集中在阈限附近

标准差(Standard deviation) 一种离中趋势的描述性测量;每个分数与平均数之差的平方和再除以测量次数的平方根

平均数的标准误(Standard error of the mean) 样本均数分布的标准差

统计预测原则(Statistical prediction rules) 建立在预测变量以及检查决策中可作为参考的诊断信息基础之上

统计可靠性(Statistical reliability) 根据统计检验得到的 α 水平小于 0.05 而拒绝虚无假设

统计学(Statistics) 用于描述或推断的数字

史蒂文斯定律(Stevens' law) 史蒂文斯提出的,感觉是刺激强度的幂函数:$\psi = S^n$

刺激误差(Stimulus error) 一种内省误差,观察者报告看见的是一个物体(如,桌子)而不是这一经验(如,颜色、图案)的构成元素

刺激呈现的异步性(Stimulus onset asynchrony) 选择反应时任务中两个刺激的时间间隔

应激(Stress) 当机体应付环境要求的能力与此要求的实际水平之间不等同时出现的一种心理状态

强 AI(Strong AI) 机器能够拥有那种人所具有的智力的观点

强推论(Strong inference) 普莱特认为科学进步来自对选择性理论结果的一系列检验

斯特鲁效应(Stroop effect) 当物体颜色与物体的名称矛盾时在说出该物体颜色的任务中遇到的困难(当用红墨水书写单词蓝时)

结构一致性(问题解决)(Structural consistency(problem solving)) 问题解决中,源问题与目标问题中的对应元素发挥了类似作用

构造主义(Structuralism) 冯特创立的心理学派,认为心理学的首要任务是通过内省分析意识经验的结构

被试(参与者)(Subject(participant)) 参加研究的人

被试代表性(Subject representativeness) 通过不同的被试总体确定的结果普遍性

被试变量(Subject variable) 能够被测量或描述但不能被实验改变的人的特征(例如,身高、体重、性别和 IQ)

主观测量(Subjective measures) 常常不能被客观核实的在等级评定量表上进行的内省报告

主观报告(Subjective report) 对个人知觉到的心理状态的言语报告

主观阈限(Subjective threshold) 个体声明未觉察到但行为却显示出对事件有知觉的刺激能量水平(见客观阈限)

减数法(Subtractive method) 唐德斯创立的,通过成分间的彼此相减以估计所需要的各种心理操作的时间量

调查研究(Survey research) 从大量人群中获得有限信息量的技术,常常通过随机抽样

协同(Synergism) 两个变量以一种并非它们的个体效应简单加减的方式联合而出现的交互作用的另一个术语

系统验证(Systematic replication) 改变许多被认为与本质现象无关的因素了解是否该本质现象仍会出现的一种实验重复

t 检验(t test) 一种用于测定两组被试或者两种处理之间差异显著性的参数统计检验

表格(Tables) 学术论文中总结数据的非图形方式;因变量的值被简明地列在代表自变量不同水平的标题之下

目标(Target) 启动任务的测验项目;令人感兴趣的是先前经验是否有利于(启动了)对目标的选择

速示仪(Tachistoscope) 能够快速呈现视觉刺激的一种装置

可验证性(Testability) 某种理论可被局部检验和实证检验的能力

重测信度(Test-retest reliability) 短期内连续实施两次相同的测验以了解分数是否稳定或可靠的做法;一般以两次测验的相关系数表示

记忆的四面体模型(Tetrahedral model of memory experiments) 詹金斯的四部分分析,他把记忆实验分析成被试类型、定向任务、测验类型和材料类型

理论(Theory) 解释多种事件的一组相关陈述

信号检测论(Theory of signal detection) 假定感觉印象和决策过

程共同决定着对信号的侦测

思维(Thought)　认知

阈限(Threshold)　见绝对阈限和差别阈限

时间滞后设计(Time-lag design)　类似于横断设计的准实验设计,让不同年龄的人在不同时间进行比较,以使得测试时被试的年龄相等

题目(Title)　提供了一个关于某篇文章或学术论文内容的概念,通常只说明自变量和因变量

音调认识障碍(Tonal agnosia)　不能欣赏和鉴别音乐与说话中的音调;常常与右脑半球的损伤有关

自上而下的加工(Top-down processing)　开始于概念知识的认知加工;与自下而上的加工相反

迁移适当加工(Transfer-appropriate processing)　记忆测验的种类可能决定对该测验有用的编码活动

尝试达标(Trails to criterion)　能够完全回忆出材料所需要的学习和试验的次数

绝对零点(True zero)　物理属性的缺乏(零克重),与任意零点(比如,零摄氏度)相反

被删节的全距(Truncated range)　解释低相关时遇到的问题;在一个变量上的分数离中趋势(或全距)的量可能很小,因此导致了所发现的低相关

图灵测验(Turing test)　由图灵建立的机器能给出与人无区别的答案的测验;想象上支持着强 AI 立场

双侧检验(Two-tailed test)　把拒绝区域放置于一个分布两边的检验

Ⅰ型错误(Type Ⅰ error)　当虚无假设事实上为真时却遭到拒绝的可能性;等于显著性水平

Ⅱ型错误(Type Ⅱ error)　当虚无假设事实上为假时却没有拒绝的失败

无条件反应(UCR)(Unconditioned response)　对无条件刺激作出的反应

无条件刺激(UCS)(Unconditioned stimulus)　在条件反射不存在时能够引发某一反应的刺激

无意识推断(Unconscious inference)　根据赫尔姆霍茨的观点,人们没有意识到那些涉及对感觉进行推断的知觉中包含着推断

无干扰测量(Unobtrusive measures)　依据行为的结果而不是行为本身进行的测量(见不反应的)

无干扰观察(Unobtrusive observations)　见无反应的

效度(Validity)　指某一程序或观察是否有效或真实

变量(Variable)　能够被测量或操纵的事物

变量代表性(Variable repres entativeness)　通过自变量的不同操作或不同的因变量而确定的结果普遍性

方差(Variance)　一种离中趋势的测量;标准差的平方

言语报告(Verbal report)　被试对她或他的现象学经验的描述,常常很难核实

验证期(Verification)　对某一潜在解决办法仔细核对的问题解决的最后阶段

视觉掩蔽(Visual mask)　被用于计算机任务中以阻止视觉后像

沃森卡片选择任务(Wason card selection task)　一种推理任务,被试常常会选择那些能够验证真(而非证伪)他们假设的卡片

弱 AI(Weak AI)　计算机程序能够被用来验证人的智力理论的观点

韦伯定律(Weber's law)　由韦伯提出的一个公式,两个刺激(例如,重量)之间最小可觉差(JND)能够被陈述为独立于它们大小之外的刺激间的比率,$\Delta I / I = K$

What-if 实验(What-if experiment)　用于了解什么可能发生而不是验证某一具体假设的实验

威尔科克逊符号秩次检验(Wilcoxon signed-rank test)　用于确定相关测量设计中获得的两列分数之间差异的一种非参数检验

组内方差(Within-group variance)　实验中同组被试之间分散度的测量值

试内设计(Within-subjects design)　每位被试都在一个以上的自变量水平上接受测试的一种实验设计

残词补全任务(Word-fragment completion task)　让被试填充残缺单词的缺失字母的一种内隐记忆测验

负荷(Workload)　强加于个人身上的需要注意努力的量

χ^2 独立性检验(χ^2 test for independence)　通常被用于测定某一列联表中的数据是否具有统计显著性的一种统计检验方法

是/否再认测验(Yes/no recognition test)　一种记忆测验,被试需要判断每一项目是否已学过(通过报告"是的,已学过"或者"不,没学过")

Z 分数(Z score)　个体分数与平均数之差再除以标准差之后而得出的标准分数

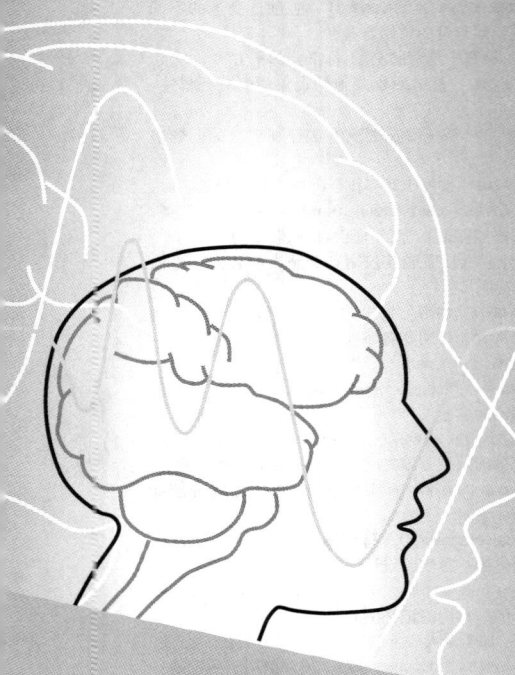

人名索引 ①

① 本索引中的页码均为原著页码。

主题索引

善问的读者会提出的问题

引言
1. 作者的目的是什么?
2. 实验要验证的假设是什么?
3. 如果我来验证这个假设,我将如何做?

方法
4(a) 我的方法比作者的好吗?
4(b) 作者的方法确实能验证假设吗?
4(c) 实验的自变量、因变量和控制变量各是什么?
5. 使用作者的被试、仪器或材料和程序,我对实验结果的预测是什么?

结果
6. 作者的结果意外吗?
7(a) 我如何解释这些结果?
7(b) 从我对结果的解释中,能得出的启发和应用是什么?
7(c) 我能否为这些结果找到另一种解释?

讨论
8(a) 谁的解释能更好地说明数据,是我的,还是作者的?
8(b) 对于结果的启发和应用方面,谁的讨论更有说服力,是我的,还是作者的?
8(c) 还有什么问题没有回答?
8(d) 我可以开展什么额外研究吗?

研究报告各部分内容总结

部分	内 容
题目	实验:说出自变量和因变量——"X 对 Y 的影响" 其他研究:说出所探讨的关系——"X 和 Y 的关系"
摘要	最多用 180 个单词说出对谁做了什么并概括出最重要的结果
引言	说出你想要做什么及为什么(你可能需要回顾有关的研究结果)。说出你对结果的预测。
方法	提供充分的信息,便于其他人据此重做。为了表述清晰需要使用副标题(被试、仪器等),还需要明确交待自变量、因变量和控制变量。
结果	用图或表概括重要的结果。带领读者分析与研究目的似乎最相关的数据。
讨论	说出研究结果与引言中的假设或预期是怎样关联的。对结果的推论和理论上的阐述是适合的。
参考文献	用 APA 格式列出那些在报告中被引用的文献。

描述统计

有用的计算公式	
集中趋势测量	离中趋势测量

众数

出现最多的数

中位数

中间位置的数

平均数
$$\overline{X} = \sum X / n$$

方差
$$S^2 = \frac{\sum X^2}{n} - \overline{X}^2$$

标准差
$$S = \sqrt{\frac{\sum X^2}{n} - \overline{X}^2}$$

正态分布的常识:

- 在所有的分数中,大约 68% 的分数位于平均数 ±1 个标准差之内。
- 在所有的分数中,大约 96% 的分数位于平均数 ±2 个标准差之内。
- 在所有的分数中,大约 99.74% 的分数位于平均数 ±3 个标准差之内。
- 标准分数(Z 分数)是以标准差为单位的个体分数与平均数的差值。

符号解释

- X 和 Y 表示个体分数(数据)
- X^2 为每一分数的平方。

- n 表示被试或者观察值的个数。
- $\sum X^2$ 表示每个分数平方后再相加。

- $\sum$ 表示将所有分数相加(求和)。
- $\left(\sum X\right)^2$ 表示对分数求和后再平方。

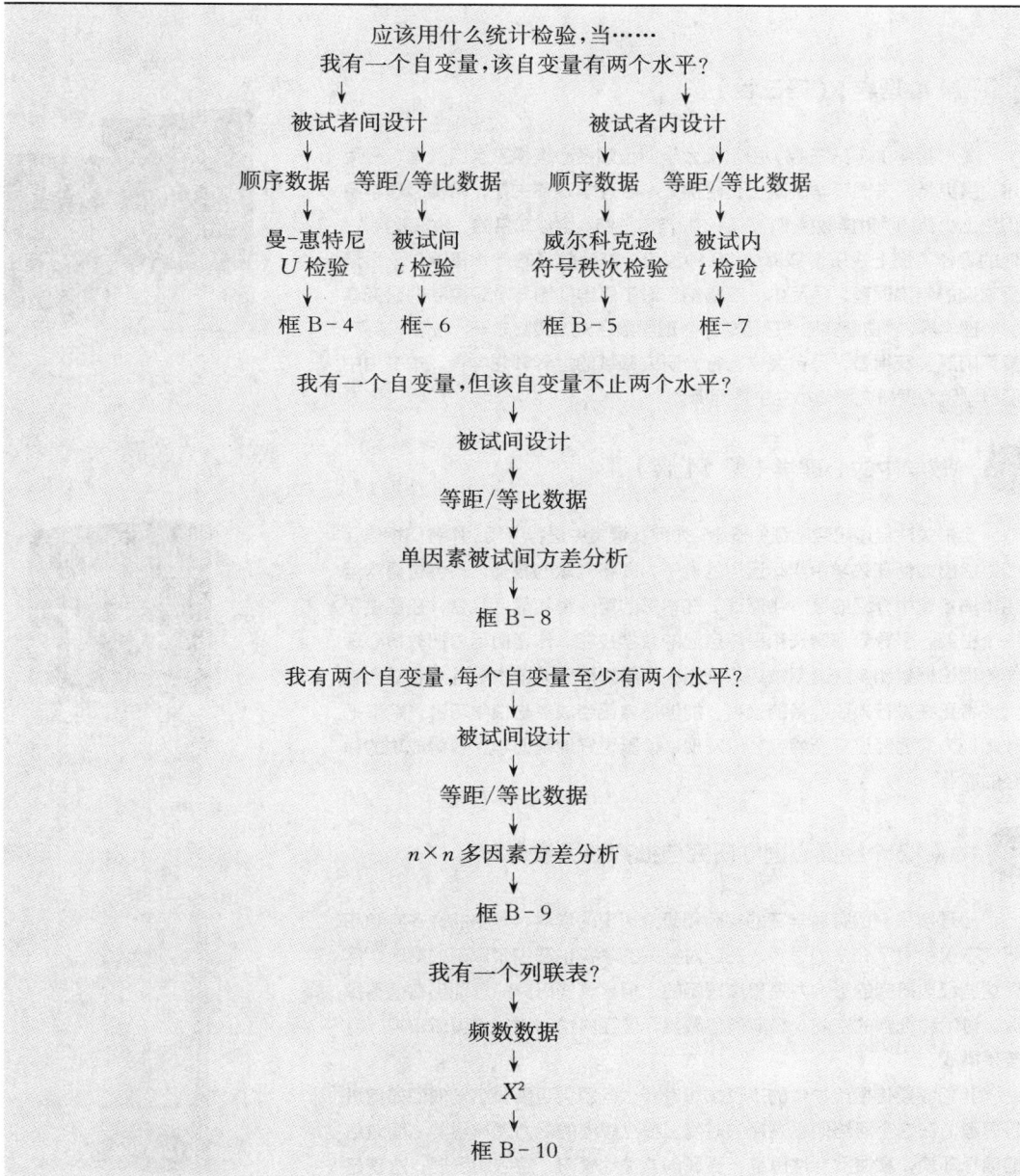

推断统计

应该用什么统计检验,当……

我有一个自变量,该自变量有两个水平?

被试者间设计 　　　　　　被试者内设计

顺序数据　等距/等比数据　　顺序数据　等距/等比数据

曼-惠特尼　被试间　　　威尔科克逊　被试内
U 检验　　 t 检验　　 符号秩次检验　t 检验

框 B-4　　框-6　　　框 B-5　　框-7

我有一个自变量,但该自变量不止两个水平?

被试间设计

等距/等比数据

单因素被试间方差分析

框 B-8

我有两个自变量,每个自变量至少有两个水平?

被试间设计

等距/等比数据

$n \times n$ 多因素方差分析

框 B-9

我有一个列联表?

频数数据

X^2

框 B-10

部分心理学图书

1 **《心理学》（第三版）**

《心理学》（第三版）由哈佛大学四位知名心理学家亲自撰写：丹尼尔·夏克特，美国科学院院士、哈佛大学心理学系前主任，哈佛心理学系历史上少有的"讲座教授"；丹尼尔·吉尔伯特，全球知名的"快乐教授"，他的著作《撞上快乐》被译成 25 种语言，开设的"哈佛幸福课"，是最受欢迎的哈佛课程；丹尼尔·韦格纳，对于思维抑制与意识控制的研究享誉心理学界，"白熊实验"已经成为心理学最经典的实验之一；马修·诺克，麦克阿瑟奖获得者，是自我伤害行为研究领域的世界领先学者。本书由中国科学院心理研究所傅小兰主持翻译。

2 **教学中的心理学（第 14 版）**

全书关注经过研究验证的概念，如何在课堂中进行运用。作者们相信，如果给出如何在教学中实际运用的例子，即将入职的教师，将会更喜欢运用本书各章中介绍的概念和原理。在本书的第一章和最后几章，还提供了一个框架，引导教师增长和提炼自己的教学技能。作者们尽力把教育心理学的理论框架和实践运用技巧勾画出来，希望那些阅读本书并立志成为教师或者正在进行入职准备的读者，能够把自己当成参与性学习者，能够把教师视为需要经过不断探究，以发现、检验更好地帮助学生获得成功的途径的职业。

3 **《12 个经典心理学研究与批判性思维》**

心理学是一门有着丰富的实验和研究历史的学科，其中的许多实验和研究不仅引发了公众的思考，甚至对相关的学科也产生了深刻的影响。尽管这些经典研究的影响力是毋庸置疑的，但是这些研究的发现仍有值得探究、讨论和批判的空间。经典值得敬畏，但经典也同样值得重新审视，甚至是挑战。

我们需要传授给学生的不仅是思考什么问题，更需要启发他们如何进行思考。在这个网络信息充斥的时代，独立思考的能力尤其重要。面对新的信息环境，掌握批判性思维，更具创造性地学习、思考和发展，这正是本书最重要的意义之所在。

当代中国心理科学文库

总主编：杨玉芳

国家出版基金项目

"十三五"国家重点出版物出版规划项目

整个丛书预计 30 种，已出版 18 种

　　《当代中国心理科学文库》由中国心理学会组织编写，文库选择的内容都是当代心理科学的重要分支领域，富有成果的理论学派和重大前沿科学问题，有重要价值的应用领域。各书作者都是在科研和教学一线工作的，在相关领域具有很深学术造诣、治学严谨的科研工作者和教师。《当代中国心理科学文库》着重反映：（1）当代心理科学的学科体系、方法论和发展趋势；（2）近年来心理学基础研究领域的国际前沿和进展，应用研究领域的重要成果；（3）反映和集成中国学者在不同领域所作的贡献。

- 郭永玉：人格研究
- 傅小兰：情绪心理学
- 乐国安、李安、杨群：法律心理学
- 王瑞明、杨静、李利：第二语言学习
- 李　纾：决策心理：齐当别之道
- 王晓田、陆静怡：进化的智慧与决策的理性
- 蒋存梅：音乐心理学
- 葛列众：工程心理学
- 白学军：阅读心理学
- 周宗奎：网络心理学
- 吴庆麟：教育心理学
- 苏彦捷：生物心理学
- 张积家：民族心理学
- 张清芳：语言产生：心理语言学的视角
- 张力为：运动与锻炼心理学研究手册
- 苗丹民：军事心理学
- 赵旭东：心理治疗
- 罗　非：健康的心理源泉

精神分析经典著作译丛

精神分析理念——即便是诸如"潜意识"和"移情"这样的基本概念——作为关于心灵运作的隐喻,如果不能随着一个人作为精神分析取向治疗师的发展而演进,那么这些概念将会变得陈腐。本丛书精选了克莱因、温尼科特、Daniel N. Stern、布隆伯格,以及安娜弗洛伊德的著作,展现了精神分析博大精深而且不断发展的生命力。

- 心灵的母体:客体关系与精神分析对话
- 让我看见你:临床过程、创伤和解离
- 婴幼儿的人际世界: 精神分析与发展心理学视角
- 成熟过程与促进性环境:情绪发展理论的研究
- 自我与防御机制
- 精神分析之客体关系
- 精神分析心理治疗实践导论
- 向病人学习

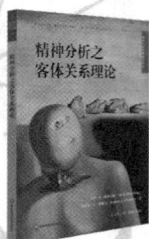

① 社会性动物（第 12 版）

　　在第 12 版中，艾略特·阿伦森与乔舒亚·阿伦森共同重新梳理了每一章，删除了一些几年前所谓的热点研究和理论，它们没有经受住时间和重复研究的考验，同时对每一章内容进行了重组和精简，以便在整合新材料时保持叙述的清晰性。阿伦森独具特色地从观察到实验、再从实验到现实的研究思路，影响了整个社会心理学的发展，能够帮忙读者更好地理解复杂的人类行为。当我们有可能像社会心理学家一样思考时，眼中的世界会大为不同。

② 文化性动物

　　本书对进化与文化进行了独到、广泛而深刻的阐述，其所蕴含的主题"自然为文化塑造了我们"建立在社会心理学及其他心理学领域（包括动物科学）与语言学、文化学等领域的实证研究基础之上。来自历史、政治、哲学、新闻和文学作品中的例证也使这一主题变得更加生动。作者是一位杰出思想家和大师级作家，本书则是他创意十足、意义深远的综合思想集合。

图书在版编目(CIP)数据

实验心理学第九版/(美)坎特威茨,(美)罗迪格,(美)
埃尔姆斯著;郭秀艳等译. —上海:华东师范大学出版社
ISBN 978 - 7 - 5617 - 7618 - 6

Ⅰ.①实… Ⅱ.①坎…②罗…③埃…④郭… Ⅲ.①实验
心理学-高等学校-教材 Ⅳ.①B84

中国版本图书馆 CIP 数据核字(2010)第 047741 号

心理与教育研究方法丛书

实验心理学(第九版)

撰　　著	坎特威茨 等
翻　　译	郭秀艳 等
审　　校	杨治良
责任编辑	彭呈军
审读编辑	赵成亮
责任校对	赖芳斌
装帧设计	卢晓红

出版发行　华东师范大学出版社
社　　址　上海市中山北路 3663 号　邮编 200062
电话总机　021 - 62450163 转各部门　行政传真 021 - 62572105
客服电话　021 - 62865537(兼传真)
门市(邮购)电话　021 - 62869887
门市地址　上海市中山北路 3663 号华东师范大学校内先锋路口
网　　址　www.ecnupress.com.cn

印 刷 者　上海市崇明县裕安印刷厂
开　　本　787×960　16 开
印　　张　43.25
字　　数　763千字
版　　次　2010年7月第1版
印　　次　2023年6月第14次
书　　号　ISBN 978-7-5617-7618-6/B·551
定　　价　78.00元

出 版 人　王 焰

(如发现本版图书有印订质量问题,请寄回本社客服中心调换或电话 021-62865537 联系)